建筑结构设计常见及疑难问题解析

徐 建 主编

中国建筑工业出版社

图书在版编目(CIP)数据

建筑结构设计常见及疑难问题解析/徐建主编. —北京：中国建筑工业出版社，2007
 ISBN 978-7-112-09182-9

Ⅰ.建… Ⅱ.徐… Ⅲ.建筑结构—结构设计 Ⅳ.TU318

中国版本图书馆CIP数据核字(2007)第047254号

本书针对建筑结构设计中常见和疑难问题，由长期从事工程设计、规范编制和科研教学人员进行解析。其内容包括：荷载与作用、混凝土结构、钢结构、砌体结构、地基与基础及木结构中的658个问题。问题的汇集尽量做到具有系统性、代表性、实用性，问题的解析尽量做到精练、清晰、详尽。是帮助建筑工程技术人员释疑解惑的参考书。

本书可供从事建筑结构设计、科研、施工、工程管理人员及大专院校有关专业师生使用，亦可供注册结构工程师应试者参考。

* * *

责任编辑：咸大庆 刘瑞霞
责任设计：赵明霞
责任校对：刘 钰 王金珠

建筑结构设计常见及疑难问题解析
徐 建 主编
*
中国建筑工业出版社出版、发行(北京西郊百万庄)
各地新华书店、建筑书店经销
北京天成排版公司制版
北京同文印刷有限责任公司印刷
*
开本：787×1092毫米 1/16 印张：35 字数：847千字
2007年6月第一版 2010年4月第六次印刷
印数：12501—14000册 定价：**58.00**元
ISBN 978-7-112-09182-9
(15846)

版权所有 翻印必究
如有印装质量问题，可寄本社退换
(邮政编码 100037)

本书编委会

主编 徐 建

编委 沙志国 陈基发 陈 健 陈富生 张维斌
　　　 邱鹤年 徐 建 孙惠镐 曾 俊

前 言

在建筑结构设计、施工、科研、教学及工程管理过程中，会出现一些常见的问题，有些问题通过深入的学习规范标准可以找出答案，但也有一些问题规范标准中阐述得并不清楚，甚至有矛盾之处。工程设计千变万化，疑难问题也会不断出现，许多问题从规范和手册中难以找到答案。本书由长期从事工程设计、规范编制和科研教学人员，对建筑结构设计中的常见和疑难问题进行汇集整理，并分类进行解析。

编写综合性的常见和疑难问题解析是一个新的尝试，因此本书问题的汇集尽量做到具有系统性、代表性和实用性，问题的解析尽量做到精练、清晰、详尽。希望通过本书的编著，对建筑结构设计具有实用价值，对结构工程设计、科研、施工、教学和工程管理人员有所帮助，对注册结构工程师应试者也有所裨益。

本书共分六篇，主要内容包括：荷载和地震作用、混凝土结构、钢结构、砌体结构、地基与基础、木结构，共涉及的问题有 658 个。

本书由徐建主编。各篇编写分工如下：第一篇 荷载和地震作用 沙志国（北京筑都方圆建筑设计公司）（第一章第一～九节）、陈基发（中国建筑科学研究院）（第一章第十、十一节）、陈健（中国轻工业北京设计院）（第二章第一～四节）、陈富生（中国建筑设计研究院）（第二章第五～八节）；第二篇 混凝土结构 张维斌（中国中元国际工程公司）；第三篇 钢结构 邱鹤年（中冶京诚工程技术有限公司）；第四篇 砌体结构 徐建（中国机械工业集团公司）；第五篇 地基与基础 曾俊（北京市建筑设计研究院）；第六篇 木结构 孙惠镐（北京建筑工程学院）。王卓琦、冀钧、孙忱、高慧贤、刘梅、王晓林、张维佳、王栋、刘国臣、周建华、苏志国、扶正宇等同志也参加了本书的编写工作。

本书编写过程中参考了有关的规范标准和文献资料，在此一并致谢。本书中不当之处，敬请指正。

编 者
2007 年 4 月

目 录

第一篇 荷载和地震作用

第一章 荷载 ·· 1
第一节 作用与荷载分类 ··· 1
第二节 结构设计中的荷载代表值 ·· 2
第三节 荷载组合 ·· 4
第四节 永久荷载 ·· 7
第五节 楼面活荷载 ··· 8
第六节 屋面活荷载 ··· 15
第七节 吊车荷载 ·· 16
第八节 雪荷载 ··· 20
第九节 风荷载 ··· 24
第十节 温度作用 ·· 31
第十一节 偶然荷载 ··· 34

第二章 地震作用 ·· 38
第一节 地震的基础知识 ··· 38
第二节 设计基准期、设计使用年限与重现期 ··· 47
第三节 不同设计使用年限的地震作用及对应的设计表达式 ····································· 50
第四节 结构抗震计算中的一些常遇问题 ··· 56
第五节 水平地震作用计算及主要参数分析 ··· 74
第六节 弹性时程分析法、弹塑性时程分析法、静力弹塑性分析法及其
结果应用 ··· 85
第七节 实用性能设计法的计算要点及三水准地震动参数 ······································· 96
第八节 工程场地地震安全性评价报告及应用 ·· 100

第二篇 混凝土结构

第一章 设计基本规定 ·· 107
第二章 基本构件 ·· 138
第三章 框架结构 ·· 158
第四章 剪力墙结构 ··· 181
第五章 框架-剪力墙结构 ·· 195
第六章 筒体结构 ·· 205
第七章 板柱结构、板柱-剪力墙结构 ·· 216

| 第八章　复杂高层建筑结构 | 230 |

第三篇　钢　结　构

第一章　总则	251
第二章　术语、符号和制图	254
第三章　基本设计规定	258
第一节　设计原则	258
第二节　荷载及荷载效应	259
第三节　钢材	263
第四节　连接材料	273
第五节　设计指标	278
第六节　变形规定及其他	278
第四章　受弯构件	280
第五章　轴心受力和拉弯压弯构件	285
第六章　疲劳计算	293
第七章　连接计算	296
第八章　构造要求	303
第九章　塑性设计	309
第十章　钢管桁架	312
第十一章　钢与混凝土组合梁	314
第十二章　单层工业厂房	317

第四篇　砌　体　结　构

第一章　砌体材料及力学性能	325
第一节　砌体材料	325
第二节　砌体的强度	329
第二章　静力设计原则与计算规定	338
第一节　设计原则	338
第二节　计算规定	341
第三章　无筋砌体构件的承载力计算	350
第一节　受压构件	350
第二节　局部受压	356
第三节　轴心受拉、受弯、受剪构件	362
第四章　砌体结构静力设计的构造要求	364
第一节　墙、柱的高厚比验算	364
第二节　一般构造要求	367
第三节　防止或减轻墙体开裂的主要措施	370
第五章　圈梁、过梁、墙梁及挑梁	376
第一节　圈梁	376

第二节 过梁	378
第三节 墙梁	380
第四节 挑梁	388

第六章 配筋砖砌体构件 393
- 第一节 网状配筋砖砌体构件 ... 393
- 第二节 组合砖砌体构件 ... 396
- 第三节 砖砌体和钢筋混凝土构造柱组合墙 ... 402

第七章 配筋砌块砌体构件 405
- 第一节 配筋砌块砌体轴心受压构件 ... 405
- 第二节 配筋砌块砌体剪力墙承载力 ... 406
- 第三节 配筋砌块砌体剪力墙构造措施 ... 412

第八章 砌体结构抗震设计 418
- 第一节 多层砌体房屋 ... 418
- 第二节 底部框架-抗震墙房屋 ... 443
- 第三节 配筋砌块砌体剪力墙房屋 ... 457

第五篇 地基与基础

- 第一章 总则、术语和符号 ... 467
- 第二章 地基承载力计算 ... 472
- 第三章 地基变形计算 ... 477
- 第四章 桩基设计 ... 490
- 第五章 基础设计 ... 493
- 第六章 基础施工现场检验及基槽处理 ... 495

第六篇 木结构

第一章 木结构材料 499
- 第一节 木材 ... 499
- 第二节 其他材料 ... 503

第二章 木结构基本设计规定 504
- 第一节 设计的基本原则 ... 504
- 第二节 木材强度设计指标和允许值 ... 505

第三章 木结构构件计算 511
- 第一节 轴心受拉和轴心受压构件 ... 511
- 第二节 受弯构件 ... 513

第四章 木结构的连接 515
- 第一节 齿连接 ... 515
- 第二节 螺栓连接和钉连接 ... 517
- 第三节 齿板连接 ... 520

第五章 普通木结构 523

第一节　一般规定 523
　　第二节　屋面木基层和木梁 525
　　第三节　木桁架 528
　　第四节　天窗 530
　　第五节　支撑 531
　　第六节　锚固 533
第六章　胶合木结构 535
　　第一节　一般规定 535
　　第二节　构件设计 537
　　第三节　设计构造要求 538
第七章　轻型木结构 539
　　第一节　一般规定 539
　　第二节　设计要求 540
　　第三节　梁、柱和基础的设计 542
第八章　木结构防火和防护 544
　　第一节　木结构防火 544
　　第二节　木结构防护 545
参考文献 548

第一篇 荷载和地震作用

第一章 荷 载

第一节 作用与荷载分类

1.1.1 荷载与作用有何区别?

【解析】 作用是指能使结构产生效应(包括内力、变形、应力、应变、裂缝等)各种原因的总称。其中包括施加在结构上的集中力或分布力所引起的直接作用和能够引起结构外加变形或约束变形的间接作用。对结构上的作用过去也曾笼统地统称为荷载,这在我国和许多国家均如此。实际上由于大部分的作用是由各种负载力形成,因此将它们称为荷载也未尝不可。但是"荷载"这个术语用于间接作用并不恰当,例如温度变化、材料的收缩和徐变、焊接变形、地基变形或地面运动引起的作用等,这类作用在结构设计时都不是以力的形式输入结构系统,而是通过温度、变形和加速度等强制或约束变形输入结构系统。若将它们称为荷载将会混淆两种性质不同的作用而产生误解,例如有人曾将地震作用称为地震荷载,从而误认为地震荷载是施加于结构上而与场地和结构本身无关的外力。当然在设计中事先考虑了场地和结构自身因素而采用地震力的形式施加在结构上时,而称之为地震荷载,那也是可以的。而目前国家标准《建筑结构荷载规范》(GB 50009—2001)只是将荷载限定用于直接作用。而对间接作用,除地震作用《建筑抗震设计规范》(GB 50011—2001)另有规定外,暂时还未在规范中列入。

1.1.2 荷载怎样分类?

【解析】 荷载不能仅仅以其量值的大小而给以区分,还应考虑其在结构上随时间的变异性和持续性,因此在设计上可将其分成三个类别:

1. 永久荷载

在结构使用年限内,其值不随时间变化,或其变化与平均值相比可以忽略不计,或其变化是单调的并能趋于限值的荷载。例如结构自重、土压力、预应力等。

2. 可变荷载

在结构使用年限内,其值随时间变化,且其变化与平均值相比不可以忽略不计的荷载。例如楼面活荷载、屋面活荷载和积灰荷载、吊车荷载、风荷载、雪荷载等。

3. 偶然荷载

在结构使用年限内不一定出现，一旦出现其值很大且持续时间很短的荷载。例如爆炸力、撞击力、龙卷风荷载等。

除按上述分类外，设计人员还必须按荷载随空间的变异性及结构的动力反应来进行分类。

按空间的变异性对荷载进行分类，是由于进行荷载效应组合时，必须考虑荷载在空间的位置及其所占面积的大小，可分为两类荷载：

1. 固定荷载

此类荷载的特点是在结构上出现的空间位置固定不变，但其量值可能具有随机性。例如，房屋建筑楼面上位置固定的设备荷载、屋盖上的水箱等。

2. 自由荷载

其特点是荷载可以在结构的一定空间上任意分布，出现的位置及量值都可能是随机的。例如，楼面上的人员荷载等。

按结构的动力反应对荷载进行分类，是由于进行结构分析时，对某些出现在结构上的荷载需要考虑其动力效应(加速度反应)。因而可将荷载划分为静态和动态两类：

1. 动态荷载(动荷载)

此类荷载在结构上引起不能忽略的加速度，在结构分析时应考虑其动力效应，按结构动力学方法进行计算。但有一部分动态荷载例如民用建筑中楼面上的活荷载，本身可具有一定的动力特性，但它使结构产生的动力效应可以忽略不计，因而仍划分为静态荷载。还有一部分动态荷载例如工业建筑中的吊车荷载，在设计中可采用增大其量值，即采用乘以动力系数的方法按静态荷载处理。

2. 静态荷载(静荷载)

此类荷载的特点是在结构上不产生加速度效应，可按结构力学的一般方法进行分析和计算。

荷载按时间、按空间位置、按结构反应进行分类，是三种不同的分类方法，各有其不同的用途。例如吊车荷载，按随时间变异分类为可变荷载，按随空间位置变异分类为自由荷载，按结构的动力反应分类为动态荷载，可见对每一种荷载的分类须依据荷载的具体性质按设计需要进行分类。现行国家标准《建筑结构荷载规范》(GB 50009—2001)的荷载是以按时间变异为主进行分类，并在一些需要情况下考虑了按空间位置、按结构动力反应分类时设计的影响。

在可变作用或可变荷载中，有些情况也可按偶然作用或偶然荷载考虑，例如按常规作为可变作用的地震作用或雪荷载，在特定的情况下也可按偶然作用或偶然荷载来考虑。

第二节 结构设计中的荷载代表值

由于在结构设计时需要考虑结构构件可能处于各种不同情况的不利受力状态，并通过设计和验算使结构构件满足规范的要求，因而对某一种荷载在设计或验算不同的受力状态时，也需要采用该种荷载的不同代表值，即荷载代表值，如标准值、组合值、频遇值和准永久值。

1.1.3 荷载的计量单位是什么？

【解析】 目前我国工程界的计量单位是采用以国际单位制(SI)为基础的法定计量单位代替过去工程单位制。但是国际单位制实施以来有一部分结构设计人员在处理某些工程问题时会发生两种计量单位的混淆，特别是对重力和重量的区别时有混淆。以往将 1kg 质量(mass)物体承受的重力(gravity)以 1kgf 来计量，或称重量(weight)为 1kg，由于含义不同的质量和重量共用一个计算单位，极易与国际单位制中的重力定义混淆，国际单位制中力和重力的计量单位为牛顿(N)，它表示 1kg 质量的物体产生 $1m/s^2$ 加速度所需要的力，即 $1N=1kg \cdot m/s^2$，可见在国际单位制中重力和重量的定义和以往不一样，为避免由此可能产生的混淆，我国工程界将重量与质量视为同义，采用 kg 计量，而力和重力是以牛顿(N)计量，使其有明确的区别。由于一般情况下荷载量值较大，材料的自重和其他荷载一般都是以千牛顿(kN)计量。

1.1.4 怎么确定荷载标准值？

【解析】 荷载标准值是指结构在规定的使用期间内，在正常情况下出现的最大荷载值。此值是设计者最感兴趣和关心的设计参数，尤其是对可变荷载，因为它经常是影响结构安全性问题中的主要方面。由于荷载本身具有随机性，因而使用期间的最大荷载值也是随机变量，原则上它可以采用统计的语言来描述。

按现行国家标准《建筑结构可靠度设计统一标准》(GB 50068—2001)规定：荷载标准值统一由设计基准期内荷载最大值概率分布的某一分位值来定义。设计基准期 T 统一规定为 50 年，但是对该分位值的百分位目前并未给出统一规定。

对某些类型的荷载，当有足够资料并且有可能对其统计分布作出合理估计时，则在其设计基准期最大荷载的分布上，可根据协议的百分位，取其分位值作为该荷载标准值。此分位值原则上可取分布的统计特征值，例如均值、众值或中值等，国际上习惯将其称为荷载的特征值(characteristic value)。但是，实际上对于大部分自然荷载，包括风、雪荷载等，习惯上都以规定的平均重现期 T_R 来定义标准值，平均重现期是指连续两次超过标准值 Q_k 的平均时间间隔，当荷载的分布函数 $F_Q(x)$ 为已知时，荷载标准值 Q_k 与重现期 T_R 有下述的关系：

$$F_Q(Q_k)=1-1/T_R$$

同时，重现期 T_R、与分位值对应的概率 p 和定义标准值的设计基准期 T 还存在下述的近似关系：

$$T_R \approx \frac{1}{\ln(1/p)}T$$

目前对各类荷载随机过程的样本函数及其性质了解甚少，仅能对常见的楼面活荷载、风荷载、雪荷载，采用简化的平稳二向随机过程概率模型，也即将它们的样本函数统一模型化为等时段矩形波函数，矩形波幅值的变化规律采用荷载随机过程 $\{Q(t_0), t\in[0, T]\}$ 中任意时点荷载的概率分布函数 $F_Q(x)=P\{Q(t_0) \leqslant x, t\in[0, T]\}$ 来描述，以便确定其标准值。因此，对其他荷载，不得不从实际出发，根据已有的工程实际经验，通过分析判断后，协定一个公称值(Nominal Value)作为荷载标准值。

为避免引起结构在经济或安全效果上有较大的改变，现行建筑结构荷载设计规范除对少数荷载的标准值作了合理的调整外，大部分仍维持以往的取值水平。

1.1.5 怎样确定荷载组合值？

【解析】 当作用在结构上的可变荷载有两种或两种以上时，荷载不可能同时以其最大值出现，此时的荷载代表值可采用其组合值，或在设计表达式中通过荷载组合值系数来考虑。确定可变荷载组合值时，应使组合后的荷载效应在设计基准期内的超越概率能与该荷载单独出现的相应概率趋于一致；或应使组合后的结构具有统一规定的可靠指标。荷载组合值通常采用荷载标准值乘以相应的组合值系数表示。现行建筑结构荷载规范中的组合值系数：对楼面和屋面活荷载以及雪荷载取 0.7；对机械、冶金、水泥大量排灰厂房附近的屋面积灰荷载取 0.9；对高炉附近建筑的屋面积灰荷载取 1.0；对软钩吊车荷载取 0.7；对硬钩吊车荷载取 0.95；对风荷载取 0.6。

1.1.6 怎样确定荷载频遇值？

【解析】 对可变荷载，在设计基准期内，其超越的总时间为规定的较小比率或超越的次数为规定次数的荷载值称为载荷频遇值。根据国际标准 ISO 2394：1998 的规定，荷载频遇值是设计基准期内荷载达到和超过该值的总持续时间与设计基准期的比值很小的荷载代表值（建议该比值在 10% 以内）。欧洲的荷载规范中对可变荷载的频遇值作出了具体规定。由于我国以往对荷载频遇值尚缺乏深入的研究，结构设计人员对它尚不够熟悉，因此虽然现行国家标准《建筑结构荷载规范》根据分析判断也列出了各类可变荷载的频遇值系数，但是目前现行的其他建筑结构设计规范中均未在正常使用极限状态验算中采用频遇组合荷载效应组合设计表达式，这里的原因是多方面的，估计在今后对正常使用极限状态设计的要求更加明确且符合实际条件，并对可变荷载频遇值问题进行深入研究后，我国的结构设计规范也会采用荷载频遇值的设计概念。它通常采用荷载标准值乘以频遇值系数确定。

1.1.7 怎样确定荷载准永久值？

【解析】 对可变荷载而言，荷载准永久值是指其中的持久性部分，相当于以往在设计中所指的长期荷载，它主要用于正常使用极限状态验算的准永久组合和频遇组合中。当可变荷载的持久性部分与临时性部分难以区别时，一般可认为在设计基准期内，其超越的总时间约为设计基准期一半的荷载值称为荷载准永久值。国际标准 ISO 2394：1998 中建议，准永久值根据在设计基准期内荷载达到和超过该值的总持续时间与设计基准期的比值为 0.5 确定，也是这个意思。对住宅、办公楼楼面活荷载及风、雪荷载等，一般可取准永久值相当于取该荷载任意时点荷载概率分布 50% 的分位值。在结构设计时，准永久值参与的荷载效应组合反映了考虑可变荷载长期效应的影响。荷载准永久值通常采用荷载标准值乘以准永久值系数确定，且准永久值系数均小于频遇值系数。由于按严格的统计定义来确定准永久值目前还比较困难，因而我国荷载规范中大部分的数据是根据工程经验并参考国外标准的相关内容后确定的。

第三节 荷 载 组 合

1.1.8 基本组合计算应注意的问题有哪些？

【解析】 现行国家标准《建筑结构荷载规范》用强制性条文规定，承载能力极限状态设计时，应按荷载效应的基本组合或偶然组合进行设计。对于基本组合，荷载效应

组合的设计值 S 应从可变荷载效应控制的组合和有永久荷载效应控制的组合中取最不利值确定。

两种组合的区别在于设计表达式各不相同和在不同表达式中采用不同的永久荷载分项系数。在采用手算设计过程中结构工程师经常需要预先知道两种组合中何种组合是最不利的组合以便节省计算时间。在设计中若构件上只作用有一种均布可变荷载的情况下,例如对住宅、办公楼、医院等房屋的楼板和屋面板的计算可得出以下经验性的结论:

1. 当屋面均布活荷载与雪荷载相比较,若不上人情况的屋面均布活荷载标准值 $0.5kN/m^2$ 为较大值,则屋面的永久荷载标准值(包括屋面板及屋面做法的自重)若超过 $1.4kN/m^2$ 时,永久荷载效应控制的组合为最不利组合。因而当屋面板为钢筋混凝土板时(现浇或预制的重屋盖),通常均为永久荷载效应组合控制设计。

2. 当楼面均布活荷载标准值为 $2.0kN/m^2$(适用于住宅、宿舍、旅馆、办公楼、医院病房、托儿所、幼儿园、一般教室、阅览室、会议室、医院门诊室及一般的厨房等),则楼板自重和楼面建筑做法自重的标准值若超过 $5.6kN/m^2$ 时,永久荷载效应控制的组合为最不利组合。

根据以上结论可为结构工程师提供某些设计计算方便。必须指出由于实际工程中荷载的复杂性和多样性,通常不能预先确定控制设计的最不利荷载组合。

在设计过程中还发现由永久荷载效应控制的组合,现行国家标准《建筑结构荷载规范》第3.2.3条注3规定当考虑以竖向的永久荷载效应控制的组合时,参与组合的可变荷载仅限于竖向荷载还不够完善。此规定的原意图是为了减轻计算工作量。但实际工程中的永久荷载不完全是竖向荷载,还有水平向荷载(如土压力等)、斜向荷载(如曲线预应力筋施加的斜向力等),因此在《建筑结构荷载规范》局部修订中已将此规定取消,以便结构工程师根据工程实际情况对基本组合中的两种荷载效应组的设计值进行比较,确定控制设计的最不利组合。

1.1.9 结构抗倾覆、滑移或漂浮验算有哪些新修订内容?

【解析】 现行国家标准《建筑结构荷载规范》第3.2.5条规定基本组合的永久荷载分项系数对结构的倾覆、滑移或漂浮验算应取0.9。若引起倾覆滑移或漂浮的效应全部由永久荷载产生,以总安全系数方法计算,则满足承载能力极限状态表达式 $\gamma_0 S \leqslant R$ 需要的抗倾覆、滑移或漂浮的总安全系数 K 应大于1.33。而在《建筑结构荷载规范》(GB 50009—2001)实施后颁布的国家标准《建筑地基基础设计规范》(GB 50007—2002)对此有不同的规定。例如后者第5.4.1条规定:在验算地基稳定性时应符合 $M_R/M_S \geqslant 1.2$ 要求,其中 M_S 为滑动力矩;M_R 为抗滑力矩。M_R 及 M_S 计算时各荷载的分项系数均取1.0,因而相当于要求总安全系数为1.2。再例如该规范第6.6.5条对挡土墙的稳定性验算,要求抗滑移稳定性满足总安全系数1.3,要求抗倾覆稳定性满足总安全系数1.6(该规范虽未明确是采用总安全系数方法,但实质如此)。此外国家标准《砌体结构设计规范》(GB 50010—2001)对倾覆、滑移的计算规定也不同于《建筑结构荷载规范》。该规范第4.1.6条规定:当砌体结构作为一个刚体,需验算整体稳定性时,例如倾覆、滑移、漂浮等应按下式验算:

$$\gamma_0 \left(1.2S_{G2k} + 1.4S_{Q1k} + \sum_{i=2}^{n} S_{Qik}\right) \leqslant 0.8 S_{G1k} \tag{1-1-1}$$

式中 γ_0——结构重要性系数;

S_{G1k}——起有利作用的永久荷载标准值的效应；
S_{G2k}——起不利作用的永久荷载标准值的效应；
S_{Q1k}——在基本组合中起控制作用的第一个可变荷载标准值的效应；
S_{Qik}——第i个可变荷载标准值的效应。

再如国家标准《给水排水工程构筑物设计规范》（GB 50069—2002）第 5.2.3 条以强制性条文规定：构筑物在基本组合作用下的设计稳定性抗力系数 K_s 不应小于表 1-1-1 的规定。验算时，抵抗力应只计入永久作用，可变作用和侧壁上的摩擦力不应计入；抵抗力和滑动、倾覆力均应采用标准值。

构筑物的设计稳定性抗力系数 K_s　　　　　　　　表 1-1-1

失　稳　特　征	设计稳定性抗力系数 K_s
沿基底或沿齿墙底面连同齿墙间土体滑动	1.30
沿地基内深层滑动（圆弧面滑动）	1.20
倾覆	1.50
上浮	1.05

为了避免现行结构设计规范彼此之间产生矛盾和不协调；鉴于有关结构设计规范对结构的倾覆、滑移或漂浮验算，荷载分项系数已做出规定，因此《建筑结构荷载规范》局部修订已取消对验算结构倾覆、滑移或漂浮时，因永久荷载效应对结构有利，其分项系数应取 0.9 的强制性条文规定，改为当永久荷载效应对结构有利的组合，其分项系数应取 1.0；并且明确对结构的倾覆、滑移或漂浮验算、荷载的分项系数应按有关的结构设计规范的规定采用。

1.1.10　偶然组合的计算原则是什么？

【解析】　在《建筑结构荷载规范》第 3.2.6 条中，尽管对偶然组合有所规定，但是具体仍不好操作，这主要是由于目前国内在这方面缺乏设计经验的原因。对于偶然设计状况（包括撞击、爆炸、火灾事故的发生），均应采用偶然组合进行设计。

当有偶然事件出现时，针对偶然状况，结构应采用下述原则之一进行设计：(1) 对结构采取防护措施，避免偶然作用出现在结构上；(2) 通过设计使主要承重结构不致由于偶然作用的发生而丧失承载能力；(3) 允许主要承重结构在偶然事件中，通过构件的局部破坏，而使结构的剩余部分幸免连续倒塌。

由于偶然荷载的出现是罕遇事件，它本身发生的概率极小，甚至在结构的使用年限内还不一定发生，因此，对偶然设计状况，允许结构丧失承载能力的概率比持久和短暂状况可大些。考虑到不同偶然荷载的性质差别较大，目前还难以给出具体统一的设计表达式，建议参考国外的相关标准采用。使用时应注意下述问题：首先，由于偶然荷载标准值的确定，本身带有主观的臆测因素，因而不再考虑荷载分项系数，而伴随荷载的代表值可采用其准永久值（或频遇值）；其次，对偶然设计状况，不必考虑两种偶然荷载同时出现；第三，设计时应区分偶然事件发生时和发生后的两种不同设计状况。

在本章第十一节中将参考欧洲规范，提供与建筑结构有关的撞击和爆炸作用的设计资料。

第四节 永 久 荷 载

1.1.11 怎样确定结构自重标准值?

【解析】 在现行国家标准《建筑结构荷载规范》附录A中列出了常用材料和构件可参考的自重标准值。但是在实际工程设计中常常会遇到采用的某些材料附录A中并未列入,因此设计人员需要解决如何确定这些材料自重标准值的问题。确定其值时应遵循以下原则:

1. 由于房屋中各建筑材料的自重为永久荷载,其变异性不大,而且多为正态分布,一般以其分布的均值作为荷载标准值,因此结构设计时可按设计规定的结构尺寸和建筑做法以材料单位体积的自重(或单位面积的自重)平均值确定其标准值。

2. 对于自重变异性较大的材料,尤其是制作屋面的轻质材料,考虑到结构的可靠性,在设计中应根据该结构对结构有利或不利,分别取其自重的下限值或上限值。

以下列出一些在《建筑结构荷载设计规范》附录A中未列入或不够详细的结构或材料自重:

(1) 混凝土小型空心砌块墙体:由于目前各厂家生产的砌块厚度不相同,而且填孔率对少层、多层和高层房屋均不相同,因而该类砌块墙体的自重标准值,对少层房屋可取 $13kN/m^2$;对多层房屋可取 $17.5 \sim 18kN/m^2$;对高层房屋可取 $20 \sim 25kN/m^2$。

(2) 加气混凝土砌块的干体积密度分为 $300kg/m^3$、$400kg/m^3$、$500kg/m^3$、$600kg/m^3$、$700kg/m^3$、$800kg/m^3$ 六个等级。因此其自重标准值可根据设计选用的级别确定。

(3) 轻骨料混凝土及配筋轻骨料混凝土的自重标准值,见表1-1-2。

轻骨料混凝土及配筋轻骨料混凝土的自重标准值　　　　表1-1-2

密 度 等 级	轻骨料混凝土表观密度的变化范围(kg/m^3)	轻骨料混凝土自重标准值(kN/m^3)	配筋轻骨料混凝土自重标准值(kN/m^3)
1200	1100~1250	12.5	13.5
1300	1260~1350	13.5	14.5
1400	1360~1450	14.5	15.5
1500	1460~1650	15.5	16.5
1600	1560~1650	16.5	17.5
1700	1660~1750	17.5	18.5
1800	1760~1850	18.5	19.5
1900	1860~1950	19.5	20.5

注:1. 配筋轻骨料混凝土的自重标准值也可根据实际配筋情况确定。
　　2. 对蒸养后即行起吊的预制构件,吊装验算时,其自重标准值应增加 $1kN/m^3$。

(4) 轻骨料小型空心砌块自重标准值,按密度等级分为八级,见表1-1-3。

轻骨料小型空心砌块自重标准值　　　　表1-1-3

密 度 等 级	轻骨料混凝土表观密度的变化范围(kg/m^3)	轻骨料混凝土自重标准值(kN/m^3)
500	≤500	5
600	510~600	6

续表

密 度 等 级	轻骨料混凝土表观密度的变化范围(kg/m³)	轻骨料混凝土自重标准值(kN/m³)
700	610~700	7
800	710~800	8
900	810~900	9
1000	910~1000	10
1200	1100~1200	12
1400	1200~1400	14

1.1.12 怎样确定土压力？

【解析】 现行荷载规范对土压力的计算未作明确规定。然而在实际工程设计中却经常需要计算作用在挡土结构构件(如地下室外墙、地沟侧壁、挡土墙、基坑支护结构构件等)上的土压力。准确确定挡土结构构件的土压力是一个十分复杂的工程问题，因为影响土压力的因素很多：诸如挡土结构构件的位移、旋转或移动；挡土结构构件的截面形状(矩形、梯形、L形等)；挡土结构构件所采用的建筑材料类别(如素混凝土、钢筋混凝土、各种砌体等)；填土性质、填土地面坡度和地面荷载、填土内地下水情况等，因而土压力有较大的不确定性，常需要根据工程经验判断各种理论计算的结果，确定合适的土压力。

由于缺乏足够数量的观测资料和大规模的试验资料，在设计中通常采用古典的库仑理论或朗金理论，通过修正和简化来确定土压力。按照上述理论，土压力可根据挡土结构构件的位移情况分为静土压力、主动土压力和被动土压力。当土体内剪应力低于其抗剪强度，在土压力作用下的结构构件处于无任何位移或转动的弹性状态时，取静止土压力；当挡土结构构件沿与土压力的方向开始位移或转动而处于极限平衡时，取主动土压力；当挡土结构构件沿与土压力相反方向开始位移或转动而处于极限平衡时，取被动土压力。在实际工程中主要考虑主动土压力和静止土压力，但有时也要考虑被动土压力。

国家标准《建筑地基基础设计规范》(GB 50007—2002)在库仑土压力理论的基础上，附加考虑土体滑动破裂面上的凝聚力和地面坡度、地面均布荷载的影响，导出了计算主动土压力公式，并在该规范第6.6.3条中，对边坡支档结构的土压力计算做出了明确规定。行业标准《建筑基坑工程技术规范》(YB 9258—97)第5章土压力中对静止土压力的计算、主动土压力系数的调整、土强度指标的调整等均作出明确的规定；再如国家标准《建筑边坡工程技术规范》(GB 50330—2002)第六章对静止土压力和按修正的库仑理论计算的主动土压力和被动土压力也作出详细的规定。这些规定均可供结构设计人员采用。

第五节　楼面活荷载

1.1.13 怎样确定民用建筑楼面均布活荷载标准值及其新修订有哪些内容？

【解析】 现行国家标准《建筑结构荷载规范》中对民用建筑楼面均布活荷载标准值的规定主要是根据以往的设计经验和对某些类型房屋(如住宅、办公室、商店、书库、档案库等)的调查统计分析结果。但是在实际工程中有时会遇到需要对荷载规范中未给出的房间类型确定其楼面活荷载标准值情况。为解决设计中遇到的问题，可根据民用建筑中在楼

面上活动的人和设备的不同状态,将其楼面活荷载标准值(L_k)的取值分为七个档次:
1. 活动的人数较少　　　　　　　　　　　　$L_k=2.0kN/m^2$;
2. 活动的人数较多且有设备　　　　　　　　$L_k=2.5kN/m^2$;
3. 活动的人数很多且有较重的设备　　　　　$L_k=3.0kN/m^2$;
4. 活动的人数很集中、有时很挤或有较重的设备　$L_k=3.5kN/m^2$;
5. 活动的性质比较剧烈　　　　　　　　　　$L_k=4.0kN/m^2$;
6. 储存物品的仓库　　　　　　　　　　　　$L_k=5.0kN/m^2$;
7. 有大型的机械设备　　　　　　　　　　　$L_k=6.0\sim7.0kN/m^2$;

设计人员可根据工程的实际情况对照上述类别选用。但当有特别重的设备时,例如医院的核磁共振设备室、银行的保管箱用房等应根据实际情况另行考虑。

在《建筑结构荷载规范》实施过程中结构设计人员认为规范中的表4.1.1关于民用建筑楼面均布活荷载标准值的规定有以下问题不够明确,因而在局部修订中予以修订:

1. 汽车坡道及停车库楼面均布活荷载标准值对双向板楼盖和无梁楼盖(柱网尺寸不小于6m×6m)的规定不够明确。原因是双向楼板的支承边不一定与柱网重合,因而双向的跨度应该给予明确限定,否则表4.1.1中的相应均布活荷载值可能产生误差,从而影响楼板结构的安全。

为此《建筑结构荷载规范》局部修订明确表4.1.1中汽车通道及停车库楼面均布活荷载标准值对双向板楼盖是指板跨不小于6m×6m的情况。若板的跨度小于6m×6m,则应由设计人员根据停放或通行客车或消防车的工程实际情况(包括最大轮压、轮压作用局部面积和轮压在楼面上的数量等信息),将车轮的局部荷载按结构效应的等效原则换算为等效均布荷载。对停放载人少于9人的客车,其车轮局部荷载估取4.5kN,分布在0.2m×0.2m的面积上;对满载总重为20~30t的消防车,其最大车轮局部荷载估取60kN,分布在0.6m×0.2m的面积上;对其他车辆的车轮局部荷载应按实际最大轮压确定。

2. 汽车通道楼面均布活荷载的频遇值系数及准永久值系数对消防车不常通行情况明显偏大。通常在住宅小区的地下室顶板上设有汽车通道时存在这种情况。根据现行《建筑结构荷载规范》对确定频遇值系数及准永久值系数的原则,应降低规范在这种情况下的规定值。因此规范的局部修订在第4.1.1条的说明中指出:对于消防车不经常通行的车道,也即除消防站以外的车道,其荷载的频遇值和准永久值系数可适当降低。

3. 走廊、门厅、楼梯的均布活荷载现行《建筑结构荷载规范》规定:消防疏散楼梯,其他民用建筑(除宿舍、旅馆、医院病房、托儿所、幼儿园、住宅、办公楼、教室、餐厅、医院门诊部外)的楼梯均布活荷载标准值为3.5kN/m²。在规范实施过程中结构设计人员经常误将楼梯均布活荷载均按3.5kN/m²取值,这是由于房屋内的楼梯几乎均具有消防疏散功能。然而也有设计人员误将某些人流可能密集的楼梯均布活荷载标准值按建筑物的类别取为2.0kN/m²或2.5kN/m²,造成安全隐患。因此《建筑结构荷载规范》局部修订明确走廊、门厅、楼梯的均布活荷载当人流可能密集时应取3.5kN/m²,而不区分是否为消防楼梯,并取消原来的不明确规定。

1.1.14 楼面均布活荷载标准值的折减问题。

【解析】 作用在楼面上的活荷载,不可能以标准值的大小同时布满在所有的楼面上,因此在设计梁、墙、柱和基础时,应该考虑实际荷载沿楼面分布的变异情况,也即在确定梁、墙、柱和基础的荷载标准值时，应将楼面活荷载标准值乘以折减系数。

由于房屋类别的不尽相同，因而在使用过程中即使是相同类别的构件，对不同性质的房屋楼面活荷载应该根据不同情况采用不同的折减系数。

关于楼面活荷载标准值的折减系数应如何合理地确定是一个较复杂的问题，目前除美国规范是按影响面积考虑外，其他国家的荷载仍按传统方法通过从属面积考虑楼面活荷载的折减。国际标准ISO 2103《居住和公共建筑的使用和占用荷载》中也是这样，它建议：

在计算楼面梁时对楼面活荷载应乘以折减系数 λ；

对梁的从属面积 $A>18m^2$ 的住宅、办公楼等房屋或房间 $\lambda=0.3+3/\sqrt{A}$；

对梁的从属面积 $A>36m^2$ 的公共建筑房屋或房间 $\lambda=0.5+3/\sqrt{A}$；

梁的从属面积，系指其沿跨度方向向两侧各延伸1/2梁间距范围内的实际面积。

在计算多层房屋的柱、墙和基础时对其承受的楼面活荷载应乘以折减系数 λ：

对住宅、办公楼等房屋或房间 $\lambda=0.3+0.6/\sqrt{n}$；

对公共建筑房屋或房间 $\lambda=0.5+0.6/\sqrt{n}$；

式中 n 为所计算截面以上的楼层数，且 $n \geq 2$。

现行《建筑结构荷载规范》中楼面活荷载标准值的折减系数规定，基本上参照了ISO 2103的建议，但也考虑了我国以往的工程实践经验，对建议作了适当的修改。折减系数具体的规定如下：

1. 对住宅、宿舍、旅馆、办公楼、医院病房、托儿所、幼儿园：

设计楼面梁的折减系数，当梁从属面积超过 $25m^2$ 时应取0.9。

设计墙、柱和基础的折减系数按表1-1-4取值。

活荷载标准值按楼层的折减系数　　　表1-1-4

墙、柱、基础计算截面以上的层数	1	2～3	4～5	6～8	9～20	>20
计算截面以上各层活荷载总和的折减系数	1.00(0.90)	0.85	0.70	0.65	0.60	0.55

注：当楼面梁从属面积超过 $25m^2$ 时应采用表中括号内的数值。

2. 对教室、实验室、阅览室、会议室、门诊室、食堂、餐厅、一般资料档案室、礼堂、剧场、影院、有固定座位的看台、公共洗衣房、商店、展览厅、车站、港口、机场大厅及其旅客等候室、无固定座位的看台、健身房、演出舞台、舞厅、书库、档案库、储藏室、密集柜书库、通风机房、电梯机房：

设计楼面梁的折减系数，当梁从属面积超过 $50m^2$ 时应取0.9。

当设计墙、柱和基础时，应取与楼面梁相同的折减系数。

3. 对汽车通道及停车库：

当设计楼盖时，对次梁和槽形板的纵肋折减系数应取0.8；对单向板楼盖（板跨不小于2m）的主梁应取0.6；对双向板（板跨不小于6m×6m）楼盖的梁应取0.8。从表面看未按从属面积大小来确定活荷载的标准值折减系数，但实际上是因为这类房屋的楼面活荷载是根据一定尺寸板跨、梁跨情况下定值的等效荷载方法确定，以上的折减系数就是根据次梁、主梁的等效荷载与板面等效荷载的比值而确定的。

当设计墙、柱、基础时的楼面活荷载标准值折减系数，对单向板楼盖应取0.5；对双向板楼盖或无梁楼盖(柱网不小于 6m×6m)应取 0.8。

4. 对某些特殊用途的房屋

在一些行业标准中也列出了在设计楼面梁、墙、柱和基础时楼面等效均布活荷载标准值的折减系数的有关规定。例如在中华人民共和国原商业部标准《商业仓库设计规范》(SDJ 01—88)及《物资仓库设计规范》(SDJ 09—95)中规定：在设计仓库的楼面梁、柱、墙及基础时，楼面等效均布活荷载不折减。再如在中华人民共和国行业标准《电信专用房屋设计规范》(YDS 003—94)中规定设计墙、柱和基础时的楼面活荷载标准值可取与设计主梁相同的荷载，也即对不同用途的电信房屋考虑了不同的折减系数(主梁的折减系数各不相同)。

1.1.15 怎样确定工业建筑楼面等效均布活荷载标准值？

【解析】 由于工业建筑的类别很多，现行国家标准《建筑结构荷载规范》仅对金工车间、仪器仪表生产车间、半导体器件车间、棉纺织造车间、轮胎厂准备车间和粮食加工车间六类工业建筑列出了楼面活荷载标准值，供设计参照采用。而对其余的工业建筑应根据生产使用或安装检修时，在楼面上设备、管道、运输工具及可能拆移的隔墙产生的实际局部荷载考虑，采用等效均布活荷载代替。

在确定等效均布活荷载标准值时，按以下方法进行：

1. 为了简化计算，假定结构的支承均为简支，并按弹性阶段计算的内力，因而对实际为非简支的结构以及考虑材料处于弹塑性阶段的结构构件会有一定的设计误差(一般为10%左右)。但是经工程实践表明其误差尚不会影响结构安全，且在多数情况下显得保守和偏安全。

2. 计算板面等效均布活荷载时，板面上的局部荷载实际作用面一般按矩形考虑(情况复杂时可划分为多个矩形)，并假定局部荷载按 45°扩散线传递至板的轴心面(中面)处，因而可确定局部荷载传递的范围。

3. 板面等效均布活荷载按板内力分布弯矩等效的原则确定。也即在实际的局部荷载作用下，在简支板内力产生的绝对最大的分布弯矩，使其等于在等效均布荷载作用下在该简支板内产生的最大分布弯矩，以此作为确定板面等效均布活荷载的条件。所谓绝对最大是指在设计时，假定实际局部荷载的作用位置是处于对板最不利的位置上。

4. 对边长比大于 2 的单向板，在板面上的局部荷载(包括集中荷载)作用下的等效均布活荷载 q_e 可按下式计算：

$$q_e = 8M_{max}/(bL^2) \tag{1-1-2}$$

式中 L——板的跨度；

b——板上荷载的有效分布宽度；

M_{max}——简支单向板的绝对最大弯矩，按设备的最不利布置确定。

计算 M_{max} 时，设备荷载应乘以动力系数，并扣去设备在该板跨内所占面积上，由操作荷载引起的弯矩。楼面上无设备区域的操作荷载，包括操作人员、一般工具、零星原料和成品的自重，可按均布活荷载考虑，其标准值采用 $2.0kN/m^2$。

5. 由于在局部荷载下，板内分布弯矩的计算比较复杂，在单向板情况下的分布弯矩沿板的跨度和宽度方向不是均匀分布，而是在局部荷载作用面处具有最大值，并逐渐向其长度和宽度两侧减小，形成一个分布长度和宽度。为简化计算，以均布荷载产生的弯矩代替板内实际的分布弯矩，在按上述第 2 款的原则确定出沿板跨方向局部载荷的长度后，可确定出相应的有效分布宽度。根据局部荷载面积长宽比的不同和在板上所处位置的不同，可分为五种局部荷载情况确定相应的有效分布宽度。

(1) 当局部荷载作用面的长边平行于板跨时，简支板上荷载的有效分布宽度 b 为（图 1-1-1）：

1) 当 $b_{cx} \geqslant b_{cy}$，$b_{cy} \leqslant 0.6L$，$b_{cx} \leqslant L$ 时：

$$b = b_{cy} + 0.7L \tag{1-1-3}$$

2) 当 $b_{cx} \geqslant b_{cy}$，$0.6L < b_{cy} \leqslant L$，$b_{cx} \leqslant L$ 时：

$$b = 0.6 b_{cy} + 0.94L \tag{1-1-4}$$

式中 b_{cx}——荷载作用面平行于板跨的计算宽度；

b_{cy}——荷载作用面垂直于板跨的计算宽度；

而

$$b_{cx} = b_{tx} + 2S + h \tag{1-1-5}$$

$$b_{cy} = b_{ty} + 2S + h \tag{1-1-6}$$

其中 b_{tx}——荷载作用面平行于板跨的宽度；

b_{ty}——荷载作用面垂直于板跨的宽度；

S——垫层厚度；

h——板的厚度。

以上有效分布宽度是根据试验和理论分析，并参照国内外有关资料而确定。

(2) 当局部荷载作用面的长边垂直于板跨时，简支板上荷载的有效分布宽度 b 为（图 1-1-2）：

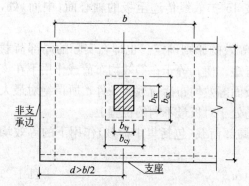

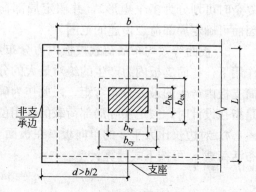

图 1-1-1　局部荷载作用面的长边平行于板跨的有效分布宽度

图 1-1-2　局部荷载作用面的长边垂直于板跨的有效分布宽度

1) 当 $b_{cx} < b_{cy}$，$b_{cy} \leqslant 2.2L$，$b_{cx} \leqslant L$ 时：

$$b = 2/3 b_{cy} + 0.73L \tag{1-1-7}$$

2) 当 $b_{cx} < b_{cy}$，$b_{cy} > 2.2L$，$b_{cx} \leqslant L$ 时：

$$b = b_{cy} \tag{1-1-8}$$

以上有效分布宽度同样也是根据试验和理论分析，并参照国内外有关资料而确定。根据弹性理论分析，条形局部荷载的有效分布宽度与其在板面上的方向有关，并且和正方形局部荷载有所不同。根据弹性理论当 b_{cy} 大于 2.2L 时，局部荷载沿垂直于板跨方向的分布宽度可以忽略不计，此时条形局部荷载的有效分布宽度取荷载本身的长度，即 $b=b_{cy}$。

(3) 当局部荷载作用在板的非支承边附近，即 $d<b/2$ 时（图 1-1-3），由于非支承边的存在，使荷载的有限分布宽度 b' 在非支承边一侧受到限定，因而应按下式折减：

$$b'=b/2+d \tag{1-1-9}$$

式中 b'——折减后的有效分布宽度；
d——荷载作用面中心至非支承边的距离。

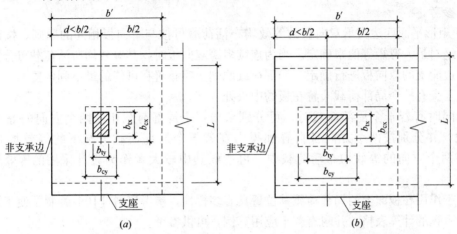

图 1-1-3 简支板上局部荷载作用在板的非支承边附近时的有效分布宽度
(a)荷载作用面的长边平行于板跨；(b)荷载作用面的短边平行于板跨

(4) 当两个局部荷载相邻且中心间距离为 e，而 $e<b$ 时，荷载的有效分布宽度应予折减，折减后的有效分布宽度 b' 可按下式计算（图 1-1-4）：

$$b'=b/2+e/2 \tag{1-1-10}$$

式中 e——相邻两个局部荷载的中心间距。

(5) 悬臂板上局部荷载的有效分布宽度可按沿板面 45°向支承边扩散方法进行计算（图 1-1-5）：

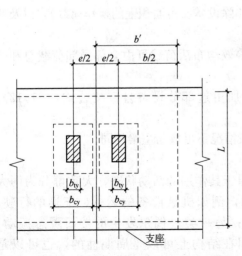

图 1-1-4 相邻两个局部荷载的有效分布宽度

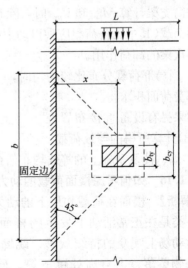

图 1-1-5 悬臂板上局部荷载的有效分布宽度

$$b = b_{cy} + 2x \tag{1-1-11}$$

式中 x——局部荷载作用面中心至支承边的距离。

以上给出了五种典型情况下有效分布宽度的近似计算公式,从而可直接按公式(1-1-2)确定单向板的等效均布活荷载。在实际工程中当局部荷载与上述典型情况不完全相同时,设计人员可根据典型情况给出的原则进行综合,确定出较复杂情况下的有效分布宽度。参考资料[10]列出若干较复杂情况下确定等效均布活荷载标准值的算例,可供设计人员参考。

6. 矩形平面四边支承双向板的等效均布活荷载可按与单向板相同的原则,按四边简支板的绝对最大弯矩等值来确定。当为连续多跨双向板时,其等效均布活荷载可分别对每跨按四边简支的双向板进行确定。局部荷载原则上应布置在可能的最不利位置上,一般情况下应至少有一个局部荷载布置在板的中央处。

当同时有若干个局部荷载时,可分别求出每个局部荷载相应两个方向的等效均布活荷载,并分别按两个方向各自叠加得出在若干个局部荷载情况下的等效均布活荷载。在两个方向的等效均布活荷载中,可选取其中较大者作为设计采用的等效均布活荷载。

由于作用在板面上的局部荷载其位置具有多样性,参考资料[10]编制了便于设计人员进行手算的计算表格,并附有若干应用算例,可供参考。

7. 次梁(包括槽形板的纵肋)上的局部荷载,应按下列公式分别计算弯矩和剪力的等效均布活荷载 q_{eM} 和 q_{eV},且取其中较大者:

$$q_{eM} = 8M_{max}/sL^2 \tag{1-1-12}$$

$$q_{eV} = 2V_{max}/sL \tag{1-1-13}$$

式中 s——次梁间距;
L——次梁跨度;
M_{max}——简支次梁的绝对最大弯矩,按设备的最不利布置情况确定;
V_{max}——简支次梁的绝对最大剪力,按设备的最不利布置情况确定。

按简支梁计算 M_{max} 和 V_{max} 时,除直接传给次梁的局部荷载外,还应考虑邻近板面传来的活荷载(其中设备荷载应乘以动力系数,并扣除设备所占面积上的操作荷载),以及两侧相邻次梁的卸荷作用。

8. 当局部荷载分布比较均匀时,主梁上的等效均布活荷载可由全部局部荷载总和除以全部受荷面积求得。

如果另有设备直接布置在主梁上,尚应增加由这部分设备自重按公式(1-1-12)、(1-1-13)计算所得的等效荷载。

9. 墙、柱及基础上的等效均布活荷载在一般情况下可取与主梁相同。

1.1.16 如何考虑楼面荷载的动力影响?

【解析】 楼面在荷载作用下的动力响应来源于其作用的活动状态,大致可分为两大类:一类是在正常活动下发生的楼面稳态振动,例如机械设备的运行、车辆的行驶、竞技运动场上观众的持续欢腾、跳舞和走步等;另一类是偶尔发生的楼面瞬态振动,例如重物坠落、人自高处跳下等。前一类作用在结构上可以是周期性的,也可以是非周期性的,后一类是冲击荷载,这两类荷载引起的振动都将因结构自身的阻尼而消逝。

楼面结构构件设计时，对一般结构的动力荷载效应，可不经过结构的动力分析，而直接对楼面上的静力荷载乘以动力系数后，作为楼面活荷载，按静力分析确定结构的荷载效应。

在很多情况下，由于荷载效应中的动力部分所占比重并不大，因而在设计中往往可以忽略或直接包含在某一活荷载标准值的取值中。对冲击荷载，由于影响比较明显，在设计中应予考虑。《建筑结构荷载规范》(GB 50009—2001)明确规定，对搬运和装卸重物以及车辆启动和刹车时的动力系数可取 1.1～1.3，对屋面上的直升机的活荷载也应考虑动力系数，对具有液压轮胎起落架的直升机可取 1.4。此外动力系数只传至直接承受该荷载的楼板和梁。

第六节 屋面活荷载

1.1.17 屋面活荷载取值应注意的问题。

【解析】 对房屋建筑不上人的屋面，现行《建筑结构荷载规范》规定应承受 $0.5kN/m^2$ 的屋面均布活荷载标准值，其原因首先是考虑在使用阶段作为维修时所必须的荷载；其次是根据我国规范曾规定对不上人屋面的屋面均布活荷载为 $0.3kN/m^2$，但是对某些钢筋混凝土结构构件的屋面，由于屋面超重、超载或施工质量偏低，特别是在无雪地区这类屋面结构构件曾出现过较多的事故，表明按过低的屋面均布活荷载进行设计就更容易发生质量事故。因此，为了进一步提高屋面结构的可靠度，从 GBJ 9—87[2] 开始，将不上人的钢筋混凝土屋面均布活荷载提高到 $0.5kN/m^2$（如有根据也可提高到 $0.7kN/m^2$，这样也就更接近国外设计规范的水平）。此外，由于现行建筑结构荷载规范对承载力极限状态荷载效应基本组合已规定应从可变荷载效应控制的组合和由永久荷载效应控制的组合中选择最不利值进行承载力设计，因而也提高了钢筋混凝土结构构件重屋盖的可靠度。为了使结构设计人员便于根据实际工程情况确定屋面均布活荷载，现行《建筑结构荷载规范》还规定，当施工或维修荷载较大时，对不上人屋面的均布活荷载应按实际采用；对不同结构应按有关设计规范的规定，将标准值作 $0.2kN/m^2$ 的增减。这是照顾到在现行《钢结构设计规范》(GB 50017—2003)第 3.2.1 条对支承轻屋面的构件或结构（檩条、屋架、框架等），当荷载效应组合中仅有一种可变荷载参与组合且受荷水平投影面积超过 $60m^2$ 时，屋面均布活荷载标准值应取为 $0.3kN/m^2$ 的规定。

在实际工程设计中以下情况设计人员应予以重视：

1. 对上人的屋面，当兼作其他用途时，例如屋面兼作餐厅、兼作露天舞池等，应按相应楼面活荷载采用，因其活荷载将超过 $2.0kN/m^2$，必须在设计中予以考虑。

2. 对屋顶花园的屋面活荷载 $3.0kN/m^2$，规范明确不包括花圃土石等材料的自重，因此在屋面结构设计中必需考虑屋顶花园中上述材料自重产生的永久荷载的影响。

1.1.18 屋面积灰荷载取值应注意的问题。

【解析】 屋面积灰荷载是冶金、铸造、水泥等行业的建筑所特有的问题。我国对屋面积灰荷载问题曾进行过较全面系统的调查研究。当时的调查结果表明以上行业的建筑屋面上积灰问题比较严重，性质也较复杂。影响积灰的主要因素是：除尘装置的使用维修情况、清灰制度执行情况、风向和风速、烟囱高度、屋面坡度和屋面是否设有挡风板等。

现行《建筑结构荷载规范》根据以往调查研究结果规定了机械、冶金、水泥等厂房屋面，其水平投影面上不同情况下的屋面积灰荷载标准值，并指出这些规定荷载是根据在大量排灰厂房中必须具有一定的除尘设施和保证定期的清灰制度条件下确定的。

屋面积灰荷载应与雪荷载或不上人的屋面均布活荷载两者中的较大值同时考虑。因而其屋面结构或构件在计算承载力极限状态荷载效应基本组合时应考虑同时有两种活荷载（屋面积灰荷载与雪荷载或屋面积灰荷载与屋面活荷载）参与组合或三种活荷载（当考虑风荷载时）参与组合。此外在屋面上易形成灰堆处，当设计屋面板、檩条时，积灰荷载标准值在以下部位应乘以增大系数：

1. 高低跨处两倍于屋面高差但不大于 6m 的分布宽度内增大系数取 2.0；
2. 在天沟处不大于 3.0m 的分布宽度内增大系数取 1.4。

必须指出：由于除尘设施已取得技术进步，不少排灰厂房的屋面积灰情况比以往有了较大改善，但只有在确有依据的情况下，设计人员方可根据工程实际情况采用比现行《建筑结构荷载规范》规定值较低的屋面积灰荷载。

1.1.19 施工和检修荷载取值及其组合应注意的问题。

【解析】 设计屋面板、檩条、钢筋混凝土挑檐、雨篷和预制小梁时，应考虑在施工安装或检修过程中，人携带小型工具自重作业的集中荷载对上述构件承载力的影响，因而荷载规范规定此集中荷载标准值应取 1.0kN，并应在最不利位置处进行验算。对于轻型构件或较宽构件，当施工荷载超过上述荷载时，应按实际情况验算；或采用加垫板、支撑等临时设施承受。当计算挑檐、雨篷承载力时，应沿板宽每隔 1.0m 取一个集中荷载；在验算挑檐、雨篷时，应沿板宽每隔 2.5~3.0m 取一个集中荷载。

荷载规范未明确施工荷载与屋面均布活荷载或雪荷载是否同时考虑参与组合。作者建议可参照《钢结构设计手册》[16]的规定：施工或检修集中荷载不应与屋面均布活荷载或雪荷载同时参与组合。

第七节 吊 车 荷 载

1.1.20 吊车工作级别与吊车工作制有何区别？

【解析】 2001 年以前的我国荷载规范（GBJ 7—89）规定：吊车荷载的计算与吊车工作制有关，并将吊车工作制划分为轻级、中级、重级、超重级四个等级。吊车工作制反映了吊车工作的不同繁重程度。而吊车产品也是根据这四个等级进行划分并生产。但是自国家标准《起重机设计规范》（GB 3811—83）颁布实施后，吊车产品已改按工作级别划分并生产。该规范将吊车的工作按其利用等级 U 和载荷状态 Q 的不同划分为 8 个工作级别（A1~A8）。

吊车的利用等级 U 是指吊车在设计寿命期内总的工作循环次数 N，共分 10 级，见表 1-1-5。

吊车的载荷状态 Q 是反映吊车工作的繁重程度，按载荷谱系数 K_P 分为 4 级（Q_1~Q_4），见表 1-1-6。

吊车利用等级　　　　　　　　　　　　　　　表1-1-5

利用等级	总的工作循环次数 N	附注	利用等级	总的工作循环次数 N	附注
U_0	1.6×10^4	不经常使用	U_5	5×10^5	经常中等地使用
U_1	3.2×10^4		U_6	1×10^6	不经常繁忙地使用
U_2	6.3×10^4				
U_3	1.25×10^5		U_7	2×10^6	繁忙地使用
U_4	2.5×10^5	经常轻闲地使用	U_8	4×10^6	
			U_9	$>4 \times 10^6$	

吊车载荷状态　　　　　　　　　　　　　　　表1-1-6

载荷状态	载荷谱系数	附注	载荷状态	载荷谱系数	附注
轻 Q_1	0.125	很少起升额定载荷，一般起升轻微载荷	重 Q_3	0.50	经常起升额定载荷，一般起升较重载荷
中 Q_2	0.25	有时起升额定载荷，一般起升中等载荷	特重 Q_4	1.00	平繁地起升额定载荷

载荷谱系数 K_P 可按下式计算：

$$K_P = \Sigma [n_i/N(P_i/P_{max})^m] \tag{1-1-14}$$

式中　n_i——载荷 P_i 的作用次数；

　　　N——总的工作循环次数，$N = \Sigma n_i$；

　　　P_i——第 i 个起升载荷，$P_i = P_1, P_2, \cdots, P_n$；

　　　m——指数，取 $m=3$。

吊车的工作等级取决于利用等级 U 和载荷状态 Q，可按表1-1-7确定：

吊车工作级别的划分　　　　　　　　　　　表1-1-7

载荷状态	名义载荷谱系数 K_P	利用系数									
		U_0	U_1	U_2	U_3	U_4	U_5	U_6	U_7	U_8	U_9
轻 Q_1	0.125			A1	A2	A3	A4	A5	A6	A7	A8
中 Q_2	0.25		A1	A2	A3	A4	A5	A6	A7	A8	
重 Q_3	0.50	A1	A2	A3	A4	A5	A6	A7	A8		
特重 Q_4	1.00	A2	A3	A4	A5	A6	A7	A8			

由表1-1-7可见，规范(GBJ 7—89)的吊车工作级别与载荷状态等级的定义一致，一般可直接套用。因此在结构设计时，应由工艺设计人员提供吊车技术规格(包括工作级别)，并指明该吊车在运行期内要求的载荷状态等级。

当无法明确吊车的载荷状态等级时，可根据吊车工作性质及其级别，参考表1-1-8，粗略地确定其吊车工作制。

吊车按工作制分类   表 1-1-8

项次	吊车工作制	吊车类别
1	轻级	安装、维修用梁式起重机，电站用桥式起重机
2	中级	机械加工、冲压、板金、装配等车间用软钩桥式起重机
3	重级	繁重工作车间及仓库的软钩桥式起重机，冶金工厂用普通软钩起重机间断工作的电磁、抓斗桥式起重机
4	超重级	冶金工厂专用桥式起重机（例如脱锭、夹钳、料耙等起重机连续工作的电磁、抓斗桥式起重机

由表 1-1-7 可知，吊车载荷状态 Q 与吊车工作级别 A 之间不存在一一对应的确定关系，但根据常用吊车的经验，可按表 1-1-9 粗略地确定它们之间的关系。

吊车载荷状态与工作级别的关系   表 1-1-9

载荷状态	Q_1	Q_2	Q_3	Q_4
工作级别	A1、A2、A3	A4、A5	A6、A7	A7、A8

1.1.21 怎样确定吊车竖向荷载代表值及动力系数？

【解析】吊车荷载属于可变荷载，吊车的荷载具有随机性，其变化的幅度与吊车的类型、车间的生产性质密切有关。调查表明吊车的荷载虽然受到额定起重量的限制，但仍有部分吊车超载运行。因而可以认为吊车荷载是随时间和空间而变异的一种可变荷载，宜用随机过程的概率模型进行描述。但是要取得吊车竖向荷载的精确统计资料相当困难。为解决实际工程设计需要，在根据以往荷载规范对吊车竖向荷载取值经验和实测数据的基础上，采用吊车竖向荷载在设计基准期内最大值概率分布为极值 I 型的分布函数，并取吊车额定最大轮压为该概率分布函数 0.95 的分位值作为吊车竖向荷载标准值。

在设计中采用的吊车竖向荷载标准值除吊车的最大轮压外尚有最小轮压。其中最大轮压通常在吊车生产厂提供的各类型吊车技术资料中已明确给出，但最小轮压却往往需要由设计者自行计算，其计算公式可采用如下：

对桥架每端有两个车轮的吊车，如电动单梁起重机、起重量不大于 50t 的普通电动吊钩桥式起重机等，其最小轮压：

$$P_{\min} = \frac{G+Q}{2}g - P_{\max} \tag{1-1-15}$$

对桥架每端有四个车轮的吊车，如起重量超过 50t 但小于 125t 的电动吊钩桥式起重机等，其最小轮压：

$$P_{\min} = \frac{G+Q}{4}g - P_{\max} \tag{1-1-16}$$

对桥架每端有八个车轮的吊车，如起重量超过 125t 的电动吊钩桥式起重机等，其最小轮压：

$$P_{\min} = \frac{G+Q}{8}g - P_{\max} \tag{1-1-17}$$

式中　$P_{\min}$——吊车的最小轮压(kN)；

P_{max}——吊车的最大轮压(kN);

G——吊车总重量(t);

Q——吊车额定起重量(t);

g——重力加速度,取 $9.81m/s^2$。

当计算吊车梁及其连接的强度时,应考虑吊车的动力效应,根据工程经验此动力效应可简化为将吊车竖向荷载标准值乘以动力系数后按静力结构计算。动力系数对悬挂吊车(包括电动葫芦)及工作级别为A1~A5的软钩吊车可取1.05;对工作级别为A6~A8的软钩吊车、硬钩吊车和其他特种吊车可取1.1。必须指出吊车荷载的动力系数并没有真正反映吊车在实际工作中的动力效应,它取值偏低的原因是由于其荷载分项系数取值与以往设计经验相比偏大,也就是认为在分项系数中已经部分考虑了荷载的动力效应。

吊车竖向荷载的准永久值由于目前统计资料不够充分,仅能根据国际上和我国国家标准《建筑结构可靠度设计统一标准》(GB 50068—2001)对准永久值取值原则以及工程经验确定其值。现行《建筑结构荷载规范》规定,在吊车荷载梁按正常使用极限状态设计时,吊车竖向荷载的准永久值系数对软钩吊车当工作级别为A1~A3时取0.5;当工作级别为A4、A5时取0.6;当工作级别为A6、A7时取0.7;对工作级别为A8时取0.95;对硬钩吊车取0.95。可见准永久值的取值偏安全。此外现行荷载规范还规定在厂房排架设计时,在荷载准永久值组合中不考虑吊车荷载。但当空载的吊车经常停放在指定的某个位置,需要计算吊车梁的长期荷载效应时可采用上述准永久值系数。

1.1.22 怎样确定吊车水平荷载标准值?

【解析】 吊车纵向和横向水平荷载主要分别由吊车的大车和小车的运行机构在启动或制动时引起的惯性力产生,惯性力为运行重量与运行加速度的乘积,但必须通过启动或制动轮与吊车轨道间的摩擦传递给厂房结构。因此,吊车的水平荷载取决于启动或制动轮的轮压与吊车轨道间滑动摩擦系数的数值。

现行荷载规范规定,吊车纵向水平荷载标准值应按作用在吊车一端轨道上全部制动轮最大轮压之和的10%采用。经我国长期工程实践的考验,尚未发现此项规定存在不安全问题。太原重机学院曾对一台起重量为300t中级工作制电动桥式吊车纵向水平制动力进行过测试,结果证实实测值与规范规定值相近。由于实测和统计的资料较少,因此吊车纵向水平荷载标准值与以往的取值相同,并且和国外规范的规定值相同。该荷载的作用点位于大车车轮与吊车轨道的接触点,其方向与轨道方向一致。

现行荷载规范规定吊车横向水平荷载标准值,应取横行小车重量与额定起重量之和的百分比并乘以重力加速度;对软钩吊车,当额定起重量不大于10t时应取12%;当额定起重量为16~50t时,应取10%;当额定起重量不小于75t时,应取8%;对硬钩吊车应取20%。

并规定吊车横向水平荷载标准值应等分于桥架两端,分别由轨道上的车轮平均传至轨道,其方向与轨道垂直,并考虑反正两个方向的刹车情况。

经实测和统计,上述横向水平荷载的规定与实测数据较吻合。将吊车横向水平荷载在桥架两端平等分配的规定,虽然与实际情况略有出入,但却是一种便于设计应用的计算方法,也与欧美规范规定相同。

吊车横向水平荷载的准永久值系数取值与吊车垂直荷载的规定值相同。

国家标准《钢结构设计规范》(GB 50017—2003)第3.2.2条规定：在计算重级工作制吊车梁(其工作级别为A6～A8)或吊车桁架及其制动结构的强度、稳定性以及连接(吊车梁或吊车桁架制动结构、柱相互之间的连接)的强度时，还应考虑由吊车摆动引起的横向水平力，作用于每个轮压处的此水平力标准值可由下式进行计算：

$$H_k = \alpha P_{k,max} \tag{1-1-18}$$

式中 $P_{k,max}$——吊车最大轮压标准值；

　　　α——系数，对软钩吊车$\alpha=1$；抓斗或磁盘吊车宜采用$\alpha=0.15$；硬钩吊车宜采用$\alpha=0.2$。

该条还规定此水平力不与荷载规范的横向水平荷载同时考虑。

1.1.23 怎样考虑多台吊车的荷载折减及组合值？

【解析】 设计厂房的吊车梁和排架时，考虑参与组合吊车的台数应根据所计算的结构构件能同时产生效应的吊车台数确定。它主要取决于柱距大小和厂房跨间的数量，其次是各吊车同时集聚在影响所计算的结构构件荷载范围内的可能性。根据实际观察，在同一跨度内，2台吊车以邻接距离运行的情况较为常见，但3台吊车相邻运行却很罕见，即使发生，由于柱距所限，能产生主要影响的也只有2台。对多跨厂房，在同一柱距内同时出现超过两台吊车的机会增多，但考虑隔跨吊车对结构的影响减弱，为了计算上的方便，现行《建筑结构荷载规范》规定，在计算吊车竖向荷载时，容许最多只考虑4台吊车；而在计算吊车水平荷载时，由于同时制动的机会很小，容许最多只考虑2台吊车。

实际调查结构表明，无论在设计中的吊车荷载是由2台或4台吊车引起的，但它们同时都达到最大荷载，而且均在最不利的位置处产生吊车竖向荷载标准值和水平荷载标准值的情况不可能出现。因而从概率的观点考虑，应对多台吊车的竖向荷载及水平荷载的标准值予以折减。

为了确定合理的多台吊车荷载折减系数，曾进行过大量实测调查工作，根据所得资料，经过整理分析，得出以下结论：吊车竖向荷载的折减系数与吊车工作的荷载状态有关，随吊车工作载荷状态由轻Q_1到重Q_3(表1-1-6)而增大，随额定起重量的增大而减小；同跨两台吊车和相邻跨两台吊车的竖向荷载折减系数相差不大。因此在对实际吊车竖向荷载分析的基础上，并参考国外规范的有关规定，现行荷载规范对参与组合的吊车台数为2～4台时，不同工作级别的吊车(A1～A5及A6～A8)规定了不同的吊车折减系数，并将其规定直接引用于吊车水平荷载的折减。应该指出规定的折减系数数值偏于保守。此外必须指出对多层吊车的单跨或多跨厂房，计算排架时，参与组合的吊车台数及荷载的折减系数，应按实际情况考虑。

吊车荷载的组合值系数取值原则与工业楼面活荷载的组合值系数基本相同，即组合值系数对软钩吊车，当工作级别为A1～A7时为0.7；当工作级别为A8时为0.95；对硬钩吊车为0.95。

第八节　雪　荷　载

1.1.24 怎样确定基本雪压？

【解析】 1. 基本雪压的取值原则

雪压是指单位水平面积上的雪重，单位以 kN/m^2 计。根据当地气象台（站）观察并收集的每年最大雪压，经统计得出 50 年一遇的最大雪压即为当地的基本雪压。观察并收集雪压的场地应符合下列要求：

(1) 观察场地周围的地形为空旷平坦；
(2) 积雪的分布保持均匀；
(3) 拟建设项目地点应在观察地形范围内或它们具有相同的地形。

年最大雪压 $S(kN/m^2)$ 按下式确定：

$$S = h\rho g \tag{1-1-19}$$

式中 h——年最大积雪深度，按积雪表面至地面的垂直深度计算(m)，以每年 7 月份至次年 6 月份间的最大积雪深度确定；

ρ——积雪密度(t/m^3)；

g——重力加速度，其值取 $9.8m/s^2$。

由于我国大部分气象台（站）收集的资料是年最大积雪深度，但缺乏相应完整的积雪密度数据，因此在计算年最大雪压时，积雪密度按各地区的平均积雪密度取值，对东北及新疆北部地区取 $0.15t/m^3$；对华北及西北地区取 $0.13t/m^3$，其中青海取 $0.12t/m^3$；对淮河及秦岭以南地区一般取 $0.15t/m^3$，其中浙江、江西取 $0.2t/m^3$。

为了满足实际工程中在某些情况下，需要确定重现期不是 50 年的最大雪压要求，现行建筑结构荷载规范已对部分城市给出重现期为 10 年、50 年和 100 年的最大雪压数据，供设计人员选用。当已知重现期为 10 年及 100 年的最大雪压值，要求确定重现期为 R 年时的最大雪压值可直接按下式进行插值估算：

$$x_R = x_{10} + (x_{100} - x_{10})(\ln R/\ln 10 - 1) \tag{1-1-20}$$

式中 x_R——重现期为 R 年的最大雪压值(kN/m^2)；

x_{10}——重现期为 10 年的最大雪压值(kN/m^2)；

x_{100}——重现期为 100 年的最大雪压值(kN/m^2)。

2. 基本雪压的确定

(1) 当城市或拟建设地点的基本雪压在现行建筑结构规范中没有明确数值时，可按下列方法确定：

1) 若当地有 10 年或 10 年以上的年最大雪压资料时，可通过资料的统计分析确定其基本雪压。统计分析时，雪压的年最大值采用极值 I 型的概率分布，其分布函数为：

$$F(x) = \exp\{-\exp[-\alpha(x-u)]\} \tag{1-1-21}$$

式中 α——分布的尺度参数；

u——分布的位置参数，即其分布的众值。

当有大量样本时，分布的参数与均值 μ 和标准差 σ 的关系按下式确定：

$$\alpha = 1.28255/\sigma \tag{1-1-22}$$

$$u = \mu - 0.57722/\alpha \tag{1-1-23}$$

当由有限个样本数量 n 的均值 $\bar{x}$ 和标准差 S 作为 μ 与 σ 的近似估计值时，取

$$\alpha = c_1/s \tag{1-1-24}$$

$$u = \bar{x} - c_2/\alpha \tag{1-1-25}$$

式中系数 c_1 和 c_2 见表 1-1-10。

系数 c_1 和 c_2 表 1-1-10

n	c_1	c_2	n	c_1	c_2	n	c_1	c_2
10	0.9497	0.4952	24	1.0864	0.5296	38	1.1363	0.5424
11	0.9672	0.4996	25	1.0915	0.5309	39	1.1388	0.543
12	0.9833	0.5035	26	1.0961	0.532	40	1.1413	0.5436
13	0.9972	0.507	27	1.1004	0.5332	41	1.1436	0.5442
14	1.0095	0.51	28	1.1047	0.5343	42	1.1458	0.5448
15	1.0206	0.5128	29	1.1086	0.5353	43	1.143	0.5453
16	1.0316	0.5157	30	1.1124	0.5362	44	1.1499	0.5458
17	1.0411	0.5181	31	1.1159	0.5371	45	1.1519	0.5463
18	1.0493	0.5205	32	1.1193	0.538	46	1.1538	0.5468
19	1.0566	0.522	33	1.1226	0.5388	47	1.1557	0.5473
20	1.0628	0.5236	34	1.1255	0.5396	48	1.1574	0.5477
21	1.0696	0.5252	35	1.1285	0.5403	49	1.159	0.5481
22	1.0754	0.5268	36	1.1313	0.5418	50	1.1607	0.5485
23	1.0811	0.5283	37	1.1339	0.5424	∞	1.2826	0.5772

按式(1-1-21)的分布函数，重现期为50年对应的超越概率为2%；重现期为100年对应的超越概率为1%。

若需确定重现期 R 年的最大雪压值 x_R，根据式(1-1-21)、式(1-1-24)、式(1-1-25)可求得如下：

$$x_R = u - \frac{1}{\alpha}\ln\left[\ln\left(\frac{R}{R-1}\right)\right] \tag{1-1-26}$$

因此重现期为50年的基本雪压值 S_0 可按下式计算：

$$S_0 = u - \frac{1}{\alpha}\ln\left[\ln\left(\frac{50}{50-1}\right)\right] = u + 2.5278/\alpha \tag{1-1-27}$$

2) 若当地的年最大雪压资料不足10年，可通过与有长期资料或有规定基本雪压的附近地区进行对比分析确定该地的基本雪压。

3) 当地没有雪压资料时，可通过对气象和地形条件的分析，并参照现行《建筑结构荷载规范》中的全国基本雪压分布图上的等压线，用插入法确定其基本雪压。

(2) 山区的基本雪压

山区的积雪通常比附近平原地区积雪大，并且随山区地形海拔高度的增加而增加。其原因主要是由于海拔较高地区的气温较低，降雪的机会增多，并且积雪融化延缓。为合理确定山区的基本雪压，必须对当地山区的雪压沿海拔高度变化的关系进行统计分析，因而各国的荷载规范均建议应尽量采用山区当地气象的记录作为依据，以保证当地山区基本雪压的可靠性。

当没有山区的气象资料时，通常以山区附近平原地区的基本雪压作为参考值，根据经验适当提高后确定山区基本雪压值。由于我国对山区雪压的研究尚少，现行《建筑结构荷载规范》规定在无实测资料的情况时，可按当地邻近空旷平坦地面的雪荷载值乘以系数1.2。采用此规定比较粗糙，因此必要时设计人员应对拟建工程地点的山区积雪实际情况进行调查研究，确定合理的山区基本雪压。

1.1.25 怎样确定雪荷载标准值?

【解析】 屋面水平投影面上的雪荷载标准值与屋面的积雪及其分布形式有关,可通过下式确定:

$$S_k = \mu_r S_0 \tag{1-1-28}$$

式中 S_k——雪荷载标准值(kN/m^2);
  μ_r——屋面积雪分布系数;
  S_0——基本雪压(kN/m^2)。

影响屋面积雪分布系数的主要因素是:

1. 风速

在下雪过程中,风会把部分本将飘落在屋面上的雪,吹积到房屋附近的地面上或其他较低的物体上。当风速较大或房屋处于风口位置时,部分已经积在屋面的雪也会被吹走。因而导致平屋面或小坡度屋面(坡度小于10°)上的雪压普遍比邻近地面上的雪压小。

2. 房屋的外形

单跨房屋和等高多跨房屋的屋面雪荷载与屋面坡度密切相关。一般情况下屋面雪荷载随屋面坡度的增加而减小(屋面坡度按屋面与水平面的夹角计算),主要原因是风的作用和雪被滑移所致。当风吹过屋脊时,在屋面的迎风一侧会因"爬坡风"效应使风速增大,吹走部分积雪。坡度越陡这种效应越明显。在屋脊后的背风一侧风速会下降,风中加裹的雪和从迎风面吹过来的雪往往在背风一侧屋面上漂积。因而,对双坡屋面及单跨曲线形屋面,风作用除了使总的屋面积雪减少外,还会引起屋面的不均衡积雪荷载。对多跨坡屋面及曲线形屋面,积雪会向屋谷区滑移或缓慢地蠕动,使屋谷区雪荷载增加。我国曾发生过一些轻型钢结构曲线形屋盖因屋面不均衡(不均匀)积雪荷载导致倒塌的事故,因而结构设计人员应对屋面不均衡积雪荷载引起重视。

锯齿形屋面也与其他多跨屋面类似,在天沟附近区域积雪一般较大。

具有挡风板的工业厂房屋面,在天窗与挡风板之间范围的屋面积雪也比较大。

现行《建筑结构荷载规范》根据屋面积雪的不同情况,给出了便于应用的屋面积雪分布系数。

此外,在高低跨屋面的情况下,由于风对雪的漂积作用,会将较高屋面的雪吹落至较低屋面上,在低屋面形成局部较大的漂积雪荷载。在某些情况下这种积雪非常严重,可能出现该处最大积雪为三倍于地面的积雪。低屋面上这种漂积雪荷载的大小及其分布形状与高低屋面的高差有关。当高差不太大时,漂积雪荷载将沿墙根在一定范围内呈三角形分布;当高差较大时,漂积雪靠近墙根处一般不十分严重,并分布在较大的范围内。现行《建筑结构荷载规范》为简化计算方便设计,规定对高低屋盖交接部位的在低屋面处两倍高差范围内屋面取漂积雪荷载比其他屋面范围的雪荷载增大一倍,即该处的积雪分布系数为2.0。

3. 屋面温度

冬季采暖房屋的屋面积雪一般比非采暖房屋小,这是因为屋面散发热量使部分积雪融化,同时也使滑移更易发生。这类房屋在檐口处冻结为冰棱及冰块,并堵塞屋面排水,造成屋面渗漏及对结构产生不利的荷载影响,因而应引起设计人员的重视。

我国《现行建筑结构荷载规范》为简化计算方便设计,不考虑屋面温度对积雪分布的影响。但一些多雪国家的荷载规范却有相应规定。

1.1.26 怎样确定雪荷载的准永久值系数？

【解析】 由于我国的幅员广大，各地气候差异很大，积雪情况不尽相同。因而现行《建筑结构荷载规范》根据确定荷载准永久值的原则，将全国划分为三个区域；对积雪时间较长的地区称为Ⅰ区，该区域雪荷载准永久值系数取0.5；对积雪时间不长的区域称为Ⅱ区，该区域的雪荷载准永久值系数取0.2；对积雪时间很短或终年不积雪的区域称为Ⅲ区，该区域的雪荷载准永久值系数取0。为便于设计应用，现行《建筑结构荷载规范》给出了雪荷载准永久值系数分区图。

1.1.27 建筑结构和屋面承重构件应如何考虑雪荷载的不同分布情况？

【解析】 为了保证建筑结构和屋面承重构件的安全，对雪荷载敏感的结构构件除应适当提高基本雪压外（由有关的结构设计规定），尚应在设计建筑结构和屋面承重构件时考虑最不利情况的积雪分布，这是根据我国工程实践经验的总结。据此现行荷载规范规定可采用下列积雪分布情况：

1. 屋面板和檩条按积雪不均匀分布的最不利情况采用。
2. 屋架和拱壳可分别按积雪全跨均匀情况、不均匀分布情况和半跨均匀分布情况采用。
3. 框架和柱可按积雪全跨均匀分布情况采用。

第九节 风 荷 载

1.1.28 怎样确定基本风压？

【解析】 确定建筑物和构筑物上的风荷载时，必须依据当地气象台、站历年来的最大风速记录进行统计计算确定基本风压。现行《建筑结构荷载规范》对基本风压是按以下规定的条件确定：

1. 测定风速处的地貌要求平坦和空旷（一般应远离城市中心区），通常以当地气象台、站或机场作为观测点；
2. 在距离地面10m的高度处测定风速；
3. 以时距10分钟的平均风速作为统计的风速基本数据；
4. 在风速基本数据中，取每年的最大风速作一个统计样本；
5. 最大风速的重现期为50年（即50年一遇）；
6. 历年最大风速的概率分布曲线采用极值Ⅰ型。

在求得重现期为50年的最大风速后，按下式确定基本风速：

$$w_0 = \frac{1}{2}\rho v^2 \tag{1-1-29}$$

式中 w_0——基本风压（kN/m^2）；

v——重现期为50年的最大风速（m/s）；

ρ——空气密度，理论上与空气温度和气压有关，可根据所在地的海拔高度z(m)按公式$\rho = 1.25e^{-0.0001z}$（kg/m^3）估算。

当缺乏空气密度资料时，为偏于安全可假定海拔高度为零，并取$\rho = 1.25 kg/m^3$，因而公式(1-1-29)可改为：

$$w_0 = \frac{1}{1600}v^2 \tag{1-1-30}$$

现行《建筑结构荷载规范》通过全国基本风压分布图给出了全国基本风压等压线的分布，同时对部分城市给出有关的风压值，考虑到设计中有可能需要不同重现期的风压设计资料，在附录中列出了重现期为 10 年、50 年、100 年的风压值。当已知重现期为 10 年及 100 年的风压值要求确定重现为 R 年的风压值时，可按公式(1-1-20)进行估算。

现行《建筑结构荷载规范》为保证结构构件具有必要的抗风安全，规定在任何情况下对 50 年一遇的基本风压取值不得小于 $0.3 kN/m^2$；对于高层建筑、高耸结构以及对风荷载敏感的其他结构，基本风压应适当提高。据此，《高层建筑混凝土结构技术规程》(JGJ 3—2002) 规定，对于特别重要的或对风荷载比较敏感的高层建筑，其基本风压应按重现期为 100 年的风压值采用。此外《高耸结构设计规范》(GB 50135—2006)也规定，确定风荷载的基本风压值应按现行国家标准《建筑结构荷载规范》的规定采用，但不得小于 $0.35 kN/m^2$；对于特别重要的或对风荷载比较敏感的高耸结构，其基本风压可取 100 年一遇的风压值。

当建设工程所在地的基本风压无规定时，可选择以下方法确定其基本风压值：

方法一：根据当地气象台、站的年最大风速实测资料(不得少于 10 年的年最大风速记录)，按基本风压的定义，通过统计分析后定。分析时，应考虑样本数量的影响。

方法二：若当地没有年最大风速实测资料时，可根据附近地区规定的基本风压或长期的实测资料，通过气象和地形条件的对比分析确定。也可按全国基本风压分布图中的建设工程所在位置按附近的风压等压线插入确定。

在分析当地的年最大风速时，往往会遇到其实测风速的条件不符合基本风压规定的条件，因而必须将实测风速资料换算为标准条件，然后再进行分析。参考资料 [10] 中列有在各种情况下如何换算的资料，可供参考。

1.1.29 怎样确定风压高度变化系数 μ_z?

【解析】 风压随高度的不同而变化，原因是在地球大气边界层内风速随离地面的高度增大而增大。风速随高度增大的规律主要与地面粗糙度和温度沿高度的变化有关。通常认为在离地面或海面高度为 300～500m 时，风速不再受地面粗糙度的影响，而完全受高空气压梯度的控制，该高度称为梯度风高度，相应的风速也称梯度风速。现行《建筑结构荷载规范》规定按地貌不同将地面粗糙度分为四类，即 A、B、C、D 四类：

A 类指近海海面和海岛、海岸及沙漠地区；

B 类指田野、乡村、丛林、丘陵以及房屋比较稀疏的乡镇和城市郊区；

C 类指密集建筑群的城市市区；

D 类指有密集建筑群且房屋较高的城市市区。

风压高度系数 μ_z 应按地面粗糙度指数和假设的梯度风高度按式(1-1-31)～式(1-1-34)计算确定。对四类地面粗糙度地区的地面粗糙度指数分别取 0.12(A 类)、0.16(B 类)、0.22(C 类)和 0.3(D 类)，且相应的梯度风高度取 300m、350m、400m、450m，在此高度以上风压不发生变化。据此，对四类地区的风压高度变化系数的计算公式如下：

$$\text{A 类：} \mu_z = 1.379(z/10)^{0.24} \tag{1-1-31}$$

$$\text{B 类：} \mu_z = 1.000(z/10)^{0.32} \tag{1-1-32}$$

$$\text{C 类：} \mu_z = 0.616(z/10)^{0.44} \tag{1-1-33}$$

$$D 类：\mu_z = 0.318(z/10)^{0.60} \qquad (1\text{-}1\text{-}34)$$

式中 z——离地面或海平面高度(m)。

对山区的建筑物，风压高度变化系数除可按平坦地面的粗糙度类别进行确定外，还应考虑地形条件的修正，将其乘以修正系数 η。η 可分别按下述规定采用：

1. 对山峰和山坡，其顶部 B 处(图 1-1-6)的修正系数可按以下公式确定：

$$\eta_B = [1 + \kappa \tan\alpha (1 - z/2.5H)]^2 \qquad (1\text{-}1\text{-}35)$$

式中 $\tan\alpha$——山峰或山坡在迎风面一侧的坡度，当 $\tan\alpha > 0.3$ 时(取 $\alpha = 16.7°$)，取 $\tan\alpha = 0.3$；

κ——系数，对山峰取 3.2；对山坡取 1.4；

H——山顶或山坡全高(m)；

z——建筑物计算位置离建筑物室外地面的高度(m)；当 $z > 2.5H$ 时，取 $z = 2.5H$。

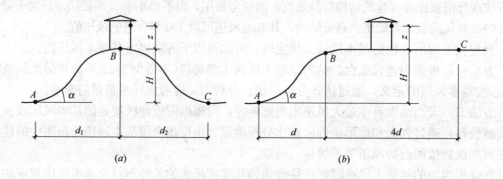

图 1-1-6　山峰或山坡风压调整
(a)山峰；(b)山坡

2. 对山峰和山坡的其他部位，可按图 1-1-6 所示，取 A、C 处的修正系数 η_A、η_C 为 1，AB 间和 BC 间的修正系数按线性插入法确定。

3. 对山区的盆地、谷地等闭塞地形，取 η 为 0.75~0.85；对于风向一致的谷口、山口取 η 为 1.20~1.50。

此外，对位于远海海面和海岛的建筑物或构筑物，其风压高变化系数除按 A 类粗糙类别确定外，尚应乘以表 1-1-11 给出的修正系数 η。

远海海面和海岛风压高度变化系数的修正系数 η　　　　表 1-1-11

离海岸距离(km)	<40	40~60	60~100
η	1.0	1.0~1.1	1.1~1.2

1.1.30　怎样确定风荷载体型系数 μ_s？

【解析】　由于建筑物体型的不同，在其表面上所受的风压与基本风压并不相同，且各处的分布也不均匀。为了表征建筑物表面各部分风压力(或风吸力)的实际情况，荷载规范采用了建筑物的风荷载体型系数 μ_s，用以描述实际压力(或吸力)与来流风的速度压的比值。μ_s 表示了建筑物表面在稳定风压作用下的静态压力的分布规律。其值主要是与建筑物的体型和尺度有关，也与周围环境和地面粗糙度有关。由于 μ_s 涉及关于固体与流体相互作用的流体动力学问题，要完成从理论上确定受风影响的建筑物表面的压力(或吸力)，目前还做不到。因此现行《建筑结构荷载规范》根据国内外风洞试验资料和参考国外规范的规定，在表 7.3.1 中给出了 38 项不同类型的房屋和构筑物的体型系数 μ_s 供设计人员参考应用。并指出当实际工程中房屋和构筑物的体型与表 7.3.1 中的体型不同时，可参考有关资料采用，当无参考资料可以借鉴时，宜由风洞试验确定。此外对重要且体型复杂的房屋和构筑物还规定必须由风洞试验确定。

从现行《建筑结构荷载规范》的表 7.3.1 中可以看出 μ_s 有如下特性：

1. 双坡屋面房屋（如规范表 7.3.1 项次 2 所示），当屋面坡度由≥60°向 0°变化时，顺风向（迎风面）坡面的 μ_s 值由≥60°为＋0.8（压力）减小到 30°为 0，再减小至≤15°为－0.6；而背风坡面的 μ_s 值不论屋面坡度如何变化始终为－0.5（吸力）。这个变化规律可作为确定多坡屋面房屋的 μ_s 参考。

2. 当实体式杆件的横截面由三角形、四边形过渡到圆形截面时，杆件横截面整体体型系数由 1.3 逐步降至 0.6，横截面的边长数愈多，对结构所受风力的减小愈多（如规范表 7.3.1 项次 31、36 所示）。

3. 当桁架式结构的截面形状从三角形向四边形过渡时，整体体型系数由小变大，且随挡风系数 ϕ 的增加而减小（如规范表 7.3.1 项次 34 所示）。

由于我国房屋和构筑物的外形和体量日趋复杂和增大，目前已有不少重要工程的风荷载体型系数 μ_s 采用风洞试验确定。风洞试验室数量也日愈增多，为解决疑难的风荷载问题提供了方便的条件。实际上风洞试验并非仅是以确定风荷载体型系数为单一目的，它主要是为了能够测试房屋在风洞模拟条件下整体结构包括动力在内的全部响应。

1.1.31 如何考虑群体建筑的风荷载？

【解析】 建筑结构受邻近结构物的影响，在规范表 7.3.1 中各类型房屋的体型系数 μ_s 中并没有考虑，而实际上在过去的设计中，往往认为有挡风的有利因素而对它忽略了。但是工程实践和风洞试验结构表明，若邻近的房屋比所考虑受风荷载的房屋矮小许多，即使这些房屋靠得很近，属干扰影响的部分只是所考虑受风荷载房屋的低下部位，对整个结构分析不致产生很大影响，因而在设计时可以不予考虑其影响。但是若邻近的房屋与所考虑受风荷载的房屋高度接近或大于后者的 1/2 以上时，则其干扰影响较大。特别是群集的高层建筑，相互间距较近时其干扰影响更大。因而荷载规范规定此时宜考虑风力相互干扰的群体效应；其考虑方法一般可将表 7.3.1 中单独建筑物的体型系数 μ_s 乘以相互干扰增大系数，该系数可参考类似条件的实验资料确定，必要时宜通过风洞试验得出。

考虑风力相互干扰的群体效应是一个日益受到重视的工程问题，它考虑的主要是后一栋房屋受前面房屋背风面区域内的涡流激振（buffeting）形成的附加结构效应，但由于其复杂性目前尚未妥善解决。在国外规范中目前也没有成熟的规定，欧洲规范仅规定不考虑这种效应的条件：(1) 两栋房屋或烟囱的间距超过前栋房屋迎风面宽度的 25 倍；(2) 后栋房屋或烟囱的自振频率大于 1Hz。国内的有关资料可参考文献 [12] 中所提供的信息。

1.1.32 局部风压体型系数 μ_{sl} 的新修订。

【解析】 现行《建筑结构荷载规范》表 7.3.1 给出的风荷载体型系数是按建筑物各种受风表面上风压的平均值计算而得，因而在实际工程中需要计算屋面、墙面及围护结构所受局部风压（或风吸）时，应考虑风压分布的不均匀性。

风洞试验结果表明：在房屋的角边、檐口、边棱处（如屋脊处等）、附属构件（阳台、雨篷等外挑等构件)等所受局部风压会超过表 7.3.1 所得的平均风压,也即局部风压体型系数会增大。此外,局部风压体型系数还和所考虑的构件受风面积有关,面积愈小则局部风压愈大,也即局部风压体型系数愈大。

因此荷载规范的局部修订规定,当计算房屋围护结构时,其风荷载标准值应按下列公式计算:

$$w_k = \beta_{gz} \mu_{sl} \mu_z w_0 \tag{1-1-36}$$

式中 w_k——风荷载标准值(kN/m^2);

β_{gz}——高度 z 处的阵风系数;当计算直接承受风压的幕墙构件(包括门窗)风荷载时,其值应按现行建筑结构荷载规范表 7.5.1 确定。对其他屋面、墙面构件阵风系数取 1.0;

μ_{sl}——局部风压体型系数。1)对房屋外表面的正压区按规范表 7.3.1 采用;2)对房屋外表面的负压区:墙面取-1.0;墙角取-1.8;屋面局部部位(周边和屋面坡度大于 10°的屋脊部位)取-2.2;檐口、雨篷、遮阳板等突出构件取-2.0。对墙角边和屋面局部部位的作用宽度为房屋宽度的 0.1 或房屋平均高度的 0.4,取其小者,但不小于 1.5m。3)对房屋内表面:对封闭式建筑物,考虑到实际存在泄压的特殊不利情况,按外表面风压的正负情况取-0.2 或 0.2 而予以调整。

必须指出上述的局部风压体型系数 μ_s 是适用于围护结构的从属面积 A 小于或等于 $1m^2$ 情况,当所受风荷载的从属面积增大到 $10m^2$ 时,$\mu_{sl}(A)$ 可乘以折减系数 0.8,当从属面积小于 $10m^2$ 而大于 $1m^2$ 时,局部风压体型系数 $\mu_{sl}(A)$ 可按面积的对数线性插值,即

$$\mu_{sl}(A) = \mu_{sl}(1) + [(\mu_{sl}(10) - \mu_{sl}(1))] \lg A \tag{1-1-37}$$

式中 $\mu_{sl}(1)$——从属面积 $A \leqslant 1m^2$ 时的风荷载体型系数;

$\mu_{sl}(10)$——从属面积 $A \geqslant 10m^2$ 时的风荷载体型系数。

1.1.33 怎样确定顺风向风振系数 β?

【解析】 结构物由于风的脉动风压的作用可在各个方向产生振动。顺风向风振系数 β 就是为了考虑脉动风压引起的与风向一致的结构振动响应。由于风速可分解为平均风速和脉动风速,平均风速变化缓慢且周期很长,可作为静态作用来处理,而脉动风速则变化很快周期很短。顺风向脉动风速的作用具有随机性质,它会引起结构的随机振动。顺风向脉动风的频率分布可由功率谱密度来反映,对于常见的脉动风而言,其卓越周期一般在 50s 左右。当结构基本自振周期愈接近风的卓越周期时,风振的影响愈显著。电视塔、烟囱、输电线塔等柔性结构的基本自振周期大约在 1~20s 之间,风振的影响最显著,高层建筑的基本自振周期一般在 0.5~10s 之间影响次之,而一般房屋(例如 5 层左右的房屋)其基本自振周期大都在 0.1~0.5s 之间,因而风振影响已很小了。因此在规范中明确规定:对于高度大于 30m 且高宽比大于 1.5 的房屋和基本自振周期 T_1 大于 0.25s 的各种高耸结构以及大跨度屋盖结构,均应考虑风压脉动对结构发生顺风向风振的影响。

在结构设计中要求考虑结构的顺风向风振,在理论上虽然合理,但对设计人员来说总是件麻烦事,因此在规范中明确必须考虑的范围还是十分必要的。对不需要计算风振系数的结构,只是说明它们受风振的影响可以忽略不计,或是在构造上已经有足够的抗风振能力,而计算的结果不能反映实际情况。

对大跨度(跨度在36m以上)的屋盖结构(包括带悬挑的屋盖结构但不包括索结构)应考虑顺风振问题是现行《建筑结构荷载规范》新要求的内容。其原因是通常在水平风力中尚包括有与地面成±10°角的竖向风力。竖向风力对高层建筑和一般房屋结构受力的影响不大,仅对结构增加少量的竖向轴向力,因而一般可略去不计。然而对大跨度屋盖结构竖向风力的影响则不可忽略,能对屋盖造成损坏。我国沿海台风造成的屋盖损坏很多,造成的损失高达数百亿元。虽然现行《建筑结构荷载规范》尚未对如何具体确定顺风向风振对大跨度房屋的影响,但经过多年来的研究,在参考资料[12]中,已提出可用于工程设计的计算方法供设计人员参考。

规范提供的顺风向风振系数的确定仅限于一般悬臂型结构,例如构架、塔架、烟囱等高耸结构,以及高度大于30m、高宽比大于1.5且可忽略扭转影响的高层建筑。结构的风荷载可按公式(1-1-38)通过风振系数来计算;结构在 z 高度处的风振系数 β_z 可按公式(1-1-39)计算,在计算中对多数情况可仅考虑第一振型的影响。

$$w_k = \beta_z \mu_s \mu_z w_0 \tag{1-1-38}$$

$$\beta_z = 1 + \frac{\xi \gamma \varphi_z}{\mu_z} \tag{1-1-39}$$

式中　w_k——风荷载标准值(kN/m^2);

　　　β_z——高度 z 处的风振系数;

　　　μ_s——风荷载体型系数;

　　　μ_z——风压高度变化系数;

　　　w_0——基本风压(kN/m^2);

　　　ξ——脉动增大系数;

　　　γ——脉动影响系数;

　　　φ_z——振型系数。

β_z 与结构类型、结构外形、质量和刚度沿高度的变化规律,结构基本自振周期,地面粗糙度类别,基本风压值等因素有关。

规范提供的计算方法仅限于房屋外形及质量沿高度比较均匀的高层建筑,以及截面形状、质量沿高度有规律变化的高耸结构。

1.1.34 圆形截面结构的横风向风振计算新修订。

【解析】 当建筑物受到风力作用时,不但顺风向可能发生风振,而且在一定条件下也可能发生横风向风振。横风向风振是由不稳定的空气动力形成,其性质比顺风向风振更为复杂,其中包括漩涡脱落、驰振、颤振等空气动力现象。

对圆形或环形截面柱体结构,当发生漩涡脱落时,若漩涡脱落与结构自振频率相符合将出现共振。试验表明漩涡脱落频率 f_s 与风速 v 成正比,与截面的外径 D 成反比。同时雷诺数 $Re = \dfrac{vD}{\nu}$(ν 为空气运动黏性系数,约为 $1.45 \times 10^{-5} m^2/s$)和斯脱罗哈数 $St = \dfrac{f_s D}{v}$ 在识别横风向振动规律方面有重要意义。对圆柱体 $St \approx 0.2$。

当风速较低,即 $Re \leqslant 3 \times 10^5$ 时,一旦 f_s 与结构自振频率相符,即发生亚临界的微风共振。当风速增大而处于超临界范围,即 $3 \times 10^5 \leqslant Re \leqslant 3.5 \times 10^6$ 时,漩涡脱落没有明显的周期,结构的横向振动也呈随机性;当风速更大,即 $Re \geqslant 3.5 \times 10^6$ 时,进入跨临界范围，重新出现规则的周期性漩涡脱落，一旦与结构自振频率接近，结构将发生强风共振。

一般情况下，当风速在亚临界或超临界范围内时，只要采用适当构造措施，不会对结构产生严重影响，即使发生微风共振，只可能影响结构的正常使用，但不会造成结构破坏。因而设计时只需控制顶部风速即可。

当风速进入跨临界范围时，结构有可能出现严重的振动甚至破坏，国内外都曾发生过很多这类损坏或破坏的事例，对此必须引起重视。

《建筑结构荷载规范》局部修订对圆形截面的结构，其横风向风振校核的有关条文进行了完善并给予明确的规定。以下对修订中的重点做如下说明：

1. 当 $Re<3×10^5$ 且结构顶部风速 v_H 大于临界风速 v_{cr} 时，可发生亚临界的微风共振。此时可在构造上采取防振措施或控制结构的临界风速 v_{cr} 不小于 15m/s。Re 及 v_H、v_{cr} 按下列公式计算：

$$Re=69000vD \tag{1-1-40}$$

$$v_{cr}=D/(T_i St) \tag{1-1-41}$$

$$v_H=\sqrt{2000\mu_H w_0/\rho} \tag{1-1-42}$$

式中　v——计算所用风速(m/s)，可取 v_{cr} 值；

　　　D——圆形截面的直径(或环形截面的外直径)(m)；对倾斜度不大于 0.02 沿高度截面缩小的结构，可近似取 2/3 高度处的直径；

　　　T_i——结构振型 i 的自振周期，验算亚临界的微风共振时取基本自振周期 T_1；

　　　μ_H——结构顶部风压高度变化系数；

　　　w_0——基本风压(kN/m^2)；

　　　ρ——空气密度(kg/m^3)。

2. 当 $Re \geq 3×10^6$ 且结构顶部风速 v_H 的 1.2 倍大于 v_{cr} 时，可发生跨临界的强风共振，此时应考虑横向风荷载引起的共振效应，即验算结构的承载能力。验算时由于跨临界强风共振引起在距地面 z 高度处振型 j 的等效风荷载 w_{czj} 可按下列公式确定：

$$w_{czj}=|\lambda_j|v_{cr}^2\varphi_{zj}/(12800\xi_j)(kN/m^2) \tag{1-1-43}$$

式中　λ_j——计算系数，按现行《建筑结构荷载规范》表 7.6.2 确定；表中临界风速起始点高度 H_1 按公式 $H_1=H×\left(\dfrac{v_{cr}}{v_H}\right)^{\frac{1}{\alpha}}$，其中 α 为地面粗糙指数，对 A、B、C、D 四类分别取 0.12、0.16、0.22、0.30；

　　　φ_{zj}——在 z 高度处结构的 j 振型系数，由计算确定或按现行《建筑结构荷载规范》附录 F 确定；

　　　ξ_j——第 j 振型的阻尼比；对第 1 振型，钢结构取 0.01，房屋钢结构取 0.02，混凝土结构取 0.05；对高振型的阻尼比若无实测资料，可近似按第 1 振型的值取用。对一般悬臂型结构，计算时可仅取 1 或 2 个振型，其他情况可取不大于 4 个振型。

3. 当雷诺数为 $3×10^5 \leq Re<3.5×10^6$ 时，则发生超临界范围的共振，可不做处理。

1.1.35 低矮房屋的风荷载计算应注意的问题。

【解析】对于低矮房屋，其风荷载尽管在《建筑结构荷载规范》(GB 50009—2001) 中已有规定，但是考虑到近年来轻型房屋钢结构在国内工业建筑领域内的应用十分流行，而且轻型房屋钢结构对风荷载又比较敏感，因此关于低矮房屋风荷载的确定已经成为众所关注的问题。

自1976年以来，由美国金属房屋制造商协会(MBMA)、美国钢铁协会(AISI)及加拿大钢铁工业结构研究会共同资助，在加拿大西安大略大学(UWA)边界层风洞试验室内进行了低矮房屋模型的大量试验，并取得新的成果，分别在1977年、1978年和1983年完成了"低矮房屋风荷载"的最终报告的四个部分。这些试验应用了许多新装置，包括新型传感器、数据处理系统和具有生成庞大数据能力的在线计算机。应用复杂的压力传感器便可能在风洞内直接测得峰值压力；应用所谓"包络"方法，使所得风荷载能合理反映风的方向性、地面粗糙度和房屋几何尺寸的综合影响；还应用所谓"气压平均"的试验方法，以使所得风荷载能区分在主要抗风结构和围护结构构件以及紧固件上的不同。这些试验所得的结果在加拿大规范 NBC 1995 和美国规范 ASCE 7/95 中已得到采用，也在国际标准 ISO 4354—1997 中得到采纳。

我国工程建设标准化协会在1998年发布的《门式刚架轻型房屋钢结构技术规范》(CECS 102：98)首次参照美国 MBMA 的《低矮房屋体系手册》(1996)中有关小坡度房屋的风荷载有关规定，并考虑到我国的基本风压标准与美国不同的特点，提出低矮房屋门式刚架结构的风荷载规定。

根据上述规范2003版的规定[9]，对风荷载标准值仍按公式(1-9-8)计算，但在计算时不考虑风振系数和阵风系数（即 β_z 取值等于1)，并且应将基本风压乘以1.05。此外还规定：对于门式刚架结构，当其屋面坡度不大于10°、屋面平均高度不大于18m、檐口高度不大于屋面的最小水平尺寸时，计算门式刚架、檩条和墙梁，屋面板和墙板等的风荷载的体型系数应该按规范确定。但经计算结果分析比较，参考资料[15]规定，跨高比小于4的门式刚架应该按现行《建筑结构荷载规范》确定风荷载标准值 w_k 及风荷载体型系数，不考虑风振系数（取其等于1），但对跨高比大于4的门式刚架及其围护结构的风荷载标准值宜按《门式刚架轻型房屋钢结构技术规程》(CECS 102：2002)取用。

第十节 温 度 作 用

1.1.36 计算温度作用有哪些基本参数？

【解析】 影响结构温度的主要因素分两部分，外界的气候因素和房屋内部的使用或工艺因素，后者应由有关的标准或工程项目的任务书规定。本节内容主要是介绍有关外界的气候因素，其中包括室外气温和太阳辐射。

在结构构件任意截面上的温度分布，一般可认为由三个分量叠加组成（图1-1-7）：

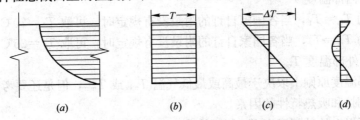

图1-1-7 结构构件上的温度场的分解

(a)结构构件实际温度分布；(b)均匀分布的温度；(c)线性变化分布的温度；(d)自平衡非线性分布的温度

(1) 均匀分布的温度分量 T，它将引起结构构件的伸长或缩短(图 1-1-7)；

(2) 温度沿截面线性变化的分量，一般以截面边缘的温度差 ΔT 表示，它引起结构构件的弯曲(图 1-1-7c)；

(3) 温度自平衡的非线性变化的分量，由它引起的效应一般较小，在结构静力分析中可以忽略(图 1-1-7d)。

上述的温度分布状态随时间有明显的周期性和随机性，在任意时刻会呈现某个分布状态，因此，在对结构进行温度的静力分析时，应考虑它处于某个对结构不利的温度分布状态。此外还必须考虑到温度分布的初始状态，也即开始脱离零应力结构系统或其部分系统开始脱离零应力状态的所谓结构闭合阶段，例如在施工阶段结构支撑拆除时，届时的温度分布对结构的温度效应有直接的影响。

因此，计算结构温度效应的温度作用的基本参数应包括：

(1) 结构闭合阶段的初始温度 T_0；

(2) 结构在夏季的最高气温 T_{max} 和在冬季的最低气温 T_{min}。

初始温度原则上应由结构闭合时的实际气温确定，这在设计阶段一般很难判断。如果保守地估计，就应考虑结构闭合在冬季或夏季的两种可能，分别以最不利的夏季最高气温或冬季最低气温相配合，求出最不利的温度差作为设计依据。

由于在建筑结构设计中过去很少考虑结构的温度效应，而目前我国还缺乏这方面的经验，因此在现行设计规范中对此也没有任何相应的设计指示。这里主要是介绍欧洲规范 EN 1991-1-5 结构上的作用—温度作用中有关温度设计参数的规定，供国内设计人员参考。

结构设计中对气温有下述的定义：它是由设置在百叶箱内的温度计记录的温度数据，百叶箱为白色木箱，四侧设有百叶窗，使温度计不受太阳辐射、降水和强风的影响，但能让周围空气自由流通。温度计球泡的高度应离地面 1.2m。

气温数据应连续自动记录，或按小时定时记录。

最高气温 T_{max} 是根据小时最大值数据统计得出的重现期为 50 年的年最高气温。最低气温 T_{min} 是根据小时最小值数据统计得出的重现期为 50 年的年最低气温。

初始温度要求参加欧盟的各个国家在自行制订的相应附录中作出规定，但又指出，当没有规定时，可取 $T_0=10℃$。

1.1.37 如何估算房屋的内外温度？

【解析】 在确定结构构件温度线性变化的分量时，对房屋内外的不同温度 T_{in} 和 T_{out} 应有合理的估计。EN 1991-1-5 对此也有相应的规定。

(1) 房屋的内部温度 T_{in}

夏季的 $T_{in}=T_1$，当各国家自订的附录没有规定时，可取 $T_1=20℃$；

冬季的 $T_{in}=T_2$，当各国家自订的附录没有规定时，可取 $T_2=25℃$。

(2) 房屋的外部温度 T_{out}

房屋的外部温度原则上取决于最高或最低气温 T_{max} 或 T_{min}，但是还要考虑房屋外表面的方位(太阳辐射)和吸热特性的因素。

房屋在地面以上的外部温度 T_{out} 值可按表 1-1-12 分类。

房屋在地面以上的外部温度 T_{out} 值　　　　　　　　表 1-1-12

季　节	表面有效吸热系数(与表面明暗色调有关)	T_{out}
夏　季	0.5(光亮表面)	$T_{max}+T_3$
	0.7(浅色表面)	$T_{max}+T_4$
	0.9(暗淡表面)	$T_{max}+T_5$
冬　季		T_{min}

房屋在地面以下的外部温度 T_{out} 值可按表 1-1-13 分类。

表 1-1-13

季　节	地面以下深度	T_{out}
夏　季	<1m	T_6
	>1m	T_7
冬　季	<1m	T_8
	>1m	T_9

表中温度修正值 $T_3 \sim T_9$ 当各国家自行制订的附录没有规定，且地区是在北纬 45°～55°内时，EN 建议采用下述修正值：

对地面以上

　　东北向墙面　　　　　　$T_3=0℃$，　　$T_4=2℃$，　　$T_5=4℃$；

　　水平屋面及西南向墙面　$T_3=18℃$，　$T_4=30℃$，　$T_5=42℃$。

对地面以下

　　　　$T_6=8℃$，　　$T_7=5℃$，　　$T_8=-5℃$，　　$T_9=-3℃$。

由于我国的地理位置的纬度与欧洲地区存在明显的差异，因此以上数据在引用时，应有所调整。

1.1.38 材料温度膨胀系数。

【解析】 材料受温度影响，每升高摄氏 1 度的相对伸长变形被定义为温度膨胀系数 α_T，对常用材料其设计值可按表 1-1-14 采用。

常用材料温度膨胀系数 α_T　　　　　　表 1-1-14

材　料	$\alpha_T(10^{-6}/℃)$	材　料	$\alpha_T(10^{-6}/℃)$
铝及铝合金	24	轻混凝土	7
不锈钢	16	砖砌体	6～10
结构钢	12	木材，沿纤维方向	5
普通混凝土	10	木材，正交纤维方向	30～70

对钢筋混凝土和组合结构，可以假定钢和混凝土的温度膨胀系数相同。

1.1.39 温度作用效应的组合值系数、频遇值系数、准永久系数。

【解析】 按 EN 1991-1-5，在不同的设计组合中，对温度作用效应的组合值系数取 0.6；频遇值系数取 0.5；准永久值系数取 0。

第十一节 偶 然 荷 载

在《建筑结构荷载规范》第3.2.6条中关于偶然组合曾给出简单的原则性指示,由于在以往的建筑结构设计中很少涉及这类问题,因而对此也缺乏认识,然而由于在实际生活中关于灾害性的事件累累不止,人们对建筑物的使用要求也有所提高,尽管在当前的规范中还没有关于抗御偶然荷载的具体规定,在本节中主要是介绍欧洲规范中有关偶然荷载(包括撞击和爆炸荷载)的设计指示。

1.1.40 怎样确定撞击荷载?

【解析】 这里主要是考虑车辆在路面上行驶时,对临近的结构构件(柱、墙等)发生撞击时而需要考虑的设计撞击力。首先我们设想车辆是一个具有质量为 m 且有刚度为常量 k 的弹性物体,在时刻 $t=0$ 时以速度 v 撞向结构,而结构被假定是一个不移动的刚体。则发生撞击时的撞击力最大值 F_{max} 及其作用在结构上的持续时间 Δt 可根据动力学原理导出如下:

$$m\frac{d^2 x}{dt^2}+kx=0 \tag{1-1-44}$$

或

$$\frac{d^2 x}{dt^2}+(k/m)x=0 \tag{1-1-45}$$

车辆位移 x 的通解是

$$x=C_1\sin\sqrt{(k/m)}t+C_2\cos\sqrt{(k/m)}t \tag{1-1-46}$$

当 $t=0$,$x=0$,则得 $C_2=0$

当 $t=0$,$\frac{dx}{dt}=v$,得 $C_1=v\sqrt{(m/k)}$

$$x=v\sqrt{(m/k)}\sin\sqrt{(k/m)}t \tag{1-1-47}$$

撞击力

$$F=kx=v\sqrt{(km)}\sin\sqrt{(k/m)}t \tag{1-1-48}$$

由此得出 F 的最大值 F_{max} 和持续时间 Δt:

$$F_{max}=v\sqrt{(km)} \tag{1-1-49}$$

$$\Delta t=\pi\sqrt{(m/k)} \tag{1-1-50}$$

实际上被撞击的结构并非是刚体,在受撞击力后会发生变形,因此实际的撞击力并没有按公式计算得出的那么大,它的折减与车辆和结构的质量比 (m/m_1) 以及结构自振周期和撞击持续时间比 $(T/\Delta t)$ 有关,在一般情况下,当 m/m_1 小于 1 时,随车辆质量或结构柔性的增大,撞击力的折减越大。如果在撞击时进一步容许结构进入塑性变形,则撞击力折减更多。

作为一般的结构设计,车辆对结构的撞击的水平力静力等效设计值根据欧洲规范可按表 1-1-15 采用。

车辆水平撞击力设计值 表 1-1-15

路面类型	车辆类型	撞击力设计值(kN)	
		$F_{d,x}$	$F_{d,y}$
公　　路	货　车	1000	500
郊区道路	货　车	750	375
城区道路	货　车	500	250
院落或车库	货　车	150	75
院落或车库	轿　车	50	25

表中 $F_{d,x}$ 和 $F_{d,y}$ 各为正常行驶方向和与之正交方向的撞击力设计值；两者不需同时考虑。

图 1-1-8 所示为撞击力作用的位置和作用面积，其位置在离路面高度为 1.25m(货车)或 0.5m(轿车)处，作用面积的高度为 0.50m(货车)或 0.25m(轿车)，宽度为 1.50m 或被撞的结构构件的宽度（取其中小者）。

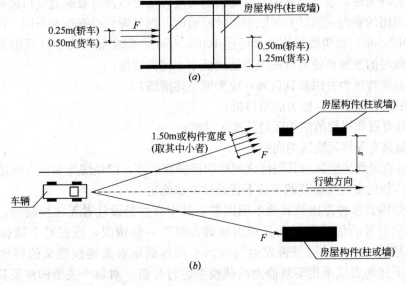

图 1-1-8 车辆撞击力示意图
(a)撞击力作用面积的高度及位置；(b)撞击力作用面积的宽度

在车道上仅当无法保证能够提供足够的间隙空间和安全的防护设施时，才考虑对上空水平结构构件的撞击作用。此时对结构构件的竖向表面上的撞击力设计值按表 1-1-14 采用，并乘以系数 $r=0.5-(h-5)/2$；在构件底部表面上的撞击力仍按该值，但是作用方向按偏角 10° 考虑（图 1-1-9）。

对有小型叉车的房屋，水平设计力按 $F=5W$ 确定，W 为叉车额定负载，作用在地面以上 0.75m 的高度处。

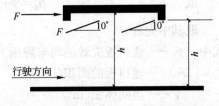

图 1-1-9 车辆对其上空结构构件的撞击力

1.1.41 怎样确定爆炸荷载?

【解析】 1968 年在英国伦敦地区新罕姆市 23 层 Ronan Point 公寓大楼发生煤气爆炸事件后,在建筑结构设计中开始考虑爆炸荷载以抵御这类事故造成的严重灾害。尽管这类事件出现的概率很小,但是一旦出现,如果设计中考虑不周,而造成像在 Ronan Point 公寓大楼墙板那样发生连续坍塌的后果,是工程界所不能接受的。由此,作为偶然事件如何考虑爆炸荷载,在建筑结构设计中开始在欧洲得到重视。

我国过去很少出现这类事件,然而随着城市建设的发展,情况已经有了改变,在住房设计中考虑由于爆炸引起的偶然设计状况也应成为必需的内容。由于我们过去对此比较陌生,缺乏这方面的设计经验,因此适当介绍欧洲规范 EN 1991-1-7 中有关内容。

爆炸是指燃气或尘埃在空气中发生的急剧的化学反应,它造成高温和高压,并以压力波的形式在空气中传递。爆炸荷载是指在室内由于爆炸而引起在结构上的作用力,它不包括外来的爆炸力。

由爆炸产生的压力主要取决于燃气或尘埃的类型、燃气或尘埃在空气中的含量及其在空气中混合的均匀性、发生爆炸的封闭体内的尺度和形状以及有效的通气口或释压口的大小。在完全封闭的室内,当具有无限刚强的外墙时,燃气爆炸根据类型不同,产生的压力最大达 1500kN/m²,而尘埃爆炸最大可达 1000kN/m²。但实际上由于介质混合的不充分以及门窗失效时的泄漏而使形成的压力远远低于上述的数据。

为了降低爆炸压力并限制其后果,应采取下述措施:
(1) 应用具有额定通口压力的通口板;
(2) 将具有爆炸风险的结构区与其他区隔离;
(3) 限制具有爆炸风险区的面积;
(4) 在具有爆炸风险区与其他区之间标明保护性措施,以免爆炸和压力传递。

具有通口板的室内爆炸荷载可按下述设计方法确定:

由于爆炸涉及多种原因及其他不明因素,其中有些是设计者无法控制的,因而要对爆炸效应做出有效的估计很复杂且难以精确。对于一般情况,应在整个结构中选定关键构件,它是指对整体结构是否发生与起因不相称倒塌有关键性意义的构件。可对该关键构件按下述的方法采用等效静力荷载模型进行分析:对每个关键构件及其连接的设计应使其能承受偶然的静压力设计值 $p_d = 20kN/m^2$,以任何方向作用并传递到相邻接的其他构件上。

也可按名义等效静压设计值 p_d 确定燃气爆炸的压力效应来设计关键构件:

$$p_d = 3 + p_v \tag{1-1-51}$$

或

$$p_d = 3 + p_v/2 + 0.04/(A_v/V)^2 \tag{1-1-52}$$

取其中大者。

式中 p_v——通口板失效的均布静压力(kN/m²);
　　　A_v——通口板的面积(m²);
　　　V——房间体积(m³)。

此外,通口板面积与房间体积比在下述范围内才有效:

$$0.05 \leqslant A_v/V \leqslant 0.15 \tag{1-1-53}$$

等效静压设计值公式仅适用于房间体积在 1000m³ 以内。

爆炸压力同时作用在房间所有外围的表面上。当房屋具有不同的 p_v 值时，应采用最大的 p_v 值。

爆炸荷载以均布荷载的形式作用在上下楼板和周围墙体结构上，在验算结构抗力时，应该考虑瞬间抗力的提高。

第二章 地 震 作 用

第一节 地震的基础知识

1.2.1 构造地震与诱发地震有何区别？

【解析】 在建筑结构设计中所指的地震是由于地壳构造运动产生的自然力推挤岩层，使在其薄弱部位发生断裂错动而引起的地面振动，这种在构造变动中引起的地震叫构造地震。断层是岩体的薄弱部位，因此，活动断层就受到地震学家密切的关注。

除构造地震以外，火山爆发、溶洞陷落也会引起地震。此外，由于人类的工程活动也可能诱发地震，例如水库的蓄水、石油和天然气、盐卤、地热的开发，油田开发中的深井注水、矿山抽排水、煤及其他固体矿床的开采、地下核爆炸等工程活动都可能诱发地震[17]。

以水库诱发地震为例，迄今已知世界上约有上百个水库在蓄水后诱发了地震。其中在我国也有十多个，震级最大的为建于广东河源的新丰江水库，该水库坝高105m，库容量为115亿m^3；1959年10月开始蓄水，1962年3月18日，在坝附近发生了6.1级地震，震中烈度强达8度，大坝工程局及相距5km处的河源县城建筑物遭受破坏，倒塌房屋1800余间，伤亡80余人。一般说来，水库诱发地震的概率还是很低的，而强烈的水库诱发地震也主要发生在高坝大水库中。

诱发地震按其主要诱发因素，可以分为水和其他流体诱发的地震(简称水诱发型地震)及非水诱发型地震两类。前者包括水库诱发地震及抽、注液体诱发的地震等。

水诱发型地震，水是主要的诱发因素。在自然界，在干燥或不饱和水的岩体中，由于水的介入或水压力的增高；或者在含有高流体压力的岩体中，由于压力的减小或消失，都可能使原来处于相对平衡状态的岩体失稳而发生地震。

非水诱发型地震包括采矿和地下爆炸诱发的地震等，它们主要是由于挖掘坑道扰动了岩体的原始应力状态，在某些地段出现应力集中，当应力达到或超过岩石强度时，就会出现破坏而发生地震；或者由于强烈的地下爆炸引起爆点附近的岩体崩塌和造成附近岩体新的破裂以及因强烈的弹性振动诱发已累积的岩体应力的释放而发生地震。

因为强烈的构造地震影响面广，破坏性大，频度高，约占破坏性地震总量的90%以上。因此，在建筑结构设计中，仅限于讨论在构造地震作用下建筑物的抗震设计问题。

1.2.2 地震类型按发生地震过程及前兆总体特征分类时各有哪几种类型？

【解析】 由于我国地震分布甚广，在这广阔的地域内，地质构造条件千差万别，无论是地壳运动、应力状况或岩石物性都不相同，这就决定了我国地震类型的复杂性和多样性。划分地震类型有不同的方法，如从每次地震的发生过程来看，可大体上分为三类[18]：主震—余震型(这是主要的类型)；前震—主震—余震型(约占1/3)；震群型。

如从地震的前兆总体特征来看，可以分为两类：老断层重新滑动的走滑型地震与形成新断层的断错型地震(如唐山地震)。一般说来，走滑型地震的前兆少，面小，且持续时间短；断错型地震的前兆较多，较大，持续时间较长。

1.2.3 何谓震源深度？并列举震级与其所释放能量的对应关系。

【解析】 地壳深处发生岩体断裂、错动处称为震源，震源至地面的距离称为震源深度。一般把震源深度小于60km的地震称为浅源地震，60～300km的称为中源地震，大于300km的称为深源地震。由于深源地震所释放出来的能量，在长距离的传播过程中大部分损失掉，虽然波及的范围较大，但对地面建筑物的影响却很小。

震源正上方的地面称为震中，震中邻近地区称为震中区。地面上某点至震中的距离称为震中距。

我国是多地震活动的国家，地震活动具有分布广、强度大、频度高、震源浅、灾害重等特点。现将有史以来，全国震级$M \geqslant 6$的地震按省统计的结果，列入表1-2-1中。

全国各省及沿海震级$M \geqslant 6$的地震频度统计表[18]　　　　　表1-2-1

新疆 80次	河北 28次	黑龙江 10次	福建 2次
西藏 83次	河南 4次	安徽 3次	广东 10次
青海 29次	山西 15次	江苏 2次	渤海 6次
云南 95次	陕西 8次	湖北 1次	黄海 5次
四川 54次	山东 8次	湖南 1次	东海 14次
甘肃 36次	辽宁 3次	广西 1次	南海 13次
宁夏 17次	吉林 7次	江西 1次	台湾 270次
内蒙古 6次		浙江 0次	贵州 0次

注：由于历史地震记录的起始时间差别很大，有的省长达二、三千年（如陕西、河北），有的省只有数十年（西藏、内蒙古），故表中数字代表的时段不同。

根据近代仪器观测资料，从1900年至1987年，大陆地区发生6级以上的地震约有271次，其中8级以上地震7次，7～7.9级地震44次，6～6.9级地震240次。平均每年发生2～3次6～6.9级地震，每2～3年发生一次7～7.9级地震，每10年发生一次8级以上地震[18]。

这些地震的绝大多数（除黑龙江、吉林的少部分地震外）深度都在10～20km内，属于浅源地震，故震中烈度通常较高。

吉林地区发生过震源深度在600km左右的深源地震。

地震的震级是衡量地震本身大小的尺度，用符号M表示，一般称为里氏(Richter)震级。不同震级的地震通过地震波释放出来的能量可用下式计算：

$$\lg E = 1.5M + 11.8 \qquad (1-2-1)$$

式中　E——地震释放的能量(erg)。

按此式计算出不同震级地震通过地震波释放出来的能量大致如表1-2-2所示。

地震释放出来的能量[19]　　　　　表1-2-2

震级 M	能量 E(erg)	震级 M	能量 E(erg)
0	6.3×10^{11}	2.5	3.55×10^{15}
1	2×10^{13}	3	2×10^{16}
2	6.3×10^{14}	4	6.3×10^{17}

续表

震级 M	能量 E(erg)	震级 M	能量 E(erg)
5	2×10^{19}	8	6.3×10^{23}
6	6.3×10^{20}	8.5	3.55×10^{24}
7	2×10^{22}	8.9	1.4×10^{25}

可以看出，当地震震级相差一级时，释放出来的能量约相差32倍。

1.2.4 体波地震波及面波地震波的传播特点是什么？并列出其运动方程。

【解析】 当地应力超过某处岩石的强度极限而导致岩层发生突然断裂和错动时，就会引起振动，地震引起的振动以波的形式从震源向各个方向传播，这就是地震波。地震波是弹性波，在地球内部传播的波称为体波，在地球表面传播的波称为面波，分述如下：

1. 体波包括纵波及横波两种。

纵波是由震源向四周传播的压缩波，又称P波，质点的振动方向与波的传播方向一致（图1-2-1），若忽略体力不计，其运动方程可用下式表示[20]：

$$(\lambda+2\mu)\frac{\partial^2 u}{\partial x^2}=\rho\frac{\partial^2 u}{\partial t^2} \tag{1-2-2}$$

或可写为

$$\frac{\partial^2 u}{\partial t^2}=a^2\frac{\partial^2 u}{\partial x^2} \tag{1-2-3}$$

$$a^2=\frac{\lambda+2\mu}{\rho} \tag{1-2-4}$$

$$\lambda=\frac{E\nu}{(1+\nu)(1-2\nu)} \tag{1-2-5}$$

$$\mu=\frac{E}{2(1+\nu)} \tag{1-2-6}$$

式中 t——时间；

u——质点沿 x 轴方向的位移；

ν——介质的泊松比；

E——介质的弹性模量；

ρ——介质的密度；

a——纵波的传播速度 v_P。

从而算得

$$v_P=\sqrt{\frac{E(1-\nu)}{\rho(1+\nu)(1-2\nu)}} \tag{1-2-7}$$

纵波引起与地面垂直方向的振动，又称竖向振动，一般表现为周期短，振幅小。

横波是由震源向四周传播的剪切波，又称S波，质点的振动方向与波的传播方向垂直（图1-2-2），其运动方程可用下式表示：

$$\mu\frac{\partial^2 w}{\partial x^2}=\rho\frac{\partial^2 w}{\partial t^2} \tag{1-2-8}$$

或可写为

$$\frac{\partial^2 w}{\partial t^2}=a'^2\frac{\partial^2 w}{\partial x^2} \tag{1-2-9}$$

$$a'^2=\frac{\mu}{\rho}=\frac{E}{2\rho(1+\nu)} \tag{1-2-10}$$

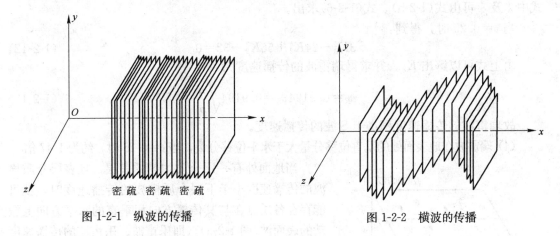

图 1-2-1 纵波的传播　　　　图 1-2-2 横波的传播

式中　a'——横波的传播速度 v_S；
　　　w——质点延 z 轴方向的位移。

横波引起地面水平方向的振动，一般表现为周期较长，振幅较大。

当取介质的泊松比为 0.25 时，从公式(1-2-7)、式(1-2-10)可算出 $v_P=\sqrt{3}v_S$，因此 P 波比 S 波传播速度快。

2. 面波包括瑞雷(Rayleigh)波和乐甫(Love)波。

面波只限于沿地球表面传播，一般说来，可以说体波是经地层界面多次反射形成的次生波。

瑞雷波是由靠近震源发出的 P 波和 S 波而形成的，但在震中附近并不发生，具有如下特性[21,22]：

(1) 瑞雷波是由纵波和横波叠加形成，它沿介质表面传播，并随深度的增加迅速减弱。

(2) 在瑞雷波的传播过程中，质点在波的传播方向和地表面的法向组成的平面内(图 1-2-3 中 xz 平面内)作椭圆运动，其长轴垂直于地表面，转动方向与波的传播方向相反(图 1-2-4)，而在与该平面垂直的方向(y 方向)没有振动。

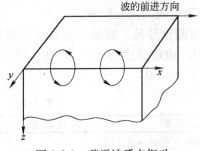
图 1-2-3　瑞雷波质点振动

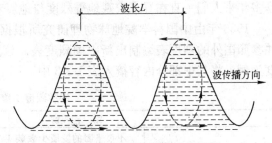
图 1-2-4　瑞雷波质点运动轨迹

(3) 波的传播速度

设 $K_1=\dfrac{v_P}{v_S}$，$K_2=\dfrac{v_R}{v_S}$，式中 v_R 为瑞雷波的传播速度。它们符合下列方程：

$$\left(\frac{\lambda}{\mu}+2\right)K_2^6-8\left(\frac{\lambda}{\mu}+2\right)K_2^4+8\left(3\frac{\lambda}{\mu}+4\right)K_2^2-16\left(\frac{\lambda}{\mu}+1\right)=0 \quad (1\text{-}2\text{-}11)$$

式中 λ 及 μ 可由式(1-2-5)、式(1-2-6)求出。

当 $\nu=0.25$ 时，得到：

$$3K_2^6-24K_2^4+56K_2^2-32=0 \tag{1-2-12}$$

由上式可以解出 K_2，并求得瑞雷波的传播速度为：

$$v_R=0.9194v_S=0.9194\sqrt{\frac{\mu}{\rho}} \tag{1-2-13}$$

故瑞雷波的传播速度稍小于 S 波的传播速度。

(4) 瑞雷波在地表面处的垂直位移分量大于水平位移分量，当 $\nu=0.25$ 时，约为 1.47 倍。

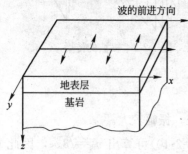

图 1-2-5　乐甫波质点振动

当地面处有一层介质均匀的表层，且表层介质横波的传播速度小于下层介质横波的传播速度时，就可能存在各质点在与其传播方向相垂直的水平方向上振动的表面波(图 1-2-5)，即乐甫波。乐甫波的传播速度介于最上层横波传播速度与最下层横波传播速度之间。

根据上述讨论，得知地震波的传播以纵波最快，横波次之，面波最慢。所以在地震记录曲线图上，纵波最先到达，横波次之，而面波最后到达(图 1-2-6)。一般当横波或面波到达时，地面振动最为强烈。

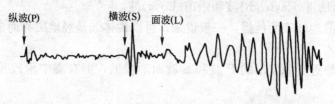

图 1-2-6　地震曲线图[23]

1.2.5　概述我国地震烈度表与地震地面加速度值对应关系确定的演变过程。

【解析】　1. 地震烈度原系宏观地震学中的概念，它是按地震所造成的破坏后果来划分等级的。但是在建筑物的抗震设计中则把地震烈度视为是地面振动强弱程度的尺度，于是多年来人们一直在寻求宏观地震烈度与地震对地面加速度间的内在联系。

1956 年由中国科学院地球物理研究所根据我国地震调查经验、建筑特点和历史资料并参照国外的烈度表编制出新中国烈度表。该烈度表中，地震烈度共分为 12 度。现以 7 度为例，将其中部分内容摘入表 1-2-3 中。

地震烈度 7 度资料摘录　　　　　　　　　表 1-2-3

房　屋	结 构 物	地表现象	其他现象
Ⅰ类房屋大多数损坏，许多破坏，少数倾倒。 Ⅱ类房屋大多数损坏，少数破坏。 Ⅲ类房屋大多数轻微损坏，许多损坏(可能有破坏的)	不很坚固的院墙少数破坏，可能有些倒塌。较坚固的院墙损坏。 不很坚固的城墙很多地方损坏，有些地方破坏。 较坚固的城墙有些地方损坏。 牌坊、砖、石砌的塔和工厂烟囱可能损坏	干土中有时产生细小裂缝，潮湿或疏松的土中裂缝较多，较大。 少数情况下冒出夹泥砂的水。 个别情况下，陡坎滑坡。山区中有不大的滑坡和土石散落。土质松散的地区，可能发生崩滑。	人从室内仓惶逃出，驾驶汽车的人也能感觉。 悬挂物强烈摇摆，有时损坏或坠落。轻的家具移动。书籍、器皿和用具坠落

烈度表中并无结构设计所需要的地面水平加速度的指标，基本上是一些宏观现象的描述，包括建筑物的破坏、地表现象、人的感觉和器物反应等。

在这样的条件下，抗震设计只能采用前苏联当时设计规范中所提供的地面加速度数据：7度$\frac{1}{40}g$；8度$\frac{1}{20}g$；9度$\frac{1}{10}g$进行结构计算。

然而我国的地震工作者就是根据新中国烈度表，或与其近似的地震烈度表，对照历史文献所记载的地震灾情，确定出震中烈度（地震发生时震中的烈度称为震中烈度），并制定了下列经验公式，以推算古代地震的震级。

$$M = 0.58 I_0 + 1.5 \tag{1-2-14}$$

$$M = \frac{2}{3} I_0 + \frac{4}{5} \lg h - \frac{1}{2} \tag{1-2-15}$$

式中　I_0——震中烈度；
　　　h——震源深度。

公式(1-2-14)适用于浅源地震。

后来有关单位又给出了新的震中烈度与震级之间的关系式：

$$I_0 = 0.24 + 1.29 M \tag{1-2-16}$$

上述公式虽然比较粗糙，然而这就是历史，是我国宝贵的地震资料。

2. 1980年我国颁布了《中国烈度表(1980)》，将烈度分为12度，除了宏观描述，如人的感觉、房屋的损坏程度和其他有关构筑物的损坏情况及地表状况外，还给出了参考物理指标（地面水平加速度，水平速度），在房屋的损坏程度方面，采用了平均震害指数来评定建筑物的破坏等级，指数的计算方法见文献[23]。建筑物的平均震害指数与宏观烈度的对应关系见表1-2-4。

平均震害指数与宏观烈度的对应关系　　　　　　表1-2-4

烈　　度	6	7	8	9	10	11
平均震害指数	0～0.1	0.11～0.30	0.31～0.50	0.51～0.70	0.71～0.9	0.91～1.0

下面仍以7度为例，将《中国烈度表(1980)》中部分内容摘入表1-2-5中。

地震烈度7度对应资料摘录　　　　　　表1-2-5

人的感觉	一般房屋		其他现象	参考物理指标	
	大多数房屋震害程度	平均震害指数		水平加速度 (cm/s²)	水平速度 (cm/s)
大多数人仓惶逃出	轻度破坏-局部破坏、开裂，但不妨碍使用	0.11～0.30	河岸出现坍方。饱和砂层常喷砂冒水。松软土上地裂缝较多。大多数砖烟囱中等破坏	125(90～177)	13(10～18)

显而易见，《中国地震烈度表(1980)》属于将宏观烈度与地面运动参数建立起联系的烈度表，兼有宏观烈度表和定量烈度表两者的功能，比新中国烈度表前进了一大步。

3. 然而问题是复杂的，宏观地震烈度与地面运动参数之间的对应关系有时差别还很大，文献[24]给出了不同震级的烈度与加速度的转换关系(表1-2-6)。从表中得知，由于震级的不同，同一烈度所对应的加速度可以相差一个量级之多。

不同震级的烈度(I)与地面水平加速度(a/g)的转换关系　　　　表 1-2-6

M \ I	6	7	8	9	10
5.5	0.10	0.29	0.84	—	
6.0	0.06	0.17	0.49	1.42	
6.5	0.04	0.10	0.29	0.84	—
7.0	0.02	0.06	0.17	0.49	1.42
7.5	0.012	0.04	0.10	0.29	0.84
8.5	0.007	0.02	0.06	0.17	0.49
中国烈度表	0.06	0.125	0.25	0.50	1.00

注：表中转换关系根据美国西部资料得到。

虽然同一烈度对应的地面水平运动加速度值可能有较大的差距，但是其平均值还是有结果的。刘恢先院士根据1980年前的国外资料(国内资料很少)进行了统计，统计结果表明，水平向地面运动峰值加速度可用下式表示：

$$A = 10^{I \lg 2 - 0.01} \tag{1-2-17}$$

式中　A——地面运动峰值加速度(Gal)；
　　　I——地震烈度。

按此式计算，当地震烈度为7、8、9、10度时，地面运动峰值加速度分别为125Gal、250Gal、500Gal、1000Gal。上述公式是根据强震记录统计得到的平均结果。后来，虽然有许多实际强震记录超过了按上式计算所得的数值，但从平均意义上讲，仍然具有代表性。例如1995年的日本阪神地震，1999年的土耳其地震和我国台湾的集集地震，在地震烈度大于等于10度的地区内，水平向地面运动峰值加速度多为1000Gal左右[25]。

从以上的讨论不难发现地震烈度与地面运动峰值加速度间对应关系的离散性，可见抗震设计时，概念设计和做好延性设计的重要性。

4. 1990年由国家地震局和建设部联合发布了《中国地震烈度区划图》，该烈度区划图是根据对全国3万个控制点进行了地震危险性概率计算，并按50年期间内，在一般场地下，按10%的超越概率水平得到的烈度值。显然比《中国烈度表(1980)》又前进了一步。在编制过程中采用了七下八上的处理方法，即7.7度降入7度，而7.8度则升入8度，因此新的区划图还是较为粗糙的，因为7度和8度，地面运动峰值加速度相差一倍。区划图中未给出与各地震烈度相对应可供设计采用的地震加速度值。

设计基本加速度值则由建设部在1992年7月3日颁发的建标 [1992] 419号《关于统一抗震设计规范地面运动加速度设计取值的通知》中给出。通知中有如下规定：

术语名称：设计基本地震加速度值。

定义：50年设计基准期超越概率10%的地震加速度取值。

取值：7度 0.10g，8度 0.20g，9度 0.40g。

1.2.6　说明2001年中国地震动参数区划图与抗震设防烈度的对应关系。

【解析】 2001年，我国颁布了《中国地震动参数区划图(中国地震动峰值加速度区划图 A1 和中国地震动反应谱特征周期区划图 B1)》。

新的区划图取消了按地震烈度划分，完全按照地震动峰值加速度来划分。将全国划分为<0.05g、0.05g、0.10g、0.15g、0.20g、0.30g、≥0.40g 等七个等级，这个取值与建设部在 1992 年颁布的设计基本地震加速度取值相当，只是在 0.10g 和 0.20g 之间有一个 0.15g 的区域，在 0.20g 和 0.40g 之间有一个 0.30g 的区域。这样的划分对原 1990 年区划图划分时，在处理方法上采用了七下八上的原则是一个进步。然而我国历次震害调查所取得的丰富资料是以宏观烈度为基础进行总结的，其成果已反映在 1989 年颁布的《建筑抗震设计规范》中。因此，烈度暂时还不能取消，于是在《建筑抗震设计规范》(GB 50011—2001)(以下简称抗震规范)第 3.2.2 条中，除列出抗震设防烈度和设计基本地震加速度的对应关系(表 1-2-7)外，还规定设计基本地震加速度为 0.15g 和 0.30g 地区内的建筑，除规范另有规定外，应分别按 7 度和 8 度的要求进行抗震设计。

抗震设防烈度和设计基本地震加速度的对应关系　　　　表 1-2-7

抗震设防烈度	6	7	8	9
设计基本地震加速度	0.05g	0.10(0.15)g	0.20(0.30)g	0.40g

表列数值要低于按刘恢先院士所提出的公式(1-2-17)计算得到的地震动峰值加速度。

新的区划图还给出了一般场地(Ⅱ类场地)反应谱特征周期的分区，分别取 0.45s、0.40s 和 0.35s 以考虑震源机制、震级和震中距的影响。上述特征周期值大致分别反映了远震、中震和近震的影响(此问题在以后还要谈到)。

需要指出，上述按照地震动峰值加速度来划分地震分区的方法与国外许多国家是一致的。以美国为例，美国地震分区图将全国共划分为 4 个区，其中 2 区又分为 2A、2B 两个亚区，各区的地震区系数见表 1-2-8。

美国地震区系数表　　　　表 1-2-8

震　区	1	2A	2B	3	4
Z	0.075	0.15	0.20	0.30	0.40

注：系数 Z 分别代表地面加速度 0.075g、0.15g、0.20g、0.30g、0.40g。

1.2.7 概述地震动三要素对地震震害的影响及与抗震设计的相关关系。

【解析】 众所周知，作为设计指标的地震动参数，应包括强度(震动幅值)、频谱特性和持续时间三个主要因素。其中频谱特性是具有不同自振周期的单质点弹性体系对地面运动的响应特征，它反映了震源机制、震级、震中距、地震波传播介质、场地条件和结构阻尼的影响，用反应谱曲线来表示[26]。对于远震大震，由于地震波短周期成分被吸收过滤，谱峰值朝长周期方向移动[27]。这也是我国地震动参数区划图中，一般场地反应谱特征周期分区，按远震、中震、近震划分，分别取 0.45s、0.40s 和 0.35s 的原因所在。

地震动持续时间有不同的定义方法，国内外一些学者进行了持时对结构反应影响的研究。胡聿贤院士等和美国洪华生教授合作，从低周疲劳破坏的原则来考虑这一影响[24]。研究结果表明，持时对线性反应的影响不大，因此按反应谱计算时不考虑；但对非线性反应最大值的影响不可忽视，对滞回曲线具有刚度和强度退化型的影响更大，持续时间的长短直接影响非弹性体系的最大反应和积累能量耗损，因此在低周疲劳破坏中持时是极为重要的，地震动持续时间长对结构的抗震不利，在对结构进行弹塑性时程分析时可以发现其明显的影响[26]。

地震动强度（震动幅值）对结构计算的影响是不言而喻的。但对强震加速度记录分析结果表明[27]水平向地面运动峰值加速度只能反映地震记录中最强烈的局部。仅此一个指标并不能完全反映地震动的特征和估计建筑物的破坏程度。1966年6月27日美国Parkfield地震，震级$M=5.6$，在距震中32.4km处的观测台站记录到的最大峰值加速度为425.7cm/s^2。该记录所对应的加速度反应谱曲线上，其最大峰值所对应的卓越周期为0.36s，场地土相当于我国Ⅲ~Ⅳ类土，记录的90%能量持时$T_d=6.8s$。震害表明，该地的宏观烈度仅为6度，这是因为虽然峰值加速度很大，但从加速度时间过程的图形上看，属于高频短时间的脉冲，地震动持时短，场地又软弱，因此，造成的破坏很小。

文献[25]中写到：地面运动峰值加速度并不是决定地震破坏作用的最重要参数。研究表明，由于地面运动速度与输入结构的能量有着密切的关系，峰值速度是反映地震波破坏作用更好的参数。

1.2.8 说明有效峰值加速度与抗震设防烈度的相关关系。

【解析】 1. 欧洲规范8（Eurocode8，以下简称欧洲规范）明确指出：规范所采用的设计地面加速度是在岩石或坚硬场地土上，重现期为475年的有效地面峰值加速度。并在注中说明，有效地面峰值加速度（a_g）的概念是用来弥补通常采用按引起结构最大加速度和（或）速度的实际地面运动单一峰值来描述地面运动的破坏潜力之不足。通常a_g与中远距离的中高幅地震的实际峰值一致，而对低幅近震或多或少地比实际峰值有所减小。

周锡元院士在文献[25]中特别指出：许多国家的抗震设计规范将平滑化设计反应谱的最大值α_{max}与动力放大的倍数β的比值作为有效加速度，此值与峰值加速度相比一般是偏小的。我国抗震规范虽然没有明确引入有效加速度的概念，但在一定程度上也包含了这样的意思。表1-2-7中在烈度与加速度间建立的关系，当地面运动加速度A以g为单位时，上述关系可以用下式表示：

$$A=0.1\times 2^{I-7} \tag{1-2-18}$$

按此式计算所得的地面运动加速度（即表1-2-7中的数值）可以看作是有效加速度。对于以中短周期为主的地震动加速度时程有效。有效加速度一般略小于峰值加速度。事实上与按刘恢先院士所提出的峰值加速度计算公式（1-2-17）计算结果相比，恰好为后者的0.8倍。

2. 上面提到的动力放大系数β，现作如下说明：对单质点体系，由于地震动的作用，质点将产生惯性力：

$$F=ma=\frac{W}{g}|\ddot{x}_g+\ddot{x}|_{max}$$

$$=\frac{|\ddot{x}_g+\ddot{x}|_{max}}{|\ddot{x}_g|_{max}}\cdot\frac{|\ddot{x}_g|_{max}}{g}\cdot W=\beta(T、\zeta)kW=\alpha w$$

$$k=\frac{|\ddot{x}_g|_{max}}{g};\quad \beta(T、\zeta)=\frac{|\ddot{x}_g+\ddot{x}|_{max}}{|\ddot{x}_g|_{max}};$$

$$\alpha=k\beta(T、\zeta) \tag{1-2-19}$$

式中　　α——地震影响系数；

k——地震系数,当抗震设防烈度为 6、7、8、9 度时,对应于中震分别为:0.05、0.10(0.15)、0.20(0.30)、0.40;

$\beta(T, \zeta)$——动力放大系数:阻尼比 $\zeta=0.05$ 时得到抗震规范所采用的 β 谱曲线如图1-2-7所示。

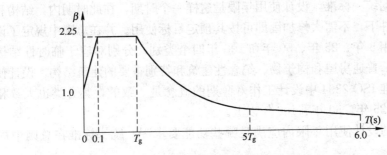

图 1-2-7 抗震规范采用的 β 谱曲线

也就是说,我国规范取用的 $\beta_{max}=2.25$。

美国 IBC 规范(International Buifding Code 即原 UBC 规范,以下简称为 IBC 规范)及欧洲规范均采用 $\beta_{max}=2.5$。

3. 时程分析所用地震加速度时程曲线的最大值(见抗震规范表 5.1.2-2)即我国规范所采用的与 50 年内超越概率分别为 63.2% 和 2%~3% 对应的有效峰值加速度[26] EPA(表1-2-9);事实上,将对应的 α_{max} 除以 2.25 即得表中数值。

地面有效峰值加速度(cm/s^2)　　　　　　　　　　　　　　　表 1-2-9

地震影响	6 度	7 度	8 度	9 度
多遇地震	18	35(55)	70(110)	140
罕遇地震	—	220(310)	400(510)	620

注:括号内数值分别用于设计基本地震加速度为 $0.15g$ 和 $0.30g$ 的地区。

4. 式(1-2-18)可以变换为下列公式:

$$I=\frac{1}{\lg 2}(1+\lg A)+7 \qquad (1-2-20)$$

当 A 以 0.15 代入公式(1-2-20),得到 $I=7.58$(度);以 0.30 代入公式,则有 $I=8.58$(度);根据七下八上的原则,于是很自然地得到,设计基本地震加速度为 $0.15g$ 和 $0.30g$ 的地区,应分别按 7 度和 8 度采用抗震措施(见 1.2.6)。

第二节 设计基准期、设计使用年限与重现期

1.2.9 解释设计基准期的定义及其与相关规范之间的关系。

【解析】 根据国家标准《建筑结构可靠度设计统一标准》(GB 50068—2001)(以下简称统一标准),设计基准期是为了确定可变作用及与时间有关的材料性能取值而选用的时间参数。这与国际标准《结构可靠性总原则》(ISO 2394:1998)(以下简称国际标准 ISO 2394)中关于基准期的定义是一致的。统一标准中规定设计基准期为 50 年,因此,我

国各结构设计规范所采用的设计基准期均为50年,即设计时所采用的荷载、作用、材料性能指标等的统计参数均按此基准期确定。所以设计基准期为50年是各设计规范的基础,不能随意改变,否则,将动摇现行规范体系的根本。

1.2.10 解释设计使用年限的定义及其在该年限内应满足的功能要求。

【解析】 根据统一标准,设计使用年限是这样一个时期,在此时期内,结构和结构构件在正常维护条件下,不需大修加固即可按其预定目标使用。并在总则中规定了设计使用年限的分类,采用5年、25年、50年和100年四个类别,分别对应于临时性结构、易于替换的结构构件、普通房屋和构筑物、纪念性建筑和特别重要的建筑结构。设计使用年限的概念与国际标准ISO 2394中设计工作寿命期的概念是一致的,其分类也大致相同,后者分为1~5年、25年、50年、100年以上。

结构在规定的设计使用年限内应满足哪些功能要求呢?统一标准在总则中规定了四条,即:

1. 在正常施工和正常使用时,能承受可能出现的各种作用(各种荷载、外加变形、约束变形等);

2. 在正常使用时具有良好的工作性能,其变形、裂缝及振动等不应超过规定的限值;

3. 在正常维护下具有足够的耐久性能,以保证结构能正常使用到规定的设计使用年限;

4. 在设计规定的偶然事件(如地震、火灾、爆炸、撞击等)发生时及发生后,结构仅产生局部的损坏而不致连续倒塌。

当房屋达到设计使用年限,经鉴定和维修加固,并重新确定设计使用年限后,仍可继续使用。

国际标准ISO 2394中有一个术语"寿命周期",其意义为"一项工程在进行从规划、制作和使用过程的总时段。寿命周期始于各种要求的确定和终于毁坏。"显然这与设计使用年限的概念是完全不同的。

设计使用年限为100年的建筑应如何进行结构设计,将在以后讨论。

1.2.11 不同设计使用年限及不同超越概率与重现期有怎样的对应关系?

【解析】 1. 在工程设计中经常要用到重现期这个术语,例如水库坝体的设计;国家标准《建筑结构荷载规范》(GB 50009—2001)(以下简称荷载规范)分别给出了重现期为10年、50年和100年(或称10年一遇、50年一遇和100年一遇)的基本雪压和风压值;欧洲规范规定,设计地面加速度值应与重现周期475年相一致;正在征求意见的我国《工程结构可靠度设计统一标准》(2005.11),分别给出了按重现期为475年、不超过100年的地震作用进行计算时的设计表达式。

但是另一方面,美国IBC规范规定,作为设计依据的地震动应为在50年内超越概率为10%的地震动;我国抗震规范在总则的设防目标中就提到多遇地震、抗震设防烈度和罕遇地震,并知道在50年内超越概率分别为63.2%、10%和2%~3%。

于是作为依据的地震动参数出现了采用重现期和50年内超越概率两种表达方法。

按照国际标准ISO 2394,可变荷载Q_k的重现期定义为Q_k连续两次被超越之间的平均持续期。按此定义,重现期为100年的基本风压或称100年一遇的风压都是平均意义上的。

2. 假定地震发生服从泊松过程，容易得到在 t 时段内发生 n 次地震的概率为[28]：

$$P(n, \lambda t) = \frac{(\lambda t)^n}{n!} e^{-\lambda t} \tag{1-2-21}$$

式中 λ——地震平均发生率。

在 t 时段内不发生地震的概率为：

$$P(0, \lambda t) = e^{-\lambda t}$$

在 t 时段内至少发生一次地震的概率为：

$$P(n \geqslant 1, \lambda t) = 1 - e^{-\lambda t} \tag{1-2-22}$$

根据上式可得到对于给定的地震动强度 Y，在 t 年内地震动强度 $y \geqslant Y$ 这一事件发生一次以上的概率可按下式计算：

$$P_t(y \geqslant Y) = 1 - e^{-\lambda (y \geqslant Y) t} \tag{1-2-23}$$

令上式中 $t=1$ 年，就得到相应地震动强度的年超越概率：

$$P(y \geqslant Y) = 1 - e^{-\lambda (y \geqslant Y)} \tag{1-2-24}$$

有了给定地震动强度 $y \geqslant Y$ 的年平均发生次数，即年发生率 $\lambda(y \geqslant Y)$，不难求出相应的重现期 $RP(y \geqslant Y)$：

$$RP(y \geqslant Y) = \frac{1}{\lambda(y \geqslant Y)} = \frac{-1}{\ln[1 - P(y \geqslant Y)]} \tag{1-2-25}$$

在设计使用年限 T 内，地震动强度不小于给定值 Y 的概率为：

$$P_T(y \geqslant Y) = 1 - e^{-\lambda (y \geqslant Y) T} \tag{1-2-26}$$

当 T 等于重现期时，得到：

$$P_{RP}(y \geqslant Y) = 1 - e^{-\lambda (y \geqslant Y) \cdot \frac{1}{\lambda (y \geqslant Y)}} = 1 - e^{-1} = 0.632 \tag{1-2-27}$$

即重现期内场地上地震动强度超过 Y 的概率为 63.2%。因此抗震规范中的多遇地震即重现期为 50 年的地震。

3. 重现期计算

令 $Y=$ 给定的地震烈度 i，则与 T 年内超越概率分别为 63.2%、10%、2%～3% 对应的重现期，可以根据式(1-2-26)推导出的下列公式计算：

$$RP(I \geqslant i) = -\frac{T}{\ln[1 - P_T(I \geqslant i)]} \tag{1-2-28}$$

也可以采用与地震发生的概率模型无关的一般公式算出：

$$P(I \geqslant i/T) = 1 - [1 - \lambda(I \geqslant i)]^T \tag{1-2-29}$$

式中 $P(I \geqslant i/T)$——T 年内地震烈度不小于 i 的概率。

如 $P(I \geqslant i/T)$ 已知，由上式可求出年发生率 $\lambda(I \geqslant i)$，其倒数即为重现期。

(1) 设 $T=50$ 年，$P(I \geqslant i/T)=0.632$（对应于多遇地震）

得到　　　　　　　　$[1-\lambda(I \geqslant i)]^{50} = 0.368$，

容易算出　　　　　　$\lambda(I \geqslant i) = 0.02$

于是重现期　　　　　$RP(I \geqslant i) = \frac{1}{\lambda(I \geqslant i)} = \frac{1}{0.02} = 50$ 年

可以同样算出对应于超越概率 10%、2%～3% 的重现期分别为 475 年、2475～1642 年。于是我国抗震规范中的多遇地震、抗震设防烈度和罕遇地震，其对应的重现期分别为 50 年、475 年和 2475～1642 年。

美国 IBC 规范中作为设计依据的 50 年内超越概率为 10% 的地震动与欧洲规范中作为设计依据的重现期为 475 年的地震动，从概率意义上说是一致的。

(2) 设 $T=100$ 年，算出分别对应于超越概率为 63.2%、10%、2%～3% 的重现期为 100 年、949 年、4950～3284 年。

下面将上述计算结果列入表 1-2-10 中。

不同设计使用年限对应的重现期(年)　　　　　　　　　　表 1-2-10

设计使用年限(年) \ 超越概率	63.2%	10%	2%～3%
50	50	475	2475～1642
100	100	949	4950～3284

当设计使用年限为 100 年时，罕遇地震的重现期最长已达到了整个中华民族文明史的年数，其必要性值得讨论。

周雍年在文献 [29] 中介绍了美国加州结构工程师协会 (SEAOC) Vision 2000 委员会对基于性态的工程提出四级设防水平。将建筑物的性态水平分为正常运行、运行、生命安全和接近倒塌四级。同时将设计地震动水平分为常遇、偶遇、罕遇和极罕遇四级，相应的重现期分别为 43 年、72 年、475 年和 970 年。对于一般建筑，要求的基本目标是在常遇地震作用下能基本正常运行，在罕遇地震作用下能保持生命安全，在极罕遇地震作用下建筑物接近倒塌状态。而极罕遇地震的重现期仅 970 年，比我国抗震规范中罕遇地震的重现期要短得多。

因此，当设计使用年限为 100 年，对罕遇地震采用如此长的重现期实无必要。建议在规范未修订以前，采用设计使用年限为 50 年时的罕遇地震作用进行防倒塌设计已经足够了。

第三节　不同设计使用年限的地震作用及对应的设计表达式

1.2.12　不同设计使用年限与抗震设防烈度有怎样的对应关系？

【解析】　在上面两节中已经介绍了我国抗震设计规范中作为设计依据的常遇地震、抗震设防烈度、罕遇地震，其概率水准分别是 50 年设计基准期内超越概率为 63.2%、10%、2%～3%，或对应的重现期为 50 年、475 年、2475～1642 年。在上述概率水准下确定的地震动峰值加速度已列入表 1-2-7 及表 1-2-9 中。设计工作者的任务就是在上述规定的地震动参数的前提下，通过设计，使建筑物达到抗震规范规定的"小震不坏、中震可修、大震不倒"的抗震设防目标。

然而根据统一标准，对永久性建筑，其设计使用年限可为 25 年、50 年和 100 年，即允许设计使用年限超过 50 年。此外，对于既有建筑的抗震鉴定和加固，如仍按设计使用年限为 50 年的要求进行鉴定和加固是不符合我国的抗震防灾政策的。因此，对既有建筑的抗震鉴定和加固，应考虑不同建筑已经使用的年限不同，使得加固后的建筑在后续的使用年限内具有与设计相同的概率水准即可。

文献［25］、［26］均对以上问题进行了讨论，并给出了可供实际应用的地震动参数值，本书不再重复，只想做一些完善工作。因为文献［26］中提到的1～5年的建筑，按照统一标准属于临时建筑，无需考虑抗震设防，而使用年限为150～200年的建筑，统一标准并不包括在内，这些均应删除。统一标准中有设计使用年限为25年的建筑；此外，抗震鉴定加固中，还会碰到有后续使用年限为30年的建筑，这些均应补充和完善。总之，本书做的是补充和完善工作，其目的是使得设计人员方便于应用。

按照文献［25］，对应于不同的基本烈度区，重现期为 X 年的设防烈度 I 可按下式计算：

$$I=a(\lg X)^2+b\lg X+c \tag{1-2-30}$$

系数 a、b、c 按表1-2-11确定。

不同烈度所对应的系数值　　　　表1-2-11

系数		a	b	c
烈度	7	0.02	1.50	2.85
	8	0.01	1.50	3.85
	9	−0.48	3.68	2.59

重现期 X 可按公式(1-2-28)或式(1-2-29)计算，与抗震设防烈度对应的基本地震加速度按式(1-2-18)计算确定。于是，根据所要求的设计使用年限，先算出相应的重现期（采用超越概率为10%），再按式(1-2-30)及表1-2-11算出不同地震烈度区，对应于不同设计使用年限的建筑抗震设防烈度，列入表1-2-12中。

不同设计使用年限的抗震设防烈度　　　　表1-2-12

使用年限		10	15	20	25	30	50	100
烈度	7	5.88	6.10	6.37	6.52	6.65	7.00	7.49
	8	6.88	7.10	7.37	7.49	7.59	8.00	8.49
	9	7.95	8.29	8.48	8.62	8.73	9.00	9.29

然后，再按公式(1-2-18)计算与相应于表1-2-12中不同设计使用年限的抗震设防烈度所对应的设计基本加速度。当设计使用年限为100年时，7、8、9度区与多遇地震（小震）、设防烈度（中震）和罕遇地震（大震）对应的地震峰值加速度见表1-2-13。

设计使用年限100年的地震峰值加速度值（m/s²）　　　　表1-2-13

设防烈度	7	8	9
多遇地震	49(74)	98(135)	172
抗震设防烈度	140(210)	280(385)	490
罕遇地震	308(434)	560(661)	762

注：括号内数值分别用于设计使用年限为50年时，设计基本地震加速度为0.15g和0.30g的地区。

在题1.2.11解析中提到，对于设计使用年限100年，罕遇地震的重现期太长，建议当前仍采用设计使用年限为50年时的罕遇地震作用进行防倒塌设计。为此，表列罕遇地震一栏中的数值将分别改写为：7度，220(310)；8度，400(510)；9度，620。

1.2.13　探讨结构是 100 年设计使用年限的设计表达式及其设计要求。

【解析】　1. 自从提出设计使用年限可为 100 年的问题以后，引起了各方面的关注，主要的问题是如何进行结构设计。正确的方法应当是另行确定在设计使用为 100 年时的活荷载、地震作用的取值(我国荷载规范已经给出了 100 年一遇的基本雪压和风压值)，研究各种结构材料性能标准的可能变化，在此基础上确定结构设计的可靠指标，如可靠指标不是统一标准中的取值，可能还涉及到一些基本结构构件承载力计算公式的调整和设计表达式中各项分项系数的调整，最后还必须完善有关结构耐久性方面的规定。显然这是一项系统工程。

在编制现行各结构设计规范的过程中曾对上述问题进行了讨论，并有一些规定，现分述如下：

(1) 对非抗震设计，如《混凝土结构设计规范》(GB 50010—2002)(以下简称混凝土规范)规定，构件设计时采用下列极限状态设计表达式：

$$\gamma_0 S \leqslant R \tag{1-2-31}$$

式中　S——按设计基准期为 50 年的有关规定计算的荷载效应基本组合的设计值；
　　　γ_0——系数，对设计使用年限为 100 年的结构构件，取 $\gamma_0 \geqslant 1.10$。

事实上，永久荷载标准值采用设计基准期为 50 年或设计使用年限为 100 年，不会有什么变化，而可变荷载的取值则是一定要变化的。将荷载效应基本组合设计值统一乘了不小于 1.1 的系数，显然是近似的处理手法。又如《高层建筑混凝土结构技术规程》(JGJ 3—2002)(以下简称高规)中规定，对于特别重要或对风荷载比较敏感的高层建筑(一般指高度超过 60m)，其基本风压应按重现期为 100 年的风压值采用。于是出现了对设计使用年限为 50 年的建筑，在荷载效应基本组合设计值 S 计算中，风荷载采用重现期为 100 年的数值，但其他活荷载则仍然取用设计基准期为 50 年的数值，显然不够协调。

对于高度超过 60m 的高层建筑，如设计使用年限为 100 年，则在公式(1-2-31)中应取 $\gamma_0 \geqslant 1.10$，已经是近似地考虑了使用年限为 100 年的因素，但在计算荷载效应基本组合设计值时，风荷载又重复考虑了使用年限为 100 年一次。

《砌体结构设计规范》(GB 50003—2001)(以下简称砌体规范)的极限状态设计表达式与混凝土规范相同，但对系数 γ_0，规定当设计使用年限为 50 年以上时不应小于 1.1。

《钢结构设计规范》(GB 50017—2003)(以下简称钢结构规范)没有给出极限状态的设计表达式，但显然也是用乘以系数 γ_0 来考虑，并说明结构重要性系数应按统一标准的规定采用，即对设计使用年限为 100 年的结构构件，γ_0 不应小于 1.10。

可见我国各结构设计规范的处理手法都一致。

(2) 对抗震设计，无论对混凝土结构、钢结构、砌体结构均采用下列的统一表达式：

$$S \leqslant R/\gamma_{RE} \tag{1-2-32}$$

式中　γ_{RE}——承载力抗震调整系数。

考虑设计使用年限的系数 γ_0 被取消。

在抗震设计中如何考虑使用年限为 100 年的问题，抗震规范在条文说明中写到：新修订的《建筑结构可靠度设计统一标准》GB 50068，提出了设计使用年限的原则规定。本规范的甲、乙、丙、丁分类，可体现建筑重要性和设计使用年限的不同。

在《建筑工程抗震设防分类标准》(GB 50223—2004)(以下简称分类标准)的条文说

明中提出：对不同的设计使用年限，可参考下列处理方法：

1) 若投资方提出的所谓设计使用年限 100 年的功能要求仅仅是耐久性 100 年的要求，则抗震设防类别和相应的设防标准仍按规定采用；

2) 当获得设计使用年限 100 年内不同超越概率的地震动参数时（在本书表 1-2-13 中已经列出了相应的地震峰值加速度），如按这些地震动参数确定地震作用，即意味着通过提高结构的地震作用来提高抗震能力。此时，如果按本标准划分规定属于甲类或乙类建筑，仍应按本标准对甲类和乙类建筑的要求采取抗震措施。

需注意，只提高地震作用或只提高抗震措施，二者的效果有所不同，但均可认为满足提高抗震安全性的要求；当既提高地震作用又提高抗震措施时，则结构抗震安全性可有较大程度的提高。

在讨论问题时，首先应排除投资方仅仅是从耐久性的要求出发而提出使用年限采用 100 年的问题。因为荷载不变、地震作用不变，一切均按对使用年限为 50 年的要求进行设计，并采取抗震措施，故从其本质上来说，设计使用年限仍然是 50 年。只不过是材料强度等级提高了，在正常维护的条件下，结构和结构构件在 50 年的使用年限内，无论从外观和内在质量方面都提高了一步，能更好地保持其使用功能，甚至减少正常维护的工作量。这一点必须向投资方说清楚。

下面以丙类建筑为例，来分析仅提高建筑的抗震设防类别是否能达到设计使用年限为 100 年时的抗震设防目标。根据分类标准，如将丙类建筑提高为乙类，则地震作用仍按本地区抗震设防烈度计算，无须加大。而抗震措施，在一般情况下，当抗震设防烈度为 6～8 度时，应提高一度采取抗震措施；当为 9 度时，应采取比 9 度更高的抗震措施。在此情况下，根据抗震规范，钢筋混凝土房屋适用的最大高度不变（这是正确的），而房屋的抗震等级则要按提高一度确定，一般说来要提高一个等级，提高一个等级后，对结构抗震能力的增强效果有可能要比仅提高地震作用而不提高抗震措施的作用要大。因此仅提高抗震措施可以作为处理设计使用年限为 100 年的一个方案，这就是抗震规范和分类标准在条文说明中所持观点。以上看法自然是有道理的，但并不全面。

抗震规范中的房屋适用的最大高度以及抗震等级都是在 50 年设计基准期内超越概率为 10% 的抗震设防烈度条件下制定的。当设计使用年限为 100 年时，则首先应根据对应的地震峰值加速度换算为与其相当概率水准的抗震设防烈度。按表 1-2-13，原 7 度设计基本地震加速度为 0.15g 的地区和 8 度设计基本地震加速度为 0.30g 的地区，根据表 1-2-7 中设计基准期为 50 年时的抗震设防烈度和设计基本地震加速度的对应关系，得知其抗震设防烈度将分别提高到 8 度及 9 度。显然这与不改变设防烈度，仅从丙类建筑提高为乙类建筑的效果不一样，因为这是实实在在的设防烈度改变。因此，前者应按 8 度和 9 度确定房屋适用的最大高度，并确定其抗震等级，采取相应的抗震措施。

以框架-抗震墙结构为例，房屋适用的最大高度将分别从 120m 降低为 100m（7 度提高为 8 度），和从 100m 降低为 50m（8 度提高为 9 度），抗震等级也要升级。换而言之，对这两个地区的建筑，既要加大地震作用，又要提高抗震措施。

2. 关于耐久性问题

设计使用年限采用 100 年，除设计计算外，还必须解决如何保证结构的耐久性。混凝土结构规范，仅给出了在一类环境条件下的要求，即最低混凝土强度等级、最大碱含量、最大氯离子含量和钢筋的保护层厚度，但涉及材料性能的有关指标并未降低；对其他环境类别，则未给出专门有效措施，这是因为对房屋建筑，没有这方面的经验，给不出来。砌体规范则对设计使用年限大于50年的房屋，提出了材料等级的要求，钢结构规范则未提出任何要求。

根据上述讨论，对于设计使用年限为100年的建筑结构，有如下看法：

(1) 处于环境类别为一类的混凝土结构，当采用正常维护措施后，能满足耐久性的要求，材料性能指标并不降低或性能指标的降低可以忽略不计；

(2) 对钢结构，当采用正常维护措施后，至少在室内正常环境下，能满足耐久性的要求，材料性能指标不降低。

对处于其他环境条件下的建筑结构，当无可靠的工程经验时，可参照铁路桥梁的工程经验，并采取有效措施，因为铁路桥梁结构的设计使用年限为100年，且环境条件也较差。

3. 设计使用年限为100年时的设计表达式

(1) 正确的设计表达式应当是以设计基准期50年的基础上建立的公式为基准加以调整，在形式上不要改变。对可变荷载可乘以考虑设计使用年限的增大系数；对地震作用、风荷载、雪荷载，则因已经取得重现期为100年的资料，不应再乘增大系数。材料性能指标如需降低，应乘以考虑设计使用年限的折减系数。

(2) 最近我国《工程结构可靠度设计统一标准》(征求意见稿)(2005.11)正在征求意见，该标准一旦批准，则将成为土木工程结构领域编制各项设计规范的指导性文件。征求意见稿中有如下内容：

1) 非抗震设计

荷载效应的基本组合，作用效应设计值 S_d 应按下列两式中最不利值确定：

$$S_d = S\Big(\sum_{i \geqslant 1} \gamma_{Gi} G_{ik} + \sum_{j=1}^{n} \gamma_{Qj} \psi_{cj} \gamma_L Q_{jk}\Big) \tag{1-2-33}$$

$$S_d = S\Big(\sum_{i \geqslant 1} \gamma_{Gi} G_{ik} + \gamma_{Q1} \gamma_L Q_{1k} + \sum_{j>1} \gamma_{Qj} \psi_{cj} Q_{jk}\Big) \tag{1-2-34}$$

式中　$S(\cdot)$——作用效应函数；

　　　G_{ik}——第 i 个永久作用的标准值；

　　　Q_{1k}——第一个可变作用(即主导可变作用)的标准值，该可变作用标准值的效应大于其他任意第 j 个可变作用标准值的效应；

　　　Q_{jk}——其他第 j 个可变作用的标准值；

　　　γ_{Gi}——第 i 个永久作用的分项系数；

　　　γ_{Q1}、γ_{Qj}——第一个和其他第 j 个可变作用的分项系数；

　　　γ_L——设计使用年限系数；

　　　ψ_{cj}——第 j 个可变作用的组合值系数。

各项分项系数值与荷载规范一致，无变化。

在此，引入了设计使用年限系数。并规定，对可变作用，当设计使用年限为100年时，除风、雪荷载以外，应取 $\gamma_L = 1.10$，以考虑其与设计基准期为50年不一致的影响。

对风、雪荷载，因荷载规范已直接给出了100年一遇的基本雪压和风压，因此$\gamma_L=1.0$。

据悉，根据计算结果γ_L值略小于1.1，但接近1.10。在公式(1-2-34)中的最后一项并无设计使用年限系数γ_L，这是因为统计计算时采用的时段不同之故，第二项采用的是设计基准期，最后一项要短得多。所带来的问题是式中最后一项可能出现重现期为100年的风荷载，但其他活荷载仍然采用设计基准为50年时的数值，从概念上不协调，倒不如偏于安全亦乘以设计使用年限系数。

2) 抗震设计

有了上述基础，征求意见稿中，又给出了可根据地震重现期不同，对地震设计状况的效应组合设计表达式，当采用重现期不超过100年的地震作用时：

$$S_d = S\Big(\sum_{i\geqslant 1}\gamma_{Gi}G_{ik} + \gamma_I\gamma_E A_{Ek} + \sum_{j\geqslant 1}\gamma_{Qj}\psi_{qj}Q_{jk}\Big) \qquad (1\text{-}2\text{-}35)$$

式中　γ_I——地震作用重要性系数；

　　　γ_E——地震作用分项系数；

　　　A_{Ek}——地震作用标准值（根据重现期取值）；

　　　ψ_{qj}——第j个可变作用的准永久值系数。

式中γ_G、γ_Q的取值可与式(1-2-33)、式(1-2-34)中的γ_G、γ_Q不同。

在上式中首次引入了地震作用重要性系数，此项系数在我国抗震规范中是没有的，美国IBC规范及欧洲规范有此系数。公式中的最后一项中采用了可变荷载的准永久值系数以代替抗震规范中的组合值系数，二者在数值上接近，但前者概念更明确。所存在的问题是公式(1-2-35)中的最后一项，对高层建筑来说，会出现重现期为100年的风荷载与其他活荷载仍采用设计基准期为50年时的数值的矛盾。

4. 经过以上讨论，建议处于一类环境下的混凝土结构和室内正常环境下的钢结构，当设计使用年限为100年时可采用下列设计表达式：

(1) 非抗震设计

$$\gamma_0 S \leqslant R \qquad (1\text{-}2\text{-}31)$$

$$S = \gamma_G S_{Gk} + \gamma_I \gamma_{Q1} S_{Q1k} + \sum_{i=2}^{n}\gamma_I \gamma_{Qi}\psi_{ci}S_{Qik} \qquad (1\text{-}2\text{-}36)$$

$$S = \gamma_G S_{Gk} + \sum_{i=1}^{n}\gamma_I \gamma_{Qi}\psi_{ci}S_{Qik} \qquad (1\text{-}2\text{-}37)$$

作用效应设计值应按上述二式中最不利值采用。

式中　γ_0——重要性系数，根据安全等级采用；

　　　γ_I——设计使用年限系数；

　　　γ_G——永久荷载的分项系数；

　　　γ_{Qi}——第i个可变荷载的分项系数，其中γ_{Q1}为可变荷载Q_1的分项系数；

　　　S_{Gk}——按永久荷载标准值G_K计算的荷载效应值；

　　　S_{Qik}——按可变荷载标准值Q_{ik}计算的荷载效应值，其中S_{Q1k}为诸可变荷载效应中起控制作用者；

　　　ψ_{ci}——可变荷载Q_i的组合值系数。

风、雪荷载当按重现期为100年时的数值采用时，$\gamma_I=1.0$；对其他可变荷载，取

$\gamma_\mathrm{I}=1.10$。γ_0、γ_G、γ_Q、ψ_c 均按现行荷载规范取用。

结构构件的承载力设计值 R，按现行规范采用。

(2) 抗震设计

对丙类建筑，首先应按表 1-2-13 及表 1-2-7 确定所对应的抗震设防烈度。并按此烈度确定房屋适用的最大高度，采用符合要求的结构类型，以及相应的抗震等级，取用抗震措施。当对应的设防烈度超过 9 度（0.40g）时，应采用比一级抗震等级更为严格的抗震措施。

结构构件的地震作用效应和其他荷载效应的基本组合应按式(1-2-38)计算，且应符合式(1-2-32)的要求。

$$S=\gamma_\mathrm{G}S_\mathrm{GE}+\gamma_\mathrm{Eh}S_\mathrm{Ehk}+\gamma_\mathrm{Ev}S_\mathrm{Evk}+\psi_\mathrm{w}\gamma_\mathrm{w}S_\mathrm{wk} \qquad (1\text{-}2\text{-}38)$$

式中 γ_G——重力荷载分项系数；

γ_Eh、γ_Ev——分别为水平、竖向地震作用的分项系数；

γ_w——风荷载分项系数；

S_GE——重力荷载代表值的效应；计算重力荷载代表值时，可变荷载按设计基准期为 50 年的数值乘以 1.10 后取用，组合值系数仍按抗震规范采用；

S_Ehk——水平地震作用标准值的效应，应按重现期为 100 年的地震作用计算，尚应乘以相应的增大系数或调整系数；

S_Evk——竖向地震作用标准值的效应，应按重现期为 100 年的地震作用计算(可取水平地震作用的 65%)，并应乘以相应的增大系数或调整系数；

S_wk——风荷载标准值的效应，应按重现期为 100 年时的风压计算；

ψ_w——风荷载组合值系数。

γ_G、γ_Eh、γ_Ev、γ_w、ψ_w 均按抗震规范采用。

上述计算方法，采用现有计算程序，适当调整活荷载取值后容易实现。

第四节　结构抗震计算中的一些常遇问题

1.2.14 设置抗震承载力调整系数 γ_RE 的主要原因是什么？并探讨对一些 γ_RE 值作适当调整。

【解析】 1. 设置抗震承载力调整系数 γ_RE 的主要原因

原《工业与民用建筑抗震设计规范》（TJ 11—78）与其他同期的结构设计规范（下述中简称 78 规范），是采用统一的安全系数 K 法验算构件承载力。如采用 1989 年及现今 2001 年的抗震规范，以及同期的其他结构设计规范的承载力验算基本表达式来表达 78 规范的基本表达式，则 78 规范可改写为下列二式：

非抗震建筑 $\qquad\qquad KS_\mathrm{K}\leqslant R_\mathrm{K}$ $\qquad\qquad(1\text{-}2\text{-}39)$

抗震建筑 $\qquad\qquad \psi_\mathrm{RE}KS_\mathrm{K}\leqslant R_\mathrm{K}$ $\qquad\qquad(1\text{-}2\text{-}40)$

式中 K——78 规范中验算结构构件及节点连接承载力时的安全系数，$K=1.4\sim1.55$；

ψ_RE——78 规范中考虑地震作用组合时安全系数 K 的降低系数，其值 $\psi_\mathrm{RE}=0.8$；

S_K——78 规范中不考虑和考虑地震作用组合时的杆件内力标准值(相当于 1989 年及 2001 年规范的标准组合的内力)；

R_K——结构构件及节点连接的承载力标准值(相当于1989年及2001年规范的抗力标准值)。

为便于比较，现列出1989年及2001年规范承载力验算基本表达式：

非抗震建筑 $\quad\quad\quad\quad \gamma_0 S \leqslant R \quad$ 一般建筑$\gamma_0=1.0 \quad\quad\quad\quad$ (1-2-41)

抗震建筑 $\quad\quad\quad\quad\quad S \leqslant \dfrac{R}{\gamma_{RE}} \quad$ 或 $\gamma_{RE} S \leqslant R \quad\quad\quad\quad$ (1-2-42)

式中 S——不考虑或考虑地震作用组合时的杆件内力设计值，即其相应的内力标准值分别乘以荷载分项系数γ_G、γ_Q、γ_{Eh}，其平均荷载分项系数$\gamma_{GQE} \approx 1.25$，相应地$S \approx \gamma_{GQE} \cdot S_K$；

$\quad\quad R$——构件承载力设计值，该值已含材料强度标准值除以材料强度分项系数$\gamma_C=1.4$(混凝土)、$\gamma_S=1.1$(钢筋及钢材)，如采用材料强度平均分项系数γ_{CS}，则$\gamma_{CS} \approx 1.20$，相应地$R \approx R_K/\gamma_{CS}$；

$\quad\quad \gamma_{RE}$——抗震承载力调整系数，$\gamma_{RE}=0.75 \sim 0.9$，其平均值$\overline{\gamma}_{RE} \approx 0.8$，该系数如置于式(1-2-40)的左侧时，也可称其为考虑地震作用时内力S的折减系数。

对比式(1-2-40)及式(1-2-42)，可知下列的系数关系：

$$K \approx \gamma_{CS} \cdot \gamma_{GQE} \quad K=1.4 \sim 1.55, \gamma_{CS} \approx 1.20, \gamma_{GQE} \approx 1.25$$
$$\psi_{RE} \approx \gamma_{RE} \quad \psi_{RE}=0.8, \gamma_{RE}=0.75 \sim 0.90 \quad\quad (1\text{-}2\text{-}43)$$

由上述二式可知，78规范的安全系数K，基本上等同于材料强度平均分项系数γ_{CS}与荷载平均分项系数γ_{GQE}的乘积；而1989年及2001年规范中的抗震承载力调整系数γ_{RE}值，基本上等同于78规范考虑地震作用组合时安全系数K的降低系数ψ_{RE}。

由式(1-2-42)可知，之所以在1989年抗震规范中设置抗震承载力调整系数γ_{RE}，实质上为改变78规范承载力基本表达式特意设置的。2001年规范则是延用了1989年规范所采用的系数γ_{RE}。

2. 现行规范中的一些γ_{RE}值宜作适当调整和补充

2001年抗震规范和同期的混凝土规范、混凝土高层规程及矩形钢管混凝土规程，以及早期的高钢规程等均规定了抗震承载力调整系数γ_{RE}值，详见表1-2-14。

钢筋混凝土构件及钢构件的抗震承载力调整系数γ_{RE}值　　表1-2-14

钢筋混凝土构件					
规范及规程	梁	柱(轴压比不小于0.15)	剪力墙	受剪截面、框架节点	局部受压
抗震规范 混凝土规范 混凝土高层规程	0.75	0.8	0.85	0.85	1.0

钢 构 件					
规范及规程	梁	柱	支撑	节点板件、连接螺栓	连接焊缝
高钢规程(JGJ 99—98)	0.80	0.85	0.90	0.90	1.0
2001年抗震规范	0.75	0.75	0.80	0.85	0.90
2004年矩形钢管混凝土规程	0.75	0.80	0.80	0.85	0.90

由表1-2-14可知，抗震承载力调整系数γ_{RE}的数值，除表达了考虑地震作用组合时安

全系数 K 的降低系数 ψ_{RE} 外，还根据构件的重要性的不同，采用不同的 γ_{RE} 值，即重要构件的 γ_{RE} 值要大于不重要的构件，使重要构件内力设计值的折减量要小些。也为使连接节点能具有强节点和强连接的要求，对其采用较大的 γ_{RE} 值，以使验算节点连接承载力时杆端内力设计值的折减量也要小些。

表 1-2-14 中关于钢筋混凝土构件的 γ_{RE} 值，三本规范对各类构件的数值是相同的。对于钢构件的 γ_{RE} 值，由于抗震规范颁布时间晚于高钢规程，因此可认为实际上它是修正了高钢规程采用较大的 γ_{RE} 值。

现根据实际工程中出现的问题，对表 1-2-14 中一些 γ_{RE} 值作如下探讨，并建议对有些重要构件及连接焊缝作适当的补充及调整。

(1) 宜增设框支梁、转换梁及转换桁架的 γ_{RE} 值

框支梁(梁托混凝土剪力墙)、转换梁(梁托柱)及转换桁架(桁架托柱)等是结构中非常重要的构件，是实现大震不倒的关键构件之一，它的重要性远大于一般框架梁。这些构件不仅承担上部结构传来巨大的竖向荷载，而且承担由于水平地震作用产生的竖向作用力和竖向地震作用，因此其 γ_{RE} 值应大于框架梁。现建议对这三种构件的 γ_{RE} 值不能采用 0.75，而应采用 $\gamma_{RE}=0.85$。相应地框支柱及转换梁和转换桁架下柱的 γ_{RE} 值也宜调整为 0.85。

(2) 宜增大钢框架柱的 γ_{RE} 值

表 1-2-14 中 2001 年抗震规范对钢框架柱的 γ_{RE} 值定为 0.75，这是欠妥的，显然，其重要性大于钢框架梁。对此，建议该柱的 γ_{RE} 值宜改为 0.80。

(3) 宜减小对接焊缝的 γ_{RE} 值

表 1-2-14 中 2001 年抗震规范和 2004 年矩形钢管混凝土规程对连接焊缝的 γ_{RE} 值均定为 0.9。该值对于角焊缝是适宜的，但对于对接焊缝的 γ_{RE} 值宜降为 0.85，使其仍高于框架梁和略高于框架柱的 γ_{RE} 值，但可减小与梁柱 γ_{RE} 的差值。

钢结构设计中，框架梁与框架柱的连接常采用栓焊法，即梁翼缘与柱采用对接焊缝(坡口熔透焊，且设引弧板)，柱与柱的翼缘工地拼接也是采用对接焊缝。对接焊缝的强度设计值，在钢结构设计规范中是取用等同于母材，其取值偏小。实际上，对接焊缝的屈服强度高于母材，如手工电弧焊焊条 E43 与配用母材 Q235 之间的屈服强度比值为 1.4，E50 与配用母材 Q345 之间的屈服强度比值为 1.15。因此，建议对接焊缝的 γ_{RE} 值由 0.90 改为 0.85。

工程设计中，框架梁及框架柱的钢材应力计算值与钢材强度设计值的比值(即应力比)常不大于 0.90。如再考虑到 γ_{RE} 改为 0.85，一般情况下，也可考虑不再验算对接焊缝的承载力。相应地不宜仅因对接焊缝的 γ_{RE} 值大于梁柱构件，而对连接部位采用不易令人满意的加强措施。

实际工程中，上述翼缘对接焊缝均应采用引弧板，以使翼缘板板端的焊缝是有效的，并应按一级焊缝规定检验焊缝质量。

1.2.15 为何要对抗震结构设置楼层最小地震剪力系数？并说明采用适宜的调整方法。

【解析】 1. 在抗震规范第五章中给出了地震影响系数 α 的曲线图，此曲线图在结构自振周期 T 大于 $5T_g$ (T_g 为特征周期)但小于 6s 时为一随 T 值增加而递减的直线方程。且当设计地震分组为第一、第二、第三组时，$5T_g$ 分别在 $1.25\sim3.25$s、$1.5\sim3.75$s、

1.75~4.5s之间变化。显而易见，高层建筑的结构基本自振周期大体上在此范围以内。我国现在仍然处于建设高峰期，且建筑物的高度越建越高。人们自然要问，按此地震影响系数曲线图所计算出的地震作用设计高层建筑，能否保证建筑物的抗震安全性。文献[30]给出了在阻尼比为0.05的条件下，不同特征周期所对应的地震影响系数曲线图(图1-2-8)，以供下面的讨论。

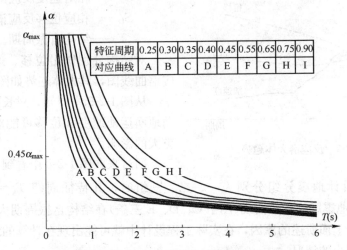

图1-2-8 不同特征周期地震影响系数曲线(阻尼比0.05)

地震学研究和强震观测数据表明，强震时地面运动确实存在长周期分量，其周期可以长达10s甚至100s，研究还表明，地震动长周期分量与震源规模及震源距有关[31]。

由于强震仪频率响应范围的限制，无法记录到超过10s的地面运动成分，在超过5s的成分中也存在失真，而且在对加速度进行误差修正时将数字化过程中产生的噪声滤出去的同时，也把地面运动长周期分量滤去了，因此多数加速度记录中缺失长周期成分。基本自振周期大于3s的高层建筑、工业设施(如石化行业中的装置)，对于短脉冲型的地面运动加速度时程，尽管加速度峰值很高，但由于周期很短，结构的反应相对迟钝和滞后。对长周期结构来说，危险的当是地面运动的长周期成分与结构的共振作用。例如1985年9月19日发生的墨西哥大地震，震级$M=7.9$，在距震中约400km处的墨西哥城台站记录到的最大加速度峰值只有$50cm/s^2$。此加速度记录的反应谱的卓越周期分别都是2.0s，场地相当于我国IV类土，记录的90%能量持时$T_d>30s$。结果该地区的宏观烈度都高于8度，有1000栋中、高层建筑倒塌，死亡近万人。分析其原因是因场地为很厚的冲积层(估算其卓越周期约为1.3s)，由于震级高，大震远距离传播后，地震波中的长周期成分较大，持时长。尽管地震加速度峰值不大，但由于场地、地面运动和高层建筑之间的共振作用，造成了严重的破坏。所以在这样一种情况下仍然采用加速度反应谱进行抗震验算而不加以改进，显然是难以满足工程抗震安全性要求的。由于加速度反应谱的局限性，地震工程界的学者已经提出了采用速度反应谱与位移反应谱进行抗震设计的方法。加速度反应谱、速度反应谱与位移反应谱之间有下列关系[21]：

作用于单质点弹性结构上的惯性力F为

$$F=mS_A=\frac{W}{g}S_A \tag{1-2-44}$$

$$S_V = \frac{1}{\omega} S_A = \frac{T}{2\pi} S_A \qquad (1\text{-}2\text{-}45)$$

$$S_D = \frac{1}{\omega} S_V = \frac{T^2}{4\pi^2} S_A \qquad (1\text{-}2\text{-}46)$$

式中 S_A——绝对加速度反应谱；
S_V——相对速度反应谱；
S_D——相应位移反应谱；
T——结构自振周期。

对结构分别做出位移、速度和加速度反应谱曲线图，其大体趋势如图1-2-9所示[30]。

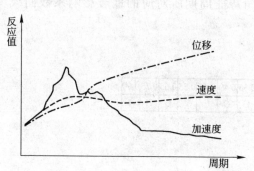

图1-2-9 反应谱大体趋势

从图1-2-9中得知，对长周期结构，地震动地面运动速度和位移可能对结构的破坏有更大的影响。

回过来在图1-2-8中看到，对应于常见的Ⅱ类场地，当设计地震分组分别为一、二、三组时，其特征周期$T_g = 0.35s$、0.40s、0.45s所对应的地震影响系数曲线(图中C、D、E三条)在结构自振周期大于3s后的取值已相当小。综合上面所述的原因，在实际工程设计中就可能出现在计算的水平地震作用下结构的效应比较小的情况。

考虑到现有的科学技术水平和设计习惯，当前弹性加速度反应谱法仍然是现阶段结构抗震计算的最基本依据。因此，出于安全考虑，抗震规范增加了控制各楼层水平地震剪力最小值的要求，作为控制指标规定了不同烈度下的楼层最小地震剪力系数(楼层的地震剪力与该楼层及以上各层重力荷载代表值之比)，结构的水平地震作用效应应按其进行相应调整(表1-2-15)。

楼层最小地震剪力系数值　　　　　　表1-2-15

类　别	7度	8度	9度
扭转效应明显或基本周期小于3.5s的结构	0.016(0.024)	0.032(0.048)	0.064
基本周期大于5.0s的结构	0.012(0.018)	0.024(0.032)	0.040

注：1. 基本周期介于3.5s和5.0s之间的结构，可插入取值；
2. 括号内数值分别用于设计基本加速度为0.15g和0.30g的地区；
3. 前三个振型中，二个水平方向的振型参与系数为同一量级，即存在扭转效应明显。

以上规定使得当前上述问题在一定程度上得到缓解，但是要想从根本上得到解决，则还需进一步加强强震观测工作，并研究设计地震动参数的选择方法，逐步加以解决。

2. 结构地震剪力的调整：现以无需进行扭转耦联计算的结构为例，说明其调整方法。

设F_{ji}为结构j振型第i层楼面上的水平地震作用标准值($i = 1, 2, \cdots, n$；$j = 1, 2, \cdots, m$)，作用于各层楼面上第j振型的水平地震作用标准值见图1-2-10。第i楼层的地震剪力Q_i应按下式计算：

$$Q_i = \sqrt{\sum_{j=1}^{m} S_{ji}^2} \tag{1-2-47}$$

$$S_{ji} = F_{ji} + F_{j(i+1)} + \cdots + F_{j(n-1)} + F_{jn} \tag{1-2-48}$$

若第 l 楼层的地震剪力小于表 1-2-15 中的要求，且要求的最小地震剪力系数与实际计算所得的剪力系数之比等于 $r(r>1)$，则可按下列规则调整作用于各层楼面上的水平地震作用标准值：

以 γF_{ji} 代替 $F_{ji}(i=l, l+1, \cdots, n; j=1, 2, \cdots, m)$

$F_{ji}(i=1, 2, \cdots, l-1; j=1, 2, \cdots, m)$ 不变

见图 1-2-11。

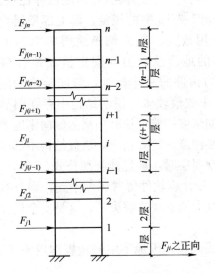
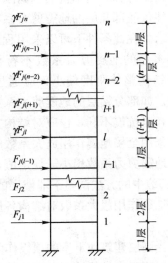

图 1-2-10 作用于结构楼面上第 j 振型水平地震作用标准值（当 F_{ji} 的方向与图中不同时以负值代入）

图 1-2-11 作用于结构楼面上第 j 振型水平地震作用标准值的调整

根据图 1-2-10 可得第 l 楼层调整后的地震剪力应为：

$$Q_l = \gamma \sqrt{\sum_{j=1}^{m} S_{jl}^2} \tag{1-2-49}$$

$$S_{jl} = F_{jl} + F_{j(l+1)} + \cdots + F_{jm} \tag{1-2-50}$$

同样根据图 1-2-11 也可算出第 l 楼层的地震剪力为：

$$Q_l^{(1)} = \sqrt{\sum_{j=1}^{m} (\gamma F_{jl} + \gamma F_{j(l+1)} + \cdots + \gamma F_{jn})^2}$$

$$= \gamma \sqrt{\sum_{j=1}^{m} S_{jl}^2}$$

与按式(1-2-49)、式(1-2-50)计算的结果完全相同，这就证明了图 1-2-11 确系楼层地震剪力调整以后的计算简图。从此图还容易得到，对 $(l+1) \sim n$ 各楼层，其地震剪力均为

按图 1-2-10 计算结果的 γ 倍；受上部作用于楼面水平地震作用增大的影响，下部第 $1\sim(l-1)$ 楼层的地震剪力也要增加，亦可由图 1-2-11 算出。以第一层为例：

$$S_{j1}=F_{j1}+F_{j2}+\cdots+F_{j(l-1)}+\gamma[F_{jl}+\cdots+F_{jn}] \tag{1-2-51}$$

$$Q_1=\sqrt{\sum_{j=1}^{m}S_{j1}^2} \tag{1-2-52}$$

从以上分析得知，若某层（或某几层）的地震剪力不符合表 1-2-15 的要求，仅将该层（或某几层）的地震剪力调整至符合表中规定值，而其余各层的地震剪力不变的做法显然是不正确的。

根据计算，当结构的侧向刚度沿竖向变化较为均匀，且结构整体刚度选择比较合理，则往往仅底部几层的地震剪力系数有可能不符合表 1-2-15 中的规定，而上部楼层均可满足要求。在此条件下可以采用程序中全楼地震作用放大系数来调整地震剪力即可。若有很多层的地震剪力系数不符合要求，或底部的地震总剪力与规定值相差较多，均表明结构整体刚度偏小，应通过调整结构抗侧力构件的总体布置，增加结构的刚度来解决。如部分楼层的地震剪力系数小于表 1-2-15 中数值较多，说明结构中存在明显的软弱层，对抗震不利，也应对结构方案进行调整，如采取措施增加软弱层的侧向刚度等，而不应采用全楼地震作用放大系数解决，这一点务必注意。还要指出，当仅结构中部少数楼层的地震剪力系数稍小于规定值，但并非明显的软弱层时，最好能按照公式(1-2-51)、式(1-2-52)中的方法调整下部楼层的地震剪力系数，如计算软件暂时还做不到，则只有通过全楼地震作用放大系数对结构各层的地震剪力均放大的方法来解决了，这是安全但保守的做法。

当高层建筑地下室的顶板作为上部结构的嵌固部位，因地下室的地震作用明显衰减，故一般不要求核算地下室部分的剪力系数。

1.2.16 为何要使上部结构底部应符合嵌固要求？并说明如何进行核定。

【解析】 计算地震作用和结构内力分析时，地下室作为上部结构嵌固部位的具体要求：

1. 抗震规范第 6.1.14 条一共提出了下列三个方面的要求：

(1) 为传递水平地震作用，对地下室顶板的刚度和强度的要求。包括应避免在地下室顶板上开大洞口，采用现浇混凝土楼板且其厚度不宜小于 180mm，混凝土强度等级不宜低于 C30，采用双层双向配筋，且每层每个方向不小于 0.25% 等。

(2) 为做到地震时塑性铰能出现在地上一层的柱底，而不出现在地下室顶板的梁和地下一层的柱中，以实现上部结构的嵌固条件，采取了下列措施：

1) 地下室应采用现浇梁板结构，不可采用无梁楼盖结构；2) 地下室柱截面每侧的配筋面积，除应满足计算要求外，不应少于地上一层对应柱每侧钢筋面积的 1.1 倍；3) 地上一层的框架结构柱底和剪力墙墙底截面的弯矩设计值应按塑性铰分别出现在柱底或墙肢底部采用；4) 位于地下室顶板的梁柱节点左右梁端截面实际受弯承载力之和不宜小于上下柱端实际受弯承载力之和。

(3) 地下室应有足够的刚度，地下室层数宜为二层及以上（见规范条文说明）。地下室结构应能承受上部结构屈服超强和地下室本身的地震作用。为此近似要求地下室结构的侧向刚度与上部结构侧向刚度之比不宜小于2.0。

2. 结构的侧向刚度在抗震规范及高规中均有明确的定义，即结构的侧向刚度可取在地震作用下结构的层剪力与层间位移之比值计算。在抗震规范条文说明中还给出了当进行方案设计时，侧向刚度比可用剪切刚度比 γ 估算。

$$\gamma = \frac{G_0 A_0 h_1}{G_1 A_1 h_0} \tag{1-2-53}$$

$$[A_0，A_1] = A_w + 0.12 A_c \tag{1-2-54}$$

式中　G_0、G_1——地下室及地上一层的混凝土剪变模量；

　　　A_0、A_1——地下室及地上一层的折算受剪面积；

　　　A_w——在计算方向上，剪力墙全部有效面积；

　　　A_c——全部柱截面面积；

　　　h_0、h_1——地下室及地上一层的层高。

按公式(1-2-53)计算的剪切刚度比与按定义算出的侧向刚度比有时相差颇大。但上式仅适用于在方案设计时估算侧向刚度比之用，在当前具有完善的软件条件下似无必要采用，直接按规范所规定的方法计算侧向刚度即可。

文献[26]中给出了有效影响范围的概念，并指出：当高层建筑结构带有大底盘裙房，计算裙房与其上塔楼的楼层刚度比时，不可取裙房的所有竖向抗侧力构件的刚度总和，可取其有效影响范围内的竖向构件。所谓有效影响范围，可由塔楼与裙房交界处做45°向外斜线，取斜线范围内的竖向构件参与计算。对地下室部分也可照此处理，而不能将所有竖向构件、特别是取地下室外墙参与计算。

作者认为引入有效影响范围的概念正确。但按上述方法估算地下室结构的有效影响范围在某些情况下会有较大的出入，这是因为1)地下室的平面尺寸有时较上部结构的平面尺寸大得较多，2)假如上部结构的平面为正方形，下部对应的地下室亦为一同心正方形平面，则按上述方法计算，从理论上来说其有效影响范围可以是无限大，对地下室这显然是不恰当的。

为此建议，对上部为矩形平面的建筑，计算地下室有效影响范围时，由建筑与地下室交界处算起，每边可向外扩出1.5倍建筑物的短边尺寸，且不宜大于25m，并可按至相邻近的柱网轴线尺寸作适当调整；对平面为非矩形的建筑亦可参照办理。

此外，在计算地下室的侧向刚度时，一定不能考虑地下室周边土对地下室的约束作用，回填土对地下室约束相对刚度比应取零值，而不应填3.0或5.0，否则将导致计算层间位移过小、侧向刚度过大的极不真实结果。

1.2.17　为什么说6度抗震建筑仍宜进行抗震计算？

【解析】　抗震规范第5.1.6条规定：6度时的建筑(建造于Ⅳ类场地上较高的高层建筑除外)，以及生土房屋和木结构房屋等，应允许不进行截面抗震验算，但应符合有关的抗震措施要求。

在该条的条文说明中说明："较高的高层建筑"指诸如高于40m的钢筋混凝土框架、高于60m的其他钢筋混凝土民用房屋和类似的工业厂房，以及高层钢结构房屋，其基本周期可能大于Ⅳ类场地的设计特征周期 T_g，则6度的地震作用值可能大于同一建筑在7

度Ⅱ类场地上的取值，此时仍需进行抗震验算。

但高规（适用于10层及10层以上或房屋高度超过28m的非抗震设计和抗震设防烈度为6至9度抗震设计的高层民用建筑结构）明确指出鉴于高层建筑比较重要且结构计算分析软件应用较为普遍，因此规定6度抗震设防时也应进行地震作用计算，通过计算，可与无地震作用效应组合进行比较。

笔者认为高规中的规定可取，抗震规范第5.1.6条的规定源出于89抗震规范，可能是依据震害调查，根据当时的具体条件确定尽可能减小结构的抗震验算面，而对一部分结构只要加强抗震措施即可达到抗震设防的目标。现在看来口子开得可能偏大，尤其对工业建筑，往往荷载很大且结构布置复杂。曾有一项工程，为四层钢筋混凝土工业框架结构：纵向柱距6.0m，横向3×7.5m，层高4.2m。楼面上基本上布满了蓄存水深达3.0m的矩形钢筋混凝土污水池；抗震设防烈度为6度，设计地震第二组，Ⅲ类场地；基本风压值0.40kN/m²。经计算，结构的相当一部分梁柱配筋由抗震设计控制。此仅是其中一例，相信还会有其他工程设计实例如经验算也会得到同样结果。为此建议，对有抗震设防要求的荷载很大的多层钢筋混凝土厂房，还是以都进行地震作用计算为好，这并不增加设计工作量，因为在现有的计算软件条件下，对一般结构进行抗震分析实属举手之劳。

1.2.18 如何计算结构的层间受剪承载力？

【解析】 抗震规范表3.4.2-2中规定：抗侧力结构的层间受剪承载力小于相应上一楼层的80%时称之为楼层承载力突变的竖向不规则类型。在第3.4.3条中又规定：楼层承载力突变时，薄弱层抗侧力结构的受剪承载力不应小于相应上一楼层的65%。

美国IBC规范中引入了强度不连续——弱强度层这一概念，是指当该层的强度小于其上一层强度的80%时，称之为弱强度层。楼层强度定义为在所考虑方向承受楼层剪力的所有抗震构件之强度总和。

因此中、美两国规范对薄弱层的定义是一致的。此是关于结构竖向规则性的一项重要指标，如处理不当，强烈地震发生时，结构会在薄弱层产生严重甚至灾难性后果。以前各计算软件并未结出此项指标的计算，现在已经有了，但不知如何计算的，笔者根据个人的认识和理解，将竖向构件的受剪承载力计算公式列出来以供参考。

1. 框架柱受剪承载力计算

根据混凝土规范，柱受剪承载力 V_c 应按下列公式计算：

$$V_c = \frac{M_{cua}^t + M_{cua}^b}{H_n} \tag{1-2-55}$$

式中　H_n——柱净高；

M_{cua}^t、M_{cua}^b——柱上、下端按实配钢筋截面面积和材料强度标准值，且考虑承载力抗震调整系数计算的正截面抗震受弯承载力所对应的弯矩值。

$(M_{cua}^t + M_{cua}^b)$ 应分别按顺时针和反时针方向进行计算。

对称配筋的矩形截面柱且柱上、下端配筋相同时有 $M_{cua} = M_{cua}^t = M_{cua}^b$。

则

$$V_c = \frac{2M_{cua}}{H_n} \tag{1-2-56}$$

M_{cua}可按该规范第7章中公式计算，但在计算中应将材料的强度设计值以强度标准值代替，并取实配的钢筋截面面积，不等式改为等式，并在等式右边除以承载力抗震调整系数γ_{RE}，此时N可取重力荷载代表值产生的轴向压力设计值N。

对大偏心受压柱，M_{cua}可按下列公式求出：

$$N = \frac{1}{\gamma_{RE}} \alpha_1 f_{ck} bx \tag{1-2-57}$$

$$Ne = M_{cua} + N\left(\frac{h}{2} - a'_s\right) = \frac{1}{\gamma_{RE}}\left[\alpha_1 f_{ck} bx \left(h_0 - \frac{x}{2}\right) + f'_{yk} A^{a'}_s (h_0 - a'_s)\right] \tag{1-2-58}$$

从以上二式消去x，并取$h = h_0 + a_s$，$a_s = a'_s$，

可得

$$M_{cua} = \frac{1}{\gamma_{RE}}\left[0.5\gamma_{RE} Nh\left(1 - \frac{\gamma_{RE} N}{\alpha_1 f_{ck} bh}\right) + f'_{yk} A^{a'}_s (h_0 - a'_s)\right] \tag{1-2-59}$$

式中 f_{ck}——混凝土轴心受压强度标准值；

f'_{yk}——普通受压钢筋强度标准值；

$A^{a'}_s$——普通受压钢筋实配截面面积；

$$\gamma_{RE} = 0.80。$$

2. 剪力墙受剪承载力计算

根据混凝土规范，剪力墙受剪承载力V_w应按下列公式计算：

$$V_w = \frac{M_{wua}}{M} V \tag{1-2-60}$$

式中 M——层高范围内的最大弯矩计算值；

V——与M对应的剪力计算值；

M_{wua}——层高范围内按实配钢筋截面面积、材料强度标准值、轴力N并考虑承载力抗震调整系数($\gamma_{RE} = 0.85$)计算的正截面抗震受弯承载力所对应的弯矩值，有翼墙时应计入墙两侧各一倍翼墙厚度范围内的纵向钢筋。

计算M_{wua}比较复杂，因为剪力墙肢一般为非对称截面，配筋亦非对称，必定要作某些简化方可算出，可参见文献[32]第三章。还必须指出，由于截面和配筋的非对称性，即使在同一方向（例如x向），当地震沿其正、反两个方向作用时，M_{wua}并不相同，所以剪力墙肢的受剪承载力V_w不会相等。这一点在判断楼层承载力突变的条件时必须注意，即V_w应分别采用正、反两个方向的值。

计算M_{wua}值可根据混凝土规范第7.3.6条的规定或高规第7.2.8条的规定按大偏心受压构件计算，其计算方法同计算M_{cua}时所采用的方法。

3. 对应于楼层i，全部竖向抗侧力构件的受剪承载力V^i_{cw}可按下式计算：

$$V^i_{cw} = \sum_i V_c + \sum_i V_w \tag{1-2-61}$$

4. 因判断楼层承载力突变的条件时可采用相对指标，因此作为简化，在公式(1-2-59)中可取$\gamma_{RE} = 1.0$，于是得到：

$$M_{cua} = 0.5Nh\left(1 - \frac{N}{\alpha_1 f_{ck} bh}\right) + f'_{yk} A^{a'}_s (h_0 - a'_s) \tag{1-2-62}$$

同样M_{wua}也可作相应简化。

1.2.19 为什么在计算单向地震作用时和判断扭转不规则时要考虑偶然偏心的影响？

【解析】 1. 高规中有以下内容：

(1) 第 3.3.3 条：计算单向地震作用时应考虑偶然偏心的影响。每层质心沿垂直于地震作用方向的偏移值可按下式采用：

$$e_i = \pm 0.05 L_i \tag{1-2-63}$$

式中　e_i——第 i 层质心偏移值(m)，各楼层质心偏移方向相同；

　　　L_i——第 i 层垂直于地震作用方向的建筑物总长度(m)。

(2) 第 4.3.5 条：在考虑偶然偏心影响的地震作用下，楼层竖向构件的最大水平位移和层间位移，A 级高度高层建筑不宜大于该楼层平均值的 1.2 倍，不应大于该楼层平均值的 1.5 倍。

(3) 第 4.6.3 条为计算楼层层间最大位移与层高之比的条文，并在条注中说明：抗震设计时，本条规定的楼层位移计算不考虑偶然偏心的影响。

2. 对应于高规中的上述内容，抗震规范中有下列规定：

(1) 第 5.2.3 条：规则结构不进行扭转耦联计算时，平行于地震作用方向的两个边榀，其地震作用效应应乘以增大系数。一般情况下，短边可按 1.15 采用，长边可按 1.05 采用；当扭转刚度较小时，宜按不小于 1.3 采用。

此规定与高规第 3.3.3 条中的相应规定明显不一致。按照高规，除对质量与刚度分布明显不对称、不均匀的结构，应计算双向水平地震作用下的扭转影响外，其他情况均应计入偶然偏心的影响(含在单向地震作用下应进行扭转耦联计算的结构)，而不采用乘以增大系数调整作用效应的方法。此外，采用增大系数法时，当建筑为正方形平面时，增大系数如何采用？

(2) 根据第 3.4.2 及 3.4.3 条，楼层的最大弹性水平位移(或层间位移)，大于该楼层两端弹性水平位移(或层间位移)平均值的 1.2 倍时(采用刚性楼板假定)称为扭转不规则。且楼层竖向构件的最大弹性位移和层间位移分别不宜大于楼层两端弹性水平位移和层间位移平均值的 1.5 倍。

此处与高规的区别在于计算位移时不考虑偶然偏心的影响。这就有可能造成按抗震规范判定为扭转规则的结构，但按高规则判定为扭转不规则。

(3) 第 5.5.1 条为多遇地震作用下的抗震变形验算，其计算楼层内最大的弹性层间位移的方法与高规相同，亦不考虑偶然偏心的影响。

以下结合美国 IBC 规范和欧洲规范的有关要求对上述问题进行讨论。所引入的规范内容仅限于与问题有关的部分，为了表达清晰，在引入时笔者在文字方面作了适当调整。

(1) 美国 IBC 规范

在 1630 节中(底部剪力法)有下列内容：

1) 当为刚性楼盖时，应假定每层的质量中心在任一方向从计算质量中心移动一个距离，其值等于垂直于所施加作用方向建筑物尺寸的 5%，此附加位移对楼层竖向抗侧力构件受力的影响应予考虑；给定的楼层设计扭矩应按作用于该楼盖及以上楼盖上的设计水平地震作用所产生的扭矩和附加扭矩之和计算，此附加扭矩应按楼层质量具有上述规定的附加位移计算。

2) 层间位移或水平位移的计算：对于设计地震动〔相当于我国的抗震设防烈度(中震)〕产生的最大弹塑性位移 Δm，可由 Δs 乘以放大系数确定。Δs 应按照根据底部剪力法得到的地震作用对结构进行弹性静力分析后求出。如采用动力分析(振型分解反应谱法或时程分析法）则应符合 1631 节的专门规定。位移计算应包括转动位移和扭转产生的位移。

在 1631 节中（动力分析——振型分解反应谱法及时程分析法）有下列内容：分析时应考虑扭转效应，包括上述附加位移引起的附加扭矩效应。当结构采用空间分析模型时，附加扭矩效应的计算可采用如修正质量位置那样通过对模型的适当修正来实现，或者采用与上述取附加位移等于 0.05 倍建筑物尺寸的相同静力分析方法来达到。

表 16-M 中给出了平面不规则类型的判断。扭转不规则系指当采用刚性楼板假定（并非指实际楼板就是刚性楼板），且楼层位移计算中包括了附加扭矩效应，则当楼层的最大层间位移大于该楼层两端层间位移平均值的 1.2 倍时，可以认为存在扭转不规则。

(2) 欧洲规范

与结构分析方法无关的章节中有下列内容：

1) 偶然扭转效应：除实际偏心之外，为考虑质量位置和地震运动空间变化的不确定性，各楼层计算质量中心在任一方向应考虑离其名义位置一个附加的偶然偏心距：

$$e_{1i} = \pm 0.05 L_i$$

其中　　e_{1i}——楼层质量 i 距名义位置的偶然偏心，所有楼层施加在同一方向；

L_i——垂直于地震作用方向的楼层尺寸。

2) 平面规则性准则：

结构在平面内沿两个正交方向上侧向刚度和质量分布接近对称；

平面轮廓简洁紧凑，无诸如 H、I、X 等外形，总的凹角或单一方向凹入尺寸不超过对应方向建筑总外部平面尺寸的 25%；

楼板平面内刚度和竖向结构构件的侧向刚度相比足够大，以致于楼板变形对竖向结构构件间力的分布影响很小；

按底部剪力法计算基底地震剪力及其沿高度的分布，并按刚性楼盖的假定分配到抗侧力体系各竖向构件，考虑了上述偶然偏心引起的附加扭矩后，任一楼层沿地震作用方向的楼层位移不超过平均楼层位移的 20%。

3) 确定位移时，应计入地震作用的扭转效应（含偶然扭转效应）。

与结构分析方法（采用振型分解反应谱法）有关的内容：

1) 当采用空间分析模型时，偶然扭转效应可由绕各楼层 i 的竖轴的扭矩 M_{1i} 按静力分析法所得结果的包络确定：

$$M_{1i} = e_{1i} F_i \tag{1-2-64}$$

式中　　e_{1i}——楼层质点 i 沿所有相应方向按式(1-2-63)求得的偶然偏心距；

F_i——沿所有相应方向根据底部剪力法（平面模型）求得的作用于楼层 i 的水平地震作用。

2) 当采用平面分析模型时，扭转效应（含偶然扭转效应）可按底部剪力法中有关方法计算确定（本书略去）；

3) 偶然扭转效应应在水平地震作用效应经 CQC 法或 SRSS 法振型组合以后再与其叠加。

从以上的摘要得知，尽管两本规范对某些问题的看法并不一致，但是在对结构扭转规则性的判断方面、计算结构的水平位移、层间位移以及计算结构内力时均应考虑偶然偏心所引起的扭转影响的规定是完全一致的；且其偏移值均按公式(1-2-63)计算确定也是一致的。

如上述偏移值仅属偶然性质，则在判断结构扭转规则性时无须考虑其影响，以免错误地判别了结构的固有特性，可能将扭转规则的结构判为不规则；同时在计算结构的水平位移和层间位移时亦不应考虑其影响，至多在计算内力时加以考虑即可。

但是笔者却认为上述偏移值绝非偶然，而是客观存在，因为系由于施工、使用等因素产生。所以总要采用一个较为合理的数值进行估算，公式(1-2-63)就是一个估算公式。建筑抗震设计规范管理组戴国莹、沙安等曾做过一些研究工作，其研究成果已刊登在规范背景材料《抗震设计新技术》一书中。现将书中结论性意见摘录于下。该书指出：由于施工质量、材料情况等各种条件的不确定性，可以认为结构自重 G 为一随机变量，其概率模型服从正态分布，平均值为 $1.06G_K$（G_K 为自重标准值），标准差为 $0.074G_K$。质心在 $(0 < x_c \leqslant 0.05L)$ 及 $(0.05L < x_c \leqslant 0.1L)$ 范围内分布的概率可分别由公式(1-2-65)、式(1-2-66)计算得出：

$$P(0 < x_c \leqslant 0.05L) = \int_0^{0.05L} p(x_c) \mathrm{d}x_c \tag{1-2-65}$$

$$P(0.05L < x_c \leqslant 0.1L) = \int_{0.05L}^{0.1L} p(x_c) \mathrm{d}x_c \tag{1-2-66}$$

式中　$p(x_c)$——质心 x_c 的概率密度函数。

经计算得到质心 x_c 在 $(0, 0.05L)$ 范围内分布的概率为 44.05%，在 $(0.05L, 0.1L)$ 范围内分布的概率为 5.11%；于是得到质心在 $(-0.05L, 0.05L)$ 范围内分布的概率为 88.1%，而在 $(-0.1L, -0.05L) \cup (0.05L, 0.1L)$ 范围内分布的概率仅为 10.22%。因此取偏移值为 $\pm 0.05L$ 是有一定保证率的。

笔者认为上述保证率尚未计及使用的因素，若计及使用因素保证率会更大。为此取公式(1-2-63)的计算值为实际偏移的估算值还是比较合理的。因此建议，对可不计算双向水平地震作用下扭转影响的结构，在单向水平地震作用下，在对结构的扭转规则性的判断、计算结构的水平位移和层间位移以及结构的内力分析时均应考虑上述偏心距的影响，并将"偶然偏心"的用语改为附加偏心距或规定偏心距，以便与其实际作用相符。对应计入双向水平地震作用下扭转影响的结构，在单向水平地震作用下对结构的扭转不规则指标进行计算时，亦应考虑附加偏心距的影响；但在结构的内力分析、计算其水平位移和层间位移时则无需考虑其影响。此外由附加偏心距而形成的扭转效应应在水平地震作用效应经 CQC 法振型组合以后再与其叠加。这样处理以后，抗震规范与高规的不协调问题也得到妥善解决。

还要特别指出，美国 IBC 规范（包括我国抗震规范和高规）与欧洲规范在对结构的扭转规则性的判断方面，其方法是不一致的。前者计算分析时可采用振型分解反应谱法，水平位移和层间位移按 CQC 法进行振型组合。后者仅限于采用底部剪力法，位移则根据在静水平力作用下，对采用刚性楼板假定的空间结构进行分析计算后得到，属于线性静力法。

笔者认为结构的扭转规则性亦为其固有特性，因此判断时其位移计算似不应受建立在概率基础上的 SRSS 法、CQC 法振型组合的影响。从这个意义上来说，欧洲规范中采用的判断方法似比较合理。

1.2.20 哪些建筑需要进行弹性时程分析,以及如何选择适宜的地震波?

【解析】 1. 需要进行弹性时程分析的建筑

以地震影响系数曲线为基础的底部剪力法、特别是振型分解反应谱法是各类结构抗震计算的主要方法。地震影响系数曲线提供了地震有效峰值加速度、反应谱或归一化的放大系数 β 谱等,适用于量大面广的一般建筑物,上述参数具有统计平均的意义(并非统计平均值),但它们无法表现结构地震反应的全过程。

因此,对重要建筑、受力复杂明显存在抗震薄弱环节的建筑以及房屋较高的某些高层建筑,抗震规范规定了应采用时程分析法进行多遇地震下补充计算的要求。

(1) 抗震规范第 5.1.2 条规定,特别不规则的建筑、甲类建筑和表 1-2-16 所列高度范围内的高层建筑,应进行上述补充计算。其中甲类建筑按《建筑工程抗震设防分类标准》(GB 50223—2004)中有关规定确定,其数量极少;特别不规则的建筑在规范条文说明中有如下说明:特别不规则,指的是多项指标超过规范表 3.4.2-1(平面不规则的类型)和表 3.4.2-2(竖向不规则的类型)中不规则指标或某一项超过规定指标较多,具有较明显的抗震薄弱部位,将会引起不良后果者。

采用时程分析的房屋高度范围 表 1-2-16

烈度、场地类别	房屋高度范围(m)
8 度 I、II 类场地和 7 度	>100
8 度 III、IV 类场地	>80
9 度	>60

(2) 高规第 3.3.4 条规定:7~9 度抗震设防的高层建筑,下列情况应采用弹性时程分析法进行多遇地震下的补充计算:

1) 甲类高层建筑结构;

2) 表 3.3.4 所列乙、丙类高层建筑结构(与本节表 1-2-16 中所列完全一致);

3) 不满足本规程第 4.4.2~4.4.5 条规定的高层建筑结构;

4) 本规程第 10 章规定的复杂高层建筑结构(带转换层的结构、带加强层的结构、错层结构、连体结构、多塔楼结构等);

5) 质量沿竖向分布特别不均匀的高层建筑结构。

其中 1)、2) 两条与抗震规范完全一致,第 3) 条为竖向不规则的结构,此条已包含了抗震规范表 3.4.2-2 中所列竖向不规则类型。第 4) 条系根据高层建筑的特点提出,其中带转换层的结构、错层结构分别属于抗震规范表 3.4.2-2 及表 3.4.2-1 中不规则的类型。第 5) 条抗震规范中无此内容,根据美国 IBC 规范的规定,任一楼层的有效质量为相邻楼层有效质量 150% 以上(屋顶层不计算在内)则可认为是质量不规则,其中有效质量在乘以重力加速度 g 以后的含义可能是等同于我国规范中的重力荷载代表值,即结构自重标准值和可变荷载组合值之和。可以肯定质量沿竖向分布特别不均匀不会是指上述质量分布关系,但目前给出可供参考的指标,又十分困难,为此只有留待设计人员通过工程实践来完成了。然而可以认为采用厚板转换层的结构应属于质量沿竖向分布特别不均匀的结构。但是根据高规第 10.2.1 条仅 6 度区方可在室内地坪以上采用厚板转换构件,而此时根据高规又无需采用时程分析法补充计算,鉴于此笔者建议还是以进行补充计算为宜。

此外，笔者认为尚应补充平面不规则类型中的扭转不规则，这是因为国内、外历次地震均表明，扭转不规则的结构在地震中破坏严重。高规中规定了楼层竖向构件的最大水平位移和层间位移的限值，对于 A 级高度高层建筑不应大于该楼层平均值的 1.5 倍；B 级高度高层建筑不应大于该楼层平均值的 1.4 倍；带转换层的结构、带加强层的结构、错层结构、连体结构、多塔楼结构的要求同 B 级。因此建议，对 A 级高度高层建筑，当楼层竖向构件的最大水平位移或层间位移大于该楼层平均值的 1.35 倍时，应采用时程分析法进行多遇地震下的补充计算。B 级高度的高层建筑以及上述带转换层的结构等复杂高层建筑无需加此规定，因为按其高度或者结构类型，已经必须进行弹性时程分析的补充计算了。高层建筑结构按上述要求进行补充计算后，则完全满足并超过了抗震规范第 5.1.2 条对多遇地震的计算要求。

2. 实际强震记录

1932 年美国研制成功第一台强震仪（USCGS）[33]，并于 1933 年 10 月在加州长滩获得第一个强震记录。就获得的众多强震记录来看，不同国家、地区，不同地震所记录到的强地面运动，其特征差异很大，因此在挑选强震记录时必须慎重。下面介绍几个典型地震记录的情况。

（1）埃尔森特罗记录

1940 年 5 月 18 日在美国加利福尼亚州帝国河谷地区发生 $M=7.1$ 级地震，最大烈度 9 度。在帝国河谷处出现长 65km 的断层，最大水平位移 4.5m。埃尔森特罗台站距震中 22km，附近烈度 7~8 度，台站在地震中获得记录（图 1-2-12）。其加速度波形中，南北分量最大峰值加速度为 0.33g，记录的主要周期范围为 0.25~0.60s。谱加速度最大值为 0.88g，动力放大系数 β 为 2.689，加速度反应谱主峰点对应的周期为 0.55s。台站工程地质情况见表 1-2-17，表中 V_s 为剪切波速。由于此记录加速度峰值较大，且频谱范围较宽，因此多年来一直被工程界作为大地震的典型实例被广泛应用。

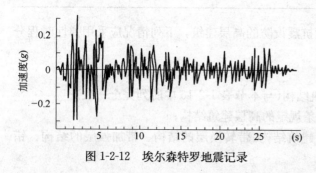

图 1-2-12　埃尔森特罗地震记录

埃尔森特罗台站的地质情况　　　　表 1-2-17

深度(m)	层厚(m)	土　质	V_s(m/s)
4.2	4.2	黏　　土	122
5.6	1.2	砂　　黏	122
15.7	10.1	砂黏淤黏	175
21.8	6.1	砂　　淤	213
34.8	13.0	细　　砂	251
42.3	7.5	淤　　黏	251
45.9	3.6	淤　细　砂	251
65.5	19.6	淤　　黏	305
68.5	13.0	淤　细　砂	
110.5	42.0	黏土和砂	

续表

深度(m)	层厚(m)	土　质	V_s(m/s)
128.0	17.5	砂和黏土	
134.0	6.0	砂中带有黏土	
142.0	8.0	砂和黏土	
160.0	18.0	砂　黏　土	

(2) 塔夫记录

1952年7月21日在美国加利福尼亚州克恩县发生 $M=7.7$ 级大地震，最大烈度为9度。在距震中约47km的塔夫台站获得记录(图1-2-13)，附近烈度为7度。记录的最大峰值加速度为 $0.17g$；谱加速度最大值为 $0.55g$，动力放大系数 β 为 3.161。记录的主要周期范围为 $0.25\sim 0.70s$，加速度反应谱峰点对应的周期为

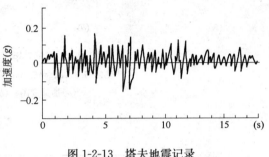

图1-2-13　塔夫地震记录

0.45s。与埃尔森特罗记录相比，具有较多稍长周期的波。台站附近地表有12m厚的砂黏土、砂、砾石，其下为坚硬的洪积层，地下约130m处为页岩。

(3) 新潟记录

1964年6月16日在日本新潟发生了7.7级地震，震中烈度约为9度。在距震中40km的台站获得记录(图1-2-14)，附近烈度约为7度强。所记录到的最大峰值加速度为 $0.16g$，谱加速度最大值为 $0.43g$，动力放大系数 β 为 2.69，加速度反应谱峰点所对应的周期为 0.40s。台站地基为饱和砂土，覆盖层厚度超过60m。从此记录可以看出，从地震开始后的7s内主要是短周期波，7~10s是地基发生液化的时间，10s以后出现持续的、周期很长的波，为液化后建筑物的振动过程。

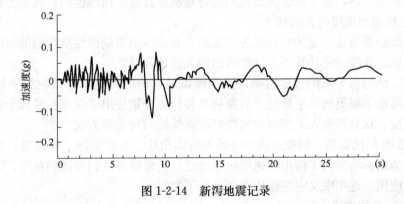

图1-2-14　新潟地震记录

(4) 具有相同峰值加速度 a_p 的两条地震记录，由于震源特性、震中距和场地土不同，其谱特征可以完全不同[27]。图1-2-15及图1-2-16分别表示两条地震加速度记录及各自的加速度反应谱。从图中可以看到，尽管两条地震波的加速度峰值相同，但谱形状却不同。在周期 $T=0.9s$ 处，相应谱值分别为 $S_a^{(1)}=0.04g$，$S_a^{(2)}=0.20g$；后者为前者的5倍。从谱形状

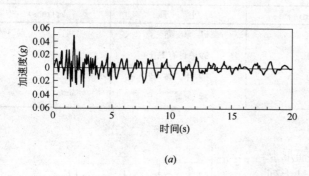
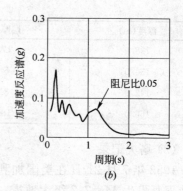

图 1-2-15　1957 年 4 月 22 日旧金山地震
($M=5.3$, $a_p=46.1\text{cm/s}^2$, 震中距 $R=16.8\text{km}$)
(a)加速度图；(b)加速度反应谱

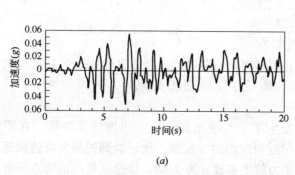
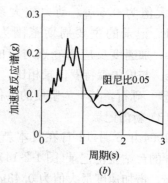

图 1-2-16　1952 年 7 月 21 日加利福尼亚地震
($M=7.7$, $a_p=46.5\text{cm/s}^2$, 震中距 $R=126\text{km}$)
(a)加速度图；(b)加速度反应谱

来看，对于远震大震，由于地震波短周期成分被吸收过滤，谱峰值向长周期方向移动。

3. 人工模拟加速度时程曲线[33]

模拟地震动是指按一定的规律人为建立的，和实际地震动的性质相似的时间过程，它是通过计算机、并按一定计算程序计算给出的人造地运动。

豪斯纳、汤姆森等采用过滤白噪声给出模拟波，他们将地震运动视为平稳的随机过程，后来又考虑了幅值的非平稳性。后藤和星谷胜等分别提出了采用正弦和余弦函数模拟地震动的方法。这是产生人工模拟加速度时程曲线的两种主要方法。

20 世纪 70 年代末期，模拟地震动开始走向实用化。根据实际工程需要，直接以设计标准反应谱为目标给出人工模拟加速度时程曲线，其精度可达到很高的程度，并已在许多重要工程中应用。近年来又对三维地震波进行了模拟。

4. 地震记录的选择

在时程分析法中，输入强震记录的选择是时程分析的结果能否既反映工程结构最大可能遭受的地震作用，又能使工程设计做到既安全且经济的前提。如选择不当，其计算结果不仅不能对工程设计起指导作用，反而会使设计人员无所适从，这是因为采用不同强震记录的计算结果可能会相差若干倍。

地震是一种小概率的随机事件，在我国和世界上发生过强烈地震的地方，已获取强震记录者极少，因此不可能要求抗震设计时一定要采用工程所在地的强震记录。且由于实际地震加速度时程是一种非稳态的随机过程，即使是同一地点，在不同时间发生的地震中所得到的地震加速度时程记录也会不同。为此人们只能从现有的国内外常用的强震记录中去选取合适的地震波。

在本章第一节中已经介绍了地震动三要素的概念及其内涵，即强度（震动幅值）、频谱特性和持续时间三个主要因素。因此强震记录的选择亦应符合地震动三要素的要求。下面作如下说明：

(1) 强度（震动幅值）即有效峰值加速度（EPA）。对应于6、7、8、9度时的有效峰值加速度值见表1-2-9。如被选定的实际强震记录的峰值加速度与表列数值不同，可将实际记录的加速度按适当的比例放大或缩小予以调整，使得其峰值加速度等于工程设计所采用的有效峰值加速度值。因为这种调整只是针对原强震记录的强度进行的，故基本上保留了实际强震记录的特征。

(2) 频谱特性是具有不同自振周期的单质点弹性体系对地面运动的响应特征，它反映了震源机制、震中距、震级、地震波传播介质、局部场地条件和结构阻尼的影响。频谱特性由地震影响系数曲线来表征，即依据工程所在地的场地类别和设计地震分组确定。所选择的实际强震记录的频谱特性应尽量与上述工程所在地的相应频谱特性一致。如果不一致，不可采用调整实际强震记录的时间步长，即不能通过将记录的时间轴拉长或缩短，以调整波频的方式来解决。因为这样做的结果必将改变实际强震记录的频率结构，是不可取的。此时只能改选其他符合频谱条件的记录。

(3) 持时调整[27]，如前所述持时对结构的线性反应影响不大，主要影响发生在结构非线性反应的弹塑性阶段。因此，选择实际强震记录的持时时，应能保证结构的振动进入稳态阶段。持时的选定与结构的类型和设计要求有关，如仅对结构进行弹性分析或弹塑性最大反应分析，持时可以稍短；如果是计算在地震作用下结构能量积累和耗损过程，持时宜长些。但不论持时的长短，均应确保在该时段内包含了地震记录的最强烈部分。关于持续时间如何选用，国内资料并非完全一致，其他国家也有些规定。现将部分资料分别列入表1-2-18及表1-2-19中以供读者参考。

地震动采用的持续时间（国内资料） 表1-2-18

项　次	资料来源	持续时间(s)
1	抗震规范条文说明	一般为结构基本自振周期的5～10倍
2	高　规	不宜少于结构基本自振周期的3～4倍及12s(用于弹性时程分析)
3	高　规	不宜少于12s(用于弹塑性时程分析)
4	文献[27]	结构基本自振周期10倍以上较合适

欧洲规范震中区加速度记录稳态部分持续时间 表1-2-19

$\gamma_1 a/g$	0.10	0.20	0.30	0.40
最小持续时间	10s	15s	20s	25s

注：1. γ_1——重要性系数，当重现期为475年时，$\gamma_1=1.0$；

2. a——相当于我国设计基本地震加速度。

采用人工模拟加速度时程曲线时，亦应符合上述三点要求，这是容易做到的。

按照地震动三要素的要求，可以选出符合工程所在地条件的实际强震记录及人工模拟加速度时程曲线。从理论上讲所采用的记录越多越好，但实际无需如此。

抗震规范规定：采用时程分析法时，应按建筑场地类别和设计地震分组选用不少于一组的实际强震记录和一组人工模拟的加速度时程曲线，其平均地震影响系数曲线应与振型分解反应谱法所采用的地震影响系数曲线在统计意义上相符。弹性时程分析时，每条时程曲线计算所得的结构底部剪力不应小于振型分解反应谱法计算结果的65%，多条时程曲线所得结构底部剪力的平均值不应小于振型分解反应谱法计算结果的80%。

这是根据小样本容量下的计算结果来估计地震效应值。通过大量强震记录输入不同类型的结构进行时程分析后的统计计算表明，若选用不少于二条实际记录和一条人工模拟时程曲线作为输入，计算所得的地震效应平均值不小于大样本容量平均值的保证率在85%以上，而且也不会偏大很多。规范所指"在统计意义上相符"是指其平均地震影响系数曲线与振型分解反应谱法所采用的地震影响系数曲线相比，在各个周期点上的值相差不大于20%。符合上述条件的地震法，计算所得的底部剪力平均值一般不会小于按振型分解反应谱法计算结果的80%，每条地震波输入的计算结果不会小于65%。

5. 当输入所选用的实际强震记录和人工模拟加速度时程曲线对结构进行计算后，若每条时程曲线计算所得的底部剪力和多条时程曲线计算所得的底部剪力平均值分别小于振型分解反应谱法计算结果的65%及80%时，则不能作为补充计算的依据。这表明所选用的时程曲线不符合地震动三要素的要求，如地震动有效峰值加速度已调整至符合工程设计的需要，且持时也符合，则必然是所选用的时程曲线的频谱特性有问题，必须改选其他强震记录。在超限高层建筑工程抗震设防专项审查中发现，很多工程当出现上述现象后，为了符合底部剪力的要求都采用了增大地震动峰值加速度的做法。例如某高层建筑工程，抗震设防烈度8度，在多遇地震影响下地震动有效峰值加速度为70Gal。采用二条实际强震记录和一条人工模拟加速度时程曲线进行时程分析计算，加速度峰值已调整至70Gal。计算得到的底部剪力不符合上述要求，于是将曲线的峰值调整为90Gal，计算所得的结构底部剪力方符合要求。要指出采用上述做法是不正确的，因为问题出在所选用的曲线的频谱特性有问题。

采用时程曲线对结构进行时程分析所得结果与振型分解反应谱法计算结果做比较，可以发现由于高振型的影响，高层建筑结构上部若干层的地震反应（楼层剪力与层位移角）将大于按振型分解反应谱法计算所得相应部位的反应。此结果只有通过弹性时程分析法方可得到。因此采用适宜的时程曲线进行时程分析，一定可以得到上述结果。

时程分析法也用于结构的变形验算，判断结构的薄弱层和薄弱部位，以便采取有效加强措施。

抗震规范还规定，采用时程分析法进行多遇地震下的补充计算时，可取多条时程曲线计算结果的平均值与振型分析反应谱法计算结果的较大值进行设计。

第五节 水平地震作用计算及主要参数分析

1.2.21 有哪些主要参数影响水平地震作用数值，并结合算例说明其规律性？

【解析】 1. 振型分解反应谱法计算水平地震作用的基本算式

多质点结构体系采用的振型分解反应谱法计算水平地震作用,是现今电算程序中的主要方法。为便于分析该法中的主要参数,现以不考虑扭转耦联,而是以平动振动的下列地震作用计算公式进行分析。下式是振型分解反应谱法的基本公式,它表达抗震结构第 j 振型在 i 层质点处的水平地震作用标准值。

$$F_{ji}=\alpha_j\gamma_j X_{ji}G_i \quad \begin{pmatrix} i=1,\ 2,\ \cdots,\ n \\ j=1,\ 2,\ \cdots,\ m \end{pmatrix} \tag{1-2-67}$$

$$\gamma_j = \frac{\sum_{i=1}^{n} X_{ji}G_i}{\sum_{i=1}^{n} X_{ji}^2 G_i} \tag{1-2-68}$$

式中 F_{ji}——第 j 振型在 i 质点处水平地震作用标准值;

X_{ji}——第 j 振型在 i 质点处的水平相对位移;

γ_j——第 j 振型的参与系数;

α_j——相应于第 j 振型自振周期 T_j 的水平地震影响系数;

G_i——第 i 层的质点 i 的重力荷载代表值。

2. 主要参数对水平地震作用 F_{ji} 的影响

(1) 水平地震影响系数 α_j 及相关参数

图 1-2-17 为未确定结构阻尼比时的水平地震影响系数曲线,除直线段周期小于 0.1s 的区段外,其他各段的水平地震影响系数 α_j 的一般式为:

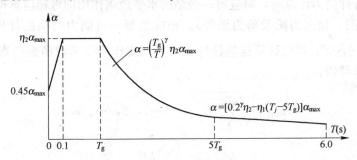

图 1-2-17 未确定阻尼比值时的水平地震影响系数曲线

$$T_j=0.1\text{s} \sim 1.0T_g(水平段) \quad \alpha_j=\eta_2\alpha_{\max} \tag{1-2-69}$$

$$T_j=1.0T_g \sim 5.0T_g(曲线下降段) \quad \alpha_j=\left(\frac{T_g}{T_j}\right)^\gamma \eta_2\alpha_{\max} \tag{1-2-70}$$

$$T_j=5.0T_g \sim 6.0\text{s}(直线下降段) \quad \alpha_j=[0.2^\gamma\eta_2-\eta_1(T_j-5T_g)]\alpha_{\max} \tag{1-2-71}$$

式中 γ、η_1、η_2 均为与阻尼比 ζ 有关的参数,应按下式计算确定:

$$\gamma=0.9+\frac{0.05-\zeta}{0.5+5\zeta} \tag{1-2-72}$$

$$\eta_1=0.02+\frac{0.05-\zeta}{8} \quad \eta_1 \geqslant 0 \tag{1-2-73}$$

$$\eta_2 = 1 + \frac{0.05 - \zeta}{0.06 + 1.7\zeta} \qquad \eta_2 \geq 0.55 \tag{1-2-74}$$

式中 α_j——为第 j 振型的水平地震影响系数；

α_{max}——对应设防烈度或设计基本加速度的水平地震影响数最大值；

T_g——特征周期(s)；

T_j——第 j 振型的结构自振周期(s)；

ζ——结构阻尼比；

γ——曲线下降段与结构阻尼比有关的衰减指数；

η_1——直线下降段与结构阻尼比有关的下降斜率调整系数；

η_2——阻尼调整系数。

1) 各振型产生对应的水平地震作用图及水平地震剪力图

一多质点的结构在平动振动时，一般可有与质点数相等的振型数和水平地震作用分布图数。因此，取用较多的振型数，高振型的水平地震作用分布图均可获得，而累计的底部剪力值及各层剪力值均将增大。

图 1-2-18 为五层钢筋混凝土结构采用振型分解反应谱法计算地震作用下的主要结果图。图中显示与 4 个振型图对应的 4 个水平地震作用图及 4 个水平地震剪力分布图。由于该结构为非高层建筑，因此对应第 1 振型的剪力值占总剪力值有很大的比值，高振型产生的剪力值较小。这与高振型对高层建筑的影响有较大的差异。

进行结构杆件内力计算时，对应每一振型的水平地震作用图可相应算得这一结构的一组内力图(弯矩图、轴向力图及剪力图等)。相应地每一抗侧力结构的杆件可根据 $S_{Ek} = \sqrt{\Sigma S_j^2}$ 展开成下列各式，以此计算这些杆件在水平地震作用下考虑高振型影响的内力标准值和楼层水平位移值。

$$N_{Ek,n} = \sqrt{\sum_1^m N_{j,n}^2} \quad (j=1, 2, \cdots, m) \tag{1-2-75}$$

$$M_{Ek,n} = \sqrt{\sum_1^m M_{j,n}^2} \tag{1-2-76}$$

$$V_{Ek,n} = \sqrt{\sum_1^m V_{j,n}^2} \tag{1-2-77}$$

$$\delta_{Ek,i} = \sqrt{\sum_1^m \delta_{j,i}^2} \tag{1-2-78}$$

式中 $N_{Ek,n}$、$M_{Ek,n}$、$V_{Ek,n}$——为抗侧力结构第 n 根杆件考虑高振型影响的轴向力标准值、弯矩标准值、剪力标准值；

$N_{j,n}$、$M_{j,n}$、$V_{j,n}$——为第 j 振型对应的水平地震作用产生的轴向力标准值、弯矩标准值、剪力标准值；

$\delta_{Ek,i}$——为考虑高振型影响的第 i 层水平位移值；

$\delta_{j,i}$——为第 j 振型对应的水平地震作用下在第 i 层产生的水平位移。

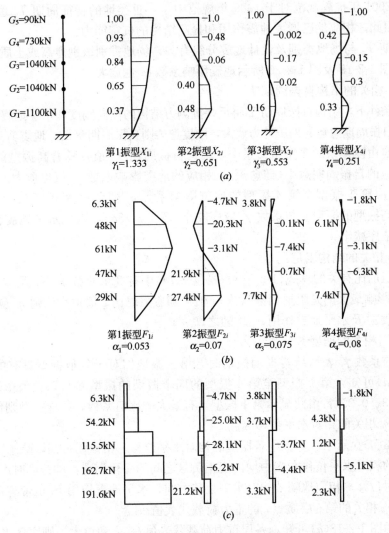

图 1-2-18　一多层钢筋混凝土结构地震作用计算结果
(a)振型图；(b)水平地震作用分布图；(c)水平地震剪力分布图

2) 与 α_j 相关的地震影响系数最大值 $\alpha_{max}^{小}$

$\alpha_{max}^{小}$ 是地震影响系数最大值。它与抗震设防烈度直接对应的多遇地震(小震)地震加速度最大值 $A_{max}^{小}$ 成线性相关，并可按下式算得：

$$\alpha_{max}^{小} = \frac{A_{max}^{小}}{g} \cdot \beta \tag{1-2-79}$$

式中　β——动力放大系数，抗震规范取用 $\beta=2.25$；
　　　g——重力加速度，$g=980\text{cm/s}^2$。

因此多遇地震的 $A_{max}^{小}$ 愈大，或抗震设防烈度愈高，则 $\alpha_{max}^{小}$ 愈大，相应的水平地震影响系数 α_j 及水平地震作用也愈大。

3) 与 α_j 相关的特征周期 T_g

特征周期 T_g 值，是对应水平地震影响系数曲线(图 1-2-17)的曲线下降段起始点的特征周期值。2001年抗震规范对于1989年规范中Ⅰ～Ⅲ类地的特征周期T_g值，已予以增大0.05s。因此，相应地已增大地震作用和提高结构的抗震能力。

特征周期T_g与场地类别及设计地震分组有关，场地类别级别愈高或土质愈差，则T_g值愈大，如图1-2-19及图1-2-20所示地震影响系数α_j也愈大。

4) 与α_j相关的结构自振周期T_j

在相同条件下，结构自振周期T将反映抗侧力结构的侧向刚度和水平地震剪力的关系，刚度愈大则自振周期愈短、地震剪力愈大，刚度愈柔则自振周期愈长、地震剪力愈小。

对于多自由度体系的多振型关系中，结构自振周期T_j值，随着高振型的振型序号j愈高，其相应的自振周期愈小（即愈短），相应的地震影响系数α_j值也愈大。如图1-2-18(b)所示，对应第1振型至第4振型的地震影响系数α_j值依序为0.053、0.07、0.075、0.08。但因高振型的振型参与系数γ_j依序减小（图1-2-18a），因此水平地震作用F_{ji}及结构底部剪力依序减小。

5) 与α_j相关的结构阻尼比ζ

与结构阻尼比有关的算式(1-2-72)～式(1-2-74)中有3个参数γ、η_1及η_2值，对地震影响系数α_j影响最大的是阻尼调整系数η_2值。随着阻尼比ζ值愈小，则η_2愈大，相应的地震影响系数α_j及水平地震作用F_{ji}均随之增大。

(2) 与F_{ji}相关的振型参与系数γ_j

振型参与系数γ_j表示结构平动振动时，第j振型相对于其他振型具有的比值系数。由图1-2-18(a)可知，第1振型至第4振型的四个振型的振型参与系数值依序为1.333、0.651、0.553、0.251，由此显示第1振型具有最大的比值系数，其他振型则依序减小。

(3) 与F_{ji}相关的相对水平位移X_{ji}

图1-2-18(a)显示了一算例中各振型的相对水平位移。由该图可知，除第1振型的X_{ji}外，高振型的相对水平位移在图中出现正负号之间的变化拐点，即振动时形成多段正向及反向的相对位移。相应地随着相对水平位移方向，水平地震作用F_{ji}也带有正负号。

(4) 与F_{ji}相关的第i层质点i的重力荷载代表值G_i

由算例的图1-2-18(a)可知，各层重力荷载代表值G_i之和愈大，则底部水平剪力值就愈大。图1-2-18(b)中第1振型在顶部的水平地震作用F_{15}值，之所以远小于下部各层的F_{1i}，是由于顶部小塔楼的重力荷载代表值$G_5=90$kN，它远小于下部各层的$G_4\sim G_1$值。

一般情况下，如各层重力荷载代表值G_i基本相同，则第1振型的水平地震作用F_{1i}的分布图是一上大下小的倒三角形图。显然，如能减小各层重力荷载代表值G_i，则将减小各层水平地震作用F_{ji}及各层水平剪力V_{ji}值。

1.2.22 求解不同结构阻尼比值的地震影响系数计算公式，并显示二种主要阻尼比值的反应谱曲线图形。

【解析】 在采用底部剪力法及振型分解反应谱法计算水平地震作用时，均将述及水平地震影响系数α值，而水平地震影响系数α值又与结构阻尼ζ值有关。随着阻尼比的减小，地震作用及地震影响系数将增大，但其增大幅度则随结构自振周期的增大而减小。

1. 《高层民用建筑钢结构技术规程》(JGJ 99—98)(以下简称高钢规程)和2001年抗震规范中已对钢结构规定了阻尼比值，高规中已对钢-混结构和钢筋混凝土结构规定了阻尼比值，其值见表1-2-20。

结构阻尼比 ζ 值　　　　　　　　　　　　　　表 1-2-20

>12层的钢结构	钢框架-混凝土筒体、钢骨混凝土框架-混凝土筒体	钢筋混凝土结构
0.02	0.04	0.05

注：计算罕遇地震作用时，应对表中结构阻尼比值适当增大。

2. 四种阻尼比值的 γ、η_1、η_2 值

现以四种阻尼比值 0.02、0.03、0.04、0.05 代入式(1-2-72)～式(1-2-74)，可得如表 1-2-21 所列的相应 γ、η_1、η_2 值。

四种阻尼比值的 γ、η_1、η_2 值　　　　　　　　　表 1-2-21

阻尼比 ζ	γ	η_1	η_2
0.02	0.95	0.024	1.32
0.03	0.93	0.023	1.18
0.04	0.91	0.021	1.08
0.05	0.90	0.020	1.0

3. 四种阻尼比值的水平地震影响系数计算公式

为便于应用，于表 1-2-22 中列出上述四种阻尼比值的水平地震影响系数计算公式。

阻尼比为 0.02～0.05 时水平地震影响系数 α_j 的计算公式　　　表 1-2-22

阻尼比	结构自振周期	水平地震影响系数 α_j 的计算公式	公式号
0.02	$T_j=0.1s\sim 1T_g$	$\alpha_j=1.32\alpha_{\max}$	(1-1)
	$T_j=1T_g\sim 5T_g$	$\alpha_j=1.32\left(\dfrac{T_g}{T_j}\right)^{0.95}\alpha_{\max}$	(1-2)
	$T_j=5T_g\sim 6.0s$	$\alpha_j=[1.32\times 0.2^{0.95}-0.024(T_j-5T_g)]\alpha_{\max}$	(1-3)
0.03	$T_j=0.1s\sim 1T_g$	$\alpha_j=1.18\alpha_{\max}$	(2-1)
	$T_j=1T_g\sim 5T_g$	$\alpha_j=1.18\left(\dfrac{T_g}{T_j}\right)^{0.93}\alpha_{\max}$	(2-2)
	$T_j=5T_g\sim 6.0s$	$\alpha_j=[1.18\times 0.2^{0.93}-0.023(T_j-5T_g)]\alpha_{\max}$	(2-3)
0.04	$T_j=0.1s\sim 1T_g$	$\alpha_j=1.08\alpha_{\max}$	(3-1)
	$T_j=1T_g\sim 5T_g$	$\alpha_j=1.08\left(\dfrac{T_g}{T_j}\right)^{0.91}\alpha_{\max}$	(3-2)
	$T_j=5T_g\sim 6.0s$	$\alpha_j=[1.08\times 0.2^{0.91}-0.021(T_j-5T_g)]\alpha_{\max}$	(3-3)
0.05	$T_j=0.1s\sim 1T_g$	$\alpha_j=\alpha_{\max}$	(4-1)
	$T_j=1T_g\sim 5T_g$	$\alpha_j=\left(\dfrac{T_g}{T_j}\right)^{0.9}\alpha_{\max}$	(4-2)
	$T_j=5T_g\sim 6.0s$	$\alpha_j=[0.2^{0.9}-0.02(T_j-5T_g)]\alpha_{\max}$	(4-3)

表 1-2-22 中计算公式(4-1)及(4-2)，即当阻尼比为 0.05，结构自振周期 T_j 在 0.1s～ $5T_g$ 时为 α_j 计算公式，同 1989 年规范规定的计算公式。

对于阻尼比 $\zeta=0.02$ 的钢结构和 $\zeta=0.05$ 的钢筋混凝土结构，以及两者设计地震分组均为第一组时，根据表 1-2-22 中相应水平地震影响系数 α_j 的计算公式，可绘制成如图 1-2-19 和图 1-2-20 所示的水平地震影响系数曲线。对比二图可知，钢结构的地震影响系数 α_j 值，在 $T_j<T_g$ 时，其值比钢筋混凝土结构约增大 20%～30%；在长周期 $T_j>5T_g$ 时，

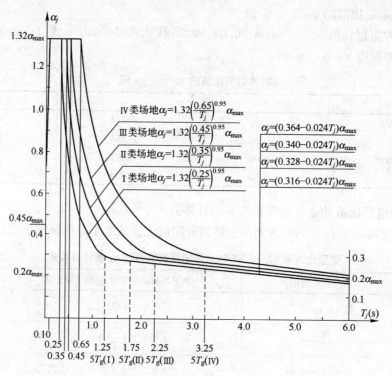

图 1-2-19　地震影响系数曲线（阻尼比 $\zeta=0.02$，第一组）

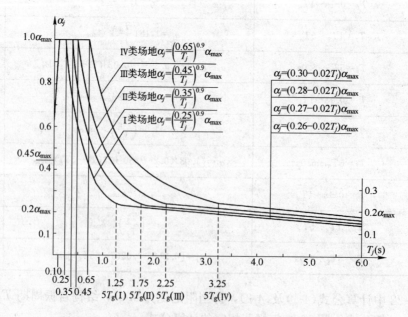

图 1-2-20　地震影响系数曲线（阻尼比 $\zeta=0.05$，第一组）

仍约增大 20%。

1.2.23 哪些建筑结构仍宜采用底部剪力法计算水平地震作用？并列出该法对这些结构的直接算式。

【解析】 现今建筑结构的地震作用计算，基本上都已采用电算，所以已很少采用适宜于手算的底部剪力法。对于钢筋混凝土结构及钢结构的地震作用计算，主要采用适宜于电算的振型分解反应谱法及弹性和弹塑性时程分析法。

对于多层砌体房屋、底部框架和多层内框架房屋，不论手算及电算这类结构的地震作用，则宜采用底部剪力法。底部剪力法计算这类结构的底部总水平地震作用剪力标准值 F_{Ek} 的算式如下式所示：

$$F_{Ek} = \alpha_1 G_{eq} = \alpha_{max} G_{eq} \tag{1-2-80}$$

$$F_i = \frac{G_i H_i}{\sum_{j=1}^{n} G_j H_j} F_{Ek} \tag{1-2-81}$$

式中地震影响系数 α_1 值，在抗震规范中规定宜取水平地震影响系数最大值 α_{max}，即 $\alpha_1 = \alpha_{max}$。相应地，由此可无需计算这类结构的基本自振周期，这是由于这类结构的基本自振周期 T_1 很短，可设定 $T_1 = 0.1s \sim T_g$，因此地震影响系数 α_1 值，可取用反应谱曲线水平段的 α_{max} 值。

式(1-2-80)中的等效总重力荷载 G_{eq}，对实际为多质点的结构由于采用单质点的简化计算模型，故可乘以折减系数 0.85，即

$$G_{eq} = 0.85 \sum_1^n G_i \tag{1-2-82}$$

计算底部剪力的公式(1-2-80)可直接用于多层砌体房屋及底部框架房屋，即可不考虑受高振型影响的顶部附加地震作用 ΔF_n，相应的顶部附加地震作用系数 $\delta_n = 0$。但对于多层内框架砌体房屋仍宜考虑高振型影响，可近似地取用 $\delta_n = 0.2$，并按下式计算质点 i 处的水平地震作用标准值 F_i 及顶部附加水平地震作用 ΔF_n(图 1-2-21)：

$$F_i = \frac{G_i H_i}{\sum_{j=1}^{n} G_j H_j} (0.8 F_{Ek}) \tag{1-2-83}$$

$$\Delta F_n = 0.2 F_{Ek} \tag{1-2-84}$$

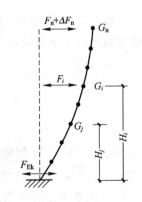

图 1-2-21 底部剪力法计算水平地震作用简图

对于底部框架-抗震墙的多层砌体房屋，其底部框架-抗震墙的水平地震剪力尚应对上述算得的底部剪力根据抗震规范规定乘以增大系数。

1.2.24 哪些结构应考虑双向地震作用？并列出扭转效应的组合内力及组合位移的展开算式。

【解析】 1. 需作双向地震作用计算的结构

抗震规范对于质量及刚度分布明显不对称的结构，规定应计入双向水平地震作用下的

扭转影响。对于完全对称的结构，以及不属于扭转不规则的结构，规范未规定要求进行双向地震作用计算。

刚度分布明显不对称的结构，主要是指建筑平面为 L 形、T 形、工字形、三角形及多边形等不对称平面（图 1-2-22），这些建筑平面图形还常出现主要抗侧力结构筒体和剪力墙的偏置，楼层质量中心与侧向刚度中心存在较大的偏心。这些因素均将产生较大的扭转影响。即使考虑单向水平地震作用时的扭转效应，对某些部位的构件仍未能充分显示其不利状态。

质量分布明显不对称的结构，除与上述的不对称建筑平面图形有关外，主要是指楼层质量在数值上和竖向位置上存在错位突变，如图 1-2-23 所示的一些阶梯形建筑剖面，这类建筑结构也存在上下层侧向刚度中心的位置有错位突变。这些因素均使突变部位的水平地震剪力位置产生明显的错位及相应的扭转力矩，虽然可考虑单向水平地震作用时的扭转效应，但在双向水平地震作用下，对一些抗侧力结构构件会产生更大的扭转影响。

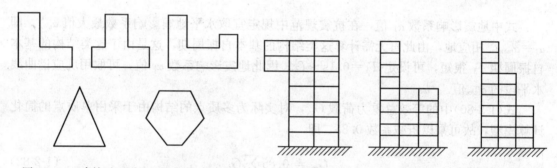

图 1-2-22　建筑平面明显不对称的建筑　　图 1-2-23　质量及刚度明显不对称的建筑

从数值定量来判别要求考虑双向地震作用时，也可按扭转不规则的条件予以确定，即位移数值比处于下列两式范围时宜考虑双向地震作用：

$$\frac{u_{i,\max}}{\overline{u}_i}=1.2\sim 1.5 \tag{1-2-85}$$

$$\frac{\Delta u_{i,\max}}{\overline{\Delta u_i}}=1.2\sim 1.5 \tag{1-2-86}$$

式中　$u_{i,\max}$、$\overline{u}_i$——i 层楼层最大弹性水平位移及楼层两端弹性水平位移平均值；

$\Delta u_{i,\max}$、$\overline{\Delta u_i}$——i 层楼层层间位移最大值及楼层两端层间位移平均值。

2. 双向水平地震作用扭转效应的组合内力及组合水平位移

由强震观测记录的统计分析，两个方向的水平地震加速度的最大值是不相等的。为此，抗震规范规定主要地震作用方向与次要地震作用方向的地震加速度比值定为 1∶0.85，并采用平方和开方方法而不是叠加方法计算两个水平地震作用的效应组合。组合时应互换主要地震作用方向和次要地震作用方向。为便于计算，如下列二式所示，可近似地分别对在 x 向及 y 向单向水平地震作用下的结构扭转效应进行组合，并取两者的较大值，这不同于弹性时程分析法中同时输入双向地震波的加速度峰值。

$$S_{Ekx}=\sqrt{S_x^2+(0.85 S_y)^2} \tag{1-2-87}$$

$$S_{Eky} = \sqrt{S_y^2 + (0.85S_x)^2} \tag{1-2-88}$$

式中 S_{Ekx}——设定 x 方向作为主要地震作用方向及 y 方向作为次要地震作用方向时产生的扭转效应,该效应包括某一杆件的弯矩标准值 M_{Ekx}、剪力标准值 V_{Ekx}、轴向力标准值 N_{Ekx}、扭矩标准值 M_{tEkx} 及位移 u_{Ekx};

S_{Eky}——设定 y 方向作为主要地震作用方向及 x 方向作为次要地震作用方向时产生的扭转效应,该效应包括某一杆件的弯矩标准值 M_{Eky}、剪力标准值 V_{Eky}、轴向力标准值 N_{Eky}、扭矩标准值 M_{tEky} 及位移 u_{Eky};

S_x、S_y——分别为在 x 方向及 y 方向单向地震作用下,按抗震规范式(5.2.3-5)算得的扭转效应(内力及位移)。

上述两式的实用展开式,为清晰起见,可对框架柱、框架梁、剪力墙墙肢及连梁等构件分别列出算式。这里由于这些构件在验算其承载力时需取用成组内力和取用单项内力。现分别列举如下。

(1) 验算框架柱横截面偏心受压承载力时的组合弯矩及组合轴力

验算框架柱横截面偏心受压承载力时,为简化起见,可不按双向偏心受压验算柱承载力,而是对柱子坐标系的 x_i 方向及 y_i 方向分别按单向偏心受压(或偏心受拉)柱进行验算。对柱每一方向进行承载力验算时,应对双向地震作用下的扭转效应分两组验算,并取其不利结果。

1) 柱子坐标系 x_i 方向的组合弯矩及组合轴力

x 方向作为主要地震作用方向时,柱的成组对应内力:

第 1 组
$$\begin{cases} M_{Ekx} = \sqrt{M_{xx}^2 + (0.85M_{xy})^2} & (1-2-89) \\ N_{Ekx} = \sqrt{N_{xx}^2 + (0.85N_{xy})^2} & (1-2-90) \end{cases}$$

y 方向作为主要地震作用方向时,柱的成组对应内力:

第 2 组
$$\begin{cases} M_{Eky} = \sqrt{M_{yy}^2 + (0.85M_{yx})^2} & (1-2-91) \\ N_{Eky} = \sqrt{N_{yy}^2 + (0.85N_{yx})^2} & (1-2-92) \end{cases}$$

式中 M_{Ekx}、N_{Ekx}——考虑双向地震作用下,且 x 方向作为主要地震作用方向时,框架柱 i 在该柱局部坐标系 x_i 方向产生的柱子组合弯矩标准值及柱子组合轴力标准值;

M_{xx}、N_{xx}——x 方向作为主要地震作用方向,且在 x 方向单向地震作用下,在框架柱局部坐标系 x_i 方向产生的柱弯矩标准值及对应的柱轴力标准值;

M_{xy}、N_{xy}——x 方向作为主要地震作用方向,但在 y 方向单向地震作用下,在框架柱局部坐标系 x_i 方向产生的柱弯矩标准值及对应的柱轴力标准值;

M_{Eky}、N_{Eky}——其含义类似 M_{Ekx}、N_{Ekx},但不同之处是 y 方向作为主要地震作用方向;

M_{yy}、N_{yy}——其含义类似 M_{xx}、N_{xx},但不同之处是 y 方向作为主要地震作用方

向,且在 y 方向单向地震作用下;

M_{yx}、N_{yx}——其含义类似 M_{xy}、N_{xy},但不同之处是 y 方向作为主要地震作用方向,并在 x 方向单向地震作用下。

根据第1组组合内力 M_{Ekx}、N_{Ekx} 和第2组组合内力 M_{Eky}、N_{Eky} 分别与其他荷载进行组合后,则可验算框架柱的偏心受压承载力,相应地可算得对应第1组及第2组内力的两组配筋量,并取其较大值进行设计。

上述第1组及第2组的成组对应内力,按规范要求还应按大偏心受压及小偏心受压验算柱承载力的两种不同情况,分别对弯矩与轴向力取用成组对应值。

2) 柱子坐标系 y_i 方向的组合弯矩及组合轴力

对于框架柱在柱局部坐标系 y_i 方向的偏心受压承载力验算,可对上述 x_i 方向承载力验算所列出的两组组合内力算式作相似置换。

(2) 验算框架柱斜截面受剪承载力时的组合剪力

1) 柱子坐标系 x_i 方向为组合剪力

x 方向作为主要地震作用方向时的组合剪力:

$$V_{Ekx}=\sqrt{V_{xx}^2+(0.85V_{xy})^2} \tag{1-2-93}$$

y 方向作为主要地震作用方向时的组合剪力:

$$V_{Eky}=\sqrt{V_{yy}^2+(0.85V_{yx})^2} \tag{1-2-94}$$

式中　$V_{Ekx}(V_{Eky})$——考虑双向地震作用下,为 x 方向(y 方向)作为主要地震作用方向时,框架柱 i 在该柱局部坐标系 x_i 方向产生的柱子组合剪力标准值;

$V_{xx}(V_{yy})$——x 方向(y 方向)作为主要地震作用方向时,在 x 方向(y 方向)单向地震作用下,在框架柱局部坐标系 x_i 方向产生的柱剪力标准值;

$V_{xy}(V_{yx})$——x 方向(y 方向)作为主要地震作用方向时,但在 y 方向(x 方向)单向地震作用下,在框架柱局部坐标系 x_i 方向产生的柱剪力标准值。

2) 柱子坐标系 y_i 方向的组合剪力

对于框架柱在该柱局部坐标系 y_i 方向的斜截面受剪承载力验算,可对上述 x_i 方向受剪承载力验算时所列出的组合剪力算式作相似置换。

(3) 验算剪力墙墙肢横截面偏心受压承载力时的组合弯矩及组合轴力

对于剪力墙墙肢,仅需验算墙肢主要受力方向(墙肢局部坐标系 x_i 方向)的单向偏心受压(或偏心受拉)承载力,一般可不验算与 x_i 方向垂直的 y_i 方向的偏心受压承载力。

x 方向作为主要地震作用方向时,墙肢的成组对应内力算式同式(1-2-89)及式(1-2-90)。y 方向作为主要地震作用方向时,墙肢成组对应内力同式(1-2-91)及式(1-2-92)。

(4) 验算剪力墙墙肢斜截面受剪承载力时的组合剪力

对于剪力墙墙肢,仅需验算墙肢主要受力方向(墙肢局部坐标系 x_i 方向)的受剪承载力。

x方向作为主要地震作用方向时,墙肢的组合剪力算式同式(1-2-93)。y方向作为主要地震作用方向时,墙肢的组合剪力算式同式(1-2-94)。

(5) 验算框架梁及剪力墙连梁的受弯承载力时的组合弯矩

x方向作为主要地震作用方向时,框架梁及连梁的组合弯矩:

$$M_{\text{Ekx}}=\sqrt{M_{xx}^2+(0.85M_{xy})^2} \tag{1-2-95}$$

y方向作为主要地震作用方向时,框架梁及连梁的组合弯矩:

$$M_{\text{Eky}}=\sqrt{M_{yy}^2+(0.85M_{yx})^2} \tag{1-2-96}$$

(6) 验算框架梁的剪力墙连梁的受剪承载力时的组合剪力

x方向或y方向作为主要地震作用方向时的组合剪力,其算式分别同式(1-2-93)及式(1-2-94)。

(7) 考虑双向地震作用时的组合水平位移

1) x方向第i层的组合水平位移

x方向作为主要地震作用方向时,x方向在第i层的组合水平位移:

$$\delta_{ix}=\sqrt{\delta_{ixx}^2+(0.85\delta_{ixy})^2} \tag{1-2-97}$$

y方向作为主要地震作用方向时,x方向在第i层的组合水平位移:

$$\delta_{iy}=\sqrt{\delta_{iyy}^2+(0.85\delta_{iyx})^2} \tag{1-2-98}$$

式中 $\delta_{ix}(\delta_{iy})$——x方向(y方向)作为主要地震作用方向时,在x方向第i层的组合水平位移;

$\delta_{ixx}(\delta_{iyy})$——$x$方向($y$方向)作为主要地震作用方向时,在$x$方向($y$方向)单向地震作用下,在$x$方向第$i$层的最大水平位移;

$\delta_{ixy}(\delta_{iyx})$——$x$方向($y$方向)作为主要地震作用方向时,但在$y$方向($x$方向)单向地震作用下,在$x$方向第$i$层对应上述最大水平位移点的水平位移。

x方向第i层的水平位移应取上述二式中较大的δ_{ix}值,由此可算得层间位移角$\theta_{ix}=(\delta_{i,x}-\delta_{i-1,x})/h_i$,以此判别是否符合规范规定的层间位移角限值。

2) y方向第i层的组合层间位移

y方向第i层的组合水平位移算式,可对上述二式作似置换而得。

考虑双向地震作用时的组合水平位移时,可不考虑偶然偏心的影响。

第六节 弹性时程分析法、弹塑性时程分析法、静力弹塑性分析法及其结果应用

1.2.25 简介弹性时程分析法,并说明该法计算结果的应用。

【解析】 1. 弹性时程分析法简介

结构的弹性时程分析是求解下列动力方程(图 1-2-24 及图 1-2-25):

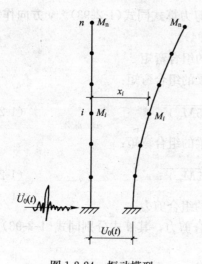 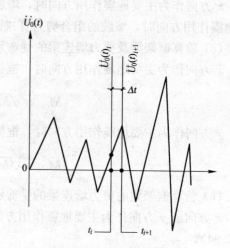

图 1-2-24 振动模型　　　　图 1-2-25 地震记录示意图
（图中未表示质心之间的坐标差）

$$[M]\{\ddot{x}\}+[C]\{\dot{x}\}+[K]\{x\}=-[M]\{\ddot{U}_0(t)\} \tag{1-2-99}$$

式中　$[M]$——楼层质量矩阵，它是一对角矩阵；

$[C]$——阻尼矩阵，$[C]=\alpha[M]+\beta[K]$，式中 α、β 为阻尼参数，按下式计算：

$$\alpha=\frac{2\omega_i\omega_j(\zeta_i\omega_j-\zeta_j\omega_i)}{(\omega_i+\omega_j)(\omega_j-\omega_i)}$$

$$\beta=\frac{2(\zeta_j\omega_j-\zeta_i\omega_i)}{(\omega_i+\omega_j)(\omega_j-\omega_i)}$$

式中　ω_i、ω_j 及 ζ_i、ζ_j——任意两个振型的频率及阻尼比，对钢筋混凝土结构 $\zeta_i=\zeta_j=0.05$；

$[K]$——结构的侧向刚度矩阵，可直接引用三维空间分析法中得到的侧向刚度矩阵，弹性时程分析中 $[K]$ 是一常系数矩阵；

$\{\ddot{x}\}$、$\{\dot{x}\}$、$\{x\}$——各质点的加速度向量、速度向量及位移向量；

$\{\ddot{U}_0(t)\}$——地面运动加速度向量，即要输入的水平地震加速度记录，它是时间 t 的变量（图 1-2-25），一般取 $t=5\sim16\mathrm{s}$，时间间隔 $\Delta t=0.01\sim0.02\mathrm{s}$，一般取 $\Delta t=0.02\mathrm{s}$。

用数值积分法可分别求解上述 x 方向及 y 方向的动力方程，可算得结构在两个方向的地震波作用下的位移、速度和加速度反应以及水平地震作用。

2. 一些可供选用的实测地震波

求解上述动力方程时，要选用适合工程场地的地震波，即该波的场地类别及特征周期要接近工程场地的数据。现列举四种场地类别的地震波波名及其场地类别和特征周期等，其主要数据于表 1-2-23 中。也可采用地震部门提供的人工模拟的加速度时程曲线。

四种场地类别的地震波主要数据 表 1-2-23

场地类别	地震记录地点	记录长度(s)	特征周期(s)	最大加速度(Gal)
Ⅰ	迁 安 松 潘	7.8 12.0	0.1 0.1～0.15	119.7 135.0
Ⅱ	Taft San Fernado	8.0 20.0	0.3～0.4 0.2	176.9 109.06
Ⅲ	EI-Centro N. S. Karakyr Point	12.0 12.7	0.4 0.3～0.5	341.7 143.9
Ⅳ	宁河 N. S. Pasdena	10.0 30.0	0.8～1.0 1.0	134.7 99.8

3. 地震波的选用

(1) 地震波的最少组数

作弹性时程分析时,所选用的地震波组数不少于二组实际强震记录和一组人工模拟的加速度时程曲线。

(2) 采用适用的地震波

适用的地震波应符合下列要求:

1) 应按建筑物的场地类别(Ⅰ～Ⅳ类)和设计特征周期分组的组号(一～三组)选用特性基本相符的地震波;由于时程分析程序中常提供各组地震波的场地类别,故实际工程中常以此作判别。

2) 对上述不少于 3 条波的计算进行数值核查。数值核查有两个方面,一是这些波的平均地震影响系数曲线应与振型分解反应谱法所采用的地震影响系数曲线在统计意义上相符;统计意义上相符是指对这两条曲线作数值比较,核查在各周期点上的地震影响系数值相差不大于 20%(图 1-2-26);另一方面是指每条时程曲线计算所得的结构底部剪力不应小于振型分解反应谱法计算结果的 65%,多条时程曲线计算所得的结构底部剪力的平均值不应小于振型分解反应谱法计算结果的 80%。

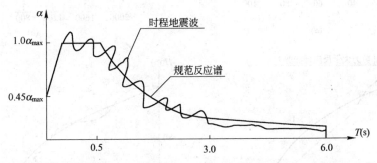

图 1-2-26 时程地震波与振型分解反应谱法的地震影响系数曲线数值比较

3) 时程曲线的持续时间,一般宜为结构基本周期的 5～10 倍,高规的规定不宜小于 3～4 倍,也不宜少于 12s,数值化时距为 0.01s 或 0.02s。

4. 地震加速度最大值

时程分析法采用的地震加速度最大值应符合表 1-2-24 中规定的数值。对于实际强震记录和人工模拟波的最大加速度值大于表中数值时,需作相应调整。

时程分析法所用地震加速度的最大值(cm/s²)   表 1-2-24

地震影响	6度	7度	8度	9度
多遇地震	18	35(55)	70(110)	140
罕遇地震	—	220(310)	400(510)	620

注：括号内数值分别用于设计基本地震加速度为 $0.15g$ 和 $0.30g$ 的地区。

5. 时程分析法计算结果的取用

采用时程分析进行计算时，可取多条时程曲线计算结果的平均值与振型分解反应谱法计算结果的较大值。时程分析法输出结果，主要有水平位移、层间位移角、倾覆力矩和水平剪力等4种包络图（图1-2-27），其中以层间位移和水平剪力包络图更具有比较意义，也便于应用。从层间位移包络图中，常可判别是否存在结构薄弱层和侧向刚度突变层，以及它的层位，相应地可考虑对这些层位采取改进方案及抗震措施。从水平地震剪力包络图中，如某些层位的弹性时程分析三条波的平均值大于振型分解反应谱法的水平剪力，则对后者宜予以增大。一般情况下，高层建筑结构由于高振型的影响，弹性时程分析时的顶部区域的水平地震剪力常大于振型分解反应谱法的剪力，因此需对这个区域的地震剪力予以增大。对此，可利用程序（如 SATWE）中"顶部塔楼地震力放大系数"作此处理。

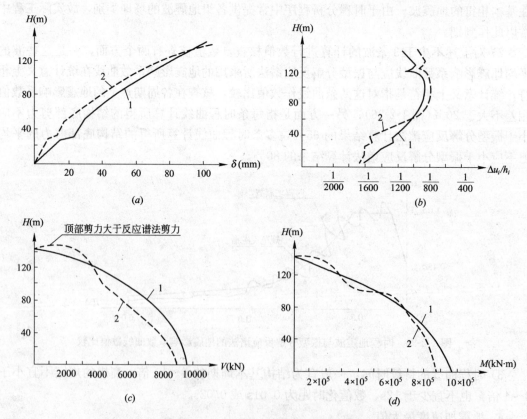

图 1-2-27 x 向弹性时程分析与振型分解反应谱法的计算结果曲线
1—振型分解反应谱法计算值；2—弹性时程分析法三条地震波的平均值
(a)水平位移 δ_i(mm)；(b)层间位移角 $\Delta u_i/h_i$；(c)楼层剪力 V_i(kN)；(d)楼层弯矩 M_i(kN·m)

1.2.26 简介弹塑性时程分析法，并说明该法计算结果的应用。

【解析】 抗震规范和高规对不同的结构如表 1-2-25 所示可采用不同的弹塑性变形验算方法及计算模型。

弹塑性变形验算的方法及模型　　　　　表 1-2-25

算法或模型	算法或模型名称	适用的结构
计算方法	1. 简化计算法	≤12 层且层刚度无突变的钢筋混凝土框架结构，单层钢筋混凝土柱厂房
	2. 静力弹塑性分析法 3. 弹塑性时程分析法	除上述的结构
计算模型	1. 弯剪层模型 2. 平面杆系模型	规则结构
	3. 空间结构模型	不规则结构

注：表中的弹塑性变形的简化计算法详见抗震规范第 5.5.4 条。

1. 弹塑性时程分析法简介

结构弹塑性时程分析法，在实践应用方面正趋向成熟及完善。现实际可作运算的电算程序中所用的计算模型有两类：一类是层模型，它包括层剪切模型（图 1-2-28）和层弯剪模型（图 1-2-29）；另一类是较精确的杆系模型，其计算简图基本上同平面结构空间协同工作法及空间工作法。

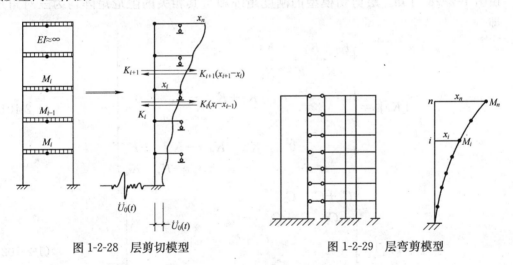

图 1-2-28　层剪切模型　　　　　图 1-2-29　层弯剪模型

(1) 动力方程

上述两类计算模型的动力方程，均可用下式表达，但两者的具体运算是不相同的。

$$[M]\{\ddot{x}\}+[C_t]\{\dot{x}\}+[K_t]\{x\}=-[M]\{\ddot{U}_0(t)\} \tag{1-2-100}$$

式中　$[M]$——楼层质量矩阵；

$[K_t]$——结构刚度矩阵，在弹塑性阶段是 t 时刻的瞬间刚度矩阵，在足够小的时段 Δt 内，假定为常系数矩阵；

$[C_t]$——阻尼矩阵，可按下式计算

$$[C_t]=\alpha[M]+\beta[K_t]$$

式中 α、β——阻尼参数，两者可用弹性时程分析法中的算式；
$\{\ddot{x}\}$、$\{\dot{x}\}$、$\{x\}$——各质点的加速度向量、速度向量及位移向量；
$\{\ddot{U}_0(t)\}$——罕遇地震（大震）时的地面加速度向量，抗震规范规定的加速度最大值见表1-2-26。

求解上述动力方程时，将与下列方面的择用有关：
1) 地震波的择用；
2) 结构计算模型的择用；
3) 杆件恢复力模型的择用。

(2) 层剪切模型及其刚度矩阵

1) 层剪切模型的适用性及基本假定

层剪切模型适用于以剪切变形为主的结构，如强梁弱柱的框架结构，程序 EPDA 备有这类模型可供选用，其主要假定条件为：

① 楼板在平面内绝对刚性；
② 框架梁的抗弯刚度远大于框架柱，故不考虑梁的弯曲变形（图1-2-28）；
③ 各层楼板仅考虑其水平位移，不考虑扭转；
④ 每一层间的所有柱子可合并成一根总的剪切杆。

2) 层剪切模型的刚度矩阵

由图1-2-28可知，层剪切模型的刚度矩阵和与其相关的阻尼矩阵均为三对角矩阵，即

$$[K_t] = \begin{pmatrix} K_1+K_2 & -K_2 & & & & \\ -K_2 & K_2+K_3 & -K_3 & & & \\ & -K_3 & K_3+K_4 & -K_4 & & 0 \\ & & \ddots & \ddots & \ddots & \\ & 0 & & -K_{n-1} & K_{n-1}+K_n & -K_n \\ & & & & -K_n & K_n \end{pmatrix} \quad (1\text{-}2\text{-}101)$$

$$[C_t] = \begin{pmatrix} C_1+C_2 & -C_2 & & & & \\ -C_2 & C_2+C_3 & -C_3 & & 0 & \\ & -C_3 & C_3+C_4 & -C_4 & & \\ & & \ddots & \ddots & \ddots & \\ & 0 & & -C_{n-1} & C_{n-1}+C_n & -C_n \\ & & & & -C_n & C_n \end{pmatrix} \quad (1\text{-}2\text{-}102)$$

式中 K_i 为第 i 层的层间抗推刚度。为使计算结果尽可能接近实际结构，可采用弹性分析的空间工作法算得的水平位移 x_i 及 x_{i-1} 及层间剪力 V_i 计算 K_i，即

$$K_i = \frac{V_i}{x_i - x_{i-1}}$$

(3) 层弯剪模型及其刚度矩阵

1) 层弯剪模型的适用性及基本假定

层弯剪模型考虑了柱子的剪切弯形又计及梁、柱的弯曲变形，故可适用于框架结构、框剪结构及带有壁式框架的剪力墙结构(图1-2-29)。该模型的主要假定条件同层剪切模型的条件①及③。

2) 层弯剪模型的刚度矩阵

层弯剪模型的刚度矩阵$[K_t]$，可利用弹性的空间工作的总刚度矩阵，消去与楼板扭转角θ有关的关联项而得，故矩阵$[K_t]$是一满阵，它反映了各楼层间的位移影响。

(4) 杆系模型及其刚度矩阵

1) 杆系模型的适用性及其基本假定

杆系模型可适用于多种类型的结构，如框架结构、框剪结构和剪力墙结构，进行适当处理后也可用于筒体结构。这类模型的基本假定类同空间工作法。

2) 杆系模型的刚度矩阵

杆系模型的刚度矩阵是经凝聚后的侧向刚度矩阵。EPDA程序中设有多种杆单元，有柱单元、框架梁可应用退化刚度梁单元，对于剪力墙也可近似应用柱单元。

采用SAP2000程序时，由于非线性铰只能用于杆类单元，因此对于剪力墙可模拟为竖向杆类单元并采用刚性梁将其相连，即形成T字形模型。

(5) 杆件的恢复力模型

杆件的恢复力是指卸去外荷载后恢复至原有杆形的能力，它反映荷载或内力与变形之间的关系。结构构件处于弹性阶段时，刚度矩阵中的系数为弹性常数，它相当于恢复力模型中的初始刚度。结构构件进入弹塑性阶段，随着杆件的屈服及伴随的刚度改变，需要对刚度矩阵作相应修改。

弹塑性时程分析程序中，可供选用的恢复力模型主要有两种，一是二折线型(图1-2-30)，另一是三折线型(图1-2-31)。这两种模型均可用于钢筋混凝土构件，三折线型能较好地反映以弯曲破坏为主的特性，但相应地要增加输入数据。

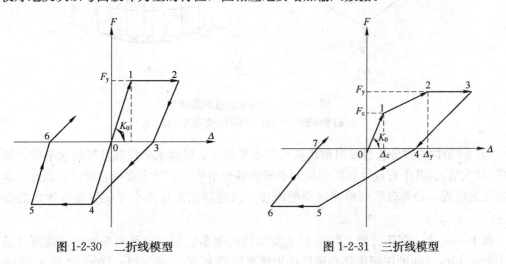

图1-2-30 二折线模型　　　　　图1-2-31 三折线模型

(6) 动力方程的积分

地震的地面加速度是一随时间变化的随机脉冲，故不能采用一函数表达。动力方程的解需采用数值分析,即对时间 t 采用逐步积分法,并逐步检查结构构件的状态改变。地震反应分析中应用较多的为 Wilson-θ 法。此时,上述基本动力方程改用增量形式的方程,下式为全增量的方程:

$$[M]\{\Delta\ddot{x}_i^{i+1}\}+[C_i^{i+1}]\{\Delta\dot{x}_i^{i+1}\}+[K_i^{i+1}]\{\Delta x_i^{i+1}\}=-[M]\{\Delta\ddot{U}_{0,i}^{i+1}\} \qquad (1\text{-}2\text{-}103)$$

式中 $[C_i^{i+1}]$、$[K_i^{i+1}]$——分别为阻尼矩阵和刚度矩阵,在 t_i 至 t_{i+1} 时段内是常系数矩阵,结构构件处于弹性阶段时是初始刚度矩阵;

  $\{\Delta\ddot{x}_i^{i+1}\}$、$\{\Delta\dot{x}_i^{i+1}\}$、$\{\Delta x_i^{i+1}\}$——分别为加速度向量、速度向量、位移向量在 t_i 至 t_{i+1} 的增量;

  $\{\Delta\ddot{U}_{0,i}^{i+1}\}$——$t_i$ 至 t_{i+1} 时刻地面运动加速度增量。

2. 弹塑性时程分析程序的应用

(1) 宜结合结构类型选用合适的弹塑性时程分析程序。杆系模型在适用性及计算精度方面相对地优于层模型,但后者的数据量较少。

(2) 同弹性时程分析一样,要选用适宜的地震波。

(3) 如程序提供可作选择的恢复力模型,则可作分析比较,择取适用的结果。

(4) 输入的各楼层质量,可取用楼层重力荷载代表值 $G_i=G_{ki}+0.5Q_{ki}$ 算得。杆件屈服承载力应按混凝土及钢筋的强度标准值进行计算。杆件的屈服准则图如图 1-2-32 及图 1-2-33 所示,图形中的数值,可根据地震作用组合内力设计值并经内力调整后所得的实际配筋量及相应杆件截面尺寸,由程序作接续运算而得。

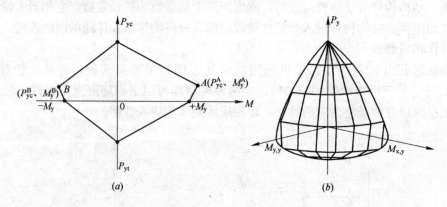

图 1-2-32 柱单元屈服准则图
(a)单向受弯轴力柱;(b)双向受弯轴力柱

(5) 弹塑性时程分析程序可输出各楼层水平位移、层间水平位移及层间水平剪力等包络值(最大值)。其中有设计所需的层间水平位移包络值,它是主要衡量指标,以此可鉴别薄弱层的位置,必要时可调整薄弱层的刚度,以使层间位移角小于抗震规范规定的限值 $[\theta_p]$。

图 1-2-34 为一钢筋混凝土框架-核心筒结构的弹塑性层间位移角曲线图,该图显示高度 160~240m 之间的层间位移角值已接近规范限值 1/100,在 240~270m 之间的层间位移角已大于规范限值,需作相应的刚度调整。图中有两处层间位移角突变,这是由于该层设置伸臂桁架及腰桁架。

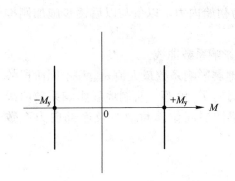

图 1-2-33 梁单元屈服准则图

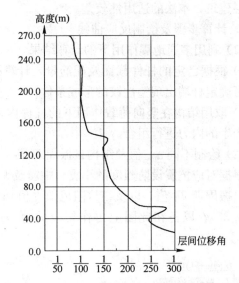

图 1-2-34 LDS-1 地震波作用下 x 轴弹塑性层间位移角

1.2.27 简介静力弹塑性分析法,并说明该法计算结果的应用。

【解析】 1. 静力弹塑性分析法简介

抗震规范对结构的静力弹塑性分析法(Push Over Analysis),已列为罕遇地震作用下计算薄弱层弹塑性变形的方法之一。该法在国内一些工程中已得到应用。现有的一些商业性软件也已增加了这类计算方法,如 SCM-3D(属于 ETABS 系列软件)及 EPDA 等。

(1) 计算原理及假定

1) 本法的实质是一静力非线性分析法,它也是一种结构抗震能力的评价方法,它不同于动力弹塑性时程分析法。

2) 结构的计算模型可为二维或三维模型。计算过程中引用设计反应谱及其相关的计算结果,以此确定对结构施加的侧推荷载。

3) 从多遇地震作用至罕遇地震作用(即从小震至大震),分阶段取用相应的水平地震影响系数最大值 α_{max},由此增加侧推荷载使一些杆件的杆端依次出现塑性铰,结构侧向刚度相应减小(衰减)和结构自振周期增长,相应地调整要施加的侧推荷载。

4) 在上述逐步增加侧推荷载及修改总刚度矩阵和结构自振周期过程中,直至将侧推荷载逐步增至使薄弱层弹塑性位移角达到限值,以此作为达到目标位移,则可评价结构在罕遇地震作用下的结构抗震能力。

5) 上述施加的侧推荷载假定置于各层质量中心处。荷载形式一般近似取用倒三角形,也可采用底部剪力法算得的水平地震作用分布图形。实际工程中的侧推荷载及结构自振周期的确定,现常取自对应各阶段 x 向及 y 向第 1 振型的计算结果。因此,其计算模型实质上是将多自由度体系简化为等效的单自由度体系。

(2) 静力弹塑性分析法适用条件

如上所述,实际工程中的侧推荷载取自对应第 1 振型的计算结果,未考虑高振型影响。因此,对于高振型影响较大的高柔结构有较大的误差,故用于基本周期 T_1 大于 3s 的超高层建筑，本法的适用性较差。

2. 计算步骤及绘制反应曲线

(1) 利用多遇地震作用下的计算结果

1) 根据已定的杆件截面及配筋量，计算杆件的屈服承载力(图 1-2-32 及图 1-2-33)，以此可确定杆端出现塑性铰的形成条件；

2) 取用结构在竖向荷载作用下的杆件内力作为初始内力，以备与以后逐步施加侧推荷载产生的内力进行组合。

(2) 绘制不同 α_{max} 值及结构自振周期 T_1 的地震影响系数曲线

根据对应抗震设防烈度的小震、中震及大震的地震影响系数最大值 α_{max} 和不同阶段的结构自振周期 T_1 值，以及结构阻尼值 ζ 值和特征周期 T_g 值等，绘制地震影响系数曲线(图1-2-35)，以备在此图上再作相应的薄弱层弹塑性层间位移角曲线及底部剪力系数曲线。

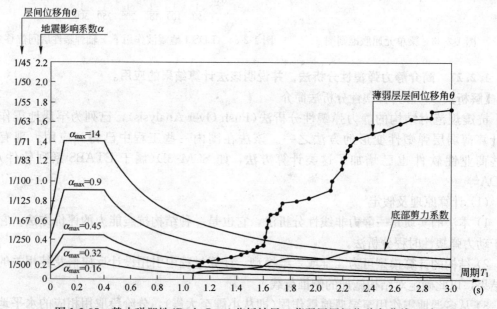

图 1-2-35　静力弹塑性(Push-Over)分析结果—薄弱层层间位移角曲线(y 向)

(3) 分阶段对结构施加侧推荷载

1) 施加小震→中震阶段的侧推荷载

施加大于小震时各阶段按第 1 振型算得的侧推荷载值，以使一些杆件的杆端屈服后形成塑性铰。

2) 施加中震→大震阶段的侧推荷载

对上述出现杆端塑性铰的结构，以此计算这一结构模型的结构总刚度矩阵和自振周期，再增加一定数量的侧推荷载(α_{max} 取用大于中震阶段的数值)，由此又使一批杆件杆端形成塑性铰。

3) 施加不小于大震时的侧推荷载

继续循序加大侧推荷载，直至达到预定的大震作用下的弹塑性层间位移限值。此时，累计的侧推荷载不小于大震作用下的相应数值。

(4) 绘制各阶段施加侧推荷载的反应曲线

1) 绘制各阶段累计侧推荷载总量与结构总质量的比值曲线,即底部剪力系数曲线(图1-2-35)。

2) 绘制各阶段累计侧推荷载作用下的薄弱层弹塑性层间位移角曲线(图1-2-35)。也可采用如图1-2-36所示,绘制各楼层的弹塑性层间位移角曲线,此时可更清楚地显示 V_0/G 值较大时的一些薄弱层层位及相应的层间位移角。

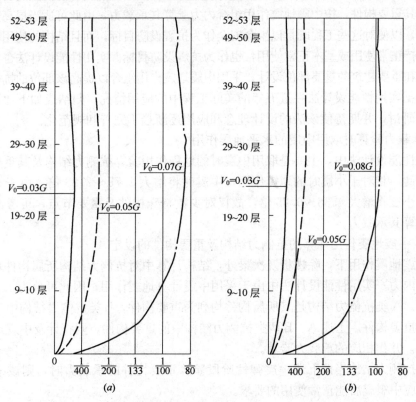

图1-2-36 静力弹塑性分析法(Push-Over)计算结果
(a) x 向各楼层弹塑性层间位移角曲线;(b) y 向各楼层弹塑性层间位移角曲线
V_0—结构底部水平剪力;G—结构总质量

(5) 不对称结构的侧推荷载

对于不对称的结构,宜按上述步骤分别施加正向及反向的侧推荷载,以获得相应的正向及反向反应曲线。

3. 评定罕遇地震作用下结构抗震能力的主要条件

(1) 对应大震时的 α_{max} 值,薄弱层的弹塑性层间位移角 θ_p 宜小于限值 $[\theta_p]$,即 $\theta_p \leqslant [\theta_p]$;

(2) 在符合 $\theta_p \leqslant [\theta_p]$ 时,结构上一批杆件的杆端产生塑性铰,但结构未失效或未成为机动体系。

第七节 实用性能设计法的计算要点及三水准地震动参数

1.2.28 实用性能设计法的抗震设防目标是什么？并说明该法的计算要点。

【解析】 现今对一些重要工程(包括大型民用建筑及大跨度结构)、复杂结构和超限高层建筑等已部分地采用实用性能设计法进行抗震计算。实用性能设计法的主要目的是对抗侧力结构及其重要构件，按中震地震作用组合内力验算其承载力，由此可适当提高建筑的抗震设防标准，以使对这些工程既是以生命安全作为抗震设防目标，而且结构的使用功能在中震震后能保持正常使用或基本正常使用，也作为抗震设防目标。实用性能设计法也常用于超限高层建筑和重要建筑的重要部位设计，采用中震地震作用组合以提高该部位的抗震能力。

现根据实用性能设计法在近五年的实际工程中的应用情况，归纳成如下计算要点供设计参考和研讨，并期待使该法的设计理念和应用逐渐趋于完善和规范化。

1. 承载力验算时取用中震的水平地震作用

实用性能设计法中，主要是取用中震时的地震作用验算抗侧力结构及其重要构件的承载力。因此，相对于小震时的地震作用，中震时将增大 2.75～2.88 倍。由于大震时的地震作用比小震将增大 4.38～6.25 倍，故仅对少数特殊构件及重要节点，可考虑按大震地震作用验算其承载力。

2. 按中震地震作用计算的抗侧力结构及重要构件的设定

在小震地震作用下，除楼板及次梁外，结构计算中对抗侧力结构所属构件均应计及由此产生的内力。实用性能设计法中由于采用中震计算地震作用，因此可分为 A、B 两类抗侧力结构。A 类抗侧力结构是其所属构件均列为重要构件，B 类抗侧力结构中仅部分主要构件列为重要构件。上述 A、B 两类抗侧力结构中的重要构件，则将计及中震地震作用产生的内力，并作相应的承载力验算。

A 类抗侧力结构当按下述中震弹性阶段验算重要构件的承载力时，则该结构的使用功能将适应中震震后能正常使用的要求。

B 类抗侧力结构的重要构件，一般是指重要工程、复杂结构及超限高层建筑中抗侧力结构的主要构件，常指竖向构件，如核心筒的主要竖向墙肢(或底部加强部位的主要墙肢)、框架柱、柱间支撑、竖向荷载的转换构件和大跨度结构的支承柱及支座处重要构件，必要时有些框架梁也可列为重要构件。核心筒里侧的剪力墙(次要墙肢)和剪力墙之间的连梁可不列为重要构件。非重要构件仍应采用小震地震作用下的内力组合设计值进行承载力验算。

B 类抗侧力结构由于仅部分重要构件按中震弹性阶段或中震不屈服阶段验算其承载力，虽然它的抗震设防目标将高于现今规范三水准的"中震可修"要求，或可对抗侧力结构重要部位的抗震能力有所提高，但低于中震震后其使用功能为正常使用的要求。因此，对于上述两类抗侧力结构的设定，宜根据工程的抗震设防目标，并结合工程的抗震设防烈度及工程特点等予以综合考虑。

3. 根据工程条件选定按弹性阶段及不屈服阶段验算重要构件的承载力

如上所述，中震时的水平地震作用比小震时约增大 2.85 倍。为使工程造价避免增加太多，除慎重选定上述抗侧力结构中所属构件或仅部分重要构件计及中震地震作用产生的内力外，还应根据工程条件选定采用按中震弹性阶段，还是按中震不屈服阶段验算重要构件的承载力。显然，由下述的承载力基本表达式可知，重要构件在弹性阶段要比不屈服阶段具有更高的抗震能力。

在已采用中震弹性阶段的超限高层建筑设计中，当设防烈度为6度及7度时是可以实现的，但设防烈度为8度时，对框架柱、剪力墙及钢结构柱间支撑的截面尺寸和工程造价均有较大的影响，宜慎重选定。

采用中震不屈服阶段的超限高层建筑中，设防烈度为6度、7度及8度时均可实现，但当8度时，对超限高层钢结构的框架柱和柱间支撑的截面有较大的影响。实际应用时应注意抗震等级为特一级的钢筋混凝土框架柱及框支柱，其受剪承载力并不取决于中震不屈服阶段的验算，而是取决于小震时特一级的受剪承载力要求。这是因为这些构件的剪力组合设计值应乘以特一级的剪力增大系数(其值为2.35~3.02)，因此，对这些构件宜比中震不屈服阶段再适当地提高其抗剪能力，以使其高于中震不屈服阶段的偏心受压承载力。对于底部加强部位的墙肢，采用中震不屈服阶段控制剪压比时，它实际上并不高于特一级的要求，因此宜考虑按中震弹性阶段控制其剪压比。

4. 中震弹性阶段及不屈服阶段的承载力基本表达式

(1) 重要构件在中震弹性阶段的承载力基本表达式

$$S \leqslant \frac{R}{\gamma_{RE}} \tag{1-2-104}$$

$$R = R(f_c, f_t, f_s, \cdots, f, f_v, \cdots) \tag{1-2-105}$$

式中　　　　S——重要构件在中震地震作用下的内力组合设计值，其取值见下述说明；

　　　　　　R——重要构件的承载力设计值；

$f_c, f_t, f_s, \cdots, f, f_v$——混凝土、钢筋及钢材的强度设计值；

　　　　　γ_{RE}——承载力抗震调整系数。

(2) 重要构件在中震不屈服阶段的承载力基本表达式

$$S_k < R_k \tag{1-2-106}$$

或

$$S < \frac{R_k}{\gamma_{RE}} \tag{1-2-107}$$

$$R_k = R_k(f_{ck}, f_{tk}, f_{yk}, \cdots, f_y, \cdots) \tag{1-2-108}$$

式中　　　　　R_k——重要构件的承载力标准值；

$f_{ck}, f_{tk}, f_{yk}, \cdots, f_y$——混凝土、钢筋及钢材的强度标准值(后两项实际是屈服强度)；

　　　　　　S_k——重要构件在中震地震作用下的内力组合标准值，其取值见下述说明；

　　　　　　S——重要构件在中震地震作用下的内力组合设计值，其取值见下述说明。

式(1-2-107)为式(1-2-106)的近似式，这是因为在数值上可近似地取用 $S_k \approx \frac{S}{1.25}$ 及 $\gamma_{RE} \approx 0.8$，当对式(1-2-106)两侧均除以 γ_{RE} 时，即可得式(1-2-107)。之所以采用近似式(1-2-107)进行计算，主要是因为有些电算程序无对式(1-2-106)的直接运算功能，但可具有近似式(1-2-107)的运算条件，仅需对混凝土、钢筋及钢材的强度设计值使程序采用经换算后的强度标准值进行承载力运算。因此，需对程序约定输入的混凝土强度等级、钢筋及钢材强度设计值作相应的换算及增大处理。

对比式(1-2-104)和式(1-2-107),可知两者的差异在于前一式中采用构件的承载力设计值R,而后一式是采用构件的承载力标准值R_k。因此,中震弹性阶段的构件承载力比相应的不屈服阶段要求具有更高的承载力。对于钢结构的重要构件,由于$R_k/R \approx \gamma_R \approx 1.11$,所以两个阶段的承载力差值约为11%,不如钢筋混凝土重要构件有较大的差值。

(3) 关于重要构件内力组合设计值S及内力组合标准值S_k的取用

1) 钢筋混凝土重要构件

钢筋混凝土重要构件内力组合设计值S值的取用,可取相当于规范对四级抗震等级的内力组合设计值,即这些构件无需乘抗震等级为特一级、一、二、三级的内力增大系数,而是直接取用中震地震作用下的内力组合设计值。S_k为中震地震作用下取用荷载分项系数$\gamma_G = \gamma_{Eh} = \gamma_{Ev} = \gamma_w = 1.0$的内力组合标准值。

2) 钢结构重要构件及其节点连接

钢结构重要构件内力组合设计值S值可按如下取用:

① 抗震规范第8.2.3条第3款规定对中心支撑斜杆的内力增大系数可取用1.0。

② 抗震规范第8.2.3条第4款规定关于偏心支撑及其相连的框架柱和耗能梁梁段的承载力验算时,对8度和9度抗震的这些杆件的内力增大系数可取用1.0。

③ 验算节点连接承载力时,除应取用重要构件在中震地震作用下的内力组合设计值外,尚应不低于该构件的截面承载力。

钢结构重要构件内力组合标准值S_k的取值同上述对钢筋混凝土重要构件的取值。

3) A类抗侧力结构的框剪结构及钢框架-支撑体系中框架剪力的调整

A类抗侧力结构的钢筋混凝土框剪结构或框架-核心筒结构,以及钢框架-支撑体系中框架剪力调整,在中震地震作用下仍宜类同规范对小震地震作用下的相应规定作调整,以使框架部分在中震地震作用下仍具备第二道防线的抗震能力。

5. 中震时的水平地震作用计算

实用性能设计法中震时的水平地震作用计算,一般情况下仍采用振型分解反应谱法。采用振型分解反应谱法时,一般只需改用对应中震时的地震影响系数最大值$\alpha_{max}^{中}$以及中震时的特征周期T_g。抗侧力结构构件的刚度,除连梁取用开裂刚度,其余构件近似地仍取用小震时的弹性刚度。

6. 变形验算时仍取用小震时的弹性变形及大震时的弹塑性变形

一般情况下,实用性能设计法中,可不采用中震地震作用验算结构的弹性变形或层间位移角,即结构变形或层间位移角验算时,仍按规范规定取用小震地震作用进行验算,必要时按规定验算大震地震作用下的弹塑性变形及其相应的层间位移角。

1.2.29 请列举小震、中震及大震的相应地震动参数。

【解析】 1. 小震、中震及大震的地震加速度最大值A_{max}

抗震规范(GB 50011—2001)首次明确了设计基本地震加速度$A_{max}^{中}$(中震)定义为50年设计基准期及超越概率为10%的数值。因此,多遇地震(小震)及罕遇地震(大震)的地震加速度最大值$A_{max}^{小}$及$A_{max}^{大}$,也为50年设计基准期,但超越概率分别为63%及2%~3%的数值。抗震设防烈度6~9度的小震、中震及大震的地震加速度最大值A_{max}值见表1-2-26。

小震、中震及大震的地震加速度最大值 A_{max} (cm/s²) 表 1-2-26

抗震设防烈度	6	7		8		9
		0.10g	0.15g	0.20g	0.30g	
多遇地震加速度 $A_{max}^{小}$（小震）	18	35	55	70	110	140
设计基本地震加速度 $A_{max}^{中}$（中震）	50	100	150	200	300	400
罕遇地震加速度 $A_{max}^{大}$（大震）	(120)	220	310	400	510	620

注：1. 表中 0.15g 及 0.30g 分别相当于 7.5 度及 8.5 度的抗震设防烈度；
2. 括号中 $A_{max}^{大}$ 值在《建筑抗震设计规范》(GB 50011—2001) 中未予以列出，对此值可供参考。

2. 小震、中震及大震的水平地震影响系数最大值 α_{max}

抗震规范已列出多遇地震（小震）及罕遇地震（大震）时的水平地震影响系数最大值 $\alpha_{max}^{小}$ 及 $\alpha_{max}^{大}$ 值。由于规范未列出设计基本地震（中震）的水平地震影响系数最大值 $\alpha_{max}^{中}$ 值，但该值可按下列二式作近似计算：

$$\alpha_{max}^{中} = \frac{A_{max}^{中}}{A_{max}^{小}} \times \alpha_{max}^{小} \tag{1-2-109}$$

或

$$\alpha_{max}^{中} = \frac{A_{max}^{中}}{g} \times \beta \quad (\beta = 2.25，g = 980 \text{cm/s}^2) \tag{1-2-110}$$

抗震设防烈度 6~9 度的小震、中震及大震水平地震影响系数最大值见表 1-2-27。

小震、中震及大震的地震影响系数最大值 α_{max} 表 1-2-27

抗震设防烈度	6	7		8		9
		0.10g	0.15g	0.20g	0.30g	
多遇地震 $\alpha_{max}^{小}$（小震）	0.04	0.08	0.12	0.16	0.24	0.32
设计基本地震 $\alpha_{max}^{中}$（中震）	(0.11)	(0.23)	(0.33)	(0.46)	(0.66)	(0.92)
罕遇地震 $\alpha_{max}^{大}$（大震）	(0.27)	0.50	0.72	0.90	1.20	1.40

注：括号中的 $\alpha_{max}^{中}$ 及 $\alpha_{max}^{大}$ 值在《建筑抗震设计规范》(GB 50011—2001) 中未予以列出，对此值可供参考。

由表 1-2-27 可算得中震及大震对应小震时水平地震影响系数最大值 $\alpha_{max}^{小}$ 的增大系数 $\beta_{中}$ 及 $\beta_{大}$ 值，其算式为：

$$\beta_{中} = \frac{\alpha_{max}^{中}}{\alpha_{max}^{小}} \tag{1-2-111}$$

$$\beta_{大} = \frac{\alpha_{max}^{大}}{\alpha_{max}^{小}} \tag{1-2-112}$$

因此，$\beta_{中}$ 即为中震对应小震的地震影响系数最大值的增大系数，由表 1-2-28 可知增大系数 $\beta_{中} = 2.75 \sim 2.88$，即中震的水平地震作用为小震的 2.75~2.88 倍。同理，$\beta_{大}$ 即为大震对应小震的地震影响系数最大值的增大系数，由表 1-2-28 可知，大震的水平地震作用为小震的 4.38~6.75 倍。

中震及大震对应小震地震影响系数最大值的增大系数 $\beta_{中}$ 及 $\beta_{大}$ 表 1-2-28

抗震设防烈度	6	7		8		9
		0.10g	0.15g	0.20g	0.30g	
$\beta_{中} = \alpha_{max}^{中}/\alpha_{max}^{小}$	2.75	2.88	2.75	2.88	2.75	2.88
$\beta_{大} = \alpha_{max}^{大}/\alpha_{max}^{小}$	6.75	6.25	6.0	5.63	5.0	4.38

3. 小震、中震及大震的特征周期 T_g

2001年抗震规范相对于1989年规范中Ⅰ～Ⅲ类场地的特征周期 T_g 值，对于设计地震分组为第一组时已增大0.05s，但对Ⅳ类场地未予增大。因此，对Ⅰ～Ⅲ类场地相应增大了水平地震作用。抗震规范对于计算8、9度罕遇地震（大震）时的特征周期 T_g 值，规定比小震时应增大0.05s，但对于6、7度未作规定，而且也未明确中震时的 T_g 值。

对于已做安评报告的工程，一般均可提供相应设防烈度的小震、中震及大震时的 T_g 值。对于未做安评报告的工程，抗震设防烈度6、7度的大震 T_g 值，建议也增加0.05s。对于6～9度中震时的 T_g 值，建议仍采用抗震规范关于小震时的 T_g 值，不再增大，这是由于考虑到规范对小震时的 T_g 值已增大0.05s。

抗震规范对小震时的特征周期 T_g 规定值见表1-2-29，大震时的 T_g 值为对该表的相应值各增加0.05s。

小震及中震的特征周期 T_g 值(s)　　　　　　表1-2-29

设计地震分组	场 地 类 别			
	Ⅰ	Ⅱ	Ⅲ	Ⅳ
第一组	0.25	0.35	0.45	0.65
第二组	0.30	0.40	0.55	0.75
第三组	0.35	0.45	0.65	0.90

第八节　工程场地地震安全性评价报告及应用

1.2.30　哪些建筑工程需做工程场地地震安全性评价报告？

【解析】　对于需要做工程场地地震安全性评价报告（下述中简称安评报告）的建筑工程，有如下相关规定：

1.《建筑抗震设计规范》(GB 50011—2001)的规定

对于甲类建筑，抗震规范规定地震作用应高于本地区抗震设防烈度的要求，其值应按批准的地震安全性评价结果确定。对于乙、丙类建筑未规定要做安评报告，相应地可按抗震规范规定确定地震作用。

2.《工程场地地震安全性评价》(GB 17741—2005)的规定

《工程场地地震安全性评价》(GB 17741—2005)是原国家标准《工程场地地震安全性评价技术规范》(GB 17741—1999)的更新版。在更新版中规定了四种级别的评价工作及与其适用的工程项目：

(1) Ⅰ级工作包括地震危险性的概率分析和确定性分析、能动断层鉴定、场地地震动参数确定和地震地质灾害评价。适用于核电厂等重大建设工程项目中的主要工程；

(2) Ⅱ级工作包括地震危险性概率分析、场地地震动参数确定和地震地质灾害评价。适用于Ⅰ级以外的重大建设工程项目中的主要工程；

(3) Ⅲ级工作包括地震危险性概率分析、区域性地震区划和地震小区划。适用于城镇、大型厂矿企业、经济建设开发区、重要生命线工程等；

(4) Ⅳ级工作包括地震危险性概率分析、地震动峰值加速度复核。适用于

GB 18306—2001 中 4.3 条 b)、c)规定的一般建设工程。

显然，上述规定隐含着对重大建设工程中的主要工程需要做安评报告。

3. 省市地震管理部门的规定

目前，有一些省市地震管理部门也规定了需做安评报告的重要工程项目，主要是超过一定高度的高层抗震建筑和超限高层建筑，以及大跨度和大型民用抗震建筑等。

因此，需做安评报告的工程项目，除已明确的甲类建筑外，乙类及丙类建筑宜依据省市地震管理部门的规定，结合工程条件由建设单位委托工程地震研究（或勘察）单位提供报告。

1.2.31 安评报告的主要内容是什么？并结合工程实例报告对地震动参数值进行分析。

【解析】 1. 安评报告的主要内容

安评报告的主要内容有下列三方面：

（1）地震危险性概率分析

通过地震危险性分析计算，报告给出 50 年或 100 年（必要时）超越概率为 63%、10%及 2%的基岩水平加速度峰值 A_{max}。

（2）场地地震动参数

1）采用概率方法确定场地地震动参数，包括场地地表及工程所要求的地震动峰值及与反应谱相关的主要参数；

2）通过钻孔测试地表以下 20m 内的等效剪切波速确定场地类别；对地表和地下 15m 处的地脉动测试及数据分析得到相应部位的卓越周期及脉动幅值；

3）依据场地地震动参数合成场地地震动时程（人工波）。

（3）场地地震地质灾害评价

场地地震地质灾害评价主要有下列三方面：

1）地震作用下的岩体崩塌、滑波、地裂缝和土体边坡稳定；

2）软土震陷及饱和土液化；

3）断层活动和对地面建筑的影响。

2. 工程安评报告实例中的设计地震动参数

（1）北京的一工程实例

北京的某一工程，其抗震设防烈度根据抗震规范规定为 8 度（0.20g），场地类别为Ⅲ类，设计地震分组为第一组。

该工程的安评报告提供二组设计地震动参数，分别为 50 年（适用于一般建筑）及 100 年（适用于主体建筑）超越概率为 63%、10%及 2%～3%的参数，这些参数有设计地震动峰值加速度 A_{max}（Gal）、反应谱特征周期 T_g(s)及地震影响系数最大值 α_{max}，详见表 1-2-30 及表 1-2-31，表中参数对应的结构阻尼比为 5%。

50 年设计基准期的设计地震动参数（阻尼比为 5%时）　　　　表 1-2-30

	超越概率	设计地震动峰值加速度 A_{max}(Gal)	反应谱特征周期 T_g(s)	地震影响系数最大值 α_{max}
地表水平向	63%	65	0.35	0.16
	10%	195	0.50	0.49
	2%	370	0.80	0.90

续表

	超越概率	设计地震动峰值加速度 A_{max}(Gal)	反应谱特征周期 T_g(s)	地震影响系数最大值 α_{max}
地表竖向	63%	40	0.30	0.12
	10%	130	0.35	0.38
	2%	250	0.40	0.73

设计使用年限 100 年的设计地震动参数(阻尼比为 5%时)　　表 1-2-31

	超越概率	设计地震动峰值加速度 A_{max}(Gal)	反应谱特征周期 T_g(s)	地震影响系数最大值 α_{max}
地表水平向	63%	90	0.40	0.23
	10%	260	0.60	0.62
	3%	420	0.90	1.01
地表竖向	63%	60	0.30	0.17
	10%	180	0.35	0.52
	3%	275	0.40	0.80

上述二表中地表水平向的 $\alpha_{max}=A_{max}\cdot\beta_m/g$，$g\approx1000\mathrm{cm/s^2}$，$\beta_m=2.5$（适用于 50 年 63%、50 年 10%及 100 年 63%），$\beta_m=2.4$（适用于 50 年 2%、100 年 10%及 100 年 3%）。

该工程的安评报告，还结合抗震规范提供了反应谱法中的地震影响系数曲线计算公式，其水平段及曲线下降段的算式如下式所示（但式中当 $T>5T_g$ 时，仍采用曲线下降段的算式，未采用抗震规范直线下降段的算式）：

$$T_1<T\leqslant T_g \quad \alpha=\eta_2\alpha_{max}$$

$$T_g<T\leqslant 10\mathrm{s} \quad \alpha=\left(\frac{T_g}{T}\right)^\gamma\alpha_{max}$$

式中 $T_1=0.1\mathrm{s}$（超越概率为 63%及 10%时），$T_1=0.15\mathrm{s}$（超越概率为 2%时）。

由表 1-2-30 所列的地表水平向 50 年设计基准期的设计地震动参数可知：

1) 对应超越概率为 63%、10%、2%的 A_{max} 值均略小于抗震规范 50 年设计基准期的规定值；
2) 超越概率为 63%时的 T_g 值小于抗震规范规定的 $T_g=0.45$ 甚多；
3) 超越概率为 63%及 2%时的 α_{max} 值同抗震规范的规定值（抗震规范未列出 50 年超越概率为 10%的 α_{max} 值）。

对比表 1-2-31 及表 1-2-30，可知 100 年与 50 年超越概率为 63%及 10%时，在地表水平向的设计地震动参数，有如下增值关系：

1) 100 年的 A_{max} 值约增大 35%；
2) 100 年的 T_g 值约增大 13%；
3) 100 年的 α_{max} 值约增大 25%~40%。

（2）陕西省的一工程实例

陕西省的某一工程，其抗震设防烈度根据抗震规范的规定为 7 度（0.15g），场地类别为 II 类，设计地震分组为第一组。

该工程的安评报告，提供 100 年设计使用年限超越概率为 63%、10% 及 2% 的设计地震动参数，详见表 1-2-32，表中参数对应的结构阻尼比为 5%。

100 年设计使用年限的设计地震动参数（阻尼比为 5%时） 表 1-2-32

	超越概率	设计地震动峰值加速度 A_{max}(Gal)	反应谱特征周期 T_g(s)	地震影响系数最大值 α_{max}
地表水平向	63%	68	0.38	0.155
	10%	195	0.44	0.445
	2%	300	0.55	0.705

由表 1-2-32 所列的地表水平向 100 年设计使用年限的设计地震动参数，与抗震规范 50 年的相应参数作比较，有如下数值增减关系：

1) 100 年超越概率为 63% 及 10% 时的 A_{max} 值约增大 30%，但与超越概率为 2% 相比，A_{max} 值却基本相同；

2) 100 年超越概率为 63% 时，T_g 值约增大 10%；

3) 100 年超越概率为 63% 时的 α_{max} 值约增大 30%，但超越概率为 2% 时却减小 3%。

因此，该报告 100 年超越概率为 2% 时的 A_{max} 及 α_{max} 数值增减规律尚需研究调整。

（3）南京市的一工程实例

南京市的某一工程，其抗震设防烈度根据抗震规范的规定为 7 度(0.10g)，场地类别为 Ⅱ 类，设计地震分组为第一组。

该工程的安评报告，提供 50 年设计基准期超越概率为 63%、10% 及 2% 的设计地震动参数（详见表 1-2-33），表中参数对应的结构阻尼比为 5%。

50 年设计基准期的设计地震动参数（阻尼比为 5%时） 表 1-2-33

	超越概率	设计地震动峰值加速度 A_{max}(Gal)	反应谱特征周期 T_g(s)	地震影响系数最大值 α_{max}
地表水平向	63%	48	0.36	0.12
	10%	130	0.35	0.225
	2%	196	0.35	0.50

由表 1-2-33 所列的地表水平向设计地震动参数，与同为 50 年设计基准期的超越概率的抗震规范规定值相比较，有如下的比值关系：

1) 超越概率为 63%、10% 及 2% 时，报告中的 A_{max} 值约增大 20%～35%；

2) 超越概率为 63% 及 2% 时，报告中的 T_g 值基本上同抗震规范的规定值；

3) 超越概率为 63% 时，报告中的 α_{max} 值约增大 50%，超越概率为 2% 时却同抗震规范的规定值。

1.2.32 如何考虑安评报告、抗震规范规定及实用性能设计法的综合应用？

【解析】有一些安评报告对一些重要工程提供 100 年设计使用年限的设计地震动参数；此外，有些安评报告所提供的 50 年设计基准期设计地震动参数大于同为 50 年设计基准期的抗震规范规定值，对这些参数在工程结构设计中的应用，除考虑上述两者的差异外，对一些要考虑实用性能设计法的工程，还需综合考虑三者的综合应用。

安评报告所提供的三个设计地震动参数中，其中设计地震动峰值加速度 A_{max} 及地震影响系数最大值 $α_{max}$，对水平地震作用产生较大的影响，特征周期 T_g 的影响要小一些。A_{max} 数值主要用于弹性时程分析及弹塑性时程分析时，对实测地震波及人工地震波作为地震峰值加速度的调整值。$α_{max}$ 数值用于采用反应谱法及静力弹塑性分析法中计算水平地震作用。

现行抗震规范的抗震设防目标是对应 50 年设计基准期。在实现三水准目标时采用二阶段设计，第一阶段是以超越概率为 63%（即小震）计算地震作用，以此相应地验算抗侧力结构构件的承载力和变形，在这一阶段中，还根据概念设计要求采取抗震措施，如对抗侧力结构构件的重要部位内力乘以增大系数和加强构造措施，以满足第二水准（中震）损坏可修的目标。第二阶段是验算弹塑性变形，以此满足第三水准大震不倒的目标。因此，当采用 100 年设计使用年限超越概率也为 63%（小震）时，由于 A_{max} 及 $α_{max}$ 的增大，导致水平地震作用的增大，如仍沿用抗震规范对应 50 年设计基准期的一系列规定，将出现一些值得商讨的问题。

现今，对一些重要工程、复杂结构和超限高层建筑等已部分地采用实用性能设计法，由此可使这些工程既是以生命安全作为抗震设防目标，又以控制建筑和设施的地震破坏，保持中震震后能正常使用或基本正常使用，也作为抗震设防目标；也可仅对一些重要构件提高其抗震能力。在实用性能设计法中，可对抗侧力结构或仅对其部分重要构件，如竖向构件（柱、墙体、竖向支撑）、转换构件及关键性连接节点等的承载力，采用中震弹性阶段设计，以及中震不屈服阶段设计。中震时的地震作用可按抗震规范 50 年设计基准期对应的超越概率为 10% 进行计算，即当采用反应谱法时取用对应中震时的地震影响系数最大值 $α_{max}$。

在抗震规范（GB 50011—2001）、《工程场地地震安全性评价》（GB 17741—2005）和一些省市地震管理部门颁布的文件中，均未述及安评报告中设计地震动参数在具体工程中的应用。因此实际工程结构的抗震设计，常由工程结构抗震专项审查组织（如超限高层建筑抗震设防审查专家委员会等）与设计单位及建设单位，对安评报告、抗震规范和性能设计要求结合工程条件综合考虑设计地震动参数的应用。现对此列举一些如下的实际应用情况。

1. 验算结构变形时宜采用 50 年设计基准期的小震地震动参数

抗震规范规定的层间位移角限值、扭转不规则时最大弹性水平位移（或层间位移）与平均位移（或层间位移）之比的限值，均是基于取用 50 年设计基准期超越概率为 63%（小震）的地震动参数算得的变形值。因此，验算结构变形时可不取用安评报告 100 年设计使用年限超越概率为 63% 的地震动参数，以免采取不必要的措施加大结构的侧向刚度。显然，更不宜按实用性能设计法中仅作验算重要构件承载力时的中震地震作用验算结构变形。

2. 按小震验算构件承载力及结构变形时宜采用安评报告的地震动参数

安评报告中的地震动参数，实际上是结合工程场地对国家地震局颁布的中国地震动参数区划图和中国地震动反应谱特征周期区划图的细化，也是对抗震规范附录 A 的细化。因此，当验算小震地震作用下的结构构件承载力和结构变形时，宜取用安评报告中 50 年设计基准期超越概率为 63% 的地震动参数。算得的结构底部剪力，如小于按抗震规范算得的底部剪力，则宜取用抗震规范的地震动参数。

3. 按实用性能设计法验算重要构件承载力时宜采用抗震规范的地震动参数

如上所述,对重要工程、复杂结构及超限高层建筑等在按性能设计要求验算重要构件的承载力时,是采用中震时的地震动参数计算地震作用。由于抗震规范的中震地震动参数数值的规律性,一般常高于单项工程的安评报告参数。此外,在确定地震影响系数最大值α_{max}时,抗震规范与安评报告取用不同的动力放大系数β值(抗震规范取$\beta=2.25$,安评报告常取用$\beta=2.4\sim2.5$)。因此,对于按实用性能设计法计算的工程,其地震动参数宜取抗震规范的数值(详见表 1-2-26、表 1-2-27 及表 1-2-29)。

现今工程中较少采用 100 年设计使用年限的地震动参数进行抗震计算和结构构件承载力验算,这是由于要考虑 100 年设计使用年限的工程,常需考虑按性能设计要求进行设计计算,而后者对抗侧力结构构件的承载力要求要高于前者甚多。

第二篇 混凝土结构

第一章 设计基本规定

2.1.1 设计基准期和设计使用年限有什么区别？若建筑结构的设计使用年限为 100 年，如何确定其设计荷载和地震动参数？

【解析】 所谓设计基准期，是为确定可变作用及与时间有关的材料性能取值而选用的时间参数，一般情况下不可随意更改。我国建筑工程的设计基准期为 50 年，即建筑结构设计所考虑的荷载统计参数都是按 50 年确定的。

设计使用年限是指设计规定的结构或结构构件不需进行大修即可按其预定目的使用的时间，结构在此年限内应具有足够的可靠度，满足安全性、适用性和耐久性的要求。设计使用年限应是建筑结构在正常设计、正常施工、正常使用和维护下所应达到的使用年限，如达不到这一年限，则意味着在设计、施工、使用和维护的某一环节上出现了非正常情况，应查找原因。

当某建筑结构达到或超过设计使用年限，不等于该建筑结构不能再使用了，而只是说明它完成结构功能的能力降低了。

若建设单位提出更高要求，也可按建设单位的要求确定。但不能低于规范规定的要求。

设计使用年限应按《建筑结构可靠度设计统一标准》(GB 50068—2001)确定，见表2-1-1。

设计使用年限分类　　　　　　　　　　　　　表 2-1-1

类别	设计使用年限(年)	示例	γ_0
1	5	临时性结构	≥0.9
2	25	易于替换的结构构件	
3	50	普通房屋和构筑物	≥1.0
4	100	纪念性建筑和特别重要的建筑结构	≥1.1

可见设计基准期与设计使用年限有联系但不等同。

如建筑结构的设计使用年限为 50 年，可按现行混凝土结构设计规范确定设计荷载和地震动参数(包括反应谱和地震最大加速度)，否则，应重新确定。例如若建筑结构的设计使用年限为 100 年，则结构设计应另行确定在其设计基准期内的活荷载、雪荷载、风荷载、地震作用等的取值，确定结构的可靠度指标以及确定混凝土保护层等有关设计参数取值。具体取值建议如下：

1. 活荷载按《建筑结构荷载规范》(GB 50009—2001)取用,但取重要性系数$\gamma_0 \geq 1.1$;
2. 雪荷载、风荷载按《建筑结构荷载规范》(GB 50009—2001)取用;
3. 计算地震作用的地震加速度峰值见表 2-1-2;

设计使用年限为 100 年的地震加速度峰值(g)　　　　表 2-1-2

设防烈度	7度	8度	9度
多遇地震	0.049	0.098	0.189
设防烈度地震	0.140	0.280	0.540
罕遇地震	0.308	0.560	0.837

4. 混凝土保护层按《混凝土结构设计规范》(GB 50010—2002)表 9.2.1 的规定增加 40%;
5. 混凝土的耐久性的要求见本章第 2.1.3 款有关规定。

2.1.2 结构设计时,应正确判定混凝土结构的环境类别。

【解析】 结构设计时,对混凝土结构的环境类别的判定应根据表 2-1-3 进行。

混凝土结构的使用环境类别　　　　表 2-1-3

环境类别		说　　明
一		室内正常环境
二	a	室内潮湿环境;非严寒和非寒冷地区的露天环境、与无侵蚀性的水或土壤直接接触的环境
	b	严寒和寒冷地区的露天环境、与无侵蚀性的水或土壤直接接触的环境
三		使用除冰盐的环境;严寒及寒冷地区冬季水位变动的环境;滨海室外环境
四		海水环境
五		受人为或自然的侵蚀性物质影响的环境

表中一类和二 a 类的主要区别在于是否为潮湿环境;二 a 类和二 b 类的主要区别在于有无冰冻,与无侵蚀性的水或土壤直接接触的环境,主要是考虑水池、游泳池等浸水情况及地下室等混凝土结构;三类环境中的除冰盐环境是指北方城市依靠喷洒盐水除冰化雪的立交桥及类似环境,滨海室外环境是指在海水浪溅区之外,但其前面没有建筑物遮挡的混凝土结构;四类和五类环境的详细划分和耐久性设计方法应按港口工程技术规范及工业建筑防腐蚀设计规范等标准执行。

结构设计时,一些设计人员对一类还是二 a 类、二 a 类还是二 b 类环境类别划分不清。例如:建筑物内有游泳池和大型浴室时,错将游泳池或浴室的环境类别划分为一类。他们习惯将±0.000 以下的基础和构筑物等的环境类别划分为二 b 或二 a 类,±0.000 以上结构的环境类别则划分为一类,忽略了游泳池和大型浴室虽在±0.000 以上但却处于潮湿的环境下,不属于室内正常环境,不应将其环境类别划分为一类。又例如:某地区最冷月平均温度为-11℃,日平均温度不高于 5℃的天数为 150d,设计时错误确定其露天环境类别为二 a 类。区别露天环境下环境类别是二 a 类还是二 b 类的主要条件是看其是否为严寒和寒冷地区。根据《民用建筑热工设计规范》(GB 50176—2002)规定,严寒和寒冷地区的划分见表 2-1-4。累年最冷月平均温度≤-10℃,日平均温度不高于 5℃的天数≥145d 的地区,应为严寒地区。因此,该露天环境下的环境类别应为二 b 类而不应为二 a 类。

严寒和寒冷地区的划分　　　　　　　表 2-1-4

分区名称	最冷月平均温度(℃)	日平均温度不高于5℃的天数(d)
严寒地区	≤−10	≥145
寒冷地区	−10～0	90～145

2.1.3 耐久性设计时，对结构混凝土有哪些要求？

【解析】 耐久性能是混凝土结构应当满足的基本性能之一，是结构在设计使用年限内正常而安全地工作的重要保证。

影响混凝土结构耐久性能的主要因素有：混凝土的碳化，侵蚀性介质的腐蚀，膨胀及冻融循环，氯盐对钢筋的锈蚀，碱-骨料反应，混凝土内部的不密实。

上述诸多因素中，混凝土的碳化及钢筋的锈蚀是影响混凝土结构耐久性能的最主要的综合因素，而环境又是影响混凝土碳化和钢筋锈蚀的重要条件。

规范提出了混凝土结构耐久性能设计的基本原则，按环境类别和设计使用年限进行设计。混凝土结构的环境类别见表 2-1-3。

1. 一类、二类和三类环境中，设计使用年限为 50 年的混凝土结构应符合表 2-1-5 的规定。

结构混凝土耐久性的基本要求　　　　　　　表 2-1-5

环境类别		最大水灰比	最小水泥用量(kg/m³)	最低混凝土强度等级	最大氯离子含量(%)	最大碱含量(kg/m³)
一		0.65	225	C20	1.0	不限制
二	a	0.60	250	C25	0.3	3.0
	b	0.55	275	C30	0.2	3.0
三		0.50	300	C30	0.1	3.0

注：1. 氯离子含量系指其占水泥用量的百分率。
　　2. 预应力构件混凝土中的最大氯离子含量为 0.06%，最小水泥用量为 300kg/m³；最低混凝土强度等级应按表中规定提高两个等级。
　　3. 素混凝土构件的最小水泥用量不应少于表中数值减 25kg/m³。
　　4. 当混凝土中加入活性掺和料或能提高耐久性的外加剂时，可适当降低最小水泥用量。
　　5. 当有可靠工程经验时，处于一类和二类环境中的最低混凝土强度等级可降低一个等级。
　　6. 当使用非碱活性骨料时，对混凝土中的碱含量可不作限制。

混凝土结构的保护层厚度应符合《混凝土结构设计规范》表 9.2.1 的规定。

2. 设计使用年限为 100 年时且处于一类环境中的混凝土结构，应符合下列规定：

1) 钢筋混凝土结构的混凝土强度等级不应低于 C30，预应力混凝土结构的混凝土强度等级不应低于 C40；

2) 混凝土中氯离子含量不得超过水泥用量的 0.06%；

3) 宜使用非碱活性骨料，当使用非碱活性骨料时，混凝土中碱含量不应超过 3.0kg/m³；

4) 混凝土结构保护层厚度按《混凝土结构设计规范》表 9.2.1 的规定增加 40%；当采用有效的表面防护措施时，保护层厚度可适当减少；

5) 在使用过程中定期维护。

3. 对于设计使用年限为 100 年且处于二类、三类环境中的混凝土结构应采取专门有效的措施。

4. 三类环境中的结构构件，其受力钢筋宜采用环氧树脂涂层带肋钢筋；对预应力钢筋、锚具及连接器，应采用专门防护措施。

5. 四类和五类环境中的混凝土结构，其耐久性要求应符合有关标准的规定。

6. 处于寒冷及严寒环境中的混凝土结构，应满足抗冻要求，混凝土抗冻等级应符合有关标准的要求。

7. 有抗渗要求的混凝土结构，其抗渗等级应符合有关规范的要求。

8. 对临时性混凝土结构，可不考虑混凝土的耐久性要求。

2.1.4 为什么截面长边或直径小于300mm的小柱子，承载力计算时混凝土的强度设计值要打8折？

【解析】《混凝土结构设计规范》表4.1.4注1规定：计算现浇钢筋混凝土轴心受压及偏心受压构件时，如截面的长边或直径小于300mm，则表中混凝土的强度设计值应乘以系数0.8；当构件质量（如混凝土成型、截面和轴线尺寸等）确有保证时，可不受此限制。这是考虑到由于材料不均匀或施工误差等因素可能造成构件的附加偏心，导致构件承载力的降低，仍取表中的数值而不折减，会使构件偏于不安全。

例如：支承板式楼梯平台梁的小柱子，截面尺寸为250mm×250mm，混凝土强度等级为C30，按轴心受压计算其承载力，在施工质量没有可靠保证时，仍取其轴心抗压强度设计值 $f_c=14.3\text{N/mm}^2$，就不符合规范的规定。因为本例中正方形小柱子截面边长为250mm，小于300mm，为安全计，一般情况下应将表中混凝土的强度设计值乘以系数0.8来计算构件的承载力。即对混凝土强度等级为C30的轴心抗压强度设计值取 $f_c=14.3\times0.8=11.44\text{N/mm}^2$。

2.1.5 在钢筋混凝土构件的承载力计算中有不少系数，它们的应用范围和取值是如何确定的？

【解析】 在钢筋混凝土构件的承载力计算中，对不同强度等级的混凝土需乘以不同的强度影响系数，其应用范围及取值可见表2-1-6。

有关混凝土强度的一些系数　　　　表2-1-6

系数名称	混凝土强度等级			应用构件
	≤C50	C55～C75	C80	
α_1	1.0	线性内插	0.94	受弯，偏压，偏拉
β_1	0.80	线性内插	0.74	计算 ξ_b
α	1.0	线性内插	0.85	轴压（考虑间接钢筋对混凝土的约束折减）
β_c	1.0	线性内插	0.80	受剪，受扭，局压（强度影响系数）
β_t	0.5≤β_t≤1.0			受扭，弯剪扭（承载力降低系数）
β_h	$\beta_h=(800/h_0)^{1/4}$，$h_0<800$ A_b 取 $h_0=800\text{mm}$，$h_0>2000\text{mm}$ 取 $h_0=2000\text{mm}$			板受剪（高度影响系数）
β_h	$h_0\leqslant 800\text{mm}$	$800\text{mm}<h_0<2000\text{mm}$	$h_0\geqslant 2000\text{mm}$	冲切（高度影响系数）
	1.0	线性内插	0.9	
β_l	$\sqrt{A_b/A_l}$			局压（混凝土强度提高系数）
β_{cor}	$\sqrt{A_{cor}/A_l}$，$A_{cor}>A_b$ 取 $A_{cor}=A_b$			局压（配间接钢筋强度提高系数）

2.1.6 轴心受拉、小偏心受拉构件钢筋抗拉强度设计值的取用错误。

【解析】 轴心受拉或小偏心受拉构件,一般在荷载作用下混凝土均已开裂早早退出工作,由钢筋平衡外荷载。为防止裂缝过大,混凝土规范表4.2.3-1注明确指出:在钢筋混凝土结构中,轴心受拉和小偏心受拉构件的钢筋抗拉强度设计值大于$300N/mm^2$时,仍应按$300N/mm^2$取用。但有的设计忽视这一点,如某钢筋混凝土轴心受拉构件,截面尺寸$b=300mm$,$h=300mm$,承受轴向拉力设计值$N=890kN$,采用C30级混凝土,HRB400级钢筋,设计时根据混凝土规范式(7.4.1)计算,直接查表4.2.3-1,对HRB400级钢筋取其抗拉强度设计值为$360N/mm^2$,故所需钢筋面积为$A_s=890000/360=2472.2mm^2$。上面的计算不符合规范的规定,可能会使构件裂缝偏大,造成耐久性不满足规范要求,甚至构件偏于不安全。正确的计算是此时应取HRB400级钢筋的抗拉强度设计值为$300N/mm^2$,故所需钢筋面积为$A_s=890000/300=2966.7mm^2$。

需要注意的是:上述计算的仅仅是杆件的承载能力。实际上,钢筋混凝土桁架的下弦杆为轴心受拉或小偏心受拉构件,部分腹杆为轴心受拉构件,对这类杆件的设计不仅要满足承载能力极限状态,还要满足正常使用极限状态的要求,一般这类杆件受裂缝控制,杆件中钢筋应力均不大,设计时没有必要选用强度等级很高的钢筋。当采用HRB335或HPB235级钢筋时,就不存在这个问题了。

2.1.7 结构设计时,应合理选用现浇楼(屋)面板的混凝土强度等级和钢筋强度等级。

【解析】 板的混凝土强度等级和钢筋等级的选用,应使板在安全可靠的前提下尽可能做到经济合理。

一般情况下板为受弯构件,混凝土强度等级的提高对板类构件承载力的提高贡献很小。同时,从混凝土规范对板类构件的最小配筋率规定($\rho_{min}=0.45f_t/f_y$且不小于0.20%)可知,配筋率随混凝土强度等级的提高而增大,随钢筋强度等级的提高而降低,因此,当板类构件的配筋由最小配筋率控制时,过高的混凝土强度等级常会使其配筋量增多,既不合理也不经济,特别是采用HPB235级钢筋时更为明显。

此外,由于现浇楼(屋)面板通常与墙、梁相连并整浇,若混凝土强度等级过高,水泥用量多,混凝土硬化过程中水化热高,收缩大,易产生收缩裂缝。

所以,混凝土强度等级不宜选得过高,比较合适的混凝土强度等级在C20~C30,一般不超过C35。

关于钢筋的选用,衡量其经济性的不是钢筋的实际价格而是其强度价格比,即每元钱可购买的单位钢筋的强度。强度价格比高的钢筋经济性较好,不仅可减少配筋率,从而减少配筋量,方便施工,还可减少钢筋在加工、运输和施工等方面的各项附加费用。所以,板类构件的受力钢筋,建议优先选用HRB400级或HRB335级钢筋,而不宜采用HPB235级钢筋。根据市场调查,HRB400级和HRB335级钢筋的强度价格比较好。这两类钢筋除强度高外,延性及锚固性能也很好,无需像HPB235级钢筋那样锚固时末端还要加弯钩。当然,采用HRB400级或HRB335级钢筋做板的受力钢筋时,对大跨度板应注意进行最大裂缝宽度及挠度的验算。

2.1.8 正确选用预埋件的锚筋。

【解析】 预埋件是构件间相互连接、传力的重要部件,由锚板和锚筋两部分组成。传递的预埋件上的外力主要有剪力、弯矩和轴向力(拉力或压力)。它可能是单独作用,但更多的情况是共同作用。预埋件涉及的影响因素很多，其应力、应变更为复杂，而一旦失效，就会引起结构的过大变形，甚至造成结构解体、倒塌、坠落等严重后果，故应予充分重视。

受力预埋件的锚筋应具有稳定的强度和较好的延性。混凝土规范规定：受力预埋件的锚筋应采用HPB235级、HRB335级或HRB400级钢筋，严禁采用冷加工钢筋，并作为强制性条文。这是由于钢筋经冷加工(冷拉、冷拔、冷轧、冷扭)后，其延性大幅度降低，容易发生脆性断裂破坏而引发恶性事故。此外锚筋与锚板焊接也可能使冷加工后提高的强度因焊接受热"回火"而丧失，造成承载能力降低。

结构设计时，设计人容易忽视这个问题，漏写"严禁采用冷加工钢筋"这句话。建议在结构施工设计总说明中专门作为一条特别注明。另外，在选用HRB400级钢筋做锚筋时，根据混凝土规范第10.9.1条的规定，HRB400级钢筋的抗拉强度设计值f_y不应取$360N/mm^2$而只能取$300N/mm^2$。这是考虑到预埋件的重要性和受力复杂性，对承受拉力这种更不利的受力状态采取的提高安全储备的措施。同时还应注意：抗震设计时，预埋件锚筋计算的承载力抗震调整系数应取$\gamma_{RE}=1.0$(混凝土规范表11.1.6注2)。

2.1.9 正确设计预制构件的吊环。

【解析】 吊环是预制构件中的重要部件，其设计主要应注意以下几点：

1. 吊环应采用HPB235级钢筋制作，严禁使用冷加工(冷拉、冷拔、冷轧、冷扭)钢筋。这是因为吊环承受外荷载的作用，而且荷载往往还具有反复作用或动力的特性，应采用延性较好的钢材。

2. 吊环每侧钢筋埋入混凝土的深度不应小于$30d$，并应焊接或绑扎在钢筋骨架上。吊环钢筋的锚固十分重要，过短不仅可能发生钢筋失锚拔出破坏，还可能发生连同锚固混凝土一起锥状拉脱的破坏。

3. 在构件的自重标准值作用下，每个吊环按两个截面计算的吊环应力不应大于$50N/mm^2$。吊环应具有较多的安全储备，吊环钢筋的抗拉强度设计值应乘以折减系数。

4. 当在一个构件上设有4个吊环时，设计时应仅取三个吊环进行计算。这是考虑到吊索难以均衡受力，故只按三个吊环受力来承担外荷载，以策安全。

上述4点均是规范强制性条文的内容。

2.1.10 如何验算受弯构件的挠度？

【解析】 钢筋混凝土和预应力混凝土受弯构件在正常使用极限状态下的挠度，可根据构件的刚度用结构力学的方法计算，即

$$f = S\frac{M_k l_0^2}{B} \tag{2-1-1}$$

式中 f——受弯构件计算的最大挠度值；

S——与构件上的荷载形式、支承条件有关的挠度系数，可按材料力学的方法求得；

l_0——受弯构件计算跨的跨度；

M_k——按荷载效应的标准组合计算的弯矩，取计算区段内的最大弯矩值；

B——按荷载效应标准组合并考虑荷载长期作用影响的刚度，按混凝土规范第8.2.2、8.2.3、8.2.4、8.2.5条计算。

在等截面构件中,可假定各同号弯矩区段内的刚度相等。并取用该区段内最大弯矩处的刚度。当计算跨度内的支座截面刚度不大于跨中截面刚度的两倍或不小于跨中截面刚度的二分之一时,该跨也可按等刚度构件进行计算,其构件刚度可取跨中最大弯矩截面的刚度。

由上式求得的挠度计算值不应超过表 2-1-7 的限值。

受弯构件的挠度限值　　　　　　　　　表 2-1-7

构件类型	挠度限值
吊车梁:手动吊车	$l_0/500$
电动吊车	$l_0/600$
屋盖、楼盖及楼梯构件:	
当 $l_0 < 7m$ 时	$l_0/200(l_0/250)$
当 $7m \leq l_0 \leq 9m$ 时	$l_0/250(l_0/300)$
当 $l_0 > 9m$ 时	$l_0/300(l_0/400)$

注:1. 表中 l_0 为构件的计算跨度。
　　2. 表中括号内的数值适用于使用上对挠度有较高要求的构件。
　　3. 如果构件制作时预先起拱,且使用上也允许,则在验算挠度时,可将计算所得的挠度值减去起拱值;对预应力混凝土构件,尚可减去预加力所产生的反拱值。
　　4. 计算悬臂构件的挠度限值时,其计算跨度 l_0 按实际悬臂长度的 2 倍取用。

在进行挠度验算时,应特别注意上表中注的文字说明,例如:

有一带悬挑端的单跨楼盖梁如图 2-1-1 所示,使用上对挠度有较高要求,设计中考虑 8m 跨梁施工时按 $l_0/500$ 预先起拱,则跨中挠度的限值 $[f_1]$ 应为:

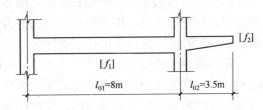

图 2-1-1　带悬臂的单跨梁

1. 由于该楼盖使用上对挠度有较高要求,故 $[f_1] = \dfrac{l_{01}}{300} = \dfrac{8000}{300} = 26.7 \text{mm}$

2. 由于施工时预先起拱,则在验算挠度时,可将计算所得的挠度值减去起拱值,即

$$[f_1] = 26.7 - \dfrac{8000}{500} = 10.7 \text{mm}$$

悬臂自由端的挠度限值 $[f_2]$ 应为:

$$[f_2] = \dfrac{2l_{02}}{300} = \dfrac{2 \times 3500}{300} = 23.3 \text{mm}$$

2.1.11 现浇钢筋混凝土梁、板跨度为多少时应起拱?起拱值一般为多少?

【解析】《混凝土结构工程施工质量验收规范》(GB 50204—2002)第 4.2.5 条规定:对跨度不小于 4m 的现浇钢筋混凝土梁、板,其模板应按设计要求起拱;当设计无具体要求时,起拱弯度宜为跨度的 1/1000~3/1000。

应注意上述起拱高度,未包括设计起拱值,而仅考虑模板本身在荷载下的挠度。为满足受弯构件梁、板的挠度限值,施工图设计时可根据构件在静载作用下可能产生的挠度值,提出预起拱的数值要求,一般可取跨度的 1/400。

2.1.12 为什么箍筋、拉筋及预埋件等不应与框架梁、柱的纵向受力钢筋焊接?

【解析】 箍筋、拉筋及预埋件等不应与框架梁、柱的纵向受力钢筋焊接。这是因为梁、柱中的预埋件，大多用于和其他受力构件的连接，若预埋件仅和梁（或柱）中的某根纵向受力钢筋焊接，则在其他受力构件的荷载作用下，梁（或柱）中的这根纵向受力钢筋就可能失锚拔出或首先屈服，从而导致该梁（或柱）的破坏。

但是，若用于防雷接地的梁（或柱）中的预埋件，其作用仅是构成电路通路，并没有什么荷载，是可以与框架梁（或柱）中的纵向受力钢筋焊接的。

2.1.13 抗震设计时，为什么设防烈度为 9 度时，混凝土强度等级不宜超过 C60，设防烈度为 8 度时，混凝土强度等级不宜超过 C70？

【解析】 混凝土强度等级越高，其抗压强度越大，但其延性越差。构件的抗震性能也越差。基于高强度混凝土的脆性性质，规范对地震高烈度区高强度混凝土的应用作了必要的限制，即：设防烈度为 9 度时，混凝土强度等级不宜超过 C60，设防烈度为 8 度时，混凝土强度等级不宜超过 C70。以保证构件在地震力作用下有必要的承载力和延性。

2.1.14 抗震设计时，为什么对设计抗震等级为一、二级的钢筋混凝土框架纵向受力钢筋，当采用普通钢筋时，其检验所得的强度实测值提出如下要求：

钢筋的抗拉强度实测值与屈服强度实测值的比值不应小于 1.25；

钢筋的屈服强度实测值与强度标准值的比值不应大于 1.3？

【解析】 抗震设计时，要求结构及构件具有较好的延性，在地震作用下当结构达到屈服后，利用结构的塑性变形吸收能量，削弱地震反应。这就要求结构在塑性铰处有足够的转动能力和耗能能力，能有效地调整构件内力，实现"强柱弱梁、强剪弱弯、更强节点、强底层柱（墙）底"的抗震设计原则。

钢筋混凝土结构及构件延性的大小，与配置其中的钢筋的延性有很大关系，在其他情况相同时，钢筋的延性好则构件的延性也好。规范规定普通纵向受力钢筋抗拉强度实测值与屈服强度实测值比值的最小值，目的是使结构某个部位出现塑性铰后，塑性铰处有足够的转动能力和耗能能力；而规定钢筋屈服强度实测值与强度标准值比值的最大值，是为了有利于强柱弱梁、强剪弱弯所规定的内力调整得以实现。显然，这些对提高结构及构件的延性是十分必要和重要的。

需要注意的是：混凝土规范规定的是一、二级框架，而抗震规范则指的是一、二级框架结构，个人认为，应按一、二级框架执行，即不管是什么结构体系，只要其中的框架部分抗震等级为一、二级，就应按混凝土规范第 11.2.3 条规定执行。

结构设计时，可在结构设计文件中（一般在结构施工设计总说明中），根据混凝土规范第 11.2.3 条规定明确注明此项要求。

2.1.15 施工中，当缺乏设计规定的钢筋型号（规格）时，可否用强度等级较高的钢筋替代原设计中强度等级较低的钢筋或用直径较大的钢筋替代原设计中直径较小的钢筋？

【解析】 用强度等级较高的钢筋替代原设计中强度等级较低的钢筋或用直径较大的钢筋替代原设计中直径较小的钢筋，一般都会使替代后的纵向受力钢筋的总承载力设计值大于原设计的纵向受力钢筋总承载力设计值，甚至会大较多。抗震设计时，这就有可能造成构件抗震薄弱部位转移，也可能造成构件在有影响的部位发生混凝土的脆性破坏（混凝土压碎、剪切破坏等）。例如将抗震设计的框架梁用强度等级较高、直径较大的纵向受力钢筋替代原设计中的钢筋，则在地震作用下，与此梁相接的框架柱有可能先出现铰，或梁受剪破坏先于受弯破坏，而这都是不符合强柱弱梁的抗震设计原则的。

结构设计时，可在结构设计文件中(一般在结构施工设计总说明中)，应根据《建筑抗震设计规范》第3.9.4条的规定，明确注明当需要以强度等级较高的钢筋替代原设计中强度等级较低的钢筋或用直径较大的钢筋替代原设计中直径较小的钢筋时，应按照钢筋受拉承载力设计值相等的原则换算。

还应注意的是：由于钢筋的强度等级和直径的改变会影响正常使用阶段的挠度和裂缝宽度，同时还应满足最小配筋率和钢筋间距等构造要求。

2.1.16 如何选择合理经济的结构体系？

【解析】 1. 合理经济的结构体系的选择，是一个多因素的复杂的系统工程，应从建筑、结构、施工技术条件、建材、经济、机电等各专业综合考虑。

从结构专业设计的角度出发，主要考虑以下两个方面的问题：

(1) 尽可能满足建筑功能要求，一般商场、车站、展览馆、餐厅、停车库等多层房屋用框架结构较多；高层住宅、公寓、宾馆等用剪力墙结构较多；酒店、写字楼、教学楼、科研楼、病房楼等以及综合性公共建筑用框架-剪力墙结构、框架-核心筒结构较多。

(2) 按结构设计要求，低层、多层建筑可选用砌体结构或钢筋混凝土结构，高层建筑可选用钢筋混凝土结构或混合结构或钢结构。对钢筋混凝土结构，一般多、高层建筑结构可根据房屋高度和高宽比、抗震设防类别、抗震设防烈度、场地类别、结构材料和施工技术条件等因素初步选择结构体系。

《高层建筑混凝土结构技术规程》(JGJ 3—2002)(以下简称高规)将钢筋混凝土高层建筑结构的房屋高度分为A级高度和B级高度。A级高度是各结构体系比较合适的房屋高度。B级高度比A级高度要高，其结构受力、变形、整体稳定、承载能力等更复杂，故其结构抗震等级、有关的计算和构造措施应相应加严，并应符合抗震规范及高规有关条文的规定。

2. 房屋的最大适用高度和高宽比

(1) 最大适用高度

1) A级高度乙类和丙类钢筋混凝土高层建筑的最大适用高度应符合表2-1-8的规定。

A级高度钢筋混凝土高层建筑的最大适用高度(m) 表2-1-8

结构体系		非抗震设计	抗震设防烈度			
			6度	7度	8度	9度
框架		70	60	55	45	25
框架-剪力墙		140	130	120	100	50
剪力墙	全部落地剪力墙	150	140	120	100	60
	部分框支剪力墙	130	120	100	180	不应采用
	短肢剪力墙结构	130	120	100	60	不应采用
筒体	框架-核心筒	160	150	130	100	70
	筒中筒	200	180	150	120	80
板柱-剪力墙		70	40	35	30	不应采用

注：1. 表中框架不含异型柱框架结构。
2. 部分框支剪力墙结构指地面以上有部分框支剪力墙的剪力墙结构。
3. 7度和8度抗震设计时，剪力墙结构错层高层建筑房屋高度分别不宜大于80m和60m；框架-剪力墙结构错层高层建筑房屋高度分别不宜大于80m和60m。

2）框架-剪力墙、剪力墙和筒体结构高层建筑，其高度超过表 2-1-8 规定时为 B 级高度高层建筑。B 级高度钢筋混凝土乙类和丙类高层建筑的最大适用高度应符合表 2-1-9 的规定。

B 级高度钢筋混凝土高层建筑的最大适用高度(m)　　　　表 2-1-9

结 构 体 系		非抗震设计	抗震设防烈度		
			6度	7度	8度
框架-剪力墙		170	160	140	120
剪力墙	全部落地剪力墙	180	170	150	130
	部分框支剪力墙	150	140	120	100
筒体	框架-核心筒	220	210	180	140
	筒中筒	300	280	230	170

3) 一点说明

* 房屋高度指室外地面至主要屋面高度，不包括局部突出屋面的电梯机房、水箱、构架等高度；

* 平面和竖向均不规则的建筑或位于Ⅳ类场地的建筑，表 2-1-8、表 2-1-9 中数值应适当降低；

* A 级高度高层建筑结构的甲类建筑，6、7、8 度抗震设防时宜按本地区抗震设防烈度提高 1 度后符合表 2-1-8 的要求，9 度时应专门研究；

* A 级高度高层建筑结构 9 度抗震设防、房屋高度超过表 2-1-8 数值时，结构设计应有可靠依据，并采取有效措施；

* B 级高度高层建筑结构甲类建筑，6、7 度时宜按本地区设防烈度提高一度后符合表 2-1-9 的要求，8 度时应专门研究；

* 底部带转换层的筒中筒结构 B 级高度高层建筑，当外筒框支层以上采用由剪力墙构成的壁式框架时，其最大适用高度比表 2-1-9 规定的数值适当降低；

* 抗震设计时，B 级高度高层建筑不宜采用连体结构；

* B 级高度高层建筑结构当房屋高度超过表 2-1-9 中数值时，结构设计应有可靠依据，并应采取有效措施。

（2）高宽比

1）A 级高度钢筋混凝土高层建筑结构的高宽比不宜超过表 2-1-10 的数值。

A 级高度钢筋混凝土高层建筑结构适用的最大高宽比　　　　表 2-1-10

结 构 体 系	非抗震设计	抗震设防烈度		
		6度、7度	8度	9度
框架、板柱-剪力墙	5	4	3	2
框架-剪力墙	5	5	4	3
剪力墙	6	6	5	4
筒中筒、框架-核心筒	6	6	5	4

2) B级高度钢筋混凝土高层建筑结构的高宽比不宜超过表 2-1-11 的数值。

B级高度钢筋混凝土高层建筑结构适用的最大高宽比　　表 2-1-11

非抗震设计	抗震设防烈度	
	6度、7度	8度
8	7	6

无论采用何种结构体系，都应使结构具有合理的刚度和承载能力，避免产生软弱层或薄弱层，保证结构的稳定和抗倾覆能力；应使结构具有多道防线，提高结构和构件的延性，增强其抗震能力。

2.1.17　如何确定建筑物的高宽比？

【解析】　高层建筑结构高宽比的规定，是对结构整体刚度、抗倾覆能力、整体稳定、承载能力以及经济合理性的宏观控制指标，是长期工程经验的总结，从目前大多数 A 级高度高层建筑来看，这一限值是比较适用、比较经济合理的。

实际上高规对侧向位移、结构稳定、抗倾覆能力、承载能力等性能的规定，也体现了对结构高宽比的要求。当满足这些规定时，高宽比的规定不是一个必须满足的条件，也不是判别结构规则与否并作为超限高层建筑抗震专项审查的一个指标，注意规范的用词是"不宜超过"。实际工程已有一些超过高宽比限值的例子（如上海金茂大厦 88 层 420m，为 7.6；深圳地王大厦 81 层 320m，为 8.8）。当超过限值时，应对结构进行更准确更符合实际受力状态的计算分析和切实可靠的构造措施。

一般情况下高层建筑高宽比的计算可按下述方法进行：

房屋高度指室外地面上至主楼屋面高度，不包括突出屋面的电梯机房、水箱、构架等高度。

宽度按所考虑方向的最小投影宽度作为建筑物的计算宽度，但对突出建筑物平面很小的局部结构（如楼梯间、电梯间等），一般不作为建筑物的计算宽度。

对 L 形、Π 形等平面，若平面上伸出的长宽比不大于 3，不应以伸出的宽度作为建筑物计算宽度（图 2-1-2a、图 2-1-2b）；

对口形平面，若 a/b 不大于 6，不应以 b 作为建筑物计算宽度（图 2-1-2c）；

对弧形建筑平面，不应以弧形的径向宽度作为建筑物计算宽度（图 2-1-2d），此时应根据具体情况，一般建筑物的计算宽度应大于弧形的径向宽度。

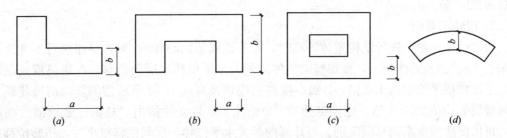

图 2-1-2　部分复杂建筑平面示意

带有裙房的高层建筑，当裙房的面积和刚度相对于其上部塔楼的面积和刚度较大时（建议面积为 2.5 倍，刚度为 2.0 倍），宜取裙房以上部分的房屋高度和宽度计算高宽比。

大底盘结构的高宽比,可对整个结构和底盘上的塔楼部分分别进行计算。

对于不宜采用最小投影宽度计算高宽比的情况,应根据工程实际确定合理的计算方法。

《广东省实施〈高层建筑混凝土结构技术规程〉(JGJ 3—2002)补充规定》提出:"当建筑平面非矩形时,可取平面的等效宽度 $B=3.5r$, r 为建筑平面(不计外挑部分)最小回转半径。"可供参考。

2.1.18 如何界定建筑结构的不规则?

【解析】 1. 下列情况之一应视为平面不规则:

1)结构的平面尺寸超过表 2-1-12 的限值(图 2-1-3)

L、l 的限值　　　　　　　　　　　表 2-1-12

设防烈度	L/B	l/B_{max}	l/b
6、7度	≤6.0	≤0.35	≤2.0
8、9度	≤5.0	≤0.30	≤1.5

注:L 为建筑物总长度。

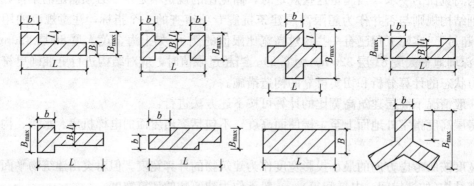

图 2-1-3　结构平面尺寸的限值

2)楼板局部不连续

楼板的尺寸和平面刚度急剧变化,有效楼板宽度小于该层楼板典型宽度的 50%,或开洞面积大于该层楼面面积的 30%;在扣除凹入或开洞后,楼板在任一方向的最小净宽度小于 5m,且开洞后每一边的楼板净宽度小于 2m;或较大的楼层错层,错层面积大于该层总面积的 30%。

3)扭转不规则

按刚性楼板假定进行结构整体计算时,在考虑偶然偏心影响(对多层建筑可不考虑偶然偏心影响)的地震作用下,楼层竖向构件的最大水平位移和层间位移,A 级高度高层建筑大于该楼层平均值的 1.2 倍;B 级高度高层建筑及高规第 10 章所指的复杂高层建筑大于该楼层平均值的 1.2 倍。建设部建质[2006] 220 号文件指出"规则性要求的严格程度,可依设防烈度不同有所区别。当计算的最大水平位移、层间位移很小时,扭转位移比的控制可略有放宽。"一般当计算层间位移角小于规范限值的 1/2000 时,此比值可以适当放松。

结构扭转为主的第一自振周期 T_t 与平动为主的第一自振周期 T_1 之比,A 级高度高层建筑不应大于 0.9，B 级高度高层建筑及高规第 10 章所指的复杂高层建筑不应大于 0.85。

还应注意，最大水平位移和平均水平位移值的计算，均应取楼层中同一轴线两端的竖向构件，不应计入楼板的悬挑端。

2. 下列情况之一应视为竖向不规则：

1) 立面局部收进或外挑

当结构上部楼层收进部位到室外地面的高度 H_1 与房屋高度 H 之比大于 0.2 时，除顶层外，上部楼层局部收进后的水平尺寸 B_1 小于相邻下一楼层水平尺寸 B 的 0.75 倍，见图 2-1-4(a)、(b)。

当上部结构楼层相对于下部楼层外挑时，下部楼层的水平尺寸 B 小于上部楼层水平尺寸 B_1 的 0.9 倍，或水平外挑尺寸 a 大于 4m，见图 2-1-4(c)、(d)。

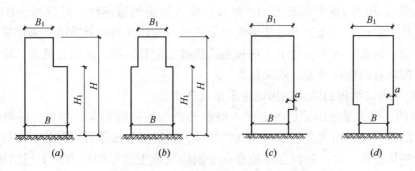

图 2-1-4 结构竖向收进和外挑示意

2) 侧向刚度有突变

楼层侧向刚度小于相邻上部楼层侧向刚度的 70%，或小于其上相邻三层侧向刚度平均值的 80%。

3) 竖向抗侧力构件不连续

竖向抗侧力构件（柱、剪力墙、抗震支撑）的内力由水平转换构件（梁、桁架等）向下传递及其他竖向传力不直接的情况。

体型复杂沿高度方向存在薄弱层或软弱层（部位），相邻楼层质量差别大于 50% 以上。

4) 楼层承载力突变

A 级高度高层建筑的楼层层间抗侧力结构的受剪承载力小于其上一层受剪承载力的 80%；B 级高度高层建筑的楼层层间抗侧力结构的受剪承载力小于其上一层受剪承载力的 75%。

2.1.19 如何进行楼盖结构选型？

【解析】 楼盖对于建筑结构特别是高层建筑结构的作用是非常重要的。(1)承受竖向荷载，并有效传递给梁、柱、墙，直至基础。(2)楼盖相当于水平隔板，提供足够的面内刚度，聚集和传递水平荷载到各个竖向抗侧力子结构，使整个结构协同工作。特别是当竖向抗侧力子结构布置不规则或各抗侧力子结构水平变形特征不同时，楼盖的这个作用更显得突出和重要。(3)连接各楼层水平构件和竖向构件，维系整个结构，保证结构具有很好的整体性，保证结构传力的可靠性。

因此，建筑结构的楼盖选型应符合下列规定：

1. 房屋高度超过50m时，框-剪、筒体及复杂高层建筑结构应采用现浇楼盖，剪力墙结构和框架结构宜采用现浇楼盖。

2. 房屋高度不超过50m时，8、9度抗震设计的框-剪结构宜采用现浇楼盖；6、7度抗震设计的框-剪结构可采用装配整体式楼盖，但应采取构造措施，保证楼板的整体性及刚度，满足楼板刚度无限大的假定。

（1）每层宜设现浇层，现浇层厚度不应小于50mm，混凝土强度等级不应低于C20，并应双向配置直径6～8mm、间距150～200mm的钢筋网，钢筋应锚固在剪力墙内。楼面现浇层应与预制板缝混凝土同时浇筑。

（2）要拉开板缝，板缝宽度不小于40mm，配置板缝钢筋，并宜贯通整个结构单元，板缝用高强度混凝土填缝，必要时可以设置现浇板带。

唐山地震(1976年)震害调查表明：提高装配式楼盖的整体性，可以减少在地震中预制楼板坠落伤人的震害。加强填缝是增强装配式楼板整体性的有效措施。为保证板缝混凝土的浇筑质量，板缝宽度不应过小。在较宽的板缝中配置钢筋，形成板缝梁，能有效地形成现浇与装配结合的整体楼盖，效果显著。

3. 板柱-剪力墙结构和筒体结构均应采用现浇楼盖。

4. 重要的、受力复杂的楼板，应比一般层楼板有更高的要求。屋顶、转换层楼板以及开口过大的楼板应采用现浇板以增强其整体性。顶层楼板加厚可以有效约束整个高层建筑，使其能整体空间工作。转换层楼板要在平面内完成上层结构内力向下层结构的转移，楼板在平面内承受较大的内力，应当加厚。

5. 采用预应力平板可以减小楼面结构高度，压缩层高并减轻结构自重；大跨度平板可以增加使用空间，容易适应楼面用途改变。预应力平板近年来在高层建筑楼面结构中应用比较广泛。

普通高层建筑楼盖结构选型可按表2-1-13确定。

普通高层建筑楼盖结构选型　　　　　表2-1-13

结构体系	房屋高度	
	不大于50m	大于50m
框　架	可采用装配式楼面(灌板缝)	宜采用现浇楼面
剪力墙	可采用装配式楼面(灌板缝)	宜采用现浇楼面
框架-剪力墙	宜采用现浇楼面 可采用装配整体式楼面(灌板缝加现浇面层)	应采用现浇楼面
板柱-剪力墙	应采用现浇楼面	—
框架-核心筒和筒中筒	应采用现浇楼面	应采用现浇楼面

2.1.20　楼板开有大洞口或有较大凹入，使结构成为平面不规则结构时，应采取哪些加强措施？

【解析】　由于建筑功能要求，楼板有较大凹入或开有较大洞口而使结构成为平面不规则，除会使楼板平面内的刚度减弱外，还造成凹口或洞口分开的各部分间连接变弱，不能很好地传递水平力。同时，凹角附近也容易产生应力集中，地震时常会在这些部位产生较严重的震害。

为保证结构具有很好的整体性，使整个结构协同工作，应采取相应的措施予以加强。

楼板开大洞削弱后，可采取以下构造措施（图 2-1-5）：

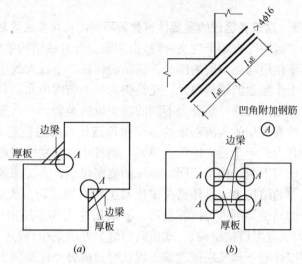

图 2-1-5　楼板开洞后加强措施（一）

1. 加厚洞口附近楼板，提高楼板的配筋率，采用双层双向配筋，每层、每向配筋率不宜小于 0.25%；

2. 洞口边缘设置边梁、暗梁；暗梁宽度可取板厚的 2 倍，纵向钢筋配筋率不宜小于 1.0%；

3. 在楼板洞口角部集中配置斜向钢筋。

艹字形、井字形平面等楼板有较大的凹入时的加强措施主要有（图 2-1-6）：

1. 设置拉梁或拉板，且宜每层均匀设置。拉板厚取 250~300mm，按暗梁的配筋方式配筋。拉梁、拉板内纵向钢筋的配筋率不宜小于 1.0%。纵向受拉钢筋不得搭接，并锚入支座内不小于 l_{aE}。

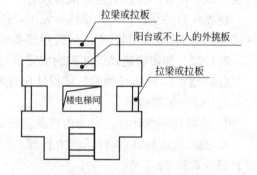

图 2-1-6　楼板开洞后加强措施（二）

2. 设置阳台板或不上人的外挑板，板厚不宜小于 180mm，双层双向配筋，每层、每向配筋率不宜小于 0.25%，并按受拉钢筋锚固在支座内。

3. 凹角部位增配斜向钢筋。

当中央部分楼、电梯间使楼板有较大削弱时，应将楼、电梯间周边楼板加厚并加强配筋，加强连接部位墙体的构造措施。

此外，这时应在设计中考虑楼板削弱产生的不利影响。如在结构分析中根据开洞情况考虑采用弹性楼板模型等。

当楼板开洞等超过高规第 4.3.6 条的规定，甚至一幢楼的两部分仅靠一狭窄的板带连接，此时尽管在设计中考虑楼板削弱产生的不利影响（包括结构分析和构造加强），但仍按一个结构单元进行设计是不妥的。在地震作用下，连接板带很快会产生裂缝，早早进入塑性状态。这时，宜将两部分分别按大底盘双塔连接和分开为两个独立的结构单元模型计算，各自都应符合承载力和变形要求，在考虑两者的最不利情况下采取相应的连接措施。

2.1.21 怎样理解"建筑各区段的重要性有显著不同时，可按区段划分抗震设防类别"？

【解析】 这里的"区段"有两个含义：(1)由防震缝分开的结构单元；(2)平面内使用功能不同的部分、上下使用功能不同的部分。就是说，在一个较大的建筑中，不管是否由防震缝将其分开为若干个独立的结构单元，还是仍为一个结构单元，只要其使用功能的重要性有显著差异，就应区别对待，划分为不同的抗震设防类别。

例如：高层住宅带有大型的人流密集的多层裙房商场，高层住宅下部几层亦为商场，若设置防震缝将其分开为若干个独立的结构单元，则各单元独立承担地震作用，彼此之间没有相互作用，地震作用下两结构单元同时破坏的概率很小，人流疏散也较容易。这种情况下，应根据每个独立的结构单元具体情况按建筑工程抗震设防分类标准划分建筑类别，各结构单元按所划分的建筑类别进行抗震设防。若高层住宅和多层裙房之间未设防震缝，是一个结构单元(为大底盘多塔楼结构)、或由防震缝分开的某个(或几个)结构单元，当其多层裙房商场包括高层住宅下部几层按建筑工程抗震设防分类标准属于乙类建筑时，则一般可将此部分及与之相邻的上部2层按乙类建筑进行抗震设防。而其余的上部住宅一般为丙类建筑，可按丙类建筑进行抗震设防。

还要注意的是：在同一结构单元中，按区段划分时，若上部区段建筑类别较高，下部区段建筑类别较低，则其下部区段建筑类别也应按较高的建筑类别划定。

2.1.22 如何确定建筑结构的抗震设防标准？

【解析】 1. 建筑结构的抗震设计包含两大内容：
(1) 结构抗震验算
1) 地震作用的计算。主要内容见《建筑抗震设计规范》第5章第1、2、3节。
2) 截面抗震验算(构件承载力计算)及抗震变形验算。主要内容见《建筑抗震设计规范》第5章第4、5节。
(2) 抗震措施
1) 抗震构造措施：根据抗震概念设计原则，一般不需计算需对结构和非结构各部分必须采取的各种细部要求。如构件的配筋要求、延性要求、锚固长度等。主要内容见《建筑抗震设计规范》第6、7、8、9、10各章除第1、2节外的各节。
2) 其他抗震措施：除抗震构造措施以外的抗震措施，如结构体系的确定、结构的高宽比、长宽比、结构布置、相关构件的内力调整等。主要内容见《建筑抗震设计规范》第6、7、8、9、10各章的第1、2节。

适当的抗震设防标准，既能合理使用建筑投资，又能达到抗震安全的要求。上述抗震设计内容中，地震作用计算所依据的是抗震设防烈度、抗震设防类别，抗震措施则是通过抗震等级来体现的，而确定抗震等级依据的是抗震设防烈度、抗震设防类别、建筑场地类别。建筑结构根据抗震设防烈度、抗震设防类别、建筑场地类别等不同，其抗震设防标准也不同。

2. 建筑工程抗震设防标准见表2-1-14。

建筑工程抗震设防标准　　　　　　　　　　表 2-1-14

建筑类别	示例	抗震设计		
		确定地震作用的设防烈度	确定抗震措施的烈度	
甲	重大工程和地震时可能发生严重次生灾害的建筑	高于本地区设防烈度的要求，按批准的地震安全性评价结果确定①	6、7、8度	提高1度
			9度	比9度更高的要求②
乙	地震时使用功能不能中断或需尽快恢复的建筑	本地区设防烈度④	6、7、8度	提高1度③
			9度	比9度更高的要求②
丙	除甲、乙、丁以外的一般建筑	本地区设防烈度④	按本地区设防烈度的要求确定	
丁	抗震次要建筑	7、8、9度	本地区设防烈度	7、8、9度	本地区设防烈度适当降低(不是降低1度)
		6度	不验算	6度	不应降低

① 提高幅度应专门研究，并按规定权限审批。不一定都提高1度。
② 比9度更高的要求：经过讨论研究在一级的基础上对重要部位和重要构件进行加强，不一定全部按特一级进行设计。
③ 对较小的乙类建筑，当其结构改用抗震性能较好的结构类型时，应仍允许按本地区抗震设防烈度要求采取抗震措施，如工矿企业的变电所、空压站、水泵房及城市供水水源的泵房，当为丙类建筑时，多为砌体结构，当为乙类建筑时，若改用钢筋混凝土结构或钢结构，则可仍按本地区抗震设防烈度要求采取抗震措施。
④ 6度时多层建筑可不进行抗震验算。

建筑场地类别还影响抗震措施里面的抗震构造措施，具体是：

（1）Ⅰ类场地时，甲类、乙类建筑的抗震构造措施应允许按本地区设防烈度要求确定，除6度外丙类建筑的抗震构造措施应允许按本地区设防烈度要求降低1度确定，但相应的计算要求均不应降低。

（2）建筑场地为Ⅲ、Ⅳ类时，对设计基本地震加速度为 $0.15g$ 和 $0.30g$ 的地区，除规范另有规定外，宜分别按抗震设防烈度8度（0.20g）和9度（0.40g）时各类建筑的要求采用抗震构造措施。对丙类建筑，一般情况下提高一度。对乙类建筑的抗震构造措施也需分别比8度和9度提高，但不必再提高一度，只需再适当提高。

2.1.23　抗震设防烈度为8度、设防类别为乙类的高层建筑结构的抗震等级如何确定？

【解析】　抗震设防类别为乙类的高层建筑，其抗震等级应按本地区抗震设防烈度提高一度的要求确定。当抗震设防烈度为8度时，则应按9度查抗震规范表6.1.2确定。但抗震规范表6.1.2是丙类建筑的抗震等级表，9度时的高度限值远小于抗震规范表6.1.1乙类和丙类高层建筑的最大适用高度。这就可能造成抗震设防烈度为8度、满足抗震规范表6.1.1最大适用高度的乙类高层建筑，无法按9度查抗震规范表6.1.2来确定其抗震等级。举例来说：结构高度为75m的框架-剪力墙结构，抗震设防烈度为8度，设防类别为乙类，抗震等级按9度确定。但抗震规范表6.1.2框架-剪力墙结构只能确定9度、结构高度为50m以下框架-剪力墙结构的抗震等级为一级。结构高度为75m时则无法从表中查得。

抗震规范第6.1.3条第4款明确指出"8度乙类建筑高度超过表6.1.2规定的范围时，应经专门研究采取比一级更有效的抗震措施"。根据这个精神，本工程的抗震构造措施应比一级适当提高。提高的幅度，应考虑结构高度、场地类别和地基条件、建筑结构的规则性以及框架部分承担的地震倾覆力矩的大小等情况。这就是专门研究的含义。即经过讨论研究在一级抗震等级的基础上对重要部位和重要构件（不是全部构件）进行加强，按特一级进行设计。但有关抗震设计的内力调整系数一般不必提高。

2.1.24 如何确定地下室的抗震等级？

【解析】 地下室结构的抗震等级宜根据不同情况确定：

1. 抗震设计的高层建筑，当地下室顶层作为上部结构的嵌固端时，地下一层的抗震等级应按上部结构采用，地下一层以下结构的抗震等级可根据具体情况采用三级或四级。当上部结构抗震等级较高时，地下二层结构的抗震等级降低幅度不宜过多（表 2-1-15），甲、乙类建筑抗震设防烈度为 9 度时应专门研究。

地下室顶层作为上部结构嵌固端时地下室结构的抗震等级　　　　表 2-1-15

地下室层次	确定抗震等级的设防烈度			
	6 度	7 度	8 度	9 度
地下一层	同上部结构	同上部结构	同上部结构	同上部结构
地下二层	不低于四级	不低于四级	不低于三级	不低于二级

2. 对于地下室顶层确实不能作为上部结构嵌固部位需嵌固在地下其他楼层时，实际嵌固部位所在楼层及其上部的地下室楼层（与地面以上结构对应的部分）的抗震等级，可取为与地上结构相同或根据地下结构的有利情况适当降低（不超过一级）。以下各层可根据具体情况采用三级或四级（图 2-1-7）。

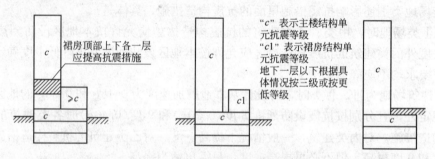

图 2-1-7 地下室结构抗震等级的确定（一）

3. 当地下室为大底盘其上为多塔楼时，若嵌固部位在地下室顶层，地下一层高层部分以外相当于基础埋深范围内的抗震等级应同高层部分底部结构抗震等级。地下一层其余部分及地下二层以下各层（包括地下二层）的抗震等级可按 1 款的方法确定地下二层抗震等级（图 2-1-8）。9 度抗震设计时抗震等级不低于三级。

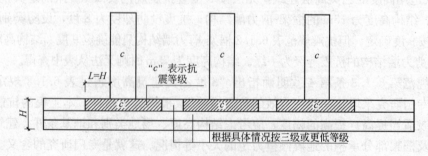

图 2-1-8 地下室结构抗震等级的确定（二）

2.1.25 抗震设计时，带裙房的高层建筑结构在其主裙楼裙房顶面上、下层的抗震等级是否应提高一级？

【解析】 高层建筑主楼与裙房相连，与主楼连为整体的裙房的抗震等级不应低于主楼的抗震等级；裙房屋面部的主楼上下各一层受刚度与承载力突变影响较大，抗震措施需要适当加强。首先是要加强主楼与裙房的整体性，如适当加大楼板的厚度和配筋率，必要时双层双向配筋等；当上下层刚度变化较大，属于竖向不规则结构时，其薄弱层的地震剪力应乘以 1.15 的增大系数。

2.1.26 高层建筑结构整体计算时，在刚性楼板假定下，考虑偶然偏心的位移比和(或)周期比超过高规第 4.3.5 条的限值，怎样对结构的平面布置进行调整？

【解析】 出现位移比和(或)周期比超限，说明结构抗扭刚度相对抗侧刚度较小，扭转效应较大。反映在结构的平面布置上，可能是由于下述原因：(1)结构的抗侧力构件布置不对称、不规则，导致结构楼层刚心与质心偏移较大；(2)平面布置虽然对称，但抗侧力构件过于靠近结构楼层的形心、质心，造成结构的抗扭刚度不足(虽然可能抗侧刚度大)；(3)抗侧力构件数量较少，结构的抗扭刚度和抗侧刚度均不足。

首先，在可能条件下，可将刚心与质心偏移较大、平面不规则的建筑物通过设置防震缝分为偏移较小、规则的若干独立的结构单元。

其次，当无法设置防震缝时，应对结构平面布置进行调整，调整应同时使结构具有较大的抗扭刚度和必要的抗扭承载力。当结构抗侧力刚度大、侧移很小时，在结构的层间位移满足规范要求的前提下，对楼层中部可做减法。即：1)取消、减短、减薄剪力墙，或在剪力墙上开结构洞；2)减小剪力墙连梁的高度或在连梁上开洞；3)在满足强度要求的前提下尽可能弱化框架梁、柱等构件。反过来，当结构抗侧力刚度小、侧移大，甚至层间位移超过规范限值时，则应设法在楼层周边做加法。即：1)适当增设、加长或加厚剪力墙；2)适当加高剪力墙连梁的高度；3)适当加大框架梁柱的截面尺寸。以尽可能使抗侧力构件布置对称、规则，减小结构楼层刚心与质心的偏心。抗侧力构件的周边化布置，既可提高结构的抗扭刚度又可提高结构的抗侧力刚度。

结构平面布置经调整后，如仍有个别指标略微超过国家标准的规定时，则可通过适当提高抗震等级和抗震措施等对结构或结构某些构件予以加强。

必要时应按照建设部的有关规定，通过超限抗震专项审查来保证这类不规则结构的安全。

顺便指出：高层建筑带有裙房时，其偏心是很难避免的，特别是当裙房较大、偏置一侧时，结构分析的电算结果显示底部带裙房部分楼层的位移比和周期比，都超限很多。但是，由于裙房一般较矮，裙房楼层的绝对侧移值很小，层间位移角也远小于规范限值，建设部建质〔2006〕220 号文件附录一的"三、具有下列所列某一项不规则的高层建筑工程"中，对"扭转偏大"的规定是"不含裙房的楼层扭转位移比大于 1.4"。即放松了含裙房楼层的扭转位移比要求。笔者认为不应用不带裙房的高层建筑的侧移控制条件来要求裙房，即此时该比值可适当放宽。同样的道理，对多层建筑结构的侧移控制条件也宜适当放宽。

当裙房部分平面尺寸比高层部分大很多且偏心很严重时，即使侧移控制条件适当放宽也调整不了，这就不是一个扭转位移比适当放宽的问题，而应考虑在主、裙楼间设置防震缝了。

2.1.27 如何确定结构底部的嵌固部位？

【解析】 钢筋混凝土多高层建筑在进行结构计算分析之前，必须首先确定结构嵌固端所在的位置。嵌固部位的正确选取是高层建筑结构计算模型中的一个重要假定，它直接关系到结构计算模型与结构实际受力状态的符合程度，构件内力及结构侧移等计算结果的准确性。所谓嵌固部位也就是预期塑性铰出现的部位，确定嵌固部位可通过刚度和承载力调整迫使塑性铰在预期部位出现。笔者针对建筑结构特别是地下结构的不同情况，如设有地下室但其层数或多或少，不设地下室但基础埋深较大，基础形式不同等，谈一谈确定结构底部嵌固部位的一点看法。

1. 有地下室的建筑

（1）带多层地下室的建筑，宜将上部结构的嵌固部位设在地下室顶板，此时应满足下列条件：

1）地下室顶板与室外地坪的高差不能太大，一般宜小于本层层高的1/3。

2）地下室顶板结构应为梁板体系，且该层楼面不得留有大孔洞。楼面框架梁应有足够的抗弯刚度，地下室顶板部位的梁柱节点的左右梁端截面实际受弯承载力之和不宜小于上下柱端实际承载力之和。

3）地下室结构的布置应保证地下室顶板及地下室各层楼板有足够的平面内整体刚度和承载力，能将上部结构的地震作用传递到所有的地下室抗侧力构件上；为此地下室顶板的厚度不宜小于180mm，混凝土强度等级不应低于C30，并应采用双向双层配筋，每个方向每层配筋率不宜低于0.25%。

4）地下室结构应能承受上部结构屈服超强及地下室本身的地震作用，为此地下室的楼层剪切刚度不小于相邻上部结构楼层剪切刚度的2倍。

一般情况下，地下室外墙(挡土墙)可参与地下室楼层剪切刚度的计算，但当地下室外墙与上部结构相距较远，则在确定结构底部嵌固部位时，地下室外墙不宜参与地下室楼层剪切刚度的计算。

5）上部多塔地下室为大底盘时，应满足两条：

① 大底盘地下室的整体刚度与上部所有塔楼的总体刚度比应满足上述第4)款的要求；

② 每栋塔楼范围内(可取塔楼周边向外扩出与地下室高度相等的水平长度)的地下室剪切刚度与相邻上部塔楼的剪切刚度比不应小于1.5。

如何考虑大底盘地下室竖向构件的侧向刚度，涉及的因素较多，是一个较为复杂的问题。工程界提出了好几种方法，本章仅介绍其中的一种。有兴趣的读者可参考有关文献。

6）地下室柱截面每侧纵向钢筋面积，除应满足计算要求外，不应少于地上1层对应柱每侧纵向钢筋面积的1.1倍。

（2）若由于地下室大部分顶板标高降低较多、开大洞、地下室顶板标高与室外地坪的高差大于本层层高的1/3或地下1层为车库(墙体少)等原因，不能满足地下室顶板作为结构嵌固部位的要求时：

对多层地下室建筑：

1）可将结构嵌固部位置于地下1层底板，此时除应满足规范所要求的其他条件外(但部位相应由地下室顶板改为地下1层)，还应满足下列条件：

① 地下1层楼层剪切刚度应大于地上1层楼层剪切刚度；

② 地下2层楼层剪切刚度应大于地下1层楼层剪切刚度，并应大于地上1层楼层剪切刚度的2.0倍。

2) 当地下2层为箱形基础或全部为防空地下室时，则箱形基础或人防顶板可作为结构嵌固部位。

主体结构嵌固部位下部楼层的侧向刚度与上部楼层的侧向刚度比 γ 可按下列方法计算：

1) 主体结构计算时的楼层剪力与该楼层层间位移的比：

$$\gamma = \frac{V_1 \Delta u_2}{V_2 \Delta u_1} \tag{2-1-2}$$

式中　　γ——主体结构嵌固部位下部楼层的侧向刚度与上部楼层的侧向刚度比，采用电算程序计算时，不考虑回填土对地下室约束的相对刚度系数；

V_1、V_2——下部楼层及上部楼层的楼层剪力；

Δu_1、Δu_2——下部楼层及上部楼层的层间位移。

2) 近似按高规附录E规定的楼层等效剪切刚度比：

$$\gamma = \frac{G_0 A_0}{G_1 A_1} \times \frac{h_1}{h_0} \tag{2-1-3}$$

式中　G_0、G_1——分别为主体结构嵌固部位下部楼层与上部楼层的混凝土剪变模量；

　　　h_i——i层层高（$i=0$，1）；

A_0、A_1分别为主体结构嵌固部位下部楼层与上部楼层的折算受剪截面面积，按下式计算：

$$A_i = A_{wi} + \sum_{j=1}^{n_{ci}} C_{ij} A_{ci,j} \quad (i=0, 1) \tag{2-1-4}$$

$$C_{ij} = 2.5(h_{ci,j}/h_i)^2 \quad (i=0, 1) \tag{2-1-5}$$

式中　A_{wi}——层i全部剪力墙在计算方向的有效截面面积（不包括翼缘面积）；

　　　$A_{ci,j}$——层i柱j的截面面积；

　　　$h_{ci,j}$——层i柱j沿计算方向的截面高度；

　　　n_{ci}——层i柱总数。

对单层地下室建筑：

1) 地下室为箱形基础，则箱形基础顶板可作为结构嵌固部位。

2) 地下室全部为防空地下室时，其墙体及顶板通常具有作为结构嵌固端的刚度，此时可取其顶板作为上部结构的嵌固部位。否则，宜将嵌固部位设在基础顶面（即地下1层底板面）。

2. 无地下室建筑

(1) 若埋置深度较浅，可取基础顶面作为上部结构的嵌固部位。

(2) 若埋置深度较深，多层剪力墙或砌体结构，当设有刚性地坪并配构造钢筋时，可取室外地面以下500mm处作为上部结构的嵌固部位。上部结构为抗侧力刚度较柔的框架结构时，采用柱下独立基础，基础又埋置较深时，可按《建筑地基基础设计规范》（GB 50007—2002）第8.2.6条做成高杯口基础，满足规范表8.2.6对杯壁厚度的要求，此时可将高杯口基础的顶面作为上部结构的嵌固部位。

需要指出的是，多层框架结构无地下室采用独立基础，由于基础埋置较深，设计时在底层地面以下靠近地面设置拉梁层，将拉梁层作为上部结构的嵌固部位是不妥的。拉梁层的设置将框架底层柱一分为二，使底层柱的配筋较为合理经济，但结构底部的嵌固部位应在基础顶面。

2.1.28 地下室只有2.5面嵌固、1.5面临空（1侧部分临空），嵌固端应确定在结构的什么部位？

【解析】 "地下室只有2.5面嵌固、1.5面临空（1侧部分临空）"意思不详，一般理解有两种可能的情况：

1. 对于带裙房的塔楼结构，可能出现2.5面嵌固（和土接触）、1.5面临空（和裙房连接的部位）的现象。这时只要满足相关条件（可以参考《建筑结构》2006年第3期副刊《对确定结构底部嵌固部位的一点看法》一文），就可以认为地下室顶板为结构的嵌固部位。

2. 如果是在斜坡上建造的结构，结构底部2.5面和土接触、1.5面临空，这种情况对结构是十分不利的。此时结构的嵌固部位应在基础顶面，并且在结构整体计算时，应把2.5面和土接触部分产生的土压力输入模型进行计算。

2.1.29 什么情况下应考虑竖向地震作用？如何计算？

【解析】 虽然几乎在所有的地震过程中，都或多或少对结构产生竖向地震作用，但其对结构的影响程度却因地震烈度、建筑场地以及结构体系等的不同而不同。高规规定，下列情况应考虑竖向地震作用计算或影响：

(1) 9度抗震设防的高层建筑；
(2) 8度、9度抗震设防的大跨度或长悬臂结构；
(3) 8度抗震设防的带转换层结构的转换构件；
(4) 8度抗震设防的连体结构的连接体。

"大跨度或长悬臂"有两种情况：一是一幢建筑物只有个别构件为长悬臂或大跨度，则为长悬臂或大跨度构件，二是结构为长悬臂或大空间，则为长悬臂或大跨度结构，但不管哪一种情况，8度和9度时都必须考虑竖向地震作用。

关于大跨度或长悬臂的界定，9度和9度以上时，跨度≥18m的屋架、跨度≥4.5m的悬挑梁、跨度≥1.5m的悬挑板；8度时，跨度≥24m的屋架、跨度≥6.0m的悬挑梁、跨度≥2.0m的悬挑板，应考虑竖向地震作用。

其次，竖向地震作用的计算比较复杂，目前考虑方法大体有三种：

(1) 输入地震波的动力时程计算。该方法比较精确，但费时、费力，而且地震波的选择和输入方法会对计算结果产生较大的差异；

(2) 以结构或构件重力荷载代表值为基础的地震影响系数方法，即抗震规范第5.3.1条提供的方法。该方法和水平地震作用的底部剪力法类似，其竖向地震作用标准值按下列公式确定（图2-1-9）；楼层竖向地震作用效应可按各构件承受的重力荷载代表值的比例分配，并宜乘以增大系数1.5。9度抗震设防的高层建筑一般可采用此方法计算。

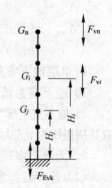

图2-1-9 结构竖向地震作用计算简图

$$F_{Evk} = \alpha_{vmax} G_{eq} \qquad (2\text{-}1\text{-}6)$$

$$F_{vi} = \frac{G_i H_i}{\Sigma G_j H_j} F_{Evk} \qquad (2\text{-}1\text{-}7)$$

式中 F_{Evk}——结构总竖向地震作用标准值；

F_{vi}——质点 i 的竖向地震作用标准值；

α_{vmax}——竖向地震影响系数的最大值，可取水平地震影响系数最大值的65%；

G_{eq}——结构等效总重力荷载，可取其重力荷载代表值的75%。

(3) 直接将构件的重力荷载代表值乘以竖向地震作用系数，更近似地考虑竖向地震作用的影响。即抗震规范第5.3.2、5.3.3条提供的方法。

平板型网架和跨度大于24m的屋架的竖向地震影响系数可按表2-1-16取用。

竖向地震作用系数　　　　表 2-1-16

结构类型	烈度	场地类别		
		Ⅰ	Ⅱ	Ⅲ、Ⅳ
平板型网架钢屋架	8	可不计算(0.10)	0.08(0.12)	0.10(0.15)
	9	0.15	0.15	0.20
钢筋混凝土屋架	8	0.10(0.15)	0.13(0.19)	0.13(0.19)
	9	0.20	0.25	0.25

注：括号中数值分别用于设计基本地震加速度为0.15g和0.30g的地区。

长悬臂和其他大跨度结构竖向地震作用标准值，8度和9度可分别取该结构、构件重力荷载代表值的15%和20%。设计基本地震加速度为0.3g时，可取该结构、构件重力荷载代表值的15%。转换层结构的转换构件、连体结构的连接体等，在没有更精确的计算手段时，一般均可采用这种方法近似考虑竖向地震作用。

高层建筑结构应根据实际情况进行重力荷载、风荷载和（或）地震作用效应分析，并应按规定进行作用效应组合。

2.1.30 为什么高层建筑宜设地下室？

【解析】 高层建筑设置地下室有如下一些结构功能：

1. 利用土体的侧压力来防止水平荷载作用下结构的滑移、倾覆，减少结构的整体倾斜；
2. 设置地下室挖去了很多的土，因而可降低地基的附加压力；
3. 可提高地基的承载能力；
4. 由于地基和结构的相互作用，设置地下室可减少地震作用对上部结构的影响。为此，抗震规范第5.2.7条规定：8度和9度时建造于Ⅲ、Ⅳ类场地，采用箱基、刚性较好的筏基和桩箱联合基础的钢筋混凝土高层建筑，当结构基本自振周期处于特征周期的1.2~5倍范围时，若计入地基与结构动力相互作用的影响，对刚性地基假定计算的水平地震剪力可按规定折减，其层间变形可按折减后的楼层剪力计算。

震害调查表明：有地下室的建筑物震害明显减轻。

此外，从高层建筑的功能要求出发，往往也需要设置地下室作为设备机房、仓储用房、地下车库等。

所以，高层建筑一般宜设置地下室，同一结构单元宜全部设置地下室，且地下室底板（基础）不宜设置在性质截然不同的地基上。

2.1.31 如何理解规范关于钢筋混凝土结构伸缩缝最大间距的规定？

【解析】 混凝土的温度裂缝有两种：混凝土由于水灰比过大，水泥用量过多，或养护不当，或浇灌大体积混凝土时产生大量的水化热，致使混凝土硬化后会产生收缩裂缝，这是混凝土的早期温度裂缝。当混凝土硬化后，结构在使用阶段由于外界温度变化，导致混凝土结构膨胀或收缩,而当收缩变形受到结构约束时,就会在混凝土构件中产生裂缝,这是混凝土在使用阶段的温度裂缝。

为避免结构产生过大的裂缝,混凝土规范第9.1.1条规定了钢筋混凝土结构伸缩缝的最大间距。影响温度伸缩缝的主要因素是:结构类别、施工方法、温度变化以及体型尺寸。

钢筋混凝土结构伸缩缝的最大间距宜符合表2-1-17的规定。

钢筋混凝土结构伸缩缝最大间距(m)   表2-1-17

结 构 类 别		室内或土中	露 天
排架结构	装配式	100	70
框架结构	装配式	75	50
	现浇式	55	35
剪力墙结构	装配式	65	40
	现浇式	45	30
挡土墙、地下室墙壁等类结构	装配式	40	30
	现浇式	30	20

注:1. 装配整体式结构房屋的伸缩缝间距宜按表中现浇式的数值取用。
　　2. 框架-剪力墙结构或框架-核心筒结构房屋的伸缩缝间距可根据结构的具体布置情况取表中框架结构与剪力墙结构之间的数值。
　　3. 当屋面无保温或隔热措施时,框架结构、剪力墙结构的伸缩缝间距宜按表中露天栏的数值取用。
　　4. 现浇挑檐、雨罩等外露结构的伸缩缝间距不宜大于12m。

对下列情况,表2-1-17中的伸缩缝最大间距宜适当减小:
(1) 柱高(从基础顶面算起)低于8m的排架结构;
(2) 屋面无保温或隔热措施的排架结构;
(3) 位于气候干燥地区、夏季炎热且暴雨频繁地区的结构或经常处于高温作用下的结构;
(4) 采用滑模类施工工艺的剪力墙结构;
(5) 材料收缩较大、室内结构因施工外露时间较长等。

所谓"材料收缩较大"是指采用混凝土强度等级较高、水泥用量较多、使用各种掺合料或外加剂以改进混凝土性能而导致收缩量增大的情况。

如有充分依据和可靠措施,表2-1-17规定的伸缩缝最大间距可适当增大:

(1) 提高温度影响较大部位的构件配筋率,这些部位是:顶层、底层、山墙、内纵墙端开间。对于剪力墙结构,这些部分的最小构造配筋率为0.25%,实际工程一般都在0.3%以上。

(2) 直接受阳光照射的屋面应加厚屋面隔热保温层,或设置架空通风双层屋面,避免屋面结构温度变化过于激烈,减小构件的温差。

(3) 顶层可以局部改变为刚度较小的形式,如剪力墙结构顶层局部改为框架-剪力墙结构;或将结构顶层分为长度较小的几段,如将屋面板标高稍作变化,在结构顶部采用音叉式变形缝等(图2-1-10)。

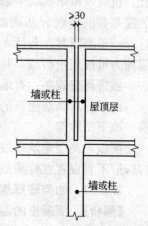

图2-1-10 屋顶层音叉式伸缩缝示意图

(4) 施工中留后浇带。

(5) 采取专门的预加应力措施。配置预应力钢筋，通过对混凝土施加预压应力，使结构或构件延缓开裂，甚至不开裂。

(6) 在混凝土中掺加适量的微膨胀剂，可抵消一部分由于混凝土干缩和冷缩产生的拉应力，达到避免开裂或减小裂缝宽度的目的。此外，采用收缩小的水泥、减小水泥用量和水灰比、加强养护，也可收到类似的效果。

需要指出的是：不能认为只要采取了上述措施，就可任意加大伸缩缝间距，甚至不设缝。而应根据概念和计算慎重考虑各种不同因素对结构内力和裂缝的影响，确定合理的伸缩缝间距。有的工程结构平面尺寸超过规范很多，仅有设置后浇带这一项措施而不设伸缩缝，是很危险的。

上述各项内容，都是规范规定，都应当"一视同仁"，根据实际工程具体情况执行相关条文。而不能认为只要结构平面尺寸超过规范规定的最大间距，就一定要设伸缩缝。事实上，目前已建成的许多建筑结构，由于采取了充分有效的措施，并进行合理的施工，伸缩缝的间距已超过了规范规定的数值。例如1973年施工的广州白云宾馆长度已达70m。目前最大的间距已超过100m：如北京昆仑饭店（30层剪力墙结构）长度达114m；北京京伦饭店（12层剪力墙结构）达138m等。中元国际工程设计研究院设计的联想大厦、远洋大厦、义乌医院、朝阳商业中心、佛山医院等工程地上结构长度均已超过100m，新东安市场地下结构长度270m，中海紫金苑地下结构长度306m，由于采取了可靠措施，也都未设温度伸缩缝而效果较好。

2.1.32 建筑结构在什么情况下宜设置防震缝？防震缝宽度如何确定？

【解析】 建筑结构防震缝的设置主要是为了避免在地震作用下结构产生过大的扭转、应力集中、局部严重破坏等。结构设置了伸缩缝或沉降缝时，抗震设计时一般兼做防震缝。

抗震设计的建筑结构在下列情况下宜设防震缝：

(1) 平面长度和外伸长度尺寸超出了规范的限值而又没有采取加强措施时；

(2) 各部分刚度相差悬殊，采取不同材料和不同结构体系时；

(3) 各部分质量相差很大时；

(4) 各部分有较大错层时。

为防止建筑物在地震中相碰，防震缝必须留有足够的宽度。防震缝的净宽度原则上应大于两侧结构允许的地震作用下水平位移之和。

(1) 房屋高度不超过15m时防震缝最小宽度为70mm，当高度超过15m时，各结构类型按表2-1-18确定。

房屋高度超过15m防震缝宽度增加值（mm）　　　　　　　　　表2-1-18

设防烈度		6	7	8	9
高度每增加值（m）		5	4	3	2
结构类型	框架	20	20	20	20
	框架-剪力墙	14	14	14	14
	剪力墙	10	10	10	10

(2) 防震缝两侧结构体系不同时，防震缝宽度按不利的体系考虑，并按较低一侧的高

度计算确定缝宽。

(3) 当相邻结构的基础存在较大沉降差时,宜增大防震缝的宽度。

高层建筑设置"三缝",可以解决产生过大变形和内力的问题,但又产生许多新的问题。例如:由于缝两侧均需布置剪力墙或框架而使结构复杂和建筑使用不便;"三缝"使建筑立面处理困难;地下部分容易渗漏,防水困难等等,而更为突出的是:地震时缝两侧结构进入弹塑性状态,位移急剧增大而发生相互碰撞,产生严重的震害。

1976年唐山地震中,京津唐地区设缝的高层建筑(缝宽50~150mm),除北京饭店东楼(18层框剪结构,缝宽600mm)外,均发生程度不等的碰撞。轻者外装修、女儿墙、檐口损坏,重者主体结构破坏。1985年墨西哥城地震中,由于碰撞引起顶部楼层破坏的震害相当多。

所以,近10多年的高层建筑结构设计和施工经验总结表明:高层建筑应当调整平面尺寸和结构布置,采取构造措施和施工措施,能不设缝就不设缝,能少设缝就少设缝;如果没有采取措施或必须设缝时,则必须保证有必要的缝宽以防止震害。

在有抗震设防要求的情况下,建筑物各部分之间的关系应明确;如分开,则彻底分开;如相连,则连接牢固。不宜采用似分不分、似连不连的结构方案。结构单元之间或主楼与裙房之间不要采用主楼框架柱设牛腿,低层屋面或楼面梁搁在牛腿上的做法,也不要用牛腿托梁的办法设置防震缝,因为地震时各单元之间,尤其是高低层之间的振动情况是不相同的,连接处容易压碎、拉断,唐山地震中,天津友谊宾馆主楼(9层框架)和裙房(单层餐厅)之间采用了客厅层屋面梁支承在主框架牛腿上加以钢筋焊接,在唐山地震中由于振动不同步,牛腿拉断、压碎、产生严重震害,这种连接方式是不可取的。

考虑到目前结构形式和体系较为复杂,如连体结构中连接体与主体建筑之间可能采用铰接等情况,如采用牛腿托梁的做法,则应采取类似桥墩支承桥面结构的做法,在较长、较宽的牛腿上设置滚轴或铰支承,而不得采用焊接等固定连接方式。并应能适应地震作用下相对位移的要求。

2.1.33 后浇带的具体做法如何?

【解析】 后浇带是钢筋混凝土结构的常用做法之一。

1. 后浇带应通过建筑物的整个横截面,分开全部墙、梁和楼板,使得两边都可自由收缩或沉降。

2. 后浇带可以选择在结构受力影响较小、施工方便的部位曲折通过,不要在一个平面内,以免全部钢筋都在同一部位内搭接。后浇带位置宜设置在距主楼边柱的第二跨内。设在框架梁和楼板的 1/3 跨处;设在剪力墙洞口上方连梁的跨中或内外墙连接处(图2-1-11),一般每30~40m设一道。

3. 后浇带宽800~1000mm,一般钢筋贯通不切断,当后浇带是为减少混凝土施工过程的温度应力时,后浇带的保留时间不宜少于两个月,后浇混凝土施工时的温度尽量与主体混凝土施工时的温度相近;当后浇带是为调整结构不均匀沉降而设置时,后浇带中的混凝土应在两侧结构单元沉降满足设计要求后再

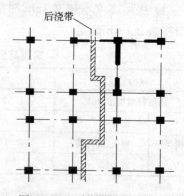

图 2-1-11 后浇带的平面位置

进行浇筑。浇筑前应将两侧的混凝土凿毛、洗净，再浇灌比设计的强度等级高一级的混凝土，振捣密实并加强养护(图 2-1-12)。

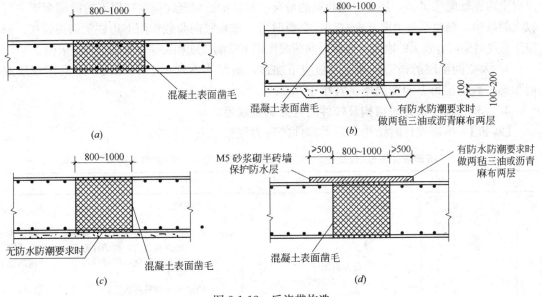

图 2-1-12 后浇带构造

(a)上部结构楼板及剪力墙；(b)地下室底板(有防水防潮要求时)；
(c)地下室底板(无防水防潮要求时)；(d)侧壁

有条件时，后浇带宜采用掺加微膨胀剂等达到早强、补偿收缩的混凝土进行浇筑。一般也可采用高强混凝土灌筑。

也有在后浇带处将钢筋完全断开，并通过钢筋的搭接实现应力传递，这种后浇带消除约束应力积聚的效果更好。对超长结构宜将后浇带处钢筋断开。由于是在同一区段内100%搭接，应注意其搭接长度 $1.6l_a(l_{aE})$ 与后浇带宽度的关系。后浇带处必须先清洗干净，湿润后再浇灌混凝土。后浇混凝土强度等级应提高一级，并应采用掺加微膨胀剂的补偿收缩混凝土进行浇筑。

4. 由于后浇带混凝土后浇，钢筋搭接，其两侧结构长期处于悬臂状态，所以模板的支撑在本跨不能全部拆除。当框架主梁跨度较大时，梁的钢筋可以直通而不切断，以免搭接长度过长而产生施工困难，也防止悬臂状态下产生不利的内力和变形。

5. 应采取可靠措施加强主楼及裙房的侧向约束，保证施工期间结构的整体稳定性。

2.1.34 框架结构或框架-剪力墙结构顶层抽柱形成的大空间楼层的设计建议。

【解析】 1. 合理选择大空间的平面位置，一般宜选择在结构平面的中部，尽可能避免设置在两端，以免造成平面刚度不均匀、不对称而产生较大的扭转效应。

2. 当由于使用功能需要，大空间必须设置在房屋端部时，为了减小水平地震作用下结构的扭转效应，宜在房屋端部该大空间附近增设剪力墙或开洞剪力墙，以调整平面刚度的均匀性，使本楼层竖向构件的最大水平位移与平均位移比值满足规范要求。

3. 大空间楼层的侧向刚度与其下一楼层的侧向刚度不应差异过大，一般不宜小于其下一楼层侧向刚度的一半。为此可采用加大大空间楼层的柱、剪力墙截面尺寸或提高混凝土强度等级等措施。

4. 大空间楼层屋面框架梁跨度较大，在水平地震作用效应与竖向荷载作用的效应组合下，往往边柱上端的弯矩很大，而相对轴力较小，出现偏心很大的大偏心受压状态，柱子的纵向受力钢筋配筋极多，甚至出现超筋的情况。设计中可对竖向荷载作用下的梁端弯矩进行较大的调幅，调幅系数可取 0.4～0.6，必要时可考虑在竖向荷载作用下边柱梁端按铰接。但应注意此时梁应有较大的刚度，使在竖向荷载作用下梁的挠度和裂缝宽度满足规范限值。

5. 大空间楼层的楼面板和屋面板应予加强，板厚均不宜小于 180mm，应采用双层双向配筋，且每层每方向配筋率不宜小于 0.25%。

2.1.35 抗震设计时结构及构件的内力调整规定。

【解析】 抗震设计时结构及各类构件的内力调整见表 2-1-19。

抗震设计时柱(框支柱)、梁(框支梁)、剪力墙(连梁)的内力调整　　表 2-1-19

序号	构件	内力	调整内容	说明
1	框架-剪力墙中的柱、有关梁	V、M	1. 框架总剪力的调整： $V_f \geq 0.2V_0$ 不调整； $V_f < 0.2V_0$ $V = \min(0.2V_0, 1.5V_{f,\max})$ 2. 构件内力调整： 按调整前、后总剪力的比值调整每根框架柱和与之相连框架梁的 V、M 标准值，N 标准值不调整	1. 总体调整。 2. 式中 V_0——框架柱数量从下至上基本不变，取结构底部总剪力；框架柱数量从下至上分段有规律变化，取每段最下一层结构的总剪力； V_f——未经调整的各层(或某一段内各层)框架承担的地震总剪力； $V_{f,\max}$——框架柱数量从下至上基本不变，取未经调整的各层框架地震层剪力中的最大值；框架柱数量从下至上分段有规律变化，取每段未经调整的各层框架地震层剪力中的最大值。 3. 按振型分解反应谱法计算地震作用时，调整在振型组合之后进行。 4.《建筑抗震设计规范》第 6.2.13 条，《高规》第 8.1.4 条
2	板柱-剪力墙中的剪力墙、柱、板带	V、M	1. 板柱总剪力的调整：$V_c \geq 0.2V_j$ 2. 剪力墙总剪力的调整： $V_s = 1.0V_j$ 3. 构件内力调整： 调整后，相应调整每一剪力墙、柱、板带的 V、M 标准值，N 标准值不调整	1. 总体调整。 2. 式中 V_j——结构楼层地震剪力标准值； V_c——调整后楼层板柱部分承担的地震剪力； V_s——调整后楼层抗震墙部分承担的地震剪力。 3.《建筑抗震设计规范》第 6.6.5 条，《高规》第 8.1.10 条
3	部分框支剪力墙中的框支柱、有关梁	V、M	1. 框支柱总剪力的调整： （1）$n_1 \leq 10$，框支层 ≤ 2 层： $V_{cj} = 0.02V_0$ （2）$n_1 \leq 10$，框支层 ≥ 3 层： $V_{cj} = 0.03V_0$ （3）$n_1 > 10$，框支层 ≤ 2 层： $V_{cj} = 0.2V_0/n_1$ （4）$n_1 > 10$，框支层 ≥ 3 层： $V_{cj} = 0.3V_0/n_1$ 2. 构件内力调整： 调整后，相应调整框支柱 M 标准值，柱端梁(不包括转换梁)V、M 标准值，框支柱 N 标准值不调整	1. 总体调整。 2. 式中 n_1——层框支柱总根数； V_{cj}——每根框支柱调整后的 V 标准值； V_0——结构底部总剪力。 3.《高规》第 10.2.7 条

续表

序号	构件	内力	调整内容	说明
4	框架结构、部分框支结构中的有关框支柱	M	设计值放大系数： 1. 框架结构底层柱底： 特一级：1.8；一级：1.5；二级：1.25；三级：1.15 2. 框支柱顶层柱顶和底层柱底： 特一级：1.8；一级：1.5；二级：1.25	1. 局部调整。 2. 底层指无地下室的基础以上或地下室以上的首层。 3.《建筑抗震设计规范》第 6.2.3 条，第 6.2.10 条，《高规》第 6.2.2 条，第 10.2.12 条，《混凝土结构设计规范》第 11.4.3 条
5	框支柱	N	地震轴力标准值放大系数： 特一级：1.8；一级：1.5；二级：1.2	1. 局部调整。 2. 计算轴压比时，不调整。 3.《建筑抗震设计规范》第 6.2.10 条，《高规》第 4.9.2 条，第 10.2.12 条，《混凝土结构设计规范》第 11.4.6 条
6	结构薄弱层有关柱、梁	$V、M、N$	1. 地震剪力标准值放大系数：1.15 2. 以调整后的地震剪力计算构件的内力标准值	1. 局部调整。 2.《建筑抗震设计规范》第 3.4.3 条，《高规》第 5.1.14 条
7	规则结构边框有关构件	$V、M、N$	1. 地震剪力标准值放大系数： 短边框：1.15；长边框：1.05 扭转刚度较小时：≥1.3 2. 以调整后的地震剪力计算构件的内力标准值	1. 局部调整。 2. 仅对规则结构不进行扭转耦联计算时平行于地震作用方向的边框进行调整。 3.《建筑抗震设计规范》第 5.2.3 条
8	转换梁	$M、V、N$	地震作用下内力标准值放大系数： 特一级：1.8；一级：1.5；二级：1.25	1. 构件调整。 2. 8 度抗震设计时尚应考虑竖向地震的影响。 3.《建筑抗震设计规范》第 3.4.3 条，《高规》第 10.2.6 条
9	框架结构中的柱，部分框支剪力墙结构中的框支柱	M	1. 9 度设防的框架和一级抗震等级的框架结构： $\Sigma M_c = 1.2\Sigma M_{bua}$ 且 $\Sigma M_c \geq 1.4\Sigma M_b$ 2. 其他情况 特一级 $\Sigma M_c = 1.68\Sigma M_b$ 一级 $\Sigma M_c = 1.4\Sigma M_b$ 二级 $\Sigma M_c = 1.2\Sigma M_b$ 三级 $\Sigma M_c = 1.1\Sigma M_b$ 四级 $\Sigma M_c = 1.0\Sigma M_b$	1. 构件调整。 2. 式中 ΣM_c——考虑地震作用组合的节点上、下柱端的弯矩设计值之和；一般情况下，可将公式算得的弯矩之和，按上、下柱端弹性分析所得的考虑地震作用组合的弯矩比进行分配； ΣM_{bua}——同一节点左、右梁端按顺时针和逆时针方向采用实配钢筋截面面积（计入受压钢筋）和材料强度标准值，且考虑承载力抗震调整系数计算的正截面抗震受弯承载力所对应的弯矩值之和的较大值；其中梁端的 ΣM_{bua} 应按《混凝土结构设计规范》第 11.3.2 条的有关规定计算； ΣM_b——同一节点左、右梁端，按顺时针和逆时针方向计算的两端考虑地震作用组合的弯矩设计值之和的较大值；一级抗震等级，当两端弯矩均为负弯矩时，绝对值较小的弯矩值应取零。 3. 反弯点不在柱的层高范围内，一、二、三级抗震等级的框架柱端弯矩设计值按考虑地震作用组合的弯矩设计值分别直接乘以 1.4、1.2、1.1 确定； （1）框架顶层柱、轴压比小于 0.15 的柱，柱端弯矩设计值按四级确定； （2）N 设计值不调整。 4.《建筑抗震设计规范》第 6.2.2 条，《高规》第 6.2.1 条，《混凝土结构设计规范》第 11.4.2 条

续表

序号	构件	内力	调整内容	说明
10	框架结构中的柱，部分框支剪力墙结构中的框支柱	V	1. 9度设计的结构和一级抗震等级的框架结构： $V_c=1.2(M_{cua}^t+M_{cua}^b)/H_n$ 2. 其他情况 特一级　$V_c=1.68(M_c^t+M_c^b)/H_n$ 一级　　$V_c=1.4(M_c^t+M_c^b)/H_n$ 二级　　$V_c=1.2(M_c^t+M_c^b)/H_n$ 三级　　$V_c=1.1(M_c^t+M_c^b)/H_n$ 四级　　$V_c=1.0(M_c^t+M_c^b)/H_n$	1. 结构调整。 2. 式中　M_{cua}^t、M_{cua}^b——框架柱上、下端按实配钢筋截面面积和材料强度标准值，且考虑承载力抗震调整系数计算的正截面抗震受弯承载力所对应的弯矩值；M_{cua}^t与M_{cua}^b之和应分别按顺时针和逆时针方向进行计算，并取其较大值。M_{cua}^t和M_{cua}^b的值可按《混凝土结构设计规范》第11.4.1条的规定进行计算，但在计算中应将材料的强度设计值以强度标准值代替，并取实配的纵向钢筋截面面积，不等式改为等式，并在等式右边除以相应的承载力抗震调整系数； M_c^t、M_c^b——考虑地震作用组合，且经调整后的柱上、下端弯矩设计值； M_c^t和M_c^b之和应分别按顺时针和逆时针方向进行计算，并取其较大值。M_c^t、M_c^b的取值符合《混凝土结构设计规范》第11.4.2条和第11.4.3条的规定。 H_n——柱净高。 3.《建筑抗震设计规范》第6.2.5条，《高规》第6.2.3条，《混凝土结构设计规范》第11.4.4条
11	角柱	M、V	设计值放大系数： 特一、一、二、三级：1.1	1. 构件调整。 2. 本调整应在本表序号1，2，3，4，6，9，10调整后再调整。 3.《建筑抗震设计规范》第6.2.6条，《高规》第6.2.4条、第10.2.12条，《混凝土结构设计规范》第11.4.7条
12	框架梁、跨高比>2.5的剪力墙连梁	V	1. 9度设防的结构和一级抗震等级的框架结构： $V=1.1(M_{bua}^l+M_{bua}^r)/l_n+V_{Gb}$ 2. 其他情况 一级　$V=1.3(M_b^l+M_b^r)/l_n+V_{Gb}$ 二级　$V=1.2(M_b^l+M_b^r)/l_n+V_{Gb}$ 三级　$V=1.1(M_b^l+M_b^r)/l_n+V_{Gb}$ 四级　$V=1.0(M_b^l+M_b^r)/l_n+V_{Gb}$ 特一级框架梁 $V=1.56(M_b^l+M_b^r)/l_n+V_{Gb}$ 特一级抗震墙连梁 $V=1.3(M_b^l+M_b^r)/l_n+V_{Gb}$	1. 构件调整。 2. 式中　M_{bua}^l、M_{bua}^r——分别为梁左、右端逆时针或顺时针方向正截面受弯承载力，根据实配钢筋面积(计入受压钢筋)和材料强度标准值并考虑承载力抗震调整系数计算； M_b^l、M_b^r——分别为梁左、右端逆时针或顺时针方向截面组合弯矩设计值，一级抗震且梁两端弯矩均为负值时，绝对值较小一端的弯矩取为0； l_n——梁净跨； V_{Gb}——考虑地震作用组合的重力荷载代表值(9度时应包括竖向地震作用标准值)作用下按简支梁计算的梁端剪力设计值。 3.《建筑抗震设计规范》第6.2.4条，《高规》第6.2.5条、第7.2.22条，《混凝土结构设计规范》第11.3.2条

续表

序号	构件	内力	调整内容	说明
13	剪力墙墙肢	M	设计值放大系数（按墙底截面组合弯矩设计值乘）： 底部加强部位及上一层： 特一级：1.1；一级：1.0； 其他部位： 特一级：1.3；一级：1.2	1. 构件调整。 2.《建筑抗震设计规范》第6.2.7条，《高规》第4.9.2条、第7.2.6条、第7.2.7条，《混凝土结构设计规范》第11.7.2条
		V、M	设计值放大系数： 双肢抗震墙中当一肢为大偏心受拉时，则另一肢：1.25	
14	部分框支落地剪力墙	M	设计值放大系数： 1. 底部加强部位： 特一级：1.8；一级：1.5；二级：1.25；三级：1.0 2. 其他部位： 特一级：1.3；一级：1.2；二、三级：1.0	1. 构件调整。 2.《高规》第10.2.14条
15	剪力墙墙肢及部分框支落地剪力墙	V	设计值放大系数： 1. 底部加强部位： 1) 9度设防： 剪力墙墙肢实配钢筋后正截面受弯承载力对考虑地震作用组合弯矩设计值之比乘1.1 2) 特一级：1.9；一级：1.6；二级：1.4；三级：1.2 2. 其他部位： 1) 特一级：1.2；一、二、三级：1.0 2) 短肢剪力墙： 特一级：1.68；一级：1.4；二级：1.2；三级：1.0	1. 构件调整。 2.《建筑抗震设计规范》第6.2.8条，《高规》第7.1.2条、第7.2.10条、第10.2.14条，《混凝土结构设计规范》第11.7.3条
16	框架梁柱节点	V	1. 9度设防的各类框架及一级抗震的框架结构： 1) 顶层中间节点和端节点： $V_j = 1.15(M_{bua}^l + M_{bua}^r)/(h_{b0} - a_s')$ 2) 其他层中间节点和端节点： $V_j = 1.15(M_{bua}^l + M_{bua}^r)/(h_{b0} - a_s') - 1.15(M_{bua}^l + M_{bua}^r)/(H_c - h_b)$ 且 $V_j \geqslant 1.35(M_b^l + M_b^r)/(h_{b0} - a_s')$ 2. 其他情况： 1) 顶层中间节点和端节点： 一级：$V_j = 1.35(M_b^l + M_b^r)/(h_{b0} - a_s')$ 二级：$V_j = 1.2(M_b^l + M_b^r)/(h_{b0} - a_s')$ 2) 其他层中间节点和端节点： 一级： $V_j = 1.35(M_b^l + M_b^r)/(h_{b0} - a_s') - 1.35(M_b^l + M_b^r)/(H_c - h_b)$ 二级： $V_j = 1.2(M_b^l + M_b^r)/(h_{b0} - a_s') - 1.2(M_b^l + M_b^r)/(H_c - h_b)$	1. 局部调整。 2. 式中 M_{bua}^l、M_{bua}^r——框架节点左、右两侧的梁端根据实配钢筋面积、材料强度标准值并考虑承载力抗震调整系数计算的正截面抗震受弯承载力所对应的弯矩值； M_b^l、M_b^r——考虑地震作用组合的框架节点左、右两侧的梁端弯矩设计值； h_{b0}、h_b——梁截面有效高度、截面高度，节点两侧截面高度不同时，取平均值； H_c——节点上柱和下柱反弯点之间距离。 3.《建筑抗震设计规范》第6.2.15条，《高规》第6.2.7条，《混凝土结构设计规范》第11.6.2条

注：对9度设防的各类框架及一级抗震的框架结构构件的内力调整，规范采用的是实配法，为计算方便和可操作，计算程序中均采用系数法，即乘以适当的放大系数，设计人员应对电算结果进行判断，若小于实配法，应按实配法进行调整。

第二章 基 本 构 件

2.2.1 现浇钢筋混凝土楼(屋)面板的构造钢筋有哪几种？其具体做法如何？

【解析】 现浇钢筋混凝土楼(屋)面板的构造钢筋主要是指：

1. 板的受力钢筋与梁平行时，沿梁长度方向配置的与梁垂直的上部构造钢筋；
2. 板简支边的上部构造钢筋；
3. 温度收缩钢筋。

理想的简支支座很少，一般板在支承边缘总有一些约束。与支承结构整体现浇或嵌固在承重砌体内的混凝土板，尽管设计计算时可取为简支边而认为支座弯矩等于零。但由于现浇混凝土形成的整体性或墙砌体对嵌入板端的约束，在板受力变形时仍将产生一定的负弯矩，并在板边形成裂缝。

上述由于约束而引起的板边裂缝，是开口向上的负弯矩裂缝，不仅影响观瞻，而且容易产生耐久性问题。因此必须配置钢筋加以控制。

为此，规范规定：

1. 当现浇板的受力钢筋与梁平行时，应沿梁长度方向配置间距不大于 200mm 且与梁垂直的上部构造钢筋，其直径不宜小于 8mm，且单位长度内的总截面面积不宜小于板中单位宽度内受力钢筋截面面积的三分之一。该构造钢筋伸入板内的长度从梁边算起每边不宜小于板计算跨度的四分之一(图 2-2-1)。

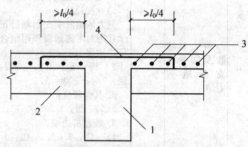

图 2-2-1 现浇板中与梁垂直的构造钢筋
1—主梁；2—次梁；3—板的受力钢筋；
4—上部构造钢筋

2. 对与支承结构整体浇筑或嵌固在承重砌体墙内的现浇混凝土板，应沿支承周边配置上部构造钢筋，其直径不宜小于 8mm，间距不宜大于 200mm，并应符合下列规定：

(1) 与梁或墙整浇的现浇板构造钢筋

周边与混凝土梁或混凝土墙整体现浇的单向板或双向板，应在板边上部配置垂直于板边的构造钢筋，并应符合下列规定：

1) 构造钢筋的截面面积不宜小于板跨中相应方向纵向钢筋截面面积的三分之一。

2) 构造钢筋自梁边或墙边伸入板内的长度，在单向板中不宜小于受力方向板计算跨度的五分之一(图 2-2-2)，在双向板中不宜小于板短跨方向计算跨度的四分之一(图 2-2-3)。

3) 在板角处构造钢筋应沿两个垂直方向布置或按放射状布置。当柱角或墙的阳角突出到板内且尺寸较大时，应沿柱边或墙阳角边布置构造钢筋，该钢筋伸入板内的长度应从柱边或墙边算起(图 2-2-4)。

4) 构造钢筋应按受拉钢筋锚固在梁内、墙内或柱内。

(2) 嵌固在砌体墙内的现浇板构造钢筋

嵌固在承重砌体墙内的现浇混凝土板，应沿支承周边板的上部配置构造钢筋，并应符合下列规定：

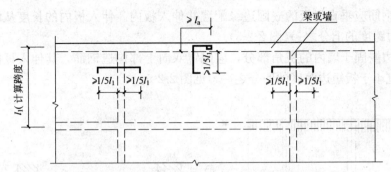

图 2-2-2 周边与梁整体现浇的单向板上部构造钢筋(边支座按简支计算)

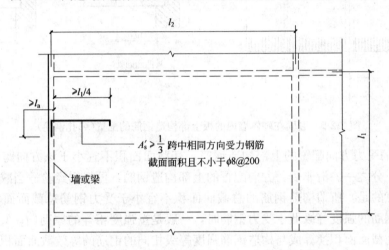

图 2-2-3 双向板边支座按简支计算时的上部构造钢筋
l_1—短向计算跨度；l_2—长向计算跨度

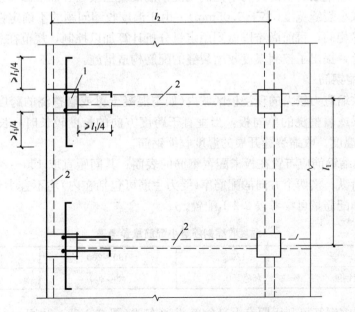

图 2-2-4 双向板在柱角处的上部构造钢筋($l_1<l_2$)
1—柱；2—墙或梁

1) 构造钢筋应垂直于板的嵌固边缘配置并伸入板内。伸入板内的长度从墙边算起不宜小于板短边跨度的七分之一(图2-2-5)。

2) 在两边嵌固于墙内的板角部分,应配置双向上部构造钢筋,其伸入板内的长度从墙边算起不宜小于板短边跨度的四分之一,见图2-2-5。

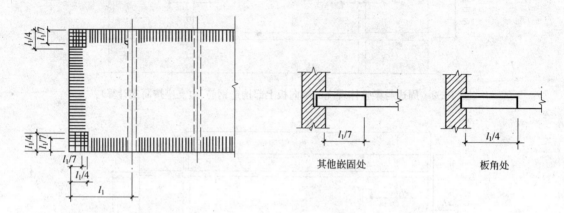

图2-2-5 嵌固在砌体墙内的板上部构造钢筋的配置(绑扎钢筋)

3) 沿板的受力方向配置的上部构造钢筋,其截面面积不宜小于该方向跨中受力钢筋截面面积的三分之一。沿非受力方向配置的上部构造钢筋,可根据经验适当减少。

需要注意的是:所谓构造钢筋的总截面面积不宜小于受力钢筋总截面面积的三分之一,当构造钢筋的强度等级低于受力钢筋时,一般是按强度相等的原则($f_{y1}A_{s1}=f_{y2}A_{s2}$),将受力钢筋的截面面积换算成与构造钢筋强度等级相同的钢筋的等效截面面积,然后除以3作为构造钢筋的配筋面积。

配置温度收缩钢筋的目的是为了控制现浇钢筋混凝土楼(屋)面板因温度、收缩而产生的裂缝形态,减小裂缝宽度(小于0.05mm)。由于温度收缩问题的不确定性很大,各自的变化规律又不尽相同,目前尚难以做到用定量分析计算加以控制,规范在总结大量工程实践经验的基础上,提出了控制温度收缩裂缝的配筋构造措施。

3. 温度收缩钢筋

在温度、收缩应力较大的现浇板区域内(如与混凝土梁或墙整浇的跨度较大双向板的中部区域;与梁或墙整浇的单向板,当垂直于跨度方向的长度较长时,长向的中部区域等)宜配置限制温度、收缩裂缝开展的温度收缩钢筋。

(1) 温度收缩钢筋应布置在板未配置钢筋的表面。其间距宜取150～200mm;并使板的上、下表面沿纵、横两个方向的配筋率(受力主筋可包括在内)均不宜小于0.1%。温度收缩钢筋的最小配筋量可参考表2-2-1配置。

温度收缩钢筋最小配筋量参考表　　　　表2-2-1

板厚度(mm)	≤120	130～200	≥210
抗温度收缩构造钢筋	φ6@150	φ8@200	φ10@200

(2) 温度收缩钢筋可利用原有上部钢筋贯通布置(图2-2-6),也可另行设置构造钢筋网(图2-2-7),并与原有钢筋按受拉钢筋的要求搭接或在周边构件中锚固。

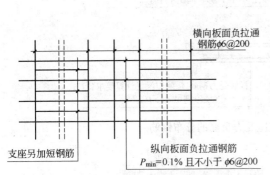
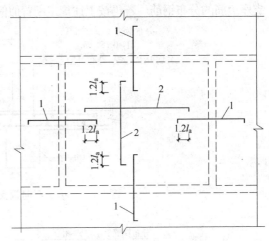

图 2-2-6　在板的上表面配置温度收缩钢筋示意（一）

图 2-2-7　在板的上表面配置温度收缩钢筋示意（二）
1—板中上部原有受力钢筋；
2—板上表面另行配置的温度收缩钢筋

2.2.2　现浇钢筋混凝土楼（屋）面板中配置分布钢筋的作用是什么？其具体做法有哪些规定？

【解析】　分布钢筋的作用是：

1. 对四边支承的单向板，可承担在计算中未计及但实际存在的长跨方向的弯矩；
2. 抵抗由于温度变化或混凝土收缩引起的内力；
3. 承受并分散板上局部荷载产生的内力；
4. 与受力钢筋组成钢筋网，便于在施工中固定受力钢筋的位置。

板的分布钢筋有以下几种情况：

1. 单向板板底面垂直于受力方向的分布钢筋；
2. 双向板支座负筋的分布钢筋；
3. 单向板支座负筋（包括受力钢筋和构造钢筋）的分布钢筋。

规范规定：

当按单向板设计时，除沿受力方向布置受力钢筋外，尚应在垂直受力方向布置分布钢筋。单位长度上分布钢筋的截面面积不宜小于单位宽度上受力钢筋截面面积的 15%，且不宜小于该方向板截面面积的 0.15%；分布钢筋的间距不宜大于 250mm，直径不宜小于 6mm；对集中荷载较大的情况，分布钢筋的截面面积应适当增加，其间距不宜大于 200mm。当有实践经验或可靠措施时，预制单向板的分布钢筋可不受上述规定限制（图 2-2-8）。

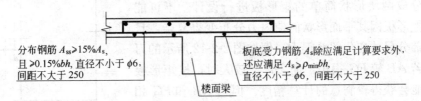

图 2-2-8　单向板跨中正筋的分布钢筋

上述规定是针对单向板板底面垂直于受力方向的分布钢筋而言；对于双向板支座负筋的分布钢筋以及单向板受力支座负筋的分布钢筋亦可按上述规定配置（图 2-2-9）；但对于单向板构造

支座负筋的分布钢筋，若仍按上述规定配置似偏大，笔者建议可适当减小（图2-2-10、图2-2-11）。

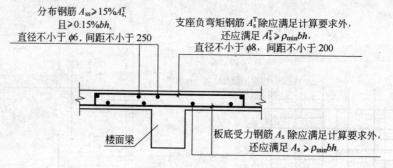

图 2-2-9　单、双向板支座受力负筋的分布钢筋

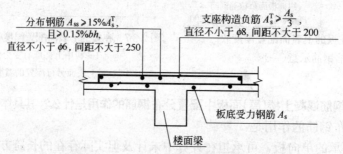

图 2-2-10　单向板支座构造负筋的分布钢筋

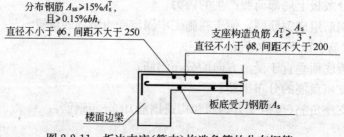

图 2-2-11　板边支座（简支）构造负筋的分布钢筋

需要注意的是：长短边之比在 2～3 之间的四边支承板，当按短边方向受力的单向板计算时，沿长边方向的分布钢筋截面面积应适当加大。

2.2.3　刀把形楼板的内力及配筋计算和配筋构造建议做法。

【解析】　可能情况下，刀把形板可在大小板之间设梁，将其分成两块形状简单的矩形板进行设计。不可能时，则刀把形板因其平面形状而使内力分布变得复杂，且与板的各部分尺寸变化关系很大。例如图 2-2-12 所示的刀把形板，若 AB 较 FG 很小，而 DF 又较大时，按矩形板计算也可能会获得较满意的计算精度。但当 AB 和 FG 相差不大，或 CB 和 AG 相差不大时，显然就不能简单地用单向板或双向板的方法进行内力计算，否则会造成很大的误差甚至计算结果完全错误。这种情况下，应按复杂平面

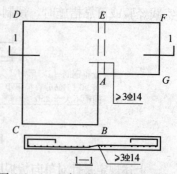

图 2-2-12　刀把形板的配筋示意图

形状的板,并符合板实际受力状态的边界条件,采用计算机软件按有限元方法进行分析。

在配筋构造上,总的原则是应符合板计算模型的要求。设计时一般将小板(刚度相对较大)AGEF作为大板(刚度相对较小)ABCDE的支座板,板AGEF除了承受自身荷载外,还承受大板传来的荷载,要保证大板的受力钢筋放在支座板(小板)的受力钢筋之上。并根据工程实际情况沿A-E方向设置暗梁或在AE附近配置板底附加正钢筋(图2-2-12)。

2.2.4 同一区格内楼板板面标高不同时,配筋计算和配筋构造建议做法。

【解析】 同一区格内,当板面标高不同时(例如住宅建筑中同一区格内的楼板因设置厨房、卫生间等而局部降低板的标高),若标高不同的相邻板块边界为一条直线,则可在边界处设次梁或暗梁,按各小板块进行配筋设计,梁、板整体现浇;配筋构造示意见图2-2-13(a),若相邻板块的边界为折线,无法在边界处设次梁或暗梁,可按整个区格为一块大板进行配筋设计,配筋构造示意见图2-2-13(b)。

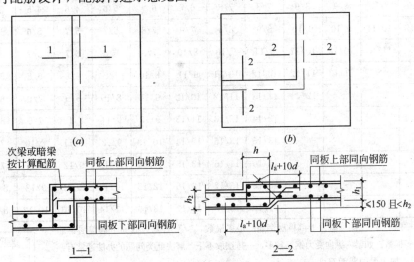

图2-2-13 同一区格板板面标高不相同时的配筋示意图
(a)相邻板块边界为直线;(b)相邻板块边界为折线

2.2.5 为什么要规定梁纵向受力钢筋水平方向的净间距?设计中如何满足这个要求?

【解析】 为了使混凝土对钢筋有可靠足够的握裹力,保证两者共同工作,受力钢筋周围应有一定厚度的混凝土层。对于构件边缘的钢筋,表现为保护层厚度,对于构件内部的钢筋,则表现为纵向受力钢筋的净间距(相邻钢筋外边缘之间的最小距离)。混凝土规范第10.2.1条规定:梁上部纵向钢筋水平方向的净间距c'不应小于30mm和$1.5d$(d为钢筋的最大直径);下部纵向钢筋水平方向的净间距c不应小于25mm和d。梁的下部纵向钢筋配置多于两层时,两层以上钢筋水平方向的中距应比下面两层的中距增大一倍。各层钢筋之间的净间距c不应小于25mm和d,见图2-2-14。

表2-2-2是根据上述规定计算出的梁宽范围内单层钢筋最多根数,可供设计时参考。

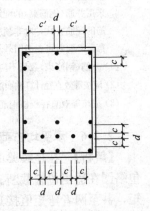

图2-2-14 纵向受力钢筋的净间距

梁宽范围内单层钢筋最多根数　　　　　　表 2-2-2

梁宽 b(mm)	钢筋直径(mm)											
	10	12	14	16	18	20	22	25	28	30	32	36	40
150	3/3	3/3	2/3	2/3	2/2	2/2	2/2	/2	/2				
180	3/4	3/4	3/4	3/3	3/3	3/3	2/3	2/3	2/2	/2	/2		
200	4/5	4/4	3/4	3/4	3/4	3/3	3/3	3/3	2/3	2/2	/2	/2	
220	4/5	4/5	4/5	4/4	4/4	3/4	3/4	3/3	2/3	2/3	2/3	/2	/2
250	5/6	5/6	5/5	4/5	4/5	4/5	4/4	3/4	3/3	2/3	2/3	2/3	/2
300	6/7	6/7	6/7	5/6	5/6	5/6	4/5	4/5	3/4	3/4	3/4	2/3	2/3
350	8/9	7/8	7/8	7/7	6/7	6/7	5/6	5/6	4/5	4/5	3/4	3/4	2/3
400	9/10	8/10	8/9	8/9	7/8	7/8	6/7	5/7	5/6	4/6	4/5	3/5	3/4
450	10/12	10/11	9/10	9/10	8/9	8/9	7/9	7/8	5/7	5/7	5/6	4/5	4/5
500		11/12	10/12	10/11	9/11	9/10	8/10	7/9	6/8	6/7	5/7	5/6	4/5
550			11/13	11/12	10/12	10/11	9/11	8/10	7/9	6/8	6/8	5/7	5/6
600				12/14	11/13	11/12	10/12	9/11	8/10	8/9	7/8	6/7	5/7
650					12/14	12/13	11/13	9/12	9/11	8/10	7/9	6/8	5/7
700					13/15	13/15	12/14	10/13	9/12	8/11	8/10	7/9	6/8
750					15/15	14/15	13/15	11/14	10/13	9/12	8/11	7/9	6/8
800					16/18	15/17	13/16	12/15	10/13	10/12	9/12	8/10	7/9
850					17/19	16/18	14/17	13/16	11/14	10/13	10/12	8/11	7/10

注：表中栏内"/"左侧为截面上部单层钢筋的最多根数，"/"右侧为截面下部单层钢筋的最多根数。如梁内纵向受力钢筋较多，一排摆放不下，解决此类问题的办法通常有：

1. 如可能，加大梁的截面宽度。
2. 选用直径较大的钢筋以减少钢筋数量。直径加大后，保护层厚度、构件刚度、裂缝宽度在必要时宜重新进行校核验算。
3. 改配两排或多排钢筋。此时应注意两层以上钢筋水平方向的中距应比下面两层的中距增大一倍，以便于混凝土浇筑振捣，防止不密实而引起蜂窝、孔洞等缺陷。
4. 采用并筋(钢筋束)的配筋方式(图 2-2-15)。我国在先张法预应力钢筋中已普遍应用并筋的配筋方式，对非预应力钢筋并筋的配筋方式，由于缺少工程经验，未能列入规范。必要时可参考国外规范的做法，并注意以下问题：

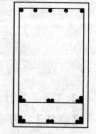

图 2-2-15　并筋示意

(1) 并筋(钢筋束)数量不应超过 3 根；
(2) 应按等效直径计算截面的承载力，验算其正常使用极限状态的挠度(刚度)及裂缝宽度；
(3) 应按等效直径校核钢筋的保护层厚度、钢筋间距、锚固长度等构造措施。

2.2.6　承受均布荷载的不等跨连续梁，支座负筋应如何截断？

【解析】　在连续梁的各跨内，支座负弯矩纵向受拉钢筋在向跨内延伸时，应根据弯矩包络图在适当位置截断。对不等跨连续梁，小跨的弯矩包络图往往在跨中和支座均有负弯矩，甚至两者弯矩值接近。这种情况下，若支座负弯矩纵向受拉钢筋均在本跨内距支座 $l_n/3$(l_n 为本跨净跨长)处截断，则很可能造成本跨梁的负弯矩承载能力不足。

钢筋混凝土梁支座负弯矩纵向受拉钢筋不宜在受拉区截断。当必须截断时，混凝土规范第10.2.3条有明确规定。施工图设计时为方便起见，通常的做法是支座负筋在本跨内的截断位置到支座的距离应为相邻跨（而不是本跨）跨长的$l_n/3$（图2-2-16）。当中间跨很小时，则本跨负弯矩钢筋一般直通，如图2-2-16所示。

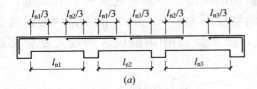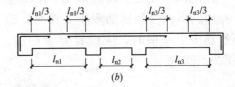

图 2-2-16 连续梁支座负筋的截断

2.2.7 纵向受力钢筋伸入梁简支支座的锚固长度有哪些规定？

【解析】 混凝土规范第10.2.2条规定：钢筋混凝土简支梁和连续梁简支端的下部纵向受力钢筋，其伸入梁支座范围内的锚固长度l_{as}（图2-2-17）应符合下列规定：

1. 当$V \leqslant 0.7 f_t b h_0$时
$$l_{as} \geqslant 5d$$

2. 当$V > 0.7 f_t b h_0$时
带肋钢筋　　$l_{as} \geqslant 12d$
光面钢筋　　$l_{as} \geqslant 15d$

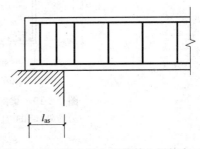

图 2-2-17 纵向受力钢筋伸入梁简支支座的锚固

此处，d为纵向受力钢筋的直径。

如纵向受力钢筋伸入梁支座范围内的锚固长度不符合上述要求时，应采取在钢筋上加焊锚固钢板或将钢筋端部焊接在梁端预埋件上等有效锚固措施。

支承在砌体结构上的钢筋混凝土独立梁，在纵向受力钢筋的锚固长度l_{as}范围内应配置不少于两个箍筋，其直径不宜小于纵向受力钢筋最大直径的0.25倍，间距不宜大于纵向受力钢筋最小直径的10倍；当采取机械锚固措施时，箍筋间距尚不宜大于纵向受力钢筋最小直径的5倍。

注：对混凝土强度等级为C25及以下的简支梁和连续梁的简支端，当距支座边1.5h范围内作用有集中荷载，且$V > 0.7 f_t b h_0$时，对带肋钢筋宜采取附加锚固措施，或取锚固长度$l_{as} \geqslant 15d$。

举例来说，支承在框架主梁（梁宽300mm）上的钢筋混凝土次梁（简支梁），混凝土强度等级为C25，距次梁支座边1.2h（h为次梁梁截面高度）作用有一集中荷载，且$V > 0.7 f_t b h_0$，其下部纵向受力钢筋伸入主梁做法如图2-2-18所示，显然长度不够。因为对混凝土强度等级为C25及以下的简支梁和连续梁的简支端，当距支座边1.5h范围内作用有集中荷载，且$V > 0.7 f_t b h_0$时，对带肋钢筋宜采取附加锚固措施，或取锚固长度$l_{as} \geqslant 15d$。图2-2-18中既未对纵向受力钢筋采取附加锚固措施，其伸入主梁的实际锚固长度又仅为275mm，小于$15d = 15 \times 22 = 330$mm，不满足规范要求。

首先可考虑加大主梁宽度，如取主梁宽350mm；在不能加大主梁梁宽的情况下，可采取附加锚固措施，详见本章第2.2.24

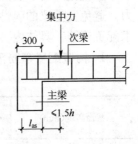

图 2-2-18 纵向受力钢筋伸入简支支座的锚固

款。此时包括锚固端头在内的锚固长度 l_{as} 可取 $0.7l_{as}$。

2.2.8 梁宽小于 400mm，经计算一排内配置受压钢筋 5Φ20，箍筋错误采用双肢箍（图 2-2-19）。

【解析】 混凝土规范第 10.2.10 条第 2 款明确指出：当梁的宽度大于 400mm，且一排内的纵向受压钢筋多于 3 根时，或当梁的宽度不大于 400mm，但一排内的纵向受压钢筋多于 4 根时，应设置复合箍筋。因此，图 2-2-19 中箍筋应改为设置复合箍筋（图 2-2-20）。

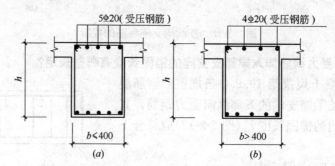

图 2-2-19 梁配有受压纵向钢筋时的箍筋构造错误做法
(a)梁宽 $b \leqslant 400$ 且 A'_s 多于 4 根；(b)梁宽 $b > 400$ 且 A'_s 多于 3 根

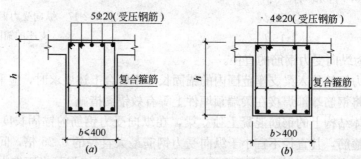

图 2-2-20 梁配有受压纵向钢筋时的箍筋构造做法
(a)梁宽 $b \leqslant 400$ 且 A'_s 多于 4 根；(b)梁宽 $b > 400$ 且 A'_s 多于 3 根

2.2.9 按计算不需要配置箍筋的梁，规范规定应按构造要求配置箍筋，具体内容有哪些？

【解析】 为了满足对梁核心部分混凝土维持有效的约束，使其能有足够的抗剪承载力，避免发生梁的脆性破坏，混凝土规范规定：当计算不需要箍筋时，梁中仍需按构造要求配置箍筋。具体内容如下：

1. 构造配置箍筋范围见表 2-2-3

梁的构造配箍范围(mm) 表 2-2-3

截面高度(mm)	150~300		>300
	一般情况	中部 1/2 跨内有集中荷载	
配箍要求	两端 1/4 跨配箍	全长配箍	全长配箍

2. 箍筋最大间距和最小直径见表 2-2-4

梁中箍筋的最大间距和最小直径(mm) 表 2-2-4

	梁高 h(mm)	$150<h_0\leqslant300$	$300<h_0\leqslant500$	$500<h_0\leqslant800$	$h_0>800$
最大间距	$V\leqslant0.7f_tbh_0+0.05N_{p0}$	200	300	380	400
	$V>0.7f_tbh_0+0.05N_{p0}$	150	200	280	300
最小直径			6		8

3. 箍筋的最小配箍率

当 $V>0.7f_tbh_0+0.05N_{p0}$ 时，箍筋的配筋率 $\rho_{sv}(\rho_{sv}=A_{sv}/(bs))$ 不应小于 $0.24f_t/f_{yv}$，在弯剪扭构件中，箍筋的配筋率 $\rho_{sv}(\rho_{sv}=A_{sv}/(bs))$ 不应小于 $0.28f_t/f_{yv}$。

注意：当按 1、2 款配置的箍筋配箍率大于最小配箍率时，应按 1、2 款配置箍筋。

4. 箍筋的形式

当梁的宽度大于 400mm 且一层内的纵向受压钢筋多于 3 根，或当梁的宽度不大于 400mm 但一层内的纵向受压钢筋多于 4 根时，应设置复合箍筋。

梁中一层内的纵向受拉钢筋多于 5 根时，宜采用复合箍筋。

当采用复合箍筋时，位于截面内部的箍筋不应计入受扭所需的箍筋面积。

2.2.10 将弧线形梁简化成直线形梁计算内力及配筋，未配置抗扭箍筋和纵筋。

【解析】 弧线形梁是空间曲梁，即使是边梁与楼板按铰接设计，也受扭。不配置抗扭箍筋和纵筋，会造成此梁的抗扭承载力不满足要求。

应根据实际结构算出弧线形梁的扭矩(此梁的抗扭刚度不应折减)，据此算出其抗扭箍筋和纵筋，并应满足抗扭构造配筋要求。

2.2.11 矩形截面的弯剪扭构件，如何配置纵向受力钢筋和箍筋？

【解析】 混凝土规范第 7.6.12 条规定：矩形、T 形、I 形和箱形截面弯剪扭构件，其纵向钢筋截面面积应分别按受弯构件的正截面受弯承载力和剪扭构件的受扭承载力计算确定，并应配置在相应的位置；箍筋截面面积应分别按剪扭构件的受剪承载力和受扭承载力计算确定，叠加后配置在相应的位置。这里，除了分别计算最后叠加外，应注意配置在相应的位置上很重要。有的设计分别计算梁的配筋，简单地将两者相加，全部配置在梁的下部，显然是错误的。

梁的受弯纵筋应配置在梁截面的下部、上部(单筋梁)或上部和下部(双筋梁)。梁受扭纵筋的配置，除应在梁截面四角设置受扭纵筋外，其余受扭纵向钢筋则宜沿梁截面周边均匀对称布置，间距不应大于 200mm 和梁截面短边长度。受扭纵向钢筋应按受拉钢筋锚固在支座内。

例如：框架边梁，截面尺寸 $b\times h=200\text{mm}\times400\text{mm}$ 经计算梁的受弯纵筋 $A_s=715.8\text{mm}^2$，受扭纵筋 $A_{stl}=318.6\text{mm}^2$，受剪箍筋 $A_{sv}/s=0.37\text{mm}^2/\text{mm}$，受扭箍筋 $A_{stl}/s=0.2\text{mm}^2/\text{mm}$。根据以上规定，梁的受扭纵筋应在梁截面的上、中、下部各配置 2 根，即上部 $318.6/3=106.2\text{mm}^2$，考虑到满足框架梁顶面钢筋的构造要求，用 $2\phi14(A_s=308\text{mm}^2)$；中部用 $2\phi10(A_s=157.1\text{mm}^2)$；下部纵筋 $715.8+106.2=822\text{mm}^2$，用 $2\phi25(A_s=981.8\text{mm}^2)$，箍筋则将受剪箍筋和受扭箍筋相加，即 $0.37+0.2=0.57\text{mm}^2/\text{mm}$，用 $2\phi8@150\left(\dfrac{A_{sv}}{s}+\dfrac{A_{stl}}{s}=0.67\text{mm}^2/\text{mm}\right)$，最后纵向受力钢筋配筋如图 2-2-21 所示。

还需注意的是：

1. 一般框架梁均为双筋梁，当配有受压钢筋时，分配在梁上部的受扭纵筋应和受压钢筋叠加后配置并满足相关的构造要求；

2. 受扭箍筋应做成封闭式，且应沿截面周边布置；当采用复合箍筋时，位于截面内部的箍筋不应计入受扭所需的箍筋面积；受扭所需箍筋的末端应做成135°弯钩，弯钩端头平直段长度不应小于$10d$（d为箍筋直径）；

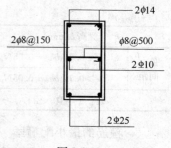

图 2-2-21

3. 混凝土规范未述及抗震设计梁的受扭配筋计算，因此，当为抗震设计时，受扭配筋应在原计算的基础上适当放大。

2.2.12 两梁相交时在什么情况下应配置附加横向钢筋？

【解析】1. 当集中荷载在梁高范围内或梁下部传入时，为防止集中荷载影响区下部混凝土拉脱并弥补间接加载导致的梁斜截面受剪承载力的降低，应在集中荷载影响区 s 范围内加设附加横向钢筋。集中荷载应全部由附加横向钢筋承担，不允许用布置在集中荷载影响区内的受剪钢筋代替附加横向钢筋。

根据混凝土规范第10.2.13条的要求，附加横向钢筋宜采用箍筋（图2-2-22），也可采用吊筋（图2-2-23）。附加横向钢筋所需的总截面面积按下式计算：

$$A_{sv} = F/(f_{yv}\sin\alpha) \tag{2-2-1}$$

式中　A_{sv}——承受集中荷载所需的附加横向钢筋总截面面积；当采用附加吊筋时，A_{sv}应为左、右弯起段截面面积之和；

　　　F——作用在梁或下部梁高范围内的集中荷载设计值；

　　　α——附加横向钢筋与梁轴线间的夹角。

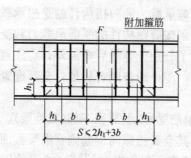

图 2-2-22　附加箍筋

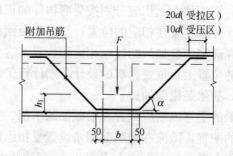

图 2-2-23　附加吊筋

当传入集中力的次梁宽度 b 过大时，宜适当减小由 $3b+2h_1$ 所确定的附加横向钢筋布置宽度。当次梁与主梁高度差 h_1 过小时，宜适当增大附加横向钢筋的布置宽度。当主梁、次梁均承担有由上部墙、柱传来的竖向荷载时，附加横向钢筋宜在上述规定的基础上适当增大。

当有两个沿梁长度方向相互距离较小的集中荷载作用于梁高范围内时，可能形成一个总的拉脱效应和一个总的拉脱破坏面。偏安全的做法是，在不减少两个集中荷载之间应配附加横向钢筋数量的同时，分别适当增大两个集中荷载作用点以外的附加横向钢筋数量。

2. 当集中荷载作用在梁顶面，例如次梁底面标高与主梁顶面标高平齐，此时不会在主梁下部混凝土区形成拉脱效应和拉脱破坏面,故可不配置附加横向钢筋(箍筋、吊筋)。

3. 同理,对交叉梁结构当两梁截面高度相同时,只要交叉梁的箍筋配置满足斜截面抗剪承载力的要求,可不配置附加横向钢筋(箍筋、吊筋)。

另外,对转换梁集中荷载处(梁跨中上托柱),只要转换梁的箍筋配置满足斜截面抗剪承载力的要求,也可不配置附加横向钢筋(箍筋、吊筋)。

2.2.13 当梁的腹板高度 $h_w \geqslant 450mm$ 时,为什么要在梁两侧面设置一定量的纵向构造钢筋?

【解析】 当梁截面尺寸较大,梁跨较长时,有可能在梁侧面产生垂直于梁轴线的收缩裂缝,这种收缩裂缝与混凝土构件的体积有关,体积大则开裂的可能性大。为此应在梁两侧面设置一定量的纵向构造钢筋。

混凝土规范第10.2.16条规定:当梁的腹板高度 $h_w \geqslant 450mm$ 时,在梁的两个侧面应沿高度设置纵向构造钢筋。每侧纵向构造钢筋(不包括梁上、下部受力钢筋及架立钢筋)的截面面积不应小于腹板截面面积 bh_w 的0.1%,且其间距不宜大于200mm。此处腹板高度 h_w 为扣除了受压及受拉翼缘的腹板截面高度。

如梁同时受扭,需配置抗扭纵筋,则应按两者中的较大值并酌情加大配筋。

$h_w \geqslant 450mm$ 只是一个数值上的界定,并不是说 $h_w=445mm$ 就一定不要设置纵向构造钢筋。对于采用商品混凝土、跨度较长的梁,笔者建议应根据工程实际情况从严要求。

2.2.14 按简支计算的梁,支座上部如何配置纵向钢筋?

【解析】 在很多情况下,梁虽按简支计算但实际上会受到部分约束,故在竖向荷载作用下,梁端多少总会产生一些负弯矩,为抵抗此负弯矩,防止梁端上部出现过大的裂缝,应在支座区上部设置纵向构造钢筋。纵向构造钢筋的截面面积不应小于梁跨中下部纵向受力钢筋计算所需截面面积的1/4,并不应少于2根;该纵向构造钢筋自支座边缘向跨内伸出的长度不应小于 $0.2l_0$,此处 l_0 为该跨的计算跨度(见图2-2-24)。

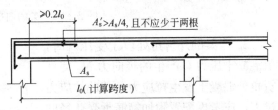

图 2-2-24 简支梁端支座负钢筋构造做法

2.2.15 折梁的配筋构造有哪些?

【解析】 1. 当梁的内折角处位于受拉区时,在竖向荷载作用下,折梁下部纵向钢筋受拉,合力形成凹角处向下的力,于梁受力不利。考虑到这部分钢筋难以在受压区锚固,故应增设箍筋。该箍筋应能承受未在受压区锚固的纵向受拉钢筋的合力,并在任何情况下不应小于全部纵向钢筋合力的35%。由箍筋承受的纵向受拉钢筋的合力可按下列公式计算:

未在受压区锚固的纵向受拉钢筋的合力为:

$$N_{s1}=2f_y A_{s1}\cos(\alpha/2) \tag{2-2-2}$$

全部纵向受拉钢筋合力的35%为:

$$N_{s2}=0.7f_y A_s \cos(\alpha/2) \tag{2-2-3}$$

式中 A_s——全部纵向受拉钢筋的截面面积;
 A_{s1}——未在受压区锚固的纵向受拉钢筋的截面面积;
 α——构件的内折角。

按上述条件求得的箍筋应设置在长度 s 范围内,s 值按下式计算:

$$s = h\tan(3\alpha/8) \quad (2\text{-}2\text{-}4)$$

(1) 当梁的内折角 $\alpha \geqslant 160°$ 时,纵向受拉钢筋可采用折线形钢筋,不必断开(图 2-2-25)。此时在 s 范围内所承受的拉力为:

$$N_s = 2f_y A_s \cos(\alpha/2) \quad (2\text{-}2\text{-}5)$$

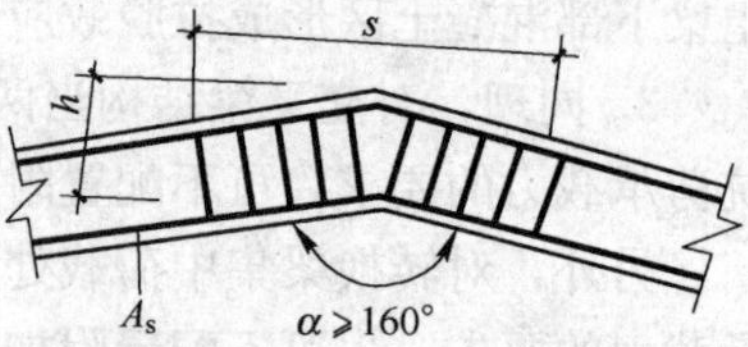

(2) 当梁的内折角 $\alpha < 160°$ 时,考虑到梁弯折较大,在竖向荷载作用下,折梁下部纵向受拉钢筋可能会使梁的弯折处下部混凝土崩落,导致折梁破坏。故此时折梁下部纵向钢筋不应用整根钢筋弯折配置,而应斜向伸入梁顶(图 2-2-26a)。可能时也可采用在内折角处增加角托的配筋形式(图 2-2-26b)。此时在 s 范围内箍筋所承受的拉力为:

图 2-2-25 梁的内折角处配筋(一)

$$N_s = f_y A_s \cos(\alpha/2) \quad (2\text{-}2\text{-}6)$$

$$s = [h\tan(3\alpha/8)]/2 \quad (2\text{-}2\text{-}7)$$

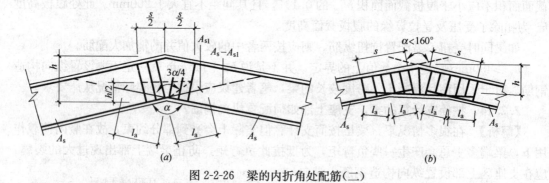

图 2-2-26 梁的内折角处配筋(二)

2. 当梁的外折角处位于受压区时,由混凝土压力 C 产生的径向力 N_s 使外折角处混凝土发生拉应力。若此拉应力过大,应考虑配置附加箍筋承受此径向力 N_s(图 2-2-27)。径向力 N_s 可按下式计算:

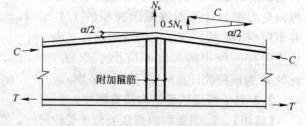

$$N_s = 2C\sin(\alpha/2) \quad (2\text{-}2\text{-}8)$$

图 2-2-27 梁的外折角处附加箍筋

2.2.16 宽扁梁未验算其挠度及裂缝宽度

【解析】 规范或一般设计手册中推荐的确定梁的截面高度的跨高比值,是考虑一般荷载情况下得出的,根据此跨高比值确定梁的截面高度,当荷载不是很大时,一般可不进行挠度及裂缝宽度的验算。但对梁宽大于柱宽的宽扁梁,特别是在荷载较大时,宽扁梁在荷载作用下的挠度及裂缝宽度有可能超过规范的限值,不能满足正常使用的要求或耐久性要求,因此,高规第 6.3.1 条规定:当梁高较小或采用扁梁时,除验算其承载力和受剪截面要求外,尚应满足刚度和裂缝的有关要求。

在计算梁的挠度时,可扣除合理起拱值;对现浇梁板结构,宜考虑梁受压翼缘的有利影响。

2.2.17 悬挑梁自由端支承次梁的构造做法

【解析】 当楼盖结构中悬挑梁自由端支承次梁时,宜按下列要求进行计算和构造处理:

1. 次梁截面高度与悬挑梁截面高度相同时,可按图 2-2-28(a)或图 2-2-28(d)构造,悬挑梁上部弯下钢筋 A_{s1} 与次梁边加密箍筋,应按吊筋验算其承载力:

$$F \leqslant (f_{yv}A_{sv} + f_y A_{s1}) \qquad (2-2-9)$$

2. 次梁底面标高低于悬挑梁底面标高时,可按图 2-2-28(b)和图 2-2-28(c)设置吊柱,吊柱的吊筋应按下式验算其承载力:

$$F \leqslant f_y A_s \qquad (2-2-10)$$

式中 F——次梁在悬挑梁外端的集中力(包括吊柱重)设计值;

f_{yv}——箍筋抗拉强度设计值;

A_{sv}——箍筋截面面积,可取次梁边两个箍筋的截面总和;

f_y——吊筋抗拉强度设计值;

A_{s1}——悬挑梁上部弯下钢筋截面面积;

A_s——吊柱筋截面面积总和。

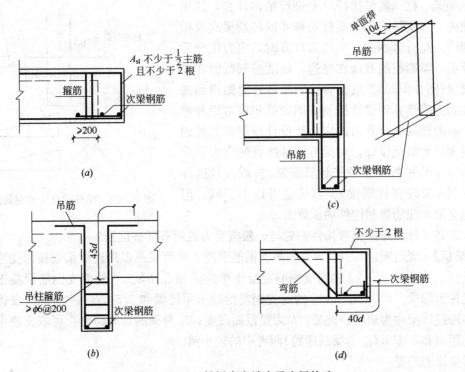

图 2-2-28 悬挑梁自由端支承次梁构造

2.2.18 关于梁的调幅、连梁刚度折减和梁端控制截面设计内力值的概念和取值

【解析】 竖向荷载下梁的支座弯矩调幅:

竖向荷载作用下梁端出现裂缝,刚度减小,此时可考虑梁端塑性变形内力重分布而对梁端的支座负弯矩调幅。梁端支座负弯矩调幅后,应按平衡条件计算调幅后的跨中弯矩。水平荷载下梁的支座弯矩不得进行调幅。调幅系数:对装配整体式可取 0.70~0.80,对

现浇框架可取 0.80～0.90。

竖向荷载作用下梁端的支座负弯矩应先行调幅，然后与水平荷载下的弯矩进行组合。

截面设计时，调幅后的梁跨中正弯矩不应小于竖向荷载按简支梁计算的跨中正弯矩的 50%。

连梁的刚度折减：

抗震设计的框架-剪力墙或剪力墙结构的连梁，水平荷载作用下梁端的变位差很大，故剪力很大，往往连梁的截面控制条件不满足规范要求，出现超筋现象。设计时，在保证连梁具有足够的承受其所属面积竖向荷载能力的前提下，允许连梁适当开裂（降低刚度）而把内力转移到墙体等其他构件上。就是在内力和位移计算中，对连梁刚度进行折减。通常，设防烈度为 6 度、7 度时连梁刚度折减系数取 0.7，8 度、9 度时取 0.50，最小不宜小于 0.5。当结构位移由风荷载控制时，连梁刚度折减系数不宜小于 0.8。

当连梁跨高比大于 5 时，受力机理类似于框架梁，竖向荷载比水平荷载作用效应明显，此时应慎重考虑连梁刚度的折减问题，以保证连梁在正常使用阶段的裂缝及挠度满足使用要求。

梁端控制截面设计内力值：

框架梁、柱一般都按杆单元进行结构计算，算出的杆端内力和实际结构梁端柱边截面或柱端梁底及梁顶截面内力是有区别的。承载力计算时，内力组合后的设计值，梁端控制截面在柱边，柱端控制截面在梁底及梁顶（图 2-2-29）。故宜将按轴线计算简图得到的弯矩和剪力值换算到设计控制截面处的相应弯矩和剪力值。一般按轴线计算出的内力比设计控制截面处的内力要大，为简化设计，对梁可用轴线处的内力值乘以 0.85～0.95 的折减系数来计算配筋（抗震设计这样处理有利于实现强柱弱梁）。当然也可以不折减，但是可能会增大配筋量和构件的承载力。

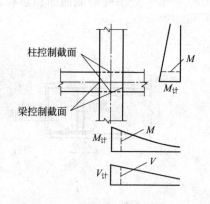

图 2-2-29 梁柱端设计控制截面

2.2.19 什么是深受弯构件？它与一般梁受力性能有哪些区别？

【解析】 规范规定 $l_0/h<5.0$ 的简支钢筋混凝土单跨梁或多跨连续梁宜按深受弯构件进行设计。其中，$l_0/h \leqslant 2$ 的简支钢筋混凝土单跨梁和 $l_0/h \leqslant 2.5$ 的简支钢筋混凝土多跨连续梁称为深梁，$2.0<l_0/h<5$ 的简支钢筋混凝土单跨梁和 $2.5<l_0/h<5$ 的简支钢筋混凝土多跨连续梁称为短梁。此处，h 为梁截面高度；l_0 为梁的计算跨度，可取支座中心线之间的距离和 $1.15l_n$（l_n 为梁的净跨）两者中的较小值。

需要说明的是：

1. 这里所讨论的深受弯构件，不包括框架梁，也不包括剪力墙开洞后形成的洞口连梁。

2. 规范有关深受弯构件的规定，不适用于有抗震设防要求的情况。

深受弯构件和 $l_0/h \geqslant 5$ 的普通梁（浅梁）在受力性能和破坏特征上都有不同程度的区别，竖向荷载作用下，其受力性能比较见表 2-2-5。

深梁、短梁、浅梁的受力性能比较　　　　　　　表 2-2-5

受力阶段	比较内容	深梁 $l_0/h \leqslant 2.5(2.0)$	短梁 $(2.0)2.5<l_0/h<5$	浅梁 $l_0/h \geqslant 5$
弹性阶段	平截面假定	不成立	基本成立	成立
	中和轴	非直线	接近直线	直线
	变形	弯曲、剪切、轴向	弯曲、剪切	弯曲为主
非弹性阶段及破坏阶段	弯曲破坏标准	$\varepsilon_s \geqslant \varepsilon_y$，$\varepsilon_c < \varepsilon_u$	$\varepsilon_s \geqslant \varepsilon_y$，$\varepsilon_c = \varepsilon_u$	$\varepsilon_s \geqslant \varepsilon_y$，$\varepsilon_c = \varepsilon_u$
	弯曲破坏形态	适筋、少筋梁	适筋、少筋、超筋梁	适筋、少筋、超筋梁
	受力模型	以拱作用为主	拱作用、梁作用	以梁作用为主
	剪切破坏形态	斜压	斜压、剪压	斜压、剪压、斜拉
	腹筋作用	作用不大	有些作用	垂直腹筋作用大

2.2.20 深梁的下部纵向受拉钢筋在简支单跨深梁支座及连续深梁梁端的简支支座处的锚固有何具体规定？为什么？

【解析】 竖向荷载作用下深梁在垂直裂缝以及斜裂缝出现后将形成拉杆拱传力机制。故深梁的纵向受拉钢筋作为拉杆不应弯起或截断，而应全部伸入支座并可靠地锚固。

此时下部受拉钢筋直到支座附近仍拉力较大，故锚固长度应适当延长，应按混凝土规范第 9.3.1 条规定的受拉钢筋锚固长度 l_a 乘以系数 1.1 取值。

此外，鉴于在"拱肋"压力的协同作用下，钢筋锚固端的竖向弯钩很可能引起深梁支座区沿深梁中面的劈裂，故钢筋锚固端的弯折建议改为平放，并按弯折 180°的方式锚固。

2.2.21 采用配置螺旋式间接钢筋的轴心受压柱应注意哪些适用条件？

【解析】 沿柱子高度方向配置间距较密的螺旋箍筋或焊环箍筋，犹如一个套筒将柱子核心区混凝土约束住，使混凝土处于三向受压应力状态。不但可以间接提高混凝土的轴向抗压承载能力，还可以提高混凝土的延性，大大提高其变形能力。抗震设计时梁端或柱端采用箍筋加密以提高其延性，也是这个道理。在采用间接钢筋（螺旋箍筋或焊环箍筋）时，应注意以下适用条件：

1. 为使间接钢筋外面的混凝土保护层对抵抗脱落有足够的安全，按混凝土规范式 (7.3.1) 算得的构件承载力不应比按规范式 (7.3.2-1)、式 (7.3.2-2) 算得的大 50%，即 $N_{max} = 1.35 \varphi (f_c A + f'_y A'_s)$。

2. 凡属下列情况之一者，不应计入间接钢筋的影响，而应按混凝土规范式 (7.3.1) 计算：

(1) 当 $l_0/d > 12$ 时，此时因长细比较大，有可能因纵向弯曲引起间接钢筋不起作用；

(2) 当按式 (7.3.2-1)、式 (7.3.2-2) 算得的受压承载力小于按式 (7.3.1) 算得的受压承载力时；

(3) 当间接钢筋换算截面面积 A_{ss0} 小于纵向受力钢筋全部截面面积的 25%时。此时间接钢筋配置得太少，套箍作用效果不明显。

例如：某配置螺旋式间接钢筋的圆形截面柱，柱子直径 $D=500\text{mm}$，C40 混凝土，配置 HRB335 级 8Φ22 纵向钢筋，HPB235 级 ϕ8@50 螺旋箍，计算长度 $l_0=6.5\text{m}$，按《混凝土结构设计规范》配置螺旋式或焊接环式间接钢筋轴心受压构件承载力公式 (7.3.2-1)、式 (7.3.2-2)，算出此雨篷柱的轴心受压承载力为 4090.7kN。但是，在本例中由于 $l_0/d = 6500/500 = 13 > 12$（查混凝土规范表 7.3.1 得 $\varphi = 0.895$），长细比较大，使柱受压承载力降低，不符合上述第 2.(1)款的规定，故不能按式(7.3.2-1)、式(7.3.2-2)计算，而只能按式(7.3.1)计算，其承载力应为 $N_u=0.9\varphi(f_cA+f_y'A_s')=3755.7kN$。

2.2.22 为什么柱子的全截面配筋率非抗震设计时不宜大于 5%，不应大于 6%，抗震设计时不应大于 5%？

【解析】 柱子的配筋率过大，会造成柱截面尺寸过小而轴压比偏大，过分依赖钢筋的抗力使构件的受力性能不好。在荷载长期持续作用下，由于混凝土的徐变将迫使钢筋的压缩变形随之增大，应力也相应增大，而混凝土的压应力却相应地在减小，这就产生了钢筋与混凝土之间应力的重分布。荷载越大，应力重分布越大，同时这种重分布的大小还和纵筋的配筋率 ρ' 有关。ρ' 愈大，钢筋越强，阻止混凝土徐变就愈多，混凝土的压应力降低也愈多。如在荷载持续过程中突然卸载，构件回弹，由于混凝土徐变变形的大部分不可恢复，会使柱中钢筋受压而混凝土受拉，若柱的配筋率过大，还可能将混凝土拉裂，若柱中纵筋和混凝土之间有很强粘结应力时，则能同时产生纵向裂缝，这种裂缝更为危险。

抗震设计时构件缺乏较好的延性，抗震性能不好。因此，混凝土规范规定柱子的全截面配筋率非抗震设计时不宜大于 5%，不应大于 6%，抗震设计时不应大于 5%。

柱子的全截面配筋率超过 5%，一般有以下原因：

(1)截面尺寸偏小或混凝土强度等级偏低；(2)柱子的弯矩大轴力小，多层或高层建筑的顶层边柱以及大跨度单层结构边柱有时会出现这种情况；(3)其他原因。

设计时可根据上述具体情况采取有针对性的措施，如：

(1)加大柱截面尺寸或提高混凝土强度等级；(2)配置高强度钢筋；(3)改变传力途径（方式），减少构件内力；(4)改变梁柱连接方式（如设计成梁柱铰接）等。

2.2.23 非抗震设计时，柱子箍筋的设置有哪些具体规定？

【解析】 1. 非抗震设计时，柱子箍筋直径和间距应满足表 2-2-6 的规定：

柱中箍筋直径和间距　　　　　　表 2-2-6

箍筋	纵向受力钢筋配筋率		纵向钢筋搭接区
	$\rho \leq 3\%$	$\rho > 3\%$	
直径	$\geq d/4$ 及 6mm	$\geq 8mm$	$\geq d/4$
间距	$\leq 400mm(\leq 250)$； $\leq$ 柱截面短边尺寸（柱肢厚度）； $\leq 15d$	$\leq 200mm$ $\leq 10d$	受拉时：$\leq 5d$ 及 $\leq 100mm$ 受压时：$\leq 10d$ 及 $\leq 200mm$ 当受压钢筋 $d>25mm$ 时，应在搭接接头两个端面外 100mm 范围内各设置 2 个箍筋

注：1. 表中 d 为纵向受力钢筋直径，选用箍筋直径时，取纵向钢筋的最大直径；选用箍筋间距时，取纵向钢筋的最小直径。

2. 表中括号内数值仅用于异形柱。

3. 框支柱宜采用复合螺旋箍或井字复合箍，箍筋体积配箍率不宜小于 0.8%，箍筋直径不宜小于 10mm，箍筋间距不宜大于 150mm。

2. 柱子箍筋应做成封闭式，对圆柱中的箍筋，搭接长度不应小于规范规定的锚固长度，且末端应做成 135°弯钩，弯钩末端平直段长度不应小于箍筋直径的 5 倍；当柱中全部纵向受力钢筋的配筋率大于 3% 时，平直段长度不应小于直径的 10 倍。

3. 当柱截面短边尺寸大于 400mm，且各边纵向钢筋多于 3 根时，或当柱截面短边尺寸不大于 400mm，但各边纵向钢筋多于 4 根时，应设置复合箍筋。仅当柱截面短边 $b \leq$

400mm，且纵向钢筋不多于 4 根时，可不设置复合箍筋。

4．当混凝土强度等级大于 C60 时，箍筋宜采用复合箍、复合螺旋箍或连续复合矩形螺旋箍。

柱子箍筋的形式见图 2-2-30。

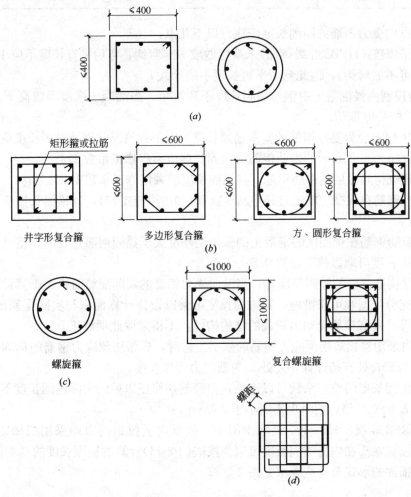

图 2-2-30 柱箍筋形式
(a)普通箍；(b)复合箍；(c)螺旋箍；(d)连续复合螺旋箍(用于矩形截面柱)

例如：截面尺寸为 450mm×450mm 框架柱，若根据计算每侧配置纵向受力钢筋 4ϕ18，抗剪箍筋按构造设置，根据上述第 3 款的规定，柱截面短边尺寸大于 400mm，且各边纵向钢筋多于 3 根，故应设置复合箍筋，见图 2-2-31。

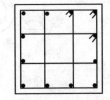

图 2-2-31 柱设置复合箍筋

2.2.24 确定纵向受力钢筋的锚固长度应注意什么？

【解析】 规范根据无横向配筋拔出试验结果，给出受拉钢筋的基本锚固长度计算公式如下：

$$l_a = \alpha \frac{f_y}{f_t} d \tag{2-2-11}$$

式中　α——钢筋的外形系数，按表 2-2-7 取用。

钢筋的外形系数　　　　表 2-2-7

钢筋类型	光面钢筋	带肋钢筋	刻痕钢丝	螺旋肋钢丝	三股钢绞线	七股钢绞线
α	0.16	0.14	0.19	0.13	0.16	0.17

确定纵向受力钢筋的锚固长度应注意以下几点：

1. 光面钢筋（HPB235 级钢筋）末端应做成 180°弯钩，弯后平直长度不应小于 $3d$（受压钢筋末端可不做弯钩），但此弯后平直长度不应计入 l_a。

2. 为控制高强混凝土中钢筋锚固长度不致过短，当混凝土强度等级高于 C40 时，计算 l_a 时 f_t 按 C40 取值。

3. 式(2-2-11)为受拉钢筋的基本锚固长度，对下列情况的钢筋锚固长度应作修正：

（1）直径大于 25mm 的带肋钢筋，锚固长度应乘以修正系数 1.1。

（2）环氧树脂涂层的带肋钢筋，其锚固长度应乘以修正系数 1.25。

（3）当钢筋在混凝土施工过程中易受扰动（如滑模施工）时，其锚固长度应乘以修正系数 1.1。

（4）带肋钢筋在锚固区的混凝土的保护层厚度大于锚固钢筋直径的 3 倍且有箍筋约束时，其锚固长度可乘以修正系数 0.8。

（5）除构造需要的锚固长度外，当纵向受力钢筋的实际配筋面积大于其设计计算面积时，如有充分依据和可靠措施，其锚固长度可乘以设计计算面积与实际配筋面积的比值。但对抗震设计及直接承受动力荷载的结构构件，不得采取此项修正。

（6）当采用骤然放松预应力钢筋的施工工艺时，先张法预应力钢筋的锚固长度应从距构件末端 $0.25l_{tr}$ 处开始计算，此处 l_{tr} 为预应力传递长度。

前述锚固长度的修正系数可以连乘，但经前述修正以后的实际锚固长度不能小于基本锚固长度 l_a 的 0.7 倍，同时也不能小于 250mm。

当 HRB335 级、HRB400 级和 RRB400 级纵向受拉钢筋末端采用机械锚固措施时，包括附加锚固端头在内的锚固长度可取为按式(2-2-11)计算的锚固长度的 0.7 倍。

机械锚固的形式及构造要求见图 2-2-32。

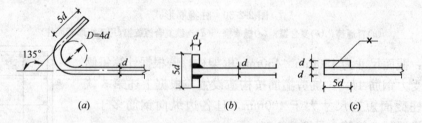

图 2-2-32　钢筋机械锚固的形式及构造要求

(a)末端带 135°弯钩；(b)末端与钢板穿孔塞焊；(c)末端与短钢筋双面贴焊

在机械锚固的锚固长度范围内必须配有箍筋，其直径不小于锚固钢筋直径的 1/4，间距不大于锚固钢筋直径的 5 倍，且不少于 3 个。当保护层厚度不小于锚固钢筋直径的 5 倍时，由于已有充分的侧向约束，可以不配置上述箍筋。

受压钢筋的锚固长度可取为受拉锚固长度的 0.7 倍,应注意:不是基本锚固长度的 0.7 倍,而是对不同条件下进行修正后的锚固长度。

例如:非抗震设计钢筋混凝土框架柱,混凝土强度等级为 C50,纵向受力钢筋采用 HRB400 级,直径为 28mm,设计时纵向受拉钢筋的锚固长度应为:$l_a = 1.1 \times 0.14 \times 360 \times 28/1.71 = 907.79$mm,取为 950mm。如果仅按式(2-2-11)计算:$l_a = 0.14 \times 360 \times 28/1.89 = 746.67$mm,取为 750mm,则既未考虑混凝土强度等级高于 C40 时 f_t 值的修正,也未考虑大直径钢筋时应乘以修正系数 1.1,显然是错误的。

第三章 框架结构

2.3.1 抗震设计时框架结构的最大适用高度。

【解析】 框架结构整体侧向刚度较小，在强烈地震作用下侧向变形较大，非结构构件破坏比较严重，不仅地震时危及人身安全和财产损失，而且震后的修复量和费用也很大。因此，抗震设计时高烈度区的高层建筑不宜采用纯框架结构。

《建筑抗震设计规范》表6.1.1中，对于框架结构的适用最大高度，7度区为55m，8度区为45m，这对有特殊工艺要求的工业厂房可能是合适的。但对一般民用建筑，以平均层高3.3m计算，8度区45m高的框架结构，层数近达14层，似偏高。

大量的工程实践表明：高烈度区的高层建筑采用纯框架结构，即使结构计算通过（某些控制指标符合规范要求，如侧移限值等），在结构受力上也是不合理、不经济的。往往是梁、柱截面尺寸偏大，用钢量也大；抗震性能不好，侧向位移较大，即使主体结构损坏不大，但非结构构件破坏严重，填充墙、隔墙、管道等可能遭受较大破坏，损失也将很巨大。如唐山地震时，影响到北京的烈度仅为6度，但王府井百货大楼（框架结构）6层一个角的围护墙倒坍，虽未伤人，但造成停业，损失很大。2003年5月21日的阿尔及利亚ZEMOURI地震（震级6.8级），许多2～10层的框架结构遭到不同程度的破坏，除了大量非结构构件的破坏、框架节点核心区剪切破坏或压酥、柱端剪切破坏等震害外，也有不少结构是由于侧移较大，防震缝宽度不够，导致两建筑碰撞破坏。

框架结构适用于非抗震设计时的多层及高层建筑，抗震设计时的多层及小高层建筑（7度区以下）。在北京8度区，一般6层以下可采用框架结构，6层以上（结构高度大于22m左右）则宜优先考虑采用框架-剪力墙结构或壁式框架等结构。

2.3.2 设置少量剪力墙的框架结构设计中应注意什么？

【解析】 抗震设计的框架结构，当仅在楼、电梯间或其他部位设置少量钢筋混凝土剪力墙时，有的设计不计及这部分剪力墙，仅按纯框架结构进行结构分析、配筋计算，然后将剪力墙构造配筋，"白送"给框架结构，他们认为这样设计安全储备更大。但事实上由于剪力墙的存在，使得结构地震作用增大，剪力墙按构造配筋不一定能满足承载力要求，且剪力墙与框架协同工作，使框架上部受力加大，故按框架结构设计的这部分框架柱也不一定能满足承载力要求。"白送"的设计无论对框架还是剪力墙未必是安全的。因此规范规定：结构分析计算应按剪力墙与框架的协同工作考虑。如楼、电梯间位置较偏而产生较大的刚度偏心时，宜采取将此种剪力墙减薄、开竖缝、开结构洞、配置少量单排钢筋等措施，减小剪力墙的作用，并宜增加与剪力墙相连的柱子的配筋。整个结构按框架结构进行设计，框架部分的抗震等级按框架结构确定，剪力墙部分的抗震等级可随框架确定。

2.3.3 抗震设计的框架结构不宜采用单跨框架结构。

【解析】 单跨框架结构的抗侧刚度小，耗能能力弱，结构超静定次数少，一旦柱子出现塑性铰（在强震时不可避免），出现连续倒塌的可能性很大。震害表明，单跨框架结构震害较重，甚至房屋倒塌。

1999年9月21日台湾集集地震（7.3级），台中客运站震害就是一例。16层单跨框架结构彻底倒塌，原因是单跨框架结构抗侧力刚度差，结构体系无多道防线。

建设部建质［2003］46号文中规定单跨框架结构的高层建筑为特别不规则的高层建筑，属于超限高层建筑，要进行抗震设防专项审查。

由于上述原因，抗震设计的框架结构不宜采用单跨框架结构。

如建筑及其他专业功能允许，在单跨结构中增设少量剪力墙，使其成为框架-剪力墙结构，有剪力墙作为第一道防线，结构的抗震能力将大大加强。当然，单跨的框架-剪力墙结构房屋高度也不宜太高。如建筑及其他专业功能不允许设置少量剪力墙，只能做单跨框架结构，则应按建设部建质［2003］46号文件的规定进行抗震设防专项审查，按专家组的审查意见设计。

2.3.4 大跨度公共建筑(如体育馆，影剧院，礼堂等)宜设置剪力墙等抗侧力构件。

【解析】 大跨度公共建筑由于功能要求一般均为大跨度空旷结构，竖向构件少，层高较高，但同时在结构的某一局部(例如化装间、工作间、休息室等)柱网又往往较密，层高较小，从而使得整个结构单元抗侧力刚度小，且刚度分布不均匀，地震时易发生非结构构件的破坏，扭转效应也不容忽视。因此，对大跨度空旷结构，宜设置剪力墙等抗侧力构件，加大结构的抗侧力刚度，减小结构的扭转。例如某歌剧院工程，建筑布局独特，舞台高，刚度相对较大，观众厅为大空间，刚度小；前厅结构布置较复杂；整个剧院结构的刚度、高度都不均匀。设计时在结构平面布置上采取了一些措施，例如在舞台设置了适量的剪力墙；在观众厅与舞台以及前厅和观众厅交接处也设置了剪力墙；同时在柱网交点处，尽可能设置截面较大的柱子，从而提高了结构的抗侧力刚度，减小了结构的刚度偏心，效果较好(图2-3-1)。

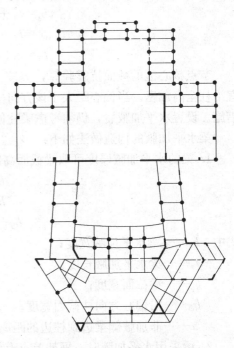

图 2-3-1 某歌剧院首层结构平面

2.3.5 抗震设计时，框架结构不应采用部分由砌体墙承重、部分由框架承重的混合承重形式。

【解析】 砌体结构与框架结构是两种截然不同的结构体系，两种结构体系所采用的承重材料完全不同，其抗侧刚度、变形能力、结构延性、抗震性能等，相差很大。如在同一结构单元中采用部分由砌体墙承重、部分由框架承重的混合承重形式，必然会导致建筑物受力不合理、变形不协调，对建筑物的抗震能力产生很不利的影响。因此，高规第6.1.6条规定：框架结构按抗震设计时，不应采用部分由砌体墙承重之混合形式。框架结构中的楼、电梯间及局部突出屋顶的电梯机房、楼梯间、水箱间等，应采用框架承重，不应采用砌体墙承重。

此条为强制性条文，应认真遵照执行。

2.3.6 框架结构当梁、柱中心线偏心距较大时，设计中应如何考虑其对结构的不利影响？

【解析】 框架梁、柱中心线不重合，会使框架柱和梁柱节点受力恶化。梁柱之间偏心距过大会导致节点核心区有效受剪面积减小、剪应力增大,使节点核心区受剪有效范围内和有效范围外剪切变形产生差异,且过大的偏心也导致梁端弯矩作用在节点上时出现扭矩,不利因素将导致柱身出现纵向裂缝。

因此,规范规定:框架梁、柱中心线宜重合,对框架边节点梁、柱中心线不重合时,在计算中应考虑偏心对梁柱节点核心区受力和构造的不利影响,以及梁荷载对柱子的偏心影响。

梁、柱中心线之间的偏心距,9度抗震设计时不应大于柱截面在该方向宽度的1/4;非抗震设计和6~8度抗震设计时不宜大于柱截面在该方向宽度的1/4。

当梁、柱中心线之间的偏心距e不大于柱截面在该方向宽度的1/4时,梁柱节点核心区截面有效验算宽度b_j可取下列三式中的较小值:

$$b_j = b_b + 0.5h_c \tag{2-3-1}$$

$$b_j = b_e \tag{2-3-2}$$

$$b_j = 0.5(b_b + b_c + 0.5h_c) - e \tag{2-3-3}$$

节点核心区的截面抗震验算,应按《建筑抗震设计规范》附录D进行。同时柱箍筋宜沿柱全高加密。当偏心距大于该方向柱截面宽度的1/4时,可采取增设梁的水平加腋等措施。设置水平加腋后,仍须考虑梁柱偏心的不利影响。

梁水平加腋的构造做法如下:

1. 梁的水平加腋厚度可取梁截面高度,其水平尺寸宜满足下列要求(图2-3-2a):

$$b_x/l_x \leqslant 1/2 \tag{2-3-4}$$

$$b_x/b_b \leqslant 2/3 \tag{2-3-5}$$

$$b_b + b_x + x \geqslant b_c/2 \tag{2-3-6}$$

式中 b_x——梁水平加腋宽度;
l_x——梁水平加腋长度;
b_b——梁截面宽度;
b_c——沿偏心方向柱截面宽度;
x——非加腋侧梁边到柱边的距离。

2. 梁采用水平加腋时,框架节点有效验算宽度b_j宜符合下列各式要求:

(1) 当$x=0$时,b_j按下式计算:

$$b_j \leqslant b_b + b_x \tag{2-3-7}$$

(2) 当$x \neq 0$时,b_j取式(2-3-8)和式(2-3-9)计算的较大值,且应满足公式(2-3-10)的要求:

$$b_j \leqslant b_b + b_x + x \tag{2-3-8}$$

$$b_j \leqslant b_b + 2x \tag{2-3-9}$$

$$b_j \leqslant b_b + 0.5h_c \tag{2-3-10}$$

式中 h_c——柱截面高度。

3. 梁端水平加腋框架节点核心区截面抗震验算应按《建筑抗震设计规范》附录D进行。在验算梁的剪压比和受剪承载力时,一般不计入加腋部分的有利影响。当考虑加腋部分截面时,应分别对柱边和图2-3-2中1—1截面进行验算。

4. 梁端水平加腋配筋构造如图2-3-2(b)所示。水平加腋梁距柱边$x=0$时,沿计算方向不少于总面积 3/4 计算需要的柱内纵向钢筋应设置在节点核心区截面有效宽度 b_j 范围内，如图 2-3-2(c)所示。框架柱应按不同抗震等级沿柱全高度设置加密箍筋。

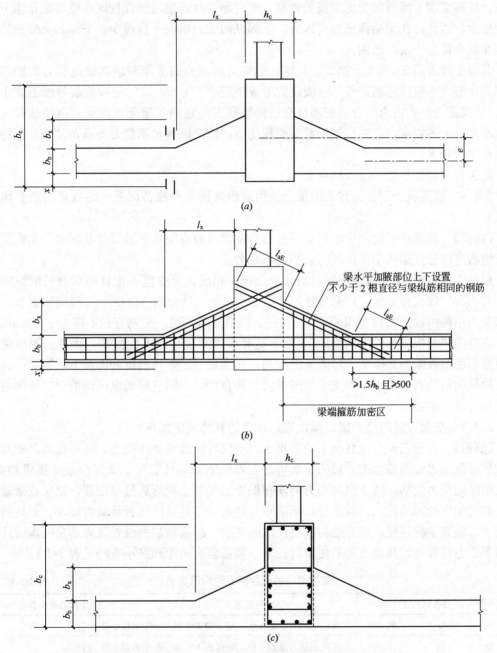

图 2-3-2 水平加腋梁框架节点及梁柱构造要求
(a)水平加腋梁平面尺寸示意图；(b)水平加腋梁框架节点配筋；(c)水平加腋梁框架柱配筋

2.3.7 抗震设计时，为什么要规定框架梁端截面的底部和顶部纵向受力钢筋截面面积的比值？

【解析】 考虑由于地震作用的随机性，在较强地震下梁端可能出现较大的正弯矩，该正弯矩有可能明显大于考虑常遇地震作用的梁端组合正弯矩。若梁端下部纵向受力钢筋配置过少，将可能发生下部钢筋的过早屈服或破坏过重，从而影响承载力和变形能力的正常发挥。提高梁端下部纵向受力钢筋的数量，也有助于改善梁端塑性铰区在负弯矩作用下的延性性能。因此，在梁端箍筋加密区内，下部纵向受力钢筋不宜过少，下部和上部钢筋的截面面积应符合一定的比例。

混凝土规范第11.3.6条第2款规定：框架梁端截面的底部和顶部纵向受力钢筋截面面积的比值，除按计算确定外，一级抗震等级不应小于0.5，二、三级抗震等级不应小于0.3。这就是说：若内力组合及配筋计算后梁端截面的底部和顶部纵向受力钢筋截面面积比值不符合上述要求，应调整钢筋截面面积比值，使之既满足承载力要求，又满足钢筋截面面积比值要求。

此条为强制性条文，应严格遵守。

2.3.8 抗震设计时，为什么沿梁全长顶面和底面至少应各配置一定数量的通长纵向钢筋？

【解析】 地震作用过程中框架梁的反弯点位置可能有变化，沿梁全长配置一定数量的通长钢筋可以保证梁各个部位具有适当的承载力。

混凝土规范第11.3.7条规定：沿梁全长顶面和底面至少应各配置两根通长的纵向钢筋，对一、二级抗震等级，钢筋直径不应小于14mm，且分别不应少于梁两端顶面和底面纵向受力钢筋中较大截面面积的1/4；对三、四级抗震等级，钢筋直径不应小于12mm。

这里的"两根通长的纵向钢筋"，并不是要求这两根钢筋不能截断，而是强调沿梁全长顶面和底面各截面必须有一定数量的配筋。在满足一定数量的配筋前提下，梁跨中部分顶面的纵向钢筋直径允许小于支座处的纵向钢筋直径，不同直径的纵向钢筋可以按规范要求进行可靠的连接。

2.3.9 抗震设计的框架梁，梁端箍筋加密的具体规定如何？

【解析】 处于三向受压状态下的混凝土，不仅可提高其受压能力，还可提高其变形能力。规范规定梁端箍筋加密，目的是从构造上对框架梁塑性铰区的受压混凝土提供约束，并约束纵向受力钢筋，防止纵向受力钢筋在保护层混凝土剥落后过早压屈，以保证梁端具有足够的塑性铰转动能力。就是说，梁端箍筋加密并不是梁的抗剪承载力要求，而是约束混凝土、提高梁的延性、提高结构抗震性能的要求。梁端箍筋的设置除应满足抗震设计的受剪承载力计算外，其梁端箍筋加密区长度、箍筋最大间距和最小直径见表2-3-1。

框架梁梁端箍筋加密区的构造要求 表 2-3-1

抗震等级	加密区长度(mm)	箍筋最大间距(mm)	箍筋最小直径(mm)
一级	2h 和 500 中的较大值	纵向钢筋直径的6倍，梁高的1/4和100中的最小值	10
二级	1.5h 和 500 中的较大值	纵向钢筋直径的8倍，梁高的1/4和100中的最小值	8
三级		纵向钢筋直径的8倍，梁高的1/4和150中的最小值	8
四级		纵向钢筋直径的8倍，梁高的1/4和150中的最小值	6

注：表中 h 为截面高度。

需要注意的是：当梁端纵向受拉钢筋配筋率大于2%时，为了更好地从构造上对框架梁塑性铰区的受压混凝土提供约束，并有效约束纵向受压钢筋，保证梁端具有足够的塑性铰转动能力，此时表中箍筋最小直径应增大 2mm。例如，一级抗震的框架梁，当梁端的纵向受拉钢筋配筋率为 2.1%，梁端加密区箍筋的最小直径应取为 12mm，而不应是表中的 10mm。

2.3.10 框架梁上有次梁时，梁的箍筋配置，支座附近根据梁支座边缘处截面的剪力设计值计算并满足构造要求，梁中间段不应只是简单将支座附近的箍筋间距加大一倍配置。

【解析】 梁的斜截面受剪承载力计算的控制截面，除选取梁支座边缘处截面外，尚应选取有次梁或有较大集中力处截面作为剪力设计值的计算截面。对变截面梁、箍筋配置有变化的梁、配置弯起钢筋抗剪的梁，尚应按混凝土规范第 7.5.2 条的规定，确定若干个剪力设计值的计算截面，由此计算各截面的抗剪承载力并根据构造要求配置箍筋。

框架梁在竖向均布荷载和水平荷载作用下，支座截面剪力较跨中大，抗震设计的等截面梁，将支座附近的箍筋直径不变间距加大一倍配置在跨中（支座附近配箍满足受剪承载力和抗震构造要求），一般可满足跨中截面受剪承载力和抗震构造要求。但当框架梁跨中有次梁或有较大集中力时，其截面剪力设计值往往与支座处接近，不根据梁的具体受力情况，仍将支座附近的箍筋间距加大一倍配置在此处，有可能造成此处截面抗剪承载力不足。此时，应选取有次梁或有较大集中力处截面作为剪力设计值的计算截面计算其斜截面受剪承载力并满足配箍构造要求。

2.3.11 抗震设计时，受弯剪扭同时作用的框架梁，沿梁全长的最小箍筋配筋率取多少为宜？

【解析】 混凝土规范第 11.3.9 条规定：一级，二级和三、四级抗震设计时，弯剪构件的最小箍筋配筋率（$\rho_{sv}=A_{sv}/(bs)$）分别不应小于 $0.30f_t/f_{yv}$，$0.28f_t/f_{yv}$ 和 $0.26f_t/f_{yv}$，但此条规定是针对弯剪构件的；混凝土规范第 10.2.12 条规定：在弯剪扭构件中，箍筋的配筋率不应小于 $0.28f_t/f_{yv}$，但此条是针对非抗震设计的。当为抗震设计的弯剪扭构件时，梁的最小箍筋配筋率宜根据工程实际情况适当加大（即比 $0.28f_t/f_{yv}$ 适当加大）。并应满足相应抗震等级下梁端箍筋加密区的最小配箍率和最小直径最大间距等构造要求，梁的非加密区的最小配箍率也应取相应抗震等级下的最小配箍率和 $0.28f_t/f_{yv}$ 两者中的大值并应满足梁的最小直径和最大间距等构造要求。

需要注意的是：当采用复合箍筋时，位于截面内部的箍筋不应计入受扭所需的箍筋面积。这种情况下和弯剪构件的箍筋配筋率计算是有区别的。

2.3.12 框架结构的边梁，当楼板与梁按刚接设计时，边梁应配置抗扭箍筋和纵筋。

【解析】 楼板与框架结构的边梁按刚接设计时，板的边支座负筋应根据板的负弯矩设计值按计算配置，支座负筋锚入梁内长度不应小于 l_a。同时边梁受扭，此时应根据实际结构算出边梁的扭矩，边梁的抗扭刚度不应折减，据此算出其抗扭箍筋和纵筋，并应满足抗扭构造配筋要求，否则会造成边梁的抗扭承载力不满足要求。目前有些分析软件考虑梁的抗扭刚度折减时整个结构仅用一个系数，不区分边梁和中间梁，这可能会使边梁的计算扭矩比实际受力小，即使按计算扭矩配置边梁的抗扭箍筋和纵筋，也会造成梁的抗扭承载力不满足要求。

当楼板与框架结构的边梁按铰接设计时，边梁不受扭，一般可不配置抗扭箍筋和纵筋。

需要注意的是：楼板与框架边梁按铰接还是按刚接设计，与梁板的刚度比有很大关系。一般梁板刚度比大，梁截面尺寸大，板较薄，宜按铰接设计，而梁板刚度比接近，梁截面尺寸相对较小，板较厚，可按刚接设计。

2.3.13 体育场馆中的斜向悬挑大梁箍筋应如何配置？

【解析】 由于悬挑大梁是斜向上的，与柱不是正交，因此，如果按习惯将箍筋与梁正截面平行配置，则会出现梁的上下部箍筋间距不均匀的情况。特别是抗震设计，支座附近梁的箍筋要加密，就会使在梁的下部箍筋间距很大，不满足规范要求；或在梁的上部箍筋间距很密甚至摆放不下，施工又很困难的情况。

比较好的方法是将箍筋垂直地面配置于梁中，此时可保证梁的箍筋间距均匀并易于满足规范要求；当悬挑大梁的斜度不大时，可在保证梁下部箍筋间距满足规范要求的情况下适当加密梁上部箍筋间距；当悬挑大梁的斜度较大时，可在保证梁上部箍筋间距满足规范要求的情况下在梁下部适当增加箍筋，箍筋应做成封闭的套箍，箍筋四角应钩住梁的纵向受力钢筋和腰筋，此箍筋间距应满足规范要求（图2-3-3）。

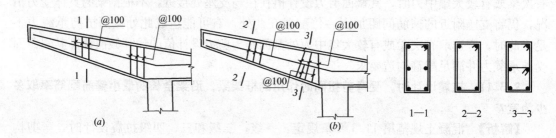

图 2-3-3 斜向上悬挑大梁箍筋配筋示意
注：图中受力纵筋根数、箍筋肢数间距仅为示意。

2.3.14 抗震设计时，不应采用弯起钢筋作为框架梁的抗剪钢筋。

【解析】 由于地震力的多方向反复作用，梁各截面上的剪力方向是不断变化的，因此和梁的受弯所产生的截面拉应力组合成的主拉应力方向也是不断变化的，若采用配置弯起钢筋抗剪，则当弯起钢筋受拉应力方向与梁的主拉应力方向垂直时，则弯起钢筋根本起不到抗剪作用，这就很可能造成梁在地震作用下的受剪破坏，因此，抗震设计的框架梁不能采用弯起钢筋抗剪，而应用箍筋抗剪。

2.3.15 扁梁框架及宽扁梁的设计有哪些规定？

【解析】 普通梁的截面高度一般为截面宽度的2～3倍，而宽扁梁截面较宽高度较小，高宽比在1.0左右，甚至梁宽大于梁高。采用宽扁梁有利于在满足建筑楼层净空高度的前提下减小楼层层高。

宽扁梁有两类，当宽扁梁的截面较宽，但不大于支承框架柱同方向的柱宽时，受力特点和普通框架没有差别，故可按普通框架设计。而当宽扁梁的梁宽大于同方向的柱宽，则梁的纵向受力钢筋总有一些不能穿过柱子，框架梁柱节点受力复杂。

采用梁宽大于柱宽的扁梁框架时，其宽扁梁及梁柱节点设计除应符合普通框架结构的有关规定外，尚应满足下列要求：

1. 应采用现浇楼板，梁中线宜与柱中线重合，扁梁应双向布置，且不宜用于一级抗震等级的框架结构。

2. 扁梁框架的边梁不宜采用梁宽 b_b 大于柱截面高度 h_c 的宽扁梁,当与框架边梁相交的内部框架扁梁大于柱宽时,边梁应采取配筋构造措施,以考虑其受扭的不利影响。

3. 扁梁截面高度 h_b 对非预应力钢筋混凝土扁梁可取梁计算跨度的 1/16~1/22,对预应力钢筋混凝土扁梁取 1/25~1/20,跨度较大时宜取较大值,跨度较小时宜取较小值,且不宜小于 2.5 倍板的厚度。截面宽高比 b_b/h_b 不宜大于 3。

抗震设计时,扁梁截面尺寸应符合下列要求:

$$b_b \leqslant 2b_c \tag{2-3-11}$$

$$b_b \leqslant b_c + h_b \tag{2-3-12}$$

$$h_b \geqslant 16d \tag{2-3-13}$$

式中 b_c——柱截面宽度,圆形截面取柱直径的 0.8 倍;

b_b、h_b——分别为梁截面宽度和高度;

d——柱纵向钢筋直径。

4. 扁梁的混凝土强度等级,当抗震等级为一级时,不应低于 C30,当二、三、四级非抗震设计时,不应低于 C20,扁梁的混凝土强度等级不宜大于 C40。

5. 扁梁的截面承载力验算及有关构造要求除上述外同一般框架梁。梁柱节点核心区截面抗震验算见《高层建筑混凝土结构技术规程》(JGJ 3—2002)附录 C。

6. 宽扁梁纵向受力钢筋的最小配筋率,除应符合《混凝土结构设计规范》的规定外,尚不应小于 0.3%,一般为单层放置,间距不宜大于 100mm。框架扁梁端的截面内宜有大于 60% 的上部纵向受力钢筋穿过框架柱,并且可靠地锚固在柱核心区内;一、二级抗震等级时,则应有大于 60% 的上部纵向受力钢筋穿过框架柱。对于边柱节点,框架扁梁端的截面内未穿过框架柱的纵向受力钢筋应可靠地锚固在框架边梁内。沿梁全长顶面和底面应有分别不少于梁两端顶面和底面纵向受力钢筋中较大截面面积的 1/4 钢筋贯通配置。

7. 扁梁两侧面应配置腰筋,每侧的截面面积不应小于梁腹板截面面积 $b_b h_w$ 的 10%(h_w 为梁高减楼板厚度),直径不宜小于 12mm,间距不宜大于 200mm。

8. 宽扁梁的箍筋肢距不宜大于 200mm。

抗震设计时,宽扁梁梁端箍筋应加密,加密区长度,应取自柱边算起至梁边以外 b_b+h_b 范围内长度和自梁边算起 l_{aE} 中的较大值(图 2-3-4a);加密区的箍筋最大间距和最小直径及箍筋肢距应符合现行国家标准《建筑抗震设计规范》的有关规定。

9. 对于柱内节点核心区的配箍量及构造要求同普通框架;对于扁梁中柱节点柱外核心区,可配置附加水平箍筋及拉筋,当核心区受剪承载力不能满足计算要求时,可配置附加腰筋(图 2-3-4a);对于扁梁边柱节点核心区,也可配置附加腰筋(图 2-3-4b)。

当中柱节点和边柱节点在扁梁交角处的板面顶层纵向钢筋和横向钢筋间距较大时,应在板角处布置附加构造钢筋网片,其伸入板内的长度,不宜小于板短跨方向计算跨度的 1/4,并应按受拉钢筋锚固在扁梁内。

2.3.16 一、二级抗震设计时,梁宽大于柱宽的框架扁梁,穿过柱子的纵向受力钢筋不应小于总纵向受力钢筋的 60%。

【解析】 梁宽大于柱宽的框架扁梁,其纵向受力钢筋总有一部分不能穿过柱子。显然,框架扁梁中穿过柱子的纵向受力钢筋比柱子外侧的纵向受力钢筋所受到的锚固更可靠,为了保证框架扁梁节点连接可靠,框架扁梁梁端截面内宜有大于 60% 的上部纵向受

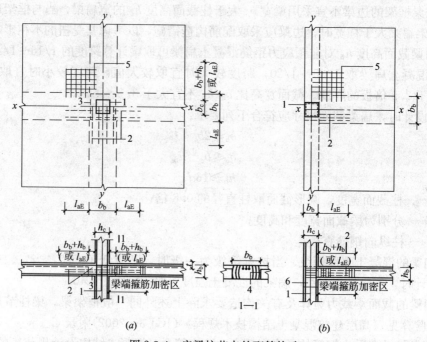

图 2-3-4 扁梁柱节点的配筋构造
(a)中柱节点；(b)边柱节点
1—柱内核心区箍筋；2—核心区附加腰筋；3—柱外核心区附加水平箍筋；
4—拉筋；5—板面附加钢筋网片；6—边梁

力钢筋穿过柱子，且可靠地锚固在柱核心内；当用于一、二级抗震等级时，则应有大于60%的上部纵向受力钢筋穿过柱子。

为了保证框架扁梁穿过柱子的纵向受力钢筋大于总纵向受力钢筋的60%，可采取以下措施：

1. 调整宽扁梁的截面高度与宽度，尽可能使宽扁梁的截面宽度有不少于60%穿过柱子；

2. 调整宽扁梁的纵向受力钢筋布置，使直径较大的钢筋穿过柱子，以满足穿过柱子的纵向受力钢筋面积大于总纵向受力钢筋的60%；

3. 对于边柱节点，框架扁梁端的截面内的纵向受力钢筋应可靠地锚固在框架边梁内，如图2-3-5所示。

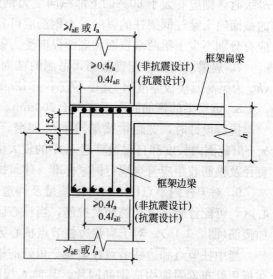

图 2-3-5 框架扁梁与边梁的连接做法

2.3.17 规范对钢筋混凝土框架结构的角柱有哪些特殊要求？如何判别结构的角柱？是不是转角处的框架柱均应按角柱处理？

【解析】 建筑物角部是结构的关键部位，角柱是结构的重要构件，双向受力作用十分

明显。地震作用下扭转效应对内力影响较大且受力复杂。因此,抗震设计中对其抗震措施和抗震构造措施有一些专门的要求。如:

1. 对抗震等级为一、二、三级的框架角柱,除应按高规第6.2.1~6.2.3条进行强柱弱梁、强底层柱底、强剪弱弯等内力调整外,其调整后的弯矩、剪力还应乘以不小与1.1的增大系数;

2. 抗震设计时,框架角柱应按双向偏心受力构件进行总截面承载力设计。角柱的纵向受力钢筋配筋率应比中柱、边柱的纵向受力钢筋配筋率大;

3. 角柱考虑地震作用组合产生小偏心受拉时,柱内纵向受力钢筋总截面面积应比计算值增大25%;

4. 抗震等级为一、二级的框架角柱,箍筋应全高范围内加密。

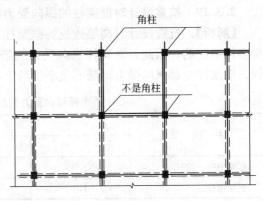

图2-3-6 框架角柱示意

抗震规范、高规中的角柱是指位于建筑物角部、与柱正交的两个方向各只有一根框架梁与之相连接。因此,位于建筑平面凸角处的框架柱一般为角柱,而位于建筑平面凹角处的框架柱,若柱的四边各有一根框架梁与之相连接,则一般不应视为角柱,不必按角柱设计(图2-3-6)。

2.3.18 由于建筑功能要求,局部楼板开大洞,造成部分柱子周边无楼层梁,柱子几何长度有二、三层高(有人称之为越层柱),对柱子的配筋设计应作处理。

【解析】 柱子的配筋计算,与柱子的几何长度和计算长度系数关系很大。

当结构中某根柱子周边均无楼层梁时,柱子的实际几何长度应为二层或三层楼层高度;当柱子一个方向与楼层梁相连,另一个方向无楼层梁时,则有楼层梁方向柱子的几何长度取相应的楼层高度,无楼层梁方向柱子的几何长度仍为二层或三层楼层高度。一些计算软件在确定柱子几何长度时,一般均取其楼层高度。对结构中有越层柱的情况,则给出无附加信息,由用户根据实际情况予以处理。因此,对越层柱一定要输入附加信息,以使柱子的几何长度符合实际情况。

分析研究表明:当竖向荷载在柱端控制截面中引起的一阶弯矩 M_v 与水平荷载在柱端控制截面中引起的一阶弯矩 M_h 之比为工程中常用多层框架结构中的比值,且框架各节点处的梁柱线刚度比(在节点处交汇的各柱段线刚度之和与交汇的各梁段线刚度之和的比值)为工程中常用多层框架结构中的比值时,按混凝土规范第7.3.11条表7.3.11-2给出的框架结构各层柱的计算长度取值计算简便,误差不大。但当 M_v 与 M_h 比值偏小时,对柱子的配筋计算是偏于不安全的。因此,混凝土规范第7.3.11条在计算长度取值规定中给出了第3项规定,要求当水平荷载产生的弯矩设计值占总弯矩设计值的75%以上时,框架柱的计算长度 l_0 按式(7.3.11-1)和式(7.3.11-2)中的较小值作为计算长度的取值依据。

此外,在下列情况下,按混凝土规范表7.3.11-2来计算框架柱的计算长度对结构是偏于不安全的:

1. 框架的柱、梁线刚度比过大时;

2. 框架各跨跨度相差较大或各跨荷载相差较大时；

3. 复式框架等复杂框架结构；

4. 框架-剪力墙结构中的框架或框架-核心筒结构中的框架等。

此时，按规范第7.3.12条规定的考虑二阶效应的弹性分析方法可显著减小计算误差。采用计算软件进行结构分析时，应首先弄清楚软件是否考虑了上述问题，如已考虑，则根据电算结果设计即可；如未考虑，或需要输入有关附加信息，则应按规范要求重新计算。以保证柱子有足够的承载力，保证结构的安全可靠。

2.3.19 抗震设计时框架柱的纵向受力钢筋最小配筋率有哪些规定？

【解析】 抗震设计时高层建筑的框架柱在满足轴压比的情况下其正截面承载力计算不少为构造配筋，因此，框架柱纵向受力钢筋的最小配筋率是设计中很重要的一个控制指标。框架柱全部纵向受力钢筋的最小配筋率可按表2-3-2采用。

柱全部纵向受力钢筋最小配筋百分率(%)　　　　表2-3-2

柱 类 型	抗 震 等 级			
	一级	二级	三级	四级
框架中柱、边柱	1.0	0.8	0.7	0.6
框架角柱	1.2	1.0	0.9	0.8

按表2-3-2确定柱的最小配筋率时，应注意以下几点：

1. 角柱和边柱、中柱最小配筋率不同，角柱的最小配筋率比边柱、中柱大0.2；

2. 考虑到高强混凝土对柱抗震性能的不利影响，当混凝土强度等级为C60及以上时，最小配筋率应按表中的数值增加0.1；

3. 对HRB400级钢筋，最小配筋率应按表中的数值减少0.1；

4. 为防止柱每侧的配筋过少，还要求每侧的最小配筋率不应小于0.2；

5. 对建造在Ⅳ类场地上较高的高层建筑，最小配筋率应按表中的数值增加0.1。

例如：某一建造在Ⅳ类场地上60m以上的高层建筑，抗震等级为一级的框架角柱，纵向受力钢筋采用HRB335级，则由表2-3-2可查得一级框架角柱最小配筋率为1.2%。因为是建造在Ⅳ类场地上60m以上的高层建筑，一般可认为是"较高的高层建筑"，故其最小配筋百分率应按表2-3-2中的数值增加0.1采用，即柱的最小配筋百分率应为1.3%。

又如：建造在Ⅱ类场地上的框架中柱，抗震等级为四级，截面尺寸$b \times h = 600mm \times 600mm$，采用C40级混凝土，HRB400级钢筋，若计算表明该柱正截面为构造配筋，则根据表2-3-2，其全截面最小配筋率应为$\rho_{min} = 0.6\% - 0.1\% = 0.5\%$，故钢筋面积为$A_s = 0.005bh = 0.005 \times 600^2 = 1800mm^2$，若截面每侧配置4根纵筋，全截面共12根，则每根钢筋的截面面积为$1800/12 = 150mm^2$，用12ϕ14即可($12 \times 153.9 > 1800mm^2$)。但每侧钢筋配筋率$4 \times 153.9/600^2 = 0.171\% < 0.2\%$，不满足上述第4款的要求，应加大。可用12$\phi$16即每侧4$\phi$16($4 \times 201.1/600^2 = 0.223\% > 0.2\%$)即可。

2.3.20 抗震设计的框架柱，柱端箍筋加密有哪些具体规定？

【解析】 和框架梁端的箍筋加密道理一样，抗震设计时的柱端箍筋加密也是为了提高柱端塑性铰区的延性、约束混凝土、防止柱纵向受力钢筋压屈。一句话，是为了提高柱的抗震性能。框架柱柱端箍筋的设置，除应满足抗震设计的受剪承载力计算外，有关箍筋加

密的具体规定如下:

1. 加密区的范围应符合下列要求:

(1) 底层柱的上端和其他各层柱的两端,应取矩形截面柱之长边尺寸(或圆形截面柱之直径)、柱净高之 1/6 和 500mm 三者之最大值范围;

(2) 底层柱刚性地面上、下各 500mm 的范围;

(3) 底层柱柱根以上 1/3 柱净高的范围;

(4) 剪跨比不大于 2 的柱和因填充墙等形成的柱净高与截面高度之比不大于 4 的柱全高范围;

(5) 一级及二级框架角柱的全高范围;

(6) 错层处框架柱的全高范围;

(7) 需要提高变形能力的柱的全高范围。

2. 加密区和非加密区的箍筋间距、直径、肢距等,应符合下列要求:

(1) 一般情况下,箍筋的最大间距和最小直径,应按表 2-3-3 采用:

柱端箍筋加密区的构造要求　　　　　表 2-3-3

抗震等级		特一级、一级	二级	三级	四级
加密区	最小直径(mm)	10	8	8	6(柱根 8)
	最大间距(mm)	Max($6d$, 100)	Max($8d$, 100)	Max($8d$, 150)(柱根 100)	Max($8d$, 150)(柱根 100)
非加密区	最小直径(mm)	10	8	8	6(柱根 8)
	最大间距(mm)	Max(加密区箍筋间距 2 倍, $10d$)		Max(加密区箍筋间距 2 倍, $15d$)	

注:1. d 为柱纵向钢筋直径(mm),选用箍筋直径时,取纵向受力钢筋的最大直径;选用箍筋间距时,取纵向受力钢筋的最小直径;

2. 柱根指框架柱底部嵌固部位或无地下室情况的基础顶面。

(2) 二级框架柱箍筋直径不小于 10mm、肢距不大于 200mm 时,除柱根外最大间距应允许采用 150mm;三级框架柱的截面尺寸不大于 400mm 时,箍筋最小直径应允许采用 6mm;四级框架柱的剪跨比不大于 2 或柱中全部纵向钢筋的配筋率大于 3‰时,箍筋直径不应小于 8mm;

(3) 剪跨比不大于 2 的柱,箍筋间距不应大于 100mm,一级时尚不应大于 6 倍的纵向钢筋直径;

(4) 箍筋应为封闭式,其末端应做成 135°弯钩且弯钩末端平直段长度不应小于 10 倍的箍筋直径,且不应小于 75mm;

(5) 箍筋加密区的箍筋肢距,一级不宜大于 200mm,二级、三级不宜大于 250mm 和 20 倍箍筋直径的较大值,四级不宜大于 300mm。每隔一根纵向钢筋宜在两个方向有箍筋约束;采用拉筋组合箍时,拉筋宜紧靠纵向钢筋并勾住封闭箍。

3. 柱加密区范围内箍筋的体积配箍率,应符合下列规定:

(1) 柱箍筋加密区箍筋的体积配箍率,应符合下式要求:

$$\rho_v \geqslant \lambda_v f_c / f_{yv} \tag{2-3-14}$$

式中　ρ_v——柱箍筋的体积配箍率;

λ_v——柱最小配箍特征值,宜按表 2-3-4 采用;

f_c——混凝土轴心抗压强度设计值。当柱混凝土强度等级低于 C35 时，应按 C35 计算；

f_{yv}——柱箍筋或拉筋的抗拉强度设计值，超过 360N/mm² 时，应按 360N/mm² 计算。

柱端箍筋加密区最小配箍特征值 λ_v　　　　　表 2-3-4

抗震等级	箍筋形式	柱轴压比								
		≤0.30	0.40	0.50	0.60	0.70	0.80	0.90	1.00	1.05
一	普通箍、复合箍	0.10	0.11	0.13	0.15	0.17	0.20	0.23	—	—
	螺旋箍、复合或连续复合螺旋箍	0.08	0.09	0.11	0.13	0.15	0.18	0.21	—	—
二	普通箍、复合箍	0.08	0.09	0.11	0.13	0.15	0.17	0.19	0.22	0.24
	螺旋箍、复合或连续复合螺旋箍	0.06	0.07	0.09	0.11	0.13	0.15	0.17	0.20	0.22
三	普通箍、复合箍	0.06	0.07	0.09	0.11	0.13	0.15	0.17	0.20	0.22
	螺旋箍、复合或连续复合螺旋箍	0.05	0.06	0.07	0.09	0.11	0.13	0.15	0.18	0.20

注：普通箍指单个矩形箍或单个圆形箍；螺旋箍指单个连续螺旋箍筋；复合箍指由矩形、多边形、圆形箍或拉筋组成的箍筋；复合螺旋箍指由螺旋箍与矩形、多边形、圆形箍或拉筋组成的箍筋；连续复合螺旋箍指全部螺旋箍由同一根钢筋加工而成的箍筋。

（2）对一、二、三、四级框架柱，其箍筋加密区范围内箍筋的体积配箍率尚且分别不应小于 0.8%、0.6%、0.4% 和 0.4%。

（3）剪跨比不大于 2 的柱宜采用复合螺旋箍或井字复合箍，其体积配箍率不应小于 1.2%；设防烈度为 9 度时，不应小于 1.5%。

（4）计算复合箍筋的体积配箍率时，应扣除重叠部分的箍筋体积；计算复合螺旋箍筋的体积配箍率时，其非螺旋箍筋的体积应乘以换算系数 0.8。

例如：抗震等级为二级的框架柱，若最大纵向受力钢筋直径为 18mm，根据表 2-3-4 的规定，柱箍筋非加密区的体积配箍率不宜小于加密区的 50%；箍筋间距一、二级框架柱不应大于 10 倍纵向钢筋直径，故箍筋间距应采用 180mm。考虑到实际施工的方便，可加大柱最大纵向受力钢筋直径为 20mm，此时非加密区箍筋间距即可采用 200mm。

又如：抗震等级为三级的底层框架柱，根据上述表 2-3-3 的规定，为保证抗震设计时的强底层柱底，三、四级底层框架柱柱根加密区箍筋间距应采用 100mm 和 8d 中的较小值，其他部位加密区箍筋间距应采用 150mm 和 8d 中的较小值。此时柱根处比其他柱端箍筋加密间距要求要严。三、四级底层框架柱加密区箍筋间距不区分柱根和其他部位均采用 150mm，不符合上述规定。

应特别注意的是：当结构嵌固部位不在地下室顶板而位于地下一层底板时，柱±0.00 处上下两端也应按柱根要求进行箍筋加密。

2.3.21　如何确定抗震等级为四级的框架结构的柱轴压比？此时框架柱的箍筋应如何配置？

【解析】抗震规范表 6.3.7 中只规定了抗震等级为一、二、三级时框架柱轴压比的限值，当抗震等级为四级时，对框架柱的轴压比限值无要求，即延性可放松，但设计时一般不宜大于 1.05，并应满足四级框架柱相应的抗震构造要求。

规范对框架柱箍筋加密区最小体积配箍率要求的规定，采用了区别对待的办法：

对一、二、三级框架柱，根据混凝土和钢筋强度等级，由最小配箍特征值按规范式(6.3.12) $\rho_v \geqslant \lambda_v f_c / f_{yv}$ 换算得到最小体积配箍率，同时规定最低体积配箍率：一级不应小于 0.8%，二级不应小于 0.6%，三级不应小于 0.4%；以避免钢筋强度等级较高时，一、二、三级按规范式(6.3.12)计算值要求偏低的情况。

对抗震等级为四级的框架柱，由于没有柱轴压比的限值要求（但一般不大于 1.05），因此也不对最小配箍特征值 λ_v 提出要求，而是直接规定其最小体积配箍率。即：抗震等级为四级时，不论框架柱的混凝土和钢筋强度等级如何，只要求体积配箍率满足最低体积配箍率（不应小于 0.4%）即可，不需要按规范式(6.3.12)进行换算。

2.3.22 计算柱箍筋加密区的体积配箍率时，应将复合箍重叠部分的箍筋体积扣除。

【解析】 抗震规范第 6.3.12 条明确提出：计算复合箍的体积配箍率时，应扣除重叠部分的箍筋体积。否则会造成加密区体积配箍率配置偏小，不能有效约束混凝土，构件抗震设计偏于不安全。

部分配箍形式的体积配箍率可按表 2-3-5 各有关公式计算。式中 n_1、n_2、n_3 分别为配置在 l_1、l_2、l_3 方向同一截面内截面面积相同的箍筋肢数；A_{sv1}、A_{sv2}、A_{sv3} 分别为配置在 l_1、l_2、l_3 方向同一截面内截面面积相同的单肢箍筋截面面积；s 为箍筋的间距。

体积配箍率计算表 表 2-3-5

箍 筋 形 式	图 示	计 算 公 式
多个矩形箍及矩形箍加拉筋	(a) 多个矩形箍 (b) 矩形箍加拉筋	$\rho_v = \dfrac{n_1 A_{sv1} l_1 + n_2 A_{sv2} l_2}{l_1 l_2 s}$
矩形箍加菱形箍		$\rho_v = \dfrac{n_1 A_{sv1} l_1 + n_2 A_{sv2} l_2 + n_3 A_{sv3} l_3}{l_1 l_2 s}$
螺旋箍	(a) 圆形箍 (b) 矩形箍	圆形箍 $\rho_v = \dfrac{4 A_{sv}}{d_{cor} s}$ 矩形箍 $\rho_v = \dfrac{2(l_1 + l_2) A_{sv}}{l_1 l_2 s}$

2.3.23 框架顶层端节点处纵向受力钢筋的搭接锚固构造。

【解析】 框架顶层端节点处的梁、柱端均主要受负弯矩作用，其主要问题是纵向受力钢筋的搭接传力问题。可将柱外侧纵向钢筋的相应部分弯入梁内作梁上部纵向钢筋使用，也可将梁上部纵向钢筋与柱外侧纵向钢筋在顶层端节点及其附近部位搭接。具体做法如下：

1. 当浇筑混凝土的施工缝设置在梁底截面附近时，钢筋搭接只能在梁高范围内实现。此时搭接接头可沿顶层端节点及梁端顶部布置，搭接长度不应小于 $1.5 l_a$（抗震设计时为 $1.5 l_{aE}$），其中伸入梁内的外侧柱纵向钢筋截面面积不宜小于外侧柱纵向钢筋全部截面面积的65%；梁宽范围以外的外侧柱纵向钢筋宜沿节点顶部伸至柱内边，当柱纵向钢筋位于柱顶第一层时，至柱内边后宜向下弯折不小于$8d$后截断；当柱纵向钢筋位于柱顶第二层时，可不向下弯折。当有现浇板且板厚不小于80mm、混凝土强度等级不低于C20时，梁宽范围以外的外侧柱纵向钢筋可伸入现浇板内，其长度与伸入梁内的柱纵向钢筋相同。当外侧柱纵向钢筋配筋率大于1.2%时，伸入梁内的柱纵向钢筋应满足以上规定，且宜分两批截断，其截断点之间的距离不宜小于$20d$，梁上部纵向钢筋应伸至节点外侧并向下弯至梁下边缘高度后截断。此处d为柱外侧纵向钢筋的直径。若柱子纵向受力钢筋经$1.5l_a$（或$1.5l_{aE}$）后钢筋水平锚固长度全部落在柱内，仍应向外延长伸出500mm长度。详见图2-3-7(a)。

例如某3层框架结构，二级抗震，柱网尺寸6.0m×6.0m，顶层边柱截面尺寸500mm×550mm，配4φ20（四角）+8φ18（其余）钢筋，梁高600mm，由于纵向受力钢筋最大直径20mm，根据规范的规定，$1.5l_{aE}=1.5\times37\times20=1110$mm，故钢筋水平锚固长度全部落在柱内，设计时应将此钢筋再延长向外伸出500mm后截断。当然这种情况并不多见。此例中梁柱截面尺寸偏大，特别是梁，跨高比为10，其次，纵向受力钢筋最大直径仅20mm，偏小，因而造成了这种情况。

2. 搭接接头也可沿柱顶外侧布置，此时，搭接长度竖直段不应小于$1.7l_a$（抗震设计时为$1.7l_{aE}$），当梁上部纵向钢筋的配筋率大于1.2%时，弯入柱外侧的梁上部纵向钢筋应满足以上规定的搭接长度，且宜分两批截断，其截断点之间的距离不宜小于$20d$，d为梁上部纵向钢筋的直径。外侧柱纵向钢筋伸至柱顶后宜向节点内水平弯折，弯折段的水平投影长度不宜小于$12d$，d为柱外侧纵向钢筋的直径。详见图2-3-7(b)。

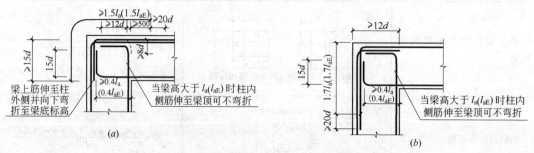

图2-3-7 顶层端节点节点区钢筋的锚固和搭接
(a)梁内搭接做法；(b)柱顶搭接做法

上述两种做法搭接接头面积百分率均可为100%。

顶层端节点内侧柱纵向受力钢筋和梁下部纵向受力钢筋在节点区的锚固做法与顶层中间节点处柱纵向受力钢筋和中间层端节点处梁下部纵向受力钢筋做法相同。

上述第一种方法适用于梁上部纵向钢筋和柱外侧钢筋数量不致过多的民用或公共建筑框架，其优点是梁上部纵向钢筋不伸入柱内，有利于在梁底标高设置柱混凝土施工缝。但当梁上部和柱外侧钢筋数量过多时，该方案将造成节点顶部钢筋拥挤，不利于自上而下浇筑混凝土。此时，宜改用梁、柱筋直线搭接，接头位于柱顶部外侧的搭接做法。

需要说明的是：在顶层端节点处不能采用将柱子纵向受力钢筋伸至柱顶，梁上部纵向受力钢筋锚入节点的做法。这种做法无法保证梁、柱纵向受力钢筋在节点区的搭接传力，使梁、柱端无法发挥出所需的正截面受弯承载力。

2.3.24 框架中间层梁柱节点纵向受力钢筋的构造有哪些规定？因柱截面尺寸较小或为圆柱或梁柱斜交，造成梁纵向受力钢筋不满足构造规定，如何处理？

【解析】 1. 非抗震设计

(1) 中间层端节点

梁上部纵向受力钢筋伸入节点的锚固长度，当采用直线锚固时，不应小于 l_a 且伸过柱中心线不宜小于 $5d$，d 为梁上部纵向受力钢筋的直径。当柱截面尺寸不满足直线锚固要求时，可采用弯折锚固。梁上部纵向受力钢筋应伸至节点对边并向下弯折，其包含弯弧段在内的水平投影长度不应小于 $0.4l_a$，包含弯弧段在内的竖直投影长度应取为 $15d$（图2-3-8b、c），l_a 为梁上部纵向受力钢筋的锚固长度。

梁下部纵向受力钢筋在节点处应满足下列锚固要求：

1) 当计算中不利用该钢筋的强度时，其伸入支座或节点的锚固长度为（图2-3-8b）：

带肋钢筋　　　　　　　　$l_a \geqslant 12d$
光面钢筋（带钩）　　　　　$l_a \geqslant 15d$

2) 当计算中充分利用该钢筋的抗拉强度时，梁下部纵向受力钢筋锚入节点内的做法，与梁上部纵向受力钢筋的锚固要求相同。但当采用弯折锚固时，钢筋竖直段应向上弯折，见图2-3-8(c)。

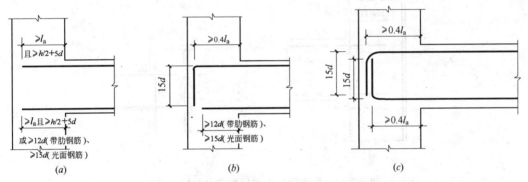

图 2-3-8　非抗震设计中间层端节点钢筋的锚固
(a) 直线锚固；(b) 弯折锚固（一）；(c) 弯折锚固（二）

(2) 中间层中间节点

框架梁上部纵向受力钢筋应贯穿中间节点（图2-3-9），该钢筋自节点或支座边缘伸向跨中的截断位置，应符合混凝土规范第10.2.3条的规定。

框架梁下部纵向受力钢筋在节点处的锚固要求与上述在端节点处梁下部纵向受力钢筋的锚固要求相同（图2-3-9a、b、d）。

如上述两种做法都有困难，可以采用与梁上部纵向受力钢筋类似的方法，不截断钢筋而将其贯穿节点或支座范围，并另在节点或支座以外的弯矩较小区域（例如反弯点附近）设置搭接接头，实现钢筋的传力（图2-3-9c）。

当计算中充分利用该钢筋的抗拉强度时，梁下部纵向受力钢筋应按受压钢筋锚固在中间节点或中间支座内，此时，其直线锚固长度不应小于 $0.7l_a$。

框架柱的纵向受力钢筋应贯穿中间层中间节点和中间层端节点，柱纵向受力钢筋接头应设在节点区以外。

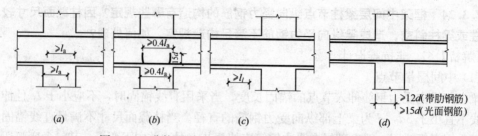

图 2-3-9 非抗震设计中间层中间节点钢筋的锚固与搭接
(a)节点中的直线锚固；(b)节点中的弯折锚固；(c)节点或支座范围外的搭接；(d)正弯矩钢筋不受拉时的搭接

2. 抗震设计

(1) 中间层端节点

梁上部纵向受力钢筋伸入节点的锚固长度，当采用直线锚固时，不应小于 l_{aE} 且伸过柱中心线不宜小于 $5d$，此处 d 为梁上部纵向受力钢筋的直径。当柱截面尺寸不满足直线锚固要求时，可采用弯折锚固。梁上部纵向受力钢筋应伸至节点对边并向下弯折，其包含弯弧段在内的水平投影长度不应小于 $0.4l_{aE}$，包含弯弧段在内的竖直投影长度应取为 $15d$ (图 2-3-10)。

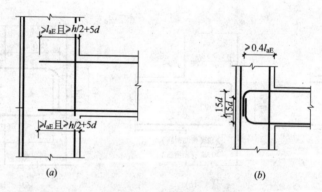

图 2-3-10 抗震设计中间层端节点钢筋的锚固
(a)直线锚固；(b)弯折锚固

梁下部纵向受力钢筋在中间层端节点处的锚固措施应与梁上部纵向受力钢筋要求相同。当采用弯折锚固时，钢筋竖直段应向上弯入节点。

(2) 中间层中间节点

框架梁上部纵向受力钢筋应贯穿中间节点。

梁内贯穿中柱的每根纵向受力钢筋直径，对一、二级抗震等级，不宜大于柱在该方向截面尺寸的 $1/20$；对圆柱截面，不宜大于纵向受力钢筋所在位置柱截面弦长的 $1/20$。

梁的下部纵向受力钢筋伸入中间节点的锚固长度，当采用直线锚固时，不应小于 l_{aE}，对一、二级抗震等级，还应伸过柱中心线不应小于 $5d$，此处 d 为梁上部纵向受力钢筋的直径(图 2-3-11a)。当采用弯折锚固时，其包含弯弧段在内的水平投影长度不应小于 $0.4l_{aE}$，包含弯弧段在内的竖直投影长度应取为 $15d$(图 2-3-11b)。

3. 其他情况时受力钢筋在节点内的搭接和锚固做法

(1) 当框架中间层端节点有悬臂梁外伸，且悬臂顶面与框架梁顶面处在同一标高时，

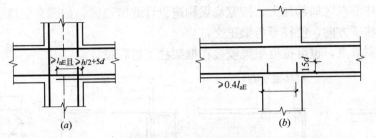

图 2-3-11 抗震设计时中间层中间节点钢筋的锚固
(a)直线锚固；(b)弯折锚固

可将需要用作悬臂梁负弯矩钢筋使用的部分框架梁钢筋直接伸入悬臂梁，其余框架梁钢筋仍按中间层端节点的做法锚固在端节点内。当在其他标高处有悬臂梁或短悬臂(牛腿)自框架柱伸出时，悬臂梁或短悬臂(牛腿)的负弯矩钢筋亦应按框架梁上部纵向受力钢筋在中间层端节点处的锚固规定锚入框架柱内，即水平段投影长度不应小于 $0.4l_a$(或 $0.4l_{aE}$)，弯折后竖直段投影长度取为 $15d$。

(2) 当中间层中间节点左、右跨梁的上表面不在同一标高时，左、右跨梁的上部钢筋可分别按中间层端节点的做法锚固在节点内。

(3) 当中间层中间节点左、右梁端上部纵向受力钢筋用量相差较大时，除左、右数量相同的部分贯穿节点外，多余部分梁的上部钢筋亦可按中间层端节点的做法锚固在节点内。

当框架梁柱的节点区因柱截面尺寸较小或为圆柱或梁柱斜交时，可能会出现下列不符合规范规定的情况：

(1) 中间层端节点处梁上部纵向受力钢筋弯折前水平投影长度小于 $0.4l_a$(或 $0.4l_{aE}$)(图 2-3-12a)。

(2) 一、二级抗震等级时，中间层中间节点梁上部纵向受力钢筋穿过柱子的长度小于 $20d$，d 为梁纵向受力钢筋的直径(图 2-3-12b)。

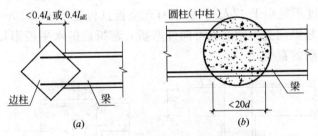

图 2-3-12 梁柱节点钢筋锚固不满足规范要求举例
(a)梁柱斜交；(b)梁与圆柱相交

出现上述问题时，可采用下列方法中的一种或几种：

(1) 调整梁的纵向受力钢筋布置，使直径较大的钢筋放在梁的中部，直径较小的钢筋放在梁的两侧；

(2) 加大柱的截面尺寸；

(3) 在柱的内边平面内设置暗梁或在柱外侧增设与梁同高的墩头，如图 2-3-13(a)、(b)所示；

(4) 将梁柱节点区局部加大，按宽扁梁构造设计此节点区，如图 2-3-13(c)所示；

(5) 改变柱子方向，使柱子与梁正交；

(6) 对个别节点，也可按框架梁铰接在框架柱上进行设计。

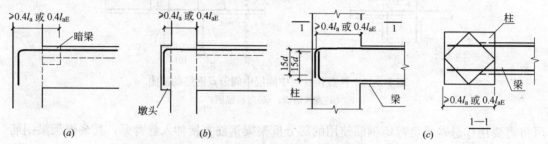

图 2-3-13　使梁柱节点钢筋锚固满足规范要求做法举例
(a)设暗梁；(b)柱外侧增设墩头；(c)节点局部加大

当梁的纵向受力钢筋锚固满足图 2-3-13 的构造要求，但 $0.4l_{aE}$(抗震设计)或 $0.4l_a$(非抗震设计)$+15d<l_{aE}$(抗震设计)或 l_a(非抗震设计)时，是否必须再将钢筋延长向外伸出一段长度使之大于等于 l_{aE}(抗震设计)或 l_a(非抗震设计)呢？考虑柱子传来的轴向压力对锚固有利，此种情况下不必强求 $0.4l_{aE}$(抗震设计)或 $0.4l_a$(非抗震设计)$+15d \geqslant l_{aE}$(抗震设计)或 l_a(非抗震设计)，而只要水平直线段锚固长度大于等于 $0.4l_{aE}$后再伸至柱外边柱纵向受力钢筋内侧即可。

2.3.25 框架顶层中间节点的纵向受力钢筋锚固构造。

【解析】　框架顶层中间节点柱子的纵向受力钢筋，可采用直线方式锚入顶层节点，其自梁底标高算起的锚固长度不应小于 l_{aE}(抗震设计)或 l_a(非抗震设计)，且柱纵向受力钢筋应伸至柱顶，如图 2-3-14(a)所示。当顶层节点处梁截面高度不足时，柱纵向受力钢筋应伸至柱顶并向节点内水平弯折。当充分利用柱纵向受力钢筋的抗拉强度时，柱纵向受力钢筋锚固段弯折前的竖直投影长度不应小于 $0.5l_{aE}$(抗震设计)或 $0.5l_a$(非抗震设计)，弯折后的水平投影长度不宜小于 $12d$。当柱顶有现浇板且板厚不小于 80mm、混凝土强度等级不低于 C20 时，柱纵向受力钢筋也可向外弯折，弯折后的水平投影长度不宜小于 $12d$。此处 d 为柱纵向钢筋的直径。

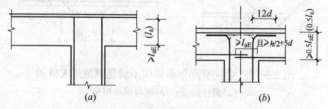

图 2-3-14　顶层中间节点钢筋的锚固
(a)直线锚固；(b)弯折锚固

梁的上部纵向受力钢筋应贯穿顶层中间节点，对一、二级抗震等级，贯穿顶层中间节点的梁上部纵向受力钢筋直径，不宜大于柱在该方向截面尺寸的 1/25。梁下部纵向受力钢筋在顶层中间节点的锚固做法与梁下部纵向受力钢筋在中间层中间节点的锚固做法相同。

2.3.26 在进行框架梁柱节点核心区截面抗震验算时,如何确定核心区截面有效验算宽度?

【解析】 节点核心区截面有效验算宽度 b_j 的大小,直接影响节点核心区抗力的大小。b_j 取值过大,则导致节点核心区抗剪承载能力偏大,造成不安全。

抗震规范附录 D 第 D.1.2 条规定,核心区截面有效验算宽度,应按下列规定采用:

1. 核心区截面有效验算宽度,当验算方向的梁截面宽度不小于该侧柱截面宽度的 1/2 时,可采用该侧柱截面宽度,当小于柱截面宽度的 1/2 时,可采用下列二者的较小值:

$$b_j = b_b + 0.5h_c \tag{2-3-15}$$

$$b_j = b_c \tag{2-3-16}$$

式中 b_j——节点核心区的截面有效验算宽度;

b_b——梁截面宽度;

h_c——验算方向的柱截面高度;

b_c——验算方向的柱截面宽度。

2. 当梁、柱的中线不重合且偏心距不大于柱宽的 1/4 时,核心区的截面有效验算宽度可采用上款和下式计算结果的较小值:

$$b_j = 0.5(b_b + b_c + 0.5h_c) - e \tag{2-3-17}$$

式中 e——梁与柱中线偏心距。

设计时应按上述规定计算 b_j。

2.3.27 节点核心区两侧梁和(或)上下柱截面高度不同时,如何进行节点核心区截面抗震验算?

【解析】 当节点核心区两侧梁和(或)上下柱截面高度不同时,按现行规范的规定对该类异型节点的抗剪验算是偏于不安全的。试验研究表明,异型节点的抗剪承载力取决于异型节点的"混凝土小核心"尺寸、混凝土强度等级和配筋情况,而异型节点的大核心对"混凝土小核心"具有约束作用;有学者据此提出了钢筋混凝土框架异型节点的抗剪承载力计算公式,见有关文献。

大小梁高差范围内的节点区也是可能破坏的区域,虽然按"混凝土小核心"计算配置箍筋可满足其抗剪承载力要求,但在构造上一般应限制大梁下部纵向钢筋的配筋率,对一、二级框架结构分别不宜大于 0.85% 和 0.75%,其他不宜大于 1.0%,对于荷载效应组合在大梁端部下部不出现受拉区的框架结构可不受此限制。对此节点区域和相邻的一倍大梁梁高范围内的柱应加密箍筋,其体积配箍率不应小于大小梁相交节点区的体积配箍率。

异型节点的受力特点及配筋构造分别见图 2-3-15、图 2-3-16。

2.3.28 当梁、柱混凝土强度等级不同,尤其在高层建筑的底部,柱混凝土强度等级远大于梁时,对梁柱节点核心区的混凝土强度等级及做法如何处理?

【解析】 水平荷载作用下框架节点核心区承受很大的剪力,容易发生脆性剪切破坏,抗震设计时,要求节点核心区基本上处于弹性状态,不出现明显的剪切裂缝。保证框架节点核心区在与之相交的框架梁、柱之后屈服。因此,规范规定一、二级抗震等级的框架节点核心区应进行抗震验算,三、四级抗震等级的框架节点核心区应符合抗震构造措施的要求。一般施工为方便起见,往往先浇捣柱混凝土到梁底标高,再浇捣梁板混凝土。这样,

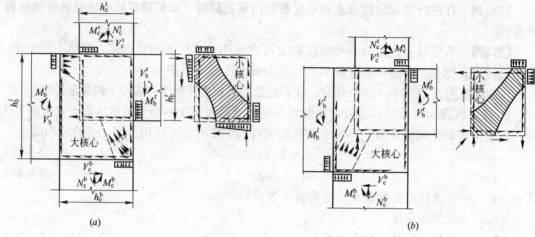

图 2-3-15 异型节点受力图

当梁、柱混凝土强度等级不同时，节点核心区混凝土强度等级就低于柱子的混凝土强度等级，有可能造成节点核心区斜截面抗剪强度不够。

当框架梁柱的混凝土强度等级不同时，框架梁柱节点核心区的混凝土可按以下原则处理：

以混凝土强度等级级差 $5N/mm^2$ 为一级。

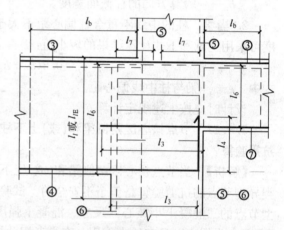

图 2-3-16 异型节点的配筋构造

1. 柱子混凝土强度等级高于梁板混凝土强度等级不超过一级时，或柱子混凝土强度等级高于梁板混凝土强度等级不超过二级，但节点四周均有框架梁时，节点核心区的混凝土可与梁板相同；

2. 柱子混凝土强度等级高于梁板混凝土强度等级不超过二级，且不是节点四周均有框架梁时，节点核心区的混凝土也可与梁板相同，但应按抗震规范附录 D 进行斜截面承载力验算；

3. 当不符合上述规定时，梁柱节点核心区的混凝土应按柱子混凝土强度等级单独浇筑如图 2-3-17(a) 所示，在混凝土初凝前即浇捣梁板混凝土，并加强混凝土的振捣和养护。并在梁端做水平加腋，以加强对梁柱节点核心区的约束；

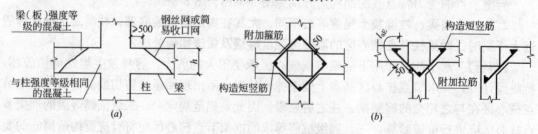

图 2-3-17 梁柱节点做法示意图

4. 不符合1、2、3款规定时，也可按图2-3-17(b)所示的方法，加大核心区面积，并配置附加钢筋。

2.3.29 框架填充墙、隔墙的设计。

【解析】 框架填充墙、隔墙的设计，主要有两类问题：一是填充墙、隔墙对结构整体刚度的影响；二是填充墙、隔墙与主体结构的拉结，墙体的稳定等。一般设计对第二类问题较为重视，而对第一类问题则考虑不够，特别填充墙、隔墙的布置，往往认为是建筑专业的事，更容易忽视。历次地震框架的填充墙、隔墙由于这两类问题引起的震害并不少见，切不可等闲视之。

1. 填充墙、隔墙在平面和竖向的布置，宜均匀、对称，减少因抗侧刚度偏心所造成的扭转，避免形成上下层刚度差异过大。实际工程中，由于功能需要，将填充墙、隔墙仅布置在结构平面的一侧时，可能会使结构产生不容忽视的偏心；结构某一楼层或几个楼层无填充墙、隔墙，而其他楼层均布置较多填充墙、隔墙时，可能会使结构的上下层刚度差异过大，甚至形成薄弱层，等等。意大利一五层框架结构的旅馆，底层为大堂餐厅等，隔墙较少，而上部二～五层为客房，隔墙很多，地震时底层完全破坏，上部4层落下压在底层上。

目前尚没有关于填充墙、隔墙刚度计算的好方法，因而难以较准确地估算由此产生的结构偏心或上下层刚度差异值等。因此，设计中应当从概念设计出发，从计算和构造两个方面来考虑：

(1) 结构分析时，宜根据填充墙、隔墙的实际布置情况，用较为合理的偏心距来反映平面布置的不均匀，用层刚度增大系数来反映竖向布置的不均匀，并取按此计算的结果和不考虑这些因素的计算结果两者中的最不利情况作为设计依据；

(2) 对上下层填充墙、隔墙数量变化很大的框架结构，宜考虑按薄弱层设计；

(3) 采取切实可靠的构造措施来减小由于填充墙布置的不均匀、不对称而产生的结构偏心或上下层刚度差异过大所造成的不利影响。

2. 边框架外墙设带形窗，框架柱中部无填充墙，当柱上下两端设置的刚性填充墙的约束使框架柱中部形成短柱(柱中部净高与柱截面高度之比不大于4)时，会造成剪切破坏，应按抗震规范第6.3.10条第3款的规定，柱箍筋应全高加密。

3. 特别要注意由于填充墙嵌砌与框架刚性连接时，其强度和刚度对结构的影响。实际结构中，填充墙、隔墙对结构的整体刚度是有贡献的，有时甚至很大。不考虑填充墙、隔墙对结构整体刚度的贡献，结构实际承受的地震作用就大于计算值，使结构抗震设计偏于不安全。程序计算时用周期折减系数来反映这个贡献的大小(见表2-3-6)，但采用的是统一的折减系数，仅是对填充墙、隔墙作用的大致估算。应根据不同的结构类型、不同的材料及填充墙、隔墙数量的多少选用较为符合实际结构刚度的周期折减系数。

周期折减系数　　　　　　表2-3-6

结构类型	填充墙较多	填充墙较少	结构类型	填充墙较多	填充墙较少
框架结构	0.6～0.7	0.7～0.8	剪力墙结构	0.9～1.0	1.0
框剪结构	0.7～0.8	0.8～0.9			

注：表中填充墙是指砖填充墙。

4. 框架结构的填充墙及隔墙应尽可能选用轻质墙体以减轻自重。

5. 填充墙、隔墙与主体结构应有可靠拉结，应能适应主体结构不同方向的层间位移；8、9度时应具有满足层间变位的变形能力，与悬挑构件相连接时，尚应满足节点转动引起的变形能力。

6. 抗震设计时，框架如采用砌体填充墙，应符合下列要求：

(1) 砌体填充墙应沿框架柱的高度每隔500mm左右设置2φ6的拉筋，拉筋伸入填充墙内的长度：6、7度时不应小于墙长的1/5，且不应小于700mm；8、9度时宜沿墙全长贯通。

(2) 墙长大于5m，墙顶与梁(板)宜有钢筋拉结；墙长超过层高2倍时，宜设置钢筋混凝土构造柱；墙高超过4m时，墙体半高处(或门窗洞口上皮)宜设置与柱连接且沿墙全长贯通的钢筋混凝土水平系梁。

(3) 砌体砂浆强度等级不应低于M5，墙顶应与框架梁或楼板密切结合。

2.3.30 雨篷设计。

【解析】 钢筋混凝土雨篷的设计主要有三个问题：一是雨篷梁及雨篷板的承载能力和变形要求；二是雨篷的整体防倾覆；三是对砌体结构，要验算雨篷梁支承处砌体的局部受压承载能力。有的设计错按砌体结构设计雨篷，当雨篷板和楼层板不能整体现浇时，仅将雨篷梁(或板)支承在框架的填充墙上。实际上框架结构中雨篷设计和砌体结构中雨篷设计有很大区别，因为在框架结构中，砌体填充墙是非承重墙体，既不能支承雨篷梁(或板)的荷载，也不能像砌体结构的墙体那样，可以平衡雨篷板的固端弯矩，防止雨篷的整体倾覆。仅将雨篷梁(或板)支承在框架的填充墙上，虽然雨篷本身的承载能力和变形满足要求，但雨篷的整体倾覆和填充墙的局部受压强度都不可能满足要求。

一般框架结构中雨篷的设计，应注意以下问题：

(1) 当雨篷板和框架梁标高接近时，应使两者整体浇灌；

(2) 当雨篷板和框架梁标高相差较大两者无法整体浇灌时，若雨篷所在跨跨度不大，可将雨篷梁向两侧延伸至框架柱，雨篷梁按弯剪扭构件设计，框架柱的设计应考虑雨篷梁传来的集中弯矩和集中力(图2-3-18)；若雨篷所在跨跨度较大，可在雨篷梁两端下立小受力柱，小受力柱上端伸入框架梁内，雨篷梁按弯剪扭构件设计，小受力柱按偏压构件设计(图2-3-19)。

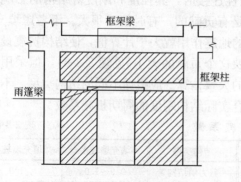

图2-3-18 雨篷梁向两侧延伸至框架柱

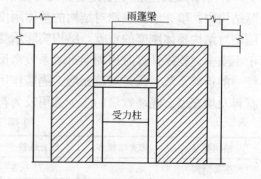

图2-3-19 雨篷梁两端立柱伸入框架梁

第四章 剪力墙结构

2.4.1 短肢剪力墙较多的剪力墙结构的判定。

【解析】 短肢剪力墙较多的剪力墙结构的判定应满足以下两条：

1. 结构中应有短肢剪力坪，短肢剪力墙的判定也有两条：

(1) 墙肢截面高度与厚度之比为5~8，对L形、T形、I形截面剪力墙，则应每个方向墙肢截面高度与厚度之比为5~8；

(2) 墙肢两侧均与弱连梁相连或一端与弱连梁相连（连梁的跨高比大于6）、一端为自由端，见图2-4-1。两条应同时满足。

2. 一般情况下，当剪力墙结构中由短肢剪力墙所承受的第一振型底部地震倾覆力矩占结构底部总地震倾覆力矩的40%~50%时，可认为是短肢剪力墙较多的剪力墙结构。如果结构中仅有少量的短肢剪力墙，不应判定为短肢剪力墙较多的剪力墙结构。

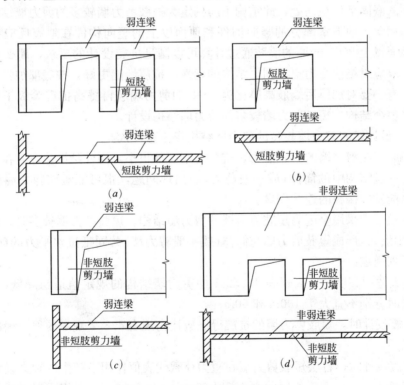

图 2-4-1 短肢剪力墙判别举例

例如，根据上述第2款，图2-4-1(a)、(b)中应为短肢剪力墙，而图2-4-1(c)中的剪力墙虽然一个方向墙肢截面高度与厚度之比为5~8，但另一个方向墙肢截面高度与厚度之比大于8，故不应判定为短肢剪力墙，图2-4-1(d)中剪力墙因其两侧均与较强的连梁相连，也不应判定为短肢剪力墙。

由剪力墙开洞后所形成的联肢墙、壁式框架等，虽然其墙肢的截面高度与厚度之比也很可能为 5～8，但这些墙肢不是独立墙肢，它们并不是各自独立发挥作用，而是和连梁一起共同工作，有着较大的抗侧力刚度。故由联肢墙、壁式框架等构成的结构不应判定为短肢剪力墙较多的剪力墙结构，不必遵守高规第 7.1.2 条的规定，而应按剪力墙结构（壁式框架）的有关规定进行设计。

在筒中筒结构中，虽然外框筒的墙肢截面高度与厚度之比可能为 5～8，但这些墙肢也不是独立墙肢，它们并不是各自独立发挥作用，而是和裙梁（连梁）一起，构成了抗侧力刚度很大的外框筒，因此，也不应判定为短肢剪力墙较多的剪力墙结构，不必遵守高规第 7.1.2 条的规定，而应按筒中筒结构的有关规定进行设计。

2.4.2 某剪力墙住宅，地上 28 层，地下 2 层，地上部分墙肢长度与厚度之比大于 8，均为普通剪力墙。地下室范围内墙加厚，墙肢长度与厚度之比小于 8，结构嵌固部位在地下 1 层底板，是否应按短肢剪力墙较多的剪力墙结构设计？

【解析】 如果室外地坪和地下室顶板高差不大（一般小于本层层高的 1/3），土对地下室有很好的侧向约束作用，而地面以上又无短肢剪力墙或仅有很少短肢剪力墙（短肢剪力墙承受的第一振型底部地震倾覆力矩远小于结构底部总地震倾覆力矩的 40%～50%），此时不论结构的嵌固部位在何处，此结构不应判定为短肢剪力墙较多的剪力墙结构。因为在水平荷载作用下，地下室部分的竖向构件和地面以上的竖向构件在地震反应上有很大区别。既然地面以上 200mm 厚的墙肢通过计算可以满足抗震设计的要求，那么地面以下将一些墙肢加厚应对结构受力更有利，结构的延性、抗震性能更好，按底部加强部位进行设计即可，没有必要对加厚后墙肢高厚比为 5～8 的剪力墙肢再提高抗震等级予以加强，更没有必要将整个结构按短肢剪力墙较多的剪力墙结构设计。

2.4.3 设计短肢剪力墙较多的剪力墙结构应注意什么？

【解析】 短肢剪力墙的承载能力、抗侧力刚度都很小，构件延性差，若在结构中所占比例较多，一旦结构中的筒体（或一般剪力墙）出现问题，很可能短肢剪力墙就会随之破坏，并有可能发生楼板的连续倒塌。

高层建筑不应采用全部为短肢剪力墙的剪力墙结构。短肢剪力墙较多时，应布置筒体（或一般剪力墙），形成短肢剪力墙与筒体（或一般剪力墙）共同抵抗水平力的剪力墙结构，并应符合下列规定：

（1）最大适用高度应比高规表 4.2.2-1 中剪力墙结构的规定值适当降低，且 7 度、8 度抗震设计时分别不宜大于 100m 和 60m；

（2）抗震设计时，短肢剪力墙的抗震等级应比高规表 4.8.2 规定的剪力墙的抗震等级提高一级采用；

（3）抗震设计时，各层短肢剪力墙在重力荷载代表值作用下产生的轴力设计值的轴压比，抗震等级为一、二、三级时分别不宜大于 0.5、0.6、0.7；对于无翼缘或端柱的一字形短肢剪力墙，其轴压比限值相应降低 0.1；

（4）抗震设计时，除底部加强部位应按高规第 7.2.10 条调整剪力设计值外，其他各层短肢剪力墙的剪力设计值，一、二级抗震等级应分别乘以增大系数 1.4 和 1.2；

（5）抗震设计时，短肢剪力墙截面的全部纵向钢筋的配筋率，底部加强部位不宜小于 1.2%，其他部位不宜小于 1.0%；

（6）短肢剪力墙截面厚度不应小于 200mm；

(7) 7度和8度抗震设计时，短肢剪力墙宜设置翼缘，一字形短肢剪力墙平面外不宜布置与之单侧相交的楼面梁。

短肢剪力墙较多的剪力墙结构应特别强调短肢剪力墙布置的均匀性，避免将短肢剪力墙集中布置在一处，若短肢剪力墙布置过于集中，虽然所承受的第一振型底部地震倾覆力矩占结构底部总地震倾覆力矩甚至不足40%，也有可能造成结构的严重破坏；避免将短肢剪力墙集中布置在结构的一个方向上，对平面布置正交的剪力墙结构，当L形剪力墙的短肢（墙肢截面高度与厚度之比为5~8）均在一个方向，且由这些墙肢所承受的该方向第一振型底部地震倾覆力矩占结构底部总地震倾覆力矩的40%~50%时，则显然结构两个方向的抗侧力刚度差异很大，肯定会使结构产生过大的扭转导致结构破坏，是不允许的。

2.4.4 高层建筑什么情况下可以在角部剪力墙上开设转角窗？应采取哪些加强措施？

【解析】 高层建筑剪力墙结构的角部是结构的关键部位，在角部剪力墙上开设转角窗，实际上是取消了角部的剪力墙肢，代之以角部曲梁，这不仅削弱了结构的整体抗扭刚度和抗侧力刚度，而且邻近洞口的墙肢、连梁内力增大，扭转效应明显，于结构抗震不利。

B级高度及9度设防A级高度的高层建筑不应在角部剪力墙上开设转角窗。抗震设计时，8度及8度以下设防A级高度的高层建筑在角部剪力墙上开设转角窗时，建议采取下列措施：

(1) 洞口应上下对齐，洞口宽度不宜过大，连梁高度不宜过小；

(2) 洞口附近应避免采用短肢剪力墙和单片剪力墙，宜采用"T"、"L"、"匚"形等截面的墙体，墙厚宜适当加大，并应沿墙肢全高按要求设置约束边缘构件；

(3) 宜提高洞口两侧墙肢的抗震等级，并按提高后的抗震等级满足轴压比限值的要求；

(4) 加强转角窗上转角梁的配筋及构造；

(5) 转角处楼板应局部加厚，配筋宜适当加大，并配置双层的直通受力钢筋；必要时，可于转角处板内设置连接两侧墙体的暗梁；

(6) 结构电算时，转角梁的负弯矩调幅系数、扭矩折减系数均应取1.0。抗震设计时，应考虑扭转耦联影响。

2.4.5 如何计算带有地下室的剪力墙结构剪力墙底部加强部位的高度？

【解析】 计算带有地下室的剪力墙结构剪力墙底部加强部位的高度，应根据上部结构的嵌固部位不同分两种情况计算。

1. 地下室顶板能作为上部结构的嵌固部位

此时剪力墙底部加强部位的高度应从地下一层顶板向上算起，取结构底部两层和剪力墙总高度八分之一两者中的大值且不大于15m；同时地下一层按加强部位设计，地下二层不必按加强部位设计。

2. 地下室顶板不能作为上部结构的嵌固部位

由于地下室大部分顶板降板、开大洞、或车库（墙体少）等原因，不能满足地下一层顶板作为结构嵌固部位时，剪力墙底部加强部位的高度应从地下一层顶板向上算起，取底部两层和剪力墙总高度八分之一两者中的大值且不大于15m；同时地下一层按加强部位设计，地下二层不必按加强部位设计。

当地下室顶板标高与室外地坪的高差大于本层层高的1/3时，可以认为上部结构的嵌固部位在地下一层底板而不是在地下一层顶板。此时，剪力墙底部加强部位的高度应从地下一层底板向上算起，取底部两层和剪力墙总高度八分之一两者中的大值且不大于15m；同时从地下一层底板向下延伸一层按加强部位设计。

2.4.6 为什么较长的剪力墙宜开设结构洞？

【解析】 较长的剪力墙宜开设结构洞，原因有二：

1. 提高墙肢延性，避免脆性破坏。剪力墙结构中，若墙肢的长度过长，其墙肢的高宽比(总高度/总宽度)有可能小于2，高宽比小于2的墙肢在地震作用下的破坏形态为剪切破坏，类似短柱属脆性破坏，称为矮墙效应，这类墙肢的延性差，于抗震不利。细高的剪力墙(高长比大于2)容易设计成弯曲破坏或弯剪型的延性剪力墙，从而可避免脆性的剪切破坏。

2. 避免单片剪力墙承担的水平剪力过大。结构整体计算中这类墙肢承受了很大的楼层剪力，而其他小的墙肢承受的剪力很小，一旦地震特别是超烈度地震时，这类墙肢容易首先遭到破坏，而小的墙肢又无足够配筋，使整个结构可能形成各个击破，致使房屋倒塌。

因此，高规第7.1.5条规定：较长的剪力墙宜开设洞口，将其分成长度较为均匀的若干墙段，墙段之间宜采用弱连梁(跨高比宜大于6的连梁)连接，每个独立墙段的总高度与其截面高度(即墙肢长度)之比不应小于2。墙肢截面高度(即墙肢长度)不宜大于8m。

当墙肢长度超过8m时，应在墙肢上开设结构洞，把长墙肢分成短墙肢，结构计算按开洞处理。结构洞处连梁及洞口边缘构件按规范要求设置，洞口砌筑填充墙类轻质材料封堵，但由于填充墙和剪力墙是两种不同的材料，可能会因收缩不同使洞口处出现墙体裂缝，此时应在装修时采取墙体防裂措施。

2.4.7 如何确定剪力墙的墙体厚度？

【解析】 1. 剪力墙结构和框架-剪力墙结构中的剪力墙截面的最小厚度应满足表2-4-1的规定。

剪力墙截面最小厚度　　　　　　表2-4-1

			剪力墙部位	最小厚度(mm，取较大值)	
				有端柱或翼墙	无端柱或翼墙
抗震设计	剪力墙结构	一、二级抗震	底部加强部位	$H/16$, 200	$h/12$, 200
			其他部位	$H/20$, 160	$h/15$, 180
		三、四级抗震	底部加强部位	$H/20$, 160	$H/20$, 160
			其他部位	$H/25$, 160	$H/25$, 160
	框架-剪力墙结构	一、二级抗震	底部加强部位	$H/16$, 200	
			其他部位	$H/20$, 160	
		三、四级抗震	底部加强部位	$H/20$, 160	
			其他部位	$H/20$, 160	
非抗震设计	剪力墙结构			$H/25$, 140	$H/25$, 140
	框架-剪力墙结构			$H/20$, 140	$H/20$, 140

注：表中符号H为层高或无支长度二者中的较小值，h为层高。

规定剪力墙最小厚度的目的是保证剪力墙平面外的刚度和稳定性。当墙平面外有与其相交的剪力墙时，可视为剪力墙的支承，有利于保证剪力墙平面外的刚度和稳定性，故可在层高及无支长度两者中取较小值计算剪力墙的最小厚度。无支长度是指沿剪力墙长度方向没有平面外横向支承墙的长度。而两端无端柱或翼墙的一字形剪力墙的厚度，只能按层高计算墙厚，最小厚度也要加大。

2. 短肢剪力墙截面厚度不应小于 200mm。

3. 框支剪力墙结构转换构件上部的剪力墙体厚度不宜小于 200mm。

4. 当采用预制楼板时，确定墙的厚度时还应考虑预制板在墙上的搁置长度以及墙内竖向钢筋贯通等构造要求。

5. 当剪力墙的最小厚度不满足上述要求时，应按高规附录 D 验算墙体的稳定。但部分框支剪力墙结构中的落地剪力墙、短肢剪力墙、框架-剪力墙结构中的剪力墙，其截面厚度宜按表 2-4-1 取用。

6. 剪力墙电梯井筒内分隔空间的墙肢数量多而长度不大，两端嵌固情况好，故电梯井或管井的墙体厚度可适当减小，但不宜小于 160mm。

当结构底部楼层较高，使得电梯井或管井的墙体厚度不可能很薄，但结构又已有足够的抗侧力刚度时，可以考虑电梯井或管井的墙肢不作为抗侧力构件，将其做成符合建筑及其他专业功能要求的非结构构件。

2.4.8 规范为什么对错洞墙要求采用有限元计算？如何设计错洞墙？

【解析】 错洞墙的洞口错开，洞口之间距离较大(图 2-4-2a、b)，叠合错洞墙是洞口错开距离很小，甚至叠合(图 2-4-2c、d)，不仅墙肢不规则，洞口之间形成薄弱部位，叠合错洞墙比错洞墙更为不利。错洞墙和叠合错洞墙都是不规则的剪力墙，其应力分布复杂，容易造成剪力墙的薄弱部位，常规计算无法获得其实际内力，构造比较复杂。故高规规定对此类具有不规则洞口布置的错洞墙，如结构整体计算中采用了杆系、薄壁杆系模型或对洞口作了简化处理的其他有限元模型时，应按弹性平面有限元方法进行应力分析，对不规则开洞墙的计算结果进行分析、判断，必要时应进行补充计算，按应力进行截面配筋设计或校核。

剪力墙的底部加强部位，是塑性铰出现及保证剪力墙安全的重要部位，抗震设计时，一、二、三级抗震等级不宜采用错洞墙布置。如无法避免错洞墙，则宜控制错洞墙洞口间的水平距离不小于 2m，设计时应仔细分析计算，并在洞口周边采取有效构造措施(图 2-4-2b)。

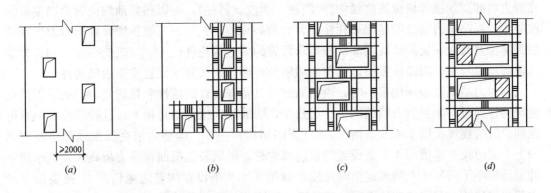

图 2-4-2 剪力墙洞口不对齐时的构造措施

(a)一般错洞墙；(b)底部局部错洞墙；(c)叠合错洞墙构造之一；(d)叠合错洞墙构造之二

一、二、三级抗震等级的剪力墙所有部位(底部加强部位和上部)均不宜采用叠合错洞墙,当无法避免叠合错洞墙布置时,除应按有限元方法进行应力分析,按应力进行截面配筋设计或校核外,还应在洞口周边采取有效加强措施(图 2-4-2c)或采用其他轻质材料填充将叠合洞口转化为规则洞口(图 2-4-2d,其中阴影部分表示轻质填充墙体)的剪力墙或框架结构。

2.4.9 为什么规范规定的柱轴压比和剪力墙轴压比限值不同?

【解析】 抗震设计时,限制柱子和剪力墙轴压比的目的都是为了提高构件的延性,两者的定义式也一样,都是 $N/(f_cA)$,但式中的 N 取值不同。柱子轴压比中的 N 是考虑地震作用组合的轴压力设计值,而为了简化设计计算,墙肢轴压比中的 N 是重力荷载代表值作用下剪力墙墙肢轴向压力设计值(重力荷载乘以分项系数后的最大轴压力设计值),不考虑地震作用组合。由于考虑地震作用组合的轴压力设计值一般比重力荷载代表值作用下剪力墙墙肢轴向压力设计值数值要大,故同样抗震等级下柱子轴压比限值要比剪力墙墙肢轴压比限值大,但实际上两者是相当的。

建筑的重力荷载代表值应取结构和构配件自重标准值和各可变荷载组合值之和。各可变荷载的组合值系数,应按抗震规范表 5.1.3 采用。对一般情况下的民用建筑,重力荷载代表值作用下剪力墙墙肢轴向压力设计值可近似按下式计算:

$$N=1.25(S_{Gk}+0.5S_{Qk}) \tag{2-4-1}$$

式中 N——重力荷载代表值作用下剪力墙墙肢轴向压力设计值;

S_{Gk}——按永久荷载标准值 G_k 计算的荷载效应值;

S_{Qk}——按可变荷载标准值 Q_k 计算的荷载效应值。

需要说明的是:截面受压区高度不仅与轴向压力有关,还与截面形状有关,在相同的轴向压力作用下,带翼缘的剪力墙受压区高度较小,延性相对较好,而矩形截面最为不利。规范为简化起见,对I形、T形、L形、矩形截面均未作区分,设计中,对矩形截面剪力墙墙肢应从严控制其轴压比。

2.4.10 高规规定剪力墙底部加强部位应设置约束边缘构件,抗震规范规定剪力墙底部加强部位墙肢轴压比很小时也可设置构造边缘构件,如何理解两个规定的区别?

【解析】 高层建筑结构由于层数多、荷载大,剪力墙底部的轴向压力也很大。试验表明:当偏心受压的剪力墙轴向压力较大时,墙肢的截面受压区高度增加,构件延性下降。在剪力墙底部加强部位设置边缘构件(暗柱、明柱、翼柱),可以很好地约束剪力墙端部的混凝土,提高剪力墙肢的延性和耗能能力。故高规规定:一、二级抗震设计的剪力墙底部加强部位及其上一层的墙肢端部应按要求设置约束边缘构件;一、二级抗震设计的剪力墙其他部位以及三、四级抗震设计的剪力墙墙肢端部均应按要求设置构造边缘构件。

当剪力墙墙肢轴压比很小时,说明墙肢已具备有较好的延性和耗能能力,故设置构造边缘构件即可。多层剪力墙结构由于层数少,墙肢轴向压力不是很大,这种情况是很有可能的。故抗震规范第 6.4.6 条指出:"抗震墙结构,一、二级剪力墙底部加强部位及相邻的上一层应按本章第 6.4.7 条设置约束边缘构件,但墙肢底截面在重力荷载代表值作用下的轴压比小于表 6.4.6 的规定值时可按本章第 6.4.8 条设置构造边缘构件。"抗震规范考虑到高层建筑和多层建筑的不同,根据剪力墙底部加强部位墙肢轴压比的大小来确定设置约束边缘构件还是设置构造边缘构件;高规则根据高层建筑本身的特点,剪力墙底部加强部位墙肢轴压比大，要求设置约束边缘构件。所以，两规范的规定是一致的。

2.4.11　如何确定剪力墙约束边缘构件 l_c 的长度？

【解析】 设置剪力墙约束边缘构件，目的是约束剪力墙墙肢端部的受压区混凝土，提高受压区混凝土的变形能力，提高结构的耗能能力和抗震性能。因此，从理论上讲，l_c 的长度与墙肢的受力状态有关，应根据偏心受压构件混凝土的极限压应变值 $\varepsilon_{cu}=0.0033$ 由计算确定，就是说 l_c 和墙肢端部的混凝土受压区高度 x 有关（当然不是相等）。规范为简单起见，采用仅与墙肢长度 h_w 挂钩的办法，即用 h_w 乘以约束边缘构件长度系数来确定。既满足设计精度的要求，又简单方便，是可行的。根据规范规定，要正确计算约束边缘构件 l_c 的长度，应确定好两个参数：一是约束边缘构件长度系数，二是剪力墙墙肢截面的长度 h_w。

约束边缘构件长度系数的取值见表 2-4-2，可见与墙肢的抗震等级和墙肢端部有无翼墙或端柱有关。

约束边缘构件长度 l_c (mm)　　　　　　　表 2-4-2

抗震等级	特一级	一级（9度）	一级（7、8度）	二级
暗柱	$0.25h_w$、$1.5b_w$、450mm 三者之大值	$0.25h_w$、$1.5b_w$、450mm 三者之大值	$0.20h_w$、$1.5b_w$、450mm 三者之大值	$0.20h_w$、$1.5b_w$、450mm 三者之大值
翼墙或端柱	$0.25h_w$、$1.5b_w$、450mm 三者之大值	$0.20h_w$、$1.5b_w$、450mm 三者之大值	$0.15h_w$、$1.5b_w$、450mm 三者之大值	$0.15h_w$、$1.5b_w$、450mm 三者之大值

剪力墙墙肢截面长度的 h_w 的取值，与墙肢的受力状态有关。例如：对整截面的单片墙，其受力状态如同竖向悬臂梁，沿墙肢的高度方向上弯矩既不发生突变也不出现反弯点，截面上正应力呈直线分布，墙肢一端受拉，一端受压，如图 2-4-3(a) 所示。故 h_w 应取剪力墙整个墙肢截面的长度。当为一字墙（暗柱）时，约束边缘构件长度可取表中第二行的有关数值，当墙肢端部有翼墙或端柱时，考虑翼墙或端柱对墙肢端部混凝土受压区有一定的约束作用，l_c 可适当减小，约束边缘构件长度可取表中第三行的有关数值，但 h_w 仍应取墙肢截面全长。若在墙肢的中部（中和轴附近）有端柱或平面外的墙肢时，并不能对墙肢端部产生约束作用，故 h_w 不应减小，系数仍应取表中第二行的有关数值。当为整体小开口墙或双肢墙时，连梁刚度很大，其约束作用很强，墙肢的整体性很好。水平荷载作用产生的弯矩主要由墙肢的轴力承担，墙肢自身弯矩很小，截面上正应力接近直线分布，洞口一端的墙肢受拉或以受拉为主，另一端的墙肢受压或以受压为主，如图 2-4-3(c)、(d) 所示。此时应取剪力墙体整个截面的长度（即各墙肢长度加洞口长度之和）来计算 l_c，若仅按各自墙肢的截面长度来计算 l_c，显然就不能达到真正约束墙肢端部的受压区混凝土的目的，可能会造成整个墙体的外侧墙端应当约束的压区混凝土未能很好地约束，使墙体的抗震设计存在隐患。

因此，笔者建议：

1. 整截面的单片墙或与弱连梁相连的墙肢（图 2-4-3b），其 h_w 应取整个墙肢的截面长度。
2. 像整体小开口墙或双肢墙这类连梁刚度很大、约束作用很强、墙肢整体性很好的墙体，并非独立墙肢，计算墙体两端约束边缘构件长度 l_c 的 h_w 的取值，应按整个墙体的

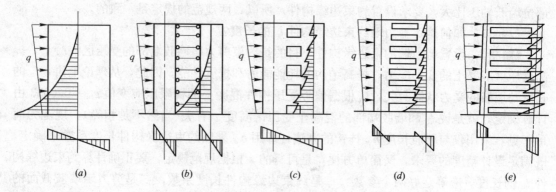

图 2-4-3 几种开洞剪力墙的受力特点

截面长度取用而不能仅按各自墙肢的截面长度。对较长的剪力墙开设结构洞形成的开洞墙、对开有转角窗的剪力墙(一般其连梁较强)以及其他与强连梁相连的剪力墙,应特别注意 h_w 的取值,一般应按整个墙体截面的长度取用。

3. 虽然开洞后形成强连梁与墙肢相连的开洞剪力墙的中和轴附近墙肢可不设约束边缘构件,但考虑连梁作为结构抗震设计的第一道防线,较强地震作用下退出工作后各墙肢将成为独立墙肢,故除墙体两端约束边缘构件外,开洞后的其他各墙肢仍应设置约束边缘构件或构造边缘构件,其长度 l_c 应按各墙肢的截面长度 h_w 来计算。

2.4.12 当剪力墙约束边缘构件非阴影部分的水平钢筋(水平分布筋、箍筋、拉筋)配筋过密时,构造如何处理?

【解析】 规范规定,约束边缘构件的配箍特征值,阴影部分不小于 λ_v,非阴影部分不小于 $\lambda_v/2$,箍筋或拉筋的竖向间距,一级不宜大于 100mm,二级不宜大于 150mm。这样的配箍特征值和间距要求,有时是很不小的。若在墙体水平筋之外再按要求配置箍筋或拉筋,往往会造成箍筋或拉筋过密,竖向间距过小。特别是对约束边缘构件的非阴影部分,设计和施工上难度都较大。

根据约束混凝土、提高延性的目的,中国建筑设计研究院结构专业设计研究院主编的国家标准图集给出了两种箍筋或拉筋的配筋方式:

(1) 外圈设置封闭箍筋,该封闭箍筋伸入阴影区域内一倍纵向钢筋间距,并箍住该纵向钢筋,封闭箍筋内设置拉筋。

(2) 当墙内水平分布筋的锚固及布置同时满足下列条件时,水平分布筋可取代相同位置(相同标高)处的封闭箍筋:

1) 当墙内水平分布筋在阴影区域内有可靠锚固时;
2) 当墙内水平分布筋的强度等级及截面面积均不小于封闭箍筋时;
3) 当墙内水平分布筋的位置(标高)箍筋位置(标高)相同时。

当墙内水平分布筋在阴影区域内有可靠锚固,且非阴影部分两端的拉筋同时牢牢钩住墙体水平筋和竖向筋时,可以代替一部分约束边缘构件非阴影部分的箍筋或拉筋,另一部分则配置密闭箍筋或拉筋,两部分之和满足配箍特征值的要求。这样做既可达到约束混凝土、提高延性的目的,又不致造成非阴影部分的水平方向钢筋过密,施工难以摆放的问题。

2.4.13 抗震设计时，剪力墙开洞后形成墙肢截面高度与厚度之比在 3～5 之间的小墙肢，应如何设计？

【解析】 如图 2-4-4 所示的小墙肢截面高度与厚度之比一般小于 5，是比短肢剪力墙抗侧力刚度更弱、抗震性能更差的独立小墙肢，不宜采用。

首先应尽可能避免在剪力墙上开设 3 个以上洞口集中于同一十字交叉墙附近所形成的独立小墙肢。无法避免、当结构中有极少数此种墙肢时，开洞后形成的十字交叉墙应按仅承受轴向力进行设计。其重力荷载代表值作用下的轴压比应满足表 2-4-3 的要求，并宜按框架柱进行截面设计，底部加强部位纵向钢筋的配筋率不应小于 1.2%，一般部位不应小于 1.0%，箍筋宜沿墙肢全高加密。结构中有极少数这样的小墙肢，该结构并不是短肢剪力墙较多的剪力墙结构，不必遵守高规中有关矩肢剪力墙较多的剪力墙结构的规定。

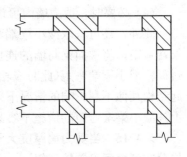

图 2-4-4　墙体开洞平面位置

剪力墙独立小墙肢轴压比限值　　　　　表 2-4-3

抗震等级	一级(7、8度)	二级	三级
轴压比	0.4	0.5	0.6

2.4.14 剪力墙墙肢与其平面外方向的楼面主梁连接时，为控制剪力墙平面外的弯矩，可以采取哪些处理措施？

【解析】 剪力墙的特点是平面内刚度及承载力很大，而平面外刚度及承载力都相对很小。当剪力墙墙肢与平面外方向的楼面梁连接时，或多或少会产生平面外弯矩，而一般情况下设计并不验算墙的平面外刚度及承载力。当梁高大于 2 倍墙厚时，梁端弯矩对墙平面外的安全不利，会使剪力墙平面外产生较大的弯矩，甚至超过剪力墙平面外的抗弯能力，造成墙体开裂甚至破坏。此时应设法增大剪力墙墙肢抵抗平面外弯矩的能力。设计中可根据节点弯矩的大小、墙肢的厚度(平面外刚度)等具体情况确定至少采取以下措施之一，减小梁端部弯矩对墙的不利影响：

(1) 沿梁轴线方向设置与梁相连的剪力墙，以抵抗该墙肢平面外弯矩(图 2-4-5a)；

(2) 当不能设置与梁轴线方向相连的剪力墙时，宜在墙与梁相交处设置扶壁柱，扶壁柱宜按计算确定其截面及配筋(图 2-4-5b)；

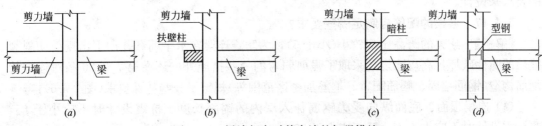

图 2-4-5　梁墙相交时剪力墙的加强措施
(a)加剪力墙；(b)加扶壁柱；(c)加暗柱；(d)加型钢

(3) 当不能设置扶壁柱时,应在墙与梁相交处设置暗柱,并宜按计算确定其截面及配筋(图2-4-5c);

(4) 必要时,剪力墙内可设置型钢(图2-4-5d)。

此外,还可采取减小梁端弯矩的措施。如做成变截面梁,减小梁端部截面,从而减小梁端弯矩;将楼面梁与墙的连接设计成铰接或半刚接,并在墙梁相交处设置构造暗柱;通过调幅减小梁端弯矩(此时应相应加大梁跨中弯矩)等。但这种方法应在梁出现裂缝不会引起结构其他不利影响的情况下采用。与设计成铰接的墙、梁的截面相对刚度有关。总之,上述减小梁端弯矩的措施不容易定量控制,设计人员应根据具体情况灵活处理。

2.4.15 当剪力墙厚度大于400mm时,竖向和水平分布筋仍采用双排配筋,墙体各排分布筋之间设置拉结筋。

【解析】 为防止混凝土表面出现收缩裂缝,同时使剪力墙具有一定的出平面抗弯能力,高层建筑的剪力墙不允许单排配筋。当剪力墙厚度大于400mm时,如仅采用双排配筋,形成中间大面积的素混凝土,会使剪力墙截面应力分布不均匀。因此,高规第7.2.3条规定:高层建筑剪力墙中竖向和水平分布筋,不应采用单排配筋。当剪力墙截面厚度b_w不大于400mm时,可采用双排配筋;当b_w大于400mm,但不大于700mm时,宜采用三排配筋;当b_w大于700mm时,宜采用四排配筋。受力钢筋可均匀分布成数排,或靠墙面的配筋略大。各排分布钢筋之间的拉结筋间距不应大于600mm,直径不应小于6mm,在底部加强部位,约束边缘构件以外的拉结筋间距宜适当加密。

2.4.16 两种剪力墙连梁的区别。

【解析】 剪力墙开洞后形成的连梁根据跨高比不同可分为两种情况:

1. 当连梁的跨高比小于5时(连梁跨度较小、截面高度较大),其承受的竖向荷载往往不大,梁的弯矩较小,对配筋不起控制作用;而水平荷载作用下梁的剪力很大,且沿梁长基本均匀分布,对剪切变形十分敏感,容易出现剪切斜裂缝,其中跨高比不大于2.5的连梁这种情况更为明显。

因此,跨高比小于5的连梁,其剪力设计值的计算、受剪截面控制条件、斜截面受剪承载力、配筋构造要求,应按规范规定的连梁设计(见高规第七章第7.2.22~7.2.26条),一端与剪力墙相连、另一端与框架柱相连的跨高比小于5的梁(无论其是剪力墙开洞后形成的梁还是框架梁),也应按连梁设计。

此梁均应取与剪力墙相同的抗震等级。

2. 当连梁的跨高比不小于5时,此梁的受力状态和一般框架梁相似,故可按框架梁的要求来设计。

2.4.17 连梁的配筋应满足哪些要求?

【解析】 连梁的跨高比都较小(小于5),为防止连梁在水平荷载作用下出现剪切斜裂缝后的脆性破坏,高规除规定采取了强剪弱弯的一些措施外,还在第7.2.26条对连梁的配筋构造(钢筋锚固、腰筋配置、箍筋加密区范围等)规定了一些特殊要求(图2-4-6):

(1) 连梁顶面、底面纵向受力钢筋伸入墙内的锚固长度,抗震设计时不应小于l_{aE},非抗震设计时不应小于l_a,且不应小于60mm;

(2) 抗震设计时,沿连梁全长箍筋的构造应按框架梁梁端加密区箍筋的构造要求采用;非抗震设计时,沿梁全长的箍筋直径不应小于6mm,间距不应大于150mm,注意连

梁的箍筋加密是"沿连梁全长",而不是像框架梁那样仅在梁端加密区;

(3) 顶层连梁纵向钢筋伸入墙体内的长度范围内,应配置间距不大于 150mm 的构造配筋,箍筋直径应与该连梁的箍筋直径相同;

(4) 墙体水平分布钢筋应作为连梁的腰筋在连梁范围内拉通连续配置;当连梁截面高度大于 700mm 时,其两侧面沿梁高度范围设置的纵向构造钢筋(腰筋)的直径不应小于 10mm,间距不应大于 200mm;对跨高比不大于 2.5 的连梁,梁两侧的纵向构造钢筋(腰筋)的面积配筋率不应小于 0.3%。

此条为强制性条文,设计中应认真执行。

值得注意的是:规范规定对剪力墙开洞形成的跨高比不小于 5 的连梁,宜按框架梁进行设计。即对剪力墙开洞形成的跨高比不小于 5 的连梁,其内力及配筋计算按框架梁进行,配筋构造也按框架梁进行,不必满足上述要求。

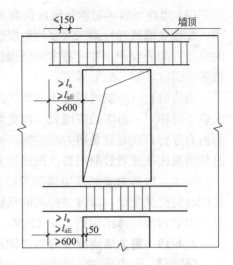

图 2-4-6 剪力墙连梁配筋构造

2.4.18 抗震设计时连梁截面控制条件不满足高规规定时,设计中可以采取哪些处理措施?

【解析】 规范规定受弯构件的截面控制条件,目的首先是防止发生斜压破坏(或腹板压坏),其次是限制在使用阶段的斜裂缝宽度,同时也是斜截面受剪破坏的最大配筋率条件。

连梁由于跨度小,截面高度较大,水平荷载作用下梁端剪力较大,容易出现截面控制条件不满足规定的情况,不采取合适的处理措施会造成连梁斜裂缝过大甚至发生斜压破坏。

当剪力墙连梁不满足截面控制条件的要求时,可采取如下处理措施:

(1) 减小连梁截面高度:连梁的截面高度减小,则连梁抗弯刚度减小,故水平荷载作用下梁端弯矩减小,则在梁跨不变的情况下梁端剪力也减小,可能会满足要求。但注意此时连梁截面高度减小,其抗剪承载力也同时降低。若抗剪承载力的降低大于剪力的减小,则反而更为不利。连梁开洞,形成连梁(洞口以上)和过梁(洞口以下),道理和减小连梁截面高度一样。加大连梁截面宽度虽有一定效果,但很可能会影响使用功能。

(2) 抗震设计的剪力墙中连梁弯矩及剪力可进行塑性调幅,以降低其设计剪力值。连梁塑性调幅可采用两种方法,一是在内力计算前就将连梁刚度进行折减;二是在内力计算之后,将连梁弯矩和剪力组合值乘以折减系数。两种方法的效果都是减小连梁内力和配筋。因此在内力计算时已经按规定降低了刚度的连梁,其调幅范围应当限制或不再继续调幅。当部分连梁降低设计值后,其余部位连梁和墙肢的弯矩设计值应相应提高。

无论用什么方法,连梁调幅后的弯矩和剪力设计值不应低于使用状况下的值,也不宜低于比设防烈度低一度的地震作用组合所得的弯矩设计值,其目的是避免在正常使用条件下或较小的地震作用下连梁上出现裂缝。因此建议一般情况下,可掌握调幅后的弯矩不小于调幅前弯矩(完全弹性)的 0.8 倍(6~7 度)和 0.5 倍(8~9 度)。

(3) 当连梁破坏对承受竖向荷载无明显影响时，可考虑在大震作用下该连梁不参与工作，按独立墙肢进行第二次多遇地震作用下结构内力分析，墙肢应按两次计算所得的较大内力进行配筋设计。并应考虑对结构位移的影响。连梁则在其所属面积竖向荷载作用下，按强剪弱弯计算其配筋即可。

当第(1)、(2)款的措施不能解决问题时，可采用第(3)款的方法处理，即假定连梁在大震下破坏，不再能约束墙肢。因此可考虑连梁不参与工作，而按独立墙肢进行第二次结构内力分析，这时就是剪力墙的第二道防线，此时，剪力墙的刚度降低，侧移允许增大，这种情况往往使墙肢的内力及配筋加大，以保证墙肢的安全。

一、二级剪力墙底部加强部位跨高比不大于 2.0、梁截面宽度≥250mm 的连梁，可采用斜向交叉配筋，以改善连梁的延性，提高连梁抗剪承载力。有关计算及配筋构造，详见本篇第六章筒体结构第 2.6.15 款。

2.4.19 剪力墙连梁受弯纵向钢筋的最小配筋率如何取用？

【解析】 剪力墙连梁受弯纵向钢筋最小配筋率的取值问题，因为相关研究工作尚不充分，因此在混凝土高规中暂时没有反映。从"强剪弱弯"的角度，对非抗震设计的连梁可取 0.2%，对抗震设计的连梁建议按表 2-4-4 采用。

抗震设计时连梁纵向钢筋最小配筋率　　　　　　　表 2-4-4

连梁跨高比 β	纵向钢筋最小配筋率(%)	连梁跨高比 β	纵向钢筋最小配筋率(%)
$\beta \leqslant 0.5$	0.20	$1.0 < \beta \leqslant 1.5$	0.25~0.30
$0.5 < \beta \leqslant 1.0$	0.25	$\beta > 1.5$	0.25~0.40

2.4.20 为什么楼面主梁不宜支承在剪力墙之间的连梁上？

【解析】 由于剪力墙中的连梁刚度较弱，将楼层主梁支承在连梁上，一方面主梁端部达不到约束要求，连梁没有足够的抗扭刚度去抵抗平面外弯矩；另一方面因连梁本身剪切应变较大，再增加主梁传来的内力易使连梁产生过大的剪切斜裂缝。在强震下连梁作为第一道防线可能首先破坏，这样支承在连梁上的主梁也会随之破坏。

应尽量避免楼层主梁支承在连梁上。特别是数量较多时应调整有关主梁或(和)竖向构件的平面布置。个别楼层主梁支承在连梁上，应将主梁端部设为铰接，并根据情况加大连梁的配筋及构造。

2.4.21 多层剪力墙设计建议。

【解析】 低层、多层建筑和高层建筑由于荷载效应不同，在结构设计特别是抗震设计上有不小的区别。

低层、多层建筑以抵抗竖向荷载为主，水平荷载对结构产生的影响较小，绝对侧向位移值小，甚至可以忽略不计。而在高层建筑结构中，随着高度的增加，不但竖向荷载产生的效应很大，水平荷载(风荷载及水平地震作用)产生的内力和侧向位移更是迅速增大，水平荷载成了设计的主要控制因素，因此，不应当用同一标准来设计这两类建筑结构。也就是说，在结构体系的选择、结构抗震设防标准、侧向位移的限值、构造要求等方面应有所区别。

对多层剪力墙结构设计的几点建议如下：

1. 多层剪力墙结构的抗震等级

建议多层剪力墙结构的抗震等级按表 2-4-5 取用。

多层剪力墙结构的抗震等级　　　　　　　　　　　　　表 2-4-5

设 防 烈 度		6 度	7 度		8 度		9 度
建筑类别	场地类别	0.05g	0.10g	0.15g	0.20g	0.30g	0.40g
丙类建筑	Ⅰ	四	四	四	四	四	三
	Ⅱ、Ⅲ	四	四	四	三	三	二
	Ⅳ	四	四	三	三	二	二
乙类建筑	Ⅰ	四	四	四	三	三	二
	Ⅱ、Ⅲ	四	三	三	二	二	二
	Ⅳ	四	三	三	二	二	二

注：1. 对于短肢剪力墙较多的多层剪力墙结构，其短肢剪力墙的抗震等级应按上表相应提高一级。
　　2. 设防烈度为 7 度、地震加速度为 0.15g，设防烈度为 8 度、地震加速度为 0.3g，以及设防烈度为 9 度，建造在Ⅳ类场地上时，抗震等级为二、三级的剪力墙，其抗震构造措施除应符合二、三级抗震等级的有关规定外，其剪力增大系数尚应符合表 2-4-6 的规定。

剪 力 增 大 系 数　　　　　　　　　　　　　　表 2-4-6

结构部位	抗震等级	二 级		三 级	
	场地类别	Ⅰ、Ⅱ	Ⅲ、Ⅳ	Ⅰ、Ⅱ	Ⅲ、Ⅳ
一般剪力墙	底部加强部位	1.4	1.5	1.2	1.3
	其他部位	1.0	1.0	1.0	1.0
短肢剪力墙	底部加强部位	1.4	1.5	1.2	1.3
	其他部位	1.2	1.3	1.0	1.1
跨高比大于 2.5 的连梁		1.2	1.25	1.1	1.15

2. 多层剪力墙结构底部加强部位的高度

《建筑抗震设计规范》(GB 50011—2001)规定，剪力墙结构底部加强部位的高度可取墙肢总高度的 1/8 和底部 2 层二者的较大值，且不大于 15m。即底部加强部位的高度至少为 2 层。这对于层数不超过 6 层的多层剪力墙结构，显然偏严。对比砌体结构，8 度区 6 层及接近 6 层的砌体结构，除下部 1/3 楼层横墙内的构造柱间距要适当减小外，并无底部专门加强的规定。

建议对多层剪力墙结构底部加强部位的高度，取墙肢总高度的 1/10 和底部 1 层二者中较大值。

3. 多层剪力墙结构的墙肢截面厚度

多层剪力墙结构可根据由表 2-4-5 取用的抗震等级按规范规定确定墙肢截面厚度，当墙肢截面厚度不满足要求时，可按高规附录 D 验算墙体的稳定来确定墙肢截面厚度，但对底部加强部位墙肢、转角窗处单片墙、外墙中一字形墙肢、部分框支剪力墙结构中的落地剪力墙，不应按验算墙体的稳定来确定墙肢截面厚度。

4. 约束边缘构件

多层剪力墙结构底部加强部位墙肢底截面在重力荷载代表值作用下的轴压比小于或等于《建筑抗震设计规范》(GB 50011—2001) 表 6.4.6 的规定时，可不设置约束边缘构件而仅设置构造边缘构件。

5. 多层建筑楼层扭转位移控制条件

多层建筑结构的绝对侧移值很小，层间位移角也很小，建设部建质［2003］46号文件指出："规则性要求的严格程度，可依设防烈度不同有所区别。当计算的最大水平位移、层间位移很小时，扭转位移比的控制可略有放宽。"因此，多层建筑结构的楼层的扭转位移控制条件可适当放宽。建议不宜大于1.5，不应大于2.0。

第五章 框架-剪力墙结构

2.5.1 高度小于 60m 的框架-核心筒结构可否按框架-剪力墙结构确定抗震等级?

【解析】 框架-核心筒结构是结构平面布置相对固定的一种结构形式,其受力特点与框架-剪力墙结构相似,是框架-剪力墙结构的一种特例。由于核心筒抗侧力刚度大,空间性能好,故其房屋适用高度一般较高(大于 60m),而框架-剪力墙结构的结构平面布置形式比较灵活,房屋高度适用范围比较宽(可小于 60m)。因此,在高规表 4.8.2 中,框架-剪力墙结构按房屋高度 60m 为界线区分了不同的抗震等级,而框架-核心筒结构的抗震等级没有按房屋高度区分。实际上,当房屋高度大于 60m 时,高规表 4.8.2 中框架-核心筒结构和框架-剪力墙结构的抗震等级是相同的。

对于房屋高度小于 60m 的框架-核心筒结构,可按高规表 4.8.2 中的框架-核心筒结构确定其抗震等级,也可按框架-剪力墙结构确定其抗震等级。此时除应满足核心筒的有关设计要求外,还应满足高规对框架-剪力墙结构的其他要求,如剪力墙所承担的结构底部地震倾覆力矩的规定等。

2.5.2 框架-剪力墙结构应设计成双向抗侧力体系,抗震设计时,结构两主轴方向均应布置剪力墙。

【解析】 由于水平荷载特别是地震作用的多方向性,故结构应在各个方向布置抗侧力构件,才能抵抗水平荷载,保证结构在各个方向具有足够的刚度和承载力。当平面为正交时,则应在平面两个主轴方向布置抗侧力构件,形成双向抗侧力体系。这个问题在框架-剪力墙结构中尤为重要。因为在框架-剪力墙结构中,剪力墙是结构主要抗侧力构件,如果仅在一个方向布置剪力墙,另一个方向不布置剪力墙,则会造成无剪力墙的方向抗侧力刚度不足,使该方向带有纯框架的性质,没有多道防线,地震作用下可能会使结构在此方向首先破坏。同时,一个方向布置剪力墙,另一个方向不布置剪力墙,会造成结构在两个主轴方向的刚度差异过大,产生很大的结构整体扭转。

需要注意的是:当结构两方向平面尺寸接近时,设计人一般都会在两个主轴方向布置剪力墙,而当结构两方向平面尺寸相差较大时,就可能会认为即使长向不布置剪力墙,结构该方向的抗侧力刚度和布置了剪力墙的短向也相差不大,故不在长向布置剪力墙而仅在短向布置剪力墙,这显然是不合适的。如上所述,此种情况下长向实际上是纯框架受力,无多道防线。结构在两个方向的受力,特别是耗能能力、延性性能等都有很大差别,是不协调的。正确的做法是:在长向布置一定数量的剪力墙,墙肢不宜过长,并应使结构两个主轴方向的抗侧力刚度接近。

2.5.3 框架-剪力墙结构中的剪力墙平面布置有哪些规定?

【解析】 框架-剪力墙结构中,由于剪力墙的刚度较大,其数量的多少和平面位置对结构整体刚度和刚心位置影响很大。因此,处理好剪力墙的布置是框架-剪力墙结构设计中的主要问题。

1. 框架-剪力墙结构中剪力墙布置应按"均匀、分散、对称、周边"的基本原则考虑,尽可能做到:

(1) 剪力墙宜均匀布置在建筑物的周边附近，以使它充分发挥抗扭作用，在楼(电)梯间、平面形状变化及恒载较大的部位设置剪力墙，以保证楼盖与剪力墙的剪力传递(图2-5-1)。

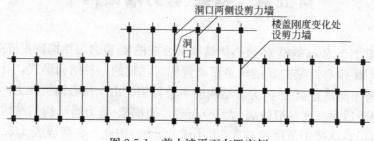

图 2-5-1　剪力墙平面布置实例

(2) 平面形状凹凸较大处，是结构的薄弱部位，宜在凸出部分的端部附近布置剪力墙予以加强。

(3) 纵、横向剪力墙宜连接在一起，或设计成带边框的剪力墙，组成L形、T形和口字形，以增大剪力墙的刚度和抗扭转能力(图2-5-2)。洞口边缘距柱边不宜小于墙厚，也不宜小于300mm。

(4) 剪力墙的布置宜分布均匀，单片墙的刚度宜接近，长度较长的剪力墙宜设置洞口和连梁形成双肢墙或多肢墙，单肢墙或多肢墙的墙肢长度不宜大于

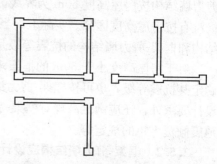

图 2-5-2　相邻剪力墙的布置

8m。每段剪力墙底部承担水平力产生的剪力不宜超过结构底部总剪力的40%。以免受力过于集中，避免该片剪力墙对刚心位置影响过大，且一旦破坏对整体结构不利，也使此部分基础承担过大水平力。

(5) 剪力墙不应设置在墙面开大洞口的部位，当墙有洞口时，洞口宜上下对齐，避免错开；上下洞口间的墙高(包括梁)不宜小于层高的1/5。

(6) 楼、电梯间等竖井的设置，宜尽量与其附近的框架或剪力墙的布置相结合，使之形成连续、完整的抗侧力结构，不宜孤立地布置在单片抗侧力结构或柱网以外的中间部分。

(7) 房屋纵(横)向区段较长时，纵(横)向剪力墙不宜集中设置在房屋的端开间，否则应采取措施以减少温度、收缩应力的影响。

(8) 为避免施工困难，不宜在变形缝两侧同时设置剪力墙。

(9) 剪力墙的数量应适量，过多会使结构抗侧力刚度过大，加大地震作用，增大地震效应，既不经济也不合理。

2. 应符合本章第2.5.9款的规定。

剪 力 墙 间 距 (m)　　　　表 2-5-1

楼盖形式	非抗震设计(取较小值)	抗震设防烈度		
		6度、7度(取较小值)	8度(取较小值)	9度(取较小值)
现　浇	5.0B, 60	4.0B, 50	3.0B, 40	2.0B, 30
装配整体	3.5B, 50	3.0B, 40	2.5B, 30	—

注：1. 表中B为楼面宽度，单位为m；
　　2. 装配整体式楼盖应设置钢筋混凝土现浇层；
　　3. 现浇层厚度大于60mm的叠合楼板可作为现浇板考虑。

2.5.4 怎样确定框架-剪力墙结构中剪力墙的合理数量？

【解析】 在框架-剪力墙结构中，应当使剪力墙承担大部分由于水平作用产生的剪力。因为剪力墙是框架-剪力墙结构的主要抗侧力构件，而框架柱与剪力墙相比，其抗侧力刚度是很小的。如果剪力墙数量过少，则结构可能会由于抗侧力刚度不足而导致侧移过大，甚至因构件的承载能力不足而破坏。但是，剪力墙设置过多，不仅使结构刚度过大，从而加大了结构的地震效应，而且使结构自重加大，施工工程量相应增加等，对结构也是不合理不经济的。

应当对框架-剪力墙结构中的剪力墙数量进行优化，确定较为合理的剪力墙数量。一般可以采用计算机软件计算，通过满足以下要求来确定较为合理的剪力墙数量：

1. 首先必须满足规范所规定的在水平荷载作用下框架-剪力墙结构的侧移限值和舒适度要求。

2. 对应于地震作用标准值且未经调整的各层（或某一段内各层）框架承担的地震总剪力 V_f 同时应满足下式要求：

$$V_f \geqslant 0.2V_0 \tag{2-5-1}$$

式中 V_0——对框架柱数量从下至上基本不变的规则建筑，应取对应于地震作用标准值的结构底部总剪力；对框架柱数量从下至上分段有规律变化的结构，应取每段最下一层结构对应于地震作用标准值的总剪力。

3. 在此基础上，控制在基本振型地震作用下，剪力墙所承担的地震倾覆力矩占结构总地震倾覆力矩的比例一般在 60%～80% 之间较好。剪力墙分配到的剪力过大，框架需要调整的内力就多，说明框架太弱；剪力墙分配到的剪力过小，则框架部分的延性要提高，会导致结构用钢量增加。

2.5.5 高规第 8.1.3 条："抗震设计的框架-剪力墙结构，在基本振型地震作用下，框架部分承受的地震倾覆力矩大于结构总地震倾覆力矩的 50% 时，其框架部分的抗震等级应按框架结构采用，柱轴压比限值宜按框架结构的规定采用；其最大适用高度和高宽比限值可比框架结构适当增加"，其中"框架部分承受的地震倾覆力矩"如何计算？

【解析】 1. 这个地震倾覆力矩是按基本振型地震作用计算的，所谓基本振型一般是指每个主轴方向以平动为主的第一振型。

2. 对竖向布置比较规则的框架-剪力墙结构，框架部分承担的地震倾覆力矩应按下式计算：

$$M_c = \sum_{i=1}^{n} \sum_{j=1}^{m} V_{ij} h_i \tag{2-5-2}$$

式中 M_c——框架-抗震墙结构在基本振型地震作用下框架部分承受的地震倾覆力矩；

n——结构层数；

m——框架 i 层的柱根数；

V_{ij}——第 i 层第 j 根框架柱的计算地震剪力；

h_i——第 i 层层高。

由上式可知，M_c 是整个结构框架部分承受的地震倾覆力矩而不是某一层框架部分承受的地震倾覆力矩。对于单塔或多塔结构，塔楼为框架-剪力墙结构时，可取裙房顶标高处来计算塔楼的 M_c。

2.5.6 框架总剪力如何调整？

【解析】 框架-剪力墙结构中，柱与剪力墙相比，其抗剪刚度是很小的，故在地震作用下，楼层地震总剪力主要由剪力墙来承担（一般剪力墙承担楼层地震总剪力的70%、80%甚至更多）。框架柱只承担很小一部分，就是说框架由于地震作用引起的内力是很小的。如果就按这个计算出来的剪力进行柱子的承载力设计，框架部分就不能有效地作为抗震的第二道防线。为了保证框架部分有一定的能力储备，真正起到第二道防线的作用，规范要求人为地将计算出的柱子剪力放大，具体规定如下。

抗震设计时，框架-剪力墙结构对应于地震作用值的各层框架总剪力应符合下列规定：

1. 满足式(2-5-3)要求的楼层，其框架总剪力不必调整；不满足式(2-5-3)要求的楼层，其框架总剪力应按 $0.2V_0$ 和 $1.5V_{f,max}$ 二者的较小值采用。

$$V_f \geq 0.2V_0 \tag{2-5-3}$$

式中 V_0——对框架柱数量从下至上基本不变的规则建筑，应取对应于地震作用标准值的结构底部总剪力；对框架柱数量从下至上分段有规律变化的结构，应取每段最下一层结构对应于地震作用标准值的总剪力；

V_f——对应于地震作用标准值且未经调整的各层（或某一段内各层）框架所承担的地震总剪力；

$V_{f,max}$——对框架柱数量从下至上基本不变的规则建筑，应取对应于地震作用标准值且未经调整的各层框架所承担的地震总剪力中的最大值；对框架柱数量从下至上分段有规律变化的结构，应取每段中对应于地震作用标准值且未经调整的各层框架所承担的地震总剪力中的最大值。

2. 各层框架所承担的地震总剪力按第1款调整后，应按调整前、后总剪力的比值同每根框架柱和与之相连框架梁的剪力及端部弯矩标准值，框架柱的轴力标准值可不予调整。

3. 按振型分解反应谱法计算地震作用时，第1款所规定的调整可在振型组合之后进行。

需要注意的是：随着建筑形式的多样化，框架柱的数量沿竖向有时会有较大的变化，考虑到若某楼层段突然减少了较多框架柱，按结构基底总剪力 V_0 来调整柱剪力时，将使这些楼层的单根柱承担的剪力过大，这显然是不合理的，故高规规定允许分段进行调整，即当某楼层段柱根数减少时，则以该段为调整单元，取该段最底一层的地震剪力为其该段的底部总剪力；该段内各层框架承担的地震总剪力中的最大值为该段的 $V_{f,max}$。

2.5.7 框架-剪力墙结构仅布置少量剪力墙时，结构抗震等级如何划分？房屋最大适用高度、侧移限值如何取用？

【解析】 抗震设计的框架-剪力墙结构，地震作用所产生的对结构的总地震倾覆力矩是由框架和剪力墙两部分共同承担的。若按基本振型计算的地震作用下，框架部分承受的地震倾覆力矩大于结构总地震倾覆力矩的50%，说明框架部分已居于较主要地位，应加强框架部分的抗震能力提高其抗震构造要求等级。故框架部分的抗震等级应按框架结构采用，剪力墙部分的抗震等级一般可按框架-剪力墙结构确定，当结构高度较低时，也可随框架，柱轴压比限值宜按框架结构的规定采用。例如某6层框架-剪力墙结构，结构高度22.0m，抗震设防烈度为8度，丙类建筑，若框架部分承受的地震倾覆力矩大于结构总地震倾覆力矩的50%时，根据表1-13，查框架-剪力墙结构一栏，框架部分的抗震等级应为二级，剪力墙部分的抗震等级为一级。若查框架结构一栏，框架的抗震等级也为二级，可见这种情况下剪力墙部分没有必要采用更高的抗震等级，可与修正后的框架部分抗震等级一样，即按二级即可。

其最大适用高度和高宽比限值可比框架结构适当增加，增加幅度可视剪力墙数量及所承受的地震倾覆力矩比例确定，一般不宜超过20%。笔者提出这种情况的房屋最大适用高度(表2-5-2)，中间情况按线性插值，供参考。但不宜大于1.2～1.5倍框架结构的高度。

房屋最大适用高度(m)　　　　　　　　　　表2-5-2

框架所承担的地震倾覆力矩的比值(%)		≤50	60	70	80	90	100
抗震设防烈度	6	130	116	102	88	74	60
	7	120	107	94	81	68	55
	8	100	89	78	67	56	45
	9	60	53	46	39	32	25

这种情况的层间位移角如何控制？有学者建议采用分级控制值，即层间位移角的控制值根据剪力墙所承担的地震倾覆力矩的比值来确定，见表2-5-3，中间情况按线性插值，可供参考。

层间位移角的控制值　　　　　　　　　　表2-5-3

框架所承担的地震倾覆力矩的比值(%)	≤50	60	70	80	90	100
层间位移角的控制值	1/800	1/750	1/700	1/650	1/600	1/550

2.5.8 为什么剪力墙两侧楼板不能均开有通长洞口？

【解析】 两侧楼板全部开洞的剪力墙，计算中可能认为它已发挥作用，但由于剪力墙两侧楼板全部开洞，实际上楼板并不能将水平力有效地传递至此片剪力墙上，实际受力完全不是那回事，造成其他墙肢和框架柱实际受力比计算值大。当两侧楼板全部开洞的剪力墙计算所承受的水平剪力较大时，则与结构实际受力状态误差更大，可能会造成其他抗侧力构件的承载力不安全。所以不应在剪力墙两侧楼板全部开洞(图2-5-3)，对剪力墙结构是如此，对框架-剪力墙结构更是如此。设计中，当其他专业提出的楼板开洞要求会使剪力墙两侧楼板全部开洞时，应通过协商，尽可能将其一部分开洞移至别处，或预留板的受力钢筋，要求在安装好设备管道后，立即封堵洞口，以使

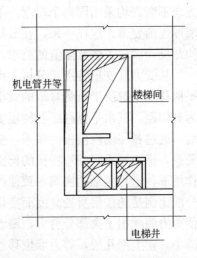

图2-5-3 剪力墙两侧楼板全部开洞

楼板洞口尽可能小,并应采取其他有效的构造措施(如设拉梁、拉板等),保证水平力能可靠地传递至该片剪力墙上。同时应通过正确的计算分析,适当折减其抗侧力刚度。

2.5.9 框架-剪力墙结构中为什么要规定剪力墙间距的限值?

【解析】 框架-剪力墙结构是通过刚性楼、屋盖的连接,将地震作用传递到剪力墙上,保证结构在地震作用下的整体工作的。因此,剪力墙之间的距离不宜过大,否则,两墙之间的楼、屋盖不能满足平面内刚性的要求,造成处于该区间的框架不能与邻近的剪力墙协同工作而增加负担。为了使两墙之间的楼、屋盖能获得足够的平面内刚度,保证结构在地震作用下的整体工作性能,有效地传递水平地震作用。剪力墙之间无大洞口的楼、屋盖长宽比不宜超过表 2-5-4 的要求,当两墙之间的楼、屋盖有较大开洞时,该段楼、屋盖的平面内刚度更差,墙的间距应适当减小。

剪力墙的最大间距　　　　　　　　表 2-5-4

楼面类别	非抗震设计	抗震设计		
		6度、7度	8度	9度
现浇	≤5B 且≤60m	≤4B 且≤50m	≤3B 且≤40m	≤2B 且≤30m
装配整体	≤3.5B 且≤50m	≤3B 且≤40m	≤2.5B 且≤30m	不应采用

注:1. 表中 B 为楼面宽度,单位为 m;
　　2. 装配整体式楼、屋盖应设置钢筋混凝土现浇层;
　　3. 现浇层厚度大于 60mm 的叠合楼板可按现浇楼板考虑。

2.5.10 框架-剪力墙结构中的剪力墙截面沿高度方向厚度不变可能会出现什么问题?为什么?

【解析】 让我们先从一个工程实例谈起,某框架-剪力墙结构,在进行结构抗震分析时,由于结构层间位移未能满足规范限值要求,故自然而然就想到要增设剪力墙。由于功能要求不允许增设剪力墙,于是就将剪力墙截面加厚。但结果却总不能如愿,剪力墙越加越厚,刚度越加越大,但侧移却总不能满足规范限值要求。后经过分析发现:(1)虽然层间位移不满足规范限值要求,但其所在层数是逐渐上移的;(2)所有剪力墙的厚度沿高度方向不变,均采用同一个厚度。于是对剪力墙采取变截面,下部数层剪力墙较厚,越往上墙厚逐渐变薄。这样一来,在最初剪力墙墙厚的基础上减薄了上部数层剪力墙的厚度,结构却反而满足了侧移限值的要求。这是为什么呢?

从受力及变形特点来分析,水平荷载作用下,单独的剪力墙变形曲线为弯曲型,其水平侧移主要取决于所受弯矩的大小,剪力墙侧移越往上增加越快;而单独的框架变形曲线为剪切型,其水平侧移跟各楼层剪力有关,越往上侧移增加越慢。组成框架-剪力墙结构后,通过各层刚性楼板的联系,使框架和剪力墙协同工作,两者变形一致,共同承担水平荷载,将两种不同变形特征的构件,组成一种弯剪型变形的结构(图 2-5-4)。在水平荷载作用下,这种变形的协调一致使得两者之间产生相互作用力。框架剪力墙之间楼层剪力的分配比例是随楼层所处高度而变化。在下部数层,因为剪力墙位移小,它拉着框架变形,使剪力墙承担了大部分剪力,两者之间产生压力,剪力墙帮框架的忙,使框架的层间侧移减小;在上部几层,剪力墙位移越来越大,而框架的位移逐渐变小,两者之间产生拉力,框架帮剪力墙的忙,即框架除了要承担原有的那部分剪力外,还要承担拉回剪力墙变形的附加剪力(图 2-5-5)。所以，剪力墙截面沿高度方向取相同的厚度，非但对结构剪力没有好处，反而加重了上部几层框架的负担，对结构反而不利。

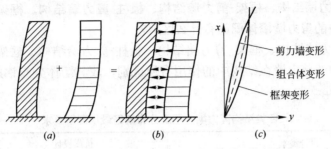

图 2-5-4　框架-剪力墙结构变形特点

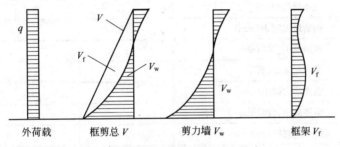

图 2-5-5　框架-剪力墙结构受力特点

表 2-5-5 是另一个实际工程采用不同剪力墙厚度时部分计算结果的比较。框架-剪力墙结构，一个方案剪力墙厚度为 500mm，另一个方案剪力墙厚度为 600mm，两者均从下至上墙厚不变，两个结构的其他条件均相同。可以看出：剪力墙变厚了，但侧移反而加大（x 向由 1/1247 增大为 1/1036，y 向由 1/1272 增大为 1/923），框架部分承受的倾覆力矩反而加大（x 向由 21.60% 增大为 29.85%，y 向由 23.38% 增大为 32.08%），其原因就是由于剪力墙截面沿高度方向厚度不变所致。剪力墙越厚，则框架的负担越重，要求其抗侧力刚度越大，所以当剪力墙部分的侧力刚度加大而框架部分的抗侧力刚度不变时，由剪力墙加厚而增加的水平力只能由框架单独承受。

剪力墙厚度不同时部分计算结果的比较　　　　　表 2-5-5

	x 向		y 向	
	500mm	600mm	500mm	600mm
周期	2.2	2.0451	1.8487	1.9492
平动系数	0.92	0.93	0.83	0.94
扭转系数	0.08	0.07	0.17	0.06
最大位移/平均位移	1.32	1.18	1.32	1.24
最大层间位移/平均层间位移	1.32	1.23	1.32	1.25
最大层间位移	1/1247	1/1036	1/1272	1/923
剪重比	3.2%	3.2%	3.2%	3.2%
框架承担的倾覆力矩/基底总倾覆力矩	21.60%	29.85%	23.38%	32.08%

所以，在框架-剪力墙结构中，剪力墙截面沿高度方向的厚度应从下至上逐渐减小，不能采用同一个厚度，当然也不要突变。

2.5.11 剪力墙结构、框架-剪力墙结构、板柱-剪力墙结构、框架-核心筒结构、框支-剪力墙结构中的剪力墙墙体配筋有什么区别？

【解析】 剪力墙结构、框架-剪力墙结构、板柱-剪力墙结构、框架-核心筒结构、框支-剪力墙结构中的剪力墙在结构中的作用有所区别，故其墙体分布钢筋的最小配筋率也有所区别，见表2-5-6。

各类结构剪力墙水平及分布钢筋最小配筋要求　　　　表 2-5-6

结构类型	设计类别	抗震设计		非抗震设计
		一、二、三级	四级	
剪力墙结构	最小配筋率(%)	0.25	0.2	0.2
	钢筋最大间距(mm)	300		
	钢筋最小直径(mm)	8		
框架-剪力墙结构、板柱-剪力墙结构	最小配筋率(%)	0.25	0.25	0.2
	钢筋最大间距(mm)			
	钢筋最小直径(mm)			
框支-剪力墙结构	最小配筋率(%)	0.3		0.25
	钢筋最大间距(mm)	200		
	钢筋最小直径(mm)	8		
框架-核心筒结构	最小配筋率(%)	0.3		
	钢筋最大间距(mm)	200		
	钢筋最小直径(mm)	8		

注：钢筋最大直径不大于剪力墙厚的1/10。

2.5.12 框架-剪力墙结构中，剪力墙周边设置端柱和框架梁（暗梁）有哪些规定？

【解析】 框架-剪力墙结构中的带边框剪力墙是该类结构中的主要抗侧力构件，它承受着大部分地震作用。规范从构造上要求设框架梁或暗梁，和端柱组成边框，使剪力墙受到纵横两个方向的约束，目的是限制剪力墙裂缝的发展，提高剪力墙的延性和耗能能力。同时，边框架可作为结构的第二道防线。为保证带边框剪力墙的延性和承载力，规范对边框柱和边框梁的设计作了具体规定。

1. 带边框剪力墙的截面厚度应符合下列规定：

（1）抗震设计时，一、二级剪力墙的底部加强部位均不应小于200mm，且不应小于层高的1/16；

（2）除第（1）项以外的其他情况下不应小于160mm，且不应小于层高的1/20。

2. 剪力墙的水平钢筋应全部锚入边框柱内，锚固长度不应小于l_a（非抗震设计）或l_{aE}（抗震设计）。

3. 带边框剪力墙的混凝土强度等级宜与边框柱相同。

4. 带边框的剪力墙，与剪力墙重合的框架梁可保留，否则可在楼层标高墙体处设置框架梁或做成宽度与墙厚相同的暗梁，以使框架与剪力墙形成结构完整的抗侧力体系。暗梁截面高度可取墙厚的2倍或与该片框架梁截面等高，暗梁的配筋可按构造配置且不应小于一般框架梁相应抗震等级的最小配筋要求。

需要注意的是：与剪力墙平面重合的框架梁宜通过剪力墙，或在剪力墙内设置暗框架梁；而与框架平面不重合的剪力墙内不是必须设置暗框架梁，可视实际情况而定。

5. 带边框的剪力墙，边框端柱截面宜与同层该榀框架其他柱相同，且端柱截面宽度不小于$2b_w$，端柱截面高度不小于柱的宽度，见图2-5-6。非抗震设计的剪力墙端柱纵向钢筋除应满足计算要求外，其配筋率还应满足框架柱的有关要求；剪力墙端柱箍筋不应少于$\phi6@200$，并应满足框架柱配箍的有关要求。剪力墙底部加强部位的端柱和紧靠剪力墙洞口的端柱宜按柱箍筋加密区的要求全高加密。剪力墙应与端柱有可靠连接，截面设计宜按整体工字形截面计算，主要纵向受力钢筋应配置在端柱截面内。

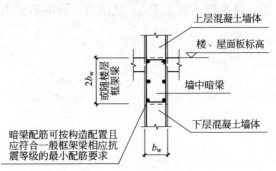

图2-5-6 暗梁构造示意图

6. 带边框剪力墙的端柱和横梁与剪力墙的轴线宜重合在同一平面内，剪力墙与端柱、框架梁与框架轴线间的偏心距不宜大于1/4柱宽。

7. 部分框支剪力墙结构的落地剪力墙采用带边框剪力墙时，仍然要符合一般的带边框剪力墙的构造要求，此种情况的框架梁或框支梁应在与之重合的墙内拉通，或至少设置暗梁；暗梁的截面高度宜与该片框支梁或框架梁等高，配筋应符合相应抗震等级的框架梁的构造要求。

2.5.13 在框架-剪力墙结构中，一端与框架柱相连，一端与剪力墙相连的框架梁或连梁，超筋很严重，如何处理？

【解析】 截面尺寸较大的剪力墙，其刚度比与之刚接的连梁大很多，几乎成为连梁的嵌固端，可以吸收很大的弯矩，故与剪力墙相连的框架梁或连梁此端支座负弯矩往往很大，会因为弯矩过大，截面较小而超筋。

因此，设计此类梁时，建议采取如下做法中的一种：

1. 若建筑功能允许，可在刚度很大的剪力墙靠近连梁一端附近开设结构洞，使与连梁相连的剪力墙肢刚度减小，则连梁此端的弯矩值也随之减小，一般可满足抗弯承载力要求。

2. 也可将梁的此端设计成梁、墙铰接，只传递集中力不传递弯矩，一般可满足梁柱端及梁跨中的抗弯承载力要求。但应注意：当梁的跨度较大时，应注意验算梁的挠度和裂缝宽度满足正常使用极限状态的要求。

需要注意的是，有些设计在墙端增设一根边框柱与梁相连，这种做法虽然计算上梁不再超筋，表面上可满足设计要求，但由于边框柱与剪力墙是一个构件，其刚度有增无减，实际上并没有解决问题。

2.5.14 抗震设计时，为什么一、二级剪力墙的洞口连梁，跨高比不宜大于5，且梁截面高度不宜小于400mm？

【解析】 在框架-剪力墙结构中，剪力墙是主要抗侧力构件，竖向布置应连续，墙中不宜开设大洞口。剪力墙作为第一道防线，应具备一定的耗能能力，若连梁跨高比过大，甚至成为弱连梁，则地震作用下连梁端部开裂，早早退出工作，既没有多少耗能能力，也使得剪力墙过早地成为几个独立墙肢，大大削弱剪力墙的抗侧力刚度和承载能力。因此，连梁截面宜具有适当的刚度和承载能力。规范为方便起见、规定一、二级剪力墙的洞口连梁，跨高比不宜大于5，且梁截面高度不宜小于400mm。

第六章 筒体结构

2.6.1 框架-核心筒结构的受力特点是什么?

【解析】 框架-核心筒结构周边柱子的柱距较大,一般为 8~12m,它和沿周边布置的梁构成了外框架,中间则为由电梯井、楼梯间、管道井等构成的核心筒,这种结构体系的受力特点更接近于框架-剪力墙结构。周边为框架部分,核心筒为剪力墙部分,两者在楼板的协同下共同工作。

计算分析表明:在竖向荷载作用下,框架和剪力墙(核心筒)分别承担各自所属面积上的荷载。在水平荷载作用下,由于周边框架柱数量少、柱距大,框架部分分担的剪力和倾覆力矩都很少,框架-核心筒结构中的核心筒承受结构总地震剪力的 80% 甚至更多,承受结构总地震倾覆力矩的 70% 甚至更多,成为结构主要抗侧力构件。当外框柱距增大,裙梁的跨高比增大时,框架-核心筒结构的剪力滞后加重,柱轴力将随着框架柱距的增大而减小,当柱距增大到一定程度时,除角柱外,其他柱子的轴力都将很小。

当内筒外框间采用不设梁的平板时,平板基本上不传递弯矩和剪力,故翼缘框架中间柱的轴力更小,使得框架部分分担的剪力和倾覆力矩比内筒外框间设梁时更少。

2.6.2 框架-核心筒结构的结构布置有哪些规定?

【解析】 1. 平面布置

(1) 建筑平面形状及核心筒布置与位置宜规则、对称。

(2) 框架-核心筒结构的核心筒外墙与外框架柱的中心距离,非抗震设计时不宜大于 12m,抗震设计时不宜大于 10m。超过时,应采取其他结构或平面布置方式。

(3) 框架-核心筒结构的筒体应符合下列规定:

1) 核心筒应具有良好的整体性,墙肢宜均匀、对称布置。

2) 核心筒的高宽比宜小于等于 12,边长不宜小于外框架或外框筒相应边长的 1/3,当外框架内设置角筒或剪力墙时,核心筒的边长可适当减小。

3) 核心筒的周边宜闭合,楼梯、电梯间应布置混凝土内墙。

4) 核心筒的外墙设置洞口位置宜均匀、对称,相邻洞口间的墙体尺寸不宜小于 $4t$(t 为核心筒的外墙厚度)和 1000mm;不宜在墙体角部附近开洞,当难以避免时,洞口宽度宜小于等于 1200mm,洞口高度宜小于等于 $2/3h$(h 为层高),且洞边至内墙角尺寸不小于 500mm 和墙厚两者的大值。

(4) 框架-核心筒结构的周边柱间必须设置框架梁,周边框架柱截面长边宜垂直筒壁方向布置。

框架梁、柱宜双向布置,梁、柱的中心线宜重合,如难以实现时,宜在梁端水平加腋,使梁端处中心线与柱中心线接近重合,见图 2-6-1。框架梁、柱的截面尺寸、柱轴压比限值等应按框架、

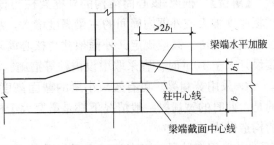

图 2-6-1 梁端水平加腋

框架-剪力墙结构的要求控制。

2. 竖向布置

（1）核心筒是框架-核心筒结构的主要抗侧力结构，应尽量贯通建筑物全高。

（2）核心筒底部加强部位及相邻上一层的墙厚应保持不变，其上部的墙厚及核心筒内部的墙体数量可根据内力的变化及功能要求合理调整，但其侧向刚度应符合竖向规则性的要求。

（3）外墙洞口沿竖向宜上、下对齐，成列布置，洞间墙肢的截面高度不宜小于1200mm。

（4）核心筒外墙上的较大门洞（洞口宽度大于1200mm）宜沿竖向规则、连续布置，以使其内力变化保持连续性；洞口连梁的跨高比不宜大于4，且其截面高度不宜小于600mm，以使核心筒具有较强的抗弯能力和整体刚度。

（5）框架结构沿竖向应保持贯通，不应在结构中下部抽柱收进；柱截面尺寸沿竖向的变化宜与核心筒墙厚的变化错开。

还应注意的是：

1. 框架-核心筒结构的楼板内可以布置大梁，也可以不布置大梁。不布置大梁时，虽然结构也具有一定的空间作用，但翼缘框架柱承受的轴力很小，布置大梁可使翼缘框架中间柱的轴力加大，从而充分发挥周边框架柱的作用。故只要层高允许，应尽可能在内筒外框间设置大梁。

2. 框架-核心筒结构的抗扭刚度较差，核心筒偏离中心的布置会使水平荷载作用下的扭转加大。框架-核心筒结构中应注意结构的整体扭转问题，提高结构的抗扭刚度和抗扭承载力。应尽可能使核心筒居中布置，在核心筒内，应使核心筒外墙截面厚度大于内墙截面厚度。

2.6.3 框架-核心筒结构中，为什么外框周边要求设置边框梁？

【解析】 分析计算表明：框架-核心筒结构外框周边设置边框梁，有利于增加结构的整体刚度尤其是抗扭刚度，有利于结构受力，有利于外框架很好地起到结构抗震二道防线的作用。避免出现板柱-剪力墙结构，避免纯板柱节点，提高节点的抗剪、抗冲切性能。因此，高规规定：框架-核心筒结构的周边柱间必须设置框架梁。

注意：对高层建筑，这个要求是强制性条文，必须严格执行。

2.6.4 在框架-核心筒结构中，当外框架柱与核心筒外墙的中心距离，非抗震设计大于12m或抗震设计大于10m时，结构平面布置上有哪些处理措施？

【解析】 框架-核心筒结构的外框架柱与核心筒外墙的中心距离不宜太大，否则会使楼板厚度增大或外框内筒间的主梁高度增大，从而增加结构自重，影响楼层净空高度，增加建筑物造价。高规规定：外框架柱与核心筒外墙的中心距离，非抗震设计大于12m，抗震设计大于10m时，宜采取增设内柱等措施。具体来说，可采用如下一些处理措施：

1. 采用宽扁梁。可有效减小梁的截面高度，满足楼层对净空高度的要求。需要注意的是：此时的宽扁梁一般情况下都是梁宽大于柱宽的宽扁梁，应特别注意宽扁梁梁柱节点的构造做法。

2. 采用密肋梁。可有效减小梁的受荷面积，因而可减小梁的截面高度，满足楼层对净空高度的要求。

3. 采用预应力混凝土梁。能有效减小梁的截面高度，减轻结构自重，满足楼层对净空高度的要求。必要时采用预应力混凝土宽扁梁，效果将更好。但在抗震设计时，应注意满足《预应力混凝土结构抗震设计规程》第4.2.3条关于梁端预应力强度比λ的要求。

4. 采用预应力混凝土平板，在板的角部沿一个方向设置暗梁。但此措施在板跨度较大时不一定能满足承载力和变形（挠度及裂缝宽度）的要求。

5. 在核心筒和外框架之间距核心筒较近处增设环筒内柱，以减小梁的跨度，降低梁的截面高度，满足楼层对净空高度的要求。环筒内柱可按轴心受压柱设计，不考虑参与结构整体抗侧。但应注意以下几个问题：

(1) 由于环筒内柱到核心筒外墙的中心距离很近（一般小于3.0m），此段梁的跨度小，导致该段梁的线刚度很大，相应将产生很大的内力M、V，故此段梁往往计算时超筋严重，钢筋无法配置；若不设置该段梁（或设置为弱连系梁），则环筒框架与核心筒间的楼板将会产生较大的裂缝；

(2) 由于环筒框架的存在，较大程度上分担了核心筒所承受的竖向荷载，将会使核心筒仅承担较小的竖向荷载，从而可能会导致在水平地震作用下核心筒墙肢时出现拉应力，这对结构是很不利的，更是框架-核心筒结构的核心筒墙体设计所不能允许的。

设计中应根据具体工程的实际情况，综合分析比较，采用上述一种或几种处理措施，满足结构及功能要求。

2.6.5 抗震设计时，需要对框架-核心筒结构中的框架部分进行地震剪力调整吗？

【解析】 框架-核心筒结构的受力特点类似于框架-剪力墙结构，水平荷载作用下，布置在楼层中央由剪力墙围成的核心筒是框架-核心筒结构的主要抗侧力构件，它具有较大的抗侧力刚度和承载能力，承担了结构很大部分的水平地震剪力和倾覆力矩。周边为柱距较大的框架，由于柱数量少，承担的水平地震剪力和倾覆力矩都很小。和框架-剪力墙结构一样，两部分通过各层楼板的连系，具有协同工作的特点。因此，为了保证框架-核心筒结构中的框架部分有一定的能力储备，抗震时真正起到第二道防线的作用，框架-核心筒结构应和框架-剪力墙结构一样，按高规第8.1.4条的规定：抗震设计时，应对框架-核心筒结构的框架部分进行地震剪力调整。

2.6.6 框-筒结构的核心筒和一般剪力墙结构的剪力墙墙肢对边缘构件的设置要求有哪些不同？为什么？

【解析】 筒体结构的加强部位、边缘构件的设置以及配筋设计，应符合高规第七章剪力墙结构的有关规定。抗震设计时，框架-核心筒结构的核心筒和筒中筒结构的内筒，应按高规第七章第7.2.15～7.2.17条的规定设置约束边缘构件或构造边缘构件。

考虑到核心筒或内筒是筒体结构的主要承重和抗震构件，筒体角部又是保证结构空间整体作用的关键部位，故对框架-核心筒结构的核心筒角部边缘构件应采取比一般剪力墙结构边缘构件更强的构造措施。高规第9.1.8条规定：抗震设计时，应按下列要求予以加强：底部加强部位约束边缘构件沿墙肢的长度应取墙肢截面高度的1/4，约束边缘构件范围内应全部采用箍筋；其底部加强部位以上宜按规定设置约束边缘构件。

框-筒结构的核心筒角部和一般剪力墙结构的剪力墙墙肢对边缘构件的设置要求区别见表2-6-1。

核心筒角部和剪力墙结构的墙肢边缘构件设置要求区别　　　　表 2-6-1

	设置范围		约束边缘构件的长度 l_c			约束钢筋要求
	底部加强部位	其他部位	项目	一级(9度)	一级(7、8度)	二级	
一般剪力墙结构的剪力墙墙肢	约束边缘构件	构造边缘构件	暗柱	$0.25h_w$	$0.20h_w$	$0.20h_w$	箍筋或拉筋
			翼墙或端柱	$0.20h_w$	$0.15h_w$	$0.15h_w$	
框-筒结构的核心筒角部	约束边缘构件	宜设约束边缘构件	$0.25h_w$				应全部采用箍筋

注：对一般剪力墙结构的剪力墙墙肢，约束边缘构件的长度 l_c 不应小于表中相应数值、$1.5b_w$ 和 450mm 三者的较大值。有翼墙或端柱时尚不应小于翼墙厚度或端柱沿墙肢方向截面高度加 300mm。

2.6.7 筒中筒结构的受力特点是什么？

【解析】 筒中筒结构的外筒是由柱距较小的密排柱和跨度比较小的裙梁构成的框筒，内筒则是由剪力墙肢围成的实腹筒。在水平荷载作用下，两者通过楼板协同工作。计算分析表明：

实腹筒是以弯曲变形为主，而框筒的剪切型变形成分较大，两者通过楼板协同工作，可使层间变形更加均匀，框筒上部下部内力也趋于均匀；框筒以承受倾覆力矩为主，实腹筒则承受大部分剪力，实腹筒下部承受的剪力很大，框筒承受的剪力一般可达到层剪力的25%以上，承受的倾覆力矩一般可达到总倾覆力矩的50%以上，可见筒中筒结构与框架-核心筒结构在平面形式上可能相似，但受力性能却有很大区别。

从整体弯曲方面看，水平荷载作用下的矩形平面外框筒如同竖向悬臂梁。但外框筒柱的正应力分布并不符合平截面假定，其应力图形并非直线变化而是曲线分布（图 2-6-2），角柱及其邻近柱的应力大于按梁理论的计算值，中间柱的应力则小于按梁理论的计算值。框筒中除了腹板框架抵抗部分倾覆力矩外，翼缘框架柱承受较大的拉、压应力，可以抵抗水平荷载产生的部分倾覆力矩。造成这种应力分布现象的原因，是由于筒中筒结构并非实心截面的悬臂梁，竖向力由角柱向中间柱的传递需要通过梁的剪力来完成。因为梁在传递竖向剪力过程中产生剪切型的横向相对变形，故柱的轴向变形和所负担的轴力，越往中间越小。外框筒在整体弯曲作用下柱子正应力的这种现象，称为"剪力滞后"现象。

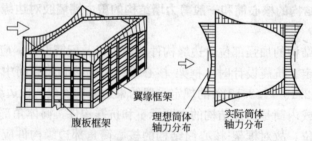

图 2-6-2　筒中筒结构受力特点

"剪力滞后"的程度与结构的平面尺寸、荷载大小、外框筒裙梁和密柱的相对刚度、筒中筒结构的高度、角柱的截面面积等因素有关。

筒中筒结构具有很好的空间性能，更大的抗侧力刚度和承载能力。通常在结构高宽比大于3时，才能充分发挥外筒的作用，因此更适用于高度更高的高层建筑。高规规定：筒中筒结构的高度不宜低于60m，高宽比不应小于3。

2.6.8 筒中筒结构的结构布置有哪些规定？

【解析】 1. 平面布置

(1) 平面形状

筒中筒结构的平面形状宜选圆形、正多边形、椭圆形或矩形，以圆形和正多边形为最有利的平面形状。矩形平面相对更差。采用矩形平面的筒中筒结构平面形状应尽可能接近正方形，长宽比不宜大于2.0。

正三角形平面的结构性能也较差，宜通过切角使其成为六边形来改善外框筒的剪力滞后现象，提高结构的空间作用性能。或在角部设刚度较大的角柱或角筒，以避免角部应力过分集中(图2-6-3)。外框筒的切角长度不宜小于相应边长的1/8，内筒的切角长度不宜小于相应边长的1/10，切角处的筒壁宜适当加厚。

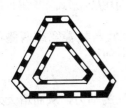

图2-6-3 三角形平面结构布置示意

(2) 平面布置

结构平面布置应尽可能简单、规则、均匀、双轴对称，尽可能减少扭转，不应采用严重不规则的结构布置。

内筒宜居中。内筒和外框筒之间的中心距离，非抗震设计时不宜大于12m，抗震设计时不宜大于10m，否则，宜采用预应力混凝土楼(屋)盖，必要时可增设内柱。

外框筒的柱距不宜大于4m，框筒柱的截面长边应沿筒壁方向布置。

2. 竖向布置

框筒及内筒宜贯通建筑物全高，其刚度沿竖向宜均匀变化，以免结构的侧移和内力发生急剧变化。筒中筒结构的外框筒及内筒的外圈墙厚在底部加强部位及以上两层范围内不宜变化。

内筒外围剪力墙上的较大门洞宜沿竖向规则、连续布置(逐层布置)。

(1) 内筒

内筒的刚度不宜过小，其边长可取筒体结构高度的1/15～1/12；当外框筒设置刚度较大的角筒或剪力墙时，内筒平面尺寸可适当减小。

内筒的内部墙肢布置宜均匀、对称；内筒的外围墙体上开设的洞口位置亦宜均匀、对称，不应在角部附近开设较大的逐层设置的门洞；如难于避免时，洞边至内墙角尺寸不宜小于500mm或墙厚(取大值)，洞口的高度宜小于层高的2/3。

内筒外围墙的门洞口连梁的跨高比不宜大于3，且连梁截面高度不宜小于600mm，以使内筒具有较强的整体刚度与抗弯能力。

(2) 外框筒

洞口面积不宜大于墙面面积的60%，洞口高宽比宜与层高与柱距比值相近。

为有效提高框筒的侧向刚度，框筒柱截面形状宜选用矩形（对圆形、椭圆形框筒平面为长弧形），如有需要可在其平面外方向另加壁柱成T形截面，矩形框筒柱的截面宜符合以下要求：截面宽度不宜小于300mm和层高的1/12（取较大值）；截面高宽比不宜大于3和小于2；轴压比限值为0.75（一级）、0.85（二级）；当带有壁柱时，对截面宽度的要求可放宽；当截面高宽比大于3时，尚应满足剪力墙设置约束边缘构件的要求。

角柱是保证框筒结构整体侧向刚度的重要构件，应使角柱比中部柱具有更强的承载能力，但又不宜将角柱截面设计得太大，以避免增大"剪力滞后"作用，一般角柱面积可为中柱面积的1~2倍。角柱可如图2-6-4所示采用方形、十字形或L形柱。

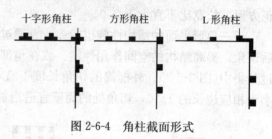

图2-6-4　角柱截面形式

框筒裙梁的截面高度不宜小于其净跨的1/4及600mm；梁宽宜与柱等宽或两侧各收进50mm。

2.6.9　筒中筒结构需要设置加强层吗？

【解析】　高层建筑结构设置加强层的主要目的是增大外框架柱的轴力，从而增大外框架的抗倾覆力矩能力，提高结构的抗侧力刚度，减小结构水平侧移。筒中筒结构的外框筒以承受倾覆力矩为主，内筒则以承受大部分剪力为主，二者通过楼板协同工作，具有很大的抗侧力刚度。计算分析表明，筒中筒结构设置加强层对减小结构的水平侧移作用不大，反而会引起结构竖向刚度突变，使加强层附近结构内力剧增。同时，加强层的承载力、刚度显著大于其上、下层，造成上、下层的框架柱与加强层水平构件的连接节点难以实现强柱弱梁。因此，筒中筒结构不应采用设置加强层来减小结构水平侧移。

2.6.10　筒体结构有转换层时转换构件布置原则。

【解析】　筒体结构由于外筒或外框筒采用密排柱，限制了建筑物底部的使用，为了满足建筑功能要求，一般在底层或底部几层抽柱以形成大空间，因而造成相邻层的竖向构件不贯通，此时应在其间设置转换层。转换层及其以下各层结构应符合以下要求：

1. 筒中筒结构和框架-核心筒结构的内筒及核心筒应全部贯通建筑物全高，且转换层以下的筒壁宜加厚。

2. 底层或底部几层的抽柱应结合建筑使用功能与建筑立面设计要求进行。抽柱位置宜均匀对称，整层抽柱时按"保留角柱（8度宜保留角柱及相邻柱）、隔一抽一"的原则进行，局部抽柱时不应连续抽去多于2根以上的柱，且其位置应在建筑物中部，对称主轴附近。

3. 底层或底部几层抽柱后，可采用拱结构、钢筋混凝土实腹梁、预应力梁、桁架等转换构件用于支承上部密排柱（图2-6-5）。

4. 转换构件上、下层的侧向刚度比γ应满足高规附录E的规定。

5. 转换层上、下部结构质量中心宜接近重合（不包括裙房）。

6. 采用空腹桁架转换、拱转换、斜撑转换时，应加强节点的配筋与连接锚固构造措施，防止应力集中的不利影响，空腹桁架的竖腹杆应按强剪弱弯进行配筋设计；梁转换时转换梁及其上三层的裙梁应按偏心受拉杆件进行配筋设计与构造处理。

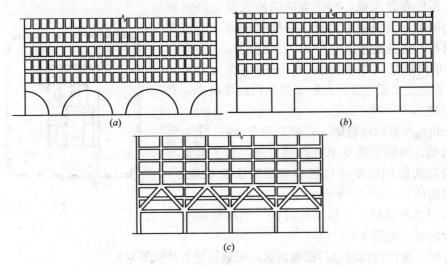

图 2-6-5　筒体结构转换层结构示意
(a)拱形转换结构；(b)墙梁转换结构；(c)桁架转换结构

7. 转换层楼板(空腹桁架转换层的楼板为上、下弦杆所在的楼层的楼板)厚度不应小于150mm，应采用双层双向配筋，除满足受弯承载力要求外，每层每个方向的配筋率不应小于0.25％。

8. 转换层在内筒与外框筒之间的楼板不应开设洞口边长与内外筒间距之比大于0.20的洞口，当洞口边长大于1000mm时，应采用边梁或暗梁(平板楼盖、宽度取2倍板厚)对洞口加强，开洞楼板除满足承载力要求外，边梁或暗梁的纵向钢筋配筋率不应小于1％。

9. 开设少量洞口的转换层楼板在对洞口周边采取加强措施后，一般可不进行转换层楼板的抗震验算(楼板剪力设计值及其受剪承载力的验算)。

10. 9度抗震设计的筒体结构不应采用转换层结构。

11. 转换层结构设计还应符合高规第10章第10.2节"带转换层高层建筑结构"有关转换构件和框支框架设计的各项规定。

2.6.11　筒体结构的角部楼盖布置。

【解析】 1. 筒体结构的楼盖应采用现浇钢筋混凝土结构，可采用钢筋混凝土普通梁板、钢筋混凝土平板、扁梁肋形板或密梁板，跨度大于10m的平板宜采用后张预应力楼板。

2. 角部楼板双向受力，当采用梁板结构时，梁的布置宜使角柱承受较大的竖向荷载，应避免或尽量减小角柱出现拉力。一般有如图 2-6-6 所示的几种布置方式。

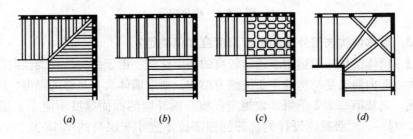

图 2-6-6　角区楼板、梁布置(一)

(a) 角区布置斜梁,两个方向的楼盖梁与斜梁相交,受力明确。但斜梁受力较大,梁截面高,不便机电管道通行;楼盖梁的长短不一,种类较多。

(b) 单向布置,结构简单,但有一根主梁受力大。

(c) 双向交叉梁布置,此种布置结构高度较小,有利降低层高。

(d) 角区布置两根斜梁、外侧梁端支承在"L"形角墙的两端,内侧梁端支承在内筒角部,为了避免与筒体墙角部边缘钢筋交接过密影响混凝土浇筑质量,可把梁端边偏离200~250mm。

当采用钢筋混凝土平板结构时,一般在角部沿一个方向设暗梁,见图2-6-7。

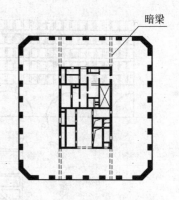

图2-6-7 角区楼板、梁布置(二)

2.6.12 筒体结构楼(屋)面板角区的配筋构造有什么要求?

【解析】 由于混凝土楼板的自身收缩和温度变化产生的平面变形,以及楼板平面外受荷后的翘曲受到剪力墙的约束等原因,楼板在外角可能会产生斜裂缝。为防止这类裂缝出现,楼板外角一定范围内宜配置双层双向构造钢筋网(图2-6-8)。其单层单向配筋率不宜小于0.3%,钢筋的直径不应小于8mm,间距不应大于150mm,配筋范围不宜小于外框架(或外筒)至内筒外墙中距的1/3和3m。楼板开洞位置应尽可能远离侧边。

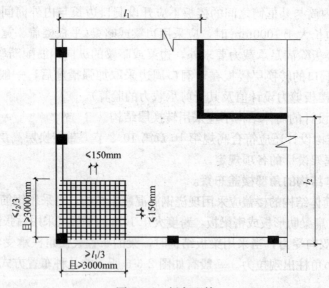

图2-6-8 板角配筋

2.6.13 筒体结构内筒外墙的截面厚度应如何确定?

【解析】 筒体结构一般适用于建造较高的高层建筑。由于结构所受的竖向荷载、水平荷载都很大,而内筒又是结构的主要抗侧力结构,要求墙体具有足够的强度、刚度和稳定性能,因此,高规第9.2.2条第3款规定:核心筒外墙的截面厚度不应小于层高的1/20及200mm,对一、二级抗震设计的底部加强部位不宜小于层高的1/16及200mm,不满足时,应按高规附录D计算墙体稳定,必要时可增设扶壁柱或扶壁墙;在满足承载力要求以及轴压比限值(仅对抗震设计)时，核心筒内墙可适当减薄，但不应小于160mm。上述规定比剪力墙结构中墙体截面最小厚度取值要严：

1. 核心筒外墙截面厚度的确定仅由层高计算，而不是用层高或剪力墙无支长度的最小值来计算；
2. 非抗震设计时，核心筒外墙的截面厚度(不应小于层高的1/20及200mm)比剪力墙结构中的截面厚度(不应小于层高或剪力墙无支长度的1/25及160mm)要大；
3. 核心筒外墙的截面厚度比内墙要大。

建筑抗震设计手册(第二版)提出：抗震设计时，框架核心筒结构的核心筒和筒中筒结构的内筒的外围墙体厚度一般宜按无端柱条件考虑，一、二级底部加强部位的墙厚不应小于层高的1/12，其上部位墙厚不宜小于层高的1/12；内筒的内部墙体厚度不应小于层高的1/20，但底部加强部位的墙厚还不应小于200mm；底部加强部位在重力荷载代表值作用下的墙肢轴压比不宜超过0.4(一级、9度)、0.5(一级、7、8度)、0.6(二级)。

2.6.14 筒体结构的构造要求有哪些？

【解析】 1. 混凝土强度等级

由于筒体结构层数多、重量大，混凝土强度等级不宜低于C30，以免柱的截面尺寸过大影响建筑的有效使用面积。

2. 框架梁、柱

框筒的角柱应按双向偏心受压构件计算。在地震作用下，角柱不允许出现小偏心受拉，当出现大偏心受拉时，应考虑偏心受压与偏心受拉的最不利情况；如角柱为非矩形截面，尚应进行弯矩(双向)、剪力和扭矩共同作用下的截面验算。

框筒的中柱宜按双向偏心受压构件计算。

楼层主梁不宜搁置在核心筒或内筒的连梁上，因为这会使连梁产生较大剪力和扭矩，容易导致脆性破坏。此外，楼层梁不宜支承在核心筒或内筒的转角处。

梁端纵向受力钢筋不能满足水平锚固长度要求时(非抗震设计时大于或等于$0.4l_a$，抗震设计时大于或等于$0.4l_{aE}$)，宜在核心筒或内筒墙体的支承部位设置配筋壁柱(附墙柱或暗柱)，如图2-6-9所示。

核心筒外围墙肢支承楼盖梁的附墙柱或暗柱除满足受压及受弯承载力(墙肢平面外)的要求外，其纵向受力钢筋总配筋率不小于1.2%(一级)、1.0%(二级)、0.8%(三级)，箍筋与拉筋直径、间距应满足配箍特征值λ_v等于0.20(一、二级)、0.15(三级)的要求，见图2-6-9。

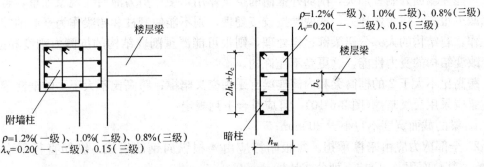

图2-6-9 附墙柱、暗柱

当楼盖结构为平板或密肋板时，以等效刚度折算为等代梁考虑竖向荷载作用对柱的弹性嵌固弯矩的影响，等代梁的宽度可取框筒柱距，板与框筒连接处可按构造配置板顶钢筋，计算板跨中弯矩时可不考虑框筒对板的嵌固作用。

裙梁应考虑板端嵌固弯矩引起的扭转作用。

3. 墙体设计

筒体角部应加强抗震构造措施。一、二级筒体角部的边缘构件应按下列要求加强：底部加强部位，约束边缘构件沿墙肢的长度应取墙肢截面高度的 1/4，且约束边缘构件范围内应全部采用箍筋；底部加强部位以上的全高范围宜按转角墙设置约束边缘构件，约束边缘构件沿墙肢的长度仍取墙肢截面高度的 1/4。

支承楼层梁的内筒或核心筒部位宜设置配筋暗柱，暗柱宽度不宜小于 3 倍梁的宽度。

为了防止核心筒或内筒中出现小墙肢等薄弱环节，核心筒或内筒的外墙均不宜在筒体角部设置门洞，门洞宜设置在约束边缘构件 l_c 范围之外，且不宜在水平方向连续开洞。对个别无法避免的小墙肢，应控制最小截面高度，增加配筋，提高小墙肢的延性，洞间墙肢截面高度不宜小于 1.2m。当洞间墙肢截面高度与厚度之比小于 3 时，其配筋设计应符合高规第 7.2.5 条关于矩形截面独立墙肢设计的各项规定。

2.6.15 裙梁受剪截面控制条件不满足要求时，可以采取开洞等处理一般剪力墙连梁的办法吗？

【解析】 筒中筒结构的外框筒，一般由密柱和裙梁构成，如同剪力墙开洞后形成的筒体。为了使外框筒更好地发挥空间作用，减小"剪力滞后"现象，高规对外框筒的柱距、墙面开洞率、裙梁截面高度、角柱截面面积等规定如下：

1. 柱距不宜大于 4m，框筒柱的截面长边应沿筒壁方向布置，必要时可采用 T 形截面；
2. 洞口面积不宜大于墙面面积的 60%，洞口高宽比宜与层高与柱距之比值相近；
3. 外框筒梁的截面高度可取柱净距的 1/4；
4. 角柱截面面积可取中柱的 1~2 倍。

外框筒裙梁的跨高比一般较小，水平荷载作用下梁端剪力很大，比一般的剪力墙连梁更容易出现截面控制条件不满足规定的情况，不采取合适的处理措施会造成连梁斜裂缝过大甚至发生斜压破坏。

但是，对外框筒裙梁的抗剪截面控制条件不满足要求，不能采取前述一般剪力墙连梁那样减小梁高、中部开洞等削弱外框筒梁的办法，因为那样做，就会使裙梁截面高度减小，可能使墙面开洞率加大，削弱外框筒的空间作用，使"剪力滞后"现象加重，若连梁截面减少很多，成为弱连梁，或两端按铰接处理，则不能使密柱和裙梁作为开洞的筒体共同工作，若结构的大部分裙梁都这样处理，则很可能严重削弱结构的抗侧力刚度和强度，甚至改变结构的受力性能，这更是不允许的。

跨高比不大于 2 的框筒梁和内筒连梁宜采用交叉暗撑；跨高比不大于 1 的框筒梁和内筒连梁应采用交叉暗撑（图 2-6-10），且应符合下列规定：

1. 梁的截面宽度不宜小于 300mm；
2. 全部剪力应由暗撑承担。每根暗撑应由 4 根纵向钢筋组成，纵筋直径不应小于 14mm，其总面积 A_s 应按下列公式计算：

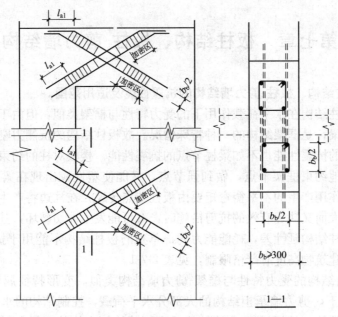

图 2-6-10 梁内交叉暗撑配筋构造

(1) 无地震作用组合时：

$$A_s \geqslant \frac{V_b}{2f_y\sin\alpha} \tag{2-6-1}$$

(2) 有地震作用组合时：

$$A_s \geqslant \frac{\gamma_{RE}V_b}{2f_y\sin\alpha} \tag{2-6-2}$$

式中 α——暗撑与水平线的夹角；

3. 两个方向斜撑的纵向钢筋均应采用矩形箍筋或螺旋箍筋绑成一体，箍筋直径不应小于 8mm，箍筋间距不应大于 200mm 及梁截面宽度的一半；端部加密区的箍筋间距不应大于 100mm，加密区长度不应小于 600mm 及梁截面宽度的 2 倍；

4. 纵筋伸入竖向构件的长度不应小于 l_{a1}，非抗震设计时 l_{a1} 可取 l_a；抗震设计时 l_{a1} 宜取 $1.15l_a$；

5. 梁内普通箍筋的配置应符合高规第 9.3.7 条的构造要求。

第七章 板柱结构、板柱-剪力墙结构

2.7.1 板柱结构、板柱-剪力墙结构的抗震性能及适用范围。

【解析】 板柱结构在水平荷载作用下的受力特性与框架类似,但由于没有梁,以柱上板带代替了框架梁,是框架结构的一种特殊情况。故板柱结构的抗侧力刚度比梁柱框架结构差,板柱节点的抗震性能也不如梁柱节点的抗震性能。楼板对柱的约束弱,不像框架梁那样,既能较好地约束框架节点,做到强节点,又能使塑性铰出现在梁端,做到强柱弱梁。此外,地震作用产生的不平衡弯矩要由板柱节点传递,在柱边将产生较大的附加剪应力,当剪应力很大而又缺乏有效的抗剪措施时,有可能发生冲切破坏,甚至导致结构连续破坏。因此,板柱结构延性差,耗能能力弱,单独的板柱结构不能用于抗震设计的建筑,非抗震设计时,建筑物高度有严格限制,见表 2-7-1。

板柱-剪力墙结构的受力特性与框架-剪力墙结构类似,变形特征属弯剪型,接近弯曲型。地震作用下,剪力墙承担结构的大部分水平荷载,控制结构的水平侧移,提高结构的延性和抗震性能,是板柱-剪力墙结构最主要的抗侧力构件。但由于板柱部分结构延性差,抗震性能不好,故抗震设计时,板柱-剪力墙结构的建筑物高度也有严格限制,见表 2-7-1。

房屋建筑的最大适用高度(m)　　　　表 2-7-1

结构类型	非抗震设计	抗 震 设 计		
		6度	7度	8度
板柱结构	20	—	—	—
板柱-剪力墙结构	70	40	35	30

考虑到在 6 度、7 度抗震设防烈度区建设多层板柱结构的需要,《预应力混凝土结构抗震设计规程》(GJ 140—2004)提出了板柱-框架结构。即在板柱结构中(包括建筑物周边设置框架梁的情况)再设置一些框架,通过楼板的作用使两者协同工作,提高结构的抗震能力。

根据工程实践经验,《预应力混凝土结构抗震设计规程》(GJ 140—2004)规定了板柱-框架结构的最大适用高度 6 度不大于 22m,7 度不大于 18m。并规定了板柱-框架结构除应满足板柱结构的有关规定外,还应符合下列规定:

1. 当楼板长宽比大于 2 或楼板长度大于 32m 时,应设置框架;
2. 在基本振型地震作用下,板柱结构承受的地震剪力应小于结构总地震剪力的 50%;
3. 板柱部分的柱及框架部分的抗震等级,对 6 度、7 度应分别采用三级、二级,并应符合相应的计算和构造措施要求。

2.7.2 板柱结构震害情况简介及震害分析。

【解析】 近年来,世界许多国家和地区都发生了较强的地震,板柱结构的震害较框架、剪力墙、框架-剪力墙结构要严重。

1977 年 3 月 5 日罗马尼亚布加勒斯特附近发生的 7.2 级地震,布加勒斯特烈度为 8.5 度。一座 4 层板-柱结构(未设剪力墙),柱截面尺寸为 700mm×700mm,在地震中完全倒塌。

1985年9月19日墨西哥城附近发生的8.1级地震，板-柱结构大量破坏，在地震最严重地区的300多个破坏或倒塌的建筑物中，板-柱结构(密肋板)的破坏数量接近普通梁板式框架结构的2倍。柱将楼板冲切破坏后，许多层楼板叠在一起，柱端部压屈等。

在地面运动引起的地震荷载的反复作用下，加之柱子横向钢筋很少，柱核心区混凝土缺乏约束，致使柱子强度不断降低，有时甚至丧失承载能力，最终导致建筑物倒塌。

大约有半数建筑物的破坏或倒塌是由于板的冲切破坏。这些板中柱子周围的配筋较少，穿过柱头的钢筋也很少，柱头和板直接相交处混凝土很少，且未配置专门的抗剪钢筋。

在大量遭受破坏和倒塌的建筑物中，几乎都是密肋板从柱顶脱落而柱子完好无损。说明板柱交接处的连接破坏是结构破坏的主要原因。

阿尔及利亚1980年地震时，一座巨大的商场——公寓楼倒塌(Ain Nasser Market)，使三千多人被困其中，最后死亡数百人。该建筑为三层双向密肋平板结构(无梁平板的一种)，首层为超市，层高较高，使柱子显得细长，二、三层为公寓，地震后完全破坏倒塌。板柱节点抗弯承载力较小，是破坏的主要原因。

通过对上述震害的分析，板柱结构在地震中的破坏主要原因是：

(1) 地震作用全部由板柱承担，由于未设置剪力墙，结构抗侧力刚度小，再加上无梁，在很小水平荷载下，由于板柱直接相交处产生的很大非弹性转动，又削弱了结构的抗侧力刚度，故侧向位移较大，加之$P\text{-}\Delta$效应，很可能在强震时造成严重破坏甚至倒塌。

(2) 结构延性差，抵抗变形和抗弯的能力差。

(3) 地震作用产生的不平衡弯矩，在柱周围产生较大的剪应力，和垂直荷载下的剪应力共同作用，就会发生图2-7-1所示的冲切破坏。这是一种脆性破坏。

(4) 板与柱间的不平衡弯矩的传递，使得柱子的侧面严重应力集中，在荷载初期阶段就表现出塑性特性；侧面混凝土局部压碎，钢筋屈服并产生滑移，结构刚度显著降低。

(5) 在较大的水平荷载作用下，板上下表面处的柱端弯矩变号，柱中纵筋由受拉变为受压或由受压变为受拉，但密肋板的厚度不足以在较粗钢筋周围产生足够的混凝土粘着力(图2-7-2)，因此柱子钢筋在板厚范围内仍然受拉，该处的混凝土要承担由垂直荷载和不平衡弯矩产生的全部压应力，板柱节点处因纵向钢筋粘结破坏引起柱受压破坏。

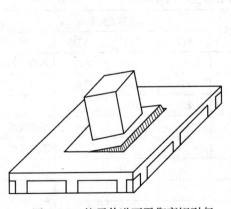

图2-7-1 柱子传递不平衡弯矩引起周边板产生冲切破坏机构

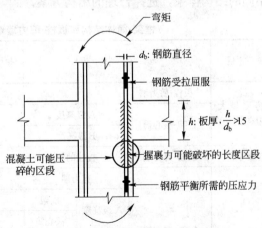

图2-7-2 板柱节点处因纵向钢筋粘结破坏引起柱受压破坏的假想机构

可以看出：在板柱结构中设置剪力墙，使之成为板柱-剪力墙结构；同时加强板柱节点的抗冲切验算和抗震构造措施，将会提高这种结构的抗震能力。

2.7.3 板柱-剪力墙结构和框架-核心筒结构的区别是什么？

【解析】 中央为由楼电梯、管道井筒围起的核心筒、周边为较大柱距的框架，是框架-核心筒结构较为典型的平面布置。当外框和核心筒间距离较大时，设计中可能会在其间另设内柱以减小梁或板的跨度，在外框和核心筒间不设置框架主梁的情况下，其平面布置如图 2-7-3 所示。

板柱-剪力墙结构由水平构件板和竖向构件柱及剪力墙组成，其内部无梁。为了提高结构的抗震性能，规范规定板柱-剪力墙结构周边应设置有梁框架，当剪力墙为由楼电梯、管道井筒围成的筒体且布置在平面中部时，其平面布置如图 2-7-4 所示。

图 2-7-3　板柱-剪力墙结构　　　　图 2-7-4　框架-核心筒结构

此时两种情况下的平面布置是十分相似的，但框架-筒体结构受力特点类似于框架-剪力墙，具有较大的抗侧力刚度和强度，空间整体性较好，抗震性能好。而板柱-剪力墙结构抗侧刚度小，延性差，地震作用下柱头极易发生破坏，抗震性能差。因此两个结构体系在房屋最大适用高度、抗震措施等方面设计上有很大差别，表 2-7-2 列出了两者的一些主要区别。可以看出：分清两种不同的结构体系是一件十分重要的事情，否则就会造成结构选型及设计错误。所以，结构师应在研究分析建筑专业提供的设计资料基础上，判别好两种不同的结构体系，选择合理的结构方案。

框架-筒体结构和板柱-剪力墙结构在设计上的部分差别　　　　表 2-7-2

项目	结构体系			非抗震设计	抗震设防烈度			
					6度	7度	8度	9度
房屋最大适用高度(m)	板柱-剪力墙			70	40	35	30	不应采用
	框架-核心筒	A级高度		160	150	130	100	70
		B级高度		220	210	180	140	—
抗震等级	板柱-剪力墙	板柱的柱		—	三	二	一	不应采用
		剪力墙		—	二	二	二	不应采用
	框架-核心筒	A级高度	框架	—	三	二	一	一
			核心筒	—	二	二	一	一
		B级高度	框架	—	—	二	一	—
			核心筒	—	—	二	一	特一

续表

项 目	结 构 体 系	非抗震设计	抗震设防烈度			
			6度	7度	8度	9度
抗震设计时地震剪力调整	板柱-剪力墙	各层横向及纵向剪力墙应能承担相应方向该层全部地震剪力,各层板柱部分除应符合计算要求外,尚应能承担不少于该层相应方向地震剪力的20%				
	框架-核心筒	按高规第8.1.4条规定的框架-剪力墙结构进行调整				
核心筒或剪力墙筒约束边缘构件的设置	板柱-剪力墙(剪力墙筒)	应符合高规第七章的有关规定				
	框架-核心筒(核心筒)	底部加强部位约束边缘构件沿墙肢的长度应取墙肢截面高度的1/4,约束边缘构件范围内应全部采用箍筋;其底部加强部位以上宜按规定设置约束边缘构件。其余部分应符合高规第七章的有关规定				

一般可从以下两方面区分框架-核心筒结构和板柱-剪力墙结构:

1. 板柱-剪力墙结构有剪力墙(或剪力墙筒)和外围周边柱,同时内部柱子(内柱)数量较多,楼层平面除周边柱间有梁、楼梯间有梁外,内外柱及内柱之间、内柱与剪力墙筒间均无梁,内柱承担较大部分的竖向荷载,并参与结构整体抗震(虽然其作用不大)。剪力墙(或剪力墙筒)是主要抗侧力构件,但柱子也是抗侧力构件。而框架-核心筒结构的内柱数量很少(甚至没有),且一般为不设梁的、仅承受竖向荷载的轴力柱,所承担的竖向荷载很小,核心筒是主要抗侧力构件,周边框架参与结构整体抗震。但内柱一般不是抗侧力构件。

2. 框架-核心筒结构的核心筒每侧边长一般不小于结构相应边长的1/3,高宽比一般较大(当然不超过12)。而板柱-剪力墙结构的剪力墙筒和结构面的尺寸之比较小,其剪力墙筒每侧边长一般远小于结构相应边长的1/3,由于房屋高度不大,高宽比则较小。

采用外框和核心筒之间不设梁的框架-核心筒结构工程实例不少,如广东国际大厦、南京金陵饭店等,为了减小板的厚度,许多工程还采用了无粘结预应力平板方案,如合肥润安大厦、陕西省邮政电信局管网中心等,由于外框和核心筒之间不设梁,对框架-核心筒结构的整体刚度和抗震性能有一定影响,因此,一般在外框柱与核心筒之间均设置暗梁。

2.7.4 板柱-剪力墙结构房屋周边和楼电梯洞口周边应设置有梁框架。

【解析】 如本章第2.7.1款所述,板柱-剪力墙结构的抗震性能比框架-剪力墙结构差,主要是由于板柱-剪力墙结构的板柱部分抗震性能不如框架部分的抗震性能。地震作用下,房屋的周边(特别是角部)是受力的主要部位,为保证结构关键部位的可靠性,要求抗震设计时,除应设置剪力墙外,还应尽可能设置有梁框架。而这对于大多数建筑来说,一般不会影响其使用功能,故是可以做到的。

抗震规范第6.6.2条规定:房屋的周边和楼、电梯洞口周边应采用有梁框架。第6.6.4条规定:房屋的屋盖和地下一层顶板,宜采用梁板结构。对前一条,应遵照执行,对后一条,应尽可能做到。

2.7.5 板柱-剪力墙结构的剪力墙间距要求。

【解析】 和框架-剪力墙结构中的道理一样,为了使两墙之间的楼、屋盖能获得足够的平面内刚度,保证结构在地震作用下的整体工作性能,有效地传递水平地震作用。板柱-剪力墙结构中的剪力墙之间无大洞口的楼(屋)盖的长宽比,不宜超过表2-7-3的规定,超过时,应计入楼盖平面内变形的影响;当这些剪力墙之间的楼板有较大开洞时,表中数据应予减小。

剪力墙之间楼、(屋)盖的长宽比　　　　表2-7-3

楼盖形式	非抗震设计	抗震设防烈度	
		6度、7度	8度
现浇	3.0	2.5	2.0

2.7.6 如何确定板柱结构的板厚及柱帽尺寸?

【解析】 1. 平板板厚:双向无梁板厚度不宜过小,其厚度与柱网长跨之比,不宜小于表2-7-4的规定,平板最小厚度不应小于150mm。

双向无梁板厚度与长度的最小比值　　　　表2-7-4

非预应力楼板		预应力楼板	
无柱帽或托板	有柱帽或托板	无柱帽或托板	有柱帽或托板
1/30	1/35	1/40	1/45

2. 柱帽(或托板)的厚度:无梁板可根据承载力和变形分为无柱帽板或有柱帽板,8度抗震设计时应采用有柱帽的板柱节点。当采用托板式柱帽时,托板的长度和厚度应按计算确定,且托板每主向的长度不宜小于板跨度的1/6,托板的厚度不宜小于1/4无梁板的厚度;抗震设计时,托板或柱帽根部总厚度(包括无梁板的厚度)尚不宜小于16倍柱纵筋直径。当不满足承载力要求且不允许设置柱帽时,可采用剪力架,此时板的厚度,非抗震设计不应小于150mm,抗震设计时不应小于200mm。当采用柱顶加托板以减少在柱顶的负弯矩配筋时,托板尺寸除符合上述要求外,尚须注意托板厚度不得大于1/4托板长度。

3. 密肋板的尺寸:采用密肋板时,密肋板的肋净距不宜大于800mm,肋宽不宜小于80mm,肋高(包括面板厚度)不应小于柱长跨尺寸的1/30,也不宜大于肋宽的3倍。密肋板的面板厚度不应小于40mm,其板柱节点周围应做成实心板,实心板的长度应由计算确定,并满足托板的构造尺寸要求。

2.7.7 抗震设计时板柱-剪力墙结构的剪力调整。

【解析】 板柱-剪力墙结构的板柱部分抗震承载能力很差,故规范要求板柱-剪力墙结构中的剪力墙应能承担结构全部地震剪力以保证结构的安全。考虑多道设防的原则,为使板柱部分能很好地起到第一道防线的作用,各层的板柱部分除应满足计算要求外,还应能承担不少于各层相应方向全部地震剪力的20%,以策安全。

注意和框架-剪力墙结构中框架的剪力调整的区别,在框架-剪力墙结构中,剪力墙承担的地震剪力按实际计算出的数值取用,而在板柱-剪力墙结构中,应取结构的100%地震剪力,其原因就是板柱-剪力墙结构中的板柱部分抗震能力很差。

2.7.8 板柱结构、板柱-剪力墙结构的计算要点。

【解析】 1. 一般规定

(1)板柱结构、板柱-剪力墙结构在垂直荷载和水平荷载作用下的内力及位移计算,宜优先采用连续体有限元空间模型的整体计算方法,也可采用等代框架杆系结构有限元法或其他计算方法。

(2) 抗震设计时板柱-剪力墙结构横向及纵向剪力墙应能承担该方向全部地震作用，各层的柱子部分除满足垂直荷载计算要求外，尚应能承担不少于各层相应方向全部地震作用的20%。板柱结构、板柱-剪力墙结构中的等代框架梁、柱、墙、节点的内力设计值调整见第一章表2-1-19。

(3) 密肋板的肋间距、高度、宽度及面板厚度符合构造要求时，其内力可采用T形截面特征按平板计算。当密肋梁较多时，如软件的计算容量有限，可采用如下简化方法计算：将密肋梁均匀等效为框架梁与柱一起进行整体计算。等效框架梁的截面宽度可取被等效的密肋梁截面宽度之和，截面厚度可取密肋梁截面高度，计算出的等效框架梁截面配筋可均匀分配给各密肋梁。

(4) 板面有集中荷载时，其配筋应由计算确定。当楼板上某区格内的集中荷载设计值不大于该区格内均布活荷载设计值总量的10%时，可按荷载折算总量为 F_1 的折算均布活荷载设计值进行计算：

$$F_1 = 1.1(F + F_q) \tag{2-7-1}$$

式中　F——某区格内的集中荷载设计值；
　　　F_q——某区格内均布活荷载设计值总量。

(5) 无梁楼盖的端支座为框架梁或剪力墙时，竖向荷载作用下及水平荷载作用下内力的计算端跨度取至梁或剪力墙中，平行于框架梁或剪力墙边不设柱上板带。

(6) 边缘梁截面的抗弯刚度 $E_c I_b$ 可考虑部分翼缘，其翼缘宽度如图2-7-5(a)所示。板截面的抗弯刚度 $E_c I_s = E_c \left(\text{板宽} \times \dfrac{h^3}{12} \right)$，板宽取值如图2-7-5(b)所示。梁、板刚度比 $\alpha = E_c I_b / E_c I_s$。沿外边缘各柱之间有梁的板，边缘梁的梁、板刚度比 α 不应小于0.8。

梁的抗扭刚度也可考虑翼缘的有利影响。

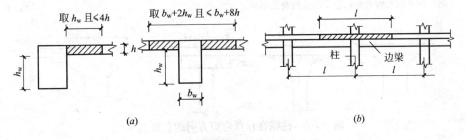

图2-7-5　边缘梁翼缘及板宽取值
(a)边梁翼缘宽度；(b)板宽度

(7) 板柱结构、板柱-剪力墙结构因为楼板较厚，其平面外刚度在结构整体计算时不能忽略，否则会对结构的整体分析带来较大影响。宜选用可考虑楼板面外刚度的软件进行分析计算。

2. 竖向荷载作用下的计算

(1) 经验系数法

1) 符合下列条件时，在垂直荷载作用下板柱结构的平板和密肋板的内力可用经验系数计算：

① 活荷载为均布荷载,且不大于恒载的3倍;
② 每个方向至少有3个连续跨;
③ 任一区格内的长边与短边之比不应大于1.5;
④ 同一方向上的最大跨度与最小跨度之比不应大于1.2;
⑤ 不规则柱网,柱的偏离值不应大于跨度的10%。

2) 按经验系数法计算时,应先算出垂直荷载产生的板的总弯矩设计值,然后按表2-7-5确定柱上板带和跨中板带的弯矩设计值。

对 x 方向板的总弯矩设计值,按下式计算:
$$M_x = q l_y (l_x - 2C/3)^2 / 8 \tag{2-7-2}$$

对 y 方向板的总弯矩设计值,按下式计算:
$$M_y = q l_x (l_y - 2C/3)^2 / 8 \tag{2-7-3}$$

式中 q——垂直荷载设计值;
l_x、l_y——等代框架梁的计算跨度,即柱子中心线之间的距离;
C——柱帽在计算弯矩方向的有效宽度,见图2-7-6;无柱帽时,取 $C=0$。

柱上板带和跨中板带弯矩分配值(表中系数乘 M_0)　　表2-7-5

截 面 位 置	柱 上 板 带	跨 中 板 带
端跨:		
边支座截面负弯矩	0.33	0.04
跨中正弯矩	0.26	0.22
第一个内支座截面负弯矩	0.50	0.17
内跨:		
支座截面负弯矩	0.50	0.17
跨中正弯矩	0.18	0.15

注: 1. 在总弯矩量不变的条件下,必要时允许将柱上板带负弯矩的10%分配给跨中板带;
　　2. 本表为无悬挑板时的经验系数,有较小悬挑板时仍可采用,当悬挑板较大且负弯矩大于边支座截面负弯矩时,须考虑悬臂弯矩对边支座及内跨的影响。

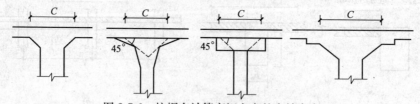

图 2-7-6　柱帽在计算弯矩方向的有效宽度

3) 按经验系数法计算时,板柱节点处上柱和下柱弯矩设计值之和 M_c 可采用以下数值:
中柱: 　　　　　　　　$M_c = 0.25 M_x (M_y)$ 　　　　　　　　(2-7-4)
边柱: 　　　　　　　　$M_c = 0.40 M_x (M_y)$ 　　　　　　　　(2-7-5)
式中 $M_x(M_y)$——按本款2.(1).2)计算的总弯矩设计值。

中柱或边柱的上柱和下柱的弯矩设计值可根据式(2-7-4)或式(2-7-5)的值按其他线刚度分配。

4) 按其他方法计算时,柱上端和柱下端弯矩设计值取实际计算结果,当有柱帽时,柱上端的弯矩设计值取柱刚域边缘处的值。

(2) 等代框架法

1) 当不符合本款 2.(1).1) 的规定时，在垂直荷载作用下，板柱结构的平板和密肋板可采用等代框架法计算其内力：

① 等代框架的计算宽度，取垂直于计算跨度方向的两个相邻平板中心线的间距；

② 有柱帽的等代框架梁、柱的线刚度，可按现行国家标准《钢筋混凝土升板结构技术规程》的有关规定确定；

③ 计算中纵向和横向每个方向的等代框均应承担全部作用荷载；

④ 计算中宜考虑活荷载的不利组合。

2) 按等代框架计算垂直荷载作用下板的弯矩，当平板与密肋板的任一区格长边与短边之比不大于 2 时，可按表 2-7-6 的规定分配给柱上板带和跨中板带；有柱帽时，其支座负弯矩应取刚域边缘处的值，除边支座弯矩和边跨中弯矩外，分配到各板带上的弯矩应乘以 0.8 的系数。

柱上板带和跨中板带弯矩分配比例（%） 表 2-7-6

截 面 位 置	柱 上 板 带	跨 中 板 带
内跨：		
支座截面负弯矩	75	25
跨中正弯矩	55	45
端跨：		
第一个内支座截面负弯矩跨中正弯矩	75	25
	55	45
边支座截面负弯矩	90	10

注：在总弯矩量不变的条件下，必要时允许将柱上板带负弯矩的 10% 分配给跨中板带。

3) 当采用等代框架-剪力墙结构杆系有限元法计算时，其板柱部分可按板柱结构等代框架法确定等代框架梁的计算宽度及等代框架梁、柱的线刚度。

3. 水平荷载作用下的计算

(1) 水平荷载作用下，板柱结构的内力及位移，应沿两个主轴方向分别进行计算，当柱网较为规则、板面无大的集中荷载和大开孔时，可按等代框架法进行计算。

(2) 按等代框架法计算板柱结构在水平荷载作用下的内力及位移时，应符合下列规定：

1) 假定楼板在其平面内为绝对刚性；

2) 等代框架梁的计算宽度取式 (2-7-6)、式 (2-7-7) 的较小值；

$$b_y = 0.5(l_x + C) \tag{2-7-6}$$

$$b_y = 0.75 l_y \tag{2-7-7}$$

式中 b_y——y 向等代框架梁的计算宽度；

l_x、l_y——等代框架梁的计算跨度，即柱子中心线之间距离；

C——柱帽在计算弯矩方向的有效宽度，见图 2-7-6；无柱帽时取 $C=0$。

3) 有柱帽的等代框架梁、柱的线刚度，可按现行国家标准《钢筋混凝土升板结构技术规程》有关规定确定。

2.7.9 一般的框架-剪力墙结构中剪力墙的抗震等级比柱要求高，为什么 8 度时板柱-剪力墙结构中柱的抗震等级却比剪力墙的抗震等级高？

【解析】 板柱-剪力墙结构通常无框架梁，仅有暗梁，构不成梁柱节点，受力性能比较差。震害和试验研究均证明板柱节点是抗震的不利部位，地震作用产生的节点不平衡弯矩和竖向荷载下的剪应力共同作用，使节点极易产生脆性的冲切破坏，纯板柱结构抗侧力刚度小，且设有多道防线。设计时应设置剪力墙分担板柱框架的地震作用。根据多道设防的原则，高规第8.1.10条要求板柱结构中的剪力墙承担全部地震作用（作为第一道防线），同时板柱应能承担各层全部地震作用的20%以上（作为第二道防线）。

从高规表4.8.2可以看出，一般的框架-剪力墙中的墙的抗震等级比柱高，8度时板柱-剪力墙结构中柱的抗震等级却比剪力墙的抗震等级高，主要原因有以下几点：

1. 在板柱-剪力墙结构房屋的适用范围中，8度区属于高烈度区，框架柱的抗震措施需要加强，因此柱的抗震等级为一级，要求最高。

2. 8度时板柱-剪力墙结构房屋的适用最大高度为30m，剪力墙的抗震等级为二级已可以满足要求。

3. 由于柱和剪力墙属于不同的混凝土构件，它们的抗震措施和抗震构造措施要求的内容不同，二者之间的抗震等级不具有可比性。

2.7.10 板柱-剪力墙结构板的配筋有哪些构造要求？

【解析】 1. 板柱-剪力墙结构中构成板柱框架的柱上板带，当无柱帽时，由于柱的宽度有限，板带的受力主要集中在柱的连线附近，抗震设计时无柱帽的板柱-剪力墙结构应沿纵横柱轴线在板内设置暗梁，暗梁宽度可取与柱宽度相同或柱宽加上宽度以外各不大于1.5倍板厚之和，暗梁配筋应符合下列规定（图2-7-7）。

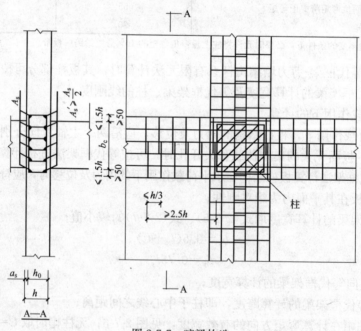

图2-7-7 暗梁构造

(1) 暗梁上、下纵向钢筋应分别取柱上板带上、下钢筋总截面面积的50%，且下部钢筋不宜小于上部钢筋的1/2。纵向钢筋应全跨拉通，其直径宜大于暗梁以外板钢筋的直径，但不宜大于柱截面相应边长的1/20，间距不宜大于300mm。

(2) 暗梁的箍筋，在构造上至少应配置四肢箍，直径不应小于8mm，从柱边缘向外不小于3.0h的范围内箍筋应加密，加密箍筋间距不应大于100mm。

2. 无柱帽板的配筋及最小延伸长度可按图 2-7-8 处理；当相邻跨长不同时，负弯矩钢筋按图 2-7-8 从支座的延伸长度，应以长跨为依据。图 2-7-8 仅示出近年来施工中较常用的分离式配筋构造做法。

3. 板的两个方向底筋位置应置于暗梁底筋上。

4. 无梁楼盖板外角的配筋构造：

(1) 对于有边梁的无梁楼板，在外角顶部沿对角线方向配负弯矩钢筋，在外角底部垂直于对角线方向配正弯矩钢筋，如图 2-7-9 所示。

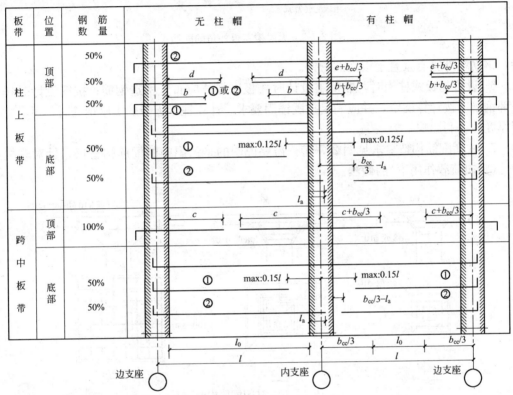

注：1. b_{cc} 为柱帽在计算弯矩方向的有效宽度。
l_a 为钢筋锚固长度；l_0 为净跨度；当有柱帽时，取 $l_0 = l - 2b_{cc}/3$。
2. 板边缘上下各加 1ϕ16 抗扭钢筋。
3. 跨中板带底部正钢筋应放在柱上板带正钢筋上面。
4. ①号钢筋适用于非抗震区，②号钢筋适用于抗震区。
5. 图中钢筋的最大和最小长度应符合下表要求。

符号	a	b	c	d	e	f	g
要求	$\geqslant 0.15l_0$	$\geqslant 0.20l_0$	$\geqslant 0.25l_0$	$\geqslant 0.30l_0$	$\geqslant 0.35l_0$	$\leqslant 0.20l_0$	$\leqslant 0.25l_0$

图 2-7-8 无梁楼板配筋构造

(2) 对于没有边梁的无梁楼板，应在平板外边缘的上下各设一根直径不小于 ϕ16 的通长钢筋。

(3) 边、角区格内板的边支座负筋，应满足在边梁内的抗扭锚固长度。

5. 抗震设计时，除按计算外，柱上板带的跨中区格内的板面钢筋一般可将柱上板带的支座配筋不少于 1/3 拉通。柱上板带的板底钢筋宜在距柱面为 2 倍纵筋锚固长度以外搭

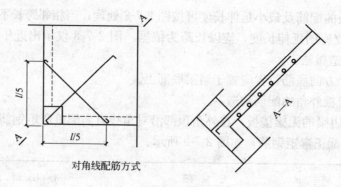

图 2-7-9 无梁楼盖板外角的配筋

接,钢筋端部宜有垂直于板面的弯钩。

6. 设置托板式柱帽时,非抗震设计时托板底部位应布置构造钢筋;抗震设计时托板底部钢筋应按计算确定,并应满足抗震锚固要求。计算柱上板带的支座钢筋时,可考虑托板厚度的有利影响。

7. 柱帽配筋构造要求见图 2-7-10。需要说明的是:图中的配筋构造仅是针对非抗震设计(竖向荷载作用下)的做法。

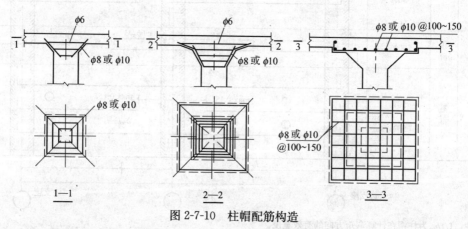

图 2-7-10 柱帽配筋构造

抗震设计时,应根据构件内力设计值和抗震等级确定其配筋面积、钢筋直径、间距、锚固长度等。

8. 密肋板在肋中配有负弯矩钢筋的范围内,宜配置构造封闭箍筋。箍筋直径不应小于 6mm,间距不应大于肋高,且不应大于 250mm;抗震设计时箍筋直径不应小于 6mm,间距不应大于 100mm。

密肋板主筋的配置长度可按平板的规定,密肋板的面板应配置双向钢筋网,其直径不应小于 4mm,间距不应大于 300mm。平板边缘的边肋上,下应至少各配 2φ16 的通长钢筋及构造封闭箍筋。

2.7.11 加强板柱节点的抗冲切承载力,可采取哪些措施?

【解析】板柱节点的冲切破坏是板柱结构、板柱-剪力墙结构的主要破坏形态,特别是抗震设计时,地震作用产生的不平衡弯矩,在柱周围产生较大的剪应力,和垂直荷载下产生的剪应力共同作用,就可能发生脆性的冲切破坏。为加强板柱节点的抗冲切承载力,一般可采用以下措施之一：

1. 将板柱节点附近板的厚度局部加厚(图 2-7-11a)或加柱帽；
2. 可采用穿过柱截面布置于板内的暗梁，暗梁由抗剪箍筋与纵向钢筋构成(图 2-7-11b)，此时纵筋可与柱上板带暗梁所需纵筋合并考虑，其直径不应小于 16mm；
3. 可采用互相垂直并通过柱子截面的型钢(工字钢、槽钢等)焊接而成的型钢剪力架(图 2-7-11c)。

在采用上述某种抗冲切措施时，应进行相应的抗冲切承载力计算并应满足有关构造要求。

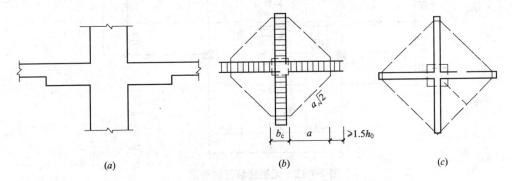

图 2-7-11 节点形式及构造
(a)局部加厚板；(b)剪力箍筋；(c)剪力架

2.7.12 在板柱-剪力墙结构板的构造要求中，为什么要规定 $A_s \geq N_G/f_y$？

【解析】 在地震作用下，无梁板与柱的连接是最薄弱的部位。在地震的反复作用下易出现板柱交接处的裂缝，严重时发展成为通缝，使板失去了支承而脱落。为防止板的完全脱落而下坠，沿两个主轴方向布置通过柱截面的板底连续钢筋不应过小（连续钢筋的总抗拉力等于该层楼板造成的对该柱的轴压力），以便把趋于下坠的楼板吊住而不至于倒塌。故规范规定：在板柱-剪力墙结构中，沿两个主轴方向均应布置通过柱截面的板底连续钢筋，且连续钢筋的总截面面积应符合下式要求：

$$A_s \geq N_G/f_y \tag{2-7-8}$$

式中 A_s——通过柱截面的板底连续钢筋的总截面面积；

N_G——在该层楼面重力荷载代表值作用下的柱轴向压力设计值；

f_y——通过柱截面的板底连续钢筋的抗拉强度设计值。

2.7.13 板柱-剪力墙结构板上开洞有什么规定？

【解析】 无梁楼板允许开局部洞口，但应验算满足承载力及刚度要求。当板柱抗震等级不高于二级，且在板的不同部位开单个洞的大小符合图 2-7-12 的要求时，一般可不作专门分析。若在同一部位开多个洞时，则在同一截面上各个洞宽之和不应大于该部位单个洞的允许宽度。所有洞边均应设置补强钢筋。

当抗震等级为一级时，暗梁范围内不应开洞，柱上板带相交共有区域尽量不开洞，一个柱上板带与一个跨中板带共有区域也不宜开较大洞。

还应注意的是：板上开洞除应满足上述要求外，冲切计算中应考虑洞口对板的抗冲切承载力的削弱，具体计算及构造应符合混凝土规范 GB 50010 的有关规定。

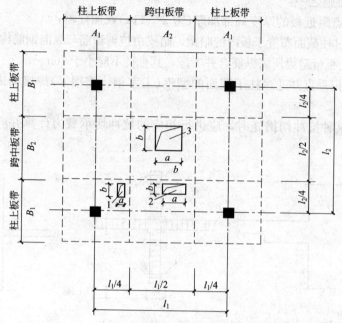

图 2-7-12 无梁楼板开洞要求

注：洞1：$b \leqslant c/4$ 或 $b \leqslant h/2$；其中，b 为洞口长边尺寸，c 为相应于洞口长边方向的柱宽，h 为板厚；
洞2：$a \leqslant A_2/4$ 且 $b \leqslant B_1/4$；洞3：$a \leqslant A_2/4$ 且 $b \leqslant B_2/4$。

2.7.14 临界截面周长的计算。

【解析】 板的受冲切承载力计算中临界截面周长 u_m 的计算应符合下列规定：

1. 对矩形截面柱，取距离局部荷载或集中反力作用面积周长 $h_0/2$ 处板垂直截面的最不利周长；

2. 非矩形截面柱（异形截面柱）：宜选取的周长 u_m 形状要呈凸形折线，其折角不能大于180°，由此可得到最小周长，此时在局部周长区段离柱边的距离允许大于 $h_0/2$。

常见的复杂集中反力作用面的冲切临界截面，如图 2-7-13 所示。

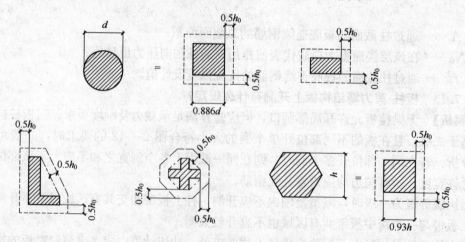

图 2-7-13 板的冲切临界截面示例

3. 当板开有孔洞且孔洞至局部荷载或集中反力作用面积边缘的距离不大于 $6h_0$ 时,受冲切承载力计算中取用的临界截面周长 u_m,应扣除局部荷载或集中反力作用面积中心至开孔外边画出两条切线之间所包含的长度。邻近自由边时,应扣除自由边的长度(图 2-7-14)。

h_0 为截面有效高度,取两个配筋方向的截面有效高度的平均值。

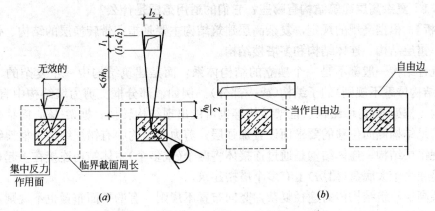

图 2-7-14 邻近孔洞或自由边时的临界截面周长
(a)孔洞;(b)自由边

注:当图中 $l_1 > l_2$ 时,孔洞边长 l_2 用 $\sqrt{l_1 l_2}$ 代替。

第八章 复杂高层建筑结构

2.8.1 复杂高层建筑结构有哪些？它们的适用范围是什么？

【解析】 根据高规的规定，复杂高层建筑结构主要是指：带转换层的结构、带加强层的结构、错层结构、连体结构和多塔楼结构。

这五种结构一般都不是一个独立的结构体系，而是建筑结构中一个复杂的、不规则（或引起结构体系不规则）的子结构（或一部分）。例如，部分框支剪力墙结构中有转换层，筒体结构、框架-剪力墙结构、框架结构等也可能出现结构转换；框架-核心筒结构可能会因为不满足结构侧向位移的要求而设置加强层；剪力墙结构中有错层结构，框架结构等也可能出现错层结构；连体结构是通过连接体将两个（或多个）主体结构连接在一起；多塔楼结构则是在一个大底盘（裙房）上有多个塔楼建筑。

复杂高层建筑结构传力途径复杂，竖向布置不规则，有的平面布置也不规则，属不规则结构，在地震作用下形成敏感的薄弱部位。高规对其适用范围作了如下规定：

1. 9度抗震设计时不采用带转换层的结构、带加强层的结构、错层结构和连体结构。

2. 7度和8度抗震设计时，错层剪力墙结构的高度分别不宜大于80m和60m，错层框架-剪力墙结构的高度分别不应大于80m和60m。

3. 抗震设计时，B级高度的高层建筑不采用连体结构。

4. 抗震设计时，B级高度的底部带转换层的筒中筒结构，当外筒框支层上采用剪力墙构成的壁式框架时，其最大适用高度应比高规表4.2.2-2中规定的数值适当降低。降低的幅度，可参考抗震设防烈度、转换层位置高低等具体研究确定，一般可考虑降低10%~20%。

5. 7度和8度抗震设防的高层建筑不同时采用超过两种上述复杂高层建筑结构。

2.8.2 框支转换和一般转换的几点区别。

【解析】 部分框支剪力墙结构是通过在某些楼层的剪力墙上开大洞获得需要的大空间，而在框架相应的楼层上抽去几根柱子也可形成大空间。两者的共同特点是上部楼层的部分竖向构件（剪力墙或框架柱）不能直接连续贯通落地，需设置结构转换构件，而结构转换构件传力不直接，应力复杂。但在结构设计上，受力性能却很不一样，转换构件内力、配筋计算和构造设计上也有很大的区别。

以单片框支剪力墙和单榀抽柱框架的实腹转换梁为例，前者为框支转换梁，后者可称为托柱转换梁。

1. 受力及竖向刚度变化

(1) 两者受力不同

在竖向荷载作用下，框支剪力墙转换层的墙体有拱效应，支座处竖向应力大，同时有水平向推力。框支梁就像是拱的拉杆，在竖向荷载下除有弯矩、剪力外，还有轴向拉力。框支柱除受有弯矩、剪力外，还承受较大的剪力（图2-8-1）。

而抽柱转换形成的托柱梁在竖向荷载作用下的内力和普通跨中有集中荷载的框架梁相似（图2-8-2），只不过是梁跨度较大，跨中有很大的集中荷载，故梁端和跨中的弯矩、剪力都很大，但基本没有轴向拉力，柱的剪力较小。节点的不平衡弯矩完全按相交于该节点

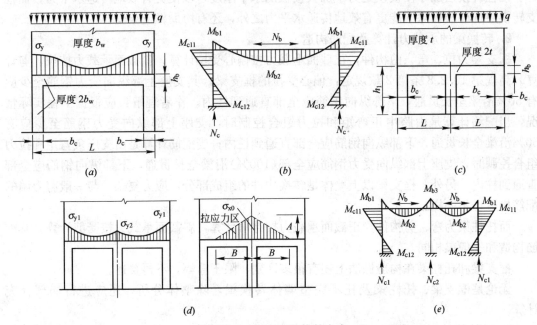

图 2-8-1 框支层的构件内力

(a)单法框支层上部墙体应力 σ_y；(b)单法框支梁、柱内力；(c)双法框支层；
(d)双法框支层上部墙体应力 σ_x、σ_y；(e)双法框支梁、柱内力

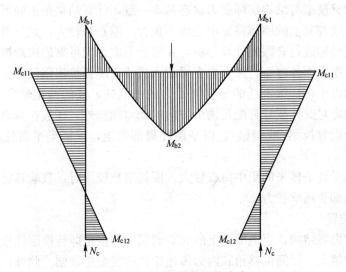

图 2-8-2 一般转换梁柱内力

的梁、柱刚度进行分配。

(2) 竖向刚度变化不同

框支剪力墙转换层框支梁以上为抗侧力刚度很大的剪力墙，与下面的框支柱抗侧力刚度差异很大，而抽柱转换仅是托柱梁上下层柱子根数略有变化，其竖向刚度差异不大，故在水平荷载下框支剪力墙转换层和抽柱转换层两者的内力差异很大。

(3) 转换层楼板的作用有区别

抽柱转换层加厚楼板仅是为了加大楼板的水平刚度，以便更有效地传递水平力；而框支转换层加厚楼板除了能更有效地传递水平力之外，还有协助框支梁受拉的作用。

2. 转换梁的承载力计算及配筋构造

框支梁为拉、弯、剪构件，正截面承载力按偏心受拉计算，斜截面承载力按拉、剪计算。高规第 10.2.8 条第 2 款规定：偏心受拉的框支梁，其支座上部纵向受力钢筋至少应有 50% 沿梁全长贯通，下部纵向钢筋应全部直通到柱内。作者理解：应根据工程实际情况，当配筋计算是由跨中正弯矩和拉力组合控制时，支座上部纵向受力钢筋至少应有 50% 沿梁全长贯通，下部纵向钢筋应全部直通到柱内；当配筋计算是由支座负弯矩和拉力组合控制时，支座上部纵向受力钢筋应全部（100%）沿梁全长贯通，下部纵向钢筋应全部直通到柱内。另外，框支梁以上墙体是转换构件的组成部分，应力复杂，与一般剪力墙的配筋构造也不一样。

而托柱梁为弯、剪构件，正截面承载力按纯弯计算，斜截面承载力按受剪计算。其配筋构造和一般梁相同。

框支梁和托柱梁在构造做法上还有很多区别，限于篇幅，不再赘述。

无论是框支梁、托柱梁及托不完整墙体转换梁，除整体分析，还应进行局部补充计算。

3. 转换梁的平面外设计

一般情况下，设计假定剪力墙平面外抗弯刚度为零或很小，构造上要求框支梁与框支柱或框支梁与其上的墙体截面中心线宜重合。故可将该片框支剪力墙按平面结构进行有限元计算分析，计算模型与结构实际受力状态基本一致，计算结果是正确可靠的。若框支梁与框支柱或框支梁与其上的墙体截面中心线不重合，偏心距较大，则应考虑偏心所产生的扭矩，或按空间结构进行有限元计算分析，并据此采取合理可靠的构造措施，如在其平面外增设次梁以平衡平面外弯矩，加大框支梁截面尺寸或配置抗扭钢筋等。

对托柱梁，由于托柱梁上托的是空间受力的框架柱，柱的两主轴方向都有较大的弯矩，故设计中除应对此柱按计算配足两个方向的受力钢筋外，还应在垂直于托柱梁轴线方向的转换层板内设置拉梁（或暗梁），以平衡柱根部弯矩，保证梁平面外承载力满足设计要求。

当托柱梁所受柱子传来的集中荷载较大，所托层数较多时，宜验算托柱梁上的梁柱交接处的混凝土局部受压承载力。

4. 转换层位置

部分框支剪力墙结构，当地面以上的大空间层数越多也即转换层位置越高时，转换层上、下刚度突变越大，层间位移角和内力传递途径的突变越加剧。此外，落地墙或筒体易受弯产生裂缝，从而使框支柱内力增大，转换层上部的墙体易于破坏，不利于抗震。因此，高规规定：底部大空间部分框支剪力墙高层建筑结构在地面以上的大空间层数，8 度时不宜超过 3 层，7 度时不宜超过 5 层，6 度时层数可适当增加。底部带转换层的框架-核心筒结构和外筒为密柱的筒中筒结构，结构竖向刚度变化不像部分框支剪力墙那么大，转换层上、下内力传递途径的突变程度也小于部分框支剪力墙结构，故其转换层位置可适当提高。抗震设计时，应尽量避免高位转换，如必须高位转换，应当慎重设计，并应作专门分析及采取可靠有效措施。

笔者认为，当采用框支剪力墙而且仅为少量的局部转换时，由于转换层上下层刚度变化比部分框支剪力墙结构的要小，故转换层位置可根据上下层刚度比适当放宽，特别是对梁托柱的局部转换，转换层位置更可放宽。例如，某工程在 18 层有局部退台，需在此层设置三根单跨的托柱梁，虽然传力间接，但并未使结构的楼层竖向刚度发生较大变化，不应受高规有关高位转换的限制。但对局部转换部位的构件应根据结构的实际受力情况予以加强，例如提高转换层构件的抗震等级、水平地震作用的内力乘以增大系数、提高配筋率等。

2.8.3 部分框支剪力墙结构地下三层，结构嵌固部位在地下一层底板，地面以上大空间层数为 3 层，并一直通到地下三层，8 度设防时是否属于高位转换？

【解析】 高规第 10.2.2 条规定：底部大空间部分框支剪力墙高层建筑结构在地面以上的大空间层数，8 度时不宜超过 3 层，7 度时不宜超过 5 层，6 度时其层数可适当增加；底部带转换层的框架-核心筒结构和外筒为密柱框架的筒中筒结构，其转换层位置可适当提高。

结构嵌固部位在地下一层底板有两种情况（参见本篇第一章第 2.1.27 款）：

1. 如果仅是由于地下室顶板和室外地坪的高差较大（一般大于本层层高的 1/3）所致，则可理解为地面以上大空间层数为 4 层，故本工程 8 度设防时属于高位转换。应按高规中高位转换的有关规定设计。

2. 如果是由于其他原因所致，则可理解为地面以上大空间层数为 3 层，故本工程 8 度设防时不属于高位转换。

需要指出的是：无论本工程是否属于高位转换，第一种情况下的地下一层和地下二层、第二种情况下的地下一层的框支柱和其他转换构件应按高规的有关规定设计；地下其余层的框支柱轴压比可按普通框架柱的要求设计，但其截面、混凝土强度等级和配筋设计结果不宜小于其上一层对应的柱。

2.8.4 部分框支剪力墙底部加强部位高度的取值。

【解析】 部分框支剪力墙结构传力不直接、不合理，结构竖向刚度变化很大，甚至是突变，地震作用下易使框支剪力墙结构在转换层附近的刚度、内力和传力途径发生突变，易形成薄弱层。转换层下部的框支结构构件易于开裂和屈服，转换层上部的墙体易于破坏。随着转换层位置的增高，结构传力路径更复杂、内力变化更大。根据抗震概念设计的原则，这些部位都应予以加强。

因此，高规第 10.2.4 条规定：底部带转换层的高层建筑结构，其剪力墙底部加强部位的高度可取框支层加上框支层以上两层的高度及墙肢总高度的 1/8 二者的较大值。

需要注意以下几点：

1. 一般剪力墙结构仅取墙肢总高度的 1/8 和底部两层二者的较大值（高规第 7.1.9 条），而部分框支剪力墙结构底部加强部位的高度应取框支层加上框支层以上两层的高度及墙肢总高度的 1/8 二者的较大值。

2. 这里所说的剪力墙包括落地剪力墙和转换构件上部的剪力墙两者。即两者的底部加强部位高度取相同值。有的设计仅对落地剪力墙按高规第 10.2.4 条确定底部加强部位高度、或仅对框支剪力墙按高规第 10.2.4 条确定底部加强部位高度，对落地剪力墙则按墙肢总高度的 1/8 和底部两层二者的较大值确定底部加强部位高度，都是不对的。

3. 抗震规范第 6.1.10 条规定：部分框支抗震墙结构的抗震墙，其底部加强部位的高度，可取框支层加框支层以上二层的高度及落地抗震墙总高度的 1/8 二者的较大值，且不大于 15m。比高规多了"且不大于 15m"的规定。个人理解抗震规范里的部分框支抗震墙结构是指"首层或底部两层框支抗震墙结构"（抗震规范表 6.1.1 注 3），故其底部加强部位的高度一般不会超过 15m。而对底部带转换层的高层建筑结构，其剪力墙底部加强部位的高度，不应受 15m 的限制。

2.8.5 部分框支剪力墙结构的平面布置有哪些规定？

【解析】 1. 平面布置应力求简单、规则，均衡对称，尽量使水平荷载的合力中心与结构刚度中心重合，避免扭转的不利影响。

2. 落地剪力墙（筒体）和框支柱的布置应满足以下要求：

（1）底部必须有落地剪力墙和（或）落地筒体，落地纵横剪力墙最好成组布置，组合为落地筒，在平面为长矩形、横向剪力墙的片数较多时，落地的横向剪力墙数目与横向剪力墙总数目之比，非抗震设计时不宜少于 30%；抗震设计时不宜少于 50%。

（2）长矩形平面建筑中落地剪力墙的间距 l 宜符合以下规定：

非抗震设计：$l \leqslant 3B$ 且 $l \leqslant 36m$；

抗震设计：

底部为 1~2 层框支层时：$l \leqslant 2B$ 且 $l \leqslant 24m$

底部为 3 层及 3 层以上框支层时：$l \leqslant 1.5B$ 且 $l \leqslant 20m$

其中 B——楼盖宽度。

（3）落地剪力墙与相邻框支柱的距离，1~2 层框支层时不宜大于 12m，3 层及 3 层以上框支层时不宜大于 10m，以满足底部大空间楼层板的平面内刚度要求，使转换层上部的剪力能有效地传递给落地剪力墙，而框支柱只承受较小的剪力。

3. 落地剪力墙和筒体的洞口宜布置在墙体的中部。框支剪力墙转换梁上一层墙体内不宜设边门洞，也不宜在中柱上方设门洞。

4. 框支剪力墙结构剪力墙底部加强部位，墙体两端宜设置翼墙或端柱，抗震设计时尚应按高规的规定设置约束边缘构件。

5. 框支梁与框支柱或框支梁与其上的墙体截面中心线宜重合。

2.8.6 部分框支剪力墙结构的竖向布置有哪些规定？

【解析】 1. 部分框支剪力墙结构容易形成下柔上刚，为保证结构底部大空间有合适的刚度、强度、延性和抗震能力，应尽量强化转换层下部的结构刚度，弱化转换层上部的结构刚度，使转换层上、下部主体结构刚度及变形特征尽量接近。为此，高规给出了转换层上部结构下部结构的侧向刚度比值并规定了计算方法：

（1）底部大空间为 1 层时，可近似采用转换层上、下层结构的等效剪切刚度比 γ 表示转换层上、下层结构刚度的变化，γ 宜接近 1，非抗震设计时 γ 不应大于 3，抗震设计时 γ 不应大于 2。γ 可按下列公式计算：

$$\gamma = \frac{G_2 A_2}{G_1 A_1} \times \frac{h_1}{h_2} \tag{2-8-1}$$

$$A_i = A_{w,i} + C_i A_{c,i} \quad (i=1, 2) \tag{2-8-2}$$

$$C_i = 2.5 \left(\frac{h_{c,i}}{h_i}\right)^2 \quad (i=1, 2) \tag{2-8-3}$$

式中 G_1、G_2——底层和转换层上层的混凝土剪变模量;

A_1、A_2——底层和转换层上层的折算抗剪截面面积,可按式(2-8-2)计算;

$A_{w,i}$——第 i 层全部剪力墙在计算方向的有效截面面积(不包括翼缘面积);

$A_{c,i}$——第 i 层全部柱的截面面积;

h_i——第 i 层的层高;

$h_{c,i}$——第 i 层柱沿计算方向的截面高度。

(2) 底部大空间层数大于1层时,其转换层上部与下部结构的等效侧向刚度比 γ_e 可采用图 2-8-3 所示的计算模型按公式(2-8-4)计算,γ_e 宜接近1,非抗震设计时 γ_e 不应大于2,抗震设计时 γ_e 不应大于1.3。

$$\gamma_e = \frac{\Delta_1 H_2}{\Delta_2 H_1} \tag{2-8-4}$$

式中 γ_e——转换层上、下结构的等效侧向刚度比;

H_1——转换层及其下部结构(计算模型1)的高度;

Δ_1——转换层及其下部结构(计算模型1)在顶部单位水平力作用下的位移;

H_2——转换层上部剪力墙结构(计算模型2)的高度,应与转换层及其下部结构的高度相等或接近;

Δ_2——转换层上部剪力墙结构(计算模型2)在顶部单位水平力作用下的位移。

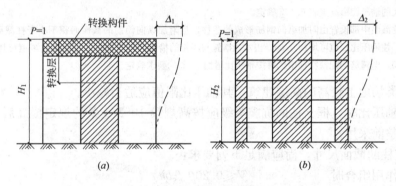

图 2-8-3 转换层上、下等效侧向刚度计算模型
(a)计算模型1—转换层及下部结构;(b)计算模型2—转换层上部部分结构

需要注意的是,H_1 和 H_2 不能取错。H_1 为转换层及其下部结构(计算模型1)的高度,如图 2-8-3(a)所示;当上部结构嵌固于地下室顶板时,取地下室顶板至转换层结构顶面的高度;H_2 为转换层上部若干层结构(计算模型2)的高度,如图 2-8-3(b)所示,其值应等于或接近计算模型1的高度 H_1,且不大于 H_1。

(3) 当转换层的下部楼层刚度较大,而转换层本层侧向刚度较小时,按上述第(2)款验算虽然其等效侧向刚度比 γ_e 能满足限值要求,但转换层本层的侧向刚度过于柔软,结构竖向刚度实际上差异过大。因此,高规附录 E.0.2 条还规定:当转换层设置在3层及3层以上时,其楼层侧向刚度($V/\Delta u$)尚不应小于相邻上层楼层侧向刚度的 60%。当底部大空间为2层或1层时,该控制值可取 50%。

2. 布置转换层上下主体竖向结构时,要注意尽可能使水平转换结构传力直接,转换层上部的竖向抗侧力构件(墙、柱)宜直接落在转换层的主结构上,尽量避免多级复杂转换。对 A 级高度框支剪力墙结构，当结构竖向布置复杂，框支主梁承托剪力墙并承托转换次梁及其上剪力墙时，应对框支梁进行应力分析，按应力校核配筋，并加强配筋构造措施。对 B 级高度部分框支剪力墙结构不宜采用框支主、次梁方案。

3. 框支层周围楼板不应错层布置。

2.8.7 如何确定框支柱的截面尺寸？

【解析】 1. 框支柱的截面尺寸应满足表 2-8-1 关于轴压比限值的要求：

框支柱轴压比限值 表 2-8-1

抗震等级	特一级	一级	二级
轴压比限值	0.5	0.6	0.7

注：1. 轴压比指柱考虑地震作用组合的轴压力设计值与柱全截面面积和混凝土轴心抗压强度设计值乘积的比值。
2. 表内数值适用于混凝土强度等级不高于 C60 的柱。当混凝土强度等级为 C65～C70 时，轴压比限值应比表中数值降低 0.05；当混凝土强度等级为 C75～C80 时，轴压比限值应比表中数值降低 0.10。
3. 表内数值适用于剪跨比大于 2 的柱。剪跨比不大于 2 但不小于 1.5 的柱，其轴压比限值应比表中数值减小 0.05；剪跨比小于 1.5 的柱，其轴压比限值应专门研究并采取特殊构造措施。
4. 当沿柱全高采用井字复合箍，箍筋间距不大于 100mm、肢距不大于 200mm、直径不小于 12mm 时，柱轴压比限值可增加 0.10；当沿柱全高采用复合螺旋箍，箍筋螺距不大于 100mm、肢距不大于 200mm、直径不小于 12mm 时，柱轴压比限值可增加 0.10；当沿柱全高采用连续复合螺旋箍，且螺距不大于 80mm、肢距不大于 200mm、直径不小于 10mm 时，轴压比限值可增加 0.10。以上三种配箍类别的含箍特征值应按增大的轴压比由高规表 6.4.7 确定。
5. 当柱截面中部设置由附加纵向钢筋形成的芯柱，且附加纵向钢筋的截面面积不小于柱截面面积的 0.8% 时，柱轴压比限值可增加 0.05。当本项措施与注 4 的措施共同采用时，柱轴压比限值可比表中数值增加 0.15，但箍筋的配箍特征值仍可按轴压比增加 0.10 的要求确定。

对于 IV 类场地上较高的高层建筑，其轴压比限值应适当减小。

在计算轴压比时，框支柱的抗震等级应按高规第 10.2.5 条的规定提高后采用，轴向力则应按调整前采用。

2. 框支柱的截面尺寸，尚应满足下列要求：

无地震作用组合时 $\quad V \leqslant 0.20\beta_c f_c b h_0$ （2-8-5）

有地震作用组合时 $\quad V \leqslant (0.15\beta_c f_c b h_0)/\gamma_{RE}$ （2-8-6）

式中 b——框支柱的截面宽度；

h_0——框支柱的截面有效高度。

3. 框支柱的截面宽度，抗震设计时不宜小于 450mm，非抗震设计时不宜小于 400mm，并不应小于框支梁的截面宽度；框支柱的截面高度，抗震设计时不宜小于框支梁跨度的 1/12，非抗震设计时不宜小于梁跨度的 1/15。截面高度不宜小于截面宽度。柱净高与柱截面高度之比不宜小于 4，不宜采用短柱，当不能满足此项要求时，宜加大框支层的层高，或采用型钢混凝土柱或钢管混凝土柱。

应当指出：框支柱在框支框架平面内的弯矩远大于其平面外的弯矩，故柱截面宜取矩形，且截面长边应沿框支框架平面内方向布置，而不应采用正方形截面，必要时，可采用型钢混凝土柱或钢管混凝土柱。

2.8.8 部分框支剪力墙结构中框支柱的内力调整具体规定如何？

【解析】 计算分析表明：部分框支剪力墙结构转换层以上部分，水平力大体上按各片剪力墙的等效刚度比例分配；在转换层以下，一般落地剪力墙的刚度远大于框支柱，落地剪力墙几乎承受全部地震作用，框支柱的剪力非常小。但在实际工程中，转换层楼面会有显著的面内变形，从而使框支柱的剪力显著增加。所以，在内力分析后，应根据转换层位置的不同、框支柱数目的多少，对框支柱及落地剪力墙的剪力作相应的调整。

1. 框支柱地震剪力标准值的调整可按表2-8-2采用。

框支柱地震剪力标准值的调整　　　　　　　　　表2-8-2

柱数 n_c	上层为一般剪力墙结构	
	1～2层框支层	3层及3层以上框支层
≤10	$0.02V$	$0.03V$
>10	$0.2V/n_c$	$0.3V/n_c$

注：表中V为结构基底地震总剪力的标准值。

框支柱剪力调整后，应相应调整框支柱的弯矩及柱端梁（不包括转换梁）的剪力、弯矩，框支柱的轴力可不调整。

2. 框支柱承受的最小地震剪力计算以框支柱的数目10根为分界，此规定对于结构的纵横两个方向是分别计算的。若框支柱与钢筋混凝土剪力墙相连成为剪力墙的端柱，则沿剪力墙平面内方向统计时端柱不计入框支柱的数目，沿剪力墙平面外方向统计时其端柱计入框支柱的数目。

3. 当框支层同时含有框支柱和框架柱时，首先应按框架-剪力墙结构的要求进行地震剪力调整，然后再复核框支柱的剪力要求。

2.8.9　如何确定框支梁的截面尺寸？

【解析】　转换梁包括两种情况：（1）部分框支剪力墙结构中支承上部不落地剪力墙的梁，为框支梁；（2）上部托柱或托墙的梁，为托柱梁。

转换梁的截面高度，抗震设计时不应小于跨度的1/6；非抗震设计时不应小于跨度的1/8。当梁高受限制时，可以采用加腋梁或型钢混凝土梁。转换梁的截面宽度，不宜小于400mm。对框支梁其截面宽度尚不宜大于框支柱相应方向的截面宽度，不宜小于上部墙体厚度的2倍；对托柱梁，其截面宽度尚不应小于梁宽方向的柱截面宽度；转换梁的截面尺寸，尚应满足式(2-8-5)、式(2-8-6)的要求，其中b、h_0分别为框支梁的截面宽度、截面有效高度。

分析表明：随着托柱梁截面高度的变化，不仅托柱梁本身内力变化较大，还对其上部几层柱的内力配筋有明显的影响。表2-8-3为某工程采用不同截面高度的托柱梁时转换层上下柱的内力及配筋计算结果。所以，在可能情况下，托柱梁截面高度宜做大些。

梁高度变化对上下柱内力及配筋的影响　　　　　　　表2-8-3

梁截面尺寸(mm)	竖向荷载下上柱最大内力			上柱配筋率(%)	竖向荷载下下柱最大内力			下柱配筋率(%)
	M(kN·m)	N(kN)	V(kN)		M(kN·m)	N(kN)	V(kN)	
700×2200	402.44	3729.1	177.83	4.7	1091.5	3283.5	620.82	5.2
700×2800	294.77	3803.3	142.48	4.1	666.44	3424.3	397.74	3.7
700×2900	281.98	281.98	138.24	4.0	616.97	3445.4	351.66	3.5

2.8.10 抗震等级相同时，框支梁上、下部纵向受力钢筋的最小配筋率可以和一般框架梁一致吗？

【解析】 框支梁和一般框架梁两者在受力特点、受力大小、抗震设计时对构件的延性要求等方面有不小区别：

1. 框支梁大多数情况下是偏心受拉构件，而一般框架梁是纯弯构件；
2. 框支梁由于承受的荷载很大故构件内力也很大，而一般框架梁内力则相对较小；
3. 框支梁受力复杂，而一般框架梁受力较为简单；
4. 抗震设计时，对框支梁的延性要求较高。因此将框支梁按一般框架梁进行配筋设计是偏于不安全的。

高规第 10.2.8 条第 1 款规定：梁上、下部纵向钢筋的最小配筋率，非抗震设计时分别不应小于 0.30%；抗震设计时，特一、一和二级分别不应小于 0.60%、0.50% 和 0.40%。

一般框架梁纵向受力钢筋的最小配筋率，非抗震设计时，不应小于 0.2 和 $45f_t/f_y$ 中的较大值，抗震设计时，不应小于表 2-8-4 的数值。

梁纵向受力钢筋的最小配筋率 ρ_{min}（%） 表 2-8-4

抗震等级	截面位置	
	支座（取较大值）	跨中（取较大值）
特一、一级	0.40 和 $80f_t/f_y$	0.30 和 $65f_t/f_y$
二级	0.30 和 $65f_t/f_y$	0.25 和 $55f_t/f_y$
三、四级	0.25 和 $55f_t/f_y$	0.20 和 $45f_t/f_y$

由此可见，框支梁和一般框架梁纵向受力钢筋的最小配筋率有以下区别：

1. 配筋率数值不同，框支梁比一般框架梁的最小配筋率要大；
2. 框支梁的上、下部纵向受力钢筋的最小配筋率数值相同（即支座和跨中相同），而一般框架梁支座比跨中的最小配筋率要大。

2.8.11 框支梁上部的墙体上开有门洞形成小墙肢时，该部位框支梁应采取加强措施，提高其抗剪能力。

【解析】 框支梁是偏心受拉构件，并承受较大的剪力。一般不宜在支座边开设门洞。当框支梁上部的墙体上开有门洞并形成小墙肢时，此小墙肢的应力集中突出，门洞边部位的框支梁应力也急剧加大。因此除小墙肢应加强外，边门洞部位框支梁的抗剪能力也应加强（图 2-8-4）：

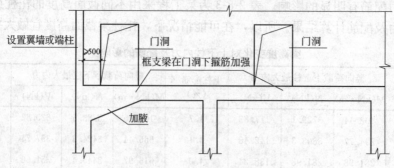

图 2-8-4 框支梁上墙体开洞构造做法

1. 当框支梁上部的墙体开有门洞或梁上托柱时,该部位框支梁应加密配置。加密区箍筋直径不应小于 10mm,间距不应大于 100mm。加密区箍筋最小面积含箍率,非抗震设计时不应小于 $0.9f_t/f_{yv}$;抗震设计时,特一、一和二级分别不应小于 $1.3f_t/f_{yv}$、$1.2f_t/f_{yv}$ 和 $1.1f_t/f_{yv}$。

2. 当洞口靠近框支梁端部且梁的受剪承载力不满足要求时,可采取框支梁加腋或增大框支墙洞口连梁刚度等措施。

2.8.12 转换层楼板有哪些构造要求?

【解析】 带有转换层的高层建筑结构,由于竖向抗侧力构件不连续,其框支剪力墙的大量剪力在转换层处要通过楼板才能传递给落地剪力墙,因此必须加强转换层楼板的刚度和承载力,以保证传力直接和可靠。

1. 转换层楼板应采用现浇板,混凝土强度等级不应小于 C30。

2. 转换层的楼板厚度不宜小于 180mm,对抗震设计的矩形平面建筑框支层楼板厚度,尚应满足下列要求:

$$V_f \leqslant (0.1\beta_c f_c b_f t_f)/\gamma_{RE} \tag{2-8-7}$$

$$V_f \leqslant (f_y A_s)/\gamma_{RE} \tag{2-8-8}$$

式中 b_f、t_f——分别为框支层楼板的验算截面宽度和厚度;

V_f——框支结构由不落地剪力墙传到落地剪力墙处按刚性楼板计算的框支层楼板组合的剪力设计值,8 度时乘以增大系数 2.0,7 度时乘以增大系数 1.5;验算落地剪力墙时不考虑此增大系数;

A_s——穿过落地剪力墙的框支层楼盖(包括梁和板)的全部钢筋的截面面积;

γ_{RE}——承载力抗震调整系数,取 0.85。

3. 转换层楼板应双层双向配筋,且每层每方向的配筋率不宜小于 0.25%,板在混凝土墙体或梁内的锚固构造见图 2-8-5。

4. 落地剪力墙周围的转换层楼板和筒体外周围的转换层数板不宜开洞;转换层楼板边缘和较大洞口周边应设置边梁,其宽度不宜小于楼板厚度的 2 倍,纵向钢筋的配筋率不应小于 1.0%,如图 2-8-6 所示,边梁钢筋接头宜采用机械连接或焊接。

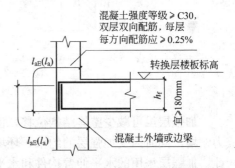

图 2-8-5 转换层楼板钢筋锚固要求

5. 与转换层相邻楼层楼板的板厚及配筋也应适当加强。

2.8.13 加强层的工作特点是什么?

【解析】 当房屋较高,结构的侧向刚度较弱,结构水平侧移不能满足规范要求时,可沿结构竖向利用建筑避难层、设备层空间,在核心筒与外围框架之间设置适宜刚度的水平伸臂构件,必要时可在周边框架柱之间增设水平环带构件,这就构成了带加强层的结构。

水平伸臂构件具有很大的竖向抗弯刚度和剪切刚度,它和周边设置的水平环带构件一道,能使外框架柱参与结构整体抗弯工作。在水平荷载(风荷载、地震荷载)作用下,水平伸臂构件使与其连接的外柱产生附加轴向变形,水平环带构件则使相邻的柱共同分担附加轴向变形,由外柱的附加轴向变形产生的拉、压轴向力所组成的反向力矩平衡较大一部分水平力产生的倾覆力矩,从而减少内筒的弯曲变形,转换为外围框架柱的轴向变形,结构在水平力作用下的侧移可明显减小,以满足设计的要求,其工作特点如图 2-8-7 所示。

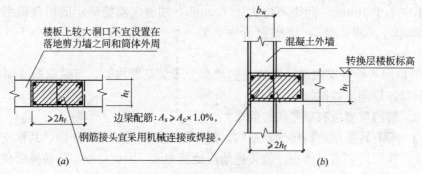

图 2-8-6 转换层楼板边缘构件构造
(a) 楼板洞口部位；(b) 楼板洞边缘部位
注：A_c 为图中阴影部分面积。

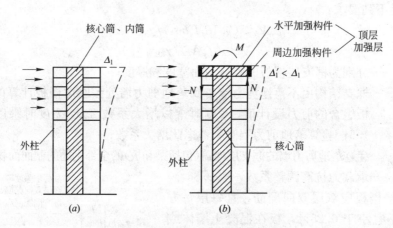

图 2-8-7 加强层的作用机理示意
(a) 未设加强层；(b) 顶层设加强层

加强层虽可减少整体结构位移,但将会引起结构竖向刚度突变,使加强层附近结构内力剧增,同时因受加强层的约束,环境温度的变化也会在结构中产生很大的温度应力。因此,加强层采用的水平伸臂构件和水平环带构件的刚度要适宜,抗震设计时,不宜设置刚度很大的"刚性"加强层。

2.8.14 加强层有哪些构件？它们的作用分别是什么？

【解析】 加强层构件有水平伸臂、水平环向构件(腰桁架和帽桁架)等。这些构件的作用各不相同,设计时若需设置加强层,一般都应设置水平伸臂。而水平环向构件则可根据结构的具体受力情况考虑是否设置。但无论是否设置了水平环向构件,只要设置了水平伸臂,都可称之为加强层。

高层建筑结构设置水平伸臂的主要作用是增大外框架柱的轴力,从而增大外框架的抗倾覆力矩,增大结构的抗侧力刚度,减小结构侧移。对于一般框架-核心筒结构,水平伸臂可以使结构水平侧移减小约 15%～20%,有时甚至更多。

水平环向构件是指沿结构周边布置的一层楼高(或两层楼高)的桁架,设置在结构中间某层可称为腰桁架,设置在结构顶层则可称为帽桁架。它们的作用是：

协调沿结构周边各竖向构件的变形，减小它们之间的竖向变形差异，使相邻框架柱轴向受力变化均匀。

加强结构周边各竖向构件的协同工作，加强结构的整体性。

在高宽比较大的框架-核心筒结构中，将减少结构侧移的水平伸臂与减小结构竖向变形差异的腰桁架和(或)帽桁架配合设置，可取得更好的综合效果。

2.8.15 带加强层的结构设计要点。

【解析】在风荷载作用下，设置加强层是一种减少结构侧向位移的有效方法，但在地震作用下，加强层的设置将会引起结构竖向刚度和内力的突变，并易形成薄弱层，结构的损坏机理难以呈现"强柱弱梁"和"强剪弱弯"的延性屈服机制。在地震区的框架-核心筒结构采用带加强层宜慎重。若采用，则应采取可靠有效的措施。

1. 加强层的位置和数量是由建筑使用功能和结构的合理有效综合考虑确定。当布置一个加强层时，位置可设在 $0.6H$ 附近；当布置 2 个加强层时，位置可设在顶层和 $0.5H$ 附近，H 为建筑物高度，当布置多个加强层时，加强层宜沿竖向从顶层向下均匀布置。一般加强层的位置宜与设备层综合考虑。

加强层刚度不宜太大，只要能使结构在地震作用下满足规范规定的侧移限值即可，以尽量减少结构的刚度突变和内力剧增，使结构在罕遇地震作用下呈现"强柱弱梁"和"强剪弱弯"的延性屈服机制。避免在加强层附近形成薄弱层。

2. 加强层采用的水平伸臂构件、周边水平环带构件可采用斜腹杆桁架、实体梁、整层或跨若干层高的箱形梁、空腹桁架等形式。由于轻质高强、延性好，加强层构件一般多数采用斜腹杆钢桁架。

3. 水平伸臂构件的刚度比较大，是连接内筒和外围框架的重要构件。水平伸臂构件宜满层设置，利用加强层上、下层楼板作为有效翼缘，以提高其抗弯刚度。平面布置上应对称布置，一般情况下宜在结构平面两个方向同时设置。设计中应尽量使水平伸臂构件贯通核心筒，以保证其与核心筒的刚性连接。或尽量使水平伸臂构件在结构平面布置上位于核心筒的转角或"T"字形墙肢处，以避免核心筒墙体承受很大的平面外弯矩和局部应力集中而破坏。

水平伸臂构件与周边框架的连接宜采用铰接或半刚接。

结构的内力和位移计算中，对设置水平伸臂桁架的楼层应考虑楼板平面内的变形，以便计算水平伸臂桁架上、下弦杆的轴向力，对结构整体内力及位移的计算也比较合理。

4. 抗震设计时，加强层及其相邻层的框架柱和核心筒剪力墙的抗震等级应提高一级采用，一级提高至特一级，若原抗震等级已为特一级的则不再提高。加强层及其上、下相邻一层的框架柱，箍筋应全柱段加密，加强层区间核心筒体和框架柱轴压比限值应按表 2-8-5 和表 2-8-6 规定的数值减小 0.05 采用。

加强层区间核心筒体轴压比限值 表 2-8-5

轴 压 比	抗 震 设 计		
	特级	一级	二级
N/f_cA_c	0.4	0.5	0.6

注：N 为加强层区间核心筒体重力荷载代表值作用轴力设计值；f_c 为加强层区间核心筒体混凝土抗压强度设计值；A_c 为加强层区间核心筒体水平截面净面积。

加强层区间框架柱轴压比限值　　　　　　表 2-8-6

轴 压 比	抗 震 设 计		
	特一级	一级	二级
N/f_cA_c	0.6	0.7	0.8

注：N 为加强层区间框架柱地震作用组合轴力设计值；f_c 为加强层区间框架柱混凝土抗压强度设计值；A_c 为加强层区间框架柱截面面积。

当采用 C60 以上高强混凝土，柱剪跨比小于 2、Ⅳ类场地结构基本自振周期大于场地特征周期时，轴压比限值还应适当从严；当采用沿柱全高加密井字复合箍、设置芯柱等措施时，轴压比限值可适当放松。

5. 加强层区间核心筒、框架柱在水平荷载作用下的水平剪力将发生突变，为增强结构的整体性，保证结构正常工作，必须保证加强层所在楼层上下相连楼盖(屋盖)的面内刚度，其板厚不宜小于 150mm，配筋应适当加强。加强层上、下相邻一层各构件及其节点的刚度和配筋也应适当加强。且核心筒与框架柱间楼板不宜开大洞。

在施工程序上及构造上应采取措施减小结构竖向温度变形及轴压缩变形对加强层内力的影响。

2.8.16 什么是错层结构？错层结构的特点是什么？

【解析】 由于建筑功能的需要，同一楼层结构不在同一标高上，就构成了结构的错层。对于错层结构，由于实际结构中错层的类型很多，情况很复杂，目前尚无统一的规定。个人理解，以下几种情况，不宜视为错层结构：

1. 楼层标高相差不大于普通框架梁的截面高度；
2. 结构中仅为极少数楼层错层，例如楼层中个别板块标高与楼层标高不同，或楼梯休息平台等。
3. 在平面规则的剪力墙结构中有错层，当纵、横墙体能直接传递各错层楼面的楼层剪力时，可不作错层考虑，且墙体布置应力求刚度中心与质量中心重合，计算时每一个错层可视为独立楼层。

应该指出：上述情况虽然不宜视为错层结构，主要是指在房屋的最大适用高度上可不按错层结构设计，但对结构的错层部位仍应按第 2.8.17 款中的有关规定，采取必要的加强措施。

错层结构属竖向布置不规则结构，错层附近的竖向抗侧力结构受力复杂，易形成许多应力集中部位；由于楼板错层，故错层结构的楼板相当于开大洞，楼板有时会受到较大的削弱；剪力墙结构错层后会使部分剪力墙的洞口布置不规则，形成错洞剪力墙或叠合错洞剪力墙；框架结构错层则更为不利，往往形成许多短柱和长柱混合的不规则结构。

2.8.17 错层结构的设计要点

【解析】 抗震设计的高层建筑宜避免错层结构。当房屋不同部位因功能不同而使楼层错层时，宜采用防震缝划分为独立的结构单元。

当为满足建筑功能的要求必需设置错层结构时，结构设计宜符合以下要求：

1. 错层结构两侧的结构侧向刚度和结构布置应尽量接近，以尽量减少结构扭转效应，考虑偶然偏心的扭转位移比不宜大于 1.4。错层处结构承载力的安全储备应适当提高，地震剪力增大系数不宜小于 3。避免在错层处结构形成薄弱层。

2. 当采用错层结构时，错开的楼层应各自分别参加整体计算，不应归并为一层计算。楼层侧向刚度计算中宜按每个错层为一个楼层考虑。

3. 错层处框架柱的截面高度不应小于600mm，混凝土强度等级不应低于C30，抗震等级应提高一级采用，箍筋应全柱段加密。

4. 错层处平面外受力的剪力墙，其截面厚度，非抗震设计时不应小于200mm，抗震设计时不应小于250mm，并均应设置与之垂直的墙肢或扶壁柱；抗震等级应提高一级采用。错层处剪力墙的混凝土强度等级不应低于C30，水平和竖向分布钢筋的配筋率，非抗震设计时不应小于0.3%，抗震设计时不应小于0.5%。

5. 如果错层处混凝土构件不能满足设计要求，则需采取有效措施。例如：框架柱采用型钢混凝土柱或钢管混凝土柱，剪力墙内设置型钢等，以改善构件的抗震性能（图2-8-8）。

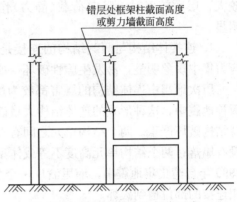

图2-8-8 错层结构加强部位示意

2.8.18 连体结构有几种形式？其受力特点如何？

【解析】 连体结构可分为两种形式。

1. 架空连廊式：两个结构单元之间设置一个（层）或多个（层）连廊，连廊的跨度从几米到几十米不等，连廊的宽度一般约在10m之内。

架空连廊式连体结构的连接体部分结构较弱，基本不能协调连接体两侧的结构共同工作，故一般做成弱连接。即连接体一端与结构铰接，一端做成滑动支座；或两端均做成滑动支座。

2. 凯旋门式：整个结构类似一个巨大的"门框"，连接体在结构的顶部若干层与两侧"门柱"（即两侧结构）连接成整体楼层，连接体的宽度与两侧"门柱"的宽度相等或接近，两侧"门柱"结构一般采用对称的平面形式。

凯旋门式连体结构的连接体部分一般包含多个楼层，具有足够的刚度，可协调两侧结构的受力、变形，使整个结构共同工作，故可做成强连接。如两端均为刚接或铰接等。

连体结构的受力比一般单体结构或多塔楼结构更复杂。主要表现在如下几个方面：

1. 结构扭转振动变形较大，扭转效应较明显。

由计算分析及同济大学等单位进行的振动台试验说明：连体结构自振振型较为复杂，前几个振型与单体结构有明显区别，除顺向振型外，还出现反向振型，扭转振型丰富，扭转性能较差。在风荷载或地震作用下，结构除产生平动变形外，还会产生扭转变形；同时由于连接体楼板的变形，两侧结构还有可能产生相向运动，该振动形态与整体结构的扭转振动耦合。当两侧结构不对称时，上述变形更为不利。

当第一扭转频率与场地卓越频率接近时，容易引起较大的扭转反应，易使结构发生脆性破坏。

对多塔连体结构，因体型更复杂，振动形态也将更为复杂，扭转效应更加明显。

2. 连体结构中部刚度小，而此部位混凝土强度等级又低于下部结构，从而使结构薄弱部位由结构的底部转移到连体结构中塔楼（两侧结构）的中下部，设计中应予以充分注意。

3. 连接体部分受力复杂。

连接体部分是连体结构的关键部位，受力复杂。连接体一方面要协调两侧结构的变形，另一方面不但在水平荷载(风及地震作用)作用下承受较大的内力，当连接体跨度较大，层数较多时，竖向荷载(静力)作用下的内力也很大，同时，竖向地震作用也很明显。

4. 连接体结构与两侧结构的连接是连体结构的又一关键问题。连接部位受力复杂，应力集中现象明显，易发生脆性破坏。如处理不当将难以保证结构安全。

历次地震中连体结构的震害都较为严重，特别是架空连廊式连体结构。1995年日本阪神地震中，这种形式的连体结构大量破坏，架空连廊塌落，主体结构与连接体的连接部位结构破坏严重。两个结构单元之间有多个连廊的，高处连廊首先塌落，底部的连廊有的没有塌落；两个结构单元高度不等或体型、平面和刚度不同，则连体结构破坏尤为严重；1999年台湾集集地震中，埔里酒厂一个三层房屋的架空连廊塌落，两侧结构与架空连廊相连接的部位遭到破坏。

2.8.19 连体结构的设计要点。

【解析】 1. 连体结构各独立部分宜有相同或相近的体型、平面和刚度。7度、8度抗震设计时，层数和刚度相差悬殊的建筑不宜采用连体结构。

2. 连体结构的整体及各独立部分结构平面布置应尽可能简单、规则、均匀、对称，减少偏心。抗侧力构件布置宜周边化，以增大结构的抗扭刚度。

3. 连接体部分是连体结构的关键部位，设计中应注意以下几点：

(1) 连体结构的连接体宜按中震弹性设计。即地震作用下的内力按中震进行计算，地震作用效应的组合及各分项系数均按高规第5.6节进行，但可不进行设计内力的调整放大，构件的承载力计算时，材料强度取设计值。

(2) 应尽量减轻连接体部分结构自重。因此应优先采用钢结构桁架，也可采用钢筋、型钢混凝土桁架、型钢混凝土梁等结构形式。当连接体包含多个楼层时，最下面的一层宜采用钢结构桁架结构形式，并应加强最下面的1~2个楼层的设计和构造措施。

(3) 架空的连接体对竖向地震的反应比较敏感，尤其是跨度较大、层数较多的连接体对竖向地震的反应更加敏感。故连体结构的连接体部分应考虑竖向地震的影响。近似计算时，竖向地震作用的标准值可取连接体部分重力荷载代表值的10%(8度抗震设计)，并按各构件所分担的重力荷载代表值的比例进行分配。

(4) 连接体部分的楼板厚度不宜小于150mm，并应采用双层双向配筋，每层每方向的配筋率不宜小于0.25%。连接体部分的端跨梁截面尺寸宜适当加大。

(5) 抗震设计时，钢筋混凝土结构的连接体及与连接体相连的两侧结构构件的抗震等级应提高一级采用，一级提高至特一级，如构件原抗震等级已经为特一级则不再提高。

4. 加强连接体两端与两侧结构的连接设计与构造：

(1) 连接体结构支座宜按中震不屈服设计。即地震作用下的内力按中震进行计算，地震作用效应的组合均按高规第5.6节进行，但分项系数均取不大于1.0，不进行设计内力的调整放大，构件的承载力计算时，材料强度取标准值。

(2) 当连接体两端与两侧结构刚接时，连接体结构两端的构件(桁架的上、下弦杆，端跨梁等)应伸入两侧结构并加强锚固。必要时,连接体结构两端的构件可延伸到主体结构的内筒(或内部剪力墙),并与其可靠连接。如无法伸至主体结构的内筒(或内部剪力墙),也可在两侧结构内沿连体方向设置型钢混凝土梁与连接体结构可靠连接。

与连接体相连的内筒、剪力墙或端柱内可设置型钢。型钢宜可靠锚入下部主体结构。

连接体结构的楼板应与两侧结构的楼板可靠连接,并加强配筋构造。

(3) 当连接体两端与两侧结构采用滑动支座连接时,支座滑移量应能满足两个方向在罕遇地震作用下的位移要求。滑动支座应采用由两侧结构伸出的悬臂梁的做法,而不应采用连接体结构的梁搁置在两侧结构牛腿上的做法。

2.8.20 地下室连为一体,地上有几幢高层建筑,若结构嵌固部位设在地下一层底板上,此结构是否为大底盘多塔建筑结构?

【解析】 在多个高层建筑的底部有一个连成整体的大面积裙房,形成大底盘,即为大底盘多塔楼结构,若仅有一幢高层建筑,底部设较大面积的裙房,为大底盘的单塔楼结构,是大底盘多塔楼结构的一个特例。对于多幢塔楼仅通过大面积地下室连为一体,每幢塔楼(包括带有局部小裙房)均用防震缝分开,使之分属不同的结构单元,一般不属大底盘多塔楼结构。若地下室连为一体,地上有几幢高层建筑,因某些原因(如上下层剪切刚度比不满足要求或楼板有过大的开洞或楼板标高相差很大等),将结构嵌固部位设在地下一层底板上,一般也不应判定为大底盘多塔楼结构。

2.8.21 大底盘多塔楼高层建筑的受力特点如何?

【解析】 带大底盘的高层建筑,结构在大底盘上一层突然收进,属竖向不规则结构;大底盘上有两个或多个塔楼时,地震作用下,各塔楼的振动既存在着相对独立性又相互有影响,当大底盘上的各塔楼高层建筑,楼层数不同、质量和刚度不同、分布不均匀,且当各塔楼自身结构平面布置不对称时,结构竖向刚度突变加剧,扭转振动反应增大,高振型对结构内力的影响更为突出。各塔楼的剪力更为复杂、不利。

1995 年日本阪神地震中,有几幢带底盘的单塔楼建筑,在底盘上一层严重破坏。1 幢 5 层的建筑,第一层为大底盘裙房,上部 4 层突然收进,而且位于大底盘的一侧,上部结构与大底盘结构质心的偏心距离较大,地震中第 2 层(即大底盘上一层)严重破坏;另一幢 12 层建筑,底部 2 层为大底盘,上部 10 层突然收进,并位于大底盘的一侧,地震中第 3 层(即大底盘上一层)严重破坏,第 4 层也受到破坏。

中国建筑科学研究院建筑结构研究所等单位的试验研究和计算分析也表明,塔楼在底盘上部突然收进已造成结构竖向刚度和抗力的突变,如结构布置上又使塔楼与底盘偏心则更加剧了结构的扭转振动反应。因此,结构布置上应注意尽量减少塔楼与底盘的偏心。

中元国际工程设计研究院设计的北京鑫茂大厦为地面以上由分别为 22 层和 20 层的两幢高层建筑及 4 层裙房组成的大底盘双塔楼结构。通过对地震作用下按双塔楼整体分析和按两塔楼分别单独计算分析,发现:

1. 按双塔楼结构整体计算时,当两塔楼层数分别取为 23 层、21 层(结构嵌固部位在地下一层底板)时的计算结果,比楼层数均取为 23 层(即两塔楼楼层数一样,高度一样的情况)时的计算结果更为复杂和不利,尤其是对两塔楼间连接体的构件情况更为严重。

2. 两塔楼间连接体处受力情况比较复杂。塔楼间连接体的屋面框架梁梁端有地震效应组合下的剪力,按双塔楼整体计算比按两塔楼分别单独计算增大约 12% 左右。

2.8.22 如何进行大底盘多塔楼高层建筑的结构分析？

【解析】 对于大底盘多塔楼结构，如果把裙房部分按塔楼的形式切开计算，则下部裙房及基础的计算误差较大，且各塔楼之间相互影响无法考虑。因此应先进行整体计算，按高规取够振型数，并考虑塔楼和塔楼之间的相互影响。需要注意的是，在进行整体计算时，一般假定楼板为平面分块内无限刚。

当高层建筑各塔楼的质量、刚度等分布悬殊时，整体计算反映出的前若干个振型可能大部分均为某一塔楼（一般为刚度较弱的塔楼）所贡献；而由于耦联振型的存在，判断某一振型反映的是哪一个塔楼的某一主振型比较困难。同时，由于高规中增加了对结构第一扭转周期和第一平动周期比以及最大位移与平均位移比等的限制，为验证各独立单塔的正确性及合理性，还需将多塔楼结构分开进行计算分析。

多塔楼结构分开计算时，在裙房的什么位置分较好？回答这个问题，首先要明确分开计算的目的，那就是要算出各塔楼的结构第一扭转周期和第一平动周期的比值以及最大位移与平均位移的比值，以便了解此塔楼扭转效应情况，判断平面是否规则，至于其他并不重要。从这个意义上说，在裙房的什么位置分，其计算结果虽然对底部几层（有裙房部分）误差较大，但对大底盘裙房以上塔楼各层，两个比值的计算结果都是较为准确可靠的，因此，是可以的。

值得一提的是，与多塔楼结构不同，对于由于超长或不规则等原因将建筑结构分为两个或多个独立的结构单元时，应将各独立结构单元分开进行计算分析，如一定要合在一起计算，也可按多塔楼结构模型进行计算。各独立结构单元扭转周期和平动周期比值的计算，应同多塔楼结构一样切开进行计算分析。但与真正的多塔楼结构不同的是，对于结构整体的配筋计算，多塔楼结构一定要以不切开的模型计算结果为准，而分缝结构则应以各独立结构单元计算结果为准。此外，还需要注意的是，如果分缝结构被处理为多塔楼结构，由于其分缝处不是真正的独立迎风面，其风荷载的计算取值可能会与实际受荷情况不符，对于那些对风荷载比较敏感或以风荷载为控制荷载的结构，应注意修改风荷载数据，以计算出符合实际受力情况的风荷载作用下的结构内力。

2.8.23 大底盘多塔楼结构的设计要点。

【解析】 1. 多塔楼建筑结构的各塔楼的层数、平面和刚度宜接近，塔楼对底盘宜对称布置。塔楼结构与底盘结构质心的距离不宜大于底盘相应边长的20%。超过时，可利用裙楼的卫生间、楼电梯间等布置剪力墙，剪力墙宜沿大底盘周边布置，以增大大底盘的抗扭刚度。如各塔楼层数和刚度相差较大时，可将裙房用防震缝自地下室以上分隔。地下室顶板应有良好的整体性及刚度，能将上部结构地震作用有效地传到地下室结构（图2-8-9）。

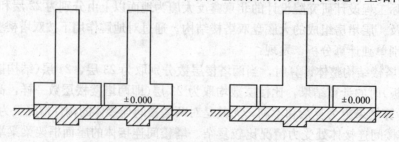

图 2-8-9 大底盘地下室示意图

2. 抗震设计的大底盘多塔楼结构，底盘顶层与塔楼底层的层间位移角比不宜大于1.3。

3. 多塔楼结构中同时采用带转换层结构，这已经是两种复杂结构在同一工程中采用，结构的竖向刚度、抗力突变加之结构内力传递途径突变，要使这种结构的安全能有基本保证已相当困难，如再把转换层设置在大底盘屋面的上层塔楼内，更易形成结构薄弱部位，更不利于结构抗震。因此，抗震设计时，带转换层塔楼的转换层不宜设置在底盘屋面的上层塔楼内（图2-8-10），否则应采取有效的抗震措施。包括增大构件内力、提高抗震等级等。

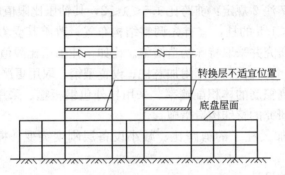

图 2-8-10　多塔楼结构转换层不适宜位置示意

4. 为加强底盘与塔楼的整体性，保证底盘与塔楼整体工作，裙房屋面板厚度不宜小于150mm，并加大配筋，板面负弯矩钢筋宜贯通；裙房屋面上、下层结构的楼板也应加强构造措施。

当底盘楼层为转换层时，其底盘屋面楼板的加强措施应符合关于转换层楼板的有关规定。

5. 抗震设计时，对多塔楼结构的底部薄弱部位应予以特别加强，图 2-8-11 所示为加强部位示意。塔楼之间裙房连接体的屋面梁以及塔楼中与裙房连接体相连的柱、剪力墙，从嵌固端至裙房屋面上一层的高度范围内，柱纵向钢筋的最小配筋率宜适当提高，柱箍筋宜在裙房屋面上、下层范围内全高加密。剪力墙宜按有关规定设置约束边缘构件。

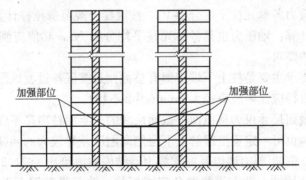

图 2-8-11　多塔楼结构加强部位示意

当塔楼为底部带转换层结构时，应满足有关转换层结构的各项规定。

大底盘单塔楼结构的设计，也应符合以上各条的规定。

2.8.24 高层建筑设有设备层时，设备层层高一般较小，故柱的剪跨比常常小于1.5，同时造成设备层刚度突变，设计时应采取可靠措施予以解决。

【解析】 柱轴压比和剪跨比的概念是柱子抗震设计的重要概念，限制框架的柱轴压比主要是为了保证框架结构的延性要求。抗震设计时，除了预计不可能进入屈服的柱外，通常希望柱子处于大偏心受压的弯曲破坏状态。

和轴压比相比，剪跨比对框架柱的破坏特征起主导作用。试验表明：在通常的配筋条件下，当剪跨比 $\lambda>2$ 时框架柱在横向水平剪力作用下，一般都发生延性较好的弯曲破坏；当 $\lambda\leqslant2$ 时框架柱就变成了短柱，在横向水平剪力作用下一般都发生脆性的剪切破坏。因此，抗震规范表6.3.7注2规定：剪跨比 $1.5\leqslant\lambda\leqslant2$，其轴压比限值应比规范表中数值减小0.05，对剪跨比 $\lambda<1.5$ 的柱，宜首先调整结构布置，改善其受力性能。无法调整时，其轴压比限值应专门研究并采取特殊构造措施。比如：柱轴压比限值至少比规范表6.3.7中数值降低0.1采用、在柱截面中部附加芯柱、设置型钢、取用更严的轴压比限值、采用合适的箍筋形式、提高箍筋的体积配箍率、采用柱外包钢板箍、采用柱内配置X形钢筋等措施，或其他专门研究的特殊构造措施。

采用分体柱也是加大柱子的剪跨比、减小设备层刚度突变、提高结构延性的一个方法。

2.8.25 分体柱的设计。

【解析】 分体柱的特点是采用隔板将整截面柱沿短柱方向分为等截面的单元柱并分别配筋，单元柱之间应有隔板作为填充材料（图2-8-12）。

设有分体柱结构的分析计算可将分体柱刚度取为外包尺寸相同的整截面柱刚度的0.7倍，按整截面柱的设计方法计算，其层间位移限值应符合整截面柱结构的限值要求。

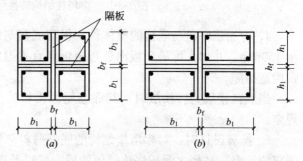

图2-8-12 分体柱的截面形式
(a)方形；(b)矩形

分体柱的截面设计：正截面承载力各单元柱平均分担 M_c、N_c，按混凝土规范偏压构件计算。斜截面承载力各单元柱平均分担 V_c，按混凝土规范剪压柱计算。

分体柱轴压比计算：轴压力也是各单元柱平均分担 N_c，其值应满足抗震规范关于整截面柱轴压比限值的要求。

分体柱的构造要求主要是柱上下端应留有整截面过渡区，过渡区段内箍筋应采用井字复合箍且箍筋外肢直径应比内肢直径大2mm（图2-8-13）。

由于分体柱的截面尺寸仅为整截面柱截面尺寸的一半而柱净高不变，故可以有效地解决短柱问题，同时，也可一定程度缓解上下层侧向刚度差异较大的问题。因此，分体柱适合于高层建筑框架、框架-剪力墙以及框支剪力墙结构中剪跨比 $\lambda\leqslant1.5$ 的短柱。如在层高较小的设备层采用分体柱，就有可能避免形成短柱，改善设备层上下层侧向刚度差异较大，避免形成结构薄弱层和（或）软弱层。

分体柱不能减小相应整截面柱的截面尺寸，同时分体柱对隔板的材料、施工质量要求较高，目前工程实际应用较少。

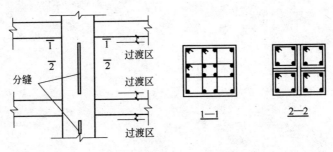

图 2-8-13 过渡区的设置

2.8.26 高规第 10.3.3、10.4.4、10.5.5 条均有抗震等级提高一级的要求，柱轴压比限值是按提高前还是按提高后的抗震等级确定？

【解析】 高规第 10.3.3 条要求，加强层及其相邻层的框架柱和核心筒墙体的抗震等级提高一级；第 10.4.4 条要求，错层部位的框架柱抗震等级提高一级；第 10.5.5 条要求，连接体及其支承部位的结构构件抗震等级提高一级。

这三条均属于复杂结构关键部位的要求，目的在于提高这些关键部位构件的延性。因此，验算柱轴压比限值时，应按提高后的抗震等级确定。

第三篇 钢 结 构

第一章 总 则

3.1.1 钢结构设计图与施工图有什么区别?

【解析】 一般设计单位只编制钢结构设计图,在初步设计基础上,根据工艺及建筑要求,进行整体结构布置、分析及构件计算,编绘总说明、结构布置图及平、立、剖面图,确定构件断面和内力表,示出节点构造图,列出钢材订货表。

钢结构加工制作单位根据设计图总说明及分部系列图纸,结合加工、安装工艺条件和材料供应情况,进行节点细部设计、放出大样、确定焊缝、螺栓具体排列、尺寸、布置、构造等细部内容,绘制构件布置图、构件一览表(包括工地安装方法)、构件详图(包括大型构件分段)、构件及连接材料表、安装节点图等。

设计图应由有资质的设计单位编制,施工图一般由有资质的加工制作单位编制,也可由设计单位分阶段编制,因此北京市设计审查规定,设计审查只审钢结构设计图。

3.1.2 钢结设计图总说明应该包括哪些内容?

【解析】 根据建设部《建筑工程设计文件编制深度的规定》(2002年版),结构设计总说明应包括以下内容:

1. 结构设计的主要依据。
2. 设计标高±0.000对应的绝对标高值。
3. 建筑结构安全等级和设计使用年限。
4. 建筑抗震设防类别、抗震设防烈度、设计基本地震加速度值和所属的设计地震分组以及建筑场地类别。
5. 采用的设计荷载,包括风荷载、雪荷载、楼面允许使用的可变荷载、特殊部位最大使用的可变荷载以及各种永久荷载,并注明其为标准值。
6. 所选用结构材料的品种、规格、性能及相应的产品标准(包括代号、年号),并对某些构件或部位的材料提出特殊要求。
7. 对钢结构的备料、复验、加工制作、运输安装、质量等级、除锈、涂装、防火、防护等专业的要求。
8. 对编制施工图的要求和注意事项。

3.1.3 钢结构设计对计算书有哪些要求?

【解析】 有关钢结构设计计算书宜符合下述要求:

1. 采用手算的结构计算书,应给出布置简图和计算简图;结构计算书内容应完整,引用数据应有可靠依据,采用计算图表及不常用的计算公式,应注明其来源出处。构件编号、计算结果应与图纸一致。

2. 当采用计算机程序计算时,应在计算书中注明所采用的计算程序名称、代号、版本及编制单位,计算程序必须经过鉴定。输入的总信息、计算模型、几何简图、荷载简图等均应符合工程实际情况。

3. 复杂结构进行多遇地震作用下的内力和变形分析时,应采用不少于两个不同力学模型程序进行分析。

3.1.4 钢结构设计文件对钢材及连接材料要求的深度如何?

【解析】 在钢结构设计文件(如图纸、材料订货表等)中,应明确具体标明钢材牌号(如 Q235-B、Q345C 等)、连接材料的型号(如 E4303 型焊条、性能等级 4.6 的 C 级普通螺栓、性能等级 10.9 的摩擦型大六角头高强度螺栓)。并标明所依据的相关国家标准名称、代号、年号,两者保持一致。对材料性能的要求,凡标准中已基本保证的项目可不再列出,只提附加保证和协议要求的项目。对未形成技术标准的钢材或国外钢材,必须详细列出有关钢材性能的各项指标,以便按要求进行检验,其试件数量不得少于 30 个,如其尺寸误差标准不低于我国相应钢材的标准时,可按我国相关参数核定其设计指标。这些要求都与保证工程质量有关,不应模糊省略。

3.1.5 钢结构的设计使用年限、设计基准期、建筑寿命三者有何区别?

【解析】 设计使用年限是设计规定的一个时期,在这一规定时期内,只需进行正常的维护而不需进行大修就能按预期目的使用,完成预定功能,即房屋建筑在正常设计、正常施工、正常使用维护下所应达到的使用年限。所谓正常,包括必要的检测、防护及维修。一般钢结构设计使用年限为 50 年,但油漆、防火涂料、压型板等则应按其使用年限更新。冷弯薄壁型钢结构,在正常油漆维护下,其设计使用年限也是 50 年。同一建筑中不同专业的设计使用年限可不同,如装修、管线、结构和地基基础可有不同的设计使用年限。

设计基准期是为确定可变作用及与时间有关的材料性能取值而选用的时间参数。一般设计所考虑的荷载统计参数,都是按设计基准期为 50 年确定的。结构超过基准使用期后,不是结构不能使用,而是其失效概率将逐渐增大。

建筑寿命指从规划、实施到使用、毁坏的全部时间。

所以设计使用年限、设计基准期、建筑寿命三者是不能等同的。

3.1.6 《钢结构设计规范》与其他规范、规程关系如何?

【解析】 钢结构设计与相关规范关系,分述如下:

1. 有关荷载及其组合应按《建筑结构荷载规范》(GB 50009—2001)(2006 年版)执行,钢结构规范另有部分补充规定。

2. 有关抗震问题应按《建筑抗震设计规范》(GB 50011—2001)、《构筑物抗震设计规范》(GB 50191—93)执行。钢结构规范未涉及抗震内容,钢结构也没有抗震等级划分,但有抗震类别要求。

3. 冷弯型钢结构按《冷弯薄壁型钢结构技术规范》(GB 50018—2002)执行,与钢结构规范在指标、计算、构造等方面有所不同。

4. 高耸钢结构、钢烟囱、钢贮仓可结合相关规范执行。

5. 钢结构规范以构件受力为主，分章分条规定，对建筑体系如单层工业房屋、门式刚架轻型房屋、高层建筑虽有所涉及，但不够系统全面，须按相应规范、规程、手册处理，因此也出现了一些矛盾，2003 年《全国民用建筑工程设计技术措施结构》曾进行了一定调整，但一时难以做出明确结论。设计人员应该综合分析，在确保安全基础上，注意各种结构特性，慎重取舍。相比起来，《钢结构设计规范》档次较高、实施较晚、权威性较强，但也不宜死扣条文，如对长细比、伸缩缝间距稍有放宽，还是可行的。

6. 钢与混凝土组合结构如型钢混凝土、钢管混凝土、矩形钢管混凝土都有专门规程，但钢梁与混凝土板的组合楼盖则以钢结构规范为准。

第二章 术语、符号和制图

3.2.1 钢结构计算，习惯用应力形式表达，为什么稳定计算等公式所得数值，不能称为应力？

【解析】 长期以来，钢结构强度计算采用应力形式表达，指标单一、裕量明朗、使用方便，这是钢结构由单一匀质材料组成的特点。但在稳定性计算式、考虑塑性发展的受弯计算式中，由于引入其他参数，其数值已不再是应力概念。如一压杆应力 $\sigma=\dfrac{N}{A}$，如计算其稳定性，则应计入稳定系数 φ，此时其应力仍为 $\sigma=\dfrac{N}{A}$，不能称应力 $\sigma=\dfrac{N}{\varphi A}$，其计算可用边界条件式 $\dfrac{N}{\varphi A}\leqslant f$ 表达，这叫强度计算，是防止结构构件因材料强度被超过而破坏的计算，其值已不再是应力概念。对此，规范表达上十分严谨，不再称为应力，而用"强度计算符合下式要求"、"稳定性计算符合下式要求"来表示。但目前较多的软件、文件、图纸、考试中仍混称为应力，如应力比、稳定应力，甚至称稳定为正应力，这都是不恰当的，混淆了概念。如称为强度计算比、稳定性强度计算，较为合理。

剪应力、局部承压应力等计算式中，因未引入影响应力概念的参数，故仍可称为应力。塑性设计、钢与混凝土组合梁的计算则用内力形式表达，没有应力概念。

3.2.2 《钢结构设计规范》所称组合梁指什么？

【解析】 组合梁有两种，一种是由1块以上的钢板或型钢相互连接组成的构件，如工字形截面组合梁或箱形截面组合梁，英文称 Built-up beam。

另一种是由混凝土翼板与钢梁通过抗剪连接件组合而成能整体受力的钢与混凝土组合梁，英文称 Composite steel and concrete beam。

因此组合梁前应有定语，才不致误解。

3.2.3 箱形截面翼缘板在腹板之间的无支承宽度 b_0 是如何界定的？

【解析】 如图3-2-1所示，当每片腹板仅外侧与翼缘板用角焊缝连接时，b_0 取图中 b_{01}。

当每片腹板两侧与翼缘均用角焊缝连接或采用坡口熔透焊缝时，则 b_0 可取图中 b_{02}。

3.2.4 为什么说图3-2-2所示焊缝符号有对有错？

【解析】 按《焊缝符号表示法》(GB/T 324—1988)、《技术制图焊缝符号的尺寸、比例及简化表示法》(GB/T 12212—1990)、《建筑结构制图标准》(GB/T 50105—2001)，角焊缝符号箭头所指处仅表示两零件间关系，

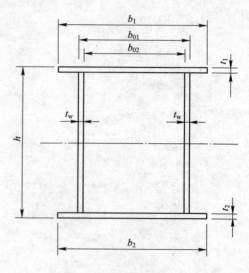

图3-2-1 箱形截面

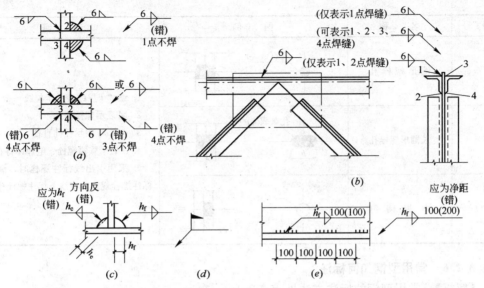

图 3-2-2 角焊缝表示法

(a)两板间的角焊缝表示；(b)双角钢与节点板间的角焊缝表示；
(c)h_f 与 h_e 及三角形方向；(d)现场焊缝符号；(e)间断焊缝

其背面指此两部件的箭头背面，不代表第三部件。按 GB/T 324，角焊缝符号中背面用虚线水平线表示，而 GB/T 50105 则规定水平线上方指箭头所指位置，下方则为其背面，结构制图应遵照 GB/T 50105 执行。

有的国家角焊缝用有效高度 h_e 表示，我国则规定用焊脚尺寸 h_f 表示。过去对间断焊缝曾用各段焊缝的中至中距离表示，现在将间隙尺寸用括号表示。

现场焊缝用旗示，旗内可涂黑，也可简化为旗示不涂黑，旗示方向可左可右。

3.2.5 螺栓、孔、电焊铆钉如何表示？

【解析】 螺栓、孔、电焊铆钉的表示方法见表 3-2-1。

螺栓、孔、电焊铆钉的表示方法　　　　　　　　　表 3-2-1

序号	名　称	图　例		说　明
1	永 久 螺 栓	M / ϕ、d_0		1. 细"+"线表示定位线 2. M 表示螺栓型号 3. ϕ 或 d_0 表示栓孔直径 4. d 表示胀锚螺栓、电焊铆钉直径 5. 采用引出线标注螺栓时，横线上标注螺栓规格，横线下标注螺栓孔直径
2	高 强 螺 栓	M / ϕ、d_0		
3	安 装 螺 栓	M / ϕ、d_0		
4	胀 锚 螺 栓	d		

续表

序号	名称	图例	说明
5	圆形螺栓孔	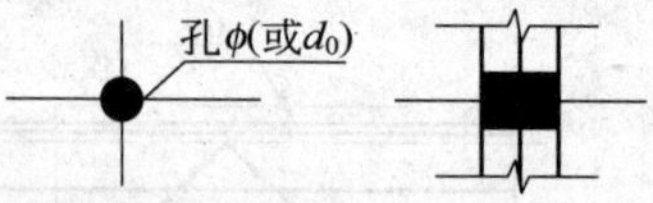 孔ϕ(或d_0)	1. 细"+"线表示定位线 2. M表示螺栓型号 3. ϕ或d_0表示栓孔直径 4. d表示胀锚螺栓、电焊铆钉直径 5. 采用引出线标注螺栓时，横线上标注螺栓规格，横线下标注螺栓孔直径
6	长圆形螺栓孔	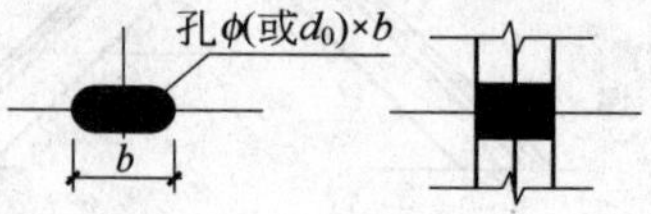 孔ϕ(或d_0)×b	
7	电焊铆钉	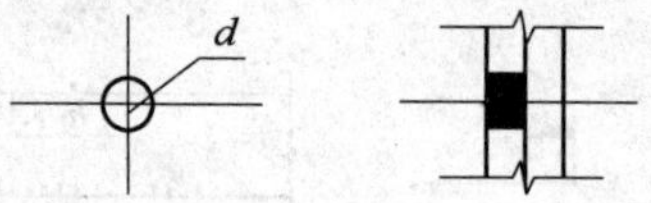 d	

3.2.6 常用型钢如何标注？

【解析】 常用型钢的标注方法见表3-2-2。

常用型钢的标注方法　　表3-2-2

序号	名称	截面	标注	说明	举例
1	等边角钢	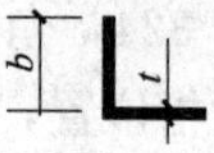	$\llcorner b×t$	b为肢宽 t为肢厚	∟50×4 ∟160×16
2	不等边角钢		$\llcorner B×b×t$	B为长肢宽，b为短肢宽，t为肢厚	∟63×40×4 ∟160×100×10
3	工字钢		N　　QN	轻型工字钢加注Q字 N工字钢的型号	I20a QI20a ｝尺寸不同
4	槽钢		N　　QN	轻型槽钢加注Q字 N槽钢的型号	[20a Q[20a ｝尺寸不同
5	方钢	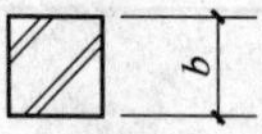	□b		□50 □200
6	扁钢	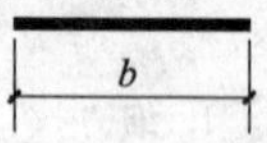	—b×t	b为板宽 t为板厚	—80×6
7	钢板		$\dfrac{-b×t}{l}$	宽×厚 板长	$\dfrac{-80×6}{200}$
8	圆钢		ϕd		$\phi 16$ d16
9	钢管		$DN××$ $d×t$	公称口径 外径×壁厚	DN25 钢管32×3，d32×3

续表

序号	名称	截面	标注	说明	举例
10	薄壁方钢管		B□$b×t$		B□50×2
11	薄壁等肢角钢		B∟$b×t$		B∟50×3
12	薄壁等肢卷边角钢		B⌐$b×a×t$		B∟60×20×2
13	薄壁槽钢		B[$h×b×t$	薄壁型钢加注B字 t 为壁厚	B[120×40×3
14	薄壁卷边槽钢		B[$h×b×a×t$		B[160×60×20×2 常示为：C160×60×20×2
15	薄壁卷边Z型钢		B⌐$h×b×a×t$		B⌐160×60×20×2.5 斜卷边 B⌐160×60×20×2.5 常示为：⌐160×60×20×2.5 斜卷边 ⌐160×60×20×2.5
16	T型钢		TW×× TM×× TN××	TW为宽翼缘T型钢 TM为中翼缘T型钢 TN为窄翼缘T型钢	TW150×300×10×15 TM147×200×8×12 TN150×150×6.5×9
17	H型钢		HW×× HM×× HN××	HW为宽翼缘H型钢 HM为中翼缘H型钢 HN为窄翼缘H型钢	HW300×300×10×15 HM294×200×8×12 HN300×150×6.5×9
18	起重机钢轨		⊥QU××	详细说明产品规格型号	QU100
19	轻轨及钢轨		⊥××kg/m钢轨		43kg/m钢轨

3.2.7 GB 50017—2003 第 2 章术语及符号中有哪些可改进的地方？

【解析】 GB 50017—2003 第 2 章中下列字体可改进：

1. 9页13行"a_{2i}"中"i"误用正体，按 GB 3103 表示数的下标字母用斜体，本规范均误用正体，而 GBJ 17—88 则均为斜体。

2. 条文说明159页倒1行"下标 k"，"k"应为正体。

第三章 基本设计规定

第一节 设计原则

3.3.1 钢结构设计方法是如何演进的？

【解析】 建国初期我国结构设计采用前苏联规范，钢、木结构采用容许应力法；混凝土、砌体结构采用破坏阶段法。20世纪50年代中期采用前苏联三系数的极限状态设计方法，其系数主要由经验决定，均是定值设计法，不能真实反映结构实际安全储备。

近30年来国内外致力于更合理的以概率理论为基础的概率设计法，以结构失效概率来度量结构的安全储备，概率设计方法分为三个水准：

水准Ⅰ（半概率设计法）用数理统计加某些经验系数，如1974年版的规范，以结构极限状态为依据，进行多系数分析，采用单一安全系数，如钢结构采用容许应力，混凝土结构采用基本和附加系数来进行设计；

水准Ⅱ（近似概率设计法）以概率理论为基础，进行数理统计，经估计、简化、近似处理，以分项系数的设计表达式进行计算，现行规范即是；

水准Ⅲ（概率设计法）须对整个结构体系进行精确概率分析，使设计的结构符合预期可靠度，仅在少量核能工程中试用，尚不能推广，是研究方向。

3.3.2 为什么钢结构设计有多种表达式？

【解析】 现行钢结构设计采用以概率理论为基础的极限状态设计方法，用分项系数设计表达式进行计算。

考虑到用概率法的设计式，广大设计人员不熟悉、不习惯，且许多基本参数不完善，所以采用设计人员熟悉的分项系数设计表达式。现行规范所采用的分项系数不是凭经验确定，而是以可靠指标为基础，用概率设计法求出，属于近似概率设计法。

钢结构强度计算、稳定计算，其结果数值以应力形式反映，如果式中引入了稳定系数φ、塑性发展系数γ，则其结果数值不再是应力概念了。而塑性设计、钢与混凝土组合梁设计则像混凝土结构计算、砌体结构计算那样，用承载力形式反映。

由于对钢结构疲劳极限状态的概念和认识不够确切，对有关因素了解不透，只能沿用传统的容许应力设计法，以结构受拉部件应力变化幅度（包括从受压到受拉，不包括永久荷载），即应力幅小于或等于容许应力幅表示。

3.3.3 如何理解钢结构的极限状态？

【解析】 钢结构的极限状态和其他结构一样，也分为承载能力极限状态和正常使用极限状态。

承载能力极限状态指结构或构件达到最大承载能力或出现不适宜继续承载的变形，结构和构件丧失稳定，结构转变为机动体系和结构倾覆。如构件或连接的强度破坏、疲劳破坏、结构或构件由于塑性变形而使其几何形状发生改变，虽未达到最大承载能力，但已彻底不能使用，如拱的下弦拉杆因变形过大，使拱失去承载能力。又如桁架中的拉杆，

Q235 钢制作，当应力达屈服点 f_y 后，其伸长率可达 2.5%，即杆长 4m，伸长 100mm，如此大的变形，必然限制桁架应有功能。这些都是不适宜继续承载的变形实例。

正常使用极限状态指影响结构、构件和非结构构件（玻璃幕墙支架、广告支架、吊顶、房屋外围构造等）正常使用和外观的变形，影响正常使用的振动，影响正常使用或耐久性能的局部损坏。当达到正常使用极限状态时，结构或其一部分不适宜正常使用，不一定就发生破坏，可理解为结构或构件达到使用功能上允许的某个限值的状态。也有一些结构必须控制变形，才能满足使用要求，因为过大变形会造成房屋内部粉刷层剥落、填充墙或隔断墙开裂、门窗卡死、屋面积水等后果，过大的变形也会使人们在心理上产生不安全感觉。

此外，任何钢构件任一部位都不允许有裂缝存在，故《钢结构设计规范》没有裂缝宽度的限值，但钢与混凝土组合梁中的混凝土板除外。

杆件的长细比限值属于正常使用极限状态，如长细比过大，可能会因自重而下垂、也可能在动力影响下发生较大振动，影响其正常使用，对此，规范用词为"宜"，表示稍有选择余地。

3.3.4 钢结构设计安全等级都是二级吗？

【解析】 对一般工业与民用建筑钢结构，按我国已建成的建筑，用概率设计方法分析的结果，安全等级多为二级，重要性系数 γ_0 应不小于 1.0。

大跨度结构常采用钢结构，对于跨度大于或等于 60m 的屋盖，主要承重结构安全等级宜取一级，重要性系数 γ_0 不宜小于 1.1。

对于大跨度屋架，但设计使用年限只要求 25 年，其 γ_0 又如何取值？一般说来，大跨度结构使用年限不会偏低，如果设计使用年限低，由于对大跨度结构的使用经验较少，从重要、安全等因素考虑，γ_0 以取不小于 1.1 为宜。

对于大跨度屋架，但设计使用年限为 100 年，其 γ_0 宜取不小于 1.2 为宜。

第二节 荷载及荷载效应

3.3.5 钢结构设计对荷载组合有哪些规定？

【解析】 按承载能力极限状态设计钢结构时，应考虑荷载效应的基本组合，必要时尚应考虑荷载效应的偶然组合。基本组合表达式按《荷载规范》规定，偶然组合的具体表达式及各项系数应按专门规范规定。

按正常使用极限状态，钢结构一般只考虑荷载效应的标准组合。对钢与混凝土组合梁，因需考虑混凝土在长期荷载作用下的蠕变影响，除应考虑荷载效应的标准组合外，尚应考虑准永久组合，相当于过去的长期效应组合。

3.3.6 钢结构设计对设计值、标准值、动力系数、吊车台数、吊车纵向刹车力有何规定？

【解析】 计算钢结构或构件的强度、稳定性以及连接的强度时，应采用荷载设计值，即荷载标准值乘以分项系数，属于承载能力极限状态。虽然钢结构的连接，研究数据较少，无法按可靠度进行分析，但已将其容许应力用校准的方法转化为概率理论为基础的极限状态表达式。至于疲劳计算，本应属于承载能力极限状态，由于现在仍采用弹性状态计算的容许应力幅设计方法，故采用荷载标准值计算。

对于直接承受动力荷载的结构在计算强度和稳定性时，动力荷载设计值应乘以动力系数；在计算疲劳和变形时动荷载标准值不乘动力系数。

计算吊车梁或吊车桁架及其制动结构的疲劳和挠度时，吊车荷载按作用在跨间内荷载最大的1台吊车确定。过去计算疲劳用1台吊车，计算挠度用2台吊车，是对挠度计算放宽了吗？实则不然，用一台吊车计算规定的限值比过去2台吊车限值要严得多，实际计算结果，常常出现同样截面过去按2台吊车计算能满足挠度限值，现在用1台吊车计算反而不能满足挠度限值，需要加大截面，这是因为现在的挠度限值更严了。

荷载规范第5.1.2.1款规定吊车纵向水平荷载标准值应按作用在一边轨道上所有刹车轮的最大轮压之和的10%。结合第5.2.1条及第5.2.2条，纵向刹车力由一列柱及其支撑共同承受，按过去习惯处理，参与组合的吊车台数不宜多于2台，如取2台则应乘以表5.2.2的折减系数。刹车轮数应由吊车厂家提供，如有缺项，一般取一侧轮数之半为刹车轮，各列柱各自承受纵向刹车力，不考虑空间作用。对多跨厂房的中列柱可每侧1台或仅一侧取2台，另一侧不计，根据支撑布置、刹车力大小、轮次对比确定。

3.3.7 不上人的屋面活载如何取值？

【解析】 荷载规范表4.3.1，不上人屋面均布活荷载标准值为$0.5kN/m^2$。该表注1又规定，对不同结构应按有关设计规范的规定，将标准值作$0.2kN/m^2$的增减。

对此，《钢结构设计规范》(GB 50017—2003)(以下简称钢结构规范)补充了如下内容：对支承轻屋面的构件或结构(檩条屋架、框架等)，当仅有一个可变荷载且受荷水平投影面积超过$60m^2$时，屋面均布活荷载标准值应取为$0.3kN/m^2$。

《冷弯薄壁型钢结构技术规范》(GB 50018—2002)第4.1.6条则补充了如下内容：对支承轻屋面的构件或结构(屋架、框架等)，当仅承受一个可变荷载，其水平投影面积超过$60m^2$时，屋面均布活荷载标准值宜取$0.3kN/m^2$，与前者补充内容基本一致，但前者属强制性条文，且用"应"字，后者属一般条文，又用"宜"字。

而《门式刚架轻型房屋钢结构技术规程》(CECS 102：2002)对此补充为：对受荷水平投影面积大于$60m^2$的刚架构件，屋面竖向均布活荷载的标准值可取不小于$0.3kN/m^2$。这里既没有"一个可变荷载"的限制，又用的是"不小于"，与前二者差别较大。

对此问题，按国家标准化法，当国家标准与行业标准对同一事物的规定不一致时，应按国家标准执行。当不同的国家标准之间的规定不一致时，应按最新颁布的国家标准执行。一般行业标准或地方标准应严于国家标准，且更结合实际。但在执行中既要有原则性，也可有一定的灵活性。本来GB 50017—2003颁布最晚，又列为强条，档次最高，条文字句也明确清楚，按钢结构设计规范执行是合理合法的。但如从新旧规范安全因素的一致性以及其条文说明强调竖向荷载来考虑，屋面活载取$0.3kN/m^2$在一定条件下也是可以的。按荷载规范第4.3.1条条文说明，对轻屋面活载由$0.3kN/m^2$提高至$0.5kN/m^2$是为了统一处理，为保持新旧规范取值的一致性，各结构规范可作$0.2kN/m^2$的增减。如果没有较大的屋面灰荷载或其他活载参与组合时，是能满足安全因素的。因为如果有较大屋面竖向荷载，则活载应乘以组合值系数0.7，只有$0.3×0.7=0.21kN/m^2$了。又如框排架，都有风荷载参与组合，按旧荷载规范应计入组合值系数0.6或组合系数0.85，新荷载规范则另有组合公式，也不存在安全因素降低的情况。所以如果钢结构规范"仅有一个可变荷载"是指"仅有一个竖向可变荷载"，这样就好办了，对框排架，屋面活载取 0.3kN/m² 也是可以的，当然取 0.5kN/m² 也更稳当。实际上这些数值影响不大，荷载规范既然统一归口，如果要调整，就在荷载规范里调整，分散在各专业规范里调整，会带来较多麻烦。

3.3.8 重级工作制吊车梁由吊车摆动引起的横向水平力如何考虑？

【解析】《荷载规范》第 5 章已将吊车荷载阐明，钢结构规范 3.2.2 条提出了计算重级工作制吊车梁或吊车桁架及其制动结构的强度、稳定性以及连接强度，包括吊车梁或吊车桁架、制动结构、柱相互间的连接强度，应考虑由吊车摆动引起的横向水平力，此水平力不与荷载规范规定的横向水平荷载同时考虑，取其较大值。作用于每个轮压处的此水平力按下式计算：

$$H_k = \alpha P_{k,max}$$

式中 $P_{k,max}$ ——吊车最大轮压标准值；

α ——系数，对一般软钩吊车 $\alpha=0.1$，抓斗或磁盘吊车宜采用 $\alpha=0.15$，硬钩吊车宜采用 $\alpha=0.2$。

由于吊车的水平偏斜、轨道与梁偏离设计位置、柱子不均匀沉陷都会造成吊车摆动运行，产生很大卡轨力，重级工作制吊车及硬钩吊车此种情况最为严重，经常出现轨道连接螺栓拉断、梁上翼缘损坏等现象。GBJ 17—88 采用将吊车横向水平荷载乘以增大系数来解决。横向水平荷载是吊车的横向小车刹车所产生，与卡轨力是两个不同概念。国家标准《起重机设计规范》(GB/T 3811—1983) 列有水平侧向力计算公式，此力作用于一侧轨道上吊车两端车轮或水平导向轮(现代吊车常在吊车两端轮外装设，起到控制吊车直线运行作用)处，方向相反。GB 50017—2003 综合了各种算法，推荐了如上公式，对 A6、A7 工作级别吊车算得的卡轨力约为原规范的 2 倍。由此带来的吊车梁钢材消耗量约增加 5%。

3.3.9 吊车工作级别与工作制并列，有必要吗？

【解析】《起重机设计规范》(GB/T 3811—1983) 将吊车按利用等级及载荷状态来划分工作级别，有 A1～A8 共 8 级。见表 3-3-1～表 3-3-3。

吊车利用等级 表 3-3-1

利用等级	U_0	U_1	U_2	U_3	U_4	U_5	U_6	U_7	U_8	U_9
N(万次)	1.6	3.2	6.3	12.5	25	50	100	200	400	>400

吊车载荷状态 表 3-3-2

载荷状态	Q_1-轻	Q_2-中	Q_3-重	Q_4-特重
载荷谱系数	0.125	0.25	0.5	1.0
说明	一般起升轻微荷载	一般起升中等荷载	一般起升较重荷载	频繁起升额定荷载

吊车工作级别 表 3-3-3

载荷状态	利用等级									
	U_0	U_1	U_2	U_3	U_4	U_5	U_6	U_7	U_8	U_9
Q_1	A_1	A_1	A_1	A_2	A_3	A_4	A_5	A_6	A_7	A_8
Q_2	A_1	A_1	A_2	A_3	A_4	A_5	A_6	A_7	A_8	A_8
Q_3	A_1	A_2	A_3	A_4	A_5	A_6	A_7	A_8	A_8	
Q_4	A_2	A_3	A_4	A_5	A_6	A_7	A_8			

荷载规范第 5.1.1 条条文说明，认为在执行起重机规范以来，所有的吊车生产及订货、项目的工艺设计以及土建原始资料的提供，都以吊车的工作级别为依据。而钢结构规范仍保留工作制，并列出轻级工作制相当于 A1~A3 级，中级工作制相当于 A4、A5 级；重级工作制相当于 A6、A7 级，A8 属特重级，但在疲劳计算章节中，并没有明确规定按工作制来区分是否计算疲劳，而是以工作循环次数来核定，而工作级别则与工作循环次数有关联，这样就给设计工作带来矛盾与困惑。

3.3.10 吊车荷载在各种不同情况时的取值可以汇总吗？

【解析】 现将有关吊车梁计算参数汇集于表 3-3-4。

吊 车 荷 载　　　　　　　　　表 3-3-4

计算项目	荷载值 A1~A5 工作级别（中轻级）	荷载值 A6~A8 工作级别（重级）	吊车台数取法	备注
吊车梁的强度和稳定性	$F=1.4\times1.05F_k=1.47F_k$ $T=1.4T_k$	$F=1.4\times1.1F_k=1.54F_k$ $T=1.4T_k$ 或 $T=1.4H_k$	最多 2 台	
制动结构	$T=1.4T_k$	$T=1.4T_k$ 或 $T=1.4H_k$	最多 2 台	
腹板局部压应力	$F=1.47F_k$	$F=1.35\times1.4\times1.1F_k=2.08F_k$		
腹板稳定	$F=0.9\times1.47F_k=1.32F_k$	$F=1.4\times1.1F_k=1.54F_k$		
疲劳	中级吊车桁架、部分吊车梁 $F=F_k$ $T=T_k$	$F=F_k$ $T=T_k$	1 台	
梁的挠度	$F=F_k$	$F=F_k$	1 台	
制动结构的挠度		$T=T_k$（限 A7、A8 工作级别）	1 台	
吊车梁、制动结构、柱相互间的连接强度	$T=1.4T_k$	$T=1.4T_k$ 或 $T=1.4H_k$	最多 2 台	
吊车纵向水平荷载供计算梁柱纵向连接及柱纵向受力	$L=0.14\Sigma F_{Lk}$ $L=0.9\times0.14(\Sigma F_{L1k}+\Sigma F_{L2k})$ $=0.126(\Sigma F_{L1k}+\Sigma F_{L2k})$	$L=0.14\Sigma F_{Lk}$ $L=0.95\times0.14(\Sigma F_{L1k}+\Sigma F_{L2k})$ $=0.133(\Sigma F_{L1k}+\Sigma F_{L2k})$	仅有 1 台 最多 2 台	

注：F_k、F——最大轮压的标准值、设计值；
　　T_k、T——横向水平荷载（横行小车刹车力）的标准值、设计值；
　　H_k——计算吊车梁、制动结构的强度和稳定性时由吊车摆动产生的横向水平力（卡轨力）；
F_{Lk}、F_{L1k}、F_{L2k}——刹车轮、第 1 台吊车刹车轮、第二台吊车刹车轮的最大轮压；
　　L——一侧轨道上的吊车纵向水平荷载。

3.3.11 工业建筑楼面荷载取值要注意哪些问题？

【解析】 《荷载规范》第 3.2.5.2 款，对标准值大于 $4kN/m^2$ 的工业房屋楼面结构活荷载的分项系数应取 1.3。

《钢结构规范》第 3.2.4 条，计算冶炼车间或其他类似车间的工作平台结构时，由检修材料所产生的荷载可乘以下列折减系数：

主梁：0.85

柱及基础：0.75

此规定是钢结构的特殊规定，对其他专业有参考价值。

3.3.12 框架结构内力采用一阶弹性分析和二阶弹性分析如何界定？

【解析】 所有框架结构，不论有无支撑均可采用一阶弹性分析法计算框架杆件的内力。

对 $\frac{\Sigma N \cdot \Delta u}{\Sigma H \cdot h} > 0.1$ 的框架结构宜采用二阶弹性分析确定杆件内力，以提高杆件内力计算的精确度。当采用二阶弹性分析时，为配合计算的精度，不论是精确计算或近似计算，亦不论有无支撑结构，均应考虑结构和构件的各种缺陷（如柱子的初倾斜、初偏心和残余应力等）对内力的影响。其影响程度可通过在框架每层柱的柱顶作用有附加的假想水平力，即概念荷载 H_{ni} 来综合体现。

研究表明，框架的层数越多，构件的缺陷影响越小，且每层柱数的影响亦不大，钢结构规范推荐 $H_{ni} = \frac{\alpha_y Q_i}{250} \sqrt{0.2 + \frac{1}{n_s}}$，即式(3.2.8-1)。

考虑了二阶效应，对柱子增加了一些水平力和弯矩，但在求平面内稳定性时（规范第5.2.2.1款）和求柱子计算长度（规范第5.3.3.1款）会带来合理、精确和简化计算的效果。

当 $\frac{\Sigma N \cdot \Delta u}{\Sigma H \cdot h} \leq 0.1$ 时，说明框架结构的抗侧移刚度较大，可忽略侧移对内力分析的影响，故可采用一阶分析法来计算框架内力，当然也就不再考虑假想水平力 H_{ni}，为判别时计算方便，式中位移角 $\frac{\Delta u}{h}$ 可用柱顶层间相对位移容许值与层高比值来代替，即对无吊车的单层框架取 1/150，多层框架的层间位移角取 1/400。

第三节 钢 材

3.3.13 承重结构所用钢材牌号有哪些？

【解析】 建筑结构适用的国产钢材有《碳素结构钢》(GB/T 700—1988)中的 Q235 钢和《低合金高强度结构钢》(GB/T 1591—1994)中的 Q345、Q390、Q420 钢，共四种。

碳素结构钢常用牌号示例如下：

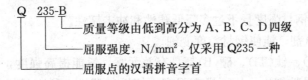

低合金高强度结构钢常用牌号示例如下：

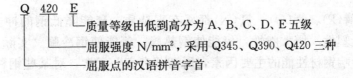

四种钢号的质量等级主要区别在化学成分、伸长率以及不保证和保证不同温度下的冲击功。

我国还生产抗锈蚀的《高耐候性结构钢》(GB/T 4171—2000)和《焊接结构用耐候钢》(GB/T 4172—2000)。

《建筑结构用钢板》(GB/T 19879—2005)常用牌号表示方法示例如下：

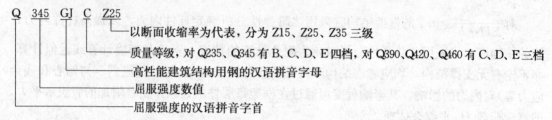

钢结构工程常用铸钢的现行国家标准有《一般工程用铸造碳钢件》(GB/T 11352—1989)、《一般工程与结构用低合金铸钢件》(GB/T 14408—1993)、《焊接结构用碳素钢铸件》(GB/T 7659—1987)。其表示方法有用力学性能和用化学成分两种，钢结构工程一般用力学性能表示，综合三种标准，铸钢牌号示例如下：

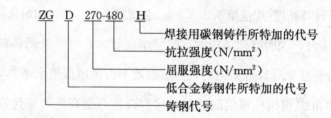

3.3.14 钢材的性能主要有哪些内容？

【解析】 承重结构采用的钢材应具有抗拉强度、伸长率、屈服强度和硫、磷的合格保证，对焊接结构尚应具有碳含量的合格保证。

焊接承重结构以及重要的非焊接承重结构采用的钢材还应具有冷弯试验的合格保证。

影响钢材性能的因素有化学成分、冶炼、浇注、轧制以及热处理等。

碳(C)是形成钢材强度的主要成分，对于焊接结构，为了得到良好的可焊性，以含碳量不大于0.2％为宜，因此结构用钢大都是低碳钢。

含有较多合金元素的钢材，将有关元素折算成碳当量(C_{eq})，作为钢材化学成分的重要指标。

锰(Mn)能提高钢材强度且不过多降低塑性和冲击韧性。

硅(Si)是强脱氧剂，能使钢材粒度变细。

钒(V)、铜(Cu)、钛(Ti)、硼(B)都是有益元素，钒能提高强度，铜能提高抗腐蚀能力，钛、硼能使钢晶粒细化，从而提高强度、韧性与塑性。稀土(Re)元素也能提高钢材性能。根据我国资源条件和冶金工业发展趋向，低合金高强度钢、微合金钢是主要发展钢种。

硫(S)、磷(P)、氧(O)、氮(N)都属有害杂质，硫能降低钢的冲击性能和疲劳性能，磷能降低塑性、增大脆性，氧能使钢热脆，氮能使钢冷脆。实际上，多种元素的不同组合是影响钢材性能的主要因素，所谓"有害"元素，对某些钢种反而是"有利"

元素。

常见钢材的缺陷有偏析、非金属夹杂、气孔、裂纹等。

钢材经过多次压轧，能使晶粒变细，气泡弥合，薄板因轧制道次多，轧制压力传布透，质量优于厚板。

一般钢材均以热轧状态交货。优质钢材经过热处理，提高了使用性能，如控轧、正火、淬火、回火等。此外冷加工硬化、低温、应力集中、重复荷载等都影响钢材性能。

钢材的力学性能主要有屈服点、抗拉极限、伸长率、冷弯和各种不同温度条件下的冲击韧性。

此外还有可焊性、耐候性、屈强比（或强屈比）、时效冲击、断口缺陷、冷热顶锻等具体要求。

3.3.15 钢结构规范推荐采用的 Q235、Q345、Q390、Q420 钢的力学性能和化学成分现行要求是什么？

【解析】 根据 GB/T 700—1988、GB/T 1591—1994 及冶金部规定 1992 年 10 月 1 日实行的修改通知，现将 Q235、Q345、Q390、Q420 共 4 种牌号钢材的力学性能和化学成分列于表 3-3-5～表 3-3-8 中。

Q235 钢的力学性能　　表 3-3-5

牌号	等级	拉伸试验							冲击试验		冷弯试验		
		屈服点 σ_s (N/mm²)					抗拉强度 σ_b (N/mm²)	伸长率 δ_5 (%)			温度 (℃)	V 形冲击功（纵向）(J)	宽 $B=2a$, 180°
		钢材厚度（直径）(mm)						钢材厚度（直径）(mm)					a 厚度（直径）(mm)
		≤16	17~40	41~60	61~100	101~150	>150		≤16	17~40	41~60	61~100	101~150	>150			≤60	>60~100	>100~200
		不小于							不小于								不小于	弯心直径，纵/横		
Q235	A	235	225	215	205	195	185	375~500	26	25	24	23	22	21	—	27	a/1.5a	2a/2.5a	2.5a/3a
	B														20				
	C														0				
	D														−20				

Q235 钢的化学成分　　表 3-3-6

牌号	等级	化学成分（%）					脱氧方法
		C（碳）	Mn（锰）	Si（硅）	S（硫）	P（磷）	
					不大于		
Q235	A	0.14~0.22	0.30~0.65	0.30	0.050	0.045	F—沸腾钢
	B	0.12~0.20	0.30~0.70		0.045	0.045	b—半镇静钢
	C	≤0.18	0.35~0.80		0.040	0.040	Z—镇静钢
	D	≤0.17			0.035	0.035	TZ—特种镇静钢

注：A 级钢中碳、硅、锰含量及 B、C、D 级钢碳、锰含量下限，在保证力学性能条件下可不作交货条件。

Q345、Q390、Q420钢的力学性能   表3-3-7

牌号	质量等级	屈服点 σ_s(MPa) 厚度(直径，边长)(mm)				抗拉强度 σ_b (MPa)	伸长率 δ_5(%)	冲击功 A_{kv}(纵向)(J)				180°弯曲试验 d=弯心直径 a=试样厚度(直径)	
		≤16	>16~35	>35~50	>50~100			+20℃	0℃	-20℃	-40℃	钢材厚度(直径)(mm)	
		不 小 于						不 小 于				≤16	>16~100
Q345	A	345	325	295	275	470~630	21					$d=2a$	$d=3a$
	B						21	34					
	C						22		34				
	D						22			34			
	E						22				27		
Q390	A	390	370	350	330	490~650	19					$d=2a$	$d=3a$
	B						19	34					
	C						20		34				
	D						20			34			
	E						20				27		
Q420	A	420	400	380	360	520~680	18					$d=2a$	$d=3a$
	B						18	34					
	C						19		34				
	D						19			34			
	E						19				27		

Q345、Q390、Q420钢的化学成分   表3-3-8

牌号	质量等级	化学成分(%)										
		C(碳)≤	Mn(锰)	Si(硅)≤	P(磷)≤	S(硫)≤	V(钒)	Nb(铌)	Ti(钛)	Al(铝)≥	Cr(铬)≤	Ni(镍)≤
Q345	A	0.20	1.00~1.60	0.55	0.045	0.045	0.02~0.15	0.015~0.060	0.02~0.20	—		
	B	0.20			0.040	0.040				—		
	C	0.20			0.035	0.035				0.015		
	D	0.18			0.030	0.030				0.015		
	E	0.18			0.025	0.025				0.015		
Q390	A	0.20	1.00~1.60	0.55	0.045	0.045	0.02~0.20	0.015~0.060	0.02~0.20	—	0.30	0.70
	B				0.040	0.040				—		
	C				0.035	0.035				0.015		
	D				0.030	0.030				0.015		
	E				0.025	0.025				0.015		
Q420	A	0.20	1.00~1.70	0.55	0.045	0.045	0.02~0.20	0.015~0.060	0.02~0.20	—	0.40	0.70
	B				0.040	0.040				—		
	C				0.035	0.035				0.015		
	D				0.030	0.030				0.015		
	E				0.025	0.025				0.015		

3.3.16 《建筑结构用钢板》(GB/T 19879—2005)的主要内容是什么？

【解析】《建筑结构用钢板》(GB/T 19879—2005)属于高性能建筑结构用钢板，适用于高层建筑结构、大跨度结构及其他重要建筑结构。在抗震地区选用时应注意其强屈比、伸长率(表中 A 与有关标准之 δ_5 有差别)等符合抗震要求。此种钢板性能见表3-3-9～表3-3-12。

建筑结构用钢板的力学性能 表3-3-9

牌号	质量等级	屈服强度 R_{eH}(N/mm²) 钢板厚度(mm)				抗拉强度 R_m (N/mm²)	伸长率 A(%)	冲击功(纵向) A_{kv}(J)		180°弯曲试验 d=弯心直径 a=试样厚度 钢板厚度(mm)		屈强比，不大于
		6~16	>16~35	>35~50	>50~100			温度℃	不小于	≤16	>16	
Q235GJ	B	≥235	235~355	225~345	215~335	400~510	≥23	20	34	d=2a	d=3a	0.80
	C							0				
	D							-20				
	E							-40				
Q345GJ	B	≥345	345~465	335~455	325~445	490~610	≥22	20	34	d=2a	d=3a	0.83
	C							0				
	D							-20				
	E							-40				
Q390GJ	C	≥390	390~510	380~500	370~490	490~650	≥20	0	34	d=2a	d=3a	0.85
	D							-20				
	E							-40				
Q420GJ	C	≥420	420~550	410~540	400~530	520~680	≥19	0	34	d=2a	d=3a	0.85
	D							-20				
	E							-40				
Q460GJ	C	≥460	460~600	450~590	440~580	550~720	≥17	0	34	d=2a	d=3a	0.85
	D							-20				
	E							-40				

注1. 1N/mm²=1MPa。
2. 拉伸试样采用系数为5.65的比例试样。
3. 伸长率按有关标准进行换算时，表中伸长率 A=17%与 A_{50mm}=20%相当。

厚度方向性能 表3-3-10

厚度方向性能级别	断面收缩率 Z(%)		硫含量(质量分数)(%)
	单个试样值	三个试样平均值	
Z15	≥10	≥15	≤0.010
Z25	≥15	≥25	≤0.007
Z35	≥25	≥35	≤0.005

建筑结构用钢板的化学成分 表3-3-11

牌号	质量等级	厚度(mm)	化学成分(质量分数)/%											
			C	Si	Mn	P	S	V	Nb	Ti	Al	Cr	Cu	Ni
Q235GJ	B	6~100	≤0.20	≤0.35	0.60~1.20	≤0.025	≤0.015	—	—	—	≥0.015	≤0.30	≤0.30	≤0.30
	C													
	D		≤0.18			≤0.020								
	E													

续表

牌号	质量等级	厚度(mm)	化学成分(质量分数)/%											
			C	Si	Mn	P	S	V	Nb	Ti	Al	Cr	Cu	Ni
Q345GJ	B C D E	6~100	≤0.20 ≤0.18	≤0.55	≤1.60	≤0.025 ≤0.020	≤0.015	0.020~0.150	0.015~0.060	0.010~0.030	≥0.015	≤0.30	≤0.30	≤0.30
Q390GJ	C D E	6~100	≤0.20 ≤0.18	≤0.55	≤1.60	≤0.025 ≤0.020	≤0.015	0.020~0.200	0.015~0.060	0.010~0.030	≥0.015	≤0.30	≤0.30	≤0.70
Q420GJ	C D E	6~100	≤0.20 ≤0.18	≤0.55	≤1.60	≤0.025 ≤0.020	≤0.015	0.020~0.200	0.015~0.060	0.010~0.030	≥0.015	≤0.40	≤0.30	≤0.70
Q460GJ	C D E	6~100	≤0.20 ≤0.18	≤0.55	≤1.60	≤0.025 ≤0.020	≤0.015	0.020~0.200	0.015~0.060	0.010~0.030	≥0.015	≤0.70	≤0.30	≤0.70

碳当量及焊接裂纹敏感性指数 表3-3-12

牌号	交货状态	规定厚度下的碳当量 C_{eq}(%)		规定厚度下的焊接裂纹敏感性指数 P_{cm}(%)	
		≤50mm	>50~100mm	≤50mm	>50~100mm
Q235GJ	AR、N、NR	≤0.36	≤0.36	≤0.26	≤0.26
Q345GJ	AR、N、NR、N+T	≤0.42	≤0.44	≤0.29	≤0.29
	TMCP	≤0.38	≤0.40	≤0.24	≤0.26
Q390GJ	AR、N、NR、N+T	≤0.45	≤0.47	≤0.29	≤0.30
	TMCP	≤0.40	≤0.43	≤0.26	≤0.27
Q420GJ	AR、N、NR、N+T	≤0.48	≤0.50	≤0.31	≤0.33
	TMCP	≤0.43	供需双方协商	≤0.29	供需双方协商
Q460GJ	AR、N、NR、N+T、Q+T、TMCP	供需双方协商			

注：AR：热轧；N：正火；NR：正火轧制；T：回火；Q：淬火；TMCP：温度—形变控轧控冷。

$$C_{eq}(\%) = C + Mn/6 + (Cr+Mo+V)/5 + (Ni+Cu)/15$$

$$P_{cm}(\%) = C + Si/30 + Mn/20 + Cu/20 + Ni/60 + Cr/20 + Mo/15 + V/10 + 5B$$

3.3.17 铸钢的性能有哪些规定？

【解析】 过去铸钢常用于受压厚垫块，现在很多大型民用建筑，如候机厅、展厅，结构外露，造型特殊，节点构造复杂，不便焊接，常用铸钢件代替。有关《一般工程用铸造碳钢件》(GB/T 11352—1989)、《一般工程与结构用低合金铸钢件》(GB/T 14408—1993)、《焊接结构用碳素钢铸件》(GB/T 7659—1987)的力学性能和化学成分分别见表3-3-13~表3-3-17。

一般工程用铸造碳钢的力学性能

表 3-3-13

铸钢牌号	最小值				冲击性能(根据合同选择一项)	
	屈服强度 σ_s 或 $\sigma_{0.2}$ (MPa)	抗拉强度 σ_b (MPa)	延伸率 σ_5 (%)	收缩率 ψ (%)	A_{kv}[①] (J)	a_k[②] (kgf·m/cm²)
ZG200-400	200	400	25	40	30	6.0
ZG230-450	230	450	22	32	25	4.5
ZG270-500	270	500	18	25	22	3.5
ZG310-570	310	570	15	21	15	3.0

注 1. 表中所列力学性能数据适用于厚度为 100mm 以下的铸件,当厚度超过 100mm 时,表中规定的 $\sigma_{0.2}$ 仅供设计使用。

2. 铸造碳钢的热处理可采用下列热处理工艺之一:
   退火(T)—加热至 Ac_3 以上 30~50℃,炉冷;
   正火(Zh)—加热至 Ac_3 以上 30~50℃,空冷。

① A_{kv}—冲击吸收功(V形)。
② a_k—冲击韧性(U形)。

一般工程用铸钢的化学成分的上限值(质量分数)(%)

表 3-3-14

铸钢牌号	C[①] (碳)	Si(硅)	Mn[①] (锰)	S[②] (硫)	P[②] (磷)	残余元素[③]				
						Ni(镍)	Cr(铬)	Cu(铜)	Mo(钼)	V(钒)
ZG200-400	0.20	0.50	0.80	0.94	0.04	0.30	0.35	0.30	0.20	0.05
ZG230-450	0.30	0.50	0.90	0.94	0.04	0.30	0.35	0.30	0.20	0.05
ZG270-500	0.40	0.50	0.90	0.94	0.04	0.30	0.35	0.30	0.20	0.05
ZG310-570	0.50	0.60	0.90	0.94	0.04	0.30	0.35	0.30	0.20	0.05

① 对上限每减少碳质量分数 0.01%,允许增加锰质量分数 0.04%,ZG200-400 含锰质量分数最高至 1.00%,其余三个牌号锰质量分数最高至 1.20%。
② 当使用酸性炉生产时,硫、磷质量分数由供需双方商定。
③ 残余元素总量不超过质量分数 1.00%,如需方无要求,残余元素可不进行分析。

低合金铸钢力学性能及硫、磷含量

表 3-3-15

牌 号	最小值				最高含量,%	
	屈服强度 σ_s 或 $\sigma_{0.2}$ (MPa)	抗拉强度 σ_b (MPa)	延伸率 δ_5 (%)	收缩率 ψ (%)	硫(S)	磷(P)
ZGD270-480	270	480	18	35	0.040	0.040
ZGD290-510	290	510	16	35	0.040	0.040
ZGD345-570	345	570	4	35	0.040	0.040
ZGD410-620	410	620	13	35	0.040	0.040

注:表中力学性能值取自 28mm 厚标准试块。

焊接结构用碳素钢铸件的力学性能　　　　　　表 3-3-16

牌号	拉伸性能				冲击性能	
	σ_s(MPa)	σ_b(MPa)	δ_5(%)	ψ(%)	A_{kv}(J)	a_k(J·cm^{-2})
ZG200-400H	200	400	25	40	30	59
ZG230-450H	230	450	22	35	25	44
ZG275-485H	275	485	20	35	22	34

注：表中数值为最低值。

焊接结构用碳素钢铸件的化学成分(质量分数)(%)　　　　　　表 3-3-17

牌号	主元素≤					残余元素≤					
	C(碳)	Si(硅)	Mn(锰)	S(硫)	P(磷)	Ni(镍)	Cr(铬)	Cu(铜)	Mo(钼)	V(钒)	总和
ZG200-400H	0.20	0.50	0.80	0.04	0.04	0.30	0.30	0.30	0.15	0.05	0.80
ZG230-450H	0.20										
ZG275-485H	0.25		1.2								

3.3.18 怎样合理选用钢材？

【解析】 承重结构为保证其承载能力和防止在一定条件下出现脆性破坏，应根据结构的重要性、荷载特征、结构形式、应力状态、连接方法、钢材厚度和工作环境等因素综合考虑，选用合适的钢材牌号和材性。必要时还提出附加的性能、成分、检验等补充要求。

对直接承受动力荷载或振动荷载且需要验算疲劳的焊接结构、工作温度低于－20℃的直接承受动力荷载或振动荷载但可不验算疲劳的焊接结构以及承受静力荷载的受弯及受拉的重要焊接承重结构、工作温度等于或低于－30℃的所有焊接结构，均不应采用 Q235 沸腾钢。

对工作温度等于或低于－20℃的直接承受动力荷载且需要验算疲劳的非焊接结构，不应采用 Q235 沸腾钢。

承重结构采用的钢材应具有抗拉强度、伸长率、屈服强度和硫、磷含量的合格保证，对焊接结构尚应具有碳含量的合格保证。

焊接承重结构以及重要的非焊接承重结构采用的钢材还应具有冷弯试验的合格保证。

对于需要验算疲劳的焊接结构的钢材，应具有常温冲击韧性的合格保证。当结构工作温度不高于 0℃但高于－20℃时，Q235 钢和 Q345 钢应具有 0℃冲击韧性的合格保证；对 Q390 钢和 Q420 钢应具有－20℃冲击韧性的合格保证。当结构工作温度不高于－20℃时，对 Q235 钢和 Q345 钢应具有－20℃冲击韧性的合格保证；对 Q390 钢和 Q420 钢应具有－40℃冲击韧性的合格保证。

对于需要验算疲劳的非焊接结构的钢材亦应具有常温冲击韧性的合格保证，当结构工作温度不高于－20℃时，对 Q235 钢和 Q345 钢应具有 0℃冲击韧性的合格保证；对 Q390 钢和 Q420 钢应具有－20℃冲击韧性的合格保证。

中级工作制(工作级别 A4、A5)及部分轻级工作制(A1～A3)，当其工作循环次数在 $5×10^4$ 及以上时的吊车梁，对钢材冲击韧性的要求应按需要验算疲劳的构件处理。

结构工作温度系指室外工作温度，即原《采暖通风和空气调节设计规范》(GBJ 19—1987)(2001年版)中所列的最低日平均温度(GB 50019—2003 不再列出此项数据，可查有关手册)，比过去采用的冬季室外计算温度一般要高出 2～6℃。我国几个大城市最低日平均气温如下，北京－15.9℃，哈尔滨－33℃，西安－12.3℃，上海－6.9℃，武汉

—11.3℃，重庆 0.9℃，昆明—3.5℃，广州 2.9℃。

按现行国家标准《起重机设计规范》(GB/T 3811—1983)将吊车在使用期内要求的总工作循环次数分成 10 个利用等级，又按吊车荷载达到其额定值的频繁程度分成 4 个载荷状态。根据要求的利用等级和载荷状态，确定吊车的工作级别。在一般情况下，《钢结构设计规范》(GB 50017—2003)中的轻级工作制相当于 A1～A3 级；中级工作制相当于 A4、A5 级；重级工作制相当于 A6、A7 级，A8 属于特重级。而《建筑结构荷载规范》(GB 50009—2001)仅采用工作级别。

一般承重结构常用 Q235-B 钢材，适用价平，供货方便。由于各牌号钢材弹性模量都是定值，所以由挠度控制的结构，就无需采用高强度钢材。疲劳验算因与钢号无关，同样，由疲劳控制的结构，也无需采用高强度钢材。目前工程中已大量使用 Q235、Q345 钢材，设计、供货、施工都有较丰富经验。对 Q390、Q420 钢虽然使用稍少，但由于科技事业的发展、工程规模的增大，提高钢材强度是形势的需要。

由于我国冶金工业的发展改造，全国已淘汰了平炉炼钢，全部采用氧气转炉和电炉冶炼，连续铸锭已占钢坯生产的很大比例，实际上沸腾钢市场上几乎无供货，可直接选用镇静钢。对质量等级高的钢材，如 D、E 级钢材属细晶粒组成的钢材，价格较高，货源也不充足，需要提前订货。

在钢材标准中，屈服点随钢材厚度增大而降低，一般以较薄钢材的屈服点为标志。

门式刚架规程规定采用 Q235-B、Q345A 以上级别钢材。高层钢结构规程规定采用 Q235-B、Q345B 以上级别钢材。

对非计算决定的次要构件，如栏杆、平台铺板、一般支撑等可用 Q235-A 钢材。

当焊接承重结构为防止钢材层状撕裂而采用 Z 向钢时，其材质应符合《厚度方向性能钢板》(GB/T 5313—1985)的规定。

对处于外露环境，且对耐腐蚀有特殊要求的或在腐蚀性气态和固态介质作用下的承重结构，宜采用耐候钢，其质量要求应符合《高耐候性结构钢》(GB/T 4171—2000)或《焊接结构用耐候钢》(GB/T 4172—2000)的规定。

《建筑抗震设计规范》(GB 50011—2001)对抗震结构钢材还提出了特别最低要求：钢材的抗拉强度实测值与屈服强度实测值的比值不应小于 1.2；钢材应有明显的屈服台阶，且伸长率应大于 20%；钢材应有良好的可焊性和合格的冲击韧性，故宜采用 Q235-B、C、D 及 Q345B、C、D、E 级钢材，并提出上述要求。而 Q390、Q420 钢材伸长率均不大于 20%，故不宜采用。在焊接结构中当板厚不小于 40mm 且承受沿厚度方向拉力时，受拉试件板厚方向的截面收缩率，不应小于《厚度方向性能钢板》(GB/T 5313—1985)中 Z15 级的要求。

3.3.19 钢结构设计常用钢材标准有哪些？

【解析】 从以下两方面介绍如下：

1. **材质**

(1) 优质碳素结构钢　GB/T 699—1999

(2) 碳素结构钢　GB/T 700—1988

(3) 低合金高强度结构钢　GB/T 1591—1994

(4) 合金结构钢　GB/T 3077—1999

(5) 高耐候性结构钢　GB/T 4171—2000

(6) 焊接结构用耐候钢 GB/T 4172—2000
(7) 耐热钢板 GB/T 4238—1992
(8) 桥梁用结构钢 GB/T 714—2000
(9) 一般工程用铸造碳钢件 GB/T 11352—1989
(10) 一般工程与结构用低合金铸钢件 GB/T 14408—1993
(11) 焊接结构用碳素钢铸件 GB/T 7659—1987
(12) 厚度方向性能钢板 GB/T 5313—1985
(13) 建筑结构用钢板 GB/T 19879—2005

2. 规格

(1) 低碳钢热轧圆盘条 GB/T 701—1997
(2) 热轧圆钢和方钢尺寸、外形、重量及允许偏差 GB/T 702—2004
(3) 热轧扁钢尺寸、外形、重量及允许偏差 GB/T 704—1988
(4) 热轧工字钢尺寸、外形、重量及允许偏差 GB/T 706—1988
(5) 热轧槽钢尺寸、外形、重量及允许偏差 GB/T 707—1988
(6) 冷轧钢板和钢带尺寸、外形、重量及允许偏差 GB/T 708—1988
(7) 热轧钢板和钢带尺寸、外形、重量及允许偏差 GB/T 709—1988
(8) 热轧厚钢板和钢带 GB/T 3274—1988
(9) 热轧 H 型钢和剖分 T 型钢 GB/T 11263—2005
(10) 热轧等边角钢尺寸、外形、重量及允许偏差 GB/T 9787—1988
(11) 热轧不等边角钢尺寸、外形、重量及允许偏差 GB/T 9788—1988
(12) 花纹钢板 GB/T 3277—1991
(13) 不锈钢冷轧钢板 GB/T 3280—2007
(14) 不锈钢热轧钢板 GB/T 4237—1992
(15) 连续热镀锌钢板及钢带 GB/T 2518—2004
(16) 彩色涂层钢板及钢带 GB/T 12754—1991
(17) 建筑用压型钢板 GB/T 12755—1991
(18) 钢筋混凝土用热轧光圆钢筋 GB/T 13013—1991
(19) 钢筋混凝土用热轧带肋钢筋 GB 1499—1998
(20) 冷轧带肋钢筋 GB 13788—2000
(21) 低压流体输送用焊接钢管 GB/T 3091—2001
(22) 普通碳素钢电线套管 GB/T 3640—1988
(23) 结构用无缝钢管 GB/T 8162—1999
(24) 直缝电焊钢管 GB/T 13793—1992
(25) 结构用不锈钢无缝钢管 GB/T 14975—1994
(26) 无缝钢管尺寸、外形、重量及允许偏差 GB/T 17395—1998
(27) 通用冷弯开口型钢尺寸、外形、重量及允许偏差 GB/T 6723—1986
(28) 冷弯波纹钢板 GB/T 6724—1986
(29) 冷弯型钢 GB/T 6725—2002
(30) 结构用冷弯空心型钢尺寸、外形、重量及允许偏差 GB/T 6728—2002

(31) 每米50、43、38公斤钢轨型式、尺寸　GB/T 181~183—1963
(32) 轻轨　GB/T 11264—1989
(33) 起重机钢轨　YB/T 5055—1993
(34) 压焊钢格栅板　YB 4001—1998
(35) 焊接H型钢　YB 3301—1992

第四节　连　接　材　料

3.3.20　常用的钢结构连接有哪些方式?

【解析】　钢结构连接主要有焊接连接、螺栓连接,规范虽保留了铆钉连接,但几乎不再被采用。

1. 焊接连接是现今最主要的连接方法,通过电弧加热使焊丝和部件熔凝成整体。优点是不打孔钻眼,省工省料,形状任意,构造简单,密封好,刚度大,连接可与母材等强,且可自动作业,质量工效显著提高。缺点是高温作用造成部件局部热影响区,使材料变脆,存在残余应力,矫正费工,裂纹敏感,增加脆性破坏的可能性。其主要方式为手工电弧焊、埋弧焊、气体保护焊三种,此外,还有熔咀电渣焊等。

2. 紧固件连接或称螺栓连接,有普通螺栓和高强螺栓两大类。钢结构规范推荐采用的性能等级为4.6、4.8、5.6、8.8和10.9五种。因螺栓开孔,削弱了截面,还需加连接件,增加了用料,精度要求高,构造较复杂。但因其施工方便,质量可控,快装易卸仍为目前安装连接的重要方法。

3.3.21　焊接材料型号有哪些?

【解析】　常用焊接材料主要有:

1. 用于手工电弧焊的焊条应符合《碳钢焊条》(GB/T 5117—1995)和《低合金钢焊条》(GB/T 5118—1995)。

焊条型号示例如下:

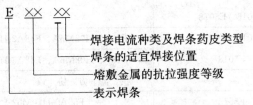

2. 用于埋弧焊的焊丝、焊剂应符合《埋弧焊用碳钢焊丝和焊剂》(GB/T 5293—1999)和《埋弧焊用低合金钢焊丝和焊剂》(GB/T 12470—2003)。

碳钢焊剂焊丝型号示例如下:

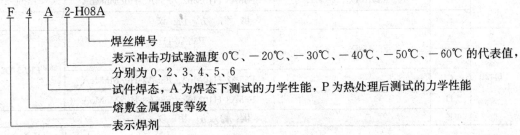

低合金钢焊剂、焊丝型号示例如下：

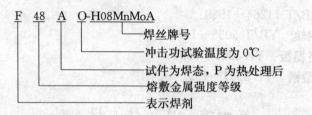

3. 用于气体保护焊焊丝应符合《气体保护电弧焊用碳钢、低合金钢焊丝》(GB/T 8110—1995)。

焊丝型号示例如下：

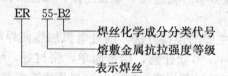

3.3.22 焊接材料如何与母材匹配？

【解析】 常用焊接材料与母材匹配如表 3-3-18 所示。

钢材与焊接材料的选配　　　　表 3-3-18

钢材牌号		焊条	埋弧焊焊剂和焊丝	CO_2气体保护焊实芯焊丝
Q235-	A	E4303	F4A0-H08A	ER49-1
	B	E4303、E4315 E4316、E4328		
	C	E4315、E4316		ER50-6
	D	E4328	F4A2-H08A	
Q345	A	E5003		ER49-1
	B	E5003、E5015 E5016、E5018	F48A0-H08MnA、F48A0-H10Mn2	ER50-3
	C	E5015、E5016	F48A2-H08MnA、F48A2-H10Mn2	ER50-2
	D	E5018	F48A3-H08MnA、F48A3-H10Mn2	
	E		供 需 方 协 议	
Q390	A	E5515	F55A0-H10Mn2	ER50-3
	B	E5516	F55A0-H08MnMoA	
	C	E5515-D3、(-G)	F55A2-H10Mn2、F55A2-H08MnMoA	
	D	E5516-D3、(-G)	F55A3-H10Mn2、F55A3-H08MnMoA	ER50-2
	E		供 需 方 协 议	
Q420	A	E5515-D3、(-G)	F55A0-H10Mn2	ER55-D2
	B		F55A0-H08MnMoA	
	C	E5516-D3、(-G)	F55A2-H10Mn2、F55A2-H08MnMoA	
	D		F55A3-H10Mn2、F55A3-H08MnMoA	
	E		供 需 方 协 议	

3.3.23 常用焊接材料熔敷金属力学性能指标有哪些?

【解析】 手工焊条、埋弧自动焊或半自动焊、气体保护焊的熔敷金属力学性能分别见表 3-3-19～表 3-3-21。

常用结构钢材手工电弧焊接材料的力学性能　　　　表 3-3-19

钢材							手工电弧焊焊条				
牌号	等级	抗拉强度[3] σ_b(MPa)	屈服强度[3] σ_s(MPa)		冲击功[3]		型号示例	熔敷金属性能[3]			
			$\delta \leqslant 16$ (mm)	$\delta > 50 \sim 100$ (mm)	T (℃)	A_{kv} (J)		抗拉强度 σ_b(MPa)	屈服强度 σ_s(MPa)	延伸率 δ_5(%)	冲击功 $\geqslant 27$J 时试验温度(℃)
Q235	A	375～500	235	205[4]	—	—	E4303[1]	420	330	22	0
	B				20	27	E4303[1]、E4328、E4315、E4316				0
	C				0	27					−20
	D				−20	27					−30
Q345	A	470～630	345	275			E5003[1]	490	390	22	20
	B				20	34	E5003[1]、E5015、E5016、E5018				−30
	C				0	34	E5015、E5016、E5018				
	D				−20	34					
	E				−40	27					[2]
Q390	A	490～650	390	330	—	—	E5515、E5516、E5515-D3、-G、E5516-D3、-G	540	440	17	
	B				20	34					−30
	C				0	34					
	D				−20	34					
	E				−40	27					[2]
Q420	A	520～680	420	360	—	—	E5515-D3、-G、E5516-D3、-G	540	440	17	
	B				20	34					−30
	C				0	34					
	D				−20	34					
	E				−40	27					[2]

①用于一般结构；②由供需双方协议；③表中钢材及焊材熔敷金属力学性能的单值均为最小值；④为板厚 $t>60\sim100$mm 时的 σ_s 值。

埋弧焊熔敷金属力学性能　　　　表 3-3-20

型 号		抗拉强度 σ_b(MPa)	屈服强度 σ_s(MPa)	延伸率 δ_5(%)	冲击功(J)的试验温度(℃)			
					0	−20	−30	−40
低碳钢焊剂焊丝	F4××-H×××	415～550	$\geqslant 330$	$\geqslant 22$	$\geqslant 27$			
	F5××-H×××	480～650	$\geqslant 400$					
低合金钢焊剂焊丝	F48××-H×××	480～660	$\geqslant 400$	$\geqslant 22$				
	F55××-H×××	550～700	$\geqslant 470$	$\geqslant 20$				

气体保护焊熔敷金属力学性能 表 3-3-21

焊丝型号	保护气体	抗拉强度 σ_b(MPa)	屈服强度 $\sigma_{0.2}$(MPa)	伸长率 σ_5(%)	V形冲击功(J)		
					室温	−18℃	−29℃
ER49-1	CO_2	≥490	≥372	≥20	≥47		
ER50-2		≥500	≥420	≥22			≥27
ER50-3		≥500	≥420	≥22		≥27	
ER50-6		≥500	≥420	≥22			≥27
ER55-D2		≥550	≥470	≥17			≥27

3.3.24 普通螺栓有哪些品种、等级?

【解析】 普通螺栓根据加工精度不同而分为 A、B、C 共 3 级，A、B 级为精加工，A、B 级差别在于直径和长度不同，A 级直径不大于 24mm 和长度不大于 10d 或 150mm 的较小值，此外则为 B 级。A、B 级螺栓杆径与孔径相同，杆径加工有少量负公差，孔径则有正公差，均为Ⅰ类孔。C 级普通螺栓为粗加工，孔为Ⅱ类，一般孔径比杆径大 1~2mm，再加上孔径允许偏差 1mm 以及圆度、垂直度偏差，造成连接易松动，仅适用于安装或次要节点。A、B 级螺栓性能等级采用 5.6、8.8 级，C 级螺栓采用 4.6、4.8 级。小数点前的数值表示公称抗拉强度等级，小数及其后的数值表示公称屈服强度与公称抗拉强度的比值，即屈强比。5.6 级以下用碳钢制作，8.8 则用低碳合金钢或中碳钢制作，并经热处理。

A、B 级螺栓应符合《六角头螺栓》(GB/T 5782—2000)，C 级螺栓应符合《六角头螺栓 C 级》(GB/T 5780—2000)。其螺母、垫圈均有配套标准。

3.3.25 高强度螺栓有哪些形式、等级?

【解析】 高强度螺栓有大六角头和扭剪型两种形式，大六角头高强度螺栓及其配件应符合《钢结构用高强度大六角头螺栓》(GB/T 1228—1991)、《钢结构用高强度大六角螺母》(GB/T 1229—1991)、《钢结构用高强度垫圈》(GB/T 1230—1991)、《钢结构用高强度大六角头螺栓、大六角螺母、垫圈技术条件》(GB/T 1231—1991)。扭剪型高强度螺栓应符合《钢结构用扭剪型高强度螺栓连接副》(GB/T 3632—1995)、《钢结构用扭剪型高强度螺栓连接副技术条件》(GB/T 3633—1995)。

大六角头高强度螺栓连接副由一个大六角头螺栓、一个大六角螺母和两个垫圈组成；扭剪型高强度螺栓连接副则由一个螺栓、一个螺母和一个垫圈组成。

大六角头高强度螺栓性能等级有 8.8 级和 10.9 级，8.8 级的螺栓及垫圈采用的钢材为《优质碳素结构钢技术条件》(GB/T 699—1999)规定的 45 号钢、35 号钢，螺母为 35 号钢。10.9 级大六角头高强度螺栓采用《合金结构钢》(GB/T 3077—1999)规定的 20MnTiB 钢、40B 钢、35VB 钢，其螺母及垫圈为 45 号钢或 35 号钢。扭剪型高强度螺栓目前只有 10.9 级一种，钢材为 20MnTiB，螺母为 15MnVB 或 35 号钢，垫圈为 45 号钢。

3.3.26 关于焊钉、铆钉和锚栓有哪些规定?

【解析】 圆柱头焊钉(栓钉)应符合《电弧螺柱焊用圆柱头焊钉》(GB/T 10433—2002)，材料按《冷镦和冷挤压用钢》(GB/T 6478—2001)选用 ML15 或 ML15Al(含铝)，其抗拉强度 σ_b≥400N/mm²，屈服强度 σ_s 或 $\sigma_{p0.2}$≥320N/mm²，伸长率 δ_5≥14%，相当于性能等级

4.8级。施焊时采用专用瓷环,有普通平焊(也适用于$d=13mm$、16mm焊钉的穿透平焊)和穿透平焊(仅用于$d=19mm$焊钉)两种瓷环。

铆钉受力性能好,但由于安装不便,目前已几乎被淘汰。其材料采用《标准件用碳素钢热轧圆钢》(GB/T 715—1989)规定的 BL2、BL3 钢制作。

柱脚锚栓为重要节点的受力部件,宜采用 Q235-B、Q345A 钢制作。如在抗震地区则质量等级不低于 B 级。

3.3.27 钢结构连接材料常用标准有哪些?

【解析】 有关标准名称代号如下:

1. 焊接

(1) 碳钢焊条　GB/T 5117—1995

(2) 低合金钢焊条　GB/T 5118—1995

(3) 埋弧焊用碳钢焊丝和焊剂　GB/T 5293—1999

(4) 埋弧焊用低合金钢焊丝和焊剂　GB/T 12470—2003

(5) 气体保护电弧焊用低碳钢、低合金钢焊丝　GB/T 8110—1995

(6) 不锈钢焊条　GB/T 983—1995

(7) 焊接用钢盘条　GB/T 3429—2002

(8) 熔化焊用钢丝　GB/T 14957—1994

(9) 气体保护焊用钢丝　GB/T 14958—1994

(10) 碳钢药芯焊丝　GB/T 10045—2001

(11) 低合金钢药芯焊丝　GB/T 17493—1998

(12) 电弧螺柱焊用圆柱头焊钉　GB/T 10433—2002

2. 紧固件

(1) 六角头螺栓—C 级　GB/T 5780—2000

(2) 六角头螺栓　GB/T 5782—2000

(3) 六角螺母—C 级　GB/T 41—2000

(4) 1 型六角螺母—A 级和 B 级　GB/T 6170—2000

(5) 2 型六角螺母—A 级和 B 级　GB/T 6175—2000

(6) 平垫圈 C 级　GB/T 95—2002

(7) 平垫圈 A 级　GB/T 97.1—2002

(8) 工字钢用方斜垫圈　GB/T 852—1988

(9) 槽钢用方斜垫圈　GB/T 853—1988

(10) 钢结构用高强度大六角头螺栓　GB/T 1228—1991

(11) 钢结构用高强度大六角螺母　GB/T 1229—1991

(12) 钢结构用高强度垫圈　GB/T 1230—1991

(13) 钢结构用高强度大六角头螺栓、大六角螺母、垫圈技术条件　GB/T 1231—1991

(14) 钢结构用扭剪型高强度螺栓连接副　GB/T 3632—1995

(15) 钢结构用扭剪型高强度螺栓连接副技术条件　GB/T 3633—1995

(16) 钢网架螺栓球节点用高强度螺栓　GB/T 16939—1997

(17) 自钻自攻螺钉　GB/T 15856.1~4—1995

(18) 地脚螺栓　GB/T 799—1988

(19) 紧固件机械性能　螺栓、螺钉和螺柱　GB/T 3098.1—2000

第五节　设　计　指　标

3.3.28　《钢结构设计规范》规定的各项强度设计值有什么特点？

【解析】　分析如下：

1. 钢材的强度设计值与钢材质量等级无关，但随钢材厚度或直径增大而降低。这里厚度指截面上计算点处的厚度。对轴心受力构件则指截面中较厚板件的厚度。

2. 质量等级为一、二级的对接焊缝，其强度设计值与母材相等，在有引弧板的条件下，可不进行焊缝验算，也不用斜向拼接；三级焊缝只进行受拉计算。

3. 厚度小于 8mm 的对接焊缝，由于板件薄，超声波探伤不易反射出内部缺陷，不必有此要求，必要时可要求 X 片检验。

4. 高强度螺栓连接，螺杆已承受预拉力 P，节点(不是直接作用在螺杆上)受有沿螺栓杆轴方向拉力 N，只要 $N<P$，可以认为螺栓只承受拉力 P 而不是 $P+N$，这是因为板间受力面积大，变形小，不会引起螺栓杆显著伸长，螺杆内力基本上仍为 P，其少量增加可忽略不计，类似预应力筋受力变形情况。

5. C 级螺栓由于孔径大，加工粗，节点易松驰，虽有抗剪计算指标，但限定为非动力荷载的次要连接、可拆卸连接以及安装连接。而锚栓则没有抗剪计算指标，即不允许锚栓抗剪，柱底水平力依靠抗剪键或柱底摩擦力承受。

3.3.29　《钢结构设计规范》3.4.2 条列有某些连接的折减系数，能用图形表示吗？

【解析】　图 3-3-1 表示考虑折减系数的相关连接。

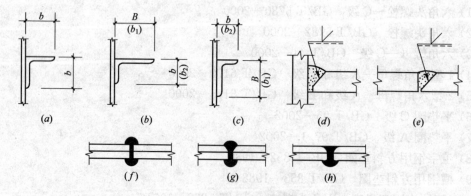

图 3-3-1　各种连接剖面图

(a)等边角钢单面连接；(b)不等边角钢短边单面连接；(c)不等边角钢长边单面连接；(d)无垫板单面施焊T形连接；(e)无垫板单面施焊对接焊缝；(f)铆钉；(g)半沉头铆钉；(h)沉头铆钉

第六节　变形规定及其他

3.3.30　受弯构件计算挠度时，可减去起拱度吗？

【解析】　为改善外观和使用条件，受弯构件可预先起拱，起拱量一般为恒载标准值加

1/2 活载标准值所产生的挠度值。当仅为改善外观条件时,构件挠度可取恒、活荷载标准值作用下的挠度值减去起拱度。

《钢结构设计规范》表 A.1.1 注 2 指出,永久和可变荷载标准值产生的挠度,如有起拱应减去拱度,这样对使用条件的挠度限值是不合适的,挠度限制就起不到对结构刚度的控制作用。将"如有起拱应"改为"如为改善外观条件的起拱可",这样就和 3.5.3 条正文相一致了。

3.3.31 GB 50017—2003 第 3 章基本设计规定中有哪些可改进的地方?

【解析】 在 GB 50017—2003 第 3 章中:

1. 16 页倒 7、6 行"电弧螺栓焊用《圆…》"应为"《电弧螺栓焊用圆…》"。

2. 17 页表下注宜增"直径指实芯棒材,钢管则按壁厚分级"。

3. 19 页 2、3 行"《低合金钢埋弧焊用焊剂》"应为"《埋弧焊用低合金钢焊丝和焊剂》"。

4. 附录 A,120 页项次 4,"楼(屋)盖梁或桁架"宜为"楼(屋)盖梁或桁架(不包括大跨度结构)"。

5. 附录 A,121 页表 A.1.1 注 2 "如有起拱应减去拱度"宜改为"当仅为改善外观条件时,如有起拱可减去拱度"。

6. 条文说明 162 页倒 2、1 行,有二处"设计工作寿命"应为"设计使用年限"。

7. 条文说明 165 页 6 行 "$\dfrac{\Sigma N \cdot \Delta \mu}{\Sigma H \cdot h}$" 应为 "$\dfrac{\Sigma N \cdot \Delta u}{\Sigma H \cdot h}$"。

第四章 受弯构件

3.4.1 受弯构件计算包括哪些内容?

【解析】 受弯构件计算内容归纳如下：

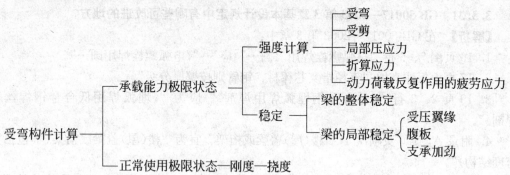

3.4.2 受弯构件要考虑扭转作用吗?

【解析】 一般受弯构件，如梁，因有铺板作用，形成整体，少量偏心荷载引起的扭转作用，可不考虑。但如曲梁，或有较大荷载且作用点又较大偏离梁腹板平面时，对圆形截面要考虑纯扭作用，对开口薄壁截面梁要计入弯曲扭转双力矩作用。《钢结构设计规范》没有这方面规定，可按有关力学分析相应处理。

3.4.3 受弯构件截面弯曲应力和剪应力是如何分布和变化的?

【解析】 图3-4-1示出了工字形截面在不同外荷载作用下的弯曲应力和剪应力图形。从(b)到(e)显示了弯曲应力从弹性到全塑性的发展过程。

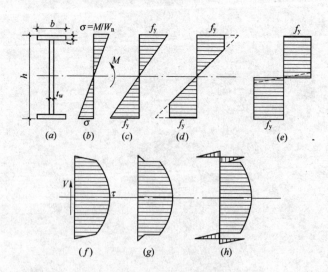

图 3-4-1 梁的弯曲应力、剪应力

(a)截面；(b)$M<W_nf_y$；(c)$M=W_nf_y$；(d)$W_nf_y<M<W_{pn}f_y$；(e)$M=W_{pn}f_y$；

(f)$\tau=\dfrac{VS}{It_w}$；(g)$\tau=\dfrac{VS}{It_w}$（腹板）、$\tau=\dfrac{VS}{Ib}$（翼缘）；(h)$\tau=\dfrac{VS}{It_w}$（翼缘内形成剪力流，方向不同，算法不同）

规范规定对需要计算疲劳的构件不考虑截面的塑性发展,以边缘屈服作为极限状态。而塑性发展在梁不需疲劳计算及受压翼缘的自由外伸宽度与其厚度之比不大于 $13\sqrt{235/f_y}$ 时才能考虑。f_y 指钢材牌号所示屈服点,如 Q345 的 $f_y=345\text{N}/\text{mm}^2$。自由外伸宽度及腹板计算高度如图 3-4-2 所示。

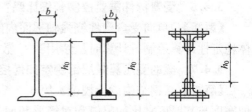

图 3-4-2 腹板计算高度及翼缘外伸宽度示意图

规范式(4.1.1)在弹性阶段即引入了塑性发展系数,故 $M/(\gamma W_n)$ 不能称为应力。图 3-4-1 (f)是按规范式(4.1.2)给出的剪力图,一般教科书计算工字形截面梁在翼缘处的剪应力常取翼缘全宽,其剪应力图则如(g)所示,实际在翼缘处形成剪力流,剪应力如(h)所示。

3.4.4 《钢结构设计规范》(GB 50017—2003)式(4.1.1)使用时应注意哪些问题?

【解析】 1. 式(4.1.1)为实腹构件在主平面内抗弯强度计算公式,对工字形截面:x 轴为强轴,y 轴为弱轴。

2. 考虑腹板屈曲后强度时,腹板弯曲受压区已部分退出工作,其抗弯强度计算不再采用式(4.1.1)而按规范第 4.4.1 条计算。

3. 式(4.1.1)为 $\dfrac{M_x}{\gamma_x W_{nx}}+\dfrac{M_y}{\gamma_y W_{ny}} \leqslant f$,不能表示为 $\sigma=\dfrac{M_x}{\gamma_x W_{nx}}+\dfrac{M_y}{\gamma_y W_{ny}} \leqslant f$,因为当材料尚未达屈服极限时,已计入塑性发展系数 γ_x、γ_y,已将应力打了折扣,不再是应力值,可称为强度计算数值。

4. γ_x、γ_y 的取值是基于截面的塑性发展不要过大,同时为了保证翼缘不丧失局部稳定,规定了受压翼缘自由外伸宽度与其厚度之比不大于 $13\sqrt{235/f_y}$ 时才考虑塑性发展;还规定了需要计算疲劳的梁不考虑塑性发展。至于承受动力荷载但不需要计算疲劳的梁仍和一般受弯构件一样可以计入塑性发展系数。这一规定和钢结构塑性设计不一样,塑性设计是不适用于直接承受动力荷载的。

3.4.5 由吊车轮压引起的腹板受力计算长度、非均匀弯曲的受弯构件,请以图形释义。

【解析】 《钢结构设计规范》式(4.1.3-2)轮压通过轨道、翼缘板以不同的扩散角,传于腹板上边缘,见图 3-4-3。

《钢结构设计规范》附录 B5 所谓均匀弯曲、非均匀弯曲如图 3-4-4 所示。

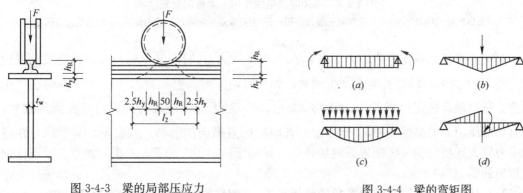

图 3-4-3 梁的局部压应力

图 3-4-4 梁的弯矩图
(a)均匀弯曲;(b)、(c)、(d)非均匀弯曲

3.4.6 受弯构件需要控制长细比吗?

【解析】 单向受弯构件绕强轴平面内的计算由强度计算和挠度计算控制,平面外由整体稳定性计算控制,计算时虽然用到 λ_y 数值,但一般 λ_y 很小,都在受压限值之内。

3.4.7 梁的受压翼缘局部稳定如何控制?

【解析】 《钢结构设计规范》第 4.3.8 条规定了工字形或槽形截面梁受压翼缘自由外伸宽度与其厚度之比的限值和对箱形截面受压翼缘板在两腹板间的无支承宽度 b_0 与其厚度之比的限值,是保证梁的受压翼缘局部稳定的控制措施。

3.4.8 一般轧制型钢梁(工字钢、槽钢、H型钢)不必计算其翼缘和腹板稳定性,为什么?

【解析】 轧制型钢受轧钢工艺限制,翼缘和腹板不能太薄,且相交处有圆弧过渡,减小了翼缘自由外伸宽度和腹板计算高度,一般其宽(高)厚比都在规范规定的限值之内,故可不计算局部稳定性,只进行其抗弯强度、抗剪强度、局部承压强度、整体稳定、挠度计算。

3.4.9 薄板在各种应力单独作用下的屈曲情况如何?

【解析】 图 3-4-5 示出了薄板在纵向压应力、弯曲应力、上边缘局部压应力和剪应力单独作用下出现的各种屈曲状态。

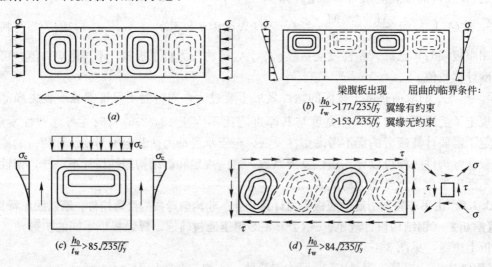

图 3-4-5 各种应力单独作用下薄板的屈曲
(a)受纵向均匀应力作用;(b)受弯曲正应力作用;(c)上边缘受横向局部压应力作用;(d)受剪应力作用

对梁的腹板如承受弯曲应力,当 $h_0/t_w>177\sqrt{235/f_y}$ 时会发生屈曲;如承受局部压应力,当 $h_0/t_w>85\sqrt{235/f_y}$ 时会产生屈曲;如受剪切应力,当 $h_0/t_w>84\sqrt{235/f_y}$ 时会产生屈曲。所以规范规定,当 $h_0/t_w \leq 80\sqrt{235/f_y}$ 时,对无局部压应力的梁可不配置加劲肋。对有局部压应力的梁或 $h_0/t_w>80\sqrt{235/f_y}$ 时应配置横向加劲肋,或根据计算要求,在弯曲应力较大区格的受压区配置纵向加劲肋,局部压应力很大的梁,必要时尚宜在受压区配置短加劲肋。

3.4.10 有关焊接实腹吊车梁的腹板稳定,《钢结构设计规范》共有哪些规定?

【解析】 有关规定分列如下:

1. 吊车梁不考虑利用腹板屈曲后强度，应配置加劲肋(第4.3.1条)。

2. 轻、中级工作制吊车梁计算腹板稳定性时，吊车轮压设计值可乘以折减系数0.9(第4.3.1条)。

3. 重级工作制吊车梁的加劲肋不应单侧配置，中轻级工作制吊车梁则可单侧设置或两侧错开设置(第4.3.6条及第8.5.6条)。

4. 吊车梁的横向加劲肋的宽度不宜小于90mm(第8.5.6条)。

5. 焊接吊车梁横向加劲肋不得与受拉翼缘相焊，但可与受压翼缘相焊，中间横向加劲肋的下端宜在受拉下翼缘底线以上50~100mm处断开，其与腹板的连接焊缝不宜在肋下端起落弧，此处应按规定验算疲劳强度(第6.1.1条、第6.2.1条及附录表E项次6)。

3.4.11 关于焊接实腹梁的加劲尺寸要求能具体详细说明吗？

【解析】《钢结构设计规范》第4.3.6、4.3.7条文字说明了加劲的尺寸要求，图3-4-6具体明确示出了相关规定。

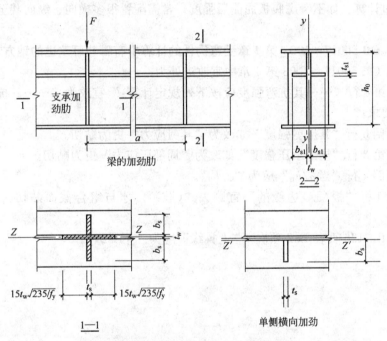

图3-4-6 梁的各种加劲计算

1. 在腹板两侧成对配置的钢板横向加劲肋其外伸宽度 $b_s \geqslant \left(\dfrac{h_0}{30}+40\right)$ mm，厚度 $t_s \geqslant \dfrac{b_s}{15}$。

2. 在腹板一侧配置的钢板横向加劲肋，其外伸宽度应大于双侧配置算得的宽度的1.2倍，厚度不小于其外伸宽度的1/15。

3. 同时用横向加劲肋和纵向加劲肋加强的腹板中，横向加劲肋的 $I_z=\dfrac{1}{12}t_s(2b_s+t_w)^3 \geqslant 3h_0 t_w^3$。

4. 纵向加劲肋的 $I_y=\dfrac{1}{12}t_{s1}(2b_{s1}+t_w)^3$ 根据不同的 a/h_0 有不同限值。

5. 梁的支承加劲肋应按承受梁支座反力或固定集中荷载的轴心受压构件对 1—1 中 Z 轴的稳定性进行验算，截面为阴影部分，计算长度取 h_0。

3.4.12 梁的腹板稳定有哪两种计算方法？

【解析】 两种方法分述如下：

1. 不考虑腹板屈曲后强度，如吊车梁或其他梁，配置加劲肋，按每一区格进行局部稳定计算。

2. 考虑腹板屈曲后强度，仅配置支承加劲肋（或尚有横向加劲肋）的承受静力荷载或间接承受动力荷载的工字形截面焊接组合梁，应验算其抗弯和抗剪承载能力。如配置中间横向加劲肋，则可按其区格计算。其中间横向加劲肋和支承加劲肋一样，应计算其在腹板平面外的受压稳定性，此压力有公式计算。对支座加劲肋尚应考虑腹板拉力场的水平分力作用，按压弯构件计算其在腹板平面外的稳定性。

对承受静力荷载的工字形截面焊接组合梁，宜考虑腹板屈曲后强度，经常不配置中间加劲即可通过计算。如不考虑腹板屈曲后强度，常需配置很多横向、纵向甚至短加劲，才能通过计算。

3.4.13 GB 50017—2003 第 4 章受弯构件的计算中有哪些可改进的地方？

【解析】 GB 50017—2003 第 4 章中宜改进处为：

1. 22 页第 4 行"……其抗弯强度应按下列规定计算："宜改为"……其抗弯强度计算应符合下式要求："

2. 22 页倒 6 行"其抗剪强度"如改为"其剪应力"更为贴切。

3. 23 页第 3 行"局部承压强度"如改为"局部压应力"更为贴切。

4. 31 页倒 4 行"当 a/h_0"应为"a/h_0"。

5. 33 页 1 行"板（肢）边缘的"宜删去"（肢）"，才与组合截面贴切。轧制截面可用"肢"。

6. 附录 B，126 页表 B.2 项次 4"上翼缘"应为"下翼缘"。

第五章 轴心受力和拉弯压弯构件

3.5.1 轴心受力构件计算包括哪些内容?

【解析】

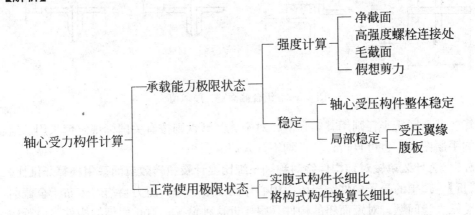

3.5.2 为什么高强度螺栓摩擦型连接处的强度计算要扣除部分内力?

【解析】 图 3-5-1 示出高强度螺栓摩擦型连接处的轴心受力情况,在最外排螺栓中心剖面 1—1 处,构件净截面所承受的内力有一部分已由摩擦面(阴影部分)传走,公式 $\sigma = \left(1 - 0.5\dfrac{n_1}{n}\right)\dfrac{N}{A_n}$ $\leqslant f$,此处 $n_1 = 4$,$n = 16$,故 $\sigma = \left(1 - 0.5 \times \dfrac{4}{16}\right)\dfrac{N}{A_n} = \dfrac{7}{8} \cdot \dfrac{N}{A_n}$ 实际上第一排螺栓所受的摩擦力要大于平均值,约为 1.2 倍,但为安全起见,规范式(5.1.1-2)按平均值计。

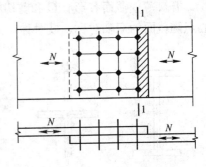

图 3-5-1 高强螺栓摩擦型连接处构件轴心受力计算

由于某些情况构件强度可能由毛截面应力控制,所以规范要求同时还应按式(5.1.1-3)计算毛截面强度。

3.5.3 轴心受压构件的稳定系数 φ 主要根据哪些条件来分为 4 类的?

【解析】 φ 值是从试验结果分析得出,按下述 5 种要点分为 a、b、c、d 四类。

1. **板厚** 按 40mm 分界,当 $t \geqslant 40$mm 时残余应力不但沿板宽变化,在厚度方向变化也比较显著,板件外表面受残余压应力影响更大。目前我国生产的 H 型钢厚度最大为 70mm,高层建筑钢板厚有 100mm 以上的,越厚越不利。

2. **截面形式** 圆形及对称截面形式优于其他形式。

3. **加工方式** 焊接次于轧制,焊接中板件为焰切边者优于轧制或剪切边。

4. **宽高比、宽厚比** 轧制工字钢或 H 型钢宽高比小时有利,焊接箱形截面翼缘或腹板宽厚比大时有利。

5. 屈曲方向　一般对平面内外有不同或相同的分类。

3.5.4　计算双轴对称十字形截面或单轴对称计入弯扭效应的换算长细比时，对悬伸宽(b)、厚(t)如何取值？

【解析】　一般按毛尺寸计，不计入圆弧、焊缝等值，如图 3-5-2 所示。

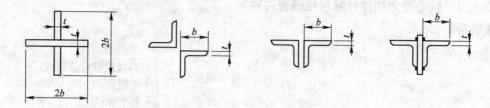

图 3-5-2　组合截面宽、厚取值

计算各截面回转半径则用其实际值，对于轧制型钢则按有关国标规定值采用。组合截面可查阅手册图表，也可自行计算，均不计入焊缝面积。

3.5.5　为什么单轴对称构件绕对称轴长细比要计及扭转效应而采用换算长细比？

【解析】　理想的受压构件，当压力中心作用于形心时，压力会均匀传布于全截面，不致产生受压失稳问题，对短而粗的构件是很接近这种情况；对长而细的构件，由于构件的初始弯曲、加荷的偏差以及残余应力等原因，会引起构件受压失稳，规范规定采用稳定系数 φ 来综合考虑，而 φ 值则根据钢号、长细比及截面类别来确定。

开口薄壁截面有形心 O 和剪切中心 S（也称弯扭中心、扭转中心或弯曲中心），这两个心点随截面为双轴对称、极对称、无对称轴、单轴对称而不同，如图 3-5-3 所示：

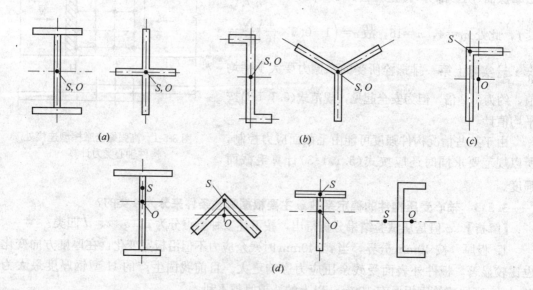

图 3-5-3　截面形心和剪切中心
(a)双轴对称；(b)极对称；(c)无对称轴；(d)单轴对称

当双轴对称、极对称时，两个中心 S、O 为同一点，不出现扭转。而单轴对称绕对称轴的长细比应考虑弯扭效应，为简化计算，规范推荐采用换算长细比。对无对称轴的截面，如单面连接的单角钢受压构件由于已按《钢结构设计规范》3.4.2条考虑了折减系数，可不再计入弯扭效应。

3.5.6 用填板连接而成的双角钢或双槽钢构件，应注意哪些要点？

【解析】 1. 当填板间净距离（不是中心距），受压≤$40i$，受拉≤$80i$可按组合构件计算，净距和i的形心轴位置如图3-5-4所示。

图 3-5-4 填板间距离及回转半径的轴

2. 受压构件两个侧向支承点间的填板数不得少于2个，如果仅1个居中，可能两角钢或槽钢各自都在中部同向失稳，填板就起不了阻止整体失稳的作用。

3. 填板厚度等同于节点板厚，节点板厚根据杆件内力确定，支座杆件仅支座一端加厚，填板不加厚。填板宽度一般取60～100mm。

3.5.7 运用塑性发展系数要注意哪些问题？

【解析】 1. 钢结构在受弯（包括拉弯、压弯）计算时，可考虑一定的塑性发展，采用塑性发展系数计入算式。

2. 塑性发展系数γ_x、γ_y根据钢号及截面形式按平面内外分别取值。

3. 构件的受压翼缘自由外伸宽度与厚度之比不允许>$15\sqrt{235/f_y}$，当$15\sqrt{235/f}$≥宽厚比>$13\sqrt{235/f_y}$时，应取$\gamma_x=1.0$。γ_y不受宽厚比影响。

4. 对于需要验算疲劳的结构应取$\gamma_x=\gamma_y=1.0$。

3.5.8 实腹式单向压弯构件稳定计算公式中的等效弯矩系数如何取用？

【解析】 GB 50017公式（5.2.2-1）、（5.2.2-3）中采用了等效弯矩系数，其用意是当构件最大弯矩M_x的位置与构件整体失稳位置不在同一高度时，为近似取值，将M_x乘以等效弯矩系数β_{mx}、β_{tx}作为平面内外失稳的弯矩值来计算。

为方便对β_{mx}、β_{tx}取用，表3-5-1示出其取值情况。

实腹式单向压弯构件稳定计算式中β_{mx}、β_{tx}取值　　　　表 3-5-1

结构及荷载		同 向 曲 率	反 向 曲 率
平面内两端有支承的构件或平面外各支承段内	有端弯矩无横向荷载	$M_2=0$，M_2，$M_1=M_x$，$M_1=M_x$ $\beta_{mx}=\beta_{tx}=0.65+0.35\dfrac{M_2}{M_1}$	$M_1=M_x$，M_2 $\beta_{mx}=\beta_{tx}=0.65-0.35\dfrac{M_2}{M_1}$

续表

结构及荷载		同 向 曲 率	反 向 曲 率
平面内两端有支承的构件或平面外各支承段内	有端弯矩有横向荷载	$M_1=M_x$　$M_1=M_x$ $\beta_{mx}=\beta_{tx}=1.0$	$M_1=M_x$　M_2　$M_1=M_x$　$M_1=M_x$ $\beta_{mx}=\beta_{tx}=0.85$
	无端弯矩有横向荷载	$M_1=M_x$　$M_1=M_x$ $\beta_{mx}=\beta_{tx}=1.0$	$M_1=M_x$ $\beta_{mx}=\beta_{tx}=1.0$
平面内(外)为悬臂的构件及未计二阶效应的纯框架和弱支撑框架		及相关框架 $M_1=M_x$ $\beta_{mx}=\beta_{tx}=1.0$	$M_1=M_x$ $\beta_{mx}=\beta_{tx}=1.0$

3.5.9 实腹式单向压弯构件平面外的支承段与其平面内弯矩图形如何配套选择其 β_{mx}、β_{tx}？

【解析】 今以厂房山墙柱为实例对平面内及平面外各支承段的 β_{mx}、β_{tx} 取值进行分析说明。山墙柱平面内上端与屋面梁弹性铰接，下端与基础刚接，承受均布风载 q 及轴向力 N（可分为 $N_B=\dfrac{N}{3}$、$N_C=\dfrac{2N}{3}$、$N_D=N$）平面外按支撑布置分为3段，其平、剖面及内力如图 3-5-5 所示。

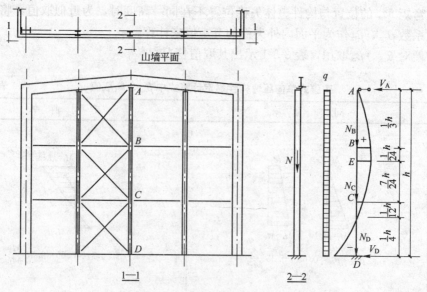

图 3-5-5　山墙平剖面及内力

最大正弯矩 $M_E=\frac{9}{128}qh^2=0.0703qh^2$，最大负弯矩 $M_D=-\frac{1}{8}qh^2=0.125qh^2$。平面内 AD 为构件段，弯矩图为有端弯矩、横向荷载、反向曲率：$\beta_{mx}M_x=0.85M_D$；平面外柱高等分为 3 段，按各段平面内弯矩及横向荷载情况，确定 β_{tx} 值：

AB 段有端弯矩、横向荷载、同向曲率：$\beta_{tx}M_x=1.0M_B$

BC 段有端弯矩、横向荷载、同向曲率：$\beta_{tx}M_x=1.0M_E$

CD 段有端弯矩、横向荷载、反向曲率：$\beta_{tx}M_x=0.85M_D$

3.5.10 确定桁架杆件计算长度有哪些要点需要进一步说明？

【解析】 桁架杆件计算长度取值要注意：

1. 桁架单系腹杆指静定桁架的腹杆，如桁架区格内采用交叉形腹杆，则为超静定结构，其计算长度则按规范 5.3.2 条执行。至于交叉支撑因只按拉杆设计，受压屈曲，交叉点在平面内及斜平面作节点考虑，平面外不作为。

2. 桁架弦杆为整根杆件，类似连续梁，中间腹杆用节点板与弦杆相连，连接点刚性较大，拉杆愈多，约束越大，故其计算长度比几何长度要小，而在支座处则类似连续梁的铰接端头，且所连拉杆少，对支座腹杆约束较小，故计算长度取几何长度。

3. 桁架各杆件平面内几何长度按几何图形节点中心计；平面外：弦杆取支撑节点间距离，腹杆取上、下弦杆间的几何长度。当受压弦杆或受压腹杆平面外支承点间距离为平面内节间长度的 2 倍，且内力不等时，如图 3-5-6 所示，应按规范式(5.3.1)核定其平面外计算长度，该式仅适用于杆件以受压为主，如全受拉、节间不等、压力无变化均按常规取值。

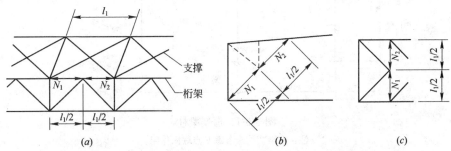

图 3-5-6　轴心压力在侧向支承点间有变化的桁架简图
(a)弦杆平面外的支承点；(b)再分式腹杆的受压斜杆；(c)K 形腹杆体系的竖杆

4. 无节点板的腹杆计算长度取几何长度，钢管桁架符合规范 10.1.4 条情况，也可将节点视为铰接，即计算长度取其几何长度；采用焊接球节点的网架、板节点网架的弦杆及支座腹杆计算长度取几何长度的 0.9、1.0 倍，而腹杆均取 0.8 倍；螺栓球节点网架所有杆件计算长度均取其几何长度。

3.5.11 框架柱计算长度如何取值？

【解析】 框架柱计算长度计算要点：

1. 平面外计算长度取阻止框架柱平面外位移的支承点(如纵向支撑节点)之间的距离。

2. 平面内计算长度取该层柱高乘以计算长度系数 μ，框架分为无支撑纯框架、强支撑框架和弱支撑框架。

3. 纯框架按一阶弹性分析时，μ 值按有侧移取值；如按二阶弹性分析且计入假想水平力时，则取 $\mu=1.0$。

4. 有支撑框架，当支撑结构的侧移刚度，即产生单位侧倾（位移）角 $\theta=\dfrac{\Delta u}{h}=1$ 时的水平力 S_b 满足规范式(5.3.3-1)时，即为强支撑结构，柱的计算长度按无侧移柱取值；不满足式(5.3.3-1)时则为弱支撑框架，按无侧移及有侧移柱的计算长度系数算得的轴心压杆稳定系数 φ_1、φ_0，再代入规范式(5.3.3-2)，求最终 φ 值。

5. 侧倾角 $\theta=\dfrac{\Delta u}{h}=1$，表示水平变位与柱高相等，这是一般钢结构材料达不到的，可以当作一种计算数值处理罢了。

6. 单层厂房有吊车作用，柱常为阶形，各阶截面不等，以下柱为基本求得 μ_2 或 μ_3，再行折算上部柱计算长度，并按构造情况计入折减系数。

7. 如框架附有上、下铰接的摇摆柱，摇摆柱的倾覆作用必然由支持它的框架来承受，从而令框架柱的计算长度有所增大。

8. 现以图 3-5-7 框架为例，按《钢结构设计规范》附录 D-1、D-2，列出系数 K_1、K_2 计算式，见表 3-5-2。

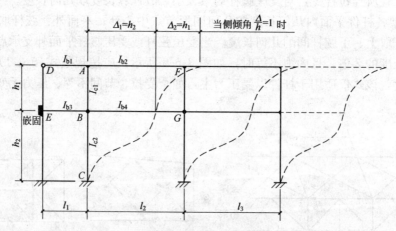

图 3-5-7 框架梁柱

注：框架变位未考虑 E 点嵌固作用。

K_1、K_2 算式 表 3-5-2

柱	无 侧 移	有 侧 移
AB	$K_1=\dfrac{1.5I_{b1}/l_1+I_{b2}/l_2}{I_{c1}/h_1}$	$K_1=\dfrac{0.5I_{b1}/l_1+I_{b2}/l_2}{I_{c1}/h_1}$
	$K_2=\dfrac{2I_{b3}/l_1+I_{b4}/l_2}{I_{c1}/h_1+I_{c2}/h_2}$	$K_2=\dfrac{0.67I_{b3}/l_1+I_{b4}/l_2}{I_{c1}/h_1+I_{c2}/h_2}$
BC	$K_1=\dfrac{2I_{b3}/l_1+I_{b4}/l_2}{I_{c1}/h_1+I_{c2}/h_2}$	$K_1=\dfrac{0.67I_{b3}/l_1+I_{b4}/l_2}{I_{c1}/h_1+I_{c2}/h_2}$
	$K_2=10$	$K_2=10$

3.5.12 计算构件长细比时应注意哪些问题？

【解析】 长细比计算是轴心受力构件的主要内容，请注意如下要点：

1. 构件容许长细比，受压、受拉有所不同，计算长度取法有多项规定，回转半径取轴亦有规定,单轴对称绕对称轴的长细比作为稳定计算的参数时,应计入弯扭效应的增大系数。如仅由长细比控制,则不考虑弯扭效应。

2. 容许长细比,压杆为150~200,拉杆为200~400,张紧的圆钢则不限,跨度60m及以上的桁架有更严要求。

3. 构件长细比应按平面内外或斜平面分别计算。受拉、受压单角钢均取最小回转半径。计算交叉点相互连接的交叉杆件的平面外长细比时,不论受压、受拉均取与角钢肢边平行轴的回转半径。

4. 规范表5.3.9注1,原从前苏联规范引来,使用多年,文字不够严谨,一般认为仅指某些次要构件。例如简支屋架下弦杆虽为承受静力荷载的受拉构件,但水平方向的长细比还是要控制的,如仅计算竖向平面内的长细比,竖立一扁钢最合适,还从未见如此设计。

3.5.13 受压构件的腹板如不能满足规范5.4.2条或5.4.3条计算要求时,有哪些改善措施?

【解析】 措施有以下4种,如有可能,以第4种最为经济合理。

1. 调整截面,减小腹板高度。
2. 调整截面,增加腹板厚度。
3. 增设纵向加劲肋,其尺寸如图3-5-8(a)所示。
4. 计算构件的强度和稳定性时,将腹板截面仅考虑计算高度边缘范围内两侧宽度各为$20t_w\sqrt{235/f_y}$的部分(计算构件的稳定系数时,仍用全部截面),如图3-5-8(b)所示。此法如能通过,是最方便实惠的措施。

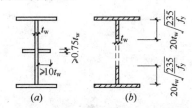

图3-5-8 解决腹板受压失稳措施示意图
(a)设置纵向加劲;(b)部分腹板计入受压截面

3.5.14 GB 50017—2003第5章轴心受力构件和拉弯、压弯构件的计算中有哪些地方宜加改进?

【解析】 GB 50017—2003第5章中宜改进处为:

1. 36页第3行、第8行中"强度"宜改为"应力"。

2. 37页表5.1.2-1中矩形截面下"轧制,焊接",易理解为既是轧制又是焊接,两个条件同时存在,再看后面槽形截面则为"轧制或焊接"后者就明确无误,故建议前者改为"轧制或焊接"。

3. 37页表5.1.2-1末项T形截面下"轧制截面和翼缘"如改为"轧制截面或翼缘"就更为确切,也和GBJ 17—88一致。

4. 第5.1.2条4款,41页倒4行,"……稳定时,可用……"至正文完,宜改为"…稳定时,因已按3.4.2条强制性条文计入折减系数,可不再考虑弯扭效应。"相应"注2"及其全文均删去,"注3"改为"注2"。

5. 45页第1行及式(5.1.7-2)、式(5.1.7-3)中F_{bm}、F_{bn}、N_i因m、n、i为代表数字的符号,用于下角标中,应用斜体,即F_{bm}、F_{bn}、N_i。

6. 45页第11~12行中"……其强度应按下列规定计算:"宜改为"……其强度计算应符合下式要求:"

7. 55页式(5.3.6)中N_f、H_f下角标f为代表数字的符号,应用斜体,即N_f、H_f改为N_f、H_f。

8. 57页表5.3.9注1可删去或说明静力荷载结构指哪些结构，及与表中"桁架的杆件"的关系。

9. 58页第2行"板(肢)边缘的"宜删去"(肢)"，才与组合截面贴切，"肢"用于轧制截面。

10. 59页第9行"热轧剖分T形钢"按GB/T 11263—2005应为"热轧剖分T型钢"。

11. 134页表D-1注1第4行"柱下瑞"应改为"柱下端"。注文中所用修正系数，按铰接、刚接、嵌固排列为1.5、1.0(不修正)、2，不是常规构造关系，存疑。

12. 135页表D-2注1中所用修正系数，按铰接、刚接、嵌固排列为0.5、1.0(不修正)、2/3，不符合结构常规，存疑。表D-2为有侧移用表，不会出现横梁远方为嵌固的情况，存疑。

第六章 疲 劳 计 算

3.6.1 直接承受动力荷载重复作用的钢结构构件及其连接疲劳计算是如何界定的？

【解析】 过去采用前苏联设计规范，建筑结构中行驶重级工作制吊车的吊车梁（工作 $2×10^6$ 次）才要求进行疲劳计算。

现行 GB 50017 第 6.1.1 条规定，当应力变化的循环次数等于或大于 $5×10^4$ 次（如设计使用年限 50 年，相当于平均每天工作 2.7 次）应进行疲劳计算。但规范有关条文及说明仍遗留只是重级或大吨位中级工作制吊车梁才应进行疲劳计算的概念。

《起重机设计规范》（GB/T 3811—1983）规定吊车按利用等级及载荷状态划分工作级别如表 3-6-1 所示。

工作 级 别 表 3-6-1

载荷状态	利用等级-n(万次)									
	U_0-1.6	U_1-3.2	U_2-6.3	U_3-12.5	U_4-25	U_5-50	U_6-100	U_7-200	U_8-400	U_9>400
Q_1-轻	A_1	A_1	A_1	A_2	A_3	A_4	A_5	A_6	A_7	A_8
Q_2-中	A_1	A_1	A_2	A_3	A_4	A_5	A_6	A_7	A_8	
Q_3-重	A_1	A_2	A_3	A_4	A_5	A_6	A_7	A_8		
Q_4-特重	A_2	A_3	A_4	A_5	A_6	A_7	A_8			

从表中可见所有轻级工作制（A1～A3）都有可能工作 6.3 万次，而中级（A4～A5）、重级全部工作 6.3 万次以上，都属于应计算疲劳的范畴。

现按规范式(6.2.1-2)计算在各种循环次数和各种疲劳计算类别的容许应力幅见表 3-6-2。

各种循环次数的容许应力幅（N/mm²） 表 3-6-2

构件和连接类别	1	2	3	4	5	6	7	8
$[\Delta\sigma]_{4×10^6}$	26.4	21.5	9.3	8.2	7.2	6.2	5.5	4.7
$[\Delta\sigma]_{2×10^6}$	176	144	118	103	90	78	69	59
$[\Delta\sigma]_{1×10^6}$	210	171	148	130	114	99	87	74
$[\Delta\sigma]_{1×10^5}$	373	305	319	279	245	213	187	160
$[\Delta\sigma]_{5×10^4}$	444	362	402	352	309	268	235	202

注：规范式(6.2.1-2)对 2、3 类参数 C、β 取值变化过大，引起低应力循环次数时容许应力幅反常。

从表中可以看出，当 $n=5×10^4$ 次时，其容许应力幅绝大部分都大大高于钢材强度设计值。也就是说，虽要求计算疲劳，但结果不起控制作用。而当 $n=4×10^6$ 次时，容许应力幅过低，结构难以满足。

3.6.2 需要进行疲劳计算的焊接结构应如何选材？

【解析】 需要进行疲劳计算的焊接结构应根据其工作温度来确定以冲击韧性为代表的钢材质量等级。

结构工作温度指当地最低日平均温度，不再采用冬季空气调节室外计算温度，也不考虑采暖房屋提高10℃的办法。

我国几个主要城市最低日平均温度为：海拉尔－42.5℃、伊春－37℃、二连－34.5℃、吉林－33.8℃、乌鲁木齐－33.3℃、长春－29.8℃、沈阳－24.9℃、银川－23.4℃、西宁－20.3℃、北京－15.9℃、兰州－15.8℃、合肥－12.5℃、武汉－11.3℃、拉萨－10.3℃、南京－9℃、杭州－6℃、贵阳－5.9℃、成都－1.1℃、广州、南宁、重庆、台北、海口均在0℃以上。因此广州可用Q235-B、Q345B、Q390B、Q420B；北京、成都可用Q235-C、Q345C、Q390D、Q420D；沈阳、乌鲁木齐则应选Q235-D、Q345D、Q390E、Q420E。D、E级钢材市场供货很少，需要专门订货，价格增加较多，设计宜因地制宜，综合研究处理。

3.6.3 疲劳计算中容许剪应力幅如何取值？

【解析】《钢结构设计规范》附录E项次16计算角焊缝疲劳时用容许剪应力幅核定，但如何取值未有明确，GB 50017第6.2.1条注新增：公式(6.2.1-1)也适用于剪应力情况，含义不够清楚，可能 $\Delta\tau \leqslant [\Delta\tau]$，也可能是 $\Delta\tau \leqslant [\Delta\sigma]$，一般采用后者，即容许剪应力幅按容许应力幅采用。

3.6.4 简支吊车梁有哪些部位应进行疲劳计算？

【解析】归纳有5处，见图3-6-1。

1. 下翼缘与腹板连接角焊缝。
2. 横向加劲肋下端的主体金属。
3. 下翼缘螺栓和虚孔处的主体金属。
4. 下翼缘连接焊缝处的主体金属。
5. 支座加劲肋处的角焊缝。

3.6.5 焊接吊车梁横向加劲肋下端应如何焊接？

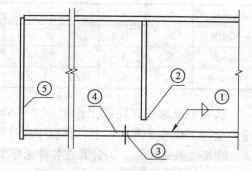

图3-6-1 简支吊车梁疲劳计算位置

【解析】《钢结构设计规范》（GB 50017—2003)第8.5.6条规定焊接吊车梁中间横向加劲肋的下端宜在距受拉下翼缘50~100mm处断开，其与腹板的连接焊缝不宜在肋下端起落弧。

而《钢结构设计规范》附录E项次6，对横向加劲肋下端焊缝允许采用肋端不断弧和肋端断弧两种方式，这是沿用前GBJ 17—88之既有矛盾，未及修改，应按第8.5.6条执行，删去附录E项次6(2)肋端断弧及类别5一行。

3.6.6 《钢结构设计规范》(GB 50017—2003)附录E中有哪些可改进的地方？

【解析】《钢结构设计规范》（GB 50017—2003)附录E中宜改进之处归纳如下：

1. 附录E项次5，上、下两图错位，应互换，上图为单层翼缘板，下图为双层翼缘板。在双层翼缘板图中，不必表示翼缘板与腹板的焊缝，而且此焊缝不宜为角焊缝，宜为熔透焊，不属本项次范畴。而双层翼缘板之间的焊缝有两种情况，即外层翼缘板宽于或窄于内层翼缘板，相应的焊缝位置应在外层板下或内层板上，此外，其文字说明易误解，表3-6-3修改的语句就严谨了。

2. 项次6之图形只适宜承受正弯矩，不应表示为正反弯矩，如较早的《钢结构设计规范》(TJ 17—74)表8中所示，而(GBJ 17—88)描图有误，延误至今。

3. 项次13下图的1—1剖切位置应在 θ 角边线与节点板边线交点处，和上图一样，另外，此图仅角钢两侧有角焊缝，角钢端无焊缝，GBJ 17—88 相应图形是正确的。

4. 项次 5、6 及项次 9 的双层翼缘板诸图中翼缘与腹板连接焊缝与该项次类别无关，应予删去。

现将改进后的附录 E 有关图形及文字列于表 3-6-3。

《钢结构设计规范》附录 E 的改进　　　　　　　　　　　表 3-6-3

项次	简 图	说 明	类别
5	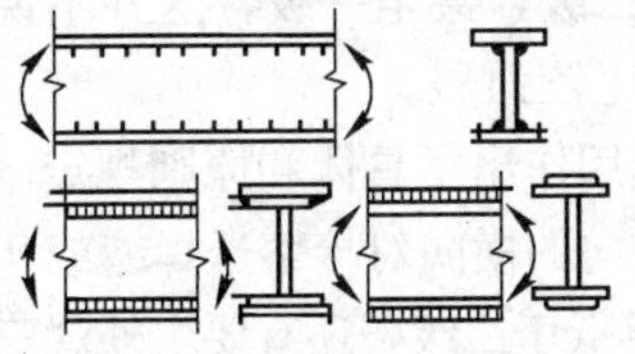	翼缘连接焊缝附近的主体金属 (1) 翼缘板与腹板的连接焊缝 　　a. 自动焊接的二级 T 形对接和角接组合焊缝 　　b. 自动焊接的角焊缝，且外观质量标准符合二级 　　c. 手工焊接的角焊缝，且外观质量标准符合二级 (2) 双层翼缘板之间的连接焊缝 　　a. 自动焊接的角焊缝，且外观质量标准符合二级 　　b. 手工焊接的角焊缝，且外观质量标准符合二级	2 3 4 3 4
6	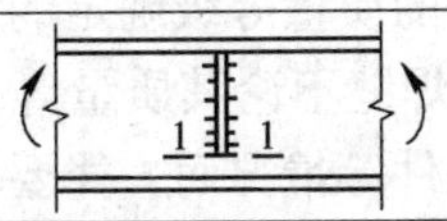	横向加劲肋端部附近的主体金属肋端不断弧（采用回焊）	4
9	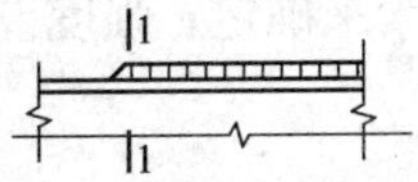		
13	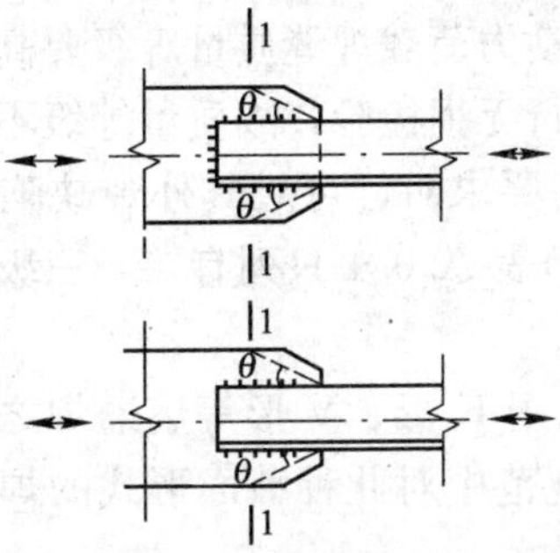		7

5. 条文说明 241 页倒 3 至 1 行，自"至于轻级…"及以下全删去，因其与 6.1.1 条文说明不一致。

3.6.7　GB 50017—2003 第 6 章疲劳计算中，除附录 E 之外，还有哪些可改进的地方？

【解析】　GB 50017—2003 第 6 章中可改进处：

1. 61 页第 6.2.1 条注后，宜增："容许剪应力幅可按容许应力幅取值"。

2. 61 页式(6.2.2-2)中 n_i、σ_i 的下角标 i，为表示数字的符号，应用斜体。即 n_i、σ_i 应为 n_i、σ_i。

3. 条文说明 239、240 页，第 6.2.3 条说明中，多处 n_i、N_i、σ_i 的下角标 i，为表示数字的符号，应用斜体，即 n_i、N_i、σ_i 应改为 n_i、N_i、σ_i。

第七章 连 接 计 算

3.7.1 为什么焊缝质量等级要列入《钢结构设计规范》？

【解析】 焊缝质量等级不仅是施工质量的主要依据,也是设计人员确定强度设计值的必要条件。过去,个别设计人员对规范理解不深,不论结构重要性、荷载特性、焊缝形式、工作环境、应力状态等情况,对焊缝质量统统要求二级,甚至一级,这并不说明是对质量的重视,却给施工单位增加了不必要的困难,反应比较强烈。

GB 50017—2003,新增了第7.1.1条,对焊缝质量选用作出了具体和原则规定。只有需要进行疲劳计算的构件,且作用的拉力垂直于焊缝长度方向的横向对接熔透焊缝或T形对接与角接组合熔透焊缝才要求一级,其余情况大都为二级或不低于二级,还有要求外观三级者。

这里还需强调的是设计对焊缝质量等级要求与根据不同的质量等级确定的强度设计值是性质不同的两码事。如规范表3.4.1-3中受压受剪的对接焊缝不论其质量等级如何均有相同的强度设计值,但不等于这种焊缝不论重要性、工作条件等情况而一律要求质量为三级,强度设计值与质量等级有关,但质量等级要根据多种因素来确定,强度设计值只是因素之一。

3.7.2 对焊缝质量要求要注意哪些问题？

【解析】 受拉焊缝质量等级要高于受压或受剪；受动力荷载焊缝质量等级要高于受静力荷载；熔透的对接焊缝如要求与母材等强,因此要进行无损检验,故质量等级不能低于二级；角焊缝一般不要求无损检验,如对角焊缝有较高要求时,可对其外观缺陷定为二级。《钢结构工程施工质量验收规范》(GB 50205—2001)表A.0.1只列有二、三级焊缝外观质量标准,因一级焊缝对表中所列缺陷类型全不允许。

对T形、十字形或角接焊接接头,建筑钢结构常采用K形、V形等熔透焊之外,还要求带有焊脚(如GB 50017图8.5.5)或补角形焊根,规范中对此种截面形式的焊缝称为"对接或角接组合焊缝"。

3.7.3 GB 50017式(7.1.2-2)适用范围如何？

【解析】 公式$\sqrt{\sigma_a^2+3\tau_a^2}\leqslant 1.1f_t^w$用于梁腹板横向对接焊缝的端部,如图3-7-1所示之$a(b)$点,其σ_a、τ_a均较大而非最大,而c、d、e、f各点则不计算折算应力。

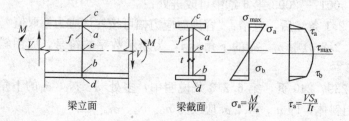

图 3-7-1 梁的弯剪应力图

钢板对接或T形对接受有拉力和剪力或受弯又受剪均应分别计算焊缝的正应力或剪应力,不计算折算应力,如图3-7-2。

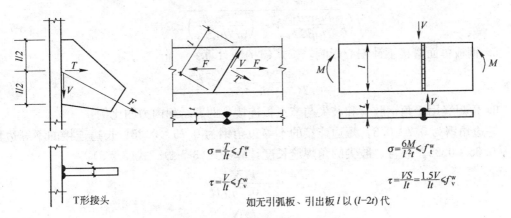

图 3-7-2 对接焊缝受拉受剪或受弯受剪

此外，GB 50017 第 7.1.2 条注 2 中，"长度计算时应各减去 $2t$"，语法上存在易误解之处，第 1 个误解为长度计算时以何者为基础不够明确；第 2 个误解为各减去 $2t$，似为指引弧、引出板各减 $2t$，即全长减 $4t$ 了。如将引号中文字改为"计算长度按实际长度减去 $2t$"，和后面角焊缝计算长度语法一致，且含义准确，不会误解。

3.7.4 角焊缝计算应注意哪些重点问题？

【解析】 重点问题归纳如下：

1. 我国国家标准规定，角焊缝用焊脚尺寸(h_f)表示，计算厚度 $h_e=0.7h_f$。
2. 角焊缝同时受垂直于焊缝长度方向的拉(压)应力和剪应力，应计算其共同作用。
3. 作用于垂直焊缝长度方向的正面角焊缝，如图 3-7-3(a)所示，按式(3-7-1)计算：

$$\frac{N}{0.7h_f\Sigma l_w} \leqslant \beta_f f_f^w \tag{3-7-1}$$

式中 β_f——考虑正面角焊缝承载能力高的增大系数，对承受静力荷载和间接承受动力荷载的结构，$\beta_f=1.22$；对直接承受动力荷载的结构，$\beta_f=1.0$。

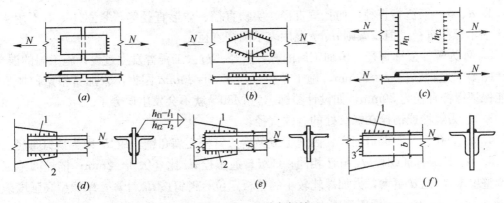

图 3-7-3 各种角焊缝
(a)正面角焊缝；(b)斜向角焊缝；(c)搭接角焊缝；
(d)侧面角焊缝连接；(e)三面围焊角焊缝连接；(f)L 形围焊角焊缝连接

4. 斜向角焊缝按平行于焊缝的应力分量与垂直于焊缝的应力分量考虑其共同作用按式(3-7-2)计算：

$$\sqrt{\left(\frac{N\sin\theta}{0.7h_{f}\beta_{f}\Sigma l_{w}}\right)^{2}+\left(\frac{N\cos\theta}{0.7h_{f}\Sigma l_{w}}\right)^{2}}\leqslant f_{f}^{w} \tag{3-7-2}$$

5. 钢板单面搭接不计偏心影响，按式(3-7-3)计算：

$$\frac{N}{0.7(h_{f1}+h_{f2})\beta_{f}l_{w}}\leqslant f_{f}^{w} \tag{3-7-3}$$

6. 角焊缝用于角钢肢背和肢尖与节点板连接，两者承担内力的比例：

等边角钢为 0.7：0.3；短边连接的不等边角钢为 0.75：0.25；长边连接的不等边角钢为 0.65：0.35。肢背、肢尖的角焊缝长度计算按式(3-7-4)、式(3-7-5)：

$$l_{w1}\geqslant\frac{k_{1}N}{2\times0.7h_{f1}f_{f}^{w}} \tag{3-7-4}$$

$$l_{w2}\geqslant\frac{k_{2}N}{2\times0.7h_{f2}f_{f}^{w}} \tag{3-7-5}$$

7. 角钢与节点板用三面围焊角焊缝连接，端面角焊缝作用力的作用点为端面中点，其肢背、肢尖角焊缝长度计算按式(3-7-6)、式(3-7-7)：

$$l_{w1}\geqslant\frac{k_{1}N-0.7\beta_{f}h_{f3}bf_{f}^{w}}{2\times0.7h_{f1}f_{f}^{w}} \tag{3-7-6}$$

$$l_{w2}\geqslant\frac{k_{2}N-0.7\beta_{f}h_{f3}bf_{f}^{w}}{2\times0.7h_{f2}f_{f}^{w}} \tag{3-7-7}$$

8. 角钢与节点板用 L 形围焊角焊缝连接，见图 3-7-3(f)，一般用于内力较小的杆件，并要求 $l_{w1}\geqslant l_{w3}$，现以 l_1 为轴取矩，$N\cdot k_2 b=N_3\cdot\dfrac{b}{2}$，即 $N_3=2k_2 N$。

按内力平衡条件，$N_1=N-N_3=N-2k_2 N$

承担 N_1 需角焊缝长：$l_{w1}\geqslant\dfrac{N-2k_2 N}{2\times0.7h_{f1}f_{f}^{w}}$ (3-7-8)

3.7.5 请说明紧固件连接中符号 d、ϕ、M、d_e、d_0 一般用法和区别及 d_0 与 d 关系。

【解析】 按通常用法诠释如下：

1. d、ϕ 一般泛指直径，如孔洞直径、实物直径、球形直径等，紧固件一般不用 ϕ 而用 d 表示螺杆直径，但拉条则 d、ϕ 混用表示圆杆直径。

2. M 为螺栓公称直径，即加工后的螺杆直径。过去工程曾发生过设计施工间的误会，设计图要求地脚锚栓 $d=80$mm，施工单位采购了 $d=80$mm 圆钢，未加富裕量，加工后不能保证螺杆直径为 80mm，如设计图标志为 M80，就不会发生误会了。

3. d_e 为螺栓或锚栓在螺纹处的有效直径。

4. d_0 为孔径。对铆钉而言，因施工成型后，钉杆充满孔壁，故 d_0 即为铆钉直径。

5. A、B 级普通螺栓 d_0 与 d 相同；C 级普通螺栓 d_0 比 d 大 1～2mm；锚栓因施工安装调整要求 d_0 比 d 更大，另加焊轧较小的垫板定位；铆钉按 d_0 计算；摩擦型高强度螺栓 d_0 比 d 大 1.5～2mm，承压型则大 1～1.5mm。

3.7.6 高强度螺栓节点受拉时，螺栓内力是否为预拉力再加节点所受拉力？

【解析】 理论上，只要外加力 N 不大于总预拉力 ΣP，则螺杆总内力不变，仍为 ΣP，当每个螺栓内力为 N_t，而 N_t 大于 P 时，则螺杆内力为 N_t。实际螺杆受力情况是，当节点受拉，螺杆内力 P 将略有增大，而不是 N_t+P。这和预应力结构一样，当结构承载后，预应力筋内力并非两者叠加，只是略有增加而已。因为当施加预拉力时节点板叠间受压、螺栓受拉，但板叠承压面积大，变形很小，而螺栓受力面积小，拉伸较大，当节点受拉力后，板叠间略有扩展，影响螺栓拉力增加很少，不会出现螺栓拉力为 N_t+P 现象。

现行规范采用的 8.8 级、10.9 级高强度螺栓，抗拉极限为 $830N/mm^2$、$1040N/mm^2$，预拉应力约为 $505N/mm^2$、$635N/mm^2$。螺栓受拉强度设计值规定为 $400N/mm^2$、$500N/mm^2$，强度设计值大体为预拉力的 0.8 倍，所以不论摩擦型或承压型高强度螺栓均有适量安全裕量，不会出现螺栓所受拉力大于预拉力情况。

承压型高强度螺栓如仅承受杆轴方向拉力，则可不施加预拉力，也可不进行摩擦面的专门处理，和普通螺栓一样除锈、一样计算，因为同样性能等级的高强度螺栓抗拉强度设计值指标等同于普通螺栓。

3.7.7　请说明螺栓群计算要点。

【解析】《钢结构设计规范》只规定单个紧固件的承载能力计算，成群紧固件则没有涉及，现补充螺栓群在各种不同受力情况下计算要点，受力情况见图 3-7-4。

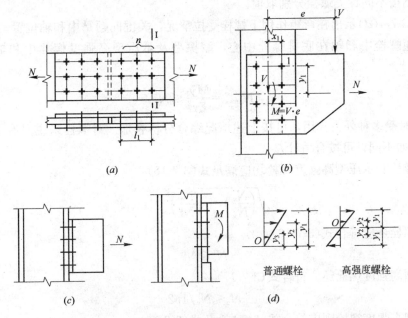

图 3-7-4　螺栓群
(a)在轴力作用下螺栓受剪；(b)在轴力、剪力、弯矩作用下螺栓受剪；
(c)在轴力作用下螺栓受拉；(d)在弯矩作用下螺栓受拉

1. 图 3-7-4(a)示出紧固件群受轴力作用拼接情况，当 $l_1>15d_0$（孔径）应计入折减系数。

（1）普通螺栓　总承载力为 n 个螺栓承载力之和，每个螺栓承载力取抗剪或承压计算的最小值，注意其连接为单剪或双剪，不论剪切面是否在螺纹处，不取有效截面，一律按螺杆截面计算。

（2）高强度螺栓摩擦型连接　单个螺栓承载力按摩擦面数量、抗滑移系数和预拉力确定。此种连接应按规范式(5.1.1-2)验算 1—1 截面应力和按式(5.1.1-3)验算毛截面应力。

（3）高强度螺栓承压型连接　与普通螺栓计算方法相同，但当剪切面在螺纹处时，其抗剪承载力设计值应按螺纹处的有效面积计算。

2. 图 3-7-4(b)示出在轴力、剪力、弯矩共同作用下螺栓受剪情况，螺栓为双向受剪：

$$N_{1x}^{N}=\frac{N}{n} \qquad (3\text{-}7\text{-}9)$$

$$N_{1y}^{V}=\frac{V}{n} \qquad (3\text{-}7\text{-}10)$$

$$N_{1x}^{M}=\frac{My_1}{\Sigma x_i^2+\Sigma y_i^2} \qquad (3\text{-}7\text{-}11)$$

$$N_{1y}^{M}=\frac{Mx_1}{\Sigma x_i^2+\Sigma y_i^2} \qquad (3\text{-}7\text{-}12)$$

$$N_{1\max}=\sqrt{(N_{1x}^{N}+N_{1x}^{M})^2+(N_{1y}^{V}+N_{1y}^{M})^2}\leqslant N_{v\min}^{b} \qquad (3\text{-}7\text{-}13)$$

3. 图 3-7-4(c)示出在轴力作用下螺栓受拉情况，总拉力均分于各螺栓，每个螺栓受拉设计值则按不同种类螺栓分别取值。

4. 图 3-7-4(d)示出在弯矩作用下螺栓受拉情况，关键问题是中和轴位置，即 y_1 取值问题，普通螺栓中和轴在底排螺栓中心，摩擦型及承压型高强度螺栓中和轴在螺栓群中心：

$$N_{1\max}=\frac{My_1}{\Sigma y_i^2}\leqslant N_t^{b} \qquad (3\text{-}7\text{-}14)$$

5. 同时受多种外力作用，可按上述情况综合分析叠加。对螺栓来说只有受拉、受剪（剪切方向如不同，可按合力计）。

普通螺栓和承压型高强度螺栓均应满足式(3-7-15)：

$$\sqrt{\left(\frac{N_v}{N_v^b}\right)^2+\left(\frac{N_t}{N_t^b}\right)^2}\leqslant 1 \qquad (3\text{-}7\text{-}15)$$

普通螺栓还应符合式(3-7-16)：

$$N_c\leqslant N_c^b \qquad (3\text{-}7\text{-}16)$$

承压型高强度螺栓还应符合式(3-7-17)：

$$N_c\leqslant N_c^b/1.2 \qquad (3\text{-}7\text{-}17)$$

摩擦型高强度螺栓则应符合式(3-7-18)及式(3-7-19)：

$$\frac{N_v}{N_v^b}+\frac{N_t}{N_t^b}\leqslant 1 \qquad (3\text{-}7\text{-}18)$$

$$N_t^b=0.8P \qquad (3\text{-}7\text{-}19)$$

3.7.8 紧固件连接计算有哪些地方需要修正？

【解析】 1. 在构件的节点处或拼接接头的一端，当螺栓或铆钉沿轴向受力方向的连接长度 l_1 大于 $15d_0$ 时，应将螺栓或铆钉的承载力设计值乘以折减系数 $\left(1.1-\dfrac{l_1}{150d_0}\right)$。当 l_1 大于 $60d_0$ 时，折减系数为 0.7，d_0 为孔径。

2. 一个构件借助填板或其他中间板件与另一构件连接（图 3-7-5）的螺栓（摩擦型连接的高强度螺栓除外）或铆钉数目，应按计算增加 10%。

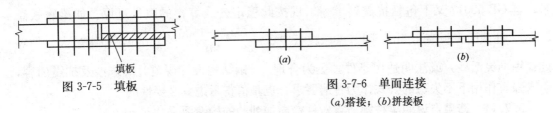

图 3-7-5 填板

图 3-7-6 单面连接
(a)搭接；(b)拼接板

3. 当采用搭接(图 3-7-6a)或拼接板(图 3-7-6b)的单面连接传递轴心力,因偏心引起连接部位发生弯曲时,螺栓(摩擦型连接的高强度螺栓除外)或铆钉数目,应按计算增加 10%。

4. 在构件的端部连接中,当利用短角钢连接型钢(角钢或槽钢)的外伸肢以缩短连接长度(图 3-7-7)时,在短角钢任一肢上,所用的螺栓或铆钉数目应按计算增加 50%。

5. 当铆钉连接的铆合总厚度超过铆钉孔径的 5 倍时,总厚度每超过 2mm,铆钉数目应按计算增加 1%(至少应增加一个铆钉),但铆合总厚度不得超过铆钉孔径的 7 倍。

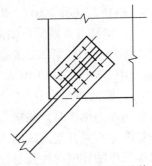

图 3-7-7 端部加短角钢连接

3.7.9 请图示 GB 50017—2003 第 2.4.2.1 条节点域的补强措施。

【解析】 规范推荐两种补强办法：对焊接工字形截面柱局部加厚腹板；对轧制 H 型钢在腹板上贴焊加强板。如图 3-7-8，取自《多高层民用建筑钢结构节点构造详图》01SG519。

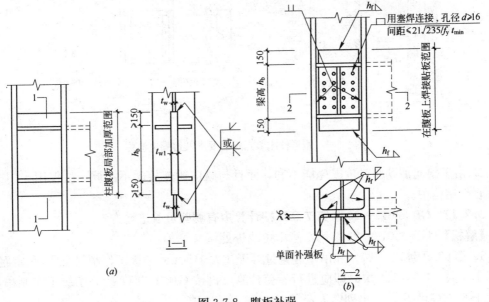

图 3-7-8 腹板补强
(a)焊接工字形截面柱换厚腹板；(b)H 型钢腹板贴补

3.7.10 梁柱刚节点的节点域腹板稳定计算，GB 50017—2003 规定应满足式(7.4.2-2)要求，是否普遍适用？

【解析】 梁柱刚节点节点域的腹板稳定计算，规范规定应满足式(7.4.2-2)要求，即腹板厚度应大于梁柱腹板高度之和再除以 90，此式在抗震规范、高层钢结构规程均已采用，对于有抗震要求的民用建筑是适用的。现在重型厂房或大型建筑的梁柱腹板高达数米，且 GB 50017 又不包括抗震要求，出现按此稳定公式算得的腹板过厚。如梁腹板高 2.5m，柱截面腹板高 1.5m，则节点域腹板厚 $t_w = \dfrac{2500+1500}{90} \approx 45\text{mm}$，似嫌过大，如对此式用词灵活些，或注明适用条件，更为合理。《钢结构设计规范》既未涉及抗震内容，引入强震作用下不失稳的公式作为普遍要求，也是值得考虑其必要性的。

3.7.11 请重点说明梁柱刚节点对柱横向加劲肋的构造要求。

【解析】 GB 50017—2003 第 7.4.3 条有 4 款规定，其注意重点如下：

1. 梁柱节点域的柱横向加劲肋要保证梁翼缘传来的集中力，厚度为翼缘厚的 0.5～1 倍；JGJ 99—98 第 8.3.6 条则规定非抗震设防时不小于 0.5 倍，抗震设防时则与梁翼缘等厚，GB 50011—2001 第 8.3.4.3.2 项)则规定不小于梁翼缘厚。

2. 横向加劲肋中心应对准梁翼缘中心并坡口焊透，与腹板可用角焊缝，但如梁与柱腹板相连为刚接时，则横向加劲与柱腹板亦宜坡口焊透。此点往往为设计者忽略，较多的设计图中，尤其是门式刚架刚节点处，梁与端板或柱翼缘明确示出坡口焊透，而其背面正对梁翼缘的柱横向加劲与柱翼缘焊缝则被忽略，可能系 CAD 制图带来的通病。

3. 箱形柱的加劲板隔板无法进行电弧焊时，可按图 3-7-9 采用熔化嘴电渣焊，此图取自《多高层民用建筑钢结构节点构造详图》01SG519。

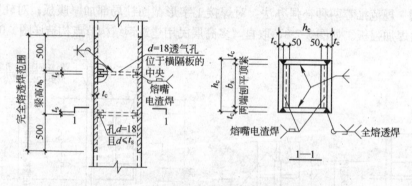

图 3-7-9 箱形柱刚节点焊透要求及熔嘴电渣焊

4. 由于斜向加劲肋对抗震耗能不利，而且与纵向梁连接时不协调，故仅用于门式刚架等轻钢结构中。

3.7.12 GB 50017—2003 第 7 章连接计算中有哪些可改进地方？

【解析】 GB 50017—2003 第 7 章中可改进处：

1. 第 63 页倒 7～6 行"和吊车起重量等于或大于 50t 的中级工作制吊车梁，"宜删去。按 6.1.1 条 $n \geqslant 5 \times 10^4$ 次时即应进行疲劳计算，再按 GB/T 3811 所有中级工作制吊车 n 均大于 6.3×10^4 次，故单列已无意义。

2. 第 7.1.2 条注 2，"每条焊缝的长度计算时应各减去 $2t$"可改为"每条焊缝的计算长度取其实际长度减去 $2t$"。

3. 第 7.1.5 条"部分焊透"宜改为"部分熔合"或"部分焊熔"，因为仅部分相焊，不存在"透"的情况。

4. 第 7.6.5 条对橡胶支座的规定不够明确，现在工程上开发的支座形式很多，均可作为附录或注介绍，不必列入规范正文。

第八章 构 造 要 求

3.8.1 GB 50017—2003 第 8.1.2 条对钢材厚度和截面的最小值有所规定，出现更大值怎么办？

【解析】《碳素结构钢》(GB/T 700—1988)列有厚度>150mm 钢材性能；但《低合金高强度结构钢》(GB/T 1591—1994)则只列出厚度≤100mm 钢材。《钢结构设计规范》只列有≤100mm 钢材的各项强度设计值。现实工程中厚度大于 100mm 钢材已较多采用，规范没有限制表示不受限制，至于其设计指标则可参照其力学性能核定，施工措施则应从严，必要时应做一些试验研究验证工作。

3.8.2 钢板拼接要注意哪些问题？

【解析】归纳起来有：

1. 焊缝金属应与母材相适应，不同强度钢材连接，可就低强度钢材选用焊接材料。

2. 焊接残余应力是钢结构的主要缺点，焊缝不应任意加大，避免在一处大量集中焊缝，焊缝布置应尽量对称于构件形心。

3. 焊件厚度大于 20mm 的角接焊缝，应采取收缩时不引起层状撕裂措施。

4. 钢板对接尽采用直缝，不用或少用斜缝，如需等强，可要求二级质量等级。

5. 大型板材纵横向均对接时，可用十字形交叉，因为先焊好的一条焊缝受后焊焊缝热影响已释放了应力。而《建筑钢结构焊接技术规程》(JGJ 81—2003)第 4.6.1.4 款主张用 T 形交叉，可按 GB 50017 执行。

6. 如采用 T 形交叉，交叉点的距离宜不小于 200mm，且拼接料的长度和宽度不宜小于 300mm(图 3-8-1)。

7. 不同厚度或宽度钢板对焊应做成坡度不大于 1：2.5 的斜角，如直接承受动力荷载且需进行疲劳计算的板件，则坡度不大于1：4。

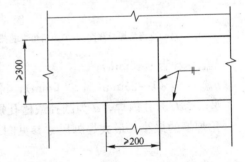

图 3-8-1 对接接头 T 形交叉示意

3.8.3 请阐述角焊缝的构造要求。

【解析】归纳如下，并附图 3-8-2。

1. 直角角焊缝 $\alpha=90°$，斜角角焊缝 $60°<\alpha<135°$，超出此限，除钢管结构外，不应作为受力焊缝。

2. 为了避免由于冷却过快而产生淬硬组织，角焊缝的最小焊脚尺寸 $h_{fmin}>1.5\sqrt{t_1}$；如为低氢碱性焊条，如 E××15、E××16，则用 t_2 代替 t_1，t_1 为较厚焊件厚度，t_2 为较薄焊件厚度。如采用埋弧自动焊，h_{fmin} 可减小 1mm；对 T 形连接的单面角焊缝应增加 1mm。当 $t\leqslant4mm$ 时，则 h_{fmin} 与焊件厚度同。

3. 角焊缝的焊脚尺寸过大，易使母材形成过烧现象，使构件产生翘曲变形和较大的焊接应力，故规定：

$h_{fmax}\leqslant1.2t_2$（钢管结构除外）；

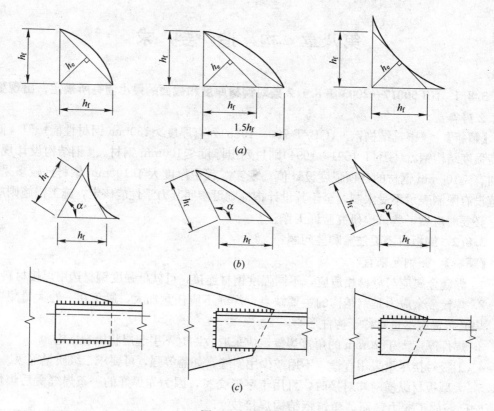

图 3-8-2 角焊缝
(a)直角角焊缝截面；(b)斜角角焊缝截面；(c)两面侧焊、三面围焊、L形围焊角焊缝

$h_{fmax} \leq t$（当 $t \leq 6mm$）；
$h_{fmax} \leq t-(1\sim2)mm$（当 $t > 6mm$）；
$h_{fmax} \leq d/3$（孔内焊，d 为圆孔或槽孔短径）。
角焊缝的最小、最大焊脚尺寸参见图 3-8-3。

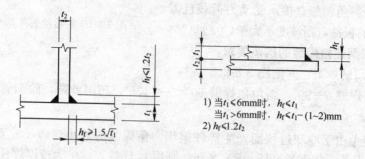

图 3-8-3 角焊缝的最小、最大焊脚尺寸

4. 角焊缝的两焊脚尺寸一般为相等。当焊件的厚度相差较大且等焊脚尺寸不能满足最大、最小的要求时，可采用不等焊脚尺寸，与较薄焊件接触的焊脚边应符合"最大"的要求；与较厚焊件接触的焊脚边应符合"最小"的要求。见图 3-8-4。

5. 侧面角焊缝或正面角焊缝的计算长度不得小于 $8h_f$ 和 40mm。

侧面角焊缝的计算长度不宜大于 $60h_f$，当大于上述数值时，其超过部分在计算中不予考虑。若内力沿侧面角焊缝全长分布时，其计算长度不受此限，如梁的支承加劲肋、桁架弦杆的节点板等。

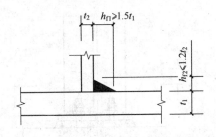

图 3-8-4　不等焊脚尺寸的角焊缝

6. 在直接承受动力荷载的结构中，角焊缝表面应做成直线形或凹形。焊脚尺寸的比例：对正面角焊缝宜为 1∶1.5（长边顺内力方向）；对侧面角焊缝可为 1∶1。

7. 在次要构件或次要焊缝连接中，可采用断续角焊缝。断续角焊缝焊段的长度不得小于 $10h_f$ 或 50mm，其净距不应大于 15t（对受压构件）或 30t（对受拉构件），t 为较薄焊件的厚度。

8. 当板件的端部仅有两侧面角焊缝连接时，每条侧面角焊缝长度不宜小于两侧面角焊缝之间的距离；同时两侧面角焊缝之间的距离不宜大于 16t（当 t>12mm）或 190mm（当 t≤12mm），t 为较薄焊件的厚度，以免焊缝横向收缩使板件拱曲太大（图 3-8-5）。当超过规定时，应加正面角焊缝、槽焊或电焊钉。

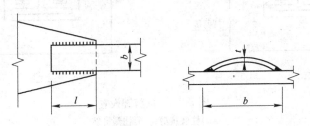

图 3-8-5　宽板的焊接变形

9. 杆件与节点板的连接焊缝（图 3-8-2c）宜采用两面侧焊，也可用三面围焊，对角钢杆件可采用 L 形围焊，所有围焊的转角处必须连续施焊。

当角焊缝的端部在构件转角处做长度为 $2h_f$ 的绕角焊时，转角处必须连续施焊。在搭接连接中，搭接长度不得小于焊件较小厚度的 5 倍，并不得小于 25mm。

3.8.4　如何解决钢柱底水平力问题？

【解析】《钢结构设计规范》第 8.4.13 条规定，钢柱底水平力不宜以柱脚锚栓承受。此水平反力应由底板与混凝土基础间的摩擦力（摩擦系数可取 0.4）或设置抗剪键承受。

纵向水平力如由柱间支撑传递，则有柱间支撑的柱底，还应计算纵向水平力；如纵向为无支撑的纯框架，则每个柱底都应考虑双向抗剪。

如柱底摩擦力小于水平力，则应设抗剪键。抗剪键一般用十字板或 H 型钢，在基础顶预留孔槽或埋件。有的设计对抗剪键不够重视，用一扁钢或角钢肢边抗剪，刚度很差。现按《多高层民用建筑钢结构节点构造详图》01SG519 推荐两种方式，以供参考，见图 3-8-6。

3.8.5　锚栓的锚固长度如何确定？

【解析】在一些资料、图册、设计文件中对钢柱锚栓的锚固长度，不论条件，均取 25d、30d 甚至更多。建工出版社《钢结构设计手册》第二版、第三版（2004 年 1 月）取值要小得多。取值条件系根据锚栓钢材牌号、混凝土强度等级、锚固形式，从 30d 至 12d，原资料混凝土强度等级只有 C15、C20，现行《混凝土结构设计规范》（GB 50010—2002）

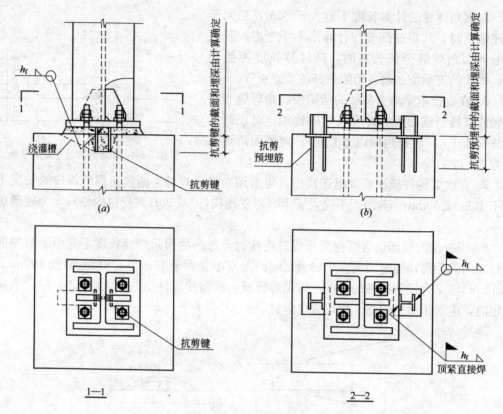

图 3-8-6 抗剪键设置
(a)柱底抗剪;(b)柱侧抗剪

因耐久性要求,基础混凝土强度等级常用 C25、C30,现参照 GB 50010—2002 式(9.3.1-1),根据不同标号 f_t 值变化情况,换算 C25、C30 的锚栓锚固长度,见表 3-8-1。

锚栓锚固长度表 表 3-8-1

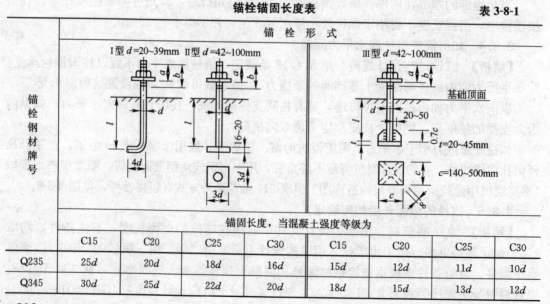

锚栓钢材牌号	锚固长度,当混凝土强度等级为							
	C15	C20	C25	C30	C15	C20	C25	C30
Q235	$25d$	$20d$	$18d$	$16d$	$15d$	$12d$	$11d$	$10d$
Q345	$30d$	$25d$	$22d$	$20d$	$18d$	$15d$	$13d$	$12d$

柱脚锚栓埋置深度应使锚栓的拉力通过其和混凝土之间的粘结力传递。当埋置深度受到限制时，则锚栓应牢固地固定在锚板或锚梁上，以传递锚栓的全部拉力，此时锚栓与混凝土之间的粘结力可不予考虑。

3.8.6 插入式柱脚有推广意义吗？

【解析】 大中型单层工业厂房钢柱脚用钢量常占柱子用钢量的较大比例，整体式柱脚比分离式柱脚用钢量更高。《钢结构设计规范》新增列了插入式柱脚、埋入式柱脚和外包式柱脚少量条文，后两种在国内外高层建筑中大量采用，关于计算和构造要求，有较多论述。门式刚架等轻型房屋常用外露式柱脚，比较简单。前北京钢铁设计研究总院曾对插入式柱脚进行过试验研究，提出了系列计算和构造规定，钢结构规范列入了插入深度的规定，在条文说明图 29 中，将双肢柱只画了单杯口，这种形式仅在两肢很靠近时才可采用，一般双肢柱宜用双杯口。

杯口式基础、插入式柱脚在混凝土结构中广泛采用。钢柱的插入式柱脚在冶金工厂中采用较多，这种柱脚构造简单、节约钢材、施工方便、安全可靠。不仅适用于单层厂房，在高层建筑，尤其是有型钢混凝土柱过渡层的型钢柱脚，采用插入式要比埋入式、外包式在工种配合方面、进度安排方面、构造简单方面都有显著优点，值得推广。

插入式柱脚示意见图 3-8-7。

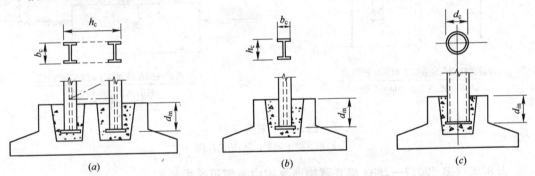

图 3-8-7 插入式柱脚
(a)双肢柱柱脚；(b)工字形截面柱柱脚；(c)圆管柱柱脚

3.8.7 请说明油漆与防火涂料关系。

【解析】 有关油漆、防火涂料的要求，在具体表达时，常出现一些脱节现象，例如一些软件的总说明，对所有钢结构都要求除锈、涂漆，并注明道数、干漆膜厚度，然后又提出按建筑图耐火极限要求，对不同构件要求涂刷不同耐火极限时数的防火涂料。这样往往造成浪费，因为不是所有钢结构都要求涂防火涂料，而且油漆与防火涂料关系处理不当，会造成脱皮损坏情况，必须慎重对待。

很多冶金、机械制造等重型工业建筑，如其承重构件和非承重外墙均为非燃烧体，或属二级耐火等级且生产类别为丁、戊类等的厂房，按《建筑设计防火规范》（GB 50016—2006）第 3.2.4 条规定都可不用防火涂层。《高层民用建筑钢结构技术规程》（JGJ 99—98）第 12.2.3 条对采用压型板的组合楼板需否防火涂层也有明确规定。因此按规范规定无需防火涂层的钢结构，只要求涂油漆防锈，并说明底漆、中间漆、面漆品种、道数及干漆膜厚度要求，室内、室外还有所区别。

有防火要求者应注明各构件的不同耐火极限要求,并说明如所用防火涂料起防锈作用,则可不用防锈底漆,如所用防火涂料不起防锈作用,则应涂防锈底漆。有的防火涂料外表还需涂面漆,以增加美观效果,选用这些油漆,应考虑不与防火涂料起化学反应,保证牢固结合。

涂料颜色、建筑耐火等级及厂房生产类别、各种构件耐火极限要求宜由建筑图明确;油漆道数、品种、干漆膜厚度则由钢结构图表示;防火涂料则由消防部门核定验收。防火涂料施工应由有资质单位承担,可综合考虑其相互关系,保证工程质量。

3.8.8 钢柱脚应如何保护?

【解析】 GB 50017—2003 第 8.9.3 条强制性条文,对位于地坪处的钢柱脚提出了较详细的保护措施,表示于图 3-8-8 中。

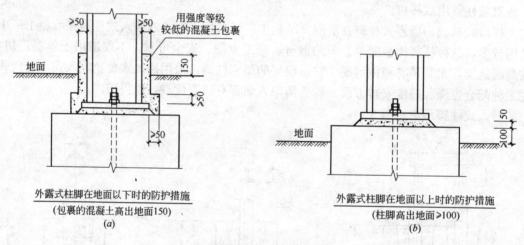

图 3-8-8 柱脚保护
(a)用混凝土包裹;(b)抬高柱脚

3.8.9 GB 50017—2003 第 8 章构造要求中有何可改进处?

【解析】 可改进处:

1. 第 8.3.6 条强制性条文中,有两处"螺帽",这是口语,按国家标准应改为"螺母"。

2. 第 8.6.3 条对大跨度结构挠度容许值单列于此,而对大跨度桁架受压、拉杆件的长细比却列于表 3.3.8 及表 3.3.9 注中,似显不够协调。

3. 第 8.6.4 条内力很大杆件板很厚,高强螺栓难于布置,宜用焊接。

4. 第 8.9.4 条第 3 行"…防火等级对各不同…"、第 5 行"…和国家现行标"应为"…耐火等级对不同…"、"…和现行标"。

5. 第 270 页图 27 图名中应删去"最大"二字。

6. 第 278 页图 29(a)双肢柱宜用双杯口。

第九章 塑 性 设 计

3.9.1 哪些结构适合于采用塑性设计？

【解析】 归纳如下：

1. 不直接承受动力荷载的结构。塑性设计计算内力时，考虑发生塑性铰而使结构转化成机构体系，不宜承受动力荷载。

2. 超静定结构中的固端梁、连续梁以及由实腹构件组成的单层和两层框架结构。如有可靠依据也可在两层以上框架设计中采用塑性设计。

3. 当超静定结构正负弯矩不等时，出现塑性铰，进行内力重分配，取得较小的弯矩设计值，这样塑性设计才有经济价值。如简支梁只有正弯矩；又如两端固端梁，跨长 l 中点受一集中荷载 F，则支座负弯矩为 $-Fl/8$，跨中正弯矩亦为 $+Fl/8$，没有内力重分配的可能。对此如采用塑性设计，虽承载力能有提高，但在材料要求上，板件宽厚比及长细比、侧向支承等方面要求更多，可能会出现"得不偿失"情况。

3.9.2 什么是简单塑性理论？

【解析】 内容包括：

1. 材料为理想弹塑性体。
2. 不计应变硬化的影响。
3. 荷载按比例增加。
4. 在最大负弯矩处首先出现塑性铰而使结构内力重分配。

当相等的正负弯矩处都出现塑性铰使结构变为机构而破坏时，作为其承载能力极限状态。

3.9.3 采用塑性设计对钢材力学性能有哪些要求？

【解析】 GB 50017—2003 第 9.1.3 条强制性条文规定塑性设计时的钢材力学性能有：

1. 满足强屈比 $f_u/f_y \geqslant 1.2$、伸长率 $\delta_5 \geqslant 15\%$，根据 GB/T 700—1988、GB/T 1591—1994，钢结构规范所用 4 种牌号钢材 f_u/f_y 值及 δ_5 值见表 3-9-1。

钢材 f_u/f_y 及 δ_5 值　　　　　　　　表 3-9-1

钢材牌号	Q235	Q345	Q390	Q420
抗拉强度 f_u(N/mm^2)	375	470	490	520
屈服点 f_y(N/mm^2)	235	345	390	420
f_u/f_y	1.60	1.36	1.26	1.24
δ_5(%)	21	21	19	18

Q235、Q345、Q390、Q420 共 4 种钢材均能满足塑性设计要求的 f_u/f_y、δ_5 指标，故要求订货的钢材符合有关国家标准即可。

2. 相应于抗拉强度 f_u 的应变（即伸长率）ε_u 不小于 20 倍屈服点应变 ε_y。

按国家标准供货钢材没有提供屈服点应变的规定，抗拉强度的应变可采用伸长率 δ_5 的指标。因此在塑性设计钢材订货时要补充要求，提供 δ_5 试件的屈服点应变；或要求再进行拉伸试验,取得数据。一般来说,规范规定采用的 4 种钢材,是能达到的,现行《钢结构设计规范》既将此指标列为强制性条文,我们必须严格执行,取得可靠数据。

3.9.4 截面特性的塑性数据与弹性数据有哪些不同?

【解析】 塑性设计与弹性设计主要区别在于抗弯强度计算不同,应力图形不同,按此延伸,就截面特性而言,则有两大不同点:即两者中和轴不同、截面模量不同。弹性中和轴位置保持上、下面积矩相等,而塑性中和轴保持截面上、下面积相等,双轴对称截面中和轴则合而为一。塑性截面模量为塑性中和轴上、下面积矩之和,塑性中和轴上、下各点的塑性截面模量方向不同,数值相同;而弹性截面模量在截面上各点均不相同,上、下方向也不同。

塑性截面模量 W_{pn} 与弹性截面模量 W_n 比值称为截面形状系数 F,$F=W_{pn}/W_n$,各种形状截面形状系数 F 值见表 3-9-2。

截面形状系数 F　　　　　　　表 3-9-2

截面形式	工字形(宽)	工字形(窄)	圆管	矩形	圆形	菱形
$F=\dfrac{W_{pn}}{W_n}$	1.0	1.06~1.17	1.27	1.5	1.7	2.0

现以图 3-9-1 所示二截面为例,分别计算其弹、塑性截面特性。

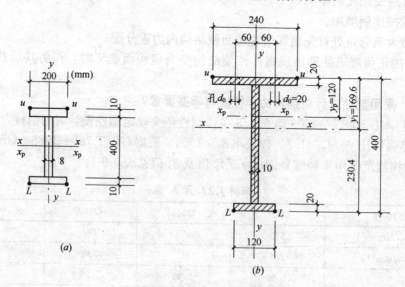

图 3-9-1　工字形截面
(a) 双轴对称;(b) 单轴对称

图 3-9-1(a) 弹、塑性中和轴均在截面中心。

弹性截面特性:

$$I_x = \frac{1}{12}(200 \times 420^3 - 192 \times 400^3) = 210.8 \times 10^6 \text{ mm}^4$$

$$W_n^u = W_n^d = I_x/210 = 210.8 \times 10^6/210 = 1.004 \times 10^6 \text{ mm}^3$$

塑性截面特性：
$$W_{pn}=2\times(200\times10\times205+200\times8\times100)=1.14\times10^6 \text{mm}^3$$
截面形状系数：
$$F=W_{pn}/W_n=1.14\times10^6/(1.004\times10^6)=1.135$$

图 3-9-1(b)弹、塑性中和轴不在同一位置：

截面积：
$$A=(240-2\times20+120)\times20+360\times10=1\times10^4 \text{mm}^2$$

弹性中和轴位置按中和轴上、下面积矩相等，以上翼缘厚度中点取矩可求得：
$$y_1=(120\times20\times380+360\times10\times190)/(1\times10^4)+10=169.6\text{mm}$$

$$I_x=\frac{1}{12}\times(240-40+120)\times20^3+\frac{1}{12}\times10\times360^3+4000\times159.6^2+2400\times220.4^2+3600\times40.4^2$$
$$=2.6344\times10^8 \text{mm}^4$$

$$W_n^u=2.6344\times10^8/169.6=1.5533\times10^6 \text{mm}^3$$
$$W_n^L=2.6344\times10^8/230.4=1.1434\times10^6 \text{mm}^3$$

塑性截面特性，先求塑性中和轴位置 y_p（与上翼缘外边缘距离）：
$$y_p=\left(\frac{1\times10^4}{2}-200\times20\right)/10+20=120\text{mm}$$

$$W_{pn}=(240-40)\times20\times110+100\times10\times50+260\times10\times130+120\times20\times270$$
$$=1.476\times10^6 \text{mm}^3$$

由于截面上、下不对称，在弹塑性发展过程中，中和轴位置转移。塑性截面模量介于弹性上、下翼缘外边缘截面模量之间，对上翼缘来说，塑性的抗弯计算就不经济了。

3.9.5 塑性设计与弹性设计在计算方面有哪些不同？

【解析】 归纳如下：

1. 受压构件长细比、（受压）板件宽厚比、腹板高厚比各项指标比弹性设计要求更严格。

2. 增加对材料的塑性要求，即要求抗拉强度时的伸长率要大于屈服点时的伸长率 20 倍。

3. 抗弯强度计算不再以应力形式表达而用内力平衡式表达。

4. 抗剪计算以腹板平均剪力计算。

5. 增加了塑性铰处对支撑布置及加工构造等要求。

3.9.6 GB 50017—2003 第 9 章塑性设计中有宜改进的地方吗？

【解析】 GB 50017—2003 第 9.1.4 条首句原文为"塑性设计截面板件…"宜改为"塑性设计截面受压板件…"，因为不论弹性、塑性设计，只有受压板件才有局部稳定问题，才有宽(高)厚比限值要求，受拉板件不存在局部稳定问题。

第十章 钢管桁架

3.10.1 《钢结构设计规范》规定的钢管结构，关注要点如何？

【解析】 归纳如下：

1. 规范该章仅指在节点处直接焊接的圆管、方管或矩形管的钢管桁架结构，不包括用球节点的网架、网壳等空间结构，也不包括单根钢管或组合成的实腹结构。

2. 因直接焊接的管节点承受交变荷载的节点疲劳问题比较复杂，故钢管桁架不适用于直接承受动力荷载。

3. 因壁厚大于 25mm 钢材难于冷成型制造，且国际上常用较低屈服点钢材，并对屈强比要求≤0.8，一般可选用 Q235、Q345 钢材，且管壁厚亦不宜大于 25mm。

4. 因控制管壁受压局部屈曲，规定受压圆管径厚比和受压方形、矩形管的宽厚比，请注意对 Q345 钢材的修正值，径厚比用 235/345，宽厚比用 $\sqrt{235/345}$，即 0.681 和 0.825，相差 21%。

5. 符合规范 10.1.4 条及 10.1.5 条条件，可忽略节点刚性和偏心影响，按铰接体系分析桁架内力，杆件计算长度系数也可取 1.0。

3.10.2 请说明钢管桁架特点。

【解析】 归纳如下：

1. 截面特性优越、刚度大、壁薄；圆管适于抗压抗扭，矩形管可有两个方向的不同回转半径，适应不同方向的不同计算长度，且其平面内外回转半径值比其他截面要大。

2. 用钢量少，采用冷弯、焊接管比无缝管单价要便宜。

3. 防腐性好，与大气接触的表面积小，且两端封闭，内部不易生锈，便于清刷除污，死角少，积灰少，维修方便。

4. 无节点板，外观简洁浑实。由于支管端焊缝需连续且形式变化，管端切割及剖口加工需用自动切管机。

3.10.3 请说明钢管桁架构造要求。

【解析】 归纳如下：

1. 管节点尽量避免偏心，如两支管中心交点对主管中心有偏离时，在支管侧可在主管外 0.05 倍的主管截面高之内，而在主管外侧偏离值不大于 1/4 主管截面高，在此偏心范围内，受拉主管可不计偏心影响，受压时则应计入偏心弯矩。

2. 在节点处主管应保持连续，支管端部应精密加工后直接焊在主管外壁上，不得将支管插入主管。各管间夹角不小于 30°，两支管趾距不小于两支管壁厚之和，以满足施焊条件。

3. 支管搭接尺寸有比例要求。薄壁管应搭在厚壁管上，低强度管应搭在高强度管上。

4. 一般支管壁厚不大，宜采用全周角焊缝与主管相连，如支管壁厚较大，可部分采用对接焊缝和部分角焊缝，角焊缝 h_f 不大于支管壁厚 2 倍。

5. 钢管杆件在有横向荷载处宜有加强措施。主要受力部位应避免开孔，如确需开孔，则应有合适的补强措施。

3.10.4　GB 50017—2003 第 10 章钢管结构中有何可改进之处？

【解析】 可改进处有：

1. 第 10.1.2 条"圆钢管的外径与壁厚之比不应超过 $100(235/f_y)$；方管或矩形管的最大外缘尺寸与壁厚之比不应超过 $40\sqrt{235/f_y}$。"建议改为："受压圆钢管的外径与壁厚之比不应超过 $100(235/f_y)$；受压方管或矩形管的最大外缘尺寸与壁厚之比不应超过 $40\sqrt{235/f_y}$。"因为这是钢管受压局部失稳问题，受拉钢管则不存在局部失稳问题，只有最小壁厚和长细比限制。"受压"二字的遗漏是 GBJ 17—88 就有了的，GB 50017—2003 未能校出，但与其第 5.4.5 条有矛盾。如拉杆也要求与压杆相同的径厚比，虽不致产生安全问题，但在理论上、经济上是说不过去的。

2. 294 页第 10.2.4 条文说明末句"…不低于搭接支管的。"语句不畅，宜改为"…不低于搭接支管的强度。"

3. 钢管结构有作为独立实腹构件的大直径钢管通廊（管梁）、钢管支柱、空间网架、网壳、塔架、平面桁架、三角形桁架等，桁架有用节点板，也有不用节点板以钢管直接相焊者，以直接相焊的管桁架为多。故 GB 50017—2003 第 10 章名《钢管结构》宜改为《钢管桁架》，才能名实相符。

第十一章 钢与混凝土组合梁

3.11.1 请说明钢与混凝土组合梁的适用范围。

【解析】 主要有:

1. 组合梁指由混凝土翼板与钢梁通过抗剪连接件组成的受弯构件。

2. 组合梁可用于房屋建筑的楼面梁、屋面梁及工作平台梁、桥面梁。可以简支，也可连续。

3. 组合梁以承受静力荷载为主，但也可承受动力荷载。考虑目前国内对组合梁在动载作用下的试验资料有限，故规范只针对不直接承受动载的梁。

4. 组合梁用塑性方法设计，对直接承受动载或钢梁受压板件的宽厚比不符合塑性设计要求时，则采用弹性分析。对处于高温或露天条件的组合梁，尚应符合相应的专门规范要求。

5. 组合梁各种截面形式见图 3-11-1。

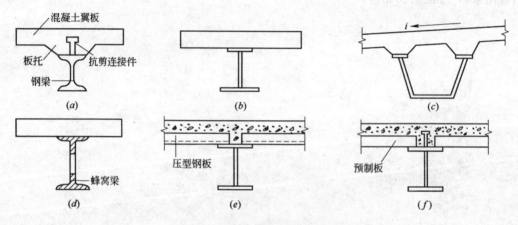

图 3-11-1 组合梁的常用形式
(a)有板托、型钢梁；(b)无板托、焊接钢梁；(c)桥面梁；
(d)蜂窝钢梁；(e)压型钢板组合梁；(f)预制板与后浇混凝土

3.11.2 请分析钢与混凝土组合梁的优缺点。

【解析】 主要有:

1. 高层建筑宜采用压型钢板做楼板底模，低层则支模，比钢筋混凝土梁板可减轻自重、降低层高、方便施工、缩短工期，且便于安装管线。

2. 与全钢楼层相比，可降低耗钢量，增加板的刚度，减小梁的挠度，适宜使用。

3. 具有两种材料的综合优点，提高结构抗震、抗冲击性能。

4. 施工阶段可发挥钢梁承重作用。

5. 工序多、施工不太方便。

6. 虽然连续梁负弯矩区使混凝土受拉、钢梁受压，但组合梁具有较好的内力重分配性能，一般可将负弯矩乘以 0.85，负弯区可利用负钢筋和钢梁共同抵抗弯矩，减小截面，仍有较好效益。

3.11.3 为什么组合梁变形计算按弹性理论进行？

【解析】 组合梁按全截面塑性发展进行强度计算，挠度则按弹性方法计算。

因为在荷载标准组合作用下产生的截面弯矩小于组合梁在弹性阶段的极限弯矩，即此时的组合梁在正常使用阶段仍处于弹性工作状态，将混凝土板换算入钢截面，同时还考虑了混凝土板与钢梁间的相对滑移对换算截面刚度进行折减。

对连续组合梁因负弯矩区混凝土翼板开裂后退出工作，实际上成为变截面梁，有效宽度的翼板内纵筋可计入其作用，翼板的负弯矩区段裂缝宽度也有限制。

因为板托对组合梁的强度、变形和裂缝宽度影响很小，可不考虑其作用。

3.11.4 请说明施工阶段组合梁受力状态。

【解析】 有两种情况：

1. 施工时钢梁无临时支撑

(1) 第一阶段在混凝土翼板强度达到75%前，组合梁自重以及作用在其上的全部施工荷载由钢梁单独承受，按弹性方法计算其强度、稳定、挠度，应控制跨中挠度≤25mm，以免增大混凝土量。

(2) 第二阶段，混凝土翼板强度达到75%后，原荷载及续加荷载由组合梁承受。在验算组合梁的挠度以及按弹性分析方法计算组合梁的强度时，应将第一阶段和第二阶段计算所得的挠度或应力相叠加。在第二阶段计算中，可不考虑钢梁的整体稳定性。而组合梁按塑性方法计算强度时，则不进行应力叠加，按组合梁一次承受全部荷载进行计算。

2. 施工时钢梁有临时支承

按实际支承情况验算钢梁的强度、稳定及变形。当计算使用阶段组合梁承受的续加荷载产生的变形时，应把临时支承点的反力反向作为续加荷载。如组合梁由变形控制，可考虑将钢梁起拱等措施。

3.11.5 请介绍常用的组合梁连接件。

【解析】 GB 50017—2003 推荐组合梁连接件采用焊(栓)钉、槽钢或弯筋，如图 3-11-2 所示。

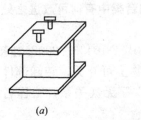

(a) (b) (c)

图 3-11-2 连接件的外形及设置方向
(a)栓钉连接件；(b)槽钢连接件；(c)弯筋连接件

1. 焊钉连接件，采用现行国家标准《电弧螺柱焊用圆柱头焊钉》(GB/T 10433—2002)，直径 d(mm) 有 10、13、16、19、22、25，其焊前、焊后形式见图 3-11-3(a)、(b)，钉底焊接时用瓷环保护，B1 型瓷环用于平焊，见图 3-11-3(c)，B2 型瓷环用于穿透压型钢板的焊接，其焊钉直径不大于 19mm。

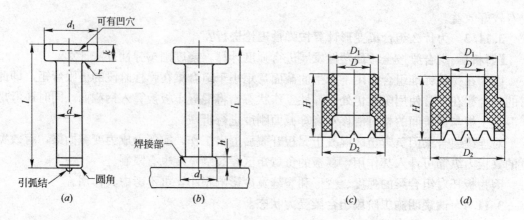

图 3-11-3 焊钉及瓷环
(a)焊前的焊钉；(b)焊后的焊钉；(c)B1 型瓷环；(d)B2 型瓷环

2. 槽钢连接件，通过肢尖肢背两条角焊缝与钢梁连接。GBJ 17—88 曾要求槽钢背正对剪力方向，后经试验证明，槽口方向的正反其抗剪效果相同，故 GB 50017—2003 不再有方向要求。槽钢一般用 Q235 钢，截面不大于 [12.6。

3. 弯筋连接件，钢筋直径不小于 12mm，成对布置，弯筋方向必须与剪力方向协调，与钢筋混凝土梁主筋在支座附近弯折方向一致。每根弯筋用两条长度不小于 4 倍 (HPB235 钢筋) 直径或 5 倍 (HRB335 钢筋) 直径的侧焊缝，弯角 45°，从弯起点算起的钢筋长不小于 25 倍直径，上部水平段长不小于 10 倍直径，光圆钢筋加弯钩。

3.11.6 焊钉计算要注意什么问题？

【解析】 GB/T 10433—2002(2003—06—01 实行)，规定焊钉采用《冷镦和冷挤压用钢》(GB/T 6478—2001)之 ML15 或 ML15Al(铝含量≥0.02%)，其抗拉强度 σ_b≥400N/mm^2，屈服点 σ_s 或 $\sigma_{p0.2}$≥320N/mm^2，伸长率 δ_5≥14，性能等级为 4.8 级。

GB 50017 或(11.3.1-1)规定了一个焊钉承载力设计值计算要求，其限值与焊钉截面积 A_s、强屈比 γ、抗拉强度设计值 f 有关，按性能等级为 4.6 级推导相关参数。现在焊钉虽已明确为性能等级为 4.8 级，仍可按规范采用的 4.6 级参数计算。

3.11.7 GB 50017—2003 第 11 章钢与混凝土组合梁中有何可改进之处？

【解析】 可改进处有：

1. 按国家标准《电弧螺柱焊用圆柱头焊钉》(GB/T 10433—2002)连接件应用焊钉，而 GB 50017 却焊钉、栓钉并用。"栓"的字义为器物上可开关、装卸部件，如枪栓、消火栓、螺栓，从形象和工作情况分析，焊钉与"栓"字无甚关系，工程名词宜统一、简明，不宜混用，建议今后一律称为焊钉。

2. 113 页倒 2 行"当栓钉材料性能等级为 4.6 级时，取…"改为"当焊钉材料性能等级为 4.6 级或 4.8 级时，均取…"。相应条文说明亦宜补充。

3. 119 页第 11.5.6 条第 3 行及第 7 行"Ⅰ级钢筋"应为"HPB235 级钢筋"。第 3 行"Ⅱ级钢筋"应为"HRB335 级钢筋"。以与 GB 50010—2002 相一致。

第十二章 单层工业厂房

3.12.1 请说明单层工业厂房在建筑结构中的位置和内涵。

【解析】 改革开放以来，我国建筑业发展迅猛，所有大、中、小城市都呈现出高楼林立，鳞次栉比，一片繁荣景象。但从国民经济发展来说，工业建设是主流。工业建筑，尤其是钢结构工业建筑，最有代表性的当属单层工业厂房。我国近年建成的多座几万至几十万平方米的宽厚板轧钢、冷轧钢板等大型车间，都是投资几十亿元的工业建筑，在国民经济发展和基本建设中都占据主要位置，不可忽视。

我国现行各种建筑结构设计规范，都以构件受力计算为主，系统地论述专门建筑如高层建筑、门式刚架则另有规程，系统地论述专门结构如网架、网壳等也有规程，而单层工业厂房却没有一本规程，但各本教科书中却有专题章节。厂房要适应工艺要求，而现代工业种类繁多，生产工艺要求殊异，但其共性却是可以归纳的。

单层厂房最主要特点是行驶吊车、通风散热、作业繁重、动力影响，故较多采用钢结构。厂房骨架是由柱、梁(或桁架)和支撑等相互联系而成的空间体系，具有足够的强度、稳定和刚度，以承受来自屋面、墙面、吊车、地震、温度作用，并向基础传递。为计算简化和明确，厂房结构常采用横向平面框(排)架和纵向结构两个相互独立的体系。这种体系由屋盖系统、吊车梁系统、柱系统、墙架系统、平台系统等组成。由柱和屋架组成的横向平面是厂房主要承重体系，绝大部分荷载都通过它传于基础。

3.12.2 对压型钢板组成的屋面、墙面体系，受力蒙皮作用是如何考虑的？

【解析】 《冷弯薄壁型钢结构技术规范》(GB 50018—2002)第4.1.10条对此规定为：

当采用不能滑动的连接件连接压型钢板及其支承构件形成屋面和墙面等围护体系时，且有试验或可靠分析方法获得蒙皮组合体的强度和刚度参数，能对结构进行整体分析和设计，可在单层房屋的设计中考虑受力蒙皮作用。

现场实测表明，具有可靠连接的压型钢板围护体系的建筑物，其承载能力和刚度均大于按裸骨架算得的值。这种因围护面材在自身平面内的抗剪能力而加强了结构整体工作性能的效应称为受力蒙皮作用。目前使用的自攻螺钉、抽芯铆钉和射钉等紧固件可发挥受力蒙皮作用。挂钩螺栓等可滑移的连接件则不具有抗剪能力，不能发挥受力蒙皮作用。由于蒙皮作用的大小与板型、板面开洞、布置形式等有关，应由试验研究方法确定相关系数，这样就限制了蒙皮作用的普遍利用。

图3-12-1(a)表示有蒙皮围护的平梁门式刚架体系在水平风荷载作用下的变形情况，整个屋面像平放的深梁一样工作，两檐口檩条类似上、下弦杆，除受弯外，还承受轴向压、拉作用。

图3-12-1(b)表示有蒙皮围护的山形门式刚架体系，在竖向屋面荷载作用下的变形情况。两坡向屋面类似斜放的深梁受弯，屋脊檩条受压，檐口檩条受拉。

所有这些深梁支座反力都由两端山墙承受，故山墙平面内应加山墙支撑或山墙拉杆。

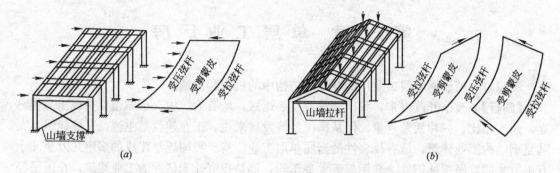

图 3-12-1 受力蒙皮作用示意
(a)平屋面在水平风载作用下的变形；(b)坡屋面在竖向荷载作用下的变形

3.12.3 屋面檩条在平面外设有拉条支承体系，拉条节点可否作为檩条平面外支承点？拉条布置应注意哪些问题？

【解析】 只要拉条体系完整，不论对檩条强度或整体稳定计算，均可取拉条节点作为檩条平面外支承点。

图 3-12-2 表示了各种檩间支撑布置情况，(a)、(b)为不同檩跨的布置，(c)误将压杆改为拉条，C 点的向下力无法传递到檩条两端。(d)中 d、e 应为压杆，才能将中部的向下力传递到檩条两端。

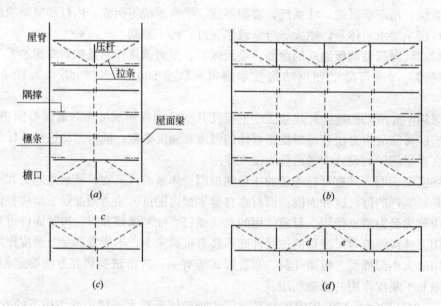

图 3-12-2 檩间支撑布置
(a)檩跨≤6m 时；(b)檩跨 12m 时；(c)、(d)错误布置

3.12.4 请说明屋面檩下隅撑的作用。

【解析】 归纳如下：

1. 有檩屋盖系统常将传递水平力的支撑系统布置在屋架(屋面梁)上弦平面，下弦平面则不设支撑系统，下弦平面外稳定则由隅撑来保证，其平面外计算长度取隅撑的最大间距(图 3-12-3)。

2. 在屋面支撑体系完整的条件下，隅撑布置宜与支撑节点结合，中间隅撑起减小屋架下弦出平面计算长度作用，但不能仅靠隅撑来起支撑体系作用。

3. 目前常用压型板檩距约 1.5m，一般每隔两、三个檩距成对(边屋架除外)设置隅撑。

4. 一般不用隅撑作为檩条平面内支点计算，檩条跨度取屋架间距。

5. 隅撑按压杆设计。

6. 轻型房屋墙梁端部亦设置隅撑与柱连接，亦可按屋面隅撑处理。

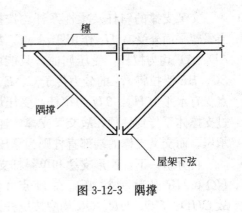

图 3-12-3 隅撑

3.12.5 请说明支撑杆件的设计。

【解析】 支撑设置多种多样，形式和构造各有不同，以屋盖的上弦水平支撑布置为例，见图 3-12-4，有横向支撑、纵向支撑、柱顶和屋脊的刚性系杆、交叉支撑、K 形支撑、单斜杆支撑以及交叉支撑端部的刚性横杆、纵向的柔性系杆等。

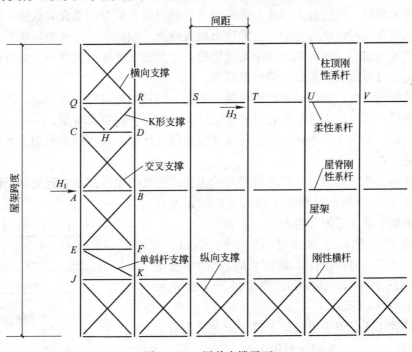

图 3-12-4 屋盖支撑平面

能承受拉力又能承受压力的系杆是刚性系杆，通常采用双角钢组成的十字形截面或钢管；只能承受拉力的系杆是柔性系杆，一般采用单角钢制成。屋脊节点及屋架支座的柱顶都要求设置纵向刚性系杆；当横向水平支撑设在房屋端部第二柱间时，第一柱间所有水平直系杆均应为能受压的刚性系杆，才能将山墙水平荷载传于横向水平支撑各节点上。在未设置纵向支撑处常用通长柔性系杆与两端横向支撑节点相连，可以此点作为屋架平面外支点。系杆也可利用托架、檩条、墙梁代替，对截面较弱的檩条，墙梁则应按压弯构件设计。

交叉支撑的斜杆及柔性系杆均按拉杆设计，从图 3-12-4 中可分析其力的传递途径。当屋架平面外受有 H_1 作用于 A 点，需通过支撑传于两边柱顶。当 A 点承受 H_1 之后，AD、AF 均为拉杆，受压屈曲，只能由 AB 压杆承受，AB 杆将 H_1 传递到 B 点，这样 BC、BE 受拉将 H_1 的分力传于 C、E 点，然后再通过支撑体系逐步传于柱顶。又如当 T 点受有水平力 H_2，TU 为拉杆，受压屈曲，但 TS、SR 受拉，可将 H_2 传于 R 点，再通过支撑体系传到柱顶，故交叉支撑、连续的柔性系杆都可以按拉杆设计，只能受拉，不能承压。而交叉支撑的端部直杆则为承压的刚性系杆，才能保证支撑体系发挥作用。

再分析一下，K 形支撑和单斜杆支撑受力情况，当 C 点受有水平力时，先传于 H 点，HQ 和 HR 必为一拉一压，在 H 点才能平衡，这样就可将 C 点水平力传到 Q、R 点上，故 CHD、HQ、HR、QR 均应按压杆设计（要考虑 C 点水平力的相反方向）。同样，E 点受有水平力，EK 必须为压杆才能将不同方向的水平力从 E 传到 K。故 K 形支撑、单斜杆支撑按压杆设计。

3.12.6 请说明吊车梁上最大弯矩求法并示例。

【解析】 由于吊车为移动荷载，首先应求出产生最大弯矩时各轮位置，根据材料力学对简支梁上移动诸力所产生最大弯矩的规律论述，最大弯矩必在某一集中力处产生，欲求某力处的最大弯矩，可将合力与此力距离的平分线与简支梁中线重合时获得，要将合力与每个力分别组合，经轮次对比后，才能比出最大弯矩。如吊车梁上各轮压相等，一般取与合力较近的轮压组合，还要照顾轮距布置情况，才能选出梁的最大弯矩。此外还要考虑梁的自重、安全过道活载、灰载、管线吊重等。

若梁的跨度较大，全部吊车轮都可置于梁上，则可据此求得最大弯矩。若各轮距总和与梁跨度相近，有时将边远吊车轮排列在梁外，反而可获得更大弯矩。

求制动梁、横向水平弯矩，一般亦按此轮压位置计算。如为制动桁架，尚应考虑节间局部弯矩的影响。

求梁支座处最大剪力，一般常将较大轮压和较密集的轮压尽量靠近支座，试算求得。

现以某 12m 跨吊车梁承受 2 台 $Q=100t$ 吊车作用为例，求梁中最大弯矩和剪力。

吊车纵向一侧尺寸如图 3-12-5 所示，$F_k=375$kN，$F=577.5$kN（已计入动力系数）；梁承受静载 $g_k=8$kN/m，$g=9.6$kN/m；安全过道活载 $q_k=2$kN/m，$q=2.8$kN/m。

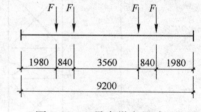

图 3-12-5　吊车纵向尺寸

经移动轮压测试梁上可置 6 个轮子，先求出合力 ΣF 距最左轮距离 a_1，见图 3-12-6。

$$a_1=\frac{F\times(0.84+4.8+5.64+9.2+10.04)}{6F}=5.086\text{m}$$

ΣF 距 C 轮距离 a_2，距 D 轮 a_3：

$$a_2=5.086-3.96-0.84=0.286\text{m}$$
$$a_3=0.84-0.286=0.554\text{m}$$

图 3-12-6 示出求最大弯矩梁上轮压位置，将合力与 $C(D)$ 轮的中线与梁中心线重合，可得：

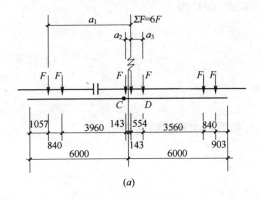 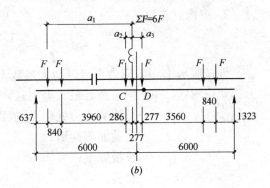

图 3-12-6 最大弯矩
(a)C 点弯矩；(b)D 点弯矩

$$M^C = 577.5 \times \left[\frac{6 \times 5.857^2}{12} - (3.96 + 4.8)\right] = 4846.5 \text{kN} \cdot \text{m}$$

$$M^D = 577.5 \times \left[\frac{6 \times 5.723^2}{12} - (3.56 + 4.4)\right] = 4860.5 \text{kN} \cdot \text{m}$$

一般情况下最大弯矩常在与合力较近的轮处，此梁因左右轮距不等，最大弯矩发生在距合力稍远的 D 轮处。

均布活载组合时应考虑组合值系数 0.7：
$g + q = 9.6 + 0.7 \times 2.8 = 11.56 \text{kN/m}$

近似按跨中取值：
$M = \frac{1}{8} \times 11.56 \times 12^2 = 208.1 \text{kN} \cdot \text{m}$

$\Sigma M = 4860.5 + 208.1 = 5068.6 \text{kN} \cdot \text{m}$

梁的最大剪力在图 3-12-7 梁的左端：

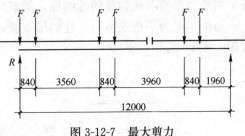

图 3-12-7 最大剪力

$$R = V_{\max} = 577.5 \times \frac{1.96 + 2.8 + 6.76 + 7.6 + 11.16 + 12}{12}$$

$$= 2035 \text{kN}$$

为什么最大剪力不取 $(R-F)$ 呢？因为 F 只向右移一丁点，在此小范围内最大剪力是 R 而不是 $(R-F)$。

再计入均布荷载：
$$V = \frac{1}{2} \times 11.56 \times 12 = 69 \text{kN}$$

$$\Sigma V = 2035 + 69 = 2104 \text{kN}$$

3.12.7 吊车梁支座剪应力计算为什么平板式支座与突缘式支座有所不同？

【解析】 由于突缘式支座反力有偏心影响，故国家标准图集及有关资料对两种支座剪应力采取两种不同算法。

1. 平板式支座

$$\tau = \frac{V_{\max} S}{I t_w} \leqslant f_v \tag{3-12-1}$$

即采用《钢结构设计规范》(GB 50017—2003)式(4.1.2)。

2. 突缘式支座

$$\tau = \frac{1.2V_{max}}{h_0 t_w} \leqslant f_v \tag{3-12-2}$$

即按腹板平均剪应力再乘以增大系数1.2。

上二式中　V_{max}——梁支座处最大剪力；

　　　　　S——计算剪应力处以上(或以下)毛截面对中和轴的面积矩；

　　　　　I——毛截面惯性矩；

　　　　　t_w——腹板厚度；

　　　　　h_0——腹板高度。

3.12.8　请简述单层厂房柱计算要点。

【解析】　柱属轴心受压(摇摆柱)或压弯构件，其强度、稳定性、长细比、变形均按计算确定。

柱平面内计算长度的计算比较繁冗，根据支承条件、柱子形式、梁柱刚度、柱的轴力等因素确定。

相对而言，厂房柱在平面外即沿厂房长度方向的计算长度取值比较简单，即取阻止框架平面外位移的侧向支承点之间的距离即可，这是指平面受力体系的简化假定，不再考虑柱平面外节点的刚性和柱的连续性，但双向受力框架平面内外计算长度宜各自计算确定。

当吊车梁为平板支座时，柱的吊车肢还应考虑相邻两吊车梁支座反力差在框架平面外弯矩的影响(图3-12-8)。

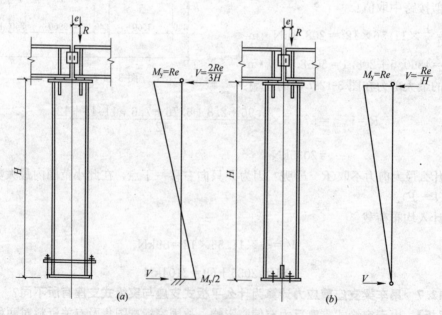

图3-12-8　吊车肢平面外弯矩
(a)柱脚刚接；(b)柱脚铰接

3.12.9　请对图3-12-9所示单阶柱的下肢格构式柱进行部分计算。

【解析】　假定柱距12mm，在▽±0.000及14.000处有柱间支撑纵向支承，钢材为

Q235-B，E4303焊条，现进行如下6点计算：

1. 柱肢HN400×200×8×13，$A=8337\text{mm}^2$，$i_x=165.8\text{mm}$，$i_y=45.6\text{mm}$，柱肢承受轴压设计值$N=1204\text{kN}$，求其以稳定性强度计算数值。

$\lambda_x=14000/165.8=84.4$，查《钢结构设计规范》表5.1.2-1，$b/h=200/400=0.5<0.8$，属a类，查表C-1，$\varphi_x=0.754$

$\lambda_y=3000/45.6=65.8$，$b/h=0.5$，属b类，查表C-2，$\varphi_y=0.775$

稳定性计算：
$$\frac{N}{\varphi A}=\frac{1204\times 10^3}{0.754\times 8337}=191.5\text{N/mm}^2$$

2. 双肢柱脚分别插入双杯口基础锚固，求最小插入深度。按《钢结构设计规范》表8.4.15，

$d_{in}=0.5h_c=0.5\times(3000+200)$
$\qquad=1600\text{mm}$

或 $\qquad d_{in}=1.5b_c=1.5\times 400=600\text{mm}$

取 $\qquad d_{in}=1600\text{mm}$

3. 柱脚如改为锚栓连接，每个柱肢用2M30锚栓，Q235-B钢，每个锚栓有效面积$A_e=560.6\text{mm}^2$，柱肢最大拉力设计值为108kN，问锚栓拉应力及强度设计值。

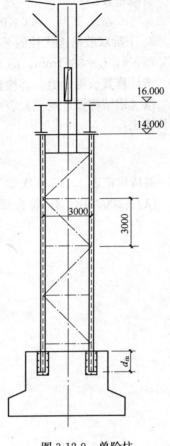

图3-12-9 单阶柱

$\sigma=108\times 10^3/(2\times 560.6)=96.3\text{N/mm}^2$ 查《钢结构设计规范》表3.4.1-4，$f_t^a=140\text{N/mm}^2>\sigma$，可。

4. 下阶双肢格构式柱的斜腹杆采用两个∟125×8分别用节点板单面连接在柱肢翼缘上，两角钢中间无连系，其$i_x=38.8\text{mm}$，$i_{min}=25\text{mm}$，当按轴心受压稳定性计算时，求其折减系数。

单角钢长细比按斜平面进行计算：
$$\lambda=\frac{0.9\times\sqrt{2}l}{i_{min}}=\frac{0.9\times\sqrt{2}\times 300}{25}=153 \quad \text{偏大}$$

按《钢结构设计规范》第3.4.2.1.2)项，折减系数为：
$$0.6+0.0015\lambda=0.6+0.0015\times 153=0.830$$

5. 下阶双肢格构式柱的斜腹杆采用两个∟75×6分别用节点板单面连接在柱肢翼缘上，两角钢中间有缀条连系，∟75×6的$i_x=i_y=23.1\text{mm}$，$i_{min}=14.9\text{mm}$，当按轴心受压稳定性计算时，求其折减系数。

单角钢单面连接，因有缀条连系，使两角钢形成整体受力，回转半径可按平行轴取值，斜腹杆因有节点板连接，计算长度可取0.8系数。

$$\lambda=\frac{0.8\times\sqrt{2}l}{i_x}=\frac{0.8\times\sqrt{2}\times 3000}{23.1}=147$$

折减系数：
$$0.6 \times 0.0015\lambda = 0.6 + 0.0015 \times 147 = 0.820$$

6. 下阶双肢格构式柱的平腹杆，起减小受压柱肢长细比作用，采用两个中间无连系的 $\llcorner 75 \times 6$，$i_x = 23.1\text{mm}$，$i_{min} = 14.9\text{mm}$，用节点板和柱肢连接。

请计算其长细比值，并检验其是否符合容许长细比。

按《钢结构设计规范》表5.3.1，单角钢腹杆计算长度按斜平面考虑，取0.9系数，其长细比：
$$\lambda = \frac{0.9l}{i_{min}} = \frac{0.9 \times 3000}{14.9} = 181.2$$

再按规范表5.1.8项次2，水平杆为用以减小受压柱肢长细比杆件，容许长细比：$[\lambda] = 200 > 181.2$，符合要求。

第四篇 砌 体 结 构

第一章 砌体材料及力学性能

第一节 砌 体 材 料

4.1.1 烧结普通砖是否是实心砖?

【解析】 烧结普通砖是以黏土、页岩、煤矸石或粉煤灰为主要原料,经焙烧而成,实心或孔洞率不大于规定值,外形尺寸符合规定的砖。烧结普通砖按其主要原料的种类分为烧结黏土砖、烧结页岩砖、烧结煤矸石砖和烧结粉煤灰砖等,烧结黏土砖的规格尺寸为240mm×115mm×53mm。因此烧结普通砖并不一定是实心砖。

4.1.2 烧结多孔砖与烧结空心砖有何区别?

【解析】 烧结多孔砖是以黏土、页岩、煤矸石或粉煤灰为主要原料,经焙烧而成,孔洞率不小于25%且不大于40%,孔的尺寸小而数量多,主要用于承重部位的砖。烧结空心砖是以黏土、页岩、煤矸石或粉煤灰为主要原料,经焙烧而成,其孔洞率不应小于40%,主要用于非承重部位的砖。因此烧结多孔砖和烧结空心砖有不同的定义和用途,二者名称不可混淆。

4.1.3 块体的强度等级如何确定?

【解析】 按标准试验方法得到的以 MPa 表示的块体抗压强度平均值称为块体的强度等级。

1. 砖的强度等级的确定及划分

确定砖的强度等级时,抽取 10 块试样,分别从长度的中间处切断,用水泥砂浆将半块砖两两重叠粘在一起,经养护后进行抗压强度试验,并计算出单块强度、平均强度、强度标准值和变异系数,据此来评定砖的强度等级。

烧结普通砖、烧结多孔砖的强度应符合表 4-1-1 的要求。

烧结普通砖、烧结多孔砖强度等级(MPa)　　　　表 4-1-1

强度等级	抗压强度平均值 $\bar{f}\geqslant$	变异系数 $\delta\leqslant0.21$ 抗压强度标准值 $f_k\geqslant$	变异系数 $\delta>0.21$ 单块最小抗压强度值 $f_{min}\geqslant$
MU30	30.0	22.0	25.0
MU25	25.0	18.0	22.0

续表

强度等级	抗压强度平均值 $\bar{f} \geqslant$	变异系数 $\delta \leqslant 0.21$ 抗压强度标准值 $f_k \geqslant$	变异系数 $\delta > 0.21$ 单块最小抗压强度值 $f_{min} \geqslant$
MU20	20.0	14.0	16.0
MU15	15.0	10.0	12.0
MU10	10.0	6.5	7.5

空心块材的强度等级是由试件破坏荷载值除以受压毛面积确定的，在设计时不需要再考虑孔洞的影响。

蒸压灰砂砖的强度应符合表 4-1-2 的要求。

蒸压灰砂砖强度(MPa)　　　　　　　　　　　　表 4-1-2

强度等级	抗压强度		抗折强度	
	平均值不小于	单块值不小于	平均值不小于	单块值不小于
MU25	25.0	20.0	5.0	4.0
MU20	20.0	16.0	4.0	3.2
MU15	15.0	12.0	3.3	2.6
MU10	10.0	8.0	2.5	2.0

注：优等品的强度级别不得小于 15 级。

确定蒸压粉煤灰砖的强度等级时，其抗压强度应乘以自然碳化系数，当无自然碳化系数时，可取人工碳化系数的 1.15 倍。

2. 砌块强度等级的确定

砌块的强度等级由 3 个试块根据标准试验方法，按毛面积计算的极限抗压强度 MPa 值划分的。混凝土砌块强度应符合表 4-1-3 的要求，轻骨料混凝土砌块的强度应符合表 4-1-4的要求。确定掺有粉煤灰 15% 以上的混凝土砌块的强度等级时，其抗压强度应乘以自然碳化系数，当无自然碳化系数时，可取人工碳化系数的 1.15 倍。

混凝土砌块强度(MPa)　　　　　　　　　　　　表 4-1-3

强度等级	抗压强度	
	平均值不小于	单块最小值不小于
MU20	20.0	16.0
MU15	15.0	12.0
MU10	10.0	8.0
MU7.5	7.5	6.0
MU5	5.0	4.0

轻骨料混凝土砌块强度等级(MPa)　　　　　　　表 4-1-4

强度等级	砌块抗压强度	
	平均值	最小值
MU10	$\geqslant 10.0$	8.0
MU7.5	$\geqslant 7.5$	6.0
MU5	$\geqslant 5.0$	4.0

3. 石材强度等级的确定

石材的强度等级，可用边长为70mm的立方体试块的抗压强度表示。抗压强度取三个试件破坏强度的平均值。试件也可采用表4-1-5所列边长的立方体，但应对试验结果乘以相应的换算系数后方可作为石材的强度等级。

石材强度等级的换算系数　　　　　　　　　　　　表4-1-5

立方体边长(mm)	200	150	100	70	50
换算系数	1.43	1.28	1.14	1.00	0.86

石材的强度等级划分为：MU100、MU80、MU60、MU50、MU40、MU30和MU20。

4.1.4 砂浆的强度等级如何确定？

【解析】 我国的砂浆强度等级是采用边长为70.7mm的立方体标准试块，在温度为$20\pm3℃$，水泥砂浆在湿度为90%以上，水泥石灰砂浆在湿度为60%～80%环境下养护28天，进行抗压试验所得的以MPa表示的抗压强度平均值划分的。《砌体结构设计规范》(GB 50003—2001)规定的砂浆强度等级为M15、M10、M7.5、M5和M2.5。《砌体结构设计规范》规定的混凝土砌块砌筑专用砂浆的强度等级为Mb15、Mb10、Mb7.5和Mb5。

4.1.5 砌筑砂浆有哪些种类？

【解析】 砂浆按其配合成分可分为以下几种：

1. 水泥砂浆。按一定质量比由水泥与砂加水搅拌而成，不掺合石灰、石膏等塑化剂的砂浆。这种砂浆强度高、耐久性好，适宜于砌筑对强度有较高要求的地上砌体及地下砌体。但是，这种砂浆的和易性和保水性较差，施工难度较大。

2. 混合砂浆。按一定质量比由水泥、塑化剂、砂和水搅拌而成的砂浆。例如，水泥石灰砂浆、水泥石膏砂浆等。混合砂浆的和易性、保水性较好，便于施工砌筑。适用于砌筑一般地面以上的墙、柱砌体。

3. 非水泥砂浆。按一定质量比由石灰、石膏或黏土与砂加水搅拌而成的砂浆。例如石灰砂浆、石膏砂浆、黏土砂浆等。这类砂浆强度低、耐久性差，只适宜于砌筑承受荷载不大的砌体或临时性建筑物、构筑物的砌体。

4. 混凝土砌块砌筑砂浆。是由水泥、砂、水以及根据需要掺入的掺合料和外加剂等组分，按一定比例，采用机械拌合制成，用于砌筑混凝土砌块的砂浆，又称为混凝土砌块专用砌筑砂浆。它较传统的砌筑砂浆可使砌体灰缝饱满、粘结性能好，减少墙体开裂和渗漏，提高砌块建筑质量。

该砂浆中的掺合料主要采用粉煤灰，外加剂包括减水剂、早强剂、促凝剂、缓凝剂、防冻剂、颜料等。砌块专用砂浆的配合比可参阅表4-1-6。砂浆必须采用机械搅拌，且搅拌时先加细集料、掺合料和水泥干拌1min，再加水湿拌。总的搅拌时间不得少于4min。若加外加剂，则在搅拌1min后加入。砂浆稠度为50～80mm，分层度为10～30mm。

为了与普通砌筑砂浆相区别，《混凝土小型空心砌块砌筑砂浆》(JG 860—2000)中规定其强度等级以Mb标记，但其抗压强度指标与普通砌筑砂浆抗压强度指标对应相等。

混凝土砌块砌筑砂浆参考配合比　　　　表 4-1-6

强度等级	水泥砂浆					混合砂浆（Ⅰ）					混合砂浆（Ⅱ）					
	水泥	粉煤灰	砂	外加剂	水	水泥	消石灰粉	砂	外加剂	水	水泥	石灰膏	粉煤灰	砂	水	外加剂
Mb5.0						1	0.9	5.8	√	1.36	1	0.66	0.66	8.0	1.20	√
Mb7.5						1	0.7	4.6	√	1.02	1	0.42	0.15	6.6	1.00	√
Mb10.0	1	0.32	4.41	√	0.79	1	0.5	3.6	√	0.81	1	0.20	0.20	5.4	0.80	√
Mb15.0	1	0.32	3.76	√	0.74	1	0.3	3.0	√	0.74	1	0.90	—	4.5	0.75	√
Mb20.0	1	0.23	2.96	√	0.55	1	0.3	2.6	√	0.53	1	0.45	—	4.0	0.54	√
Mb25.0	1	0.23	2.53	√	0.54											
Mb30.0	1		2.00	√	0.52											

注：Mb5.0～Mb20.0 用 32.5 级普通水泥或矿渣水泥；Mb25.0～Mb30.0 用 42.5 级普通水泥或矿渣水泥。

4.1.6 混凝土砌块灌孔混凝土与普通混凝土有何区别？

【解析】 混凝土砌块灌孔混凝土是由水泥、骨料、水以及根据需要掺入的掺合料和外加剂等组成，按一定的比例，采用机械搅拌，用于浇筑混凝土小型空心砌块砌体芯柱或其他需要填实部位孔洞的混凝土，又称为砌块建筑灌注芯柱、孔洞的专用混凝土。它是一种高流动性、硬化后体积微膨胀或有补偿收缩性能的混凝土，使灌孔砌体整体受力性能良好，砌体强度大为提高。

该混凝土中的掺合料主要采用粉煤灰，外加剂包括减水剂、早强剂、促凝剂、缓凝剂、膨胀剂等。灌孔混凝土的配合比可参阅表 4-1-7。搅拌机应优先采用强制式搅拌机，搅拌时先加粗细骨料、掺合料、水泥干拌 1min，最后加外加剂搅拌，总的搅拌时间不宜少于 5min。当采用自落式搅拌机时，应适当延长其搅拌时间。灌孔混凝土的坍落度不宜小于 180min，其拌合物应均匀、颜色一致、不离析、不泌水。

混凝土小型空心砌块灌孔混凝土参考配合比　　　　表 4-1-7

强度等级	水泥强度等级（MPa）	配 合 比					
		水泥	粉煤灰	砂	碎石	外加剂	水灰比
Cb20	32.5	1	0.18	2.63	3.63	√	0.48
Cb25	32.5	1	0.18	2.08	3.00	√	0.45
Cb30	32.5	1	0.18	1.66	2.49	√	0.42
Cb35	42.5	1	0.19	1.59	2.35	√	0.47
Cb40	42.5	1	0.19	1.16	1.68	√	0.45

4.1.7 砌体结构设计时，块体和砂浆如何选择？

【解析】 在砌体结构设计中，块体和砂浆的选择既要保证结构的安全可靠，又要获得合理的经济技术指标，设计时可按下列原则进行选择：

1. 应根据"因地制宜，就地取材"的原则，尽量选择当地性能良好的块体和砂浆材料，以获得较好的技术经济指标。

2. 为了保证砌体的承载力，要根据设计计算选择强度等级适宜的块体和砂浆。

3. 要保证砌体的耐久性。所谓耐久性就是要保证砌体在长期使用过程中具有足够的承载能力和正常使用性能，避免或减少块体中可溶性盐的结晶风化导致块体掉皮和层层剥落现象。另外，块体的抗冻性能对砌体的耐久性有直接影响。抗冻性的要求是要保证在多次冻融循环后块体不至于剥蚀及强度降低。一般块体吸水率越大，抗冻性越差。

4. 五层及五层以上房屋的墙，以及受振动或层高大于 6m 的墙、柱所用材料的最低强度等级，应符合下列要求：

(1) 砖采用 MU10；
(2) 砌块采用 MU7.5；
(3) 石材采用 MU30；
(4) 砂浆采用 M5。

5. 地面以下或防潮层以下的砌体，潮湿房间的墙，所用材料的最低强度等级，应符合表 4-1-8 的要求。

地面以下或防潮层以下的砌体、潮湿房间墙所用材料的最低强度等级　　表 4-1-8

基土的潮湿程度	烧结普通砖、蒸压灰砂砖		混凝土砌块	石　材	水泥砂浆
	严寒地区	一般地区			
稍潮湿的	MU10	MU10	MU7.5	MU30	M5
很潮湿的	MU15	MU10	MU7.5	MU30	M7.5
含水饱和的	MU20	MU15	MU10	MU40	M10

6. 在冻胀地区，地面以下或防潮层以下的砌体，不宜采用多孔砖，如果采用时，其孔洞应用水泥砂浆灌实。当采用混凝土砌块砌体时，其孔洞应采用强度等级不低于 Cb20 的混凝土灌实。对安全等级为一级或设计使用年限大于 50 年的房屋，表中材料强度等级应至少提高一级。

第二节　砌体的强度

4.1.8 影响砌体抗压强度的主要因素有哪几项？

【解析】 影响砌体抗压强度的主要因素有：

1. 块体和砂浆强度的影响

块体和砂浆的强度是影响砌体抗压强度的主要因素，砌体强度随块体和砂浆强度的提高而提高。对于提高砌体强度而言，提高块体强度比提高砂浆强度更有效。一般情况下，砌体强度低于块体强度；当砂浆的强度等级较低时，砌体强度高于砂浆强度；当砂浆的强度等级较高时，砌体的强度低于砂浆的强度。

2. 块体的表面平整度和几何尺寸的影响

块体的表面平整度对砌体抗压强度有显著的影响。当块体翘曲时，砂浆层将严重不均匀，产生较大的附加弯曲应力使块体过早地破坏。

块体的高度较大时，其抗弯、抗剪和抗拉能力也较大。长度较大的块体在砌体中产生较大的弯剪应力。试验研究表明：块体几何尺寸对砌体抗压强度影响系数为：

$$\psi_d = 2\sqrt{\frac{h+70}{l}} \tag{4-1-1}$$

式中 h——块体的高度(mm);
l——块体的长度(mm)。

3. 砂浆的变形及和易性的影响

砂浆中的砂浆变形较大时,块体内受到的弯剪应力及横向拉应力增大,对砌体抗压强度产生不利影响。和易性较好的砂浆,灰缝厚度均匀且密实性较好,可以减小块体中产生复杂应力,使砌体强度提高。试验研究表明:水泥砂浆的和易性和保水性较差,采用水泥砂浆砌筑的砌体,其抗压强度比采用混合砂浆砌筑的砌体降低15%～50%。

4. 水平灰缝厚度和饱满度的影响

砂浆在砌体中的作用是将块体连成整体,并填平块体表面使其应力均匀分布,减小复杂应力状态的影响。

当灰缝厚度较厚时,灰缝砂浆的横向变形加大,砌体内的复杂应力状态也随之加剧,砌体强度降低。当灰缝厚度较薄时,如果块体表面不平整,水平灰缝砂浆不能减轻铺砌面不平的影响,不足以改善砌体内的复杂应力状态,砌体强度也降低。砖和小型砌块砌体的灰缝厚度一般宜为10mm,不应小于8mm,也不应大于12mm。

砌体的抗压强度随水平灰缝砂浆饱满度的提高而提高,水平灰缝砂浆的饱满度不得低于80%。

5. 砖砌筑时含水率的影响

试验研究表明:砌体的抗压强度随砖砌筑时含水率的增大而提高,这是由于砌体的含水率大时,表面的多余水分有利于砂浆的硬化,提高了砂浆的强度。当砌体的含水率很小时,砌体将吸收砂浆中的水分,使砂浆失水达不到设计强度。但砌体的含水量过大时,墙面将产生流浆,抗剪强度也随之降低。做为正常的施工标准,要求烧结普通砖和多孔砖砌筑时的含水率为10%～15%(此含水率大约相当于砖的浸水深度为10～20mm),灰砂砖和粉煤灰砖的含水率为5%～8%。

6. 砌筑方法的影响

砌体的砌筑方法对砌体强度和整体性有明显的影响。《砌体工程施工质量验收规范》(GB 50203—2002)规定:砖砌体应上下错缝,内外搭砌。普通砖砌体宜采用一顺一丁、梅花丁或三顺一丁的砌筑形式(图4-1-1)。对于砖柱不得采用包心砌法(图4-1-2)。

图4-1-1 一顺一丁、梅花丁、三顺一丁砌筑方法

7. 施工技术和管理水平的影响

《砌体工程施工质量验收规范》(GB 50203—2002)根据施工现场的质量管理、砂浆和混凝土强度、砌筑工人技术水平等综合评价,从宏观上将砌体工程施工质量控制等级分为A、B、C三级(表4-1-9),砌体强度则与砌体施工质量控制相联系,砌体结构的砌筑砂浆和混凝土的质量水平见表4-1-10和表4-1-11。

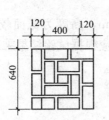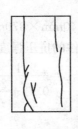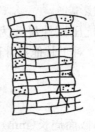

图 4-1-2 包心砌砖柱及破坏形态

砌体施工质量控制等级 表 4-1-9

项 目	施工质量控制等级		
	A	B	C
现场质量管理	制度健全,并严格执行;非施工方质量监督人员经常到现场,或现场设有常驻代表;施工方有在岗专业技术管理人员,人员齐全,并持证上岗	制度基本健全,并能执行;非施工方质量监督人员间断地到现场进行质量控制;施工方有在岗专业技术管理人员,并持证上岗	有制度;非施工方质量监督人员很少做现场质量控制;施工方有在岗专业技术管理人员
砂浆、混凝土强度	试块按规定制作,强度满足验收规定,离散性小	试块按规定制作,强度满足验收规定,离散性较小	试块强度满足验收规定,离散性大
砂浆拌和方式	机械拌和;配合比计量控制严格	机械拌和;配合比计量控制一般	机械或人工拌和;配合比计量控制较差
砌筑工人	中级工以上,其中高级工不少于20%	高、中级工不少于70%	初级工以上

砌筑砂浆质量水平 表 4-1-10

强度标准差 σ(MPa) 强度等级 质量水平	M2.5	M5	M7.5	M10	M15	M20
优 良	0.5	1.00	1.50	2.00	3.00	4.00
一 般	0.62	1.25	1.88	2.50	3.75	5.00
差	0.75	1.50	2.25	3.00	4.50	6.00

混凝土质量水平 表 4-1-11

评定指标	质量水平	优 良		一 般		差	
	强度等级 生产单位	<C20	≥C20	<C20	≥C20	<C20	≥C20
强度标准差(MPa)	预拌混凝土厂	≤3.0	≤3.5	≤4.0	≤5.0	>4.0	>5.0
	集中搅拌混凝土的施工现场	≤3.5	≤4.0	≤4.5	≤5.5	>4.5	>5.5
强度等于或大于混凝土强度等级值的百分率(%)	预拌混凝土厂、集中搅拌混凝土的施工现场	≥95		>85		≤85	

8. 试件尺寸的影响

标准的砖砌体抗压试件尺寸为 240mm×370mm，高度为截面较小边长的 2.5～3 倍（即 600～720mm），对于其他尺寸试件的抗压强度应根据试验结果乘以修正系数 ψ：

$$\psi = \frac{1}{0.72 + \dfrac{20s}{A}} \tag{4-1-2}$$

式中　s——试件的截面周长(mm)；

　　　A——试件截面面积(mm^2)。

4.1.9　各类砌体抗压强度平均值如何确定？

【解析】　根据大量试验资料统计分析，我国《砌体结构设计规范》提出了一个比较完整且统一的砌体抗压强度计算公式，即：

$$f_m = k_1 f_1^\alpha (1 + 0.07 f_2) k_2 \tag{4-1-3}$$

式中　f_m——砌体轴心抗压强度平均值(MPa)；

　　　f_1——块体(砖、石、砌块)的抗压强度等级或平均值(MPa)；

　　　f_2——砂浆的抗压强度平均值(MPa)；

　　　k_1——与块体类别有关的参数，见表 4-1-12；

　　　α——与块体高度及砌体类别有关的参数，见表 4-1-12；

　　　k_2——砂浆强度影响的修正系数，见表 4-1-12。

轴心抗压强度平均值 f_m(MPa)　　　　　　　　　　　表 4-1-12

砌体种类	$f_m = k_1 f_1^\alpha (1+0.07 f_2) k_2$		
	k_1	α	k_2
烧结普通砖、烧结多孔砖、蒸压灰砂砖、蒸压粉煤灰砖	0.78	0.5	当 $f_2<1$ 时，$k_2=0.6+0.4 f_2$
混凝土砌块	0.46	0.9	当 $f_2=0$ 时，$k_2=0.8$
毛料石	0.79	0.5	当 $f_2<1$ 时，$k_2=0.6+0.4 f_2$
毛石	0.22	0.5	当 $f_2<2.5$ 时，$k_2=0.4+0.24 f_2$

注：1. k_2 在表列条件以外均等于 1；
　　2. 式中 f_1 为块体(砖、石、砌块)的抗压强度等级值或平均值；f_2 为砂浆抗压强度平均值，单位均以 MPa 计；
　　3. 混凝土砌块砌体的轴心抗压强度平均值，当 $f_2>10$MPa 时，应乘系数 $1.1-0.01 f_2$，MU20 的砌体应乘系数 0.95，且满足 $f_1 \geqslant f_2$，$f_1 \leqslant 20$MPa；
　　4. 当烧结多孔砖的孔洞率大于 30% 时，f_m 应乘以 0.9。

4.1.10　烧结多孔砖与烧结普通砖的抗压强度和受力性能是否相同？

【解析】　对于孔洞率不大于 30% 的烧结多孔砖的抗压强度与烧结普通砖相同，但破坏形态不同，主要表现在：

1. 具有竖向孔洞的多孔砖，孔洞率不大于 30% 时，对砌体抗压强度影响很小。这是由于制砖时，因为有孔洞，制砖压力大，砖密实度大，强度提高，可弥补孔洞削弱的影响。多孔砖高度为 90mm，普通砖为 53mm，由于块体高度的影响，砌体强度可提高 1.27 倍。

2. 多孔砖砌体受压仍经三个阶段，由于多孔砖壁薄，具有脆性，第一阶段开裂后，立刻达到第三阶段，单块砖劈裂破坏。因此对砖出厂时的裂缝有严格的要求。

4.1.11 混凝土砌块灌孔砌体的抗压强度如何确定？

【解析】 混凝土砌块灌孔砌体抗压强度设计值，按下列公式计算：

$$f_g = f + 0.6\alpha f_c \tag{4-1-4}$$

$$\alpha = \delta\rho \tag{4-1-5}$$

式中 f_g——混凝土砌块灌孔砌体抗压强度设计值；

f——混凝土空心砌块砌体抗压强度设计值；

f_c——灌孔混凝土轴心抗压强度设计值；

α——砌块砌体中灌孔混凝土面积与砌体毛面积的比值；

δ——混凝土砌块孔洞率；

ρ——混凝土砌块砌体灌孔率。

为使灌孔砌体中每种材料的强度得到较为充分的发挥，并安全可靠，上式应用时，应有下列限制：

1. 上式适用于单排孔混凝土砌块且对孔砌筑的砌体，其他情况应作相应的修正；
2. 灌孔混凝土强度等级不应低于Cb20，也不应低于1.5倍的块体强度等级；
3. 当计算的 $f_g > 2f$ 时，取 $f_g = 2f$；
4. ρ 为截面灌孔混凝土面积与截面孔洞面积的比值，不应小于33%；当 $\rho < 33\%$ 时，其砌体抗压强度应取为 f；
5. 混凝土砌块、砌筑砂浆和灌孔混凝土的强度等级应相互匹配。

4.1.12 各类砌体的轴心抗拉、弯曲抗拉和抗剪强度平均值如何确定？

【解析】 砌体的轴心抗拉、弯曲抗拉和抗剪强度平均值，可按下列公式计算：

砌体轴心抗拉强度平均值 $\quad f_{t,m} = k_3 \sqrt{f_2} \tag{4-1-6}$

砌体弯曲抗拉强度平均值 $\quad f_{tm,m} = k_4 \sqrt{f_2} \tag{4-1-7}$

砌体抗剪强度平均值 $\quad f_{v,m} = k_5 \sqrt{f_2} \tag{4-1-8}$

式中 k_3、k_4、k_5——强度影响系数，可由表4-1-13查出。

砌体轴心抗拉强度平均值 $f_{t,m}$、弯曲抗拉强度平均值 $f_{tm,m}$ 和抗剪强度平均值 $f_{v,m}$ 的影响系数　　　表4-1-13

砌体种类	$f_{t,m}=k_3\sqrt{f_2}$	$f_{tm,m}=k_4\sqrt{f_2}$		$f_{v,m}=k_5\sqrt{f_2}$
	k_3	k_4		k_5
		沿齿缝	沿通缝	
烧结普通砖、烧结多孔砖	0.141	0.250	0.125	0.125
蒸压灰砂砖、蒸压粉煤灰砖	0.09	0.18	0.09	0.09
混凝土砌块	0.069	0.081	0.056	0.069
毛石	0.075	0.113	—	0.188

4.1.13 混凝土砌块灌孔砌体的抗剪强度如何确定？

【解析】 在混凝土结构中，其构件斜截面受剪承载力往往以混凝土的轴心抗拉强度来表达，对于砌体结构而言，其轴心抗拉强度难以通过试验确定。根据混凝土砌块灌孔砌体的抗剪强度试验，可以采用抗压强度进行表达：

$$f_{vg,m} = 0.32 f_{g,m}^{0.55} \tag{4-1-9}$$

$$f_{vg} = 0.2 f_g^{0.55} \tag{4-1-10}$$

式中 $f_{vg,m}$——混凝土砌块灌孔砌体抗剪强度平均值；

f_{vg}——混凝土砌块灌孔砌体抗剪强度设计值。

4.1.14 砌体强度的平均值、标准值和设计值有何不同？

【解析】 在以概率理论为基础的极限状态设计方法中，砌体强度的平均值 f_m 代表了强度取值的平均水平。

各类砌体各种受力状态强度标准值 f_k 是考虑强度的变异性，按《建筑结构可靠度设计统一标准》的要求统一规定为强度的概率密度函数的 5% 分位值。由统计资料可知，各类砌体强度服从正态分布，其标准值 f_k 可按下式计算：

$$f_k = f_m - 1.645 \sigma_f = f_m (1 - 1.645 \delta_f) \tag{4-1-11}$$

式中 f_m——砌体强度的平均值；

σ_f——砌体强度的标准差；

δ_f——砌体强度的变异系数，可按表 4-1-14 取值。

砌体强度的变异系数   表 4-1-14

砌体类别	砌体抗压强度	砌体抗拉、抗弯、抗剪强度
各种砖、砌块、毛料石砌体	0.17	0.20
毛石砌体	0.24	0.26

砌体的强度设计值 f 是砌体结构构件按承载能力极限状态设计时所采用的考虑几何参数变异、计算模式不定性等因素对可靠度影响的砌体强度代表值，为砌体强度的标准值 f_k 除以材料性能分项系数 γ_f，见下式：

$$f = \frac{f_k}{\gamma_f} \tag{4-1-12}$$

式中 γ_f——砌体结构的材料性能分项系数，可按表 4-1-15 取值。

材料性能分项系数 γ_f 表 4-1-15

施工控制等级	A	B	C
γ_f	1.5	1.6	1.8

注：设计时，施工控制等级为 A 级时的砌体强度设计值可取 B 级时的 1.05 倍。

砌体强度的平均值、标准值和设计值的关系见表 4-1-16。

砌体强度平均值、标准值、设计值的关系   表 4-1-16

类别	标准值 f_k	设计值 f
砖、砌块砌体受压	$0.72 f_m$	$0.45 f_m$
毛石砌体受压	$0.60 f_m$	$0.377 f_m$
砖、砌块砌体受拉、受弯、受剪	$0.67 f_m$	$0.42 f_m$
毛石砌体受拉、受弯、受剪	$0.57 f_m$	$0.36 f_m$

注：表中数据施工质量控制等级为 B 级，f_m 为砌体强度平均值。

4.1.15 砌体强度设计值在什么情况下要进行调整?

【解析】 在某些特定的条件下,砌体强度的设计值需进行调整。如受吊车动力影响及受力复杂的砌体,要求提高其安全储备;截面面积较小的砌体构件,受各种偶然因素影响,可能导致砌体强度有较大的降低;采用水泥砂浆砌筑的砌体,由于砂浆的保水性、和易性差,强度会有所降低;当验算施工阶段的砌体构件时,安全储备可适当降低;按不同施工质量控制等级施工的砌体构件,通过 γ_a 来调整不同材料性能分项系数的影响。砌体强度调整系数可按表4-1-17采用。

砌体强度设计值的调整系数   表4-1-17

砌体所处工作情况			γ_a
有吊车房屋的砌体			0.9
跨度不小于9m的梁下烧结普通砖砌体			
跨度不小于7.2m的梁下烧结多孔砖、蒸压灰砂砖、蒸压粉煤灰砖砌体、混凝土和轻骨料混凝土砌块砌体			
无筋砌体构件截面面积 $A<0.3m^2$		对砌体的局部受压,不考虑此项影响	$A+0.7$
配筋砌体构件,当其中砌体构件截面面积 $A<0.2m^2$			$A+0.8$
水泥砂浆砌筑的砌体	对砌体抗压强度设计值	配筋砌体构件中,仅对砌体的强度设计值乘 γ_a	0.9
	对砌体其他强度设计值		0.8
施工质量控制等级为C级		配筋砌体不得采用C级	0.89
验算施工中房屋的构件			1.1

砌体强度设计值调整时,尚应注意以下几点:

1. 计算混凝土砌块灌孔砌体的抗压强度设计值 $f_g=f+0.6\alpha f_c$ 时,仅调整砌体强度设计值 f,且对于混凝土砌块专用砌筑砂浆,不需按水泥砂浆进行调整。

2. 砌体局部受压承载力验算时,当无筋砌体局部受压面积 $A<0.3m^2$、配筋砌体局部受压面积 $A<0.2m^2$ 时,不需对砌体强度设计值进行调整,但当支承局部受压构件的砌体面积小于规定值时,需对砌体强度设计值进行调整;对于表4-1-17其他情况下的砌体强度设计值,均应进行调整。

3. 计算梁端有效支承长度 $a_0=10\sqrt{h_c/f}$、沿通缝或沿阶梯形截面破坏时受剪构件承载力计算中剪压复合受力影响系数 $\mu=0.26-0.082\sigma_0/f$ 时,尽管采用调整后的砌体强度设计值对计算是有利的,设计时仍需进行调整。

4. 对于配筋砌体构件,当符合表4-1-17的情况时,仅调整砌体的抗压强度设计值 f。

5. 当出现多种情况需对砌体强度设计值进行调整时,可采用各调整系数连乘。

4.1.16 砌体结构的弹性模量如何确定?

【解析】 砌体的变形模量反映了砌体应力与应变之间的关系,通常有三种表达方式(图4-1-3):

1. 砌体的切线模量

砌体应力-应变曲线上任一点切线与横坐标夹角 α 的正切称为砌体在该点的切线模量,即:

$$E_t = \frac{d\sigma}{d\varepsilon} = \xi f_m \left(1 - \frac{\sigma}{f_m}\right) \quad (4-1-13)$$

式中 ξ——与块体类型和砂浆强度有关的弹性特征值（对砖砌体可取 $\xi = 460\sqrt{f_m}$）。

切线模量反映了砌体在受荷过程中任一点应力-应变关系，常用于研究砌体材料力学性能，而在工程设计中不便应用。

2. 初始弹性模量

砌体在应力很小时呈弹性性能。应力-应变曲线在原点切线的斜率为初始弹性模量 E_0，即：

$$E_0 = \xi f_m \quad (4-1-14)$$

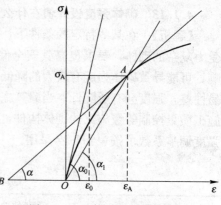

图 4-1-3 砌体受压变形模量

初始弹性模量仅反映了砌体应力很小时的应力-应变关系，所以在实际工程设计中也不实用，仅用于材料性能研究。

3. 砌体的割线模量

割线模量是指应力-应变曲线上某点与原点所连割线的斜率，即：

$$E_b = \frac{\sigma_A}{\varepsilon_A} = \tan\alpha_1 \quad (4-1-15)$$

在工程应用中砌体的应力在一定范围内变化，因此割线模量并不是一个常量。

4. 《砌体结构设计规范》中受压弹性模量的取值

由于砌体是一种弹塑性材料，曲线上各点应力与应变之间的关系在不断变化，为了简化计算，并能反映砌体在一般受力情况下的工作状态，对除石砌体以外的砌体，取砌体应力 $\sigma = 0.43f_m$ 时的割线模量作为砌体的弹性模量 E，即：

$$E = \frac{\sigma_{0.43}}{\varepsilon_{0.43}} = \frac{0.43f_m}{-\frac{1}{\xi}\ln 0.57} = 0.765\xi f_m \approx 0.8\xi f_m \quad (4-1-16)$$

上式可简写为

$$E \approx 0.8 E_0 \quad (4-1-17)$$

考虑不同砂浆强度等级及不同块体对砌体弹性模量的影响，工程中常用的各类砌体的弹性模量可按表 4-1-18 取值。

砌体的弹性模量（MPa） 表 4-1-18

砌体种类	砂浆强度等级			
	≥M10	M7.5	M5	M2.5
烧结普通砖、烧结多孔砖砌体	1600f	1600f	1600f	1390f
蒸压灰砂砖、蒸压粉煤灰砖砌体	1060f	1060f	1060f	960f
混凝土砌块砌体	1700f	1600f	1500f	—
粗料石、毛料石、毛石砌体	7300	5650	4000	2250
细料石、半细料石砌体	22000	17000	12000	6750

轻骨料混凝土砌块砌体的弹性模量可按表 4-1-18 中混凝土砌块砌体的弹性模量采用。

单排孔且对孔砌筑的混凝土砌块灌孔砌体的弹性模量按下式计算：
$$E = 1700 f_g \quad (4\text{-}1\text{-}18)$$
式中 f_g——灌孔砌体的抗压强度设计值。

4.1.17 砌体结构的剪变模量如何确定？

【解析】 关于砌体的剪变模量目前试验研究资料很少，一般取用材料力学公式，即
$$G = \frac{E}{2(1+\nu)} \quad (4\text{-}1\text{-}19)$$
式中 G——砌体的剪变模量；
$\quad\quad E$——砌体的弹性模量；
$\quad\quad \nu$——砌体的泊松比（据我国所做的试验研究，砖砌体 ν 取 0.15；砌块砌体 ν 取 0.3）。

将 ν 值代入式(4-1-19)得：
$$G = \frac{E}{2(1+\nu)} = (0.38 \sim 0.43) E \quad (4\text{-}1\text{-}20)$$

我国《砌体结构设计规范》中近似取 $G = 0.4E$。

第二章 静力设计原则与计算规定

第一节 设 计 原 则

4.2.1 砌体结构的安全等级如何确定?

【解析】 建筑物的重要程度是根据其用途决定的。结构设计时应按不同的安全等级进行设计。建筑结构按其破坏后果的严重性分为三个安全等级。其中,一般的工业与民用建筑物列为二级;重要的工业与民用建筑物提高一级;次要的建筑物降低一级,见表4-2-1。

建筑结构的安全等级　　　　　表 4-2-1

安全等级	破坏后果	建筑物类别
一级	很严重	重要的房屋
二级	严重	一般的房屋
三级	不严重	次要的房屋

对于特殊的建筑物,其安全等级应根据建筑物的破坏后果,由设计部门按专门标准或针对工程具体情况予以确定。对地震区的砌体结构设计,应按现行国家标准《建筑抗震设防分类标准》(GB 50223—95)根据建筑物重要性区分建筑物类别。

4.2.2 砌体结构的设计使用年限如何确定?

【解析】 结构的设计使用年限,是指设计规定的结构或构件不需进行大修即可按其预定目的使用的时期。设计使用年限可按《建筑结构可靠度设计统一标准》(GB 50068—2001)确定,一般建筑结构的设计使用年限为 50 年。砌体结构和结构构件在设计使用年限内,在正常维护下,必须保持适合使用,而不需大修加固。

建筑物应通过合理的设计、施工和使用保证建筑物的使用年限。

4.2.3 砌体结构在设计使用年限内应满足哪些功能要求?

【解析】 设计的主要目的是要保持所建造的结构安全适用,能够在设计使用年限内满足各项功能要求,并且经济合理。根据我国《建筑结构可靠度设计统一标准》,建筑结构应该满足的功能要求可概括为:

1. 安全性:在正常设计、正常施工和正常使用条件下,结构应能承受可能出现的各种作用和变形而不发生破坏;在设计规定的偶然事件发生时及发生后,仍能保持必要的整体稳定性。

2. 适用性:结构在正常使用过程中应具有良好的工作性。对砌体结构而言,应对影响正常使用的变形、裂缝等进行控制。

3. 耐久性:在正常维护条件下,结构应在预定的设计使用年限内满足各项使用功能的要求,即应有足够的耐久性。

良好的结构设计应满足上述功能要求,使结构具有足够的可靠度。

4.2.4 砌体结构设计的极限状态如何确定?

【解析】 整个结构或结构的一部分超过某一特定状态就不能满足设计指定的某一功能要求,这个特定状态称为该功能的极限状态。例如,构件即将开裂、倾覆、滑移、压曲、失稳等。结构在使用期间能完成预定的各项功能时,结构处于有效状态;反之,则处于失效状态,有效状态和失效状态的分界,称为结构的极限状态。

结构的极限状态分为两类,即承载能力极限状态和正常使用极限状态。所谓承载力极限状态是指结构或构件达到最大承载能力或者达到不适于继续承载的变形状态。超过承载力极限状态后,结构或构件就不能满足安全性的要求;正常使用极限状态是指结构或构件达到正常使用或耐久性能中某项规定限度的状态。超过了正常使用极限状态,结构或构件就不能满足适用性的要求。

砌体结构应按承载能力极限状态设计,并满足正常使用极限状态的要求。根据砌体结构的特点,砌体结构正常使用极限状态的要求,一般情况下可由相应的构造措施保证。

4.2.5 砌体结构按承载能力极限状态设计时,应进行哪些最不利组合?

【解析】 砌体结构按承载能力极限状态设计的表达式为:

1. 可变荷载多于一个时,应按下列公式中最不利组合进行计算:

$$\gamma_0 \left(1.2 S_{G_k} + 1.4 S_{Q_{1k}} + \sum_{i=2}^{n} \gamma_{Q_i} \psi_{ci} S_{Q_{ik}}\right) \leqslant R(f, a_k, \cdots) \tag{4-2-1}$$

$$\gamma_0 \left(1.35 S_{G_k} + 1.4 \sum_{i=1}^{n} \psi_{ci} S_{Q_{ik}}\right) \leqslant R(f, a_k, \cdots) \tag{4-2-2}$$

2. 仅有一个可变荷载时,则按下列公式中最不利组合进行计算:

$$\gamma_0 (1.2 S_{G_k} + 1.4 S_{Q_k}) \leqslant R(f, a_k, \cdots) \tag{4-2-3}$$

$$\gamma_0 (1.35 S_{G_k} + 1.0 S_{Q_k}) \leqslant R(f, a_k, \cdots) \tag{4-2-4}$$

式中 γ_0——结构重要性系数(对安全等级为一级或设计使用年限为 100 年以上的结构构件,不应小于 1.1;对安全等级为二级或设计使用年限为 50 年的结构构件,不应小于 1.0;对安全等级为三级或设计使用年限为 5 年的构件,不应小于 0.9);

S_{G_k}——永久荷载标准值的效应;

$S_{Q_{1k}}$——在基本组合中起控制作用的一个可变荷载标准值的效应;

$S_{Q_{ik}}$——第 i 个可变荷载标准值的效应;

$R(\cdot)$——结构构件的抗力函数;

ψ_{ci}——第 i 个可变荷载的组合值系数(一般情况下应取 0.7;对书库、档案库、储藏室或通风机房、电梯机房应取 0.9);

f——砌体的强度设计值;

a_k——几何参数的标准值。

以自重为主的砌体结构,式(4-2-2)、式(4-2-4)可能会起控制作用。对砌体结构,经分析表明,两个设计表达式的界限效应 ρ 值为 0.376 左右(ρ 为可变荷载效应与永久荷载效应之比),即当 $\rho \leqslant 0.376$ 时,结构设计一般由式(4-2-2)、式(4-2-4)控制;当 $\rho > 0.376$ 时,结构设计一般由式(4-2-1)、式(4-2-3)控制。

3. 当砌体结构作为一个刚体,需验算整体稳定性时,如倾覆、滑移、漂浮等,应按下式进行验算:

$$\gamma_0\left(1.2S_{G_{2k}}+1.4S_{Q_{1k}}+\sum_{i=2}^{n}S_{Q_{ik}}\right)\leqslant 0.8S_{G_{1k}} \qquad (4\text{-}2\text{-}5)$$

式中 $S_{G_{1k}}$——起有利作用的永久荷载标准值的效应；

$S_{G_{2k}}$——起不利作用的永久荷载标准值的效应。

4.2.6 《砌体结构设计规范》(GB 50003—2001)与 GBJ 3—88 相比较，在安全度方面做了哪些调整？

【解析】 《砌体结构设计规范》(GB 50003—2001)与 GBJ 3—88 相比，在安全度方面调整见表 4-2-2。

GB 50003—2001 与 GBJ 3—88 相比的安全度调整　　　　表 4-2-2

序 号	调 整 内 容	
1	材料性能分项系数	γ_f 由 1.5 调整为 1.5、1.6、1.8
2	轴向力偏心距计算	由按荷载标准值计算调整为按设计值计算
3	偏压构件应用范围	偏心距限值由 $0.7y$ 调整为 $0.6y$
4	砌体最低强度等级	砖砌体：取消 MU7.5(砖)和 M2.5 以下砂浆
		砌块砌体：取消 MU3.5(砌块)和 M2.5 砂浆
		石砌体：取消 MU15 及以下石材和 M2.5 以下砂浆
5	荷载效应组合	增加以承受自重为主时，永久荷载分项系数取 1.35 的组合
6	荷载取值	住宅等楼面活荷载由 1.5kN/m² 调整为 2.0kN/m²
		风、雪荷载统计由 30 年一遇调整为 50 年一遇

4.2.7 《砌体结构设计规范》(GB 50003—2001)与 GBJ 3—88 相比较，可靠指标有何不同？

【解析】 《砌体结构设计规范》(GB 50003—2001)与 GBJ 3—88 相比，可靠指标的变化见表 4-2-3。

GBJ 3—88 与 GB 50003—2001 可靠指标对比(S_G+S_L)　　　表 4-2-3

	GBJ 3—88		GB 50003—2001		提 高
	办公楼	住 宅	办公楼	住 宅	(%)
轴心受拉	3.83	3.69	4.29	4.20	12.9
轴心受压	3.81	3.69	4.35	4.26	14.8
偏心受压	3.82	3.69	4.36	4.27	14.9
平均值	3.82	3.69	4.33	4.24	14.1
总平均值	3.76		4.29		14.1

GB 50003—2001 与 GBJ 3—88 相比，其可靠指标与材料用量的差别为：

1. GB 50003—2001 与 GBJ 3—88 相比，住宅、办公楼的可靠指标提高约 0.5。

2. 在材料等级相同条件下，按 GB 50003—2001 计算的受压构件材料消耗较 GBJ 3—88 增加 16% 左右。

4.2.8 当施工质量控制等级为 A、B、C 级时，结构的可靠度是否不同？

【解析】 当施工质量控制等级不同时，按《砌体结构设计规范》(GB 50003—2001)设计的结构可靠度是相同的，其差别反应的是材料用量的不同。

第二节 计 算 规 定

4.2.9 砌体结构房屋如何进行空间分析？

【解析】 砌体结构房屋设计时，通常由相邻柱距的中线截取一个计算单元（图 4-2-1），按平面排架进行计算，即假定该房屋各排架之间相互孤立。但实际上，房屋中的屋盖（楼盖）、墙柱和基础等承重构件组成一个空间受力体系，即各排架连成整体，共同承受荷载的作用。

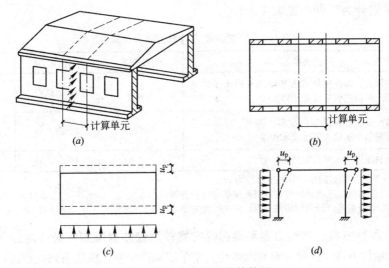

图 4-2-1 砌体房屋计算简图

按平面排架分析，该房屋水平荷载（风荷载）的传递路线如下：

$$水平荷载 \rightarrow 纵墙 \rightarrow 基础 \rightarrow 地基$$

按空间受力分析，该房屋在水平荷载作用下，可将屋盖视为一个在水平方向受弯的梁板体系，屋盖的两端支承于山墙上，而山墙为竖立的悬臂构件。此时水平荷载（风荷载）的传递路线有较大的变化：

$$水平荷载 \rightarrow 纵墙 \begin{array}{l} \rightarrow 屋盖 \rightarrow 山墙 \rightarrow 山墙基础 \rightarrow 地基 \\ \\ \rightarrow 纵墙基础 \rightarrow 地基 \end{array}$$

如何考虑房屋的空间工作，关键在于确定水平荷载沿纵向和沿层高方向的传递范围及其分布规律。在设计计算上可用墙柱的内力，或墙柱顶部的水平位移，或山墙顶部的水平位移来衡量房屋的空间刚度。在这些计算方法中，需要确定屋盖（楼盖）的变形规律。为此，须采取各种假定，如：

1. 直线变形假定。房屋在水平荷载作用下，屋盖的位移按线性分布。这种假定在计算上简单，但对于有山墙的混合结构房屋，显然不适用。

2. 弯曲变形假定。房屋在水平荷载作用下，屋盖的位移符合弯曲变形规律，但它与混合结构房屋的实测结果不相符。

3. 剪切变形假定。房屋在水平荷载作用下,屋盖的位移符合剪切变形规律。对于混合结构房屋,该假定符合实测结果,并在"规范"中得到应用。

4. 弯、剪、扭复合变形假定。房屋在水平荷载作用下,屋盖的变形为包括弯曲、剪切和扭转的复合变形。它考虑的因素较多,分析比较复杂。

4.2.10 砌体房屋的静力计算方案如何确定?

【解析】 影响房屋空间性能的因素很多,除屋盖刚度和横墙间距外,还有屋架的跨度、排架的刚度、荷载类型及多层房屋层与层之间的相互作用等。为方便设计,《砌体结构设计规范》以屋盖或楼盖类型(刚度大小)及横墙间距作为主要因素,将混合结构房屋的静力计算方案划分为三种,见表4-2-4。

房屋的静力计算方案　　　　　　表4-2-4

序号	屋盖或楼盖类别	刚性方案	刚弹性方案	弹性方案
1	整体式、装配整体式和装配式无檩体系钢筋混凝土屋盖或钢筋混凝土楼盖	$s<32$	$32 \leqslant s \leqslant 72$	$s>72$
2	装配式有檩体系钢筋混凝土屋盖、轻钢屋盖和有密铺望板的木屋盖或木楼盖	$s<20$	$20 \leqslant s \leqslant 48$	$s>48$
3	瓦材屋面的木屋盖和轻钢屋盖	$s<16$	$16 \leqslant s \leqslant 36$	$s>36$

注:1. 表中 s 为房屋横墙间距,其长度单位为 m;
2. 上柔下刚多层房屋的顶层可按单层房屋确定计算方案;
3. 对无山墙或伸缩缝处无横墙的房屋,应按弹性方案考虑。

4.2.11 刚性方案、弹性方案和刚弹性方案单层砌体房屋如何进行内力分析?

【解析】 刚性方案、弹性方案和刚弹性方案单层砌体房屋,应按下列规定进行内力分析:

1. 刚性方案房屋的空间刚度很大,在水平荷载或不对称竖向荷载作用下,房屋的最大位移 u_{max} 很小,因而可以忽略房屋水平位移的影响,其计算简图是将屋盖、楼盖看成是墙体的不动铰支座,墙、柱内力按支座无侧移的竖向构件进行计算(图4-2-2a)。

2. 弹性方案房屋的空间刚度很差,在水平荷载或不对称竖向荷载作用下,房屋的最大位移 u_{max} 已经接近平面排架或框架的水平位移 u_p,这时应按不考虑空间工作的平面排架或框架进行墙、柱内力分析(图4-2-2b)。

3. 刚弹性方案房屋的空间刚度在刚性方案与弹性方案房屋之间,在荷载作用下,纵墙顶端水平位移比弹性方案要小,但又不可忽略不计,在静力计算时,应按考虑空间工作的平面排架或框架计算。其计算方法是将楼盖或屋盖视为平面排架或框架的弹性水平支承,将其水平荷载作用下的反力进行折减,然后按平面排架或框架进行计算(图4-2-2c)。

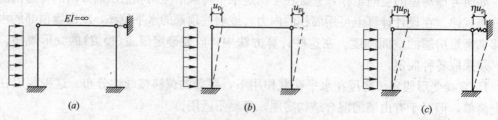

图 4-2-2　单层混合结构房屋的计算简图
(a)刚性方案;(b)弹性方案;(c)刚弹性方案

4.2.12 刚性方案多层砌体房屋如何进行内力分析?

【解析】 1. 承重纵墙

(1) 在竖向荷载作用下的内力分析

对多层砌体房屋,由于横墙间距较小,一般属于刚性方案房屋,这类房屋梁与墙的连接节点可以按铰接分析,如图4-2-3(a)所示,房屋、楼盖及基础顶面作为连续梁的支承点。由于梁或板伸入墙内搁置,使墙体在楼盖处的连续性受到削弱,为了简化计算,忽略墙体的连续性,假定墙体在各层楼盖处均为铰接。此时,由于在多层刚性方案房屋中,基础顶面对墙体承载能力起控制作用的内力主要是轴向力,而弯矩对承载能力的影响很小,因而也可以将墙与基础的连接视为铰接,而忽略弯矩的影响。这样,在竖向荷载作用下,刚性方案房屋墙体在承受竖向荷载时的多跨连续梁就可简化为多跨的简支梁分层按简支梁分析墙体内力,其偏心荷载引起的弯矩见图4-2-3(b)。

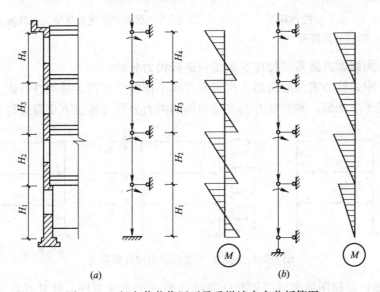

图 4-2-3 竖向荷载作用下承重纵墙内力分析简图

(2) 在水平荷载作用下的内力分析

在水平荷载作用下,纵墙可按竖向连续梁分析内力,如图4-2-4所示。为简化计算,由水平荷载引起的各层纵墙上、下端的弯矩可按两端固定梁计算,即

$$M=\frac{1}{12}qH_i^2 \qquad (4-2-6)$$

式中 q——计算单元范围内,沿每米墙高的水平荷载设计值;

H_i——第 i 层墙高。

2. 承重横墙

由于横墙大多承受屋面板或楼板传来的均布荷载,因而可沿墙长取1m宽作为计算单元。每层横墙可视为两端不动的铰接的竖向构件,构件的高度为层高。当顶层为坡屋顶时,可取层高加山尖的平均高度;对底层,墙下端支点的位置,可取在基础顶面;当埋置较深且有刚性地坪时,可取室外地面500mm处,如图4-2-5所示。

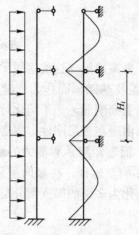
图 4-2-4 水平荷载作用下
纵墙计算简图

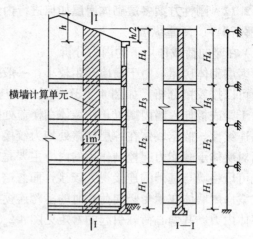
图 4-2-5 承重横墙的计算单元和计算简图

4.2.13 刚弹性方案多层砌体房屋如何进行内力分析？

【解析】 刚弹性方案多层房屋应按考虑空间工作的平面框、排架进行内力分析。与刚弹性方案单层房屋相似，刚弹性方案多层房屋的内力分析可按以下步骤进行（图 4-2-6）：

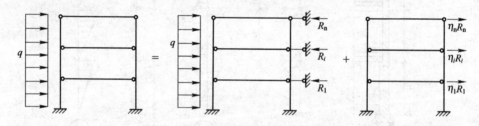
图 4-2-6 刚弹性方案多层房屋计算简图

1. 在平面计算简图的多层横梁与柱联结处加一水平铰支杆，计算其在水平荷载作用下无侧移时的内力和各支杆反力 $R_i(i=1, 2, \cdots, n)$。

2. 将支杆反力 R_i 乘以 η，反向作用框、排架的各横梁处，按有侧移框、排架分析内力。

3. 将上述两步所得的相应内力叠加，即得在荷载作用下框、排架的最终内力。

4.2.14 上柔下刚多层房屋如何进行内力分析？

【解析】 上柔下刚多层房屋的顶层可近似按单层刚弹性方案房屋进行分析，其空间性能影响系数可根据屋盖类别和横墙间距按《砌体结构设计规范》表 4.2.4 确定；下面各层仍按刚性方案进行计算。设计时，应使下面各层的墙、柱截面尺寸至少不小于顶层相应的墙、柱截面尺寸。

4.2.15 上刚下柔多层房屋在水平荷载作用下的内力应如何分析？

【解析】 上刚下柔多层房屋在水平荷载作用下的内力，可按下列步骤进行分析：

1. 在各层横梁处加不动铰支座，计算相应的内力和各支座的反力 $R_i(i=1, \cdots, n, n$ 为房屋的层数）（图 4-2-7）。

2. 把上述求出的支座反力 R_i 反向作用于结构。上面各层可简化为刚度无穷大的横

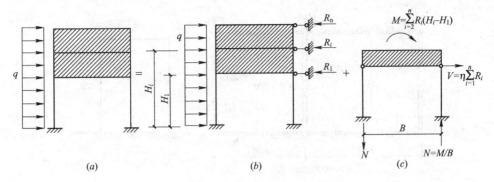

图 4-2-7 上刚下柔多层房屋的计算简图

梁，与底层一起构成单层排架，按第一类屋盖和底层横墙间距来确定空间性能影响系数 η，单层排架顶部作用的水平力 V 为：

$$V = \eta \sum_{i=1}^{n} R_i \tag{4-2-7}$$

单层排架顶部作用的力矩 M 为：

$$M = \sum_{i=1}^{n} R_i (H_i - H_1) \tag{4-2-8}$$

其中，$H_i(i=l, \cdots, n)$ 为第 i 层顶部横梁到房屋底部支座的距离，求出在 M 和 V 作用下此单层排架的内力，各柱的轴力为：

$$N = \pm \frac{M}{B} \tag{4-2-9}$$

其中，B 为底层排架的跨度。

3. 把上两步求得的内力叠加，即得原结构的内力。

4.2.16 刚性和刚弹性方案房屋中的横墙应满足哪些要求？

【解析】 为了保证房屋的刚度，《砌体结构设计规范》规定刚性和刚弹性方案房屋的横墙应符合以下要求：

1. 横墙中开有洞口时，洞门的水平截面面积不宜超过横墙截面面积的 50%。
2. 横墙的厚度不宜小于 180mm。
3. 单层房屋的横墙长度不宜小于其高度，多层房屋的横墙长度不宜小于 $H/2$（H 为横墙总高度）。

4.2.17 当横墙不能满足上述要求时，如何进行刚度验算？

【解析】 当横墙在水平荷载作用下的最大水平位移值 $u_{\max} \leqslant H/4000$ 时，符合此刚度要求的一段横墙或其他结构构件（如框架等）仍可视为刚性或刚弹性方案房屋的横墙。

对于单层房屋的横墙，在水平风荷载作用下，$u_{w,\max}$ 可按下式计算（图 4-2-8）：

$$u_{w,\max} = \frac{P_1 H^3}{3EI} + \frac{\xi P_1 H}{GA} = \frac{nPH^3}{6EI} + \frac{\xi nPH}{0.8EA} \tag{4-2-10}$$

式中 P_1——作用于横墙顶端的集中水平荷载：

$$P_1 = Pn/2$$

n——该横墙相邻的两横墙的开间数；

P——假定排架无侧移时，每开间柱顶反力（包括作用于屋架下弦的集中风荷载产

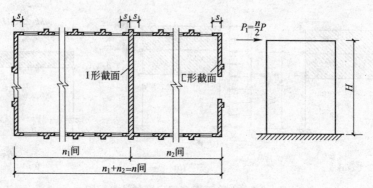

图 4-2-8 单层房屋横墙简图

生的反力）；

H——从基础顶面算起的横墙高度；

E——砌体的弹性模量；

G——砌体的剪变模量（近似取 $G=0.4E$）；

I——横墙计算截面的惯性矩；

A——横墙计算截面的面积；

ξ——剪应力分布不均匀系数。

对多层房屋的横墙，仍按上述原理计算 $u_{w,max}$，此时横墙承受各层楼盖及屋盖传来的集中风荷载。其计算公式为

$$u_{w,max}=\frac{n}{6EI}\sum_{i}^{m}P_iH_i^3+\frac{2.5n}{EA}\sum_{i=1}^{m}P_iH_i \tag{4-2-11}$$

式中 m——房屋总层数；

P_i——假定每开间框架各层均匀不动铰支座时，第 i 层的支座反力；

H_i——第 i 层楼面至基础上顶面的高度。

4.2.18 刚性方案多层房屋的外墙，在什么情况下静力计算可不考虑风荷载的影响？

【解析】 刚性方案多层房屋的外墙符合下列要求时，静力计算可不考虑风荷载的影响。

1. 洞口水平截面面积不超过全截面面积的 2/3；
2. 层高和总高不超过表 4-2-5 的规定；
3. 屋面自重不小于 $0.8kN/m^2$。

外墙不考虑风荷载影响时的最大高度　　　　　　　　　　　　表 4-2-5

基本风压值(kN/m^2)	层高(m)	总高(m)
0.4	4.0	28
0.5	4.0	24
0.6	4.0	18
0.7	3.5	18

注：对于多层砌块房屋 190mm 厚的外墙，当层高不大于 2.8m，总高不大于 19.6m，基本风压不大于 $0.7kN/m^2$ 时可不考虑风荷载的影响。

当必须考虑风荷载时，风荷载引起的弯矩 M，可按下式计算：

$$M=\frac{wH_i^2}{12}$$

式中　w——沿楼层高均布风荷载设计值（kN/m）；

　　　H_i——层高（m）。

4.2.19　砌体结构房屋如何进行内力组合和截面承载力验算？

【解析】　砌体结构房屋求出最不利截面的轴向力设计值 N 和弯矩设计值 M 后，按偏心受压和局部受压承载力验算。

每层墙取两个控制截面，上截面可取墙体顶部位于大梁（或板）底的砌体截面，该截面承受弯矩和轴力，因此需进行偏心受压承载力和梁下局部受压承载力验算。下截面可取墙体下部位于大梁（或板）底稍上的砌体截面，底层墙则取基础顶面，该截面轴力 N 最大，仅考虑竖向荷载时弯矩为零按轴向受压计算。水平风荷载作用下产生的弯矩应与竖向荷载作用下产生的弯矩进行组合，风荷载取正风压（压力），还是取负风压（吸力）应以组合弯矩的代数和增大来决定。当风荷载、永久荷载、可变荷载进行组合时，应按《建筑结构荷载规范》的有关规定考虑组合系数。

若 n 层墙体的截面及材料强度相同时，则只需验算最下一层即可。

4.2.20　对于梁跨度大于 9m 的墙承重的多层房屋，墙体承受的内力如何进行计算？

【解析】　当楼面梁支承于墙体时，梁端上下的墙体对梁端转动有一定的约束作用，因而梁端也有一定的约束弯矩。当梁的跨度较小时，约束弯矩可以忽略；但当梁的跨度较大时，约束弯矩将在梁端上下墙体内产生弯矩，使墙体偏心距增大。为防止这种情况，《砌体结构设计规范》规定：对于梁跨度大于 9m 的墙承重的多层房屋，除按上述方法计算墙体外，宜再按梁两端固结计算梁端弯矩，再将其乘以修正系数 γ 后，按墙体线性刚度 $i=\frac{EI_i}{H_i}$（I_i 为墙体截面惯性矩，H_i 为墙体计算高度），分到上层墙底部和下层墙顶部，修正系数 γ 可按下式计算：

$$\gamma=0.2\sqrt{\frac{a}{h}} \tag{4-2-12}$$

式中　a——梁端实际支承长度；

　　　h——支承墙体的墙厚（当上下墙厚不同时取下部墙厚，当有壁柱时取 h_T）。

对于图 4-2-9 所示的梁端，当梁跨大于 9m 时，梁下砌体计算的弯矩有三个部分：

1. 上下层墙厚不一致时，上部墙体轴向力产生的弯矩

$$M_1=N_u e \tag{4-2-13}$$

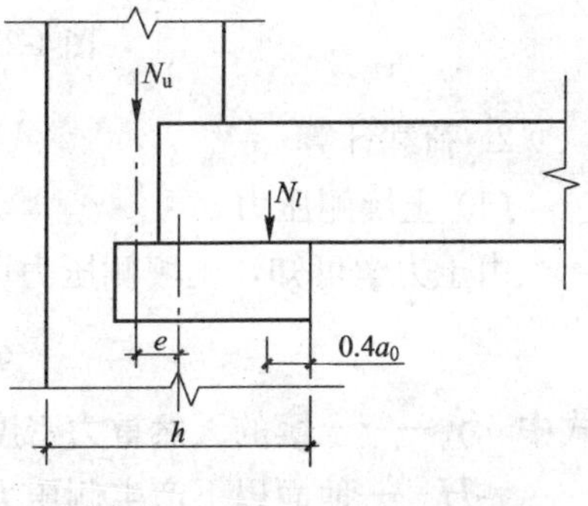

2. 梁端支承反力产生的弯矩

$$M_2=N_l\left(\frac{h}{2}-0.4a_0\right) \tag{4-2-14}$$

图 4-2-9　梁端支承压力位置

3. 按本条规定产生的弯矩

$$M_3 = 0.2\sqrt{\frac{a}{h}}M_{固} \tag{4-2-15}$$

此时,梁端下砌体承受的弯矩 M 应取 M_1 与 M_2、M_3 的最不利者进行组合,即 M_2 和 M_3 只能取最不利的一项。

4.2.21 地下室墙如何进行内力分析?

【解析】 地下室墙的受力特点是:其一侧为使用空间,另一侧为回填土,有时还有地下水。地下室墙所承受的竖向荷载一般也较大。因此,地下室墙一般比第一层的墙要厚。地下室的横墙间距一般较小,故常为刚性方案。

1. 计算简图

地下室墙体与刚性方案房屋的上层墙体类似,其上端可视为简支于地下室顶盖梁或板的底面,下端简支于基础底面,即靠基础的摩擦支承作为墙体下端点的不动铰支点(图4-2-10)。当基础宽度远大于地下室墙厚度,足以约束墙体下端点的转角时,也可取下端点固接于基础的顶面。如果在地下室受荷前(包括地下室外侧的土压力),混凝土地面已具有足够的强度,也可取地下室墙简支于地下室的混凝土地面。

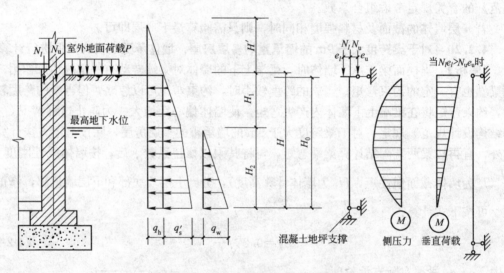

图 4-2-10 地下室墙的荷载及计算简图

2. 荷载计算

(1) 土壤侧压力 q_s

由土力学可知,土壤侧压力可按下式计算:

$$q_s = \gamma_s HB \tan^2(45° - \varphi/2) \tag{4-2-16}$$

式中 γ_s——土壤的天然重力密度;
H——地面以下产生侧压力的土的深度;
B——计算单元宽度;
φ——土壤的内摩擦角(按地质勘察报告确定)。

地下水位以下的土壤侧压力应考虑水的浮力影响,地下水位以下部分的土壤压力应按土的单位自重减去水的单位自重计算。基础底面处的压力 q'_s 为:

$$q_s' = \gamma_s B H_1 \tan^2(45°-\varphi/2) + (\gamma_s - \gamma_w) B H_2 \tan^2(45°-\varphi/2)$$
$$= (\gamma_s H - \gamma_w H_2) B \tan^2(45°-\varphi/2) \tag{4-2-17}$$

式中 γ_w——地下水的单位自重。

(2) 静水压力 q_w

$$q_w = \gamma_w B H_2 \tag{4-2-18}$$

(3) 室外地面荷载 P

室外地面的可变荷载有堆积的建筑材料、煤炭、车辆荷载等，如无特殊要求，一般可取 $P=10\text{kN/m}^2$。计算时可将荷载 P 换算成当量的土层，其高度 $H'=P/\gamma_s$，并近似认为当量土层产生的侧压力沿地下室墙体高度均匀分布，其值为：

$$q_h = \gamma_s B H' \tan^2(45°-\varphi/2) \tag{4-2-19}$$

3. 内力计算与截面承载力验算

由上部墙体和地下室顶盖传来的竖向荷载在地下室墙引起的弯矩和轴力，与由土的侧压力在墙中引起的弯矩组合时，对于上、下端均为简支的地下室墙，将在墙体顶端产生最大弯矩，下端产生最大轴力，在墙体中部某个截面产生跨中最大弯矩。因此，除与上部墙体一样验算墙顶和墙底截面承载力外，还应按跨中的最大弯矩和相应的轴力验算该截面的承载力。对有窗洞的地下室墙，宜取窗间墙截面作为计算截面，否则，还应验算窗洞削弱截面的承载力。

4. 施工阶段抗滑移验算

在施工阶段进行回填土时，土对地下室墙产生侧压力，如果此时上部结构产生的轴向力还较小时，则可能在基础底面处产生滑移。为避免这种破坏，应满足下式：

$$1.2V_{sk} + 1.4V_{qk} \leqslant 0.8\mu N \tag{4-2-20}$$

式中 V_{sk}——土侧压力合力的标准值；

V_{qk}——室外地面施工活荷载产生的侧压力合力的标准值；

μ——基础与土的摩擦系数；

N——回填土时实际存在的轴向力设计值。

第三章 无筋砌体构件的承载力计算

第一节 受 压 构 件

4.3.1 轴心受压短柱、轴心受压长柱、偏心受压短柱、偏心受压长柱如何进行计算？

【解析】 1. 轴心受压短柱

当柱的高厚比 $\beta \leqslant 3$、轴向力偏心距 $e=0$ 时，称轴心受压短柱。轴心受压短柱的承载力可按下式计算：

$$N_u = fA \tag{4-3-1}$$

式中 A——构件的截面面积；

f——砌体的抗压强度设计值。

2. 轴心受压长柱

当柱的高厚比 $\beta > 3$、轴心力偏心距 $e=0$ 时，称轴心受压长柱。

由于荷载作用位置的偏差、砌体材料的不均匀及施工误差等因素，使轴心受压构件产生附加弯矩和侧向挠曲变形。当构件的高厚比较小时（$\beta \leqslant 3$），附加弯矩引起的侧向挠曲变形很小，可以忽略不计。当构件的高厚比较大时（$\beta > 3$），由附加弯矩引起的侧向变形不能忽略，而侧向挠曲又会进一步加大附加弯矩，进而又使侧向挠曲增大，致使构件的承载力明显下降。当构件的长细比很大时，还可能发生失稳破坏。

为此，在轴心受压长柱的承载力计算公式中引入稳定系数 φ_0，以考虑侧向挠曲对承载力的影响，即

$$N_u = \varphi_0 fA \tag{4-3-2}$$

$$\varphi_0 = \frac{1}{1+\alpha\beta^2} \tag{4-3-3}$$

式中 β——构件的高厚比；

α——考虑砌体变形性能的系数（主要与砂浆强度等级有关，当砂浆强度等级大于或等于 M5 时，$\alpha=0.0015$；当砂浆强度等级等于 M2.5 时，$\alpha=0.002$；当砂浆强度等级等于 0 时，$\alpha=0.009$）。

3. 偏心受压短柱

当柱的高厚比 $\beta \leqslant 3$、轴心力偏心距 $e \neq 0$ 时，称为偏心受压短柱。

(1) 受压时截面应力的分布特点

当构件上作用的荷载偏心距较小时，构件全截面受压，由于砌体的弹塑性性能，压应力分布图呈曲线形（图 4-3-1a）。随着荷载的加大，构件首先在压应力较大一侧出现竖向裂缝，并逐渐扩展，最后，构件因压应力较大一侧块体被压碎而破坏。当构件上作用的荷载偏心距增大时，截面应力分布图出现较小的受拉区（图 4-3-1b），破坏特征与上述全截面受压相似，但承载力有所降低。进一步增大荷载偏心距，构件截面的拉应力较大，随着荷载的加大，受拉侧首先出现水平裂缝，部分截面退出工作（图 4-3-1c）。继而压应力较大侧出

现竖向裂缝,最后该侧块体被压碎,构件破坏。

(2) 偏心受压系数和偏心短柱的受压承载力

由上述砌体在偏心受压时的工作特性,可以归纳出偏心荷载对砌体承载能力的有利和不利因素。有利因素有:随水平裂缝的发展,受压面积逐渐减小,荷载对受压面积的实际偏心距随之逐渐减小;同时偏心受压时砌体极限变形值较轴心受压时增大,故砌体实际受压面积上的抗压强度一般

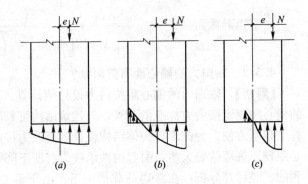

图 4-3-1 砌体受压时截面应力变化
(a)偏心距较小时;(b)偏心距较大时;(c)形成水平裂缝时

都有所提高等等。不利因素则有:砌体受压截面面积的减小以及截面上应力分布不均匀等。但总的来说,偏心荷载对砌体短柱是不利的。

(3) 偏心受压短柱的承载力可按下列公式计算

$$N_u = \varphi_e f A \tag{4-3-4}$$

$$\varphi_e = \frac{1}{1+(e/i)^2} \tag{4-3-5}$$

对于矩形截面
$$\varphi_e = \frac{1}{1+12(e/h)^2} \tag{4-3-6}$$

对于 T 形截面
$$\varphi_e = \frac{1}{1+12(e/h_T)^2} \tag{4-3-7}$$

式中 h——矩形截面轴向力偏心方向的边长;

h_T——T 形截面的折算厚度,可近似按 $3.5i$ 计算;

i——截面的回转半径:

$$i = \sqrt{\frac{I}{A}} \tag{4-3-8}$$

I——截面沿偏心方向的惯性矩;

A——截面面积。

4. 偏心受压长柱

当柱的高厚比 $\beta > 3$、轴心力偏心距 $e \neq 0$ 时,称为偏心受压长柱。

在偏心压力作用下,偏心受压长柱需考虑纵向弯曲变形(侧向挠曲)产生的附加弯矩对构件承载力的影响,在其他条件相同时,偏心受压长柱较偏心受压短柱的承载力进一步降低。除高厚比很大(一般超过 30)的细长柱发生失稳破坏外,其他均发生纵向弯曲破坏。破坏时截面的应力分布图形及破坏特征与偏心受压短柱基本相同。因此,其承载力计算公式可用类似于偏心受压短柱公式的形式,即:

$$N_u = \varphi A f \tag{4-3-9}$$

$$\varphi = \frac{1}{1+\left(e+i\sqrt{\frac{1}{\varphi_0}-1}\right)^2 / i^2} \tag{4-3-10}$$

对于矩形截面
$$\varphi=\cfrac{1}{1+12\left[\cfrac{e}{h}+\sqrt{\cfrac{1}{12}\left(\cfrac{1}{\varphi_0}-1\right)}\right]^2} \tag{4-3-11}$$

4.3.2 轴向力的偏心距有何限制?

【解析】 轴向力的偏心距按内力设计值计算。原《砌体结构设计规范》(GBJ 3—88) 的偏心距规定按内力标准值计算,与建筑结构可靠度设计统一标准的规定不完全相符,计算上亦不方便。为此现行砌体结构设计规范改为按内力设计值计算。计算所得轴向力的偏心距较原规范的要大些,引起构件承载力有所下降,但这对于适当提高构件的安全度是有利的。经计算分析,在常遇荷载情况下,由于偏心距计算结果的变化,与 GBJ 3—88 相比,构件承载力的降低将不超过 6%。

试验表明,荷载较大,偏心距也较大时,构件截面受拉边会出现水平裂缝。当偏心距继续增大,截面受压区逐渐减小,构件刚度相应地削弱,纵向弯曲的不利影响也随着增大,使得构件的承载能力显著降低。这时不仅结构不安全,而且材料强度的利用率很低,也不经济。因此根据实践并参照国外有关规定,在我国现行规范中,要求轴向力的偏心距 e 不应超过下列规定:

$$e \leqslant 0.6y \tag{4-3-12}$$

式中 y——截面重心到轴向力所在偏心方向截面边缘的距离(图 4-3-2)。

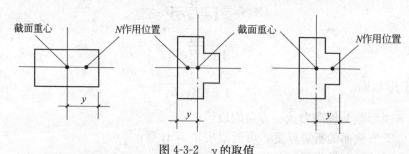

图 4-3-2 y 的取值

当轴向力的偏心距超过公式(4-3-12)的要求时,应采取适当措施减小偏心距,如修改构件的截面尺寸,甚至改变其结构方案。

4.3.3 影响系数 φ 计算时,应注意哪些问题?

【解析】 1. 构件高厚比的计算

构件的高厚比 β,可按下式计算:

对矩形截面
$$\beta=\cfrac{H_0}{h} \tag{4-3-13}$$

对 T 形截面
$$\beta=\cfrac{H_0}{h_T} \tag{4-3-14}$$

式中 H_0——受压构件的计算高度;

h——矩形截面轴向力偏心方向的边长,当轴心受压时为截面较小边长;

h_T——T 形截面的折算厚度,可近似按 $3.5i$ 计算;

i——截面回转半径。

2. 受压构件的计算高度 H_0 的计算

受压构件的计算高度 H_0,应根据房屋类别和构件支承条件按表 4-3-1 采用,表中构

件高度 H 按下列规定采用：

受压构件的计算高度 H_0　　　　表 4-3-1

房屋类别			柱		带壁柱墙或周边拉结的墙		
			排架方向	垂直排架方向	$s>2H$	$2H \geqslant s>H$	$s \leqslant H$
有吊车的单层房屋	变截面柱上段	弹性方案	$2.5H_u$	$1.25H_u$	$2.5H_u$		
		刚性、刚弹性方案	$2.0H_u$	$1.25H_u$	$2.0H_u$		
	变截面柱下段		$1.0H_l$	$0.8H_l$	$1.0H_l$		
无吊车的单层和多层房屋	单跨	弹性方案	$1.5H$	$1.0H$	$1.5H$		
		刚弹性方案	$1.2H$	$1.0H$	$1.2H$		
	多跨	弹性方案	$1.25H$	$1.0H$	$1.25H$		
		刚弹性方案	$1.10H$	$1.0H$	$1.1H$		
	刚性方案		$1.0H$	$1.0H$	$1.0H$	$0.4s+0.2H$	$0.6s$

注：1. 表中 H_u 为变截面柱的上段高度；H_l 为变截面柱的下段高度；
　　2. 对于上端为自由端的构件，$H_0=2H$；
　　3. 独立砖柱，当无柱间支撑时，柱在垂直排架方向的 H_0 应按表中数值乘以 1.25 后采用；
　　4. s 为房屋横墙间距；
　　5. 自承重墙的计算高度应根据周边支承或拉结条件确定。

(1) 在房屋底层，为楼板顶面到构件下端支点的距离。下端支点的位置，可取在基础顶面。当埋置较深且有刚性地坪时，可取室外地面下 500mm 处；

(2) 在房屋其他层次，为楼板或其他水平支点间的距离；

(3) 对于无壁柱的山墙，可取层高加山墙尖高度的 1/2；对于带壁柱的山墙可取壁柱处的山墙高度。

3. 计算 φ 时，构件的高厚比应乘以修正系数 γ_β

试验和分析表明，构件的纵向弯曲和达到强度极限时的变形有关，这取决于构件的高厚比和受压砌体应力应变曲线回归方程的参数——变形系数。影响变形系数的因素很多，试验证明其中块体的强度等级有很大影响。块体强度高，砌体强度也高，总的变形就大，相应构件在强度到达极限时的影响系数 φ 就小。但反映在 φ 的表达式中，由于稳定系数 φ_0 仅与砂浆强度等级和构件高厚比有关，这对砖砌体是合适的，而对某些类型的砌体结构计算所得的 φ 值就偏大。为了修正这个差别，根据各类砌体试验结果采取对构件高厚比乘以系数的办法来反映（表 4-3-2）。

高厚比修正系数 γ_β　　　　表 4-3-2

砌体材料类别	γ_β
烧结普通砖、烧结多孔砖	1.0
混凝土及轻骨料混凝土砌块	1.1
蒸压灰砂砖、蒸压粉煤灰砖、细料石、半细料石	1.2
粗料石、毛石	1.5

注：对灌孔混凝土砌块砌体 γ_β 取 1.0。

4. 截面面积的计算

(1) 对于各类砌体均按毛面积计算,当块体有孔洞时,不考虑孔洞的影响。

(2) 对于带壁柱墙体,其翼缘宽度 b_f 可按下列规定采用:

多层房屋,当有门窗洞口时,可取窗间墙宽度;当无门窗洞口时,每侧翼墙宽度可取本层壁柱高度的 1/3,且不大于相邻壁柱间的距离;

单层房屋,可取壁柱宽加 2/3 墙高,但不大于窗间墙宽度和相邻壁柱间的距离。

4.3.4 当墙体转角墙段角部承受集中荷载时,如何进行计算?

【解析】 当转角墙段角部受竖向集中荷载时,计算截面的长度可从角点算起,每侧宜取层高的 1/3。当上述墙体范围内有门窗洞口时,则计算截面取至洞边,但不宜大于层高的 1/3。当上层的竖向集中荷载传至本层时,可按均布荷载计算,此时转角墙段可按角形截面偏心受压构件进行承载力验算。

4.3.5 双向偏心受压构件与单向偏心受压构件破坏形态有何不同?

【解析】 偏心距 e_a 和 e_b 的大小(图 4-3-3)对砌体裂缝的出现和破坏形态有不同的影响。

当两个方向的偏心距均很小时(偏心率 e_h/h、e_b/b 小于 0.2),砌体从受力、开裂以至破坏均类似于轴心受压构件的三个受力阶段。

当一个方向偏心距很大(偏心率达 0.4),而另一方向偏心距很小(偏心率小于 0.1)时,砌体的受力性能与单向偏心受压类似。

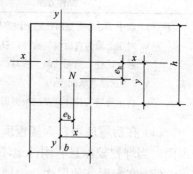

图 4-3-3 双向偏压示意图

当两个方向偏心率达 0.2~0.3 时,砌体内水平裂缝和竖向裂缝几乎同时出现。

当两个方向偏心率达 0.3~0.4 时,砌体内水平裂缝较竖向裂缝出现早。

4.3.6 双向偏心受压构件承载力如何计算?

【解析】 按《砌体结构设计规范》的规定,无筋砌体矩形截面偏心受压构件,承载力可按下列公式计算:

$$N \leqslant \varphi f A \tag{4-3-15}$$

$$\varphi = \cfrac{1}{1+12\left[\left(\cfrac{e_b+e_{ib}}{b}\right)^2+\left(\cfrac{e_h+e_{ih}}{h}\right)^2\right]} \tag{4-3-16}$$

$$e_{ib} = \cfrac{b}{\sqrt{12}}\sqrt{\cfrac{1}{\varphi_0}-1}\left\{\cfrac{\cfrac{e_b}{b}}{\cfrac{e_b}{b}+\cfrac{e_h}{h}}\right\} \tag{4-3-17}$$

$$e_{ih} = \cfrac{h}{\sqrt{12}}\sqrt{\cfrac{1}{\varphi_0}-1}\left\{\cfrac{\cfrac{e_h}{b}}{\cfrac{e_b}{b}+\cfrac{e_h}{h}}\right\} \tag{4-3-18}$$

式中 e_b、e_h——轴向力在截面重心 x 轴、y 轴方向的偏心距,e_b、e_h 宜分别不大于 $0.5x$ 和 $0.5y$;

x、y——自截面重心沿 x 轴、y 轴至轴向力所在偏心方向截面边缘的距离;

e_{ib}、e_{ih}——轴向力在截面重心 x 轴、y 轴方向的附加偏心距。

当一个方向的偏心率(e_b/b 或 e_h/h)不大于另一个方向偏心率的 5% 时,可简化按另一个方向的单向偏心受压确定承载力的影响系数。

4.3.7 无筋砌体受压构件,应按什么流程进行计算?

【解析】 无筋砌体受压构件的承载力计算流程见图 4-3-4。

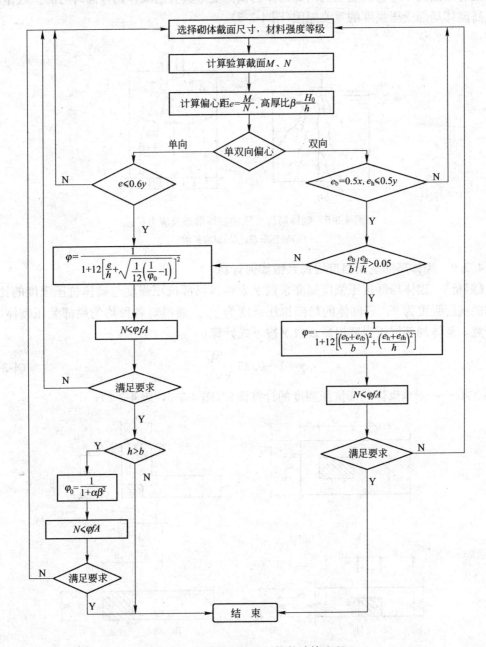

图 4-3-4 无筋砌体受压构件计算流程

第二节 局 部 受 压

4.3.8 砌体局部受压强度为什么比普通受压时会有所提高？

【解析】 局部受压试验证明，砌体局部受压的承载力大于砌体抗压强度与局部受压面积的乘积，即砌体局部受压强度较普通受压强度有所提高。这是由于砌体局部受压时未直接受压的外围砌体对直接受压的内部砌体的横向变形具有约束作用，同时力的扩散作用也是提高砌体局部受压强度的重要原因（图 4-3-5）。

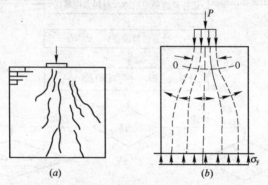

图 4-3-5 砌体局部受压的破坏形态及应力扩散
(a)破坏形态；(b)应力扩散

4.3.9 砌体局部抗压强度提高系数如何计算？

【解析】 砌体局部抗压强度提高系数 γ 为砌体局部抗压强度与砌体抗压强度的比值。砌体的抗压强度为 f，则砌体的局部抗压强度为 γf。通过对各种均匀局部受压砌体的试验研究，砌体局部抗压强度提高系数 γ 按下式计算：

$$\gamma = 1 + 0.35\sqrt{\frac{A_0}{A_l} - 1} \tag{4-3-19}$$

式中 A_0——影响砌体局部抗压强度的计算面积（图 4-3-6，表 4-3-2）；

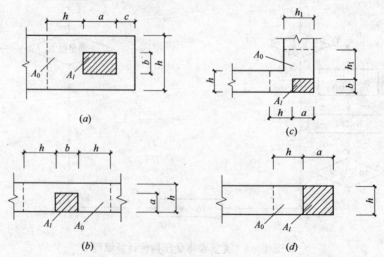

图 4-3-6 影响局部抗压强度的面积 A_0

A_l——局部受压面积。

式(4-3-19)等号右边第一项可视为砌体处于一般受压状态下的抗压强度系数,第二项可视为砌体由于局部受压而提高的抗压强度系数。

由试验和理论分析得知:当 A_0/A_l 过大时,砌体会发生突然的劈裂破坏。为了防止劈裂破坏和保证局部受压的安全,《砌体结构设计规范》规定按式(4-3-19)计算的局部抗压强度提高系数 γ 值不应大于表 4-3-3 规定的 γ_{max} 值。

A_l、A_0 及 γ_{max} 表　　　　　　表 4-3-3

局部受压情况	A_l	A_0	γ_{max}
a	$a \cdot b$	$(a+c+h)h$	2.5
b	$a \cdot b$	$(b+2h)h$	2.0
c	$a \cdot b$	$(a+h)h+(b+h_1-h)h_1$	1.5
d	$a \cdot b$	$(a+h)h$	1.25

注:1. 对多孔砖砌体和按《砌体结构设计规范》6.2.3 条要求灌孔的砌块砌体,$\gamma \leqslant 1.5$;
　　2. 对未灌实的混凝土中型和小型空心砌块砌体,$\gamma = 1.0$。

4.3.10 梁端下部砌体非均匀局部受压承载力如何计算?

【解析】 砌体房屋楼面梁端底部砌体局部受压面上承受的荷载一般由两部分组成,一部分为由梁传来的局部压力 N_l,另一部分为梁端上部砌体传来的压力 N_0。设上部砌体内作用的平均压应力为 σ_0,假设梁与墙上下界面紧密接触,那么梁端底部承受的上部砌体传来的压力 $N_0 = \sigma_0 A_l$。由于一般梁不可避免要发生弯曲变形,梁端下部砌体局部受压区在不均匀压应力作用下发生压缩变形,梁顶面局部和砌体脱开,使上部砌体传来的压应力通过拱作用由梁两侧砌体向下传递(图 4-3-7),从而减小了

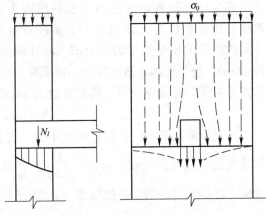

图 4-3-7　梁端砌体的内拱作用

梁端直接传递的压力,这种内力重分布现象对砌体的局部受压是有利的,将这种工作机理称为砌体的内拱作用。将考虑内拱作用上部砌体传至局部受压面积上的压力用 ψN_0 表示。梁下砌体局部受压承载力可按下列公式计算:

$$\psi N_0 + N_l \leqslant \eta \gamma f A_l \qquad (4\text{-}3\text{-}20)$$

$$\psi = 1.5 - 0.5 \frac{A_0}{A_l} \qquad (4\text{-}3\text{-}21)$$

$$N_0 = \sigma_0 A_l \qquad (4\text{-}3\text{-}22)$$

$$A_l = a_0 b \qquad (4\text{-}3\text{-}23)$$

式中　ψ——上部荷载的折减系数,当 A_0/A_l 大于等于 3 时,应取 ψ 等于 0;
　　　N_0——局部受压面积内上部轴向力设计值(N);
　　　N_l——梁端支承压力设计值(N);
　　　σ_0——上部平均压应力设计值(N/mm^2);

η——梁端底面压应力图形的完整系数,可取0.7,对于过梁和墙梁可取1.0;

a_0——梁端有效支承长度(mm),当a_0大于a时,应取a_0等于a;

a——梁端实际支承长度(mm);

b——梁的截面宽度(mm);

h_c——梁的截面高度(mm);

f——砌体的抗压强度设计值(MPa)。

4.3.11 梁端有效支承长度如何计算?

【解析】 支承在砌体墙或柱上的梁发生弯曲变形时梁端有脱离砌体的趋势,将梁端底面没有离开砌体的长度称为有效支承长度a_0。梁端局部承压面积则为$A_l = a_0 b$(b为梁截面宽度)。一般情况下a_0小于梁在砌体上的搁置长度a,但也可能等于a(图4-3-8)。

梁端有效支承长度与梁端局部受压荷载的大小、梁的刚度、砌体的强度、砌体的变形性能及局压面积的相对位置等因素有关。为了简化计算,假设梁下局部受压砌体各点的压缩变形与压应力成正比,砌体的变形系数为K(N/mm³),梁端转角为θ,则支承内边缘的压缩变形为$a_0\tan\theta$,该处的压应力为

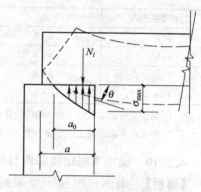

图4-3-8 梁端砌体的非均匀受压

$Ka_0\tan\theta$。由于砌体的塑性性能,在承载力极限状态假设压应力分布如图4-3-8所示的抛物线形曲线,并设压应力不均匀系数为η,由力的平衡条件可写出如下方程:

$$N_l = \eta K a_0 \tan\theta a_0 b \quad (4\text{-}3\text{-}24)$$

通过试验发现$\eta K/f$变化幅度不大,可近似取为0.7mm^{-1};对于均布荷载q作用下的简支梁,取$N_l = \frac{1}{2}ql$,$\tan\theta = \frac{1}{24B_c}ql^3$;考虑到混凝土梁的裂缝以及长期荷载对刚度的影响,混凝土梁的刚度近似取$B_c = 0.3E_c I_c$;取混凝土强度等级为C20,其弹性模量$E_c = 2.55 \times 10^4$MPa;$I_c = \frac{1}{12}bh_c^3$;假设$\frac{h_c}{l} = \frac{1}{11}$,由下式可得$a_0$的计算公式:

$$a_0 = 10\sqrt{\frac{h_c}{f}} \leqslant a \quad (4\text{-}3\text{-}25)$$

式中 a_0——梁端有效支承长度(mm);

h_c——梁的截面高度(mm);

f——砌体的抗压强度设计值(MPa)。

采用式(4-3-25)计算a_0时存在如下缺陷:即当梁高及梁下砌体强度等级相同,梁的跨度、梁的宽度和承受荷载不同时,计算的a_0是相同的,实际上上述各因素对梁端的翘曲都有影响。

4.3.12 梁端设有刚性垫块时,砌体局部受压承载力如何计算?

【解析】 当梁下砌体的局部抗压强度不满足承载力要求时,常在梁端设置刚性垫块(图4-3-9)。刚性垫块需满足下列要求:垫块高度$t_b \geqslant 180$mm、垫块的长度大于梁宽、每边跨过梁宽部分不大于垫块高度t_b。

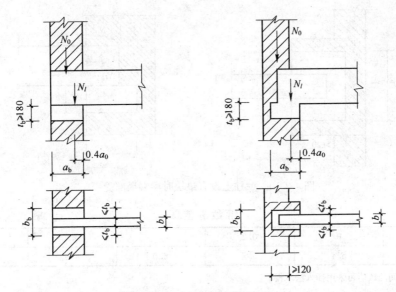

图 4-3-9 梁端设置刚性垫块

刚性垫块下的砌体既具有局部受压的特点，又具有偏心受压的特点。由于处于局部受压状态，垫块外砌体面积的有利影响应当考虑，但是考虑到垫块底面压应力分布的不均匀性，为偏于安全，垫块外砌体面积的有利影响系数 γ_1 取为 0.8γ。由于垫块下的砌体又处于偏心受压状态，所以可采用偏心受压短柱的承载力计算公式进行垫块下砌体局部受压的承载力计算：

$$N_0 + N_l \leqslant \varphi \gamma_1 f A_b \tag{4-3-26}$$

$$N_0 = \sigma_0 A_b \tag{4-3-27}$$

$$A_b = a_b b_b \tag{4-3-28}$$

式中 N_0——垫块面积 A_b 内上部轴向力设计值；

φ——垫块上 N_0 及 N_l 合力的影响系数，采用当 β 小于等于 3 时的 φ 值；

γ_1——垫块外砌体面积的有利影响系数，γ_1 应为 0.8γ，但不小于 1；

σ_0——上部平均压应力设计值；

A_b——垫块面积；

a_b——垫块伸入墙内的长度；

b_b——垫块的宽度。

在带壁柱墙的壁柱内设刚性垫块时(图 4-3-10)其计算面积应取壁柱范围内的面积，而不应计算翼缘部分，同时壁柱上垫块伸入翼墙内的长度不应小于 120mm；当现浇垫块与梁端整体浇筑时，垫块可在梁高范围内设置。

梁端设有刚性垫块时，梁端有效支承长度 a_0 采用刚性垫块上表面梁端有效支承长度，按下式确定：

$$a_0 = \delta_1 \sqrt{\frac{h_c}{f}} \tag{4-3-29}$$

式中 δ_1——刚性垫块的影响系数，可按表 4-3-4 采用。

垫块上 N_l 作用点的位置可取 $0.4a_0$ 处(图 4-3-10)。

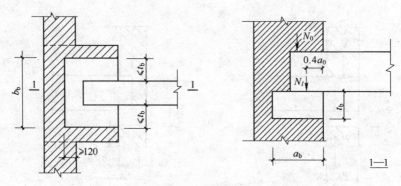

图 4-3-10 壁柱上设有垫块时梁端局部受压

系数 δ_1 值表　　　　表 4-3-4

σ_0/f	0	0.2	0.4	0.6	0.8
δ_1	5.4	5.7	6.0	6.9	7.8

注：表中其间的数值可采用插入法求得。

4.3.13 梁下设有长度大于 πh_0 的钢筋混凝土垫梁时，砌体局部受压承载力如何计算？

【解析】 当梁下设有长度大于 πh_0 的钢筋混凝土垫梁时，由于垫梁是柔性的，当垫梁置于墙上在屋面梁或楼面梁的作用下，相当于承受集中荷载的"弹性地基"上的无限长梁（图 4-3-11）。此时，"弹性地基"的宽度即为墙厚 h，按照弹性力学的平面应力问题求解，在垫梁底面、集中力 N_l 作用点处的应力最大。

$$\sigma_{ymax}=0.306\frac{N_l}{b_b}\sqrt[3]{\frac{Eh}{E_bI_b}} \quad (4-3-30)$$

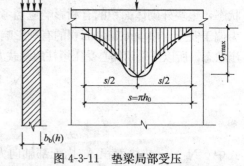

图 4-3-11 垫梁局部受压

式中 E_b、I_b——分别为垫梁的弹性模量和截面惯性矩；
　　　b_b——垫梁的宽度；
　　　E——砌体的弹性模量；
　　　h——墙厚。

为简化计算，现以三角形应力图形来代替实际曲线分布应力图形，折算的应力分布长度取为 $s=\pi h_0$，则可由静力平衡条件求得：

$$N_l=\frac{1}{2}\pi h_0 b_b \sigma_{ymax} \quad (4-3-31)$$

将公式（4-3-30）代入公式（4-3-31）则得到垫梁的折算高度 h_0 为：

$$h_0=2\sqrt[3]{\frac{E_bI_b}{Eh}} \quad (4-3-32)$$

根据试验研究，在荷载作用下由于混凝土垫梁先开裂，垫梁的刚度在逐渐减小。砌体临近破坏时，砌体内实际最大应力比按上述弹性力学分析的结果要大得多，$\frac{\sigma_{ymax}}{f}$ 均大于 1.5。现取

$$\sigma_{ymax}\leqslant 1.5f \quad (4-3-33)$$

考虑垫梁 $\frac{\pi b_b h_0}{2}$ 范围内上部荷载设计值产生的轴力 N_0，则有

$$N_0+N_l \leqslant \frac{\pi b_b h_0}{2} \times 1.5f \approx 2.4 b_b h_0 f \quad (4\text{-}3\text{-}34)$$

考虑荷载沿墙方向分布不均匀的影响后，梁下设有长度大于 πh_0 的垫梁下的砌体局部受压承载力应按下列公式计算：

$$N_0+N_l \leqslant 2.4 \delta_2 f b_b h_0 \quad (4\text{-}3\text{-}35)$$

$$N_0 = \frac{\pi b_b h_0 \sigma_0}{2} \quad (4\text{-}3\text{-}36)$$

式中 N_0——垫梁上部轴向力设计值(N)；

b_b——垫梁在墙厚方向的宽度(mm)；

δ_2——垫梁底面压应力分布系数，当荷载沿墙厚方向均匀分布时 δ_2 取 1.0，不均匀时 δ_2 可取 0.8；

h_0——垫梁的折算高度(mm)；

σ_0——上部平均压应力设计值(N/mm²)。

4.3.14 梁端支承处砌体局部受压承载力应按什么流程进行计算？

【解析】 梁端支承处砌体局部受压承载力计算流程见图 4-3-12。

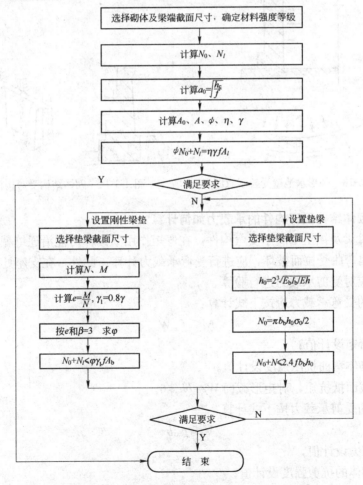

图 4-3-12 梁端支承处砌体局部受压承载力计算流程

第三节 轴心受拉、受弯、受剪构件

4.3.15 砌体结构轴心受拉构件的承载力如何计算？

【解析】 砌体圆形水池的池壁在水压力作用下属于轴心受拉构件（图 4-3-13），无筋砌体轴心受拉构件截面承载力按下式计算：

$$N_t \leqslant f_t A \qquad (4\text{-}3\text{-}37)$$

式中 N_t——轴心拉力设计值；

f_t——砌体的轴心抗拉强度设计值；

A——砌体截面面积。

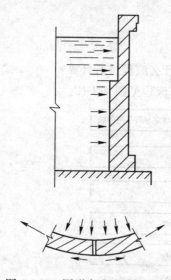
图 4-3-13 圆形水池壁受拉示意图

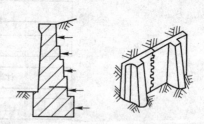
图 4-3-14 砌体结构受弯构件

4.3.16 砌体结构受弯构件的承载力如何计算？

【解析】 过梁及挡土墙属于受弯构件，在弯矩作用下砌体可能沿通缝截面或沿齿缝截面（图 4-3-14）因弯曲受拉而破坏，应进行受弯承载力计算。此外，在支座处还存在较大的剪力，因而还应对受剪承载力进行验算。

受弯构件的受弯承载力应按下式计算：

$$M \leqslant f_{tm} W \qquad (4\text{-}3\text{-}38)$$

式中 M——弯矩设计值；

f_{tm}——砌体弯曲抗压强度设计值；

W——截面抵抗矩，对矩形截面 $W = bh^2/6$。

受弯构件的受剪承载力按下式计算：

$$V \leqslant f_{v0} b z \qquad (4\text{-}3\text{-}39)$$

式中 V——剪力设计值；

f_{v0}——砌体的抗剪强度设计值；

b、h——截面的宽度和高度；

z——内力臂，$z=I/S$，当截面为矩形时取 $z=2h/3$；

I、S——截面的惯性矩和面积矩。

4.3.17 砌体结构受剪构件承载力如何计算？

【解析】 砌体结构中单纯受剪的情况很少。工程中大量遇到的是剪压复合受力情况，即砌体在竖向压力作用下同时受剪。例如，砌体墙在竖向荷载作用的同时又受到水平地震作用(图 4-3-15a)，又如无拉杆的拱支座截面，既受水平剪力又受竖向压力(图 4-3-15b)。

沿通缝或沿阶梯形截面破坏时受剪构件的承载力，应按下列公式计算：

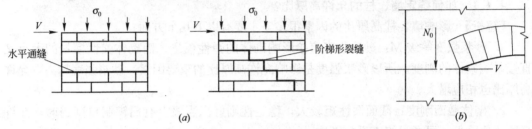

图 4-3-15 砌体结构受剪构件

$$V \leqslant (f_{v0} + \alpha\mu\sigma_0)A \tag{4-3-40}$$

当永久荷载分项系数 $\gamma_G=1.2$ 时，

$$\mu = 0.26 - 0.082\frac{\sigma_0}{f} \tag{4-3-41}$$

当永久荷载分项系数 $\gamma_G=1.35$ 时，

$$\mu = 0.23 - 0.065\frac{\sigma_0}{f} \tag{4-3-42}$$

式中 V——截面剪力设计值；

A——水平截面面积，当块体有孔洞时，取净截面面积；

f_{v0}——砌体的抗剪强度设计值，对灌孔的混凝土砌块砌体取 f_{vg}；

α——修正系数，当 $\gamma_G=1.2$ 时，砖砌体取 0.60，混凝土砌块砌体取 0.64；当 $\gamma_G=1.35$ 时，砖砌体取 0.64，混凝土砌块砌体取 0.66；

μ——剪压复合受力影响系数，$\alpha\mu$ 值见表 4-3-5；

σ_0——永久荷载设计值产生的水平截面平均压应力；

f——砌体抗压强度设计值；

σ_0/f——轴压比，且不大于 0.8。

当 $\gamma_G=1.2$ 及 $\gamma_G=1.35$ 时 $\alpha\mu$ 值   表 4-3-5

γ_G	σ_0/f	0.1	0.2	0.3	0.4	0.5	0.6	0.7	0.8
1.2	砖砌体	0.15	0.15	0.14	0.14	0.13	0.13	0.12	0.12
	砌块砌体	0.16	0.16	0.15	0.15	0.14	0.13	0.13	0.12
1.35	砖砌体	0.14	0.14	0.13	0.13	0.13	0.12	0.12	0.11
	砌块砌体	0.15	0.14	0.14	0.13	0.13	0.13	0.12	0.12

第四章 砌体结构静力设计的构造要求

第一节 墙、柱的高厚比验算

4.4.1 如何确定墙、柱的允许高厚比?

【解析】 影响墙、柱高厚比的因素很多,主要有以下几个方面:

1. 砂浆强度等级 M:砂浆强度直接影响砌体的弹性模量,而砌体弹性模量的大小又直接影响砌体的刚度。所以砂浆强度是影响允许高厚比的重要因素,砂浆强度越高,允许高厚比也相应增大。

2. 砌体截面刚度:截面惯性矩较大,稳定性则好。当墙上有门窗洞口削弱时,允许高厚比值降低,可通过修正系数考虑。

3. 砌体类型:毛石墙比一般砌体墙刚度差,允许高厚比要降低,而组合砌体由于钢筋混凝土的刚度好,允许高厚比可提高。

4. 构件重要性和房屋使用情况:对次要构件,如自承重墙允许高厚比可以增大,通过修正系数考虑,对于使用时有振动的房屋则应酌情降低。

5. 构造柱间距及截面:构造柱间距越小,截面越大,对墙体的约束越大,因此墙体稳定性越好,允许高厚比可提高,也可通过修正系数考虑。

6. 横墙间距:横墙间距越小,墙体稳定性和刚度越好。验算时用改变墙体的计算高度 H_0 来考虑这一因素。

7. 支承条件:刚性方案房屋的墙、柱在楼、屋盖支承处可取为不动铰支座,刚性好,而弹性和刚弹性房屋的墙、柱在屋(楼)盖处侧移较大,稳定性差。验算时用改变其计算高度 H_0 来考虑。

《砌体结构设计规范》在综合考虑上述影响因素基础上,结合我国工程经验,给出墙、柱的允许高厚比(表 4-4-1),它反映了在一定时期内材料的质量和施工水平。

墙柱的允许高厚比 $[\beta]$ 值　　　　　　　　　　　表 4-4-1

砂浆强度等级	墙	柱
≥M7.5	26	17
M5	24	16
M2.5	22	15

注:1. 毛石墙、柱允许高厚比按表中数值降低 20%;
　　2. 组合砖砌体构件允许高厚比 $[\beta]$ 可按表中数值提高 20%,但不大于 28;
　　3. 验算施工阶段砂浆尚未硬化的新砌砌体时,允许高厚比对墙取 14,对柱取 11。

4.4.2 如何验算墙柱的高厚比?

【解析】 墙、柱高厚比验算是保证砌体结构稳定,满足正常使用极限状态要求的重要构造措施之一。

1. 矩形截面墙、柱的高厚比验算

$$\beta = H_0/h \leqslant \mu_1\mu_2[\beta] \tag{4-4-1}$$

式中 $[\beta]$——墙、柱的允许高厚比；

H_0——墙、柱的计算高度；

h——墙厚或矩形柱与 H_0 相对应的边长；

μ_1——自承重墙允许高厚比修正系数；

μ_2——有门窗洞口墙允许高厚比修正系数。

墙、柱高厚比验算时应注意的问题：

(1) 墙、柱的计算高度 H_0

前面已指出，砌体结构房屋的墙、柱计算高度 H_0 与房屋的静力计算方案和墙、柱周边支承情况等条件有关。刚性方案房屋空间刚度较大，而弹性方案房屋空间刚度较差，故刚性方案房屋的墙、柱计算高度要比弹性方案房屋的小。对于带壁柱墙或周边有拉结的墙，其横墙间距 s 的大小与墙体稳定性有关，s/H 愈大，说明墙体稳定性愈差，反之，s/H 愈小，说明墙体周边支承效果较好，其稳定性也好。

(2) 自承重墙允许高厚比的修正系数 μ_1

自承重墙是房屋中的次要构件，而且只有自重作用。根据弹性稳定理论，当条件相同情况下，自承重墙比承重墙的临界荷载要大，因此对于厚度 $h \leqslant 240$mm 的自承重墙的允许高厚比的限值可适当放宽，即计算时在 $[\beta]$ 值上乘一个大于 1 的系数 μ_1，μ_1 可按表 4-4-2 确定。

修正系数 μ_1　　　　　　　　　　　　　表 4-4-2

墙体厚度 h(mm)	μ_1	墙体厚度 h(mm)	μ_1
240	1.2	90	1.5
90<h<240	1.68～0.002h		

若自承重墙的上端为自由时，$[\beta]$ 值除按上述规定提高外，还可提高 30%；对厚度小于 90mm 的墙，当双面用不低于 M10 的水泥砂浆抹面，包括抹面层的墙厚不小于 90mm 时，可按墙厚等于 90mm 验算高厚比。

(3) 有门窗洞口墙允许高厚比修正系数 μ_2

墙体开洞，对保证结构稳定不利，故计算时在 $[\beta]$ 值上乘一个小于 1 的系数 μ_2 来加以考虑，μ_2 可按下式计算：

$$\mu_2 = 1 - 0.4\frac{b_s}{s} \geqslant 0.7 \tag{4-4-2}$$

式中 b_s——在宽度 s 范围内的门窗洞口总宽度（图 4-4-1）；

s——相邻窗间墙、壁柱之间或构造柱之间的距离。

按《砌体结构设计规范》规定：当按式(4-4-2)算得的 μ_2 值小于 0.7 时，应采用 0.7。当洞口高度等于或小于墙高的 1/5 时（图 4-4-2），可取 μ_2 等于 1.0；应当注意的是：虽然洞口高度等于或小于墙高的 1/5，但当洞口的宽度较大时，对高厚比仍然有影响，设计时应控制洞口宽度。

(4) 相邻两横墙间的距离很小的墙的高厚比

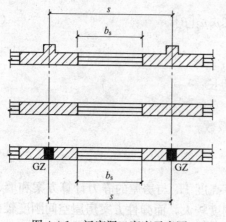
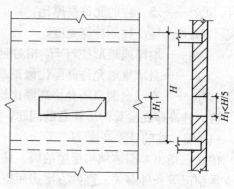

图 4-4-1 门窗洞口宽度示意图　　　　图 4-4-2 墙上洞口高度

当与墙连接的相邻两横墙间的距离 $s \leqslant \mu_1 \mu_2 [\beta] h$ 时，墙的计算高度可不受式(4-4-1)的限制。

(5) 变截面柱的高厚比

对于变截面柱，可按上、下截面分别验算高厚比，且验算上柱的高厚比时，墙、柱的允许高厚比可乘以 1.3 后确定。

(6) 上端为自由端墙的高厚比

上端为自由端墙的允许高厚比，可提高 30%。

(7) 当墙、柱的允许高厚比有多项因素需进行修正时，可考虑各修正系数连乘。

2. 带壁柱墙高厚比验算

带壁柱墙高厚比验算应包括两部分：横墙之间整片墙的高厚比验算和壁柱间墙的高厚比验算(图 4-4-3)。

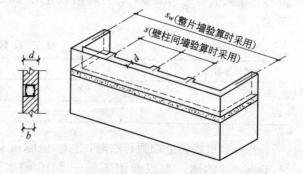

图 4-4-3 带壁柱高厚比验算图

(1) 带壁柱整片墙的高厚比验算

$$\beta = H_0 / h_T \leqslant \mu_1 \mu_2 [\beta] \tag{4-4-3}$$

式中　h_T——带壁柱墙截面的折算厚度，

$$h_T = 3.5i \tag{4-4-4}$$

　　　i——带壁柱墙截面的回转半径，

$$i = \sqrt{\frac{I}{A}} \tag{4-4-5}$$

　　I、A——带壁柱墙截面的惯性矩和截面面积；

　　　H_0——墙、柱的计算高度。

在计算带壁柱截面的回转半径时，翼缘宽度对于多层房屋，无窗洞口的墙面每侧翼缘宽度可取壁柱高度的 1/3；对于单层房屋，无窗洞口的墙面取壁柱宽加 2/3 壁柱高度，同时不得大于壁柱间距;有门窗洞口时,取窗间墙宽度。

(2) 壁柱间墙的高厚比验算

壁柱间墙的高厚比可按公式(4-4-1)进行验算,此时壁柱可视为墙的侧向不动铰支座。计算 H_0 时,s 取相邻壁柱间距离。

设有钢筋混凝土圈梁的带壁柱墙或带构造柱墙,当 $b/s \geqslant 1/30$ 时,圈梁可视为壁柱间墙或构造柱间墙的不动铰支点(b 为圈梁宽度)。如不允许增加圈梁宽度,可按墙体平面外等刚度原则增加圈梁高度,以满足壁柱间墙或构造柱间墙不动铰支点的要求。

3. 带构造柱墙的高厚比验算

(1) 整片墙高厚比验算

为了考虑设置构造柱后的有利作用,当构造柱的截面宽度不小于墙厚时,可将墙的允许高厚比 $[\beta]$ 乘以 μ_c,即

$$\beta = H_0/h \leqslant \mu_1 \mu_2 \mu_c [\beta] \tag{4-4-6}$$

式中 μ_c ——带构造柱墙允许高厚比 $[\beta]$ 提高系数,

$$\mu_c = 1 + \gamma \times \frac{b_c}{l} \tag{4-4-7}$$

γ ——系数(对细料石、半细料石砌体,$\gamma=0$;对混凝土砌块、粗料石及毛石砌体,$\gamma=1.0$;其他砌体,$\gamma=1.5$);

b_c ——构造柱沿墙长方向的宽度;

l ——构造柱的间距。

当 $b_c/l > 0.25$ 时,取 $b_c/l = 0.25$;当 $b_c/l < 0.05$ 时,取 $b_c/l = 0$。

式(4-4-6)计算时,h 可取墙厚,确定 H_0 时,s 应取相邻横墙间的距离。

(2) 构造柱间墙高厚比验算

构造柱间墙的高厚比仍可按公式(4-4-1)进行验算,验算时可将构造柱视为构造柱间墙的不动铰支座。在计算 H_0 时,s 取构造柱间距,而且不论带构造柱墙体的静力计算方案计算时属何种计算方案,一律按刚性方案考虑。

第二节 一般构造要求

4.4.3 墙、柱的最小尺寸应符合哪些要求?

【解析】 墙、柱的最小尺寸应符合表 4-4-3 的要求。

墙、柱的最小尺寸 表 4-4-3

砌体类型	最小尺寸(mm)	砌体类型	最小尺寸(mm)
承重独立砖柱截面	240×370	毛料石柱较小边长	400
毛石墙的厚度	350		

4.4.4 梁、板与墙体的连接与支承应符合哪些要求?

【解析】 梁、板与墙体的连接与支承应符合表 4-4-4 的要求。

梁、板与墙体的连接与支承要求　　　　　　　表4-4-4

项次	内容	要求
1	跨度大于6m的屋架 砖砌体上梁跨大于4.8m 砌块和料石砌体的梁跨大于4.2m 毛石砌体的梁跨大于3.9m	支承处砌体应设置混凝土或钢筋混凝土垫块；当墙上有圈梁时，垫块应与圈梁浇成整体
2	240mm厚砖墙，梁跨 $l \geqslant 6m$ 180mm厚砖墙，梁跨 $l \geqslant 4.8m$ 砌块、料石墙，梁跨 $l \geqslant 4.8m$	支承处应加设壁柱，或其他加强措施
3	预制钢筋混凝土板的支承长度 l	墙上 $l \geqslant 100mm$ 圈梁上 $l \geqslant 80mm$ 利用板缝钢筋拉结并灌缝 $l \geqslant 40mm$
4	砖砌体上梁跨 $l \geqslant 9m$ 砌块和料石砌体上梁跨 $l \geqslant 7.2m$	支承在墙、柱上的吊车梁、屋架及左边规定的预制梁端部，应采用锚件与墙柱上的垫块锚固(图4-4-4)

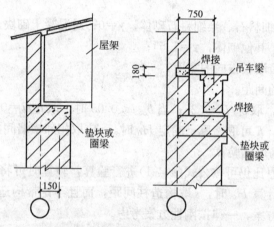

图4-4-4　屋架、吊车梁与墙连接

4.4.5　砌块砌体的构造应符合哪些要求？

【解析】　砌块砌体的构造应符合表4-4-5的要求。

砌块砌体的构造要求　　　　　　　表4-4-5

项次	内容	要求
1	砌块搭砌	(1) 分皮错缝搭砌，上下皮搭砌长度不小于90mm； (2) 搭砌长度不满足时，在水平灰缝中设置不少于 $2\phi4$ 焊接钢筋网片
2	后砌隔墙	与砌块墙交接处沿墙高每400mm在水平灰缝内设置不少于 $2\phi4$、横筋间距不大于200mm的焊接钢筋网片(图4-4-5)
3	砌块灌孔(采用不低于Cb20混凝土)	(1) 纵横墙交接处，距墙中心线每边不小于300mm范围的孔洞。 (2) 下列部位，如未设圈梁或混凝土垫块时： • 格栅、檩条和钢筋混凝土楼板的支承面下，高度不小于200mm的砌体； • 屋架、梁等构件的支承面下，高度不小于600mm，长度不小于600mm的砌体； • 挑梁支承面下，距墙中心线每边不应小于300mm，高度不应小于600mm的砌体

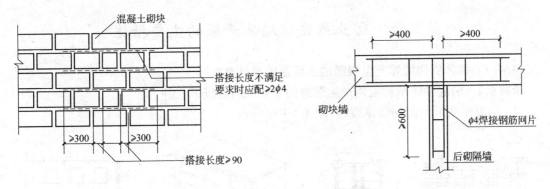

图 4-4-5 砌块墙与后砌隔墙连接

4.4.6 夹心墙的构造应符合哪些要求?

【解析】 夹心墙是在墙的内叶和外叶之间的空腔内填充保温或隔热材料,在内外叶之间采用防锈的金属拉结件连接形成整体(图 4-4-6)。夹心墙可以集承重、保温、装饰为一体,是墙体节能的需要。夹心墙的构造应符合下列要求:

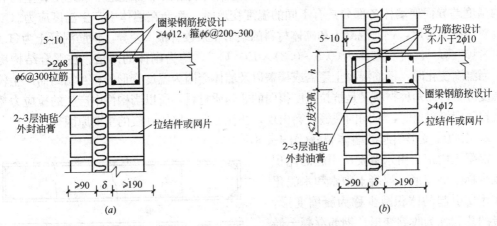

图 4-4-6 夹心墙圈梁节能构造

1. 叶墙应用经防腐处理的拉结件或钢筋网片连接。
2. 当采用环形拉结件时,钢筋直径不小于 4mm,当采用 Z 形拉结件时,钢筋直径不应小于 6mm。拉结件应沿竖向梅花形布置,拉结件的水平和竖向最大间距分别不宜大于 800mm 和 600mm;当有振动或有抗震设防要求时,其水平和竖向最大间距分别不宜大于 800mm 和 400mm。
3. 当采用钢筋网片作拉结件时,网片横向钢筋的直径不应小于 4mm,其间距不应大于 400mm;网片的竖向间距不宜大于 600mm,当有振动或有抗震设防要求时,不宜大于 400mm。
4. 拉结件在叶墙上的搁置长度,不应小于叶墙厚度的 2/3,并不应小于 60mm。
5. 门窗洞口周边 300mm 范围内应设附加间距不大于 600mm 的拉结件。
6. 对安全等级为一级或设计使用年限大于 50 年的房屋,夹心叶墙间宜采用不锈钢拉结件。

第三节 防止或减轻墙体开裂的主要措施

4.4.7 砌体结构墙体产生裂缝的主要原因是什么?

【解析】 引起砌体结构墙体产生裂缝的主要原因有以下三种:

1. 由温度变形引起的墙体裂缝(图 4-4-7)

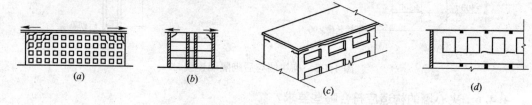

图 4-4-7 温度变形引起的墙体裂缝

(a)外纵墙的正八字斜裂缝;(b)横墙正八字斜裂缝;(c)房屋下水平裂缝和包角裂缝;(d)墙体弯曲引起的水平裂缝

当外界温度变化引起的墙体温度变形受到约束,或者由于房屋地下和地上、室内和室外的温度差异而使墙体各部分具有不同的温度变形时,都会在墙体中产生温度应力。

对砖砌体房屋,钢筋混凝土和砌体材料的线膨胀系数有很大差异,钢筋混凝土为$(1.0\sim1.4)\times10^{-5}℃^{-1}$,砖石砌体为$(0.5\sim0.8)\times10^{-5}℃^{-1}$,约为砌体的两倍。在混合结构房屋中,当温度变化时,钢筋混凝土屋盖或楼盖以及墙体会因为温度变形的相互制约而产生较大的温度应力,而两种材料又是抗拉强度很弱的非匀质材料,所以当构件中产生的拉应力超过其抗拉强度极限值时,不同的裂缝就会出现,往往是造成墙体开裂的主要原因。

2. 由收缩变形引起的墙体裂缝(图 4-4-8)

混凝土内部自由水蒸发所引起的体积的减少称干缩变形,混凝土中水和水泥化学作用所引起的体积减少称为凝缩变形,两者的总和称为收缩变形。钢筋混凝土最大的收缩值为$(2\sim4)\times10^{-4}$,大部分在凝固初期完成,凝固 10d 后完成约为 1/3,28d 完成 50%。而烧结黏土砖(包括其他材料的烧结制品)的干缩很小,且变形完成比较快,在正常温度下的收缩现象不甚明显。但对于砌块砌体房屋,混凝土空心砌块的干缩性大,在形成砌体后还约有 0.02%的收缩率,使得砌块房屋在下部几

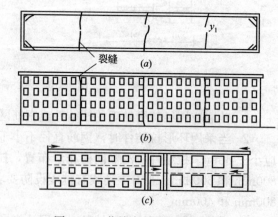

图 4-4-8 收缩变形引起的裂缝

层墙体上较易产生收缩裂缝。因而非烧结类块体(砌块、灰砂砖、粉煤灰砖等)砌体中,往往同时存在温度和干缩共同引起的裂缝,一般情况是墙体中两种裂缝都有,或因具体条件不同而呈现不同的裂缝现象,其裂缝的发展往往较单一因素更严重。

3. 由地基不均匀沉降引起的墙体裂缝(图 4-4-9)

当房屋的长高比较大、地基土较软,或地基土层分布不均匀、土质差别很大,或房屋高

差较大、荷载分布极不均匀时，都可能产生过大的不均匀沉降，使墙体产生附加应力，引起墙体裂缝。房屋发生不均匀沉降后，一般发生弯、剪变形而产生主拉应力，因此裂缝一般为斜向的阶梯形裂缝。斜裂缝大多集中在局部倾斜较大及弯、剪应力较大的部位。当由于地基土较软且房屋长高比较大或其他原因在房屋中部产生过大沉降时，斜裂缝一般出现在房屋的下部，呈八字形分布，如图4-4-9(a)所示。当由于地基土分布或荷载分布不均匀而在房屋的一端产生较大的沉降时，斜裂缝主要集中在沉降曲率较大的部位，如图4-4-9(b)所示。

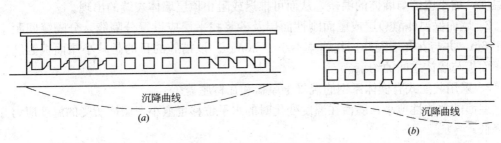

图 4-4-9　地基不均匀沉降引起的墙体裂缝

4.4.8　如何防止或减轻由于温差和砌体干缩引起的墙体竖向裂缝？

【解析】　墙体因温差和砌体干缩引起的拉应力与房屋的长度成正比，当房屋很长时，为了防止或减轻房屋在正常使用条件下由温差和砌体干缩引起的墙体竖向裂缝，应在因温度和收缩变形可能引起应力集中、砌体产生裂缝可能性最大的墙体中设置伸缩缝，如房屋平面转折处、体型变化处、房屋的中间部位以及房屋的错层处。伸缩缝的间距与屋盖、楼盖的类别、砌体类别、是否设置保温层或隔热层等因素有关。当屋盖、楼盖的刚度较大，砌体的干缩变形大，又无保温层或隔热层时，结构的温差较大，可能产生较大的温度和收缩变形，伸缩缝的间距则宜小些。各类砌体房屋伸缩缝的最大间距可见表4-4-6。

砌体房屋温度伸缩缝的间距　　　　　　　　　表 4-4-6

屋盖或楼盖类别		间距/m
整体式或装配整体式钢筋混凝土结构	有保温层或隔热层的屋盖、楼盖	50
	无保温层或隔热层的屋盖	40
装配式无檩体系钢筋混凝土结构	有保温层或隔热层的屋盖、楼盖	60
	无保温层或隔热层的屋盖	50
装配式有檩体系钢筋混凝土结构	有保温层或隔热层的屋盖	75
	无保温层或隔热层的屋盖	60
黏土瓦或石棉水泥瓦屋盖、木屋盖或楼盖、砖石屋盖或楼盖		100

注：1. 对烧结普通砖、多孔砖、配筋砌块砌体房屋取表中数值；对石砌体、蒸压灰砂砖、蒸压粉煤灰砖和混凝土砌块房屋取表中数值乘以0.8的系数。当有实践经验并采取有效措施时，可不遵守本表规定；
2. 在钢筋混凝土屋面上挂瓦的屋盖应按钢筋混凝土屋盖采用；
3. 按本表设置的墙体伸缩缝，一般不能同时防止由于钢筋混凝土屋盖的温度变形和砌体干缩变形引起的墙体局部裂缝；
4. 层高大于5m的烧结普通砖、多孔砖、配筋砌块砌体结构单层房屋，其伸缩缝间距可按表中数值乘以1.3；
5. 温差较大且变化频繁地区和严寒地区不采暖的房屋及构筑物墙体的伸缩缝的最大间距，应按表中数值予以适当减小；
6. 墙体的伸缩缝应与结构的其他变形缝相重合，在进行立面处理时，必须保证缝隙的伸缩作用。

4.4.9 如何防止或减轻房屋顶层墙体的裂缝?

【解析】 为了防止或减轻房屋顶层墙体的裂缝,可采取降低屋盖与墙体之间的温差;选择整体性及刚度较小的屋盖、减小屋盖与墙体之间的约束以及提高墙体本身的抗拉、抗剪强度等措施,具体来说,可根据情况采取下列措施:

1. 屋面应设置保温、隔热层。

墙体中的温度应力与温差几乎呈线性关系,屋面设置保温、隔热层,可降低屋面顶板的温度,缩小屋盖与墙体的温差,从而可推迟或阻止顶层墙体裂缝的出现。

2. 屋面保温(隔热)层或屋面刚性面层及砂浆找平层应设置分隔缝,分隔缝间距不宜大于6m,并与女儿墙隔开,其缝宽不小于30mm。该措施的目的是减小屋面板温度应力和屋面板与墙体之间的约束。

3. 采用装配式有檩体系钢筋混凝土屋盖和瓦材屋盖。

屋面的整体性愈小,屋面在温度变化时的水平位移也愈小,墙体所受的温度应力亦随之降低。

4. 在钢筋混凝土屋面板与墙体圈梁的接触面处设置水平滑动层,滑动层可采用两层油毡夹滑石粉或橡胶片等;对于长纵墙,可只在其两端的2~3个开间内设置,对于横墙可只在其两端各$l/4$范围内设置(l为横墙长度)。

水平滑动层可减小屋面与墙体之间的约束,两者之间的约束愈小,屋面温度变形对墙体的影响也就愈小。长纵墙两端的2~3个开间以及横墙两端各$l/4$范围内很容易产生八字形斜裂缝,在这些部位设置水平滑动层效果较好。

5. 顶层屋面板下设置现浇钢筋混凝土圈梁,并沿内外墙拉通,房屋两端圈梁下的墙体内宜适当设置水平钢筋。

现浇钢筋混凝土圈梁可增加墙体的整体性和刚度,缩小屋盖与墙体之间刚度的差异。房屋两端墙体易出现水平裂缝或斜裂缝,在该部位墙体内配置水平钢筋可提高墙体本身的抗拉或抗剪强度。

6. 顶层挑梁末端下墙体灰缝内设置3道焊接钢筋网片(纵向钢筋不宜少于2φ4,横筋间距不宜大于200mm)或2φ6钢筋,钢筋网片或钢筋应自挑梁末端伸入两边墙体不小于1m,如图4-4-10所示。

7. 顶层墙体有门窗等洞口时,在过梁上的水平灰缝内设置2~3道焊接钢筋网片或2φ6钢筋,并应伸入过梁两端墙内不小于600mm。

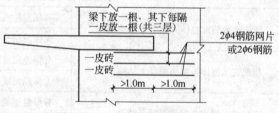

图4-4-10 顶层挑梁末端配筋

门窗洞口过梁上的水平灰缝内配置钢筋网片或钢筋的作用与顶层挑梁下墙体内配筋的作用相同,主要是为了提高墙体本身的抗拉或抗剪强度。

8. 顶层及女儿墙砂浆强度等级不低于M5。

9. 女儿墙应设置构造柱,构造柱间距不宜大于4m,构造柱应伸至女儿墙顶并与现浇钢筋混凝土压顶整浇在一起。

10. 房屋顶层端部墙体内适当增设构造柱。

顶层及女儿墙受外界温度变化的影响较大，砂浆强度等级愈高，墙体的抗拉、抗剪强度也愈高。同样，构造柱也可发挥这种作用。而顶层端部墙体受到的约束又较大，因此适当增设构造柱，可明显改善顶层端部墙体的抗裂性能。

4.4.10 如何防止或减轻房屋底层墙体的裂缝？

【解析】 房屋底层墙体受地基不均匀沉降的敏感程度较其他楼层大，底层窗洞边则受墙体干缩和温度变化的影响产生应力集中。增大基础圈梁的刚度，尤其增大圈梁的高度以及在窗台下墙体灰缝内配筋，可提高墙体的抗拉、抗剪强度。工程中，可根据具体情况采取下列措施：

1. 增大基础圈梁的刚度；
2. 在底层的窗台下墙体灰缝内设置 3 道钢筋网片或 $2\phi6$ 钢筋，并伸入两边窗间墙内不小于 600mm；
3. 采用钢筋混凝土窗台板，窗台板嵌入窗间墙内不小于 600mm。

墙体转角处和纵横墙交接处部位约束了墙体两个方向的变形，在这些部位墙体内配置适量钢筋，对防止墙体开裂有利。因此墙体转角处和纵横墙交接处宜沿竖向每隔 400~500mm 设拉结钢筋，其数量为每 120mm 墙厚不少于 $1\phi6$ 或焊接钢筋网片，埋入长度从墙的转角或交接处算起，每边不小于 600mm。

灰砂砖、粉煤灰砖、混凝土砌块和其他非烧结砖砌体的干缩变形较大，因此宜在各层门、窗过梁上方的水平灰缝内及窗台下第一和第二道水平灰缝内设置焊接钢筋网片或 $2\phi6$ 钢筋，焊接钢筋网片或钢筋应伸入两边窗间墙内不小于 600mm。此外，当实体墙长大于 5m 时，往往在墙体中部出现两端小、中间大的竖向收缩裂缝，因而宜在每层墙高度中部设置 2~3 道焊接钢筋网片或 $3\phi6$ 的通长水平钢筋，竖向间距宜为 500mm。

试验表明，粘结性能好的砂浆可提高块材与砂浆之间的粘结强度，砌体抗拉、抗剪性能也将明显改善。因此，灰砂砖、粉煤灰砖砌体宜采用粘结性能好的砂浆砌筑，混凝土砌块砌体应采用砌块专用砂浆砌筑。

4.4.11 如何防止或减轻混凝土砌块房屋顶层两端和底层第一、第二开间门窗洞处的裂缝？

【解析】 混凝土砌块房屋顶层两端和底层第一、第二开间门窗洞处因应力集中以及混凝土砌块干缩变形较大，更容易在这些部位出现裂缝。试验和理论分析表明，混凝土砌块孔洞中配置竖向钢筋并且采用灌孔混凝土灌实，或者在水平灰缝内配置钢筋网片均可提高墙体的抗拉、抗剪强度。因此，为了防止或减轻这些部位的裂缝，可采取下列措施：

1. 在门窗洞口两侧不少于一个孔洞中设置不小于 $1\phi12$ 的钢筋，钢筋应在楼层圈梁或基础锚固，并采用不低于 Cb20 灌孔混凝土灌实；
2. 在门窗洞口两边的墙体的水平灰缝中，设置长度不小于 900mm、竖向间距为 400mm 的 $2\phi4$ 焊接钢筋网片；
3. 在顶层和底层设置通长钢筋混凝土窗台梁，窗台梁的高度宜为块高的模数，纵筋不少于 $4\phi10$、箍筋 $\phi6@200$，Cb20 混凝土。

工程上，根据砌体材料的干缩特性，通过设置沿墙长方向能自由伸缩的缝，将较长的砌体房屋的墙体划分成若干个较小的区段，使砌体因温度、干缩变形引起的应力小于砌体的抗拉、抗剪强度或者裂缝很小，从而达到可以控制的地步，这种缝称为控制缝。理论分析表明，在裂缝的多发部位，如房屋墙体刚度变化、高度变化处以及窗台下或窗台角处设置控制缝可防止或减轻墙体裂缝。因此，当房屋刚度较大时，可在窗台下或窗台角处墙体内设置竖向控制缝。在墙体高度或厚度突然变化处也宜设置竖向控制缝，或采取其他可靠的防裂措施。同时，竖向控制缝的构造和嵌缝材料应满足墙体平面外传力和防护的要求。

4.4.12 如何防止或减轻由于地基不均匀沉降引起的墙体裂缝？

【解析】 防止或减轻由于地基不均匀沉降引起的墙体裂缝，可综合采用下列措施：

1. 设置沉降缝

沉降缝与温度伸缩缝不同的是必须自基础起将两侧房屋在结构构造上完全分开。混合结构房屋的下列部位宜设置沉降缝：

（1）建筑平面的转折部位；
（2）高度差异或荷载差异处；
（3）长高比过大的房屋的适当部位；
（4）地基土的压缩性有显著差异处；
（5）基础类型不同处；
（6）分期建造房屋的交界处。

沉降缝最小宽度的确定，要考虑避免相邻房屋因地基沉降不同产生倾斜引起相邻构件碰撞，因而与房屋的高度有关。沉降缝的最小宽度一般为：2～3层房屋取50～80mm；4～5层房屋取80～120mm；5层以上房屋≥120mm。

沉降缝的构造方案如图4-4-11所示。

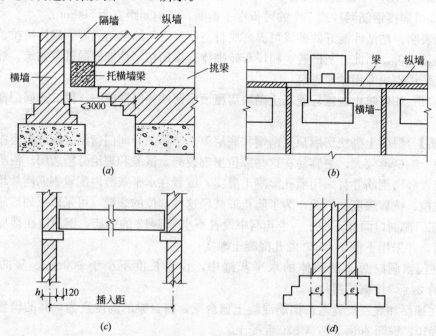

图 4-4-11 沉降缝构造方案
(a)悬挑式；(b)跨越式；(c)简支式；(d)双墙承重

2. 增强房屋的整体刚度和强度

对于混合结构房屋，为防止因地基发生过大不均匀沉降在墙体上产生的各种裂缝，宜采用下列措施：

(1) 对于三层和三层以上的房屋，其长高比 L/H_f 宜小于或等于 2.5（其中，L 为建筑物长度或沉降缝分隔的单元长度，H_f 为自基础底面标高算起的建筑物高度）；当房屋的长高比为 $2.5<L/H_f\leqslant3.0$ 时，宜做到纵墙不转折或少转折，并应控制其内横墙间距或增强基础刚度和强度。当房屋的预估最大沉降量小于或等于 120mm 时，其长高比可不受限制；

(2) 墙体内宜设置钢筋混凝土圈梁；

(3) 在墙体上开洞时，宜在开洞部位配筋或采用构造柱及圈梁加强。

第五章 圈梁、过梁、墙梁及挑梁

第一节 圈　　梁

4.5.1 圈梁的设置有什么要求？

【解析】 为了增强混合结构房屋的整体刚度，防止由于地基的不均匀沉降或较大振动荷载等对房屋引起的不利影响，应在墙中设置现浇钢筋混凝土圈梁。所谓圈梁是指在房屋的檐口、窗顶、楼层、吊车梁顶或基础顶面标高处，沿砌体墙水平方向设置封闭状的按构造配筋的混凝土梁式构件。设在房屋檐口处的圈梁，又称为檐口圈梁。设在基础顶面标高处的圈梁又称为基础圈梁。

圈梁设置的位置和数量通常按房屋的类型、层数、所受的振动荷载以及地基情况等因素来决定。

1. 车间、仓库、食堂等空旷的单层房屋，檐口标高为 5~8m（砖砌体房屋）或 4~5m（砌块及料石砌体房屋）时，应在檐口标高处设置一道圈梁，檐口标高大于 8m（砖砌体房屋）或 5m（砌块及料石砌体房屋）时，应增加设置数量。

有吊车或较大振动设备的单层工业房屋，除在檐口或窗顶标高处设置现浇钢筋混凝土圈梁外，尚应增加设置数量。

2. 宿舍、办公楼等多层砌体民用房屋，且层数为 3~4 层时，应在底层、檐口标高处设置一道圈梁。当层数超过 4 层时，至少应在所有纵横墙上隔层设置。

多层砌体工业房屋，应每层设置现浇钢筋混凝土圈梁。

设置墙梁的多层砌体房屋应在托梁、墙梁顶面和檐口标高处设置现浇钢筋混凝土圈梁，其他楼层处应在所有纵横墙上每层设置。

3. 采用现浇钢筋混凝土楼（屋）盖的多层砌体结构房屋，当层数超过 5 层时，除在檐口标高处设置一道圈梁外，可隔层设置圈梁，并与楼（屋）面板一起现浇。

4. 建筑在软弱地基或不均匀地基上的砌体房屋，除按上述规定设置圈梁外，尚应符合现行国家标准《建筑地基基础设计规范》(GB 50007—2002)的有关规定。

4.5.2 圈梁的构造有哪些要求？

【解析】 圈梁应符合下列构造要求

1. 圈梁宜连续地设在同一水平面上，并形成封闭状；当圈梁被门窗洞口截断时，应在洞口上部增设相同截面的附加圈梁。附加圈梁与圈梁的搭接长度不应小于其中到中垂直间距的 2 倍，且不得小于 1m（图 4-5-1）；

2. 纵横墙交接处的圈梁应有可靠的连接。刚弹性和弹性方案房屋，圈梁应与屋架、大梁等构件可靠连接（图 4-5-2）；

3. 钢筋混凝土圈梁的宽度宜与墙厚相同，当墙厚 $h \geqslant 240mm$ 时，其宽度不宜小于 $2h/3$。圈梁高度不应小于 120mm。纵向钢筋不应少于 $4\phi 10$，绑扎接头的搭接长度按受拉钢筋考虑，箍筋间距不应大于 300mm；

4. 圈梁兼作过梁时，过梁部分的钢筋应按计算用量另行增配。

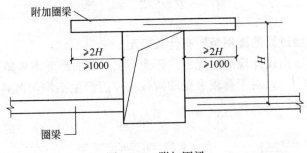

图 4-5-1　附加圈梁

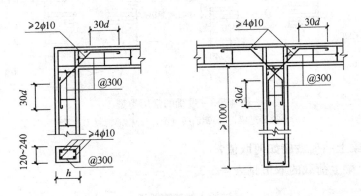

图 4-5-2　纵横墙交接处圈梁连接构造

4.5.3　《砌体结构设计规范》(GB 50003—2001)与 GBJ 3—88 关于圈梁的设置有什么差别？

【解析】《砌体结构设计规范》(GB 50003—2001)与 GBJ 3—88 关于圈梁设置的差别见表 4-5-1。

GBJ 3—88 与 GB 50003—2001 关于圈梁的差别对比表　　　　表 4-5-1

项次	差别对比
1	GBJ 3—88 对于车间、仓库食堂等空旷单层房屋和宿舍、办公楼等多层房屋，当墙厚≤240mm 时提出设置圈梁的要求，GB 50003—2001 不区分墙厚
2	多层砌体工业房屋由"隔层设置圈梁"改为"每层设置圈梁"
3	补充设置墙梁多层砌体房屋圈梁设置的规定："应在托梁、墙梁顶面和檐口柱高处设置现浇圈梁，其他楼层应在纵横墙上每层设置圈梁"
4	补充采用现浇钢筋混凝土楼(屋)盖多层砌体房屋圈梁设置的规定："当层数超过五层时，除檐口标高处设置一道圈梁外，可隔层设置圈梁，圈梁与楼(屋)盖一起现浇。未设置圈梁的楼面板嵌入墙内的长度不应小于 120mm，并沿墙长配置不小于 2φ10 的纵向钢筋"
5	取消"钢筋砖圈梁"

第二节 过 梁

4.5.4 各种类型过梁的适用范围有什么规定?

【解析】《砌体结构设计规范》规定:砖砌平拱过梁的跨度不应超过1.2m,钢筋砖过梁的跨度不应超过1.5m,对于有较大振动荷载或可能产生不均匀沉降的房屋应采用钢筋混凝土过梁(图4-5-3)。

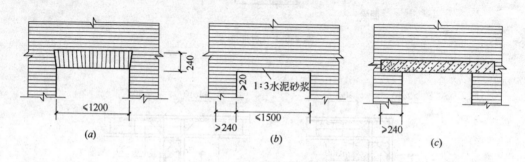

图 4-5-3 过梁的常用类型
(a)平拱砖过梁;(b)钢筋砖过梁;(c)钢筋混凝土过梁

4.5.5 过梁上的荷载应如何取值?

【解析】 过梁上荷载的取值见表4-5-2。

过梁上的荷载取值 表4-5-2

荷载类型	简 图	砌体种类		荷 载 取 值
墙体荷载	注:h_w为过梁上墙体高度	砖砌体	$h_w < \dfrac{l_n}{3}$	应按墙体的均布自重采用
			$h_w \geq \dfrac{l_n}{3}$	应按高度为$\dfrac{l_n}{3}$的墙体的均布自重采用
		混凝土小砌块砌体	$h_w < \dfrac{l_n}{2}$	应按墙体的均布自重采用
			$h_w \geq \dfrac{l_n}{2}$	应按高度为$\dfrac{l_n}{2}$的墙体的均布自重采用
梁板荷载	注:h_w为梁、板下墙体高度	砖砌体,混凝土小砌块砌体	$h_w < l_n$	应计入梁、板传来的荷载
			$h_w \geq l_n$	可不考虑梁、板荷载

注:l_n为过梁的净跨。

4.5.6 如何进行过梁的承载力计算？

【解析】 各类过梁的承载力计算，应符合下列要求：

1. 砖砌平拱的计算

(1) 受弯承载力可按下列公式计算：

$$M \leqslant f_{tm}W \tag{4-5-1}$$

式中 M——按简支梁并取净跨计算的过梁跨中弯矩设计值；

　　　f_{tm}——砌体沿齿缝截面的弯曲抗拉强度设计值；

　　　W——过梁的截面抵抗矩。

注：由于过梁支座水平推力的存在，将延缓过梁沿正截面的弯曲破坏，提高了砌体沿通缝截面的弯曲抗拉强度，不采用沿通缝截面的弯曲抗拉强度而采用沿齿缝截面的弯曲抗拉强度以考虑支座水平推力的有利作用。

(2) 受剪承载力可按下列公式计算：

$$V \leqslant f_v bz \tag{4-5-2}$$

式中 V——按简支梁并取净跨计算的过梁支座剪力设计值；

　　　f_v——砌体的抗剪强度设计值；

　　　b——过梁的截面宽度，取墙厚；

　　　z——内力臂，一般情况下取 $z=I/S$，当矩形截面时，取 $z=2h/3$；

　　　I——截面惯性矩；

　　　S——截面面积矩；

　　　h——过梁的截面计算高度。

2. 钢筋砖过梁的计算

(1) 受弯承载力可按下列公式计算：

$$M \leqslant 0.85 f_y A_s h_0 \tag{4-5-3}$$

式中 M——按简支梁并取净跨计算的过梁跨中弯矩设计值；

　　　f_y——钢筋的抗拉强度设计值；

　　　A_s——受拉钢筋的截面面积；

　　　h_0——过梁截面的有效高度，$h_0 = h - a_s$；

　　　h——过梁的截面计算高度，取过梁底面以上的墙体高度，但不大于 $l_n/3$；当考虑梁、板传来的荷载时，则按梁、板下的高度采用；

　　　a_s——受拉钢筋重心至截面下边缘的距离。

(2) 受剪承载力可按公式(4-5-2)计算。

3. 钢筋混凝土过梁的计算

(1) 受弯承载力和受剪承载力按钢筋混凝土受弯构件计算。

(2) 过梁支座砌体局部受压承载力验算时，可不考虑上部荷载 N_0 的影响。由于过梁与其上部砌体共同工作，构成刚度很大的深梁，变形很小，其有效支承长度可取过梁的实际支承长度，但不应超过墙厚，应力图形完整系数 $\eta = 1$，砌体局部抗压强度提高系数 $\gamma = 1.25$。

注：墙梁和过梁试验表明，砌有一定高度墙体的钢筋混凝土过梁是偏心受拉构件，按混凝土受弯构件计算是不合理的。过梁与墙梁并无明确分界定义，主要差别在于过梁支承于平行的墙体上，且相对支

承长度较长；一般过梁跨度较小，承受的梁、板荷载较小。当过梁跨度较大或承受较大梁、板荷载时，按墙梁设计是合理的。

4.5.7 过梁应按什么流程进行承载力验算？

【解析】 过梁承载力的计算流程见图4-5-4。

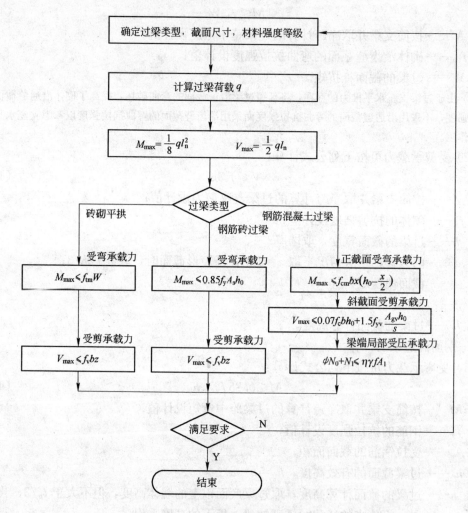

图4-5-4 过梁承载力计算流程

第三节 墙 梁

4.5.8 现行《砌体结构设计规范》中墙梁的适用范围是什么？

【解析】 现行规范中，墙梁应符合下列要求：

1. 砌体类型：烧结普通砖、烧结多孔砖、混凝土小型空心砌块、配筋砌体。

2. 墙梁计算高度范围内每跨允许设置一个洞口；洞口边至支座中心的距离 a_i，距边支座不应小于 $0.15l_{0i}$，跨中支座不应小于 $0.07l_{0i}$。对多层房屋的墙梁，各层洞口宜设置在相同位置，并宜上、下对齐。

3. 墙梁的设计应符合表 4-5-3 的规定。

墙梁的一般规定　　　　　　表 4-5-3

墙梁类别	墙体总高度 (m)	跨度 (m)	墙高跨比 h_w/l_{0i}	托梁高跨比 h_b/l_{0i}	洞宽梁跨比 b_h/l_{0i}	洞高 h_h
承重墙梁	≤18	≤9	≥0.4	≥1/10	≤0.3	≤$5h_w/6$ 且 $h_w - h_h$≥0.4m
自承重墙梁	≤18	≤12	≥1/3	≥1/15	≤0.8	

注：1. 墙体总高度指托梁顶面到檐口的高度，带阁楼的坡屋面应算到山尖墙 1/2 高度处；
　　2. 对自承重墙梁，洞口至边支座中心的距离不宜小于 $0.1 l_{0i}$，门窗洞上口至墙顶的距离不应小于 0.5m；
　　3. h_w——墙体计算高度；h_b——托梁截面高度；l_{0i}——墙梁计算跨度；b_h——洞口宽度；h_h——洞口高度，对窗洞取洞顶至托梁顶面距离。

4.5.9　怎样确定墙梁的计算简图？

【解析】　墙梁的计算简图见图 4-5-5。

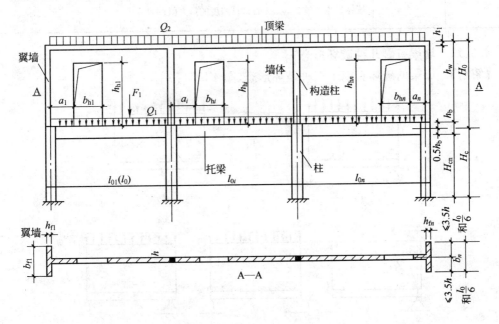

图 4-5-5　墙梁的计算简图

1. 墙梁计算跨度 $l_0(l_{0i})$，对简支墙梁和连续墙梁取 $1.1 l_n (1.1 l_{ni})$ 或 $l_c(l_{ci})$ 两者的较小值；$l_n(l_{ni})$ 为净跨，$l_c(l_{ci})$ 为支座中心线距离。对框支墙梁，取框架柱中心线间的距离 $l_c(l_{ci})$。

2. 墙体计算高度 h_w，取托梁顶面上一层墙体（包括顶梁）高度，当 $h_w > l_0$ 时，取 $h_w = l_0$（对连续墙梁和多跨框支墙梁，l_0 取各跨的平均值）。

3. 墙梁跨中截面计算高度 H_0，取 $H_0 = h_w + 0.5 h_b$。

4. 翼墙计算宽度 b_f，取窗间墙宽度或横墙间距的 2/3，且每边不大于 $3.5h$（h 为墙体厚度）和 $l_0/6$。

5. 框架柱计算高度 H_c，取 $H_c = H_{cn} + 0.5 h_b$；H_{cn} 为框架柱的净高，取基础顶面至托

梁底面的距离。

4.5.10 如何计算墙梁的荷载？

【解析】墙梁的荷载可按表 4-5-4 确定。

墙梁的荷载　　　　表 4-5-4

阶　段	类　别	荷　载　取　值	
使用阶段	承重墙梁	Q_1、F_1	取托梁自重及本层楼盖的恒荷载和活荷载
		Q_2	取托梁以上各层墙体自重，以及墙梁顶面以上各层楼(屋)盖的恒荷载和活荷载；集中荷载可沿作用的跨度近似化为均布荷载
	自承重墙梁	Q_2	取托梁自重及托梁以上墙体自重
施工阶段	托　梁	1. 托梁自重及本层楼盖的恒荷载； 2. 本层楼盖的施工荷载； 3. 墙体自重，可取高度为 $\frac{l_{0\max}}{3}$ 的墙体自重，开洞时尚应按洞顶以下实际分布的墙体自重复核；$l_{0\max}$ 为各计算跨度的最大值	

4.5.11 墙梁有哪几种破坏形态？

【解析】墙梁的破坏有以下三种破坏形态（图 4-5-6）：

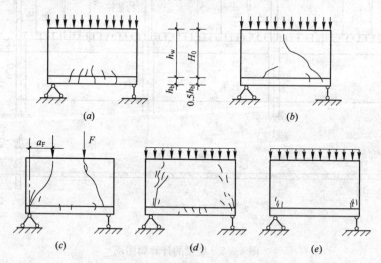

图 4-5-6 墙梁的破坏形态
(a)弯曲破坏；(b)斜拉破坏；(c)集中荷载下的斜拉破坏；
(d)斜压破坏；(e)局部受压破坏

1. 弯曲破坏：当托梁中钢筋较少而砌体强度较高，且 h_w/l_0 较小时，先在梁跨中出现垂直裂缝，随荷载增加迅速向上伸延，并穿过梁与墙的界面进入墙体。当托梁主裂缝截面的钢筋达到屈服时，墙梁发生沿跨中垂直截面的弯曲破坏。

2. 剪切破坏：当托梁钢筋较多而砌体强度相对较低，且 h_w/l_0 适中时，易在支座上部的砌体中出现因主拉应力或主压应力过大而引起的斜裂缝，墙体产生剪切破坏。剪切破坏的形式有：斜拉破坏和斜压破坏。

(1) 斜拉破坏

当 $h_w/l_0<0.4$,砂浆强度等级又较低时,砌体因主拉应力超过沿齿缝的抗拉强度,产生沿齿缝截面比较平缓的斜裂缝而破坏。

当墙体顶部作用集中力,且剪跨比(a_F/l_0)较大时,也产生斜拉破坏,破坏时裂缝沿集中力作用点向支座开展,这种破坏属脆性破坏。

(2) 斜压破坏

当 $h_w/l_0 \geqslant 0.4$,或集中力的剪跨比(a_F/l_0)较小时,支座附近剪跨范围的砌体将因主压应力过大而产生斜压破坏。破坏时的斜裂缝数量多、坡度陡,裂缝间的砖和砂浆出现压碎崩落现象,其极限承载力较大。

3. 局部受压破坏:当托梁中钢筋较多,砌体强度相对较低,且 $h_w/l_0 \geqslant 0.75$ 时,邻近支座处因压应力过大而产生局部受压破坏。当墙梁两端设置翼墙时,可以提高托梁上砌体的局部受压承载力。

4.5.12 墙梁的承载力计算应包括哪些内容?

【解析】 墙梁的承载力计算内容可按表 4-5-5 确定。

墙梁承载力计算内容　　　　　　　　　　　表 4-5-5

计算内容		墙梁类别			
		承重墙梁			自承重墙梁
		简支	连续	框支	
使用阶段	正截面承载力计算	托梁跨中	√	√	√	√
		托梁支座		√	√	
		柱或抗震墙			√	
	斜截面受剪承载力计算	托梁	√	√	√	√
		柱或抗震墙			√	
	墙体承载力计算	墙体受剪	√	√	√	
		托梁支座上部砌体局部受压	√	√	√	
施工阶段	托梁承载力验算	正截面受弯	√	√	√	√
		斜截面受剪	√	√	√	√

注:√表示必须计算的内容。

4.5.13 如何验算使用阶段墙梁中托梁的正截面承载力?

【解析】 使用阶段墙梁中托梁的正截面承载力,可按下列规定验算:

1. 托梁跨中截面应按钢筋混凝土偏心受拉构件计算,其弯矩 M_{bi} 及轴心拉力 N_{bti} 可按下列公式计算:

$$M_{bi}=M_{1i}+a_M M_{2i} \tag{4-5-4}$$

$$N_{bti}=\eta_N \frac{M_{2i}}{H_0} \tag{4-5-5}$$

对简支墙梁:

$$a_M=\psi_M\left(1.7\frac{h_b}{l_0}-0.03\right) \tag{4-5-6}$$

$$\psi_M = 4.5 - 10\frac{a}{l_0} \tag{4-5-7}$$

$$\eta_N = 0.44 + 2.1\frac{h_w}{l_0} \tag{4-5-8}$$

对连续墙梁和框支墙梁：

$$\alpha_M = \psi_M\left(2.7\frac{h_b}{l_{0i}} - 0.08\right) \tag{4-5-9}$$

$$\psi_M = 3.8 - 8\frac{a_i}{l_{0i}} \tag{4-5-10}$$

$$\eta_N = 0.8 + 2.6\frac{h_w}{l_{0i}} \tag{4-5-11}$$

式中 M_{1i}——荷载设计值 Q_1、F_1 作用下的简支梁跨中弯矩或按连续梁或框架分析的托梁各跨跨中最大弯矩；

M_{2i}——荷载设计值 Q_2 作用下的简支梁跨中弯矩或按连续梁或框架分析的托梁各跨跨中弯矩中的最大值；

α_M——考虑墙梁组合作用的托梁跨中弯矩系数，可按公式(4-5-6)或(4-5-9)计算，但对自承重简支墙梁应乘以 0.8；当公式(4-5-6)中的 $\frac{h_b}{l_0} > \frac{1}{6}$ 时，取 $\frac{h_b}{l_0} = \frac{1}{6}$；

当公式(4-5-9)中的 $\frac{h_b}{l_{0i}} > \frac{1}{7}$ 时，取 $\frac{h_b}{l_{0i}} = \frac{1}{7}$；

η_N——考虑墙梁组合作用的托梁跨中轴力系数，可按公式(4-5-8)或(4-5-11)计算，但对自承重简支墙梁应乘以 0.8；式中，当 $\frac{h_w}{l_{0i}} > 1$ 时，取 $\frac{h_w}{l_{0i}} = 1$；

ψ_M——洞口对托梁弯矩的影响系数，对无洞口墙梁取 1.0，对有洞口墙梁可按公式(4-5-7)或(4-5-10)计算；

a_i——洞口边至墙梁最近支座的距离，当 $a_i > 0.35 l_{0i}$ 时，取 $a_i = 0.35 l_{0i}$。

2. 托梁支座截面应按钢筋混凝土受弯构件计算，其弯矩 M_{bj} 可按下列公式计算：

$$M_{bj} = M_{1j} + \alpha_M M_{2j} \tag{4-5-12}$$

$$\alpha_M = 0.75 - \frac{a_i}{l_{0i}} \tag{4-5-13}$$

式中 M_{1j}——荷载设计值 Q_1、F_1 作用下按连续梁或框架分析的托梁支座弯矩；

M_{2j}——荷载设计值 Q_2 作用下按连续梁或框架分析的托梁支座弯矩；

α_M——考虑组合作用的托梁支座弯矩系数，无洞口墙梁取 0.4，有洞口墙梁可按公式(4-5-13)计算，当支座两边的墙体均有洞口时，a_i 取较小值。

4.5.14 如何验算使用阶段墙梁斜截面受剪承载力？

【解析】 使用阶段墙梁斜截面受剪承载力，可按下列规定验算：

1. 墙梁的托梁斜截面受剪承载力应按钢筋混凝土受弯构件计算，其剪力 V_{bj} 可按下式计算：

$$V_{bj} = V_{1j} + \beta_V V_{2j} \tag{4-5-14}$$

式中 V_{1j}——荷载设计值 Q_1、F_1 作用下按连续梁或框架分析的托梁支座边剪力或简支梁支座边剪力；

V_{2j}——荷载设计值 Q_2 作用下按连续梁或框架分析的托梁支座边剪力或简支梁支座边剪力；

β_V——考虑组合作用的托梁剪力系数,无洞口墙梁边支座取 0.6,中支座取 0.7;有洞口墙梁边支座取 0.7,中支座取 0.8;对自承重墙梁,无洞口时取 0.45,有洞口时取 0.5。

2. 墙梁的墙体受剪承载力,应按下列公式计算:

$$V_2 \leqslant \xi_1 \xi_2 \left(0.2 + \frac{h_b}{l_{0i}} + \frac{h_t}{l_{0i}}\right) f h h_w \quad (4\text{-}5\text{-}15)$$

式中 V_2——在荷载设计值 Q_2 作用下墙梁支座边剪力的最大值;

ξ_1——翼墙或构造柱影响系数,对单层墙梁取 1.0,对多层墙梁,当 $\frac{b_f}{h}=3$ 时取 1.3,当 $\frac{b_f}{h}=7$ 或设置构造柱时取 1.5,当 $3<\frac{b_f}{h}<7$ 时,按线性插入取值;

ξ_2——洞口影响系数,无洞口墙梁取 1.0,多层有洞口墙梁取 0.9,单层有洞口墙梁取 0.6;

h_t——墙梁顶面圈梁截面高度。

4.5.15 如何验算使用阶段托梁支座上部砌体局部受压承载力?

【解析】托梁支座上部砌体局部受压承载力,应按下列公式计算:

$$Q_2 \leqslant \zeta f h \quad (4\text{-}5\text{-}16)$$

$$\zeta = 0.25 + 0.08 \frac{b_f}{h} \quad (4\text{-}5\text{-}17)$$

式中 ζ——局压系数,当 $\zeta>0.81$ 时,取 $\zeta=0.81$。

墙梁的墙体设有构造柱后,它与顶梁约束砌体,构造柱对减少应力集中、改善局部受压性能更为明显。因此当 $b_f/h \geqslant 5$ 或墙梁支座处设置上、下贯通的落地构造柱时,可不验算托梁支座上部砌体局部受压承载力。

实践经验表明,自承重墙梁的砌体有足够的局部受压承载力,可不做验算。

4.5.16 如何验算施工阶段墙梁的承载力?

【解析】在施工阶段,托梁与墙体的组合拱作用还没有完全形成,因此不能按墙梁计算。施工阶段的荷载应由托梁单独承受。托梁应按钢筋混凝土受弯构件进行正截面抗弯和斜截面抗剪承载力验算,结构重要性系数 γ_0 取 1.0。

4.5.17 如何验算框支墙梁的框支柱承载力?

【解析】框支柱的正截面承载力应按混凝土偏心受压构件计算,其弯矩 M_C 和轴力 N_C 可按下列公式计算:

$$M_C = M_{1C} + M_{2C} \quad (4\text{-}5\text{-}18)$$

$$N_C = N_{1C} + \eta_N N_{2C} \quad (4\text{-}5\text{-}19)$$

式中 M_{1C}——荷载设计值 Q_1、F_1 作用下按框架分析的柱弯矩;

N_{1C}——荷载设计值 Q_1、F_1 作用下按框架分析的柱轴力;

M_{2C}——荷载设计值 Q_2 作用下按框架分析的柱弯矩;

N_{2C}——荷载设计值 Q_2 作用下按框架分析的柱轴力;

η_N——考虑墙梁组合作用的柱轴力系数,单跨框支墙梁的边柱和多跨框支墙梁的中柱取 1.0;多跨框支墙梁的边柱当轴力增大不利时取 1.2,当轴力增大有利时取 1.0。

4.5.18 墙梁应按什么流程进行承载力计算？

【解析】 墙梁承载力的计算流程见图4-5-7。

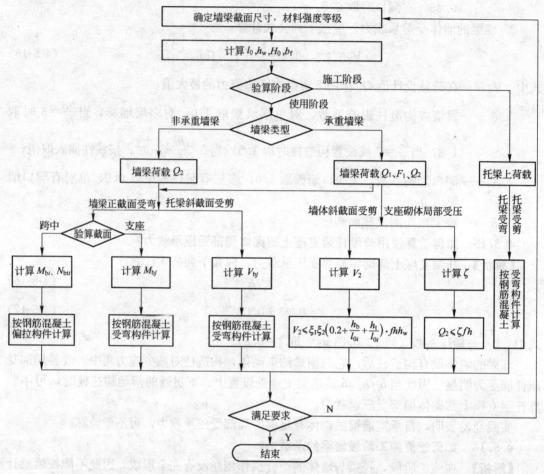

图 4-5-7 墙梁承载力计算流程

4.5.19 墙梁在构造上应符合哪些要求？

【解析】 为了保证托梁与墙体很好地共同工作，反映托梁跨中为偏心受拉的受力特点，墙梁除应符合本章和现行国家标准《混凝土结构设计规范》(GB 50010—2002)的有关构造规定外，尚应符合下列构造要求：

1. 材料和一般规定

(1) 托梁的混凝土强度等级不应低于C30。

(2) 纵向钢筋应采用 HRB335、HRB400 或 RRB400 级钢筋；箍筋宜采用 HPB235、HRB335 级钢筋。

(3) 承重墙梁的块体强度等级不应低于MU10，计算高度范围内墙体的砂浆强度等级不应低于M10；其余墙体和自承重墙梁墙体砂浆强度等级不应低于M5。

(4) 设置框支墙梁的砌体房屋，以及设有承重的简支或连续墙梁的房屋，应满足刚性方案房屋的要求。

(5) 当墙梁的跨度较大或荷载较大时，宜采用框支墙梁。

2. 墙体

(1) 墙梁的计算高度范围内的墙体厚度对砖砌体不应小于 240mm，对混凝土小型砌块砌体不应小于 190mm。

(2) 墙梁洞口上方应设置混凝土过梁，其支承长度不应小于 240mm；洞口范围内不应施加集中荷载。

(3) 承重墙梁的支座处应设置落地翼墙，翼墙厚度，对砖砌体不应小于 240mm，对混凝土砌块砌体不应小于 190mm，翼墙宽度不应小于墙梁墙体厚度的 3 倍，并与墙梁墙体同时砌筑；当不能设置翼墙时，应设置落地且上、下贯通的构造柱。

(4) 当墙梁的墙体的受剪或局部受压承载力不满足时，可采用网状配筋砌体或加构造柱等。网状配筋砌体的范围为：从支座中线起每边 $0.4h_w$，从托梁顶面起高 $0.6h_w$。

(5) 当墙梁墙体在靠近支座 $\frac{1}{3}$ 跨度范围内开洞时，支座处应设置落地且上、下贯通的构造柱，并应与每层圈梁连接。

(6) 墙梁计算高度范围内的墙体，每天砌筑高度不应超过 1.5m，否则应加设临时支撑。

(7) 承重墙梁的托梁如现浇时，必须在混凝土达到设计强度等级的 75%，梁上砌体达到比设计强度等级低一级的强度时，方可拆除模板支撑。

(8) 通过墙梁墙体的施工临时通道的洞口宜开在跨中 $l_0/3$ 范围内，其高度不应大于层高的 5/6，并预留水平拉结钢筋。

(9) 冬季施工时，托梁下应设置临时支撑，在墙梁计算高度范围内的墙体强度达到设计强度的 75% 以前，不得拆除。

3. 托梁

(1) 设置墙梁的房屋的托梁两边各一个开间及相邻开间处应采用现浇混凝土楼盖，楼板厚度不应小于 120mm，当楼板厚度大于 150mm 时，应采用双层双向钢筋网，楼板上应少开洞，洞口尺寸大于 800mm 时应设洞边梁。

(2) 托梁每跨底部的纵向受力钢筋应通长设置，不得在跨中段弯起或截断。钢筋接长应采用机械连接或焊接。

(3) 墙梁的托梁跨中截面纵向受力钢筋总配筋率不应小于 0.6%。

(4) 托梁距边支座边 $l_0/4$ 范围内，上部纵向钢筋面积不应小于跨中下部纵向钢筋面积的 1/3。连续墙梁或多跨框支墙梁的托梁中支座上部附加纵向钢筋从支座边算起每边延伸不少于 $l_0/4$。

(5) 承重墙梁托梁在砌体墙、柱上的支承长度不应小于 350mm。纵向受力钢筋伸入支座应符合受拉钢筋的锚固要求。

(6) 当托梁高度 $h_b \geqslant 500$mm 时，应沿梁高设置通长水平腰筋，直径不应小于 12mm，间距不应大于 200mm。

(7) 墙梁偏开洞口的宽度及两侧各一个梁高 h_b 范围内直至靠近洞口的支座边的托梁箍筋直径不应小于 8mm，间距不应大于 100mm（图 4-5-8）。

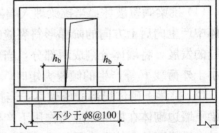

图 4-5-8 偏开洞时托梁箍筋加密区

第四节 挑 梁

4.5.20 挑梁如何进行分类?

【解析】 挑梁可分为两类:

1. 刚性挑梁:当 $l_1 < 2.2h_b$ 时属刚性挑梁(l_1 为挑梁埋入砌体墙中的长度,h_b 为挑梁的截面高度)。刚性挑梁的特点是:挑梁埋深较小,相对于砌体刚度较大,挑梁埋入部分挠曲变形很小,主要发生刚性转动变形,挑梁尾部翘起变形较大。悬臂楼梯、雨篷等构件属于刚性挑梁。

2. 弹性挑梁:当 $l_1 \geqslant 2.2h_b$ 时属弹性挑梁。弹性挑梁的特点是:挑梁埋深较大,相对于砌体的刚度较小,主要产生挠曲变形,挑梁尾部翘起变形较小。一般的挑梁属于弹性挑梁。

4.5.21 挑梁的受力特点和破坏形态是什么?

【解析】 挑梁从受力到破坏可分为三个阶段:

1. 弹性工作阶段:当挑梁端部施加荷载 F 后,挑梁与墙体上下界面产生竖向正应力(图 4-5-9a),随着 F 的增加,应力也逐渐增大,当挑梁与墙体上界面在墙边处的竖向拉应力达到墙体沿通缝截面的抗拉强度时,出现水平裂缝①(图 4-5-9b)。此时 F 约为倾覆时荷载的 20%~30%。在此裂缝出现前,挑梁下墙体的变形呈直线分布,墙体的压应力远小于其抗压强度,挑梁与墙体共同工作。

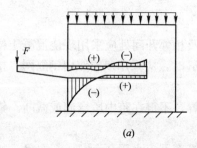
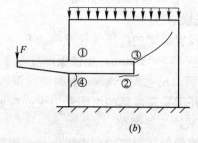

图 4-5-9 挑梁的应力分布及裂缝

2. 挑梁上下界面水平裂缝开展阶段:随着 F 的增加,水平裂缝①不断向内发展,同时挑梁埋入端下界面出现裂缝②并向前发展。随着裂缝①②的发展,挑梁上下界面受压区不断减小。

3. 破坏阶段:根据挑梁的实际情况,可能产生三种破坏形态:

(1) 挑梁倾覆破坏:当挑梁埋入端砌体强度较高而埋入段长度 l_1 较短时,在挑梁尾部砌体中产生向后上方向的阶梯形斜裂缝③,裂缝与其竖直线的夹角平均值为 57°。随着斜裂缝的发展,将墙体分割成两部分,当斜裂缝范围的砌体及其他上部荷载产生的抗倾覆力矩小于外荷载 F 等产生的倾覆力矩时,挑梁产生倾覆破坏。

(2) 挑梁下砌体局部受压破坏:当挑梁埋入端砌体强度较低而埋入段长度 l_1 较长时,挑梁下墙边砌体在局部压应力作用下产生局部受压裂缝④,当压应力超过砌体局部抗压强度时,挑梁下的砌体发生局部受压破坏。

(3) 挑梁本身破坏：当挑梁本身的正截面和斜截面承载力不足时，挑梁本身产生破坏。

4.5.22 如何确定挑梁的计算倾覆点？

【解析】 从理论上分析，挑梁达到倾覆极限状态时的倾覆点，应位于倾覆荷载与抗倾覆荷载的力矩代数和为零处。由于砌体的弹塑性性质，挑梁发生倾覆破坏时，倾覆点的位置并不在墙体的最外边缘处，倾覆点距墙外边缘的距离 x_0 可以根据挑梁倾覆破坏时的倾覆荷载和抗倾覆荷载值进行反算。试验研究表明：弹性挑梁的 x_0 值随着挑梁高度 h_b 的增大而增大，刚性挑梁的 x_0 值随挑梁埋入砌体长度 l_1 的增大而增大。x_0 值可按下列规定计算：

当 $l_1 \geqslant 2.2h_b$ 时

$$x_0 = 0.3h_b \leqslant 0.13l_1 \qquad (4\text{-}5\text{-}20)$$

当 $l_1 < 2.2h_b$ 时

$$x_0 = 0.13l_1 \qquad (4\text{-}5\text{-}21)$$

式中 l_1——挑梁埋入砌体墙中的长度(mm)；
　　　x_0——计算倾覆点至墙外边缘的距离(mm)；
　　　h_b——挑梁的截面高度(mm)。

注：当挑梁下有构造柱时，计算倾覆点至墙外边缘的距离可取 $0.5x_0$。

4.5.23 如何进行挑梁的抗倾覆验算？

【解析】 1. 砌体中钢筋混凝土挑梁的抗倾覆应按下式验算(图 4-5-10)：

$$M_{ov} \leqslant M_r \qquad (4\text{-}5\text{-}22)$$

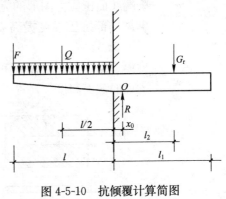

图 4-5-10 抗倾覆计算简图

式中 M_{ov}——挑梁的荷载设计值对计算倾覆点产生的倾覆力矩；
　　　M_r——挑梁的抗倾覆力矩设计值。

2. 挑梁的抗倾覆力矩设计值 M_r

挑梁的抗倾覆力矩设计值可按下式计算：

$$M_r = 0.8G_r(l_2 - x_0) \qquad (4\text{-}5\text{-}23)$$

式中 G_r——挑梁的抗倾覆荷载，为挑梁尾端上部 45°扩展角的阴影范围(其水平长度为 l_3)内本层的砌体与楼面恒荷载标准值之和(图 4-5-11)尚应包括挑梁自重；
　　　l_2——G_r 作用点至墙外边缘的距离。

应注意的是：按《砌体结构设计规范》的规定：抗倾覆荷载仅取本层楼面恒荷载标准值。但当上层无挑梁时，上层楼面的恒荷载计入抗倾覆荷载更为合理。

4.5.24 如何验算挑梁下砌体的局部受压承载力？

【解析】 挑梁下砌体的局部受压承载力，可按下式验算：

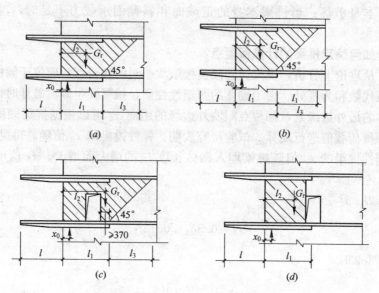

图 4-5-11 挑梁的抗倾覆荷载
(a)$l_3 \leqslant l_1$ 时；(b)$l_3 > l_1$ 时；(c)洞在 l_1 之内；(d)洞在 l_1 之外

$$N_l \leqslant \eta \gamma f A_l \tag{4-5-24}$$

式中 N_l——挑梁下的支承压力，可取 $N_l = 2R$，R 为挑梁的倾覆荷载设计值；
η——梁端底面压应力图形的完整系数，可取 0.7；
γ——砌体局部抗压强度提高系数，对图 4-5-12(a) 可取 1.25；对图 4-5-12(b) 可取 1.5；
A_l——挑梁下砌体局部受压面积，可取 $A_l = 1.2 b h_b$，b 为挑梁的截面宽度，h_b 为挑梁的截面高度。

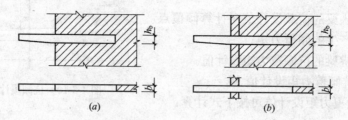

图 4-5-12 挑梁下砌体局部受压
(a)挑梁支承在一字墙；(b)挑梁支承在丁字墙

4.5.25 如何验算钢筋混凝土挑梁的承载力？

【解析】 按照《砌体结构设计规范》(GB 50003—2001)规定：挑梁应按钢筋混凝土受弯构件进行正截面受弯承载力和斜截面受剪承载力计算。

计算正截面受弯承载力时最大弯矩设计值取为：

$$M_{max} = M_{ov} \tag{4-5-25}$$

计算斜截面受剪承载力时，最大剪力设计值取为：

$$V_{max} = V_0 \tag{4-5-26}$$

式中 V_0——挑梁的荷载设计值在挑梁墙外边缘处截面产生的剪力。

应注意的是：M_{max}按式(4-5-25)计算时，由于M_{ov}仅考虑荷载组合中$\gamma_G=1.2$、$\gamma_Q=1.4$的组合，这对于整体稳定性验算是正确的。但如果仅取$M_{max}=M_{ov}$来验算挑梁的受弯承载力，则未考虑$\gamma_G=1.35$、$\gamma_Q=0.98$的组合，实际上应取两种的最不利组合。

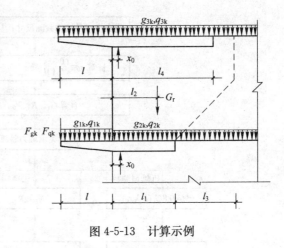

图 4-5-13 计算示例

4.5.26 以图 4-5-13 为例，挑梁进行抗倾覆、局部受压及本身承载力验算时，如何计算其内力？

【解析】 1. 挑梁的抗倾覆验算：

$$M_r = 0.8G_r(l_2-x_0) + 0.8 \times \frac{1}{2}g_{2k}(l_1-x_0)^2 \tag{4-5-27}$$

$$M_{ov} = (1.2F_{gk}+1.4F_{qk})(l+x_0) + \frac{1}{2}(1.2g_{1k}+1.4q_{1k})(l+x_0)^2 \tag{4-5-28}$$

2. 挑梁下砌体的局部受压验算：

$$N_l = 2R = 2[1.2F_{gk}+1.4F_{qk}+(1.2g_{1k}+1.4q_{1k})+(l+x_0)] \tag{4-5-29}$$

3. 挑梁本身承载力的验算：

$$M_{max1} = (1.2F_{gk}+1.4F_{qk})(l+x_0) + \frac{1}{2}(1.2g_{1k}+1.4q_{1k})(l+x_0)^2 \tag{4-5-30}$$

$$M_{max2} = (1.35F_{gk}+0.98F_{qk})(l+x_0) + \frac{1}{2}(1.35g_{1k}+0.98q_{1k})(l+x_0)^2 \tag{4-5-31}$$

$$M_{max} = \max(M_{max1}、M_{max2}) \tag{4-5-32}$$

$$V_{max} = 1.2F_{gk}+1.4F_{gk}+(1.2g_{1k}+1.4q_{1k})l \tag{4-5-33}$$

4.5.27 如何进行雨篷的抗倾覆验算？

【解析】 雨篷等悬挑构件的抗倾覆验算仍可按式(4-5-22)进行，计算倾覆点的位置x_0可按式(4-5-21)计算，M_r可按式(4-5-23)计算，但其抗倾覆荷载G_r可按图 4-5-14 计算，图中G_r距墙外边缘的距离$l_2=l_1/2$，$l_3=l_n/2$。

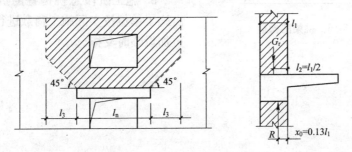

图 4-5-14 雨篷的抗倾覆荷载

4.5.28 挑梁应按什么流程进行验算？

【解析】 挑梁验算的流程见图 4-5-15。

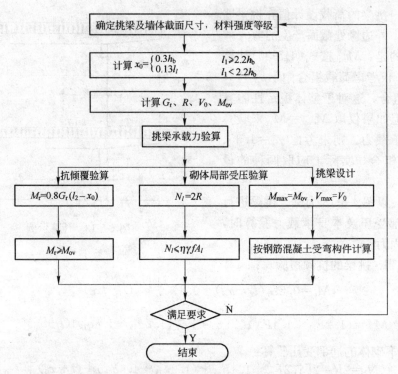

图 4-5-15 挑梁的计算流程

4.5.29 挑梁在构造上应符合哪些要求？

【解析】 混凝土挑梁等悬挑构件除应符合《混凝土结构设计规范》(GB 50010—2002)的有关构造规定外，尚应满足下列构造要求(图 4-5-16)：

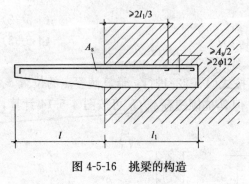

图 4-5-16 挑梁的构造

1. 纵向受力钢筋至少应有 1/2 的钢筋面积伸入梁尾端，且不小于 2φ12。其余钢筋伸入支座的长度不应小于 $2l_1/3$。

2. 挑梁埋入砌体内长度 l_1 与挑出长度 l 之比宜大于 1.2；当挑梁上部无砌体时，l_1 与 l 之比宜大于 2。

3. 施工阶段悬挑构件的抗倾覆承载力应由施工单位按实际施工荷载进行验算，必要时可加设临时支撑。

第六章 配筋砖砌体构件

第一节 网状配筋砖砌体构件

4.6.1 什么情况下不宜采用网状配筋砖砌体构件？

【解析】 由于网状配筋砌体在偏心受压时的受力性能受偏心距的影响较大,当偏心距大时,网状钢筋的作用减小,砌体承载能力的提高亦有限,因此偏心距不应超过截面核心范围。对于矩形截面构件,即当偏心距 $e/y>1/3$(或 $e/h>0.17$)时,或偏心距虽未超过截面核心范围,但构件高厚比 $\beta>16$ 时均不宜采用网状配筋砖砌体。

4.6.2 网状配筋砖砌体和无筋砌体受力性能有何差别？

【解析】 网状配筋砌体和无筋砌体在受压性能上之所以有较大区别,主要是因为配置在砌体内钢筋网的作用。当砌体受压时产生纵向压缩变形,同时还产生横向变形,而钢筋网与灰缝砂浆之间的摩擦力和粘结力能承受较大的横向拉应力,使钢筋参与砌体共同工作,而且钢筋的弹性模量较砌体的高得多,从而约束了砌体的横向变形,使被竖向裂缝分开的小柱体不至过早失稳破坏,导致间接地提高了砌体的抗压强度。

4.6.3 网状配筋砖砌体在构造上应符合哪些要求？

【解析】 网状配筋砖砌体的构造应符合下列要求:

1. 网状配筋砖砌体的配筋形式有:方格网配筋和连弯钢筋网(图 4-6-1)。

2. 网状配筋砖砌体中的配筋率过小时,砌体抗压强度的提高有限;配筋率过大时,钢筋的强度不能充分利用。因此,要求按体积比计算的配筋率不应小于 0.1%,也不应大于 1%。钢筋网的间距,不应大于五皮砖和 400mm。

3. 砌筑在灰缝砂浆内的钢筋网易于锈蚀,因此,钢筋直径较粗时对抗锈蚀有利。但钢筋直径过大时将使灰缝加厚,对砌体受力产生不利影响。因此网状钢筋的直径宜采用 3~4mm,连弯钢筋的直径不应大于 8mm。

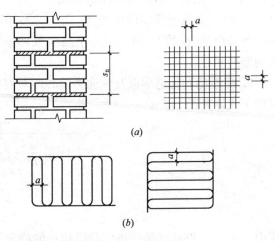

图 4-6-1 网状配筋形式
(a)用方格网配筋的砖柱;(b)连弯钢筋网

4. 当钢筋网中钢筋间距过大时,钢筋网的横向约束效应较低;间距过小时,灰缝中的砂浆不易密实。因此钢筋网中钢筋间距不应小于 30mm,也不应大于 120mm。

5. 网状配筋砌体中所选用的砌体材料强度等级不宜过低。当采用强度较高的砂浆时,砂浆与钢筋有较好的粘结力,也有利于钢筋的保护。因此要求砖的强度等级不应低于 MU10,砂浆的强度等级不应低于 M7.5。

6. 施工时水平灰缝的厚度应控制在 8～12mm，并应保证钢筋上下至少各有 2mm 厚的砂浆层。

7. 为了便于检查钢筋网是否漏放，可在钢筋网中留出标记，如将钢筋网中一根钢筋的末端伸出砌体表面 5mm。

4.6.4 如何验算网状配筋砖砌体构件的受压承载力？

【解析】 网状配筋砖砌体受压构件的承载力按下列规定进行验算：

1. 网状配筋砖砌体受压构件的承载力，可按下式计算：

$$N \leqslant \varphi_n f_n A \tag{4-6-1}$$

式中 N——荷载设计值产生的轴向力；

φ_n——高厚比和配筋率以及轴向力的偏心距对网状配筋砖砌体受压构件承载力的影响系数；

f_n——网状配筋砖砌体的抗压强度设计值；

A——截面面积。

2. 网状配筋砖砌体的抗压强度设计值，可按下式计算：

$$f_n = f + 2\left(1 - \frac{2e}{y}\right)\rho f_y \tag{4-6-2}$$

式中 e——轴向力的偏心距，按荷载标准值计算；

ρ——配筋率（体积比），$\rho = V_s/V$，当采用截面面积为 A_s 的钢筋组成的方格网，网格尺寸为 a 和钢筋网的竖向间距为 s_n 时，$\rho = \dfrac{2A_s}{as_n}$；

V_s、V——分别为钢筋和砌体的体积；

f_y——受拉钢筋的设计强度，当 $f_y > 320$MPa 时，仍采用 320MPa。

当采用连弯钢筋网时，网的钢筋应互相垂直，沿砌体高度交错设置，s_n 取同一方向网的竖向间距。

3. 高厚比和配筋率以及轴向力偏心距对网状配筋砖砌体受压构件承载力影响系数 φ_n，可按下式计算：

$$\varphi_n = \frac{1}{1 + 12\left[\dfrac{e}{h} + \sqrt{\dfrac{1}{12}\left(\dfrac{1}{\varphi_{0n}} - 1\right)}\right]^2} \tag{4-6-3}$$

$$\varphi_{0n} = \frac{1}{1 + \dfrac{1 + 3\rho}{667}\beta^2} \tag{4-6-4}$$

式中 φ_{0n}——网状配筋砖砌体受压构件的稳定系数。

4. 对于矩形截面网状配筋砖砌体受压构件，当轴向力偏心方向的截面尺寸大于另一方向的边长时，除按偏心受压计算外，还应对另一方向按轴心受压进行验算。

5. 当网状配筋砖砌体构件的下端与无筋砌体交接时，还应验算无筋砌体的局部受压承载力。

4.6.5 网状配筋砖砌体与无筋砌体构件承载力计算有何差别？

【解析】 网状配筋砖砌体与无筋砌体受压构件承载力计算对比见表 4-6-1。

承载力计算对比表　　　　　　　　表 4-6-1

	无筋砌体	网状配筋砌体
承载力表达式	$N \leqslant \varphi f A$	$N \leqslant \varphi_n f_n A$
砌体抗压强度设计值	f	$f_n = f + 2\left(1 - \dfrac{2e}{y}\right)\dfrac{\rho}{100} f_y$
限制条件	$e \leqslant 0.6y$	$e \leqslant 0.17h (e \leqslant 0.34y)$，$\beta \leqslant 16$ $0.1\% \leqslant \rho \leqslant 1\%$
影响系数	$\varphi = \dfrac{1}{1+12\eta_1^2}$ $\eta_1 = \dfrac{e}{h} + \sqrt{\dfrac{1}{12}\left(\dfrac{1}{\varphi_0} - 1\right)}$	$\varphi_n = \dfrac{1}{1+12\eta_2^2}$ $\eta_2 = \dfrac{e}{h} + \sqrt{\dfrac{1}{12}\left(\dfrac{1}{\varphi_{0n}} - 1\right)}$
轴心受压稳定系数	$\varphi_0 = \dfrac{1}{1+\alpha\beta^2} = \dfrac{1}{1+0.0015\beta^2}$（≥M5 时）	$\varphi_{0n} = \dfrac{1}{1 + \dfrac{1+3\rho}{667}\beta^2} = \dfrac{1}{1+0.0015(1+3\rho)\beta^2}$

4.6.6 网状配筋砖砌体受压构件应按什么流程进行承载力验算？

【解析】 网状配筋砖砌体受压构件承载力的计算流程见图 4-6-2。

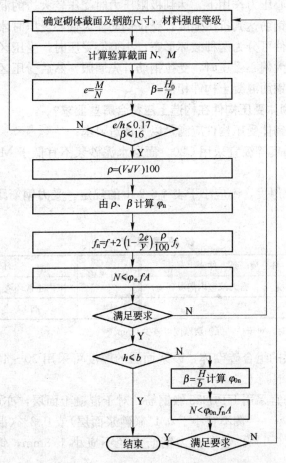

图 4-6-2　网状配筋砖砌体受压构件计算

注：h—偏心方向的截面边长；b—垂直于偏心方向的截面边长。

第二节 组合砖砌体构件

4.6.7 什么情况下，宜采用组合砖砌体构件？

【解析】 下列情况下宜采用组合砖砌体构件：

1. 轴向力偏心距 $e>0.6y$（y 为截面形心到轴向力所在偏心方向截面边缘的距离）时；
2. 无筋砌体受压构件的截面尺寸受到限制时；
3. 采用无筋砌体设计不经济时。

4.6.8 组合砖砌体构件受压特征是什么？

【解析】 组合砖砌体由砖砌体、钢筋、混凝土或砂浆三种不同的材料组成，由于砖能吸收混凝土中多余的水分，因此，组合砌体中混凝土强度比在木模或钢模中硬化时要高。

组合砖砌体在轴心压力作用下，截面中三种材料的变形相同，由于三种材料达到各自强度时的压应变不同，钢筋达到屈服时的压应变最小，混凝土次之，砖砌体达到抗压强度时的压应变最大。因此组合砖砌体在轴心压力作用下，纵向钢筋首先屈服，然后混凝土达到抗压强度，此时砖砌体尚未破坏。在构件破坏时，砌体的强度不能充分利用。

组合砖砌体在偏心压力作用下，达到极限压力时受压较大边的混凝土或砂浆面层可以达到抗压强度，受压钢筋达到抗压强度，受拉钢筋在大偏心受压时才能达到抗拉强度。偏心受压组合砖砌体构件可分为两种破坏形态：小偏心受压时，受压区混凝土或砂浆面层及部分砌体受压破坏；大偏心受压时，受拉钢筋首先屈服，然后受压区的砌体和混凝土产生破坏。其破坏特征与钢筋混凝土构件相似。

4.6.9 组合砖砌体受压构件在构造上应符合哪些要求？

【解析】 组合砖砌体受压构件应满足以下构造要求：

1. 面层混凝土强度等级宜采用 C20。面层水泥砂浆不宜低于 M10。砌筑砂浆不宜低于 M7.5。

2. 受力筋保护层厚度，不应小于表 4-6-2 中的规定。受力钢筋距砖砌体表面的距离，也不应小于 5mm。

保护层厚度(mm)　　　　　　　　　　　　　表 4-6-2

构件类别	环境条件		构件类别	环境条件	
	室内正常环境	露天或室内潮湿环境		室内正常环境	露天或室内潮湿环境
墙	15	25	柱	25	35

注：当面层为水泥砂浆时，对于柱，保护层厚度可减少 5mm。

3. 采用砂浆面层的组合砖砌体，砂浆面层的厚度可采用 30～45mm。当面层厚度大于 45mm 时，宜采用混凝土。

4. 竖向受力钢筋宜采用 HPB235 级钢筋，对于混凝土面层，亦可采用 HRB335 级钢筋。受压钢筋的配筋率，一侧不宜小于 0.1%（砂浆面层）或 0.2%（混凝土面层）。受拉钢筋配筋率，不应小于 0.1%。竖向受力钢筋直径不应小于 8mm，钢筋的净间距不应小于 30mm。

5. 箍筋的直径不宜小于 4mm 及 0.2 倍的受压钢筋直径，也不宜大于 6mm。箍筋间距不应大于20倍受压钢筋的直径及500mm，也不应小于120mm。

6. 当组合砖砌体构件一侧的受力钢筋多于4根时，应设置附加箍筋或拉结钢筋。对截面长短边相差较大的构件（如墙体等），应采用穿通墙体的拉结钢筋作为箍筋，同时设置水平分布钢筋。水平分布钢筋的竖向间距及拉结钢筋的水平间距均不应大于500mm（图4-6-3）。

7. 组合砖砌体构件的顶部及底部，以及牛腿部位，必须设置钢筋混凝土垫块。受力筋伸入垫块的长度，必须满足锚固要求，即不应小于30倍钢筋直径。

8. 组合砌体可采用毛石基础或砖基础。在组合砌体与毛石（砖）基础之间需做一现浇钢筋混凝土垫块（图4-6-4），垫块大小根据A—A截面的承载力验算确定；垫块厚度及垫块内配筋数量，根据垫块底面反力及垫块挑出组合砌体长度 a 按受弯计算确定。垫块厚一般为200～400mm，纵向钢筋伸入垫块的锚固长度不应小于$30d$（d为纵筋直径）。

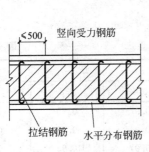

图4-6-3 组合砖砌体墙的配筋示意图

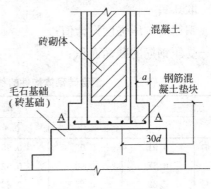

图4-6-4 柱底构造图

9. 纵向钢筋的搭接长度、搭接处的箍筋间距等，应符合现行《混凝土结构设计规范》的要求。

10. 采用组合砖柱时，一般砖墙与柱应同时砌筑，所以外墙可考虑兼作柱间支撑。在排架分析中，排架柱按矩形截面计算。柱内一般采用对称配筋，箍筋一般采用二肢箍或四肢箍。砖墙基础一般为自承重条形基础，根据地基情况，可在基础顶及墙内适当位置设置钢筋混凝土圈梁。

11. 组合砖柱的施工方法

在基础顶面的钢筋混凝土达到一定强度后，方可在垫块上砌筑砖砌体，并把箍筋同时砌入砖砌体内。当砖砌体砌至1.2m高左右，随即绑扎钢筋，浇注混凝土并捣实。在第一层混凝土浇捣完毕后，再按上述步骤砌筑第二层砌体至1.2m高，再绑扎钢筋，浇捣混凝土。依此循环，直至需要的高度。此外，也可将砖砌体一次砌至需要的高度，然后绑扎钢筋，分段浇灌混凝土。柱的外侧采用活动升降模板，模板用四个螺栓固定（图4-6-5）。

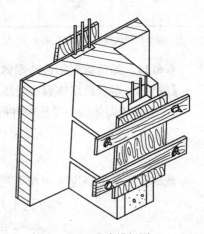

图4-6-5 升降模板图

4.6.10 如何验算组合砖砌体轴心构件的承载力？

【解析】 组合砖砌体轴心受压构件的承载力应按下式计算：

$$N \leqslant \varphi_{com}(fA + f_c A_c + \eta_s f'_y A'_s) \quad (4\text{-}6\text{-}5)$$

式中 φ_{com}——组合砖砌体构件的稳定系数，可按表4-6-3采用；

A——砖砌体的截面面积；

f_c——混凝土或面层水泥砂浆的轴心抗压强度设计值，砂浆的轴心抗压强度设计值可取为同强度等级混凝土的轴心抗压强度设计值的70%，当砂浆为M15时，取5.2MPa；当砂浆为M10时，取3.5MPa；当砂浆为M7.5时，取2.6MPa；

A_c——混凝土或砂浆面层的截面面积；

η_s——受压钢筋的强度系数，当为混凝土面层时，可取1.0；当为砂浆面层时可取0.9；

f'_y——钢筋的抗压强度设计值；

A'_s——受压钢筋的截面面积。

组合砖砌体构件的稳定系数 φ_{com}　　表 4-6-3

高厚比 β	配筋率 $\rho(\%)$					
	0	0.2	0.4	0.6	0.8	≥1.0
8	0.91	0.93	0.95	0.97	0.99	1.00
10	0.87	0.90	0.92	0.94	0.96	0.98
12	0.82	0.85	0.88	0.91	0.93	0.95
14	0.77	0.80	0.83	0.86	0.89	0.92
16	0.72	0.75	0.78	0.81	0.84	0.87
18	0.67	0.70	0.73	0.76	0.79	0.81
20	0.62	0.65	0.68	0.71	0.73	0.75
22	0.58	0.61	0.64	0.66	0.68	0.70
24	0.54	0.57	0.59	0.61	0.63	0.65
26	0.50	0.52	0.54	0.56	0.58	0.60
28	0.46	0.48	0.50	0.52	0.54	0.56

注：组合砖砌体构件截面的配筋率 $\rho = A'_s / (bh)$。

4.6.11 如何验算组合砖砌体偏心受压构件的承载力？

【解析】 组合砖砌体偏心受压构件的承载力，按下列规定验算：

1. 组合砖砌体偏心受压构件的承载力应按下列公式计算（图4-6-6）：

$$N \leqslant fA' + f_c A'_c + \eta_s f'_y A'_s - \sigma_s A_s \quad (4\text{-}6\text{-}6)$$

$$Ne_N \leqslant f S_s + f_c S_{s,c} + \eta_s f'_y A'_s (h_0 - a'_s) \quad (4\text{-}6\text{-}7)$$

此时受压区的高度 x 可按下列公式确定：

$$f S_N + f_c S_{c,N} + \eta_s f'_y A'_s e'_N - \sigma_s A_s e_N = 0 \quad (4\text{-}6\text{-}8)$$

$$e_N = e + e_a + (h/2 - a_s) \quad (4\text{-}6\text{-}9)$$

$$e'_N = e + e_a - (h/2 - a'_s) \quad (4\text{-}6\text{-}10)$$

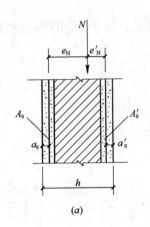
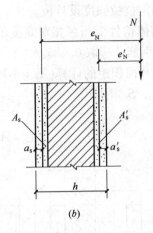

图 4-6-6 组合砖砌体偏心受压构件
(a)小偏心受压；(b)大偏心受压

$$e_a = \frac{\beta^2 h}{2200}(1-0.022\beta) \quad (4\text{-}6\text{-}11)$$

式中 σ_s——钢筋 A_s 的应力；
A_s——距轴向力 N 较远侧钢筋的截面面积；
A'——砖砌体受压部分的面积；
A'_c——混凝土或砂浆面层受压部分的面积；
S_s——砖砌体受压部分的面积对钢筋 A_s 重心的面积矩；
$S_{c,s}$——混凝土或砂浆面层受压部分的面积对钢筋 A_s 重心的面积矩；
S_N——砖砌体受压部分的面积对轴向力 N 作用点的面积矩；
$S_{c,N}$——混凝土或砂浆面层受压部分的面积对轴向力 N 作用点的面积矩；
e_N、e'_N——分别为钢筋 A_s 和 A'_s 重心至轴向力 N 作用点的距离；
e——轴向力的初始偏心距，按荷载设计值计算，当 e 小于 $0.05h$ 时，应取 e 等于 $0.05h$；
e_a——组合砖砌体构件在轴向力作用下的附加偏心距；
h_0——组合砖砌体构件截面的有效高度，取 $h_0=h-a_s$；
a_s、a'_s——分别为钢筋 A_s 和 A'_s 重心至截面较近边的距离；
β——组合砖砌体构件高厚比，对于 T 形截面仍按 T 形截面计算。

2. 组合砖砌体钢筋 A_s 的应力(单位为 MPa，正值为拉应力，负值为压应力)应按下列规定计算：

小偏心受压时，即 $\xi > \xi_b$

$$\sigma_s = 650 - 800\xi \quad (4\text{-}6\text{-}12)$$
$$-f'_y \leqslant \sigma_s \leqslant f_y \quad (4\text{-}6\text{-}13)$$

大偏心受压时，即 $\xi \leqslant \xi_b$

$$\sigma_s = f_y \quad (4\text{-}6\text{-}14)$$
$$\xi = x/h_0 \quad (4\text{-}6\text{-}15)$$

式中 ξ——组合砖砌体构件截面的相对受压区高度；

f_y——钢筋的抗拉强度设计值。

3. 组合砖砌体构件受压区相对高度的界限值 ξ_b，对于 HPB235 级钢筋，应取 0.55；对于 HRB335 级钢筋，应取 0.425。

4. 有关面积和面积矩的计算（图 4-6-7）

(1) A_c'、$S_{c,s}$、$S_{c,N}$ 的计算：

当 $x \leqslant h_c'$ 时：

$$A_c' = b_c' x \tag{4-6-16}$$

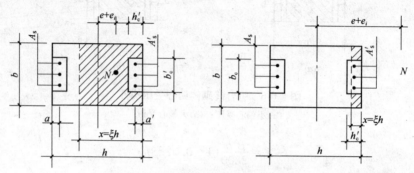

图 4-6-7 有关面积和面积矩计算简图

$$S_{c,s} = b_c' x \left(h_0 - \frac{x}{2} \right) \tag{4-6-17}$$

$$S_{c,N} = b_c' x \left(e_N' - a' + \frac{x}{2} \right) \tag{4-6-18}$$

当 $h_c' < x \leqslant h - h_c$ 时：

$$A_c' = b_c' h_c' \tag{4-6-19}$$

$$S_{c,s} = b_c' h_c' \left(h_0 - \frac{h_c'}{2} \right) \tag{4-6-20}$$

$$S_{c,N} = b_c' h_c' \left(e_N' - a' + \frac{h_c'}{2} \right) \tag{4-6-21}$$

(2) A'、S_s、S_N 的计算

$$A' = bx - A_c' \tag{4-6-22}$$

$$S_s = bx \left(h_0 - \frac{x}{2} \right) - S_{c,s} \tag{4-6-23}$$

$$S_N = bx \left(e_N' - a' + \frac{x}{2} \right) - S_{c,N} \tag{4-6-24}$$

5. 采用混凝土面层对称配筋时组合砖砌体受压构件承载力计算

(1) 大小偏心的判别

$$x = [N - b_c' h_c' (f_c - f)] / fb \tag{4-6-25}$$

当 $x < \xi_b h_0$ 时，为大偏心受压；

当 $x \geqslant \xi_b h_0$ 时，为小偏心受压。

(2) 大偏心受压构件

当 $x < h_c'$ 时，重新计算 x：

$$x = N/[f(b-b_c') + f_c b_c'] \tag{4-6-26}$$

当 $x \geqslant h_c'$ 时，x 按式(4-6-25)采用：

$$A_s = A_s' = \frac{Ne_N - fS_s - f_c S_{c,s}}{f_y'(h_0 - a')} \tag{4-6-27}$$

（3）小偏心受压构件

首先假定 x 的位置，即 $x < h - h_c$ 或 $x > h - h_c$，由下列公式解联立方程求得 x 和 $A_s = A_s'$：

$$N = fA' + f_c A_c' + A_s(f_y' - \sigma_s) \tag{4-6-28}$$

$$Ne_N = fS_s + f_c S_{c,s} + f_y' A_s'(h_0 - a') \tag{4-6-29}$$

6. 非对称配筋时的计算

非对称配筋时，有三个未知量 x、A_s 和 A_s'，虽然组合砖砌体偏心受压构件有三个计算公式(4-6-6)、(4-6-7)、(4-6-8)，但其中仅有两个是独立的，因此 x、A_s 和 A_s' 有无数组解。为了充分发挥钢筋和砌体的强度，可取 $x = \xi_b h_0$，按以下公式求 A_s 和 A_s'：

$$N \leqslant fA' + f_c A_c' + \eta_s f_y' A_s' - \sigma_s A_s \tag{4-6-30}$$

$$Ne_N \leqslant fS_s + f_c S_{c,s} + \eta_s f_y' A_s'(h_0 - a') \tag{4-6-31}$$

若 $A_s < 0$ 或 $A_s < 0.1\%bh$，可按构造配筋，取 $A = 0.1\%bh$，此时按 A_s 为已知，重新计算 x 和 A_s'。

4.6.12 组合砖砌体受压构件与钢筋混凝土受压构件承载力计算有何差别？

【解析】 组合砖砌体受压构件与钢筋混凝土受压构件承载力计算的对比，见表4-6-4。

钢筋混凝土与组合砖砌体受压构件计算对比　　　表 4-6-4

	钢筋混凝土受压构件	组合砖砌体受压构件
中心受压	$N \leqslant \varphi_{RC}(f_c A + f_y' A_s')$	$N \leqslant \varphi_{com}(fA + f_c A_c + \eta_s f_y' A_s')$
大小偏心界限	$\xi_b \begin{cases} 0.614 \text{(HPB235 钢)} \\ 0.544 \text{(HRB335 钢)} \end{cases}$	$\xi_b \begin{cases} 0.55 \text{(HPB235 钢)} \\ 0.425 \text{(HRB335 钢)} \end{cases}$
偏心距 e_N, e_N'	$e_N = \eta(e + e_a) + \left(\frac{h}{2} - a\right)$ $e_N' = \eta(e + e_a) - \left(\frac{h}{2} - a'\right)$ e_a 取 20mm 和 $\frac{1}{30}$ 截面长边的最大值	$e_N = (e + e_a) + \left(\frac{h}{2} - a\right)$ $e_N' = (e + e_a) - \left(\frac{h}{2} - a'\right)$ $e_a = \frac{\beta^2 h}{2200}(1 - 0.022\beta)$
σ_s 值	大偏压 $\sigma_s = f_y$ 小偏压 $\sigma_s = \frac{f_y}{\xi_b - 0.8}(\xi - 0.8)$ $\sigma_s = \begin{cases} 1129(0.8 - \xi) \text{(HPB235 钢)} \\ 1211(0.8 - \xi) \text{(HRB335 钢)} \end{cases}$	大偏压 $\sigma_s = f_y$ 小偏压 $\sigma_s = 650 - 800\xi$ $= 800(0.8125 - \xi)$
偏心受压基本公式	$N \leqslant \alpha_1 f_c bx + f_y' A_s' - \sigma_s A_s$ $Ne \leqslant \alpha_1 f_c bx \left(h_0 - \frac{x}{2}\right) + f_y' A_s'(h_0 - a_s')$	$N \leqslant fA' + f_c A_c' + \eta_s f_y' A_s' - \sigma_s A_s$ $Ne_N \leqslant fS_s + f_c S_{c,s} + \eta_s f_y' A_s'(h_0 - a')$

4.6.13 组合砖砌体偏心受压构件应按什么流程计算承载力?

【解析】组合砖砌体偏心受压构件承载力的计算流程见图 4-6-8。

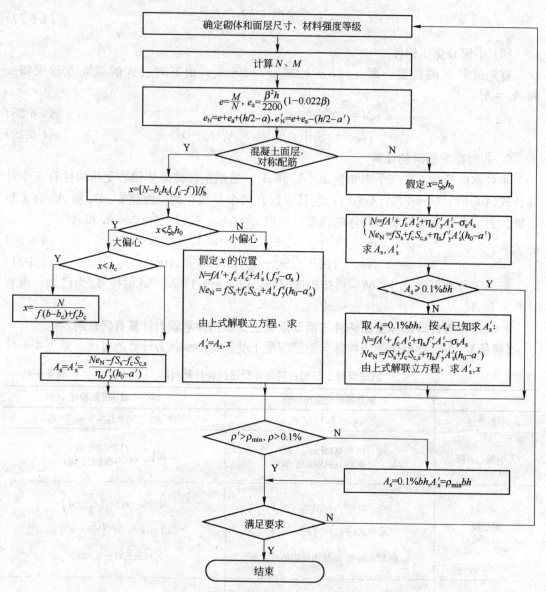

图 4-6-8 组合砖砌体受压构件计算流程

第三节 砖砌体和钢筋混凝土构造柱组合墙

4.6.14 组合墙的受压特征是什么?

在砖墙中按规定的距离设置钢筋混凝土构造柱,形成砖砌体和钢筋混凝土构造柱组合墙(图 4-6-9)。

组合墙在竖向荷载作用下,由于混凝土柱、砌体的刚度不同和内力重分布的结果,混

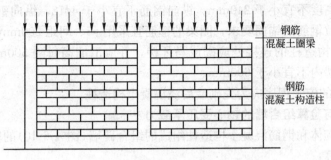

图 4-6-9 钢筋混凝土构造柱组合墙

凝土柱分担墙体上的荷载。由于混凝土柱、圈梁形成的"弱框架"的约束作用，使砌体处于双向受压状态，减少了砌体的横向变形，因此显著地提高了砌体的受压承载力和受压稳定性。

组合墙从加载到破坏经历三个阶段。第一阶段：当竖向荷载小于极限荷载的 40% 时，组合墙的受力处于弹性阶段，墙体竖向压应力的分布不均匀，上部截面应力大，下部截面应力小；两构造柱之间中部砌体应力大，两端砌体的应力小。第二阶段：继续增加竖向荷载，在上部圈梁与构造柱连接的附近及构造柱之间中部砌体出现竖向裂缝，上部圈梁在跨中处产生自下而上的竖向裂缝；当竖向荷载约为极限荷载的 70% 时，裂缝发展缓慢，裂缝走向大多数指向构造柱柱脚，中部构造柱为均匀受压，边构造柱为小偏心受压。第三阶段：随着竖向荷载的进一步增加，墙体内裂缝进一步扩展和增多，裂缝开始贯通，最终穿过构造柱的柱脚，构造柱内钢筋压屈，混凝土被压碎剥落，同时两构造柱之间中部的砌体产生受压破坏。

在竖向压力作用下，墙体内竖向压应力明显向构造柱扩散，其应力峰值随构造柱间距的减小而减小。当墙体高度由 2.8m 增加到 3.6m 时，构造柱内压应力的增加和砌体内压应力的减少均在 5% 以内。在影响组合墙受压承载力的诸多因素中，构造柱间距的影响是最显著的。中部构造柱对柱每侧砌体的影响长度约为 1.2m，边构造柱的影响长度约为 1m。构造柱的间距为 2m 左右时，柱的作用得到充分发挥；当间距大于 4m 时，对墙体受压承载力的影响很小。

4.6.15 组合墙在构造上应符合哪些要求？

【解析】组合墙的构造应符合下列要求：

1. 砂浆的强度等级不应低于 M5，构造柱的混凝土强度等级不宜低于 C20。
2. 柱内竖向受力钢筋的混凝土保护层厚度，应符合表 4-6-2 的规定。
3. 构造柱的截面尺寸不宜小于 240mm×240mm，其厚度不应小于墙厚，边柱、角柱的截面宽度宜适当加大。柱内竖向受力钢筋，对于中柱，不宜少于 4φ12；对于边柱、角柱，不宜少于 4φ14。构造柱的竖向受力钢筋的直径也不宜大于 16mm。其箍筋，一般部位宜采用 φ6、间距 200mm，楼层上下 500mm 范围内宜采用 φ6、间距 100mm。构造柱的竖向受力钢筋应在基础梁和楼层圈梁中锚固，并应符合受拉钢筋的锚固要求。
4. 组合砖墙砌体结构房屋，应在纵横墙交接处、墙端部和较大洞口的洞边设置构造柱，其间距不宜大于 4m。各层洞口宜设置在相应位置，并宜上下对齐。
5. 组合砖墙砌体结构房屋应在基础顶面、有组合墙的楼层处设置现浇钢筋混凝土圈梁。圈梁的截面高度不宜小于240mm。纵向钢筋不宜小于4φ12，纵向钢筋应伸入构造柱内，并应符合受拉钢筋的锚固要求；圈梁的箍筋宜采用φ6、间距200mm。

6. 砖砌体与构造柱的连接处应砌成马牙槎，并应沿墙高每隔500mm设2φ6拉结钢筋，且每边伸入墙内不宜小于600mm。

7. 组合砖墙的施工程序应为先砌墙后浇混凝土构造柱。

4.6.16 如何验算组合墙的轴心受压承载力？

【解析】 砖砌体和钢筋混凝土构造柱组成的组合砖墙(图4-6-10)的轴心受压承载力，应按下列公式计算：

$$N \leqslant \varphi_{com}[fA_n + \eta(f_c A_c + f'_y A'_s)] \tag{4-6-32}$$

$$\eta = \left[\cfrac{1}{\cfrac{l}{b_c} - 3}\right]^{\frac{1}{4}} \tag{4-6-33}$$

式中 φ_{com}——组合砖墙的稳定系数；

η——强度系数，当l/b_c小于4时取l/b_c等于4；

l——沿墙长方向构造柱的间距；

b_c——沿墙长方向构造柱的宽度；

A_n——砖砌体的净截面面积（即扣除门窗洞口及构造柱面积后的净面积）；

A_c——构造柱的截面面积。

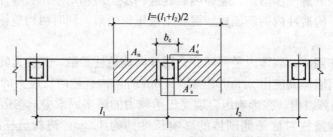

图4-6-10 砖砌体和构造柱组合墙截面

第七章 配筋砌块砌体构件

第一节 配筋砌块砌体轴心受压构件

4.7.1 配筋砌块砌体轴心受压构件的受力性能是什么?

【解析】 配筋砌块砌体轴心受压构件,具有以下性能:

1. 配筋砌块砌体轴心受压构件从开始加载至破坏,经历三个工作阶段。在初裂阶段,砌体和钢筋的应变均很小,第一条(或第一批)竖向裂缝大多在有竖向钢筋的附近砌体内出现。随着荷载的增加,墙体进入裂缝发展阶段,竖向裂缝增多、加长,且大多分布在两竖向钢筋之间的砌体内,形成条带状。由于钢筋的约束,裂缝宽度较小,在水平钢筋处上下竖向裂缝往往不贯通而有错位。最终因墙体竖向裂缝较宽,甚至个别砌块被压碎,荷载下降较快而终止试验。相对于无筋砌体,裂缝密而细,且裂缝分布较均匀。在破坏阶段,即使有的砌块被压碎,由于钢筋的约束,墙体仍保持良好的整体性。

2. 墙体产生第一批裂缝时的压力为破坏压力的 40%~70%,其平均值约为 60%。随竖向钢筋配筋率的增加,该比值有所降低,但变化不大。

3. 配筋砌块墙体受压时符合平截面变形假定。破坏时钢筋与砌体的共同工作良好,竖向钢筋可达屈服强度。

4. 配筋砌块砌体的抗压强度、弹性模量,较用相应的砌块和砂浆砌筑的空心砌块砌体的抗压强度、弹性模量均有较大程度的提高,其中起主要作用的是芯柱中的混凝土和钢筋。试验表明,当芯柱混凝土强度一定时,配筋砌块砌体的抗压强度虽随砌筑砂浆抗压强度的提高而增加,但增加的幅度较小。

4.7.2 如何验算配筋砌块砌体轴心受压构件的承载力?

【解析】 配筋砌块砌体轴心受压构件,其受压承载力可按下列公式计算:

$$N \leqslant \varphi_{0g}(f_g A + 0.8 f'_y A'_s) \tag{4-7-1}$$

式中 N——轴向力设计值;
f_g——灌孔混凝土的抗压强度设计值;
f'_y——钢筋的抗压强度设计值;
A——构件的毛截面面积;
A'_s——全部竖向钢筋的截面面积;
φ_{0g}——轴心受压构件的稳定系数;

$$\varphi_{0g} = \frac{1}{1 + 0.001\beta^2} \tag{4-7-2}$$

β——构件的高厚比(计算高度 H_0 可取层高)。

当构件中无箍筋或水平分布钢筋时,其正截面承载力仍可用式(4-7-1)计算,但应取 $f'_y A'_s = 0$。

配筋砌块砌体剪力墙,当竖向钢筋仅配在中间时,其平面外偏心受压承载力可按下式计算：

$$N \leqslant \varphi f_g A \qquad (4\text{-}7\text{-}3)$$

4.7.3 配筋砌块砌体柱的构造应符合哪些要求？

【解析】 配筋砌块砌体柱的构造应符合下列要求（图4-7-1）：

1. 材料强度等级

(1) 砌块不应低于MU10；

(2) 砌筑砂浆不应低于Mb7.5；

(3) 灌孔混凝土不应低于Cb20。

对于安全等级为一级或设计使用年限大于50年的配筋砌块砌体房屋，其柱所用材料的最低强度等级应至少提高一级。

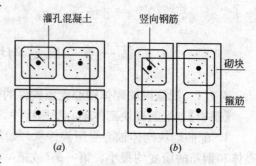

图4-7-1 配筋混凝土砌块砌体柱截面
(a)下皮；(b)上皮

2. 柱截面

柱截面边长不宜小于400mm，柱高度与截面短边之比不宜大于30。

3. 竖向钢筋

柱的竖向钢筋的直径不宜小于12mm，数量不应少于4根，全部竖向受力钢筋的配筋率不宜小于0.2%。

4. 箍筋

柱中箍筋的设置应根据下列情况确定：

(1) 当竖向钢筋的配筋率大于0.25%，且柱承受的轴向力大于受压承载力设计值的25%时，柱应设箍筋；当配筋率≤0.25%时，或柱承受的轴向力小于受压承载力设计值的25%时，柱中可不设置箍筋。

(2) 箍筋直径不宜小于6mm。

(3) 箍筋的间距不应大于16倍的竖向钢筋直径、48倍箍筋直径及柱截面短边尺寸中较小者。

(4) 箍筋应封闭，端部应弯钩。

(5) 箍筋应设置在灰缝或灌孔混凝土中。

第二节 配筋砌块砌体剪力墙承载力

4.7.4 配筋砌块砌体构件正截面承载力计算的基本假定是什么？

【解析】 配筋砌块砌体构件正截面承载力计算的基本假定是：

1. 截面应变保持平面；
2. 竖向钢筋与其毗邻的砌体、灌孔混凝土的应变相同；
3. 不考虑砌体、灌孔混凝土的抗拉强度；
4. 根据材料性能选择砌体、灌孔混凝土的极限压应变，且不应大于0.003；
5. 根据材料性能选择钢筋的极限拉应变，且不应大于0.01。

4.7.5 配筋砌块砌体剪力墙正截面偏心受压时的受力性能是什么？

【解析】 配筋砌块砌体剪力墙偏心受压时，其受力性能和破坏形态与钢筋混凝土偏心受压构件类似。大偏心受压时，受拉和受压的主钢筋达到屈服强度，受压区的砌块砌体达到抗压强度，截面中和轴附近竖向分布钢筋应力较小，离中和轴较远处的竖向钢筋可达到屈服强度。小偏心受压时，受压区的主钢筋达到屈服强度，另一侧的主钢筋达不到屈服强度，竖向分布钢筋大部分受压，即使一部分受拉其应力也较小。

4.7.6 配筋砌块砌体剪力墙正截面承载力计算时，如何判别大小偏心？

【解析】 按照平截面变形假定，配筋砌块砌体剪力墙墙肢的界限相对受压区高度为：

$$\xi_b = 0.8 \frac{\varepsilon_{mc}}{\varepsilon_{mc} + \varepsilon_s}$$

根据试验结果，砌块砌体的极限压应变 $\varepsilon_{mc} \approx 0.0031$。钢筋的屈服应变 $\varepsilon_s = f_y/E_s$。因而

当 $x \leq \xi_b h_0$ 时，为大偏心受压；

当 $x > \xi_b h_0$ 时，为小偏心受压。

式中 x——截面受压区高度；

ξ_b——界限相对受压区高度，对 HPB235 级钢筋 $\xi_b = 0.60$，对 HRB335 级钢筋 $\xi_b = 0.53$；

h_0——截面有效高度。

4.7.7 如何验算矩形截面配筋砌块砌体剪力墙大偏心受压正截面承载力？

【解析】 矩形截面配筋砌块砌体剪力墙，大偏心受压时的正截面承载力应按下列公式计算(图 4-7-2)：

$$N \leq f_g bx + f'_y A'_s - f_y A_s - \Sigma f_{yi} A_{si} \tag{4-7-4}$$

$$Ne_N \leq f_g bx\left(h_0 - \frac{x}{2}\right) + f'_y A'_s(h_0 - a'_s) - \Sigma f_{yi} S_{si} \tag{4-7-5}$$

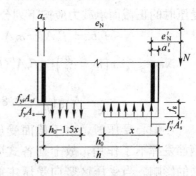

图 4-7-2 矩形截面大偏心受压构件正截面承载力计算简图

式中 N——轴向力设计值；

f_g——灌孔砌体的抗压强度设计值；

f_y、f'_y——竖向受拉、压主筋的强度设计值；

b——截面宽度；

A_s、A'_s——竖向受拉、压主筋的截面面积；

f_{yi}——竖向分布钢筋的抗拉强度设计值；

A_{si}——单根竖向分布钢筋的截面面积；

S_{si}——第 i 根竖向分布钢筋对竖向受拉主筋的面积矩；

e_N——轴向力作用点至竖向受拉主筋合力点之间的距离；

h_0——截面有效高度，$h_0 = h - a'_s$；

h——截面高度；

a'_s——剪力墙受压区端部钢筋(受压主筋)合力点至截面较近边的距离。

剪力墙中的竖向分布钢筋是考虑受力的，只是位于中和轴附近(在 $1.5x$ 范围内)的钢筋应力过小，计算中予以扣除。

上述竖向受拉、压主筋(A_s、A'_s)是指按正截面承载力计算集中配置于墙水平截面两端的纵向受力钢筋，应位于由箍筋或水平分布钢筋拉结约束的边缘构件(暗柱)内。

工程上，配筋砌块砌体剪力墙常采用对称配筋，即取 $f'_y A'_s = f_y A_s$。在先确定竖向分

布钢筋的 f_{yi} 和 A_{si} 后,便可由式(4-7-4)算得截面受压区高度 x。

若竖向分布钢筋的配筋率为 ρ_w,则式(4-7-4)中 $\Sigma f_{yi}A_{si}=f_{yw}\rho_w(h_0-1.5x)b$,得:

$$x=\frac{N+f_{yw}\rho_w bh_0}{(f_g+1.5f_{yw}\rho_w)b} \quad (4\text{-}7\text{-}6)$$

式中 f_{yw}——竖向分布钢筋的抗拉强度设计值。

再由式(4-7-5)可求得竖向受拉、压主筋的截面面积,即:

$$A'_s=A_s=\frac{Ne_N-f_g bx\left(h_0-\frac{x}{2}\right)+0.5f_{yw}\rho_w b(h_0-1.5x)^2}{f'_y(h_0-a'_s)} \quad (4\text{-}7\text{-}7)$$

为了快速估算钢筋面积,当忽略式(4-7-7)中的 x^2 项时,即可近似取端部主筋为:

$$A'_s=A_s=\frac{Ne_N-f_g bxh_0+0.5f_{yw}\rho_w b(h_0^2-3xh_0)}{f'_y(h_0-a_s)} \quad (4\text{-}7\text{-}8)$$

以上计算中,当受压区高度 $x<2a'_s$ 时,其正截面承载力应该按下式计算:

$$Ne'_N \leqslant f_y A_s(h_0-a'_s) \quad (4\text{-}7\text{-}9)$$

式中 e'_N——轴向力作用点至竖向受压主筋合力点之间的距离,可按式(4-6-10)及其规定的方法计算;

a'_s——剪力墙受拉主筋合力点至截面较近边的距离。

4.7.8 如何验算矩形截面配筋砌块砌体剪力墙小偏心受压正截面承载力?

【解析】 矩形截面配筋砌块砌体剪力墙,小偏心受压时的正截面承载力应按下列公式计算(图 4-7-3):

$$N \leqslant f_g bx+f'_y A'_s-\sigma_s A_s \quad (4\text{-}7\text{-}10)$$

$$Ne_N \leqslant f_g bx\left(h_0-\frac{x}{2}\right)+f'_y A'_s(h_0-a'_s) \quad (4\text{-}7\text{-}11)$$

$$\sigma_s=\frac{f_y}{\xi_b-0.8}\left(\frac{x}{h_0}-0.8\right) \quad (4\text{-}7\text{-}12)$$

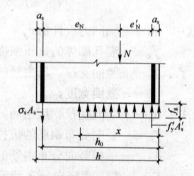

图 4-7-3 矩形截面小偏心受压构件正截面承载力计算简图

小偏心受压时,由于截面受压区过大,竖向分布钢筋发挥不了作用,故上列各式中未计入竖向分布钢筋的影响。当受压区竖向受压主筋无箍筋或无水平钢筋时,可不考虑竖向受压主筋的作用,即取 $f'_y A'_s=0$。

为了方便计算,矩形截面对称配筋砌块砌体剪力墙小偏心受压时,可近似按下列公式计算钢筋截面面积:

$$A_s=A'_s=\frac{Ne_N-\xi(1-0.5\xi)f_g bh_0^2}{f'_y(h_0-a'_s)} \quad (4\text{-}7\text{-}13)$$

$$\xi=\frac{x}{h_0}=\frac{N-\xi_b f_g bh_0}{\dfrac{Ne_N-0.43 f_g bh_0^2}{(0.8-\xi_b)(h_0-a'_s)}+f_g bh_0}+\xi_b \quad (4\text{-}7\text{-}14)$$

4.7.9 如何验算 T 形截面配筋砌块砌体剪力墙偏心受压正截面承载力?

【解析】 T形截面配筋砌块砌体剪力墙的正截面受压承载力,应按下列规定和方法进行计算：

1. 翼缘的计算宽度

带有翼缘的墙，其截面有 T 形、I 形或 L 形，当翼缘位于受压区时，常为 T 形截面。当翼缘和腹板的相交处采用错缝搭接砌筑和同时设置中距不大于 1.2m 的配筋带（截面高度≥60mm，钢筋不少于 2φ12）时，可以考虑翼缘的共同工作。翼缘的计算宽度 b'_f，应按表 4-7-1 中的最小值采用。

T 形截面偏心受压构件翼缘计算宽度　　　表 4-7-1

考 虑 情 况	T、I 形截面	L 形截面
按构件计算高度 H_0 考虑	$H_0/3$	$H_0/6$
按腹板间距 L 考虑	L	$L/2$
按翼缘厚度 h'_f 考虑	$b+12h'_f$	$b+6h'_f$
按翼缘的实际宽度 b'_f 考虑	b'_f	b'_f

注：构件的计算高度 H_0 可取层高。

应该注意到，T 形截面配筋砌块砌体剪力墙的翼缘计算宽度与钢筋混凝土剪力墙的规定相当接近，但对于配筋砌块砌体剪力墙为了保证翼缘和腹板共同工作的构造规定是不同的。

2. 受压区高度 $x \leqslant h'_f$ 时，应按宽度为 b'_f 的矩形截面计算

即将上述各式中以 b'_f 代替 b 后进行计算。

3. 当受压区高度 $x > h'_f$ 时，应考虑腹板的受压作用

(1) 大偏心受压（图 4-7-4）

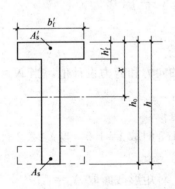 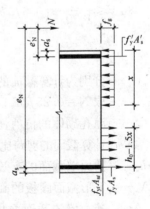

图 4-7-4　T 形截面偏心受压正截面承载力计算简图

大偏心受压承载力应按下列公式计算：

$$N \leqslant f_g[bx+(b'_f-b)h'_f]+f'_y A'_s - f_y A_s - \Sigma f_{yi} A_{si} \tag{4-7-15}$$

$$Ne_N \leqslant f_g\left[bx\left(h_0-\frac{x}{2}\right)+(b'_f-b)h'_f\left(h_0-\frac{h'_f}{2}\right)\right]+f'_y A'_s(h'_0-a'_s)-\Sigma f_{yi} S_{si} \tag{4-7-16}$$

式中　b'_f——T 形截面受压区的翼缘计算宽度；

h'_f——T 形截面受压区的翼缘高度。

(2) 小偏心受压

小偏心受压承载力应按下列公式计算：

$$N \leq f_g[bx+(b'_f-b)h'_f]+f'_y A'_s - \sigma_s A_s \tag{4-7-17}$$

$$Ne_N \leq f_g\left[bx\left(h_0-\frac{x}{2}\right)+(b'_f-b)h'_f\left(h_0-\frac{h'_f}{2}\right)\right]+f'_y A'_s(h_0-a'_s) \tag{4-7-18}$$

4.7.10 配筋砌块砌体剪力墙斜截面受剪时的受力性能是什么？

【解析】 配筋砌块砌体剪力墙的受剪性能与未灌孔的砌块砌体墙有很大的区别。对于灌孔砌体，由于灌孔混凝土的强度较高，而砌筑砂浆的强度对墙体抗剪承载力的影响较小，因而配筋砌块砌体剪力墙的抗剪性能接近于钢筋混凝土剪力墙。

4.7.11 配筋砌块砌体剪力墙斜截面受剪承载力计算时，剪力墙的截面有何限制？

【解析】 配筋砌块砌体剪力墙斜截面受剪承载力计算时，剪力墙的截面应满足下式要求：

$$V \leq 0.25 f_g bh \tag{4-7-19}$$

式中 V——剪力墙的剪力设计值；

b——剪力墙的截面宽度或T形截面腹板宽度；

h——剪力墙的截面高度。

4.7.12 如何验算配筋砌块砌体剪力墙斜截面受剪承载力？

【解析】 剪力墙偏心受压和偏心受拉时的斜截面受剪承载力，应按下列规定进行计算：

1. 剪力墙在偏心受压时的斜截面受剪承载力

剪力墙在偏心受压时的斜截面受剪承载力应按下列公式计算：

$$V \leq \frac{1}{\lambda-0.5}\left(0.6 f_{vg} bh_0 + 0.12 N \frac{A_w}{A}\right) + 0.9 f_{yh}\frac{A_{sh}}{s}h_0 \tag{4-7-20}$$

$$\lambda = \frac{M}{Vh_0} \tag{4-7-21}$$

式中 M、N、V——分别为计算截面的弯矩、轴向力和剪力设计值，当 $N>0.25 f_g bh$ 时取 $N=0.25 f_g bh$；

f_{vg}——灌孔砌体的抗剪强度设计值；

λ——计算截面的剪跨比，当 $\lambda<1.5$ 时取 $\lambda=1.5$，当 $\lambda \geq 2.2$ 时取 $\lambda=2.2$；

h_0——剪力墙截面的有效高度；

A_w——T形截面腹板的截面面积，对矩形截面取 $A_w=A$；

A——剪力墙的截面面积，对T形截面，其中翼缘的有效面积，可按表4-7-1的规定确定；

A_{sh}——配置在同一截面内的水平分布钢筋的全部截面面积；

f_{yh}——水平钢筋的抗拉强度设计值；

s——水平分布钢筋的竖向间距。

2. 剪力墙在偏心受拉时的斜截面受剪承载力

剪力墙在偏心受拉时的斜截面受剪承载力，应按下式计算：

$$V \leq \frac{1}{\lambda-0.5}\left(0.6 f_{vg} bh_0 - 0.22 N \frac{A_w}{A}\right) + 0.9 f_{yh}\frac{A_{sh}}{s}h_0 \tag{4-7-22}$$

由于轴向力 N 是一个作用效应,它对剪力墙在偏心受压和偏心受拉时斜截面抗剪承载力的影响是相反的。根据可靠度分析,在偏心受压时轴向力项的影响应尽可能取小值,而在偏心受拉时该项的影响应尽可能取大值。故式(4-7-20)和式(4-7-22)中的轴向力项取用了不同的系数和正、负号。

4.7.13 如何验算配筋砌块砌体连梁的承载力?

【解析】 配筋砌块砌体连梁的承载力的验算,应符合下列规定:

1. 正截面受弯承载力

采用配筋砌块砌体的连梁(图 4-7-5),其正截面受弯承载力,应按《混凝土结构设计规范》中受弯构件的有关规定进行计算。但应采用相应于配筋砌块砌体的计算参数和指标,如以灌孔砌体的抗压强度设计值 f_g 代替混凝土轴心抗压强度设计值 f_c。

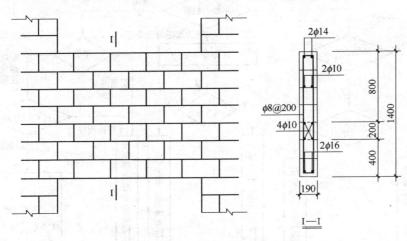

图 4-7-5 配筋混凝土砌块砌体连系梁

2. 斜截面受剪承载力

(1) 连梁的截面

配筋砌块砌体连梁,其截面应符合下式要求:

$$V_b \leqslant 0.25 f_g bh \tag{4-7-23}$$

(2) 连梁的斜截面受剪承载力计算

配筋砌块砌体连梁,其斜截面受剪承载力应按下式计算:

$$V_b \leqslant 0.8 f_{vg} bh_0 + f_{yv} \frac{A_{sv}}{s} h_0 \tag{4-7-24}$$

式中 V_b——连梁的剪力设计值;
  b——连梁的截面宽度;
  h_0——连梁的截面有效高度;
  f_{yv}——箍筋的抗拉强度设计值。

4.7.14 如何验算钢筋混凝土连梁的承载力?

【解析】 当连梁受力较大且配筋较多时,对配筋砌块砌体连梁的钢筋设置和施工要求较高,此时只要按材料的等强度原则,可采用钢筋混凝土连梁。这种方案在施工中虽增加了模板工序,但钢筋的设置比较方便。

对于钢筋混凝土连梁,其正截面受弯承载力和斜截面受剪承载力,应按《混凝土结构设计规范》(GB 50010—2002)的相应规定进行计算。

4.7.15 配筋砌块砌体剪力墙应按什么流程计算承载力?

【解析】 配筋砌块砌体剪力墙承载力计算流程见图4-7-6。

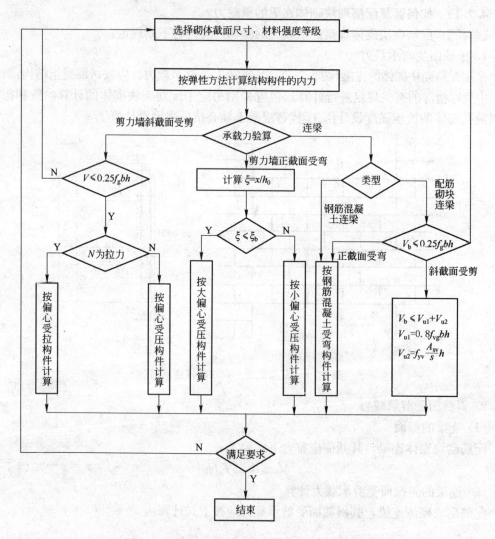

图4-7-6 配筋砌块砌体剪力墙承载力计算流程

第三节 配筋砌块砌体剪力墙构造措施

4.7.16 配筋砌块砌体中,砌块有哪些块型?

【解析】 砌块的基本块型如图4-7-7所示。其中K1为普通型主规格砌块。K2~K5为带凹槽的主规格砌块和辅助砌块,施工时用砌刀轻轻敲掉带槽的肋便成为带凹槽砌块,在凹槽内放置水平钢筋,然后灌筑混凝土,形成水平配筋带。为方便纵横墙交接处设置水平钢筋,采用K3和K4。K6和K7为用作清扫孔的砌块。配筋砌块砌体施工时,需在每层底部的第1皮砌块有竖向钢筋处设置清扫孔，采用K6和K7便于绑扎芯柱钢筋、清扫芯柱内的灰渣残屑，并可检查灌孔混凝土的质量。

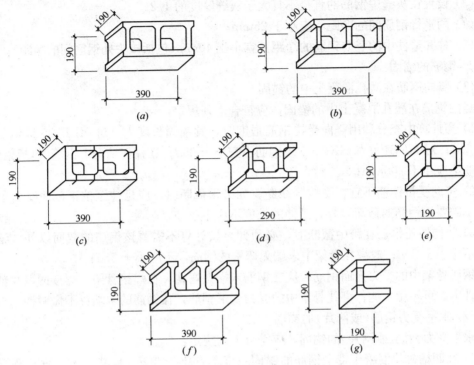

图 4-7-7　配筋混凝土砌块砌体使用的砌块
(a)K1；(b)K2；(c)K3；(d)K4；(e)K5；(f)K6；(g)K7

由于配筋砌块砌体剪力墙中不仅需要各种块型的组合，还要有洞口、配筋、预埋件等，因此对于配筋砌块砌体剪力墙结构施工前应当给出排块图，排块图的主要内容见表4-7-2。

排块图的主要内容　　　　　　　　　　　　　　　表 4-7-2

项次	内容
1	砌体所涉及到的所有规格尺寸、块型的排列组合规则
2	门窗洞口、过梁、窗台板、门窗固定砌块、预留锚固孔洞的位置和尺寸
3	管道在墙体内的走向及位置，横穿墙体的孔洞配块及较大洞口的构造处理
4	墙体内竖向钢筋、水平钢筋、配筋带的位置、所用的块型和连接构造
5	各种功能砌块，如预埋螺栓、预埋木砖的位置
6	砌块墙体与周边构件，如屋楼盖、圈梁等的关系和连接

4.7.17　配筋砌块砌体剪力墙中，对钢筋有哪些要求？

【解析】　配筋砌块砌体剪力墙中，钢筋应符合下列要求：

1. 钢筋的直径与净距

在配筋混凝土砌块砌体剪力墙中，钢筋的设置受到砌块孔洞和水平灰缝的限制，因而钢筋的直径与钢筋间的净距离应符合下列规定：

(1) 钢筋的直径不宜大于 25mm，当设置在灰缝中时不应小于 4mm；
(2) 配置在孔洞或空腔中的钢筋面积不应大于孔洞或空腔面积的 6%；
(3) 设置在灰缝中钢筋的直径不宜大于灰缝厚度的 1/2；
(4) 两平行钢筋间的净距不应小于 25mm；
(5) 柱和壁柱中的竖向钢筋的净距不宜小于 40mm（包括接头处钢筋间的净距）。

2. 钢筋的锚固

(1) 竖向钢筋在灌孔混凝土中的锚固

竖向钢筋在灌孔混凝土中的锚固，应符合下列规定：

1) 当计算中充分利用竖向受拉钢筋强度时，其锚固长度 l_a，对 HRB335 级钢筋不宜小于 $30d$；对 HRB400 和 RRB400 级钢筋不宜小于 $35d$；在任何情况下钢筋（包括钢丝）锚固长度不应小于 300mm；

2) 竖向受拉钢筋不宜在受拉区截断。如必须截断时，应延伸至按正截面受弯承载力计算不需要该钢筋的截面以外，延伸的长度不应小于 $20d$；

3) 竖向受压钢筋在跨中截断时，必须伸至按计算不需要该钢筋的截面以外，延伸的长度不应小于 $20d$；对绑扎骨架中末端无弯钩的钢筋，不应小于 $25d$；

钢筋骨架中的受力光面钢筋，应在钢筋末端做弯钩，在焊接骨架、焊接网以及轴心受压构件中，可不做弯钩；绑扎骨架中的受力变形钢筋，在钢筋的末端可不做弯钩。

(2) 水平受力钢筋（或网片）的锚固

水平受力钢筋（或网片）的锚固，应符合下列规定：

1) 在凹槽砌块混凝土带中钢筋的锚固长度不宜小于 $30d$，且其水平或垂直弯折段的长度不宜小于 $15d$ 和 200mm；

2) 在砌体水平灰缝中，钢筋的锚固长度不宜小于 $50d$，且其水平或垂直弯折段的长度不宜小于 $20d$ 和 150mm；

3) 在隔皮或错缝搭接的灰缝中为 $50d+2h$，d 为灰缝受力钢筋的直径，h 为水平灰缝的间距。

3. 钢筋的连接和搭接

在配筋混凝土砌块砌体墙中，为便于先砌墙后插筋并就位绑扎和灌筑混凝土，钢筋宜采用搭接或非接触搭接接头。钢筋的接头和搭接应符合下列要求：

(1) 钢筋的接头位置宜设置在受力较小处；

(2) 受拉钢筋的搭接接头长度不应小于 $1.1l_a$，受压钢筋的搭接接头长度不应小于 $0.7l_a$，但不应小于 300mm；

(3) 当相邻接头钢筋的间距不大于 75mm 时，其搭接长度应为 $1.2l_a$；当钢筋间的接头错开 $20d$ 时，搭接长度可不增加；

(4) 对于水平受力钢筋，当设置在凹槽砌块混凝土带中时，钢筋的搭接长度不宜小于 $35d$；当设置在砌体水平灰缝中时，钢筋的搭接长度不宜小于 $55d$。

当钢筋的直径大于 22mm 时，宜采用机械连接接头，接头的质量应符合有关标准、规范的规定。

4. 钢筋的保护层厚度

基于在正常使用条件下，钢筋不会锈蚀并保证钢筋与砂浆或与灌孔混凝土有较好的握裹力，对砌体中钢筋的最小保护层厚度提出了如下要求：

（1）灰缝中钢筋外露砂浆保护层不宜小于 15mm；

（2）位于砌块孔槽中的钢筋保护层，在室内正常环境不宜小于 20mm；在室外或潮湿环境不宜小于 30mm；

（3）对安全等级为一级或设计使用年限大于 50 年的配筋砌体结构构件，钢筋的保护层应比上述规定的厚度至少增加 5mm，或采用经防腐处理的钢筋、抗渗混凝土砌块等措施。

4.7.18　配筋砌块砌体剪力墙中，对剪力墙有哪些要求？

【解析】　配筋砌块砌体剪力墙中，剪力墙应符合下列要求：

1. 材料与墙厚

配筋砌块砌体剪力墙主要用于中高层房屋结构，其材料强度等级的要求较多层结构的要求要高，应符合下列规定：

（1）砌块不应低于 MU10；

（2）砌筑砂浆不应低于 Mb7.5；

（3）灌孔混凝土不应低于 Cb20；

（4）对安全等级为一级或设计使用年限大于 50 年的配筋砌块砌体房屋，所用材料的最低强度等级应较上述要求至少提高一级；

（5）配筋砌块砌体剪力墙厚度、连系梁截面宽度不应小于 190mm。

2. 构造配筋

构造配筋是指配筋混凝土砌块砌体剪力墙中对配置钢筋的最低构造要求，它规定了竖向和水平钢筋的最小配筋率，并对墙体周边和孔洞的削弱部位提出了加强的要求。

（1）应在墙的转角、端部和孔洞的两侧配置竖向连续的钢筋，钢筋直径不宜小于 12mm。

（2）应在洞口的底部和顶部设置不小于 $2\phi10$ 的水平钢筋，其伸入墙内的长度不宜小于 $35d$ 和 400mm。

（3）应在楼（屋）盖的所有纵横墙处设置现浇钢筋混凝土圈梁，圈梁的宽度和高度宜等于墙厚和块高，圈梁主筋不应少于 $4\phi10$，圈梁的混凝土强度等级不宜低于同层混凝土块体强度等级的 2 倍或该层灌孔混凝土的强度等级，也不应低于 C20。

（4）剪力墙其他部位的竖向和水平钢筋的间距不应大于墙长、墙高之半，也不应大于 1200mm。对局部灌孔的砌体，竖向钢筋的间距不应大于 600mm。

（5）剪力墙沿竖向和水平方向的构造钢筋配筋率均不宜小于 0.07%。该构造钢筋的作用，一是保证剪力墙具有一定的延性，二是有利于减小砌体的干缩。国内外的研究表明，具有上述最小配筋率的剪力墙，当斜裂缝出现后能限制斜裂缝的扩展，防止砌体开裂后产生脆性破坏，使剪力墙在破坏前有一定的预兆。另外，它对砌体施工时抵抗温度和收缩应力亦有明显效果。配筋混凝土砌块砌体剪力墙的最小配筋率比钢筋混凝土剪力墙规定的最小配筋率要小，其原因在于钢筋混凝土中的混凝土在塑性状态下浇注，在水化过程中产生显著的收缩。而在砌体施工时，作为其主要部分的块体是预制的，尺寸稳定，仅在砌体中加入了塑性的砂浆和灌孔混凝土，使得砌体墙中可收缩的材料要比混凝土墙中的少得多。

3. 按壁式框架设计的配筋砌体窗间墙

随着墙体上洞口的增大，剪力墙成为一种梁柱体系，这种壁式框架结构必须按强柱弱梁的概念进行设计。为此按壁式框架设计的配筋砌体窗间墙，除应符合上述1、2要求外，尚应符合下列规定：

(1) 窗间墙的截面

1) 墙宽不应小于800mm，也不宜大于2400mm；

2) 墙净高与墙宽之比不宜大于5。

(2) 窗间墙中的竖向钢筋

1) 每片窗间墙中沿全高不应少于4根钢筋；

2) 沿墙的全截面应配置足够的抗弯钢筋；

3) 窗间墙的竖向钢筋的含钢率不宜小于0.2%，也不宜大于0.8%。

(3) 窗间墙中的水平分布钢筋

1) 水平分布钢筋应在墙端部纵筋处弯180°标准钩，或采取等效的措施；

2) 水平分布钢筋的间距：在距梁边1倍墙宽范围内不应大于1/4墙宽，其余部位不应大于1/2墙宽；

3) 水平分布钢筋的配筋率不宜小于0.15%。

4. 墙体的边缘构件

配筋混凝土砌块砌体剪力墙的边缘构件，即剪力墙端部设置的暗柱或钢筋混凝土柱。要求在该部位设置一定数量的竖向和水平钢筋(箍筋)，有利于提高剪力墙的整体抗弯能力和延性。

(1) 当利用剪力墙端的砌体时，应符合下列规定：

1) 在距墙端至少3倍墙厚范围内的孔中设置不小于$\phi 12$通长竖向钢筋；

2) 当剪力墙端部的设计压应力大于$0.8f_g$时，除按1)的规定设置竖向钢筋外，尚应设置间距不大于200mm、直径不小于6mm的水平钢筋(钢箍)，该水平钢筋宜设置在灌孔混凝土中。

(2) 当在剪力墙墙端设置混凝土柱时，应符合下列规定：

1) 柱的截面宽度宜等于墙厚，柱的截面长度宜为1～2倍的墙厚，并不应小于200mm；

2) 柱的混凝土强度等级不宜低于该墙体块体强度等级的2倍或该墙体灌孔混凝土的强度等级，也不应低于C20；

3) 柱的竖向钢筋不宜小于$4\phi 12$，箍筋宜为$\phi 6@200$；

4) 墙体中的水平钢筋应在柱中锚固，并应满足钢筋的锚固要求；

5) 柱的施工顺序宜为先砌砌块墙体，后浇捣混凝土。

4.7.19 配筋砌块砌体剪力墙中，对连梁有哪些要求？

【解析】 配筋砌块砌体剪力墙中，连梁应符合下列要求：

1. 配筋砌块砌体连梁

(1) 连梁的截面

1) 连梁的高度不应小于两皮砌块的高度和400mm；

2) 连梁应采用H形砌块或凹槽砌块组砌，孔洞应全部浇灌混凝土。

(2) 连梁的水平钢筋

1) 连梁上、下水平受力钢筋宜对称、通长设置，在灌孔砌体内的锚固长度不宜小于 $35d$ 和400mm；

2) 连梁水平受力钢筋的含钢率不宜小于0.2%，也不宜大于0.8%。

(3) 连梁的箍筋

1) 箍筋的直径不应小于6mm；

2) 箍筋的间距不宜大于1/2梁高和600mm；

3) 在距支座等于梁高范围内的箍筋间距不应大于1/4梁高，距支座表面第一根箍筋的间距不应大于100mm；

4) 箍筋的面积配筋率不宜小于0.15%；

5) 箍筋宜为封闭式，双肢箍末端弯钩为135°；单肢箍末端的弯钩为180°，或弯90°加12倍箍筋直径的延长段。

2. 钢筋混凝土连梁

配筋砌块砌体剪力墙中当连梁采用钢筋混凝土时，连梁混凝土的强度等级宜为同层墙体块体强度等级的2~2.5倍或同层墙体灌孔混凝土的强度等级，也不应低于C20；其他构造尚应符合《混凝土结构设计规范》(GB 50010—2002)的有关规定要求。

第八章 砌体结构抗震设计

第一节 多层砌体房屋

(Ⅰ) 抗震设计的基本要求

4.8.1 多层砌体房屋的总高度和层数有什么限制?

【解析】 根据地震震害调查,多层砌体房屋的抗震能力与房屋的总高度和层数有直接联系,房屋的破坏程度随高度的增大和层数的增多而加重,其倒塌率与房屋的高度与层数成正比,因此限制多层砌体房屋的高度和层数是减轻地震灾害的经济而有效的措施。多层砌体房屋,总高度和层数的限制见表4-8-1。

多层砌体房屋的层数和总高度限值(m)　　　　表4-8-1

砌体类别	最小墙厚度(mm)	烈 度							
		6		7		8		9	
		高度	层数	高度	层数	高度	层数	高度	层数
普通砖	240	24	8	21	7	18	6	12	4
多孔砖	240	21	7	21	7	18	6	12	4
多孔砖	190	21	7	18	6	15	5	—	—
小砌块	190	21	7	21	7	18	6	—	—

采用表4-8-1时,应当遵循下列原则:

1. 房屋的总高度指室外地面到主要屋面板板顶或檐口的高度:
(1) 平屋顶时不计女儿墙的高度,带阁楼的坡屋面应算到山尖墙的1/2高度处。
(2) 半地下室时,应根据其嵌固条件,区别对待:
1) 半地下室层高较大,顶板距室外地面较高,或有大的窗井而无窗井墙或窗井墙不与纵横墙连接,构不成扩大基础底盘的作用,周围的土体不能对多层砖房半地下室层起约束作用,此时半地下室应按一层考虑,并计入房屋总高度。
2) 半地下室顶板设置在室外地面以上不大于1.5m时,或地面下开窗洞处均设有窗井墙,且窗井墙又为内横墙的延伸,如此形成加大的半地下室底盘,有利于结构的总体稳定,并可以认为半地下室在土体中具有较有利的嵌固作用,此时,半地下室可不作为一层考虑。
3) 地下室的室内地面与室外地面间的距离大于地下室净高的$\frac{1}{2}$,无窗井,且地下室部分的纵横墙较密,则可按全地下室考虑。
(3) 全地下室时,房屋的高度从室外地坪算起。

2. 房屋的层数应按表4-8-1严格控制;房屋的总高度可略有提高,但不应超过0.5m;当室内外高差大于0.6m时,允许房屋的高度比表中数值适当增加,但不应多于1.0m;

当有局部突出屋面的屋顶间等,且当其面积不超过房屋顶层面积的 1/3 时,可不计层数和高度,但计算时应考虑其鞭端效应影响。

3. 横墙较少的房屋是指同一楼层内开间大于 4.2m 的房间占该层总面积 40% 以上的情况(如医院、教学楼等),房屋总高度应比表 4-8-1 降低 3m,层数相应减少一层。对于横墙较少的多层砌体住宅楼,当按规定采取加强措施并满足抗震承载力要求时,其高度和层数仍可按表 4-8-1 采用。

4. 各层横墙很少的多层砌体房屋,应根据具体情况,比横墙较少房屋再适当降低房屋总高度和减少层数。

5. 采用其他烧结砖、蒸压砖的砌体房屋,当块体的材料性能有可靠的试验数据,砌体的抗剪强度不低于黏土砖砌体时,房屋的总高度和层数可按表 4-8-1 采用;6、7 度时采用蒸压灰砂砖和蒸压粉煤灰砖砌体的房屋,当砌体的抗剪强度不低于黏土砖砌体的 70% 时,房屋的层数应比表 4-8-1 减少一层,高度减少 3m。

6. 多层砌体房屋的层高不应超过 3.6m。

4.8.2 多层砌体房屋总高度和总宽度的最大比值有什么限制?

【解析】 砌体结构的抗剪强度较低,抗弯能力更差,因此房屋在地震作用下的破坏应是剪切型,以墙体的受剪承载力来抵抗水平地震作用,不得出现过大的整体弯曲变形。为了简化计算,在多层砌体房屋不做整体弯曲验算条件下,为了保证房屋的整体稳定性,减轻弯曲造成的破坏,对房屋的高度和总宽度的比值应有所限制(表 4-8-2)。

房屋最大高宽比　　　　　　　表 4-8-2

烈　　度	6	7	8	9
最大高宽比	2.5	2.5	2.0	1.5

房屋高宽比验算时,应遵循下列原则:

1. 具有规则平面的房屋,按房屋的总宽度计算高宽比,不考虑平面上的局部凸凹。

2. 外廊住宅、外廊中小学教学楼、偏廊办公楼,都是单面布置房间,外廊的砖柱或者偏廊的外墙,因与之联系的楼板竖向抗弯刚度差,不能有效参与房屋的整体弯曲。因此,计算这类房屋的高宽比值时,房屋宽度不应包括外廊在内。

3. 内廊房屋,由于横墙被内廊分成两片,整体作用很差,如果不是换算成相当的整片实体墙来确定高宽比,而仍取房屋的全宽计算高宽比,就应该比表 4-8-2 的限值控制得再小一些。

4. 对于复杂平面的房屋(如 L 形、工字形等),应取独立抗震单元的短边作为房屋的宽度。

5. 当建筑平面接近正方形时(如点式、墩式建筑),其高宽比宜适当减小。

4.8.3 多层砌体房屋抗震横墙的最大间距有什么限制?

【解析】 多层砌体房屋的横向水平地震作用主要由横墙来承受,故横墙必须具有足够的承受横向水平地震作用的能力,且楼盖还必须具备能够传递横向水平地震作用给横墙的水平刚度。所以,对横墙来说,除了要求能满足抗震承载力外,还需使其横墙间距能满足楼盖对传递水平地震作用所需水平刚度的要求。楼盖将水平地震作用传递给横墙的水平刚度与横墙间距和楼盖本身刚度有关。当楼盖水平刚度一定时,楼盖本身刚度大,横墙间距就可以大一些；楼盖本身刚度小，横墙间距就小一些。如果楼盖本身刚度不大，而横墙间距较大，楼盖就会失去将水平地震作用传递到横墙的能力，其结果是楼盖产生较大的侧移变形，地震作用未传到横墙，纵墙就已经破坏(图4-8-1)。

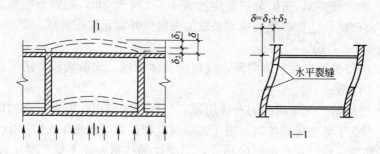

图 4-8-1 外纵墙出平面弯曲

我国地震震害表明：7度区房屋宽度在12m以内的现浇钢筋混凝土楼盖，横墙间距为22m，以及装配式钢筋混凝土楼盖，横墙间距超过五个开间(16.5m)时，纵墙就有不同程度的破坏。根据震害情况，综合考虑技术经济和使用要求，对多层砌体房屋抗震横墙最大间距的限制见表4-8-3。

房屋抗震横墙最大间距(m)　　　　　表 4-8-3

房 屋 类 别	烈 度			
	6	7	8	9
现浇或装配整体式钢筋混凝土楼、屋盖	18	18	15	11
装配式钢筋混凝土楼、屋盖	15	15	11	7
木楼、屋盖	11	11	7	4

抗震横墙最大间距确定时，应遵循下列原则：

1. 表4-8-3的规定适用于一栋房屋中部分横墙间距较大的情况，对于整栋房屋的横墙间距都比较大的情况，则应考虑是否按空旷砌体房屋来要求。

2. 抗震横墙应符合表4-8-4的要求。

砌体抗震墙的要求　　　　　表 4-8-4

砌体类别	最小墙厚(mm)	块体最低强度等级	砂浆最低强度等级	墙体开洞
烧结普通砖	240	MU10	M5	洞口的水平截面面积不应超过横墙水平截面面积的50%
烧结多孔砖	190	MU10	M5	
混凝土砌块	190	MU7.5	M7.5	

3. 多层砌体房屋的顶层，最大横墙间距允许适当放宽。

4. 表中木楼、屋盖的规定，不适用于混凝土砌块房屋。

5. 表中抗震横墙最大间距的确定，是指在常用进深的情况下，当进深较大时应另行考虑。

6. 对于食堂等单层砌体房屋，抗震横墙的最大间距可不按上表限制，此时横向水平地震作用可由壁柱来承担。

4.8.4 多层砌体房屋的局部尺寸为什么要进行限制？

【解析】 房屋局部尺寸的影响，有时仅造成房屋局部的破坏而不影响结构的整体安全，某些重要部位的局部破坏则会导致整个结构的破坏甚至倒塌。因此有必要对地震区建造的砌体房屋的某些局部尺寸加以控制，其目的是使各墙体受力均匀协调、避免造成各个击破，防止承重构件失稳，避免附属构件脱落伤人。

1. 承重窗间墙的最小宽度。窗间墙的破坏有两种形式：第一种是地震作用下的剪切破坏，产生典型的斜向或对角交叉裂缝。显然，这种地震剪力主要作用在窗间墙的平面之内，即地震作用方向与窗间墙平行。第二种是由于与外墙的窗间墙垂直的内墙的变形和破坏顶推窗间外墙，造成窗间墙的平面外破坏，这时的地震作用主要沿横墙作用。

窗间墙的宽度应首先满足静力设计要求，从抗震安全的角度应有一定的安全储备。从宏观调查中可看到，较窄窗间墙的破坏往往容易造成上部构件的塌落，从而危及整个房屋。而宽度较大的窗间墙虽然在强烈地震作用下也遭损坏，有时裂缝宽度甚至可达数厘米，但裂后仍有一定的承载能力而不致立即倒塌。因此，抗震规范规定窗间墙应有一定宽度，以避免一旦出现裂缝而产生倒塌。

2. 外墙尽端至门窗洞边的最小距离。宏观震害表明，房屋尽端是震害较为严重的部位，这是结构布置上的不对称或地震本身的扭转分量造成的，同时也有"端部效应"动力放大的影响。尽端外横墙一般为山墙，分承重和非承重两种。在实际设计中，一般情况下对于承重山墙，尽端最好不开窗或开小窗，因为这一部位的地震反应敏感，破坏普遍，承重山墙的局部破坏可能导致第一开间的倒塌。为了防止房屋在尽端首先破坏甚至倒塌，对开门窗情况下承重外墙尽端至门窗洞边的尺寸，按不同烈度提出了不同要求。对于非承重的外墙尽端，考虑到破坏后不致影响楼板的塌落，因此对最小距离可以适当放宽要求（图4-8-2）。

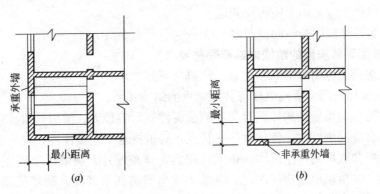

图 4-8-2 外墙尽端至门窗洞边最小距离
(a)承重外墙尽端至门窗洞边最小距离；(b)非承重外墙尽端至门窗洞边最小距离

3. 内墙阳角至门窗洞边的最小距离。多层砌体结构房屋中的门厅、楼梯间等的室内拐角墙，常常是地震破坏比较严重的部位。由于门厅或楼梯间处的纵墙或横墙中断，并为支承上层楼盖荷载而设置开间梁或进深梁，从而造成梁支承在室内拐角墙上这些阳角部位的应力容易集中，梁端支承处荷载又较大，如支承长度不足，局部刚度又有变化，破坏往往极为明显。为了避免这些部位的严重破坏，除在构造上加强整体连接，加长梁的支承长度以及墙角适当配置构造钢筋外，还必须限制内墙阳角至洞边的最小距离。

4. 其他局部尺寸限制。地震调查表明，阳台、挑檐、雨篷等悬挑构件的震害较少，一般情况下这些悬挑构件都不会过大，只要通过计算，保证其抗倾覆、锚固及连接构造上的可靠性，以免失稳、脱落即可。悬挑构件中的女儿墙则是比较容易破坏的构件，特别是无锚固的较高女儿墙更是如此，在历次震害中破坏屡有发生。建筑抗震设计规范对仅靠自重平衡的无锚固女儿墙的最大高度作了限制，并规定9度区不得用无锚固女儿墙。虽然7~9度时非出入口处无锚固女儿墙高度允许到500mm，但应考虑一旦倒塌时后果严重，因此宜采取配置水平钢筋或设置混凝土柱的措施来增强悬臂女儿墙的稳定性，并须设置压顶卧梁与立柱相连。

房屋的局部尺寸限制见表4-8-5。

房屋的局部尺寸限制(m)　　　　　　　　　　　　　表4-8-5

部位	6度	7度	8度	9度
承重窗间墙最小宽度	1.0	1.0	1.2	1.5
承重外墙尽端至门窗洞边的最小距离	1.0	1.0	1.2	1.5
非承重外墙尽端至门窗洞边的最小距离	1.0	1.0	1.0	1.0
内墙阳角至门窗洞边的最小距离	1.0	1.0	1.5	2.0
无锚固女儿墙(非出入口处)的最大高度	0.5	0.5	0.5	0.0

房屋局部尺寸的限制，应遵循下列原则：

(1) 房屋局部尺寸的限制是在满足规范构造要求的前提下规定的。当承重墙尽端、非承重墙尽端和内墙阳角至门窗洞边的距离不满足要求时，在构造上应加强措施，如加大构造柱截面和配筋、增设构造柱或采用横向配筋等。

(2) 出入口处不应采用无锚固女儿墙。

(3) 多层多排柱房屋的纵向窗间墙宽度不应小于1.5m。

4.8.5　多层砌体房屋的结构体系有哪些要求？

【解析】　多层砌体房屋的结构体系，应符合下列要求：

1. 应优先采用横墙承重或纵横墙共同承重的结构体系。

多层砌体房屋的承重结构体系对房屋的抗震性能影响较大。横墙承重或纵横墙共同承重结构体系具有空间刚度大、整体性好的特点，对抵抗水平地震作用比较有利；纵墙承重结构体系易受弯曲破坏而产生倒塌。根据地震震害调查统计，横墙承重房屋破坏率最低，破坏程度最轻，纵横墙承重房屋次之。纵墙承重房屋破坏率最高，破坏程度最重。所以，在选择结构体系时应优先采用横墙承重或纵横墙共同承重的结构体系。

2. 纵横墙的布置宜均匀对称，沿平面内宜对齐，沿竖向应上下连续；同一轴线上的窗间墙宽度宜均匀。

房屋各层的纵横墙对齐贯通，可以使房屋获得最大的整体抗弯能力，这对于高宽比较大的房屋是十分必要的。墙体对齐贯通，还能减少墙体和楼板等受力构件的中间传力环节，使受损部位减少，震害程度减轻。由于传力简捷，受力明确，也有利于地震作用效应的分析。

地震作用在各墙垛之间按其刚度进行分配，当各墙垛的刚度相差悬殊时，容易造成地震时每个墙垛被各个击破，从而造成较大的震害。因此除房屋尽端墙体外，宜将窗间墙等均匀布置，以利于各墙垛受力均匀，避免应力集中。

3. 防震缝的设置

房屋的平面最好是矩形的，由于房屋的外墙转角部位的破坏程度比其他部位严重，L形、⊔形等非规则平面房屋的外墙转角比矩形多，房屋的震害程度比矩形严重。若由于使用要求，在平面或立面上必须做成复杂体型时，应采用防震缝将复杂的体型分割成若干规整、简单体型的组合，以避免地震时房屋各部分由于振动不谐调产生破坏(图 4-8-3、图4-8-4)。

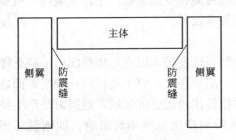 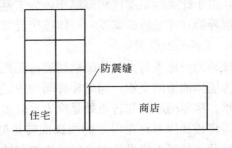

图 4-8-3　通过防震缝把复杂的平面划分成简单的平面　　　图 4-8-4　在立面上用防震缝划分开

若在平面上，房屋的质量中心与刚度中心不相重合，地震时除在主震方向产生水平振动外，还会产生环绕刚度中心的扭转振动，对结构受力极为不利，从而导致房屋角部的破坏(图 4-8-5)。为了避免这种不利情况的发生，除在建筑布置时就应注意房屋体型对称、刚度的对称和均匀分布外，必要时可采用抗震缝把这两部分各自分开，自成体系处理。

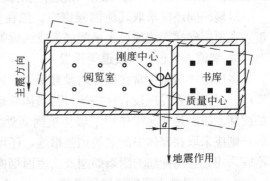

图 4-8-5　由于刚度中心与质量中心不重合而发生扭转

对于复杂体型的砌体建筑，在下列情况下宜设防震缝：

(1) 房屋立面高差在 6m 以上。地震震害调查表明，未设防震缝的不等高房屋，其连接部分的高差为一层时，就有不同程度的破坏，当高差增大时，破坏更加严重。但高差为一层的受损房屋中，多数为局部突出屋面的楼梯间、电梯间、水箱间，这些部位虽然破坏较普遍，但不影响下部结构的整体安全。所以对于这种震害，不要采用防震缝来解决，而是在结构抗震承载力验算时考虑其鞭端效应。在综合比较不设防震缝所节约的投资和房屋可能造成局部破坏后，抗震规范规定当房屋立面高差在 6m 以上(二层)时，才设防震缝。

(2) 房屋有错层，且楼板高差较大时。当楼板不在同一标高处时，其错层部位在地震中往往受到损坏，在错层处发生水平断裂。其破坏程度与楼板高差大小有关，高差越大，破坏越严重。根据实际震害经验，当房屋有错层且楼板高差较大时，宜采用防震缝将错层两侧分开。

(3) 房屋各部分结构刚度、质量截然不同时。当房屋各部分结构刚度、质量相差较大时,由于地震的动力反应不一致,以及房屋各连接部分变形突然变化而产生应力集中,造成连接部位的破坏。为此有必要采用防震缝将其分离成各自独立的单元,以避免和减少震害。由于这个问题比较复杂,影响因素较多,难以给出定量的表达,只能给以定性的描述,由设计人员根据具体情况掌握。

防震缝宽度的确定应考虑当发生垂直于防震缝方向的振动时,由于相邻两部分振动不谐调产生的碰撞,以及施工时可能落入的砂浆和块体的堵塞,并根据烈度和房屋高度的不同,采用50~100mm。对于避免基础不均匀沉降而设置的沉降缝和温度变化而设置的伸缩缝,由于此类缝宽度比防震缝小,为了避免地震时可能在变形缝处产生相互碰撞,地震区的沉降缝和伸缩缝的宽度,一律按防震缝的宽度要求设置。

4. 楼梯间的设置

楼梯间是地震时人员的疏散通道,应把震害控制在轻度破坏以内。楼梯间由于缺乏楼板作为墙体的横向支承,同时楼梯间的顶层高度为一层半楼高,整个楼梯间比较空旷而缺乏支承。房屋的端部和转角处是应力比较集中和对扭转比较敏感的区域,地震时易产生破坏。若将楼梯间布置在房屋的端部或转角处,对抗震将产生双重不利影响,加剧破坏程度。因此楼梯间不应设置在房屋的终端和转角处。

如果由于建筑功能要求,楼梯间必须设在第一开间或其他外墙转角处,则需采取局部加强措施。例如根据烈度的高低,在楼梯间的四角或仅在外墙转角处设钢筋混凝土构造柱等。

对楼梯间还应采取其他加强措施,如在楼梯间休息平台板标高处增设圈梁或配筋砖带,在顶层楼梯间墙增设水平配筋带或圈梁等。

5. 烟道、风道、垃圾道等设置

多层砌体房屋中常在墙体内设置烟道、风道、垃圾通道等,布置时必须注意不应削弱墙体。震害调查发现设有这些洞口的墙体总是最先破坏,且还会引起整体建筑一定程度上的损坏。原因是在地震作用下墙体被削弱处发生应力集中。若设计中无法避免墙体的削弱,则应采取在砌体中配筋的加强措施,还可以采用安装预制管道来代替墙中通道。同时不宜采用无竖向配筋的附墙烟囱及出屋面烟囱。

6. 钢筋混凝土预制挑檐的设置

震害调查表明,由砖砌女儿墙挑出的檐口,倒塌率很高,不应采用。由屋盖挑出的钢筋混凝土预制挑檐则需采用锚拉措施。

(Ⅱ)抗震承载力验算

4.8.6 多层砌体房屋抗震设计时,计算简图和重力荷载如何确定?

【解析】 1. 计算简图

计算多层砌体房屋地震作用时,应取一个结构单元作为计算单元,在计算单元中将各楼层的质量集中到楼、屋盖标高处。多层砌体房屋可视为嵌固于基础顶面的竖向悬臂梁,各质点的计算高度取楼(屋)盖到结构底部的距离(图4-8-6)。

计算简图中结构底部按下列规定取值:当基础埋置较浅时取为基础顶面;当基础埋置较深时,可取为室外地坪下0.5m处;当设有整体刚度很大的全地下室时,则取为地下室顶板顶部;当地下室整体刚度较小或为半地下室时,则应取为地下室室内地坪处。

2. 重力荷载

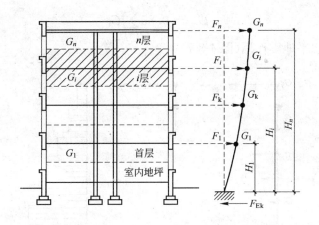

图 4-8-6 多层砌体房屋的计算简图

集中于楼、屋面的重力荷载代表值，应按表 4-8-6 的规定计算。

楼屋面的重力荷载 表 4-8-6

	重力荷载分项	组合值系数	
楼盖	楼盖自重	1.0	
	楼盖上下各半层墙体、门窗重	1.0	
	楼面可变荷载	按实际情况考虑	1.0
		按等效均布荷载考虑 藏书库、档案库	0.8
		按等效均布荷载考虑 其他情况	0.5
屋盖	屋面自重	1.0	
	突出屋面的屋顶间、女儿墙、烟囱等	1.0	
	顶层半层墙体、门窗重	1.0	
	屋面积灰、积雪荷载	0.5	
	屋面可变荷载	按实际情况考虑	0
		按等效均布荷载考虑	0

4.8.7 多层砌体房屋抗震设计时，水平地震作用和剪力如何计算？

【解析】 一般情况下，多层砌体房屋的抗震承载力的验算采用底部剪力法，仅考虑水平地震作用，沿房屋的横向和纵向分别进行验算。对于很不规则的房屋，可采用振型分解反应谱法进行验算。当采用底部剪力法时，水平地震作用和剪力可按下列规定计算：

1. 结构总水平地震作用标准值 F_{Ek}

多层砌体房屋的总水平地震作用标准值按下式计算：

$$F_{Ek} = \alpha_{max} G_{eq} \tag{4-8-1}$$

式中 F_{Ek}——结构总水平地震作用标准值；

α_{max}——水平地震影响系数最大值，6度、7度、8度和9度时，分别取 0.04、0.08、0.16 和 0.32；

G_{eq}——结构等效总重力荷载，对于多层房屋，按下式计算：

$$G_{eq} = 0.85 \sum_{i=1}^{n} G_i \tag{4-8-2}$$

2. 各楼层的水平地震作用(图 4-8-7)

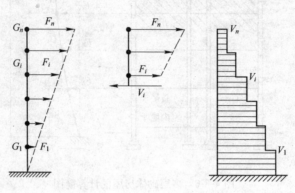

图 4-8-7 水平地震作用和剪力

各楼层的水平地震作用标准值按下式计算:

$$F_i = \frac{G_i H_i}{\sum_{j=1}^{n} G_j H_j} F_{Ek} \tag{4-8-3}$$

式中 F_i——第 i 楼层的水平地震作用标准值;
G_i、H_i——第 i 楼层的重力荷载代表值和计算高度。

3. 楼层水平地震剪力标准值

第 i 楼层的水平地震剪力标准值按下式计算:

$$V_i = \sum_{j=i}^{n} F_j \tag{4-8-4}$$

式中 V_i——第 i 楼层的水平地震剪力标准值。

由于突出屋顶的楼梯间、水箱间等小房屋以及女儿墙、烟囱等附属建筑的地震反应强烈,震害严重,验算上述部位构件的抗震承载力时,其水平地震作用效应应取式(4-8-3)计算值的 3 倍,但增大部分不应往下传递,即计算房屋下层层间地震剪力时不考虑地震作用增大部分的影响。

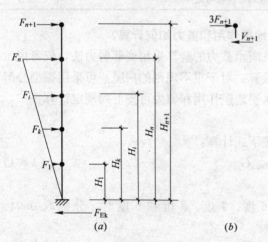

图 4-8-8 突出屋顶小屋的层间地震剪力计算简图

对于图 4-8-8 所示带突出屋顶小房屋的多层砖房,突出屋顶小房屋的层间地震剪力 V_{n+1} 为:

$$F_{n+1} = \frac{G_{n+1} H_{n+1}}{\sum_{k=1}^{n+1} G_k H_k} F_{Ek} \tag{4-8-5}$$

$$V_{n+1} = 3F_{n+1} \tag{4-8-6}$$

房屋下部任意 i 层层间地震剪力 V_i,仍按图 4-8-8(a)所示各层地震作用来计算:

$$V_i = \sum_{k=i}^{n} F_k + F_{n+1} \tag{4-8-7}$$

4. 楼层水平地震剪力标准值

墙体平面内的抗侧力等效刚度很大，而平面外的刚度很小，所以一个方向的楼层水平地震剪力主要由平行于地震作用方向的墙体来承担，而与地震作用相垂直的墙体，承担的楼层水平地震剪力很小。因此，横向楼层地震剪力全部由各横向墙体来承担，而纵向楼层地震剪力由各纵向墙体来承担。

(1) 横向地震剪力分配

1) 刚性楼盖

刚性楼盖是指现浇钢筋混凝土或装配整体式钢筋混凝土楼盖。在横向水平地震作用下，刚性楼盖在其水平面内产生的变形很小。若房屋楼层的刚度中心和质量中心相重合而不产生扭转，则楼盖仅发生整体相对水平移动，各横墙产生的层间位移相同。若将刚性楼盖视为刚性的水平连续梁，各抗侧力横墙可视为梁的弹性支座(图 4-8-9)。各道横墙承受的水平地震剪力，可按抗侧力构件的等效侧向刚度的比例进行分配：

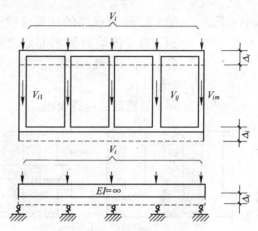

图 4-8-9 刚性楼盖房屋墙体剪力分配计算模型

$$V_{im} = \frac{K_{im}}{K_i} V_i \tag{4-8-8}$$

式中 V_{im}——第 i 层第 m 道横墙的水平地震剪力；

K_{im}——第 i 层第 m 道横墙的等效侧向刚度；

K_i——第 i 层横墙等效侧向刚度之和。

当楼层各横向抗侧力墙体高度相同、高宽比均小于 1，采用的砌体材料强度等级相同时，则可按各道墙体的水平截面面积比例分配：

$$V_{im} = \frac{A_{im}}{\sum_{k=1}^{n} A_{ik}} V_i \tag{4-8-9}$$

式中 A_{im}、A_{ik}——第 i 层 m、k 片墙体的水平截面面积。

2) 柔性楼盖

柔性楼盖是指木结构楼盖等。由于柔性楼盖的水平刚度很小，在横向水平地震作用下，各片横墙产生的位移，主要取决于邻近从属面积上楼盖重力荷载代表值所引起的地震作用。因而可近似地视整个楼盖为分段简支于各片横墙的多跨简支梁(图 4-8-10)，各片横墙可独立地变形。各道横墙所承担的地震剪力，可按该墙从属面积上重力荷载代表值的比例进行分配：

$$V_{im} = \frac{G_{im}}{G_i} V_i \tag{4-8-10}$$

式中 G_{im}——第 i 层 m 片横墙从属面积上重力荷载代表值;

G_i——第 i 层楼盖总重力荷载代表值。

当楼盖单位面积上的重力荷载代表值相等时,可按墙体从属荷载面积的比例进行分配:

$$V_{im} = \frac{F_{im}}{F_i} V_i \qquad (4-8-11)$$

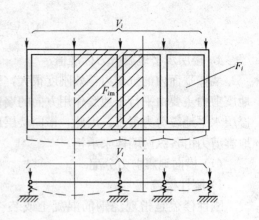

图 4-8-10 柔性楼盖房屋墙体剪力分配计算模型

式中 F_{im}——第 i 层 m 片横墙的从属荷载面积,等于该墙两侧相邻墙之间各一半建筑面积之和(图 4-8-11);

F_i——第 i 层楼盖的建筑面积。

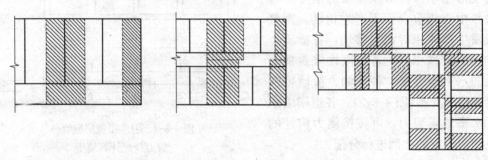

图 4-8-11 地震作用从属面积划分示意图

3) 中等刚度楼盖

装配式钢筋混凝土楼盖属于中等刚度楼盖。在横向水平地震力作用下,楼盖的变形状态将不同于刚性楼盖和柔性楼盖,在各片横墙间楼盖将产生一定的相对水平变形,各片横墙产生的位移将不相等。因而各片横墙所承担的地震剪力,不仅与横墙等效侧向刚度有关,而且与楼盖的水平变形有关。可以通过合理地选择楼盖的刚度参数按精确计算模型进行空间分析,从而得到各片横墙所承担的地震剪力。为了简化计算,对于中等刚度楼盖,各道横墙所承担的地震剪力,可取按刚性楼盖和柔性楼盖计算的平均值:

$$V_{im} = \frac{1}{2} \left(\frac{K_{im}}{K_i} + \frac{G_{im}}{G_i} \right) V_i \qquad (4-8-12)$$

(2) 纵向地震剪力分配

由于房屋的宽度小而长度大,无论何种类型楼盖,其纵向水平刚度都很大,可视为刚性楼盖。因此,对于柔性楼盖、中等刚度楼盖和刚性楼盖房屋,各片纵墙所承担的地震剪力均按式(4-8-7)计算。

5. 墙体水平地震剪力设计值

墙体水平地震剪力设计值,应按下式计算:

$$V = \gamma_{Eh} V_{im} \qquad (4-8-13)$$

式中 V——墙体水平地震剪力设计值;

γ_{Eh}——水平地震作用分项系数,取1.3。

4.8.8 如何计算墙体等效侧向刚度?

【解析】 墙体等效侧向刚度,根据墙体洞口情况按下列方法计算:

1. 无洞口墙体

确定层间等效侧向刚度时,可认为各层墙体或墙肢均为下端固定、上端嵌固的构件,其侧向变形包括层间弯曲变形和剪切变形。

墙肢在单位水平力作用下的弯曲变形和剪切变形(图4-8-12)可按下式计算:

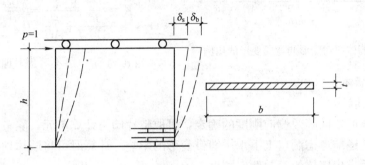

图4-8-12 墙肢的侧移柔度

$$\delta_b = \frac{h^3}{12EI} \quad (4\text{-}8\text{-}14)$$

$$\delta_s = \frac{\xi}{AG}h \quad (4\text{-}8\text{-}15)$$

式中 h——墙肢(或无洞墙片)的高度,对窗间墙取窗洞高;门间墙取门洞高;门窗之间墙取窗洞高;尽端墙取靠尽端的门洞或窗洞高;

A——墙肢(或无洞墙片)的水平截面面积,$A=bt$;

b、t——墙肢(或无洞墙片)的宽度和厚度;

I——墙肢(或无洞墙片)的水平惯性矩,$I=\frac{1}{12}bh^3$;

ξ——剪应变分布不均匀影响系数,对于矩形截面,取$\xi=1.2$;

E——砖砌体的弹性模量;

G——砖砌体的剪变模量,一般取$G=0.4E$。

墙肢的侧移柔度,即单位水平力作用下的总变形,可按下式计算:

$$\delta = \delta_b + \delta_s = \frac{h^3}{12EI} + \frac{\xi h}{AG} \quad (4\text{-}8\text{-}16)$$

墙体等效侧向刚度可按下式计算:

$$K = \frac{1}{\delta} \quad (4\text{-}8\text{-}17)$$

当墙体同时受到剪切变形(δ_s)和弯曲变形(δ_b)的影响时,两种变形所占的比例与墙体的高宽比($\rho=h/b$)有关(图4-8-13)。

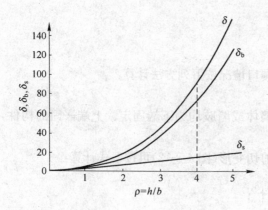

图 4-8-13 墙体剪切变形与弯曲变形的比例

由图 4-8-13 可见：

当 $\rho<1$ 时，弯曲变形在总变形中所占比例较小，可仅考虑剪切变形的影响：

$$K=\frac{AG}{\xi h}=\frac{Et}{3\rho} \quad (4\text{-}8\text{-}18)$$

当 $1\leqslant\rho\leqslant 4$ 时，应同时考虑剪切变形和弯曲变形的影响：

$$K=\frac{1}{\dfrac{h^3}{12EI}+\dfrac{\xi h}{AG}}=\frac{Et}{\rho^3+3\rho} \quad (4\text{-}8\text{-}19)$$

当 $\rho>4$ 时，可不考虑其刚度，取 $K=0$。

2. 有洞口墙体

（1）大洞口墙体

有洞口墙体的层间等效侧向刚度的确定，可取整片墙为计算单元，除考虑门窗间墙段的变形影响外，还应考虑洞口上下水平墙带变形的影响。计算时可将墙体划分为各个墙肢分别计算，然后求出墙体的等效侧向刚度。

当墙体仅有窗洞，且各洞口标高相同时（图 4-8-14），墙体的等效侧向刚度为：

$$\delta=\delta_1+\delta_2+\delta_3 \quad (4\text{-}8\text{-}20)$$

$$K=\frac{1}{\delta_1+\delta_2+\delta_3}=\frac{1}{\dfrac{1}{K_1}+\dfrac{1}{\Sigma K_2}+\dfrac{1}{K_3}} \quad (4\text{-}8\text{-}21)$$

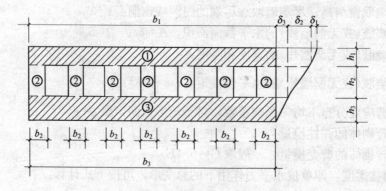

图 4-8-14 开有窗洞时的墙肢划分

当墙体有门窗洞口，且门窗顶标高相同、窗底面标高也相同时（图 4-8-15），墙肢 2 和 3 的侧移柔度为 δ_2、δ_3，相应的等效侧向刚度为 $\Sigma\dfrac{1}{\delta_2+\delta_3}$，墙肢 4 的侧移柔度为 δ_4，相应的等效侧向刚度为 $\dfrac{1}{\delta_4}$，墙肢 1 的侧移柔度为 δ_1，相应的等效侧向刚度为 $\dfrac{1}{\delta_1}$，根据各墙肢的并串联关系，可得到开洞墙体的等效侧向刚度为：

$$K=\cfrac{1}{\cfrac{1}{K_1}+\cfrac{1}{K_4+\cfrac{1}{\cfrac{1}{K_2}+\cfrac{1}{K_3}}}}$$

式中 K_1、K_2、K_3、K_4——分别为墙肢 1、2、3、4 的等效侧向刚度。

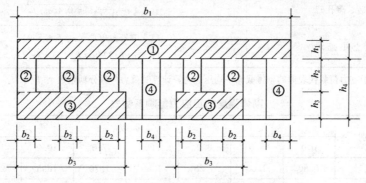

图 4-8-15 有门窗洞口时的墙肢划分

一般情况下,开洞墙体的等效侧向刚度可按下列原则计算:

水平向的墙肢可采用刚度叠加(并联体),即墙段的总刚度等于该墙段内各墙肢等效侧向刚度之和;

竖直向的墙肢可采用柔度叠加(串联体),即墙段的柔度等于各墙肢柔度之和。

(2) 小洞口墙体

小洞口的墙体,当按墙体毛截面计算等效侧向刚度时,可根据墙体开洞率乘以表 4-8-7 的洞口影响系数。

墙段洞口影响系数　　　　　　　　　　　表 4-8-7

开洞率	0.10	0.20	0.30
影响系数	0.98	0.94	0.88

注:开洞率为洞口面积与墙段毛面积之比;窗洞高度大于层高 50%时,按门洞对待。

4.8.9 多层砌体房屋墙体的截面抗震承载力如何验算?

【解析】 多层砌体房屋墙体的截面抗震承载力,可按下列方式进行验算:

1. 不利墙段的选择

多层砌体房屋抗震承载力验算时,不利墙段的选择可根据下列原则综合考虑:

(1) 竖向荷载从属面积较大的墙段;
(2) 承担地震作用较大的墙段;
(3) 竖向压应力较小的墙段;
(4) 截面面积较小的墙段。

2. 砌体的抗震抗剪强度设计值

各类砌体沿阶梯形截面破坏的抗震抗剪强度设计值,应按下式确定:

$$f_{vE}=\zeta_N f_v \tag{4-8-22}$$

式中 f_{vE}——砌体沿阶梯形截面破坏的抗震抗剪强度设计值;

f_v——非抗震设计的砌体抗剪强度设计值；

ζ_N——砌体抗震抗剪强度正应力影响系数。

各类砌体的正应力影响系数可按表 4-8-8 的公式计算或由表 4-8-9 确定。

砌体强度的正应力影响系数计算公式　　　表 4-8-8

砌 体 类 别	计 算 公 式
普通砖、多孔砖	$\zeta_N = \dfrac{1}{1.2}\sqrt{1+0.45\sigma_0/f_v}$
混凝土小砌块	$\zeta_N = \begin{cases} 1+0.25\sigma_0/f_v & (\sigma_0/f_v \leqslant 5.0) \\ 2.25+0.17(\sigma_0/f_v-5) & (\sigma_0/f_v > 5.0) \end{cases}$

注：σ_0 为对应于重力荷载代表值的砌体截面平均压应力，计算时重力荷载分项系数 γ_G 取 1.0。

砌体强度的正应力影响系数表　　　表 4-8-9

砌 体 类 别	σ_0/f_v							
	0.0	1.0	3.0	5.0	7.0	10.0	15.0	20.0
普通砖、多孔砖	0.80	1.00	1.28	1.50	1.70	1.95	2.32	
混凝土小砌块		1.25	1.75	2.25	2.60	3.10	3.95	4.80

3. 普通砖、多孔砖墙体的截面抗震承载力验算

(1) 一般情况下，应按下式验算：

$$V \leqslant f_{vE} A / \gamma_{RE} \tag{4-8-23}$$

式中　V——墙体剪力设计值；

　　　f_{vE}——砖砌体沿阶梯形截面破坏的抗震抗剪强度设计值；

　　　A——墙体横截面面积，多孔砖取毛截面面积；

　　　γ_{RE}——承载力抗震调整系数，对于两端均有构造柱、芯柱的抗震墙取 0.9，自承重墙取 0.75，其他抗震墙取 1.0。

(2) 当在墙体中部设置截面不小于 240mm×240mm 且间距不大于 4m 的构造柱时，可考虑对墙体受剪承载力的提高作用，墙体的截面抗震承载力可按下列简化方法验算：

$$V \leqslant \dfrac{1}{\gamma_{RE}}[\eta_c f_{vE}(A-A_c) + \zeta f_t A_c + 0.08 f_y A_s] \tag{4-8-24}$$

式中　A_c——中部构造柱的横截面总面积（对横墙和内纵墙：$A_c > 0.15A$ 时，取 $0.15A$；对外纵墙：$A_c > 0.25A$ 时，取 $0.25A$）；

　　　f_t——中部构造柱的混凝土轴心抗拉强度设计值；

　　　A_s——中部构造柱的纵向钢筋截面总面积（配筋率不应小于 0.6%，当大于 1.4% 时取 1.4%）；

　　　f_y——钢筋抗拉强度设计值；

　　　ζ——中部构造柱参与工作系数，居中设一根时取 0.5，多于一根时取 0.4；

　　　η_c——墙体约束修正系数，一般情况取 1.0，构造柱间距不大于 2.8m 时取 1.1。

4. 水平配筋墙体截面抗震受剪承载力验算

水平配筋普通砖、多孔砖墙体的截面抗震受剪承载力应按下式验算：

$$V \leqslant \dfrac{1}{\gamma_{RE}}(f_{vE} A + \zeta_s f_y A_s) \tag{4-8-25}$$

式中　　A——墙体横截面面积，多孔砖取毛截面面积；

f_y——钢筋抗拉强度设计值；

A_s——层间墙体竖向截面的钢筋总截面面积，其配筋率不应小于 0.07% 且不大于 0.17%；

ζ_s——钢筋参与工作系数，可按表 4-8-10 采用。

钢筋参与工作系数　　　　　　　　　　　　　　　表 4-8-10

墙体高宽比	0.4	0.6	0.8	1.0	1.2
ζ_s	0.10	0.12	0.14	0.15	0.12

5. 混凝土小砌块墙体的截面抗震受剪承载力验算

混凝土小砌块墙体的截面抗震受剪承载力，应按下式验算：

$$V \leqslant \frac{1}{\gamma_{RE}}[f_{vE}A+(0.3f_tA_c+0.05f_yA_s)\zeta_c] \tag{4-8-26}$$

式中　　f_t——芯柱混凝土轴心抗拉强度设计值；

A_c——芯柱截面总面积；

A_s——芯柱钢筋截面总面积；

ζ_c——芯柱参与工作系数，可按表 4-8-11 采用。

芯柱参与工作系数　　　　　　　　　　　　　　　表 4-8-11

填孔率 ρ	$\rho<0.15$	$0.15\leqslant\rho<0.25$	$0.25\leqslant\rho<0.5$	$\rho\geqslant 0.5$
ζ_c	0.0	1.0	1.10	1.15

注：填孔率指芯柱根数（含构造柱和填实孔洞数量）与孔洞总数之比。

当同时设置芯柱和构造柱时，构造柱截面可作为芯柱截面，构造柱钢筋可作为芯柱钢筋。

4.8.10　多层砌体房屋抗震承载力应按什么流程进行验算？

【解析】　多层砌体房屋抗震承载力验算流程见图 4-8-16。

（Ⅲ）抗 震 构 造 措 施

4.8.11　在多层砌体房屋中，如何设置构造柱？

【解析】　多层砌体房屋的构造柱，应符合下列要求：

1. 构造柱设置的部位

（1）构造柱设置的原则

1）构造柱的主要作用在于约束墙体，使开裂后不致破碎倒塌。因此，构造柱应当设置在墙体的端部和墙体的交接处。

2）构造柱最好是在所有墙体的端部和墙体的连接处都设置，但是考虑到我国目前的建设条件，可根据不同烈度、不同层数、不同部位按不同的要求设置构造柱。

3）外墙四角，错层部位的纵横墙交接处，以及较大洞口、大房间的内外墙交接处等，都是地震时的易损部位，因此对构造柱的设置要求较高。

（2）多层普通砖、多孔砖砌体房屋

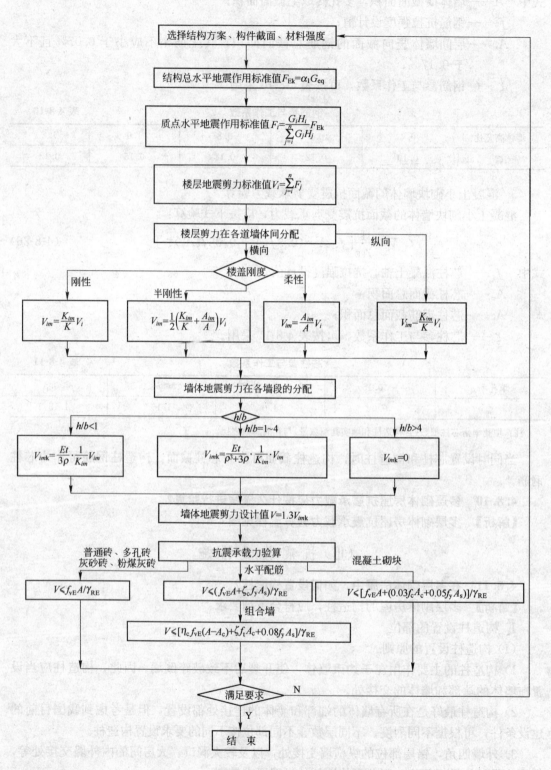

图 4-8-16 多层砌体房屋抗震计算框图

1) 一般情况下，房屋构造柱设置的部位，应符合表 4-8-12 的要求。

普通砖、多孔砖房构造柱设置要求 表 4-8-12

房 屋 层 数				设 置 部 位	
6度	7度	8度	9度		
四、五	三、四	二、三	—	外墙四角，错层部位横墙与外纵墙交接处，大房间内外墙交接处，较大洞口两侧	7、8度时，楼、电梯间的四角；隔15m或单元横墙与外纵墙交接处
六、七	五	四	三		隔开间横墙(轴线)与外墙交接处，山墙与内纵墙交接处；7～9度时，楼、电梯间的四角
八	六、七	五、六	三、四		内墙(轴线)与外墙交接处，内墙的局部较小墙垛处；7～9度时，楼、电梯间的四角；9度时内纵墙与横墙(轴线)交接处

2) 外廊式和单面走廊式的多层房层，应根据房屋增加一层后的层数，按表 4-8-12 的要求设置构造柱，且单面走廊两侧的纵墙均应按外墙处理。

3) 教学楼、医院等横墙较少的房屋，应根据房屋增加一层后的层数，按表 4-8-12 的要求设置构造柱；当教学楼、医院等横墙较少的房屋为外廊式或单面走廊式时，应按 2) 款要求设置构造柱，但 6 度不超过四层、7 度不超过三层和 8 度不超过二层时，应按增加二层后的层数对待。

4) 当房屋的高度和层数接近表 4-8-1 的限值时，纵横墙内构造柱间距高应符合下列要求：

① 横墙内的构造柱间距不宜大于层高的 2 倍，下部 1/3 楼层的构造柱间距适当减小；

② 当外纵墙开间大于 3.9m 时，应另设加强措施。内纵墙的构造柱间距不宜大于 4.2m。

(3) 蒸压灰砂砖、粉煤灰砖砌体房屋

房屋构造柱设置的部位，应符合表 4-8-13 的要求。

蒸压灰砂砖、蒸压粉煤灰砖房屋构造柱设置要求 表 4-8-13

房 屋 层 数			设 置 部 位
6度	7度	8度	
四～五	三～四	二～三	外墙四角、楼(电)梯间四角，较大洞口两侧、大房间内外墙交接处
六	五	四	外墙四角、楼(电)梯间四角，较大洞口两侧、大房间内外墙交接处，山墙与内纵墙交接处，隔开间横墙(轴线)与外纵墙交接处
七	六	五	外墙四角、楼(电)梯间四角，较大洞口两侧、大房间内外墙交接处，各内墙(轴线)与外墙交接处；8度时，内纵墙与横墙(轴线)交接处
八	七	六	较大洞口两侧，所有纵横墙交接处，且构造柱间距不宜大于 4.8m

注：房屋的层高不宜超过 3m。

(4) 混凝土砌块砌体房屋

当混凝土砌块砌体房屋采用构造柱代替芯柱时，构造柱设置的部位应符合芯柱设置部位的要求，且与构造柱相邻的砌体孔洞，6 度时宜填实，7 度时应填实，8 度时应填实并插筋。

2. 构造柱的截面与配筋

(1) 多层砖砌体房屋

1) 普通砖、多孔砖、蒸压灰砂砖、蒸压粉煤灰砖多层砌体房屋，其截面和配筋应符合表 4-8-14 的要求。

构造柱的截面与配筋　　　　　表 4-8-14

内　　容			要　　求	注
混凝土强度等级			不低于 C20	
最小截面尺寸			240mm×180mm	房屋四角处适当加大
纵向钢筋	6度、7度不超过六层、8度不超过五层		4φ12	房屋四角处适当加大
	7度七层、8度六层、9度		4φ14	
箍筋	间距	6度、7度不超过六层、8度不超过五层	不大于 250mm	柱上下端宜适当加密
		7度七层、8度六层、9度	不大于 200mm	
	直　　径		φ4～φ6	

2) 构造柱应沿房屋全高设置，沿高度方向可以变化截面和配筋，但构造柱沿高度方向不应中断。

3) 构造柱的竖向钢筋末端应做成弯钩，接头可以采用绑扎，其搭接长度宜为 35 倍钢筋直径，在搭接接头长度范围内的箍筋间距不应大于 100mm，钢筋的搭接接头宜错开。

(2) 混凝土砌块砌体房屋

混凝土砌块砌体房屋构造柱最小截面可采用 190mm×190mm，纵向钢筋宜采用 4φ12，箍筋间距不宜大于 250mm，且在柱上下端宜适当加密；7 度超过五层、8 度超过四层和 9 度时，构造柱纵向钢筋宜采用 4φ14，箍筋间距不应大于 200mm；外墙转角的构造柱可适当加大截面及配筋。

3. 构造柱的连接

(1) 构造柱与墙体的连接

震害调查表明：断面不大、配筋不多的构造柱，之所以能够发挥抗弯和抗剪作用，主要是因为构造柱与墙体之间有密切的连接，保证构造柱早期能与墙体共同工作，后期能阻止墙体的散落。保证墙柱的连接是设置构造柱效果好坏的关键，因此必须先砌墙后浇注。

构造柱与墙的连接处宜砌成马牙槎，每一马牙槎高度不宜超过 300mm，并应沿墙高每隔 500mm 设 2φ6 拉结钢筋，每边伸入墙内不宜小于 1m。

(2) 构造柱与圈梁的连接

1) 构造柱应与圈梁连接；隔层设置圈梁的房屋，应在无圈梁的楼层增设配筋砖带，仅在外墙四角设置构造柱时，在外墙上应伸过一个开间，其他情况应在外纵墙和相应横墙上拉通，其截面高度不应小于四皮砖，砂浆强度等级不应低于 M5。

2) 在构造柱与圈梁相交的节点处，应适当加密构造柱的箍筋，加密范围在圈梁上、下均不应小于 450mm 或 $H/6$（H 为层高），箍筋间距不宜大于 100mm。

3) 圈梁钢筋应伸入构造柱内，并有可靠锚固。伸入顶层圈梁的构造柱钢筋长度不应小于 $35d$。

(3) 构造柱与进深梁的连接

1) 当构造柱设置在无横墙的进深梁墙垛时，应将构造柱与进深梁连接。

2) 与构造柱连接的进深梁跨度宜小于 6.6m。对截面高度大于 300mm 的进深梁，在梁端各 1.5 倍进深梁截面高度范围内宜加密箍筋。梁端进行局部抗压计算时，宜按砌体抗压强度考虑。当进深梁跨度大于 6.6m 时，应考虑构造柱处节点约束弯矩对墙体的不利影响。

3) 当预制进深梁的宽度大于构造柱的宽度时，构造柱的纵向钢筋可弯曲绕过进深梁，伸入上柱与上柱钢筋搭接。

(4) 构造柱与女儿墙的连接

当女儿墙较矮时，构造柱可不通到女儿墙顶；当女儿墙高度大于 500mm 时，下层构造柱必须通到女儿墙顶，并与女儿墙压顶圈梁相连接。

(5) 构造柱与基础的连接

1) 构造柱不需单独设置基础或扩大基础面积；

2) 构造柱应伸入室外地面以下 500mm；

3) 构造柱底遇有浅于 500mm 的基础圈梁时，可将构造柱钢筋锚固在该圈梁内；

4) 当墙体附近有管沟时，构造柱埋置深度宜深于沟底深度；

5) 带半地下室房屋设置构造柱的埋置深度应深于半地下室地面。

4．特殊情况下构造柱的设置

(1) 大洞口两侧的构造柱

墙体中有较大洞口的两侧增设构造柱时，构造柱应与墙体连接，构造柱的上下端应锚固在圈梁上，钢筋的锚固长度不小于 $20d$。当洞口有现浇过梁时，过梁钢筋应与洞口侧边构造柱钢筋相连，当洞口有预制过梁，预制过梁伸入洞口两侧构造柱内时，构造柱的主筋不应被切断。

(2) 斜交抗震墙交接处的构造柱

斜交抗震墙交接处应增设构造柱，构造柱有效截面面积不小于 240mm×180mm，在斜交抗震墙段内设置的构造柱间距不宜大于抗震墙层间高度。

(3) 楼梯间墙体构造柱

楼梯间墙体的构造柱应与每层圈梁有可靠连接，在休息平台标高处墙体宜配置水平钢筋与构造柱相连。

楼梯间顶层楼板标高处和屋面标高处应有封闭圈梁与构造柱相连接。8、9 度时，应在层高中部增设拉结钢筋或拉结圈梁。

(4) 纵墙中无横墙处的构造柱

对于纵墙承重的多层砌体房屋，当需要在无横墙处的纵墙中设置构造柱时，应在楼板处预留相应构造柱宽度的板缝，并与构造柱混凝土同时浇灌，做成现浇混凝土带。现浇混凝土带的纵向钢筋不少于 4φ12，箍筋间距不宜大于 200mm。

当横墙间距较大，楼盖通过进深梁支承在纵墙上时，纵墙上的梁下构造柱应按组合砖柱设计。

(5) 局部尺寸不满足要求时的构造柱

当房屋的局部尺寸难以满足规范要求时，可增设构造柱来满足要求；当该部位已设置构造柱时，构造柱的截面和配筋可适当增大。

4.8.12 在多层砌体房屋中，如何设置钢筋混凝土圈梁？

【解析】 多层砌体房屋的圈梁，应符合下列要求：

1. 圈梁的分类

根据圈梁和楼盖的相对位置关系，圈梁可分为三种类型：

(1) 板侧圈梁(图 4-8-17a)：圈梁设在楼板的侧边，由于圈梁与楼盖在同一平面内工作，房屋的整体性强、抗震效果好，且施工方便。

(2) 板底圈梁(图 4-8-17b)：圈梁设在楼板的底部，其构造的适应性强，可用于各种墙厚和各种预制楼盖，这是一种传统的做法。但与预制楼板搁置方向相同外墙上的圈梁，不能与预制板相连接，这对抗震是不利的。

(3) 高低圈梁(图 4-8-17c)：内墙上的圈梁设在板底，外墙上的圈梁设在板侧，是板侧圈梁与板底圈梁的结合。施工时，先浇筑内墙上的圈梁，然后安放楼板，再浇筑外墙上的圈梁并与楼板拉结。这种圈梁在内外墙交接处叠合，不在同一水平面上连接，传力不直接。

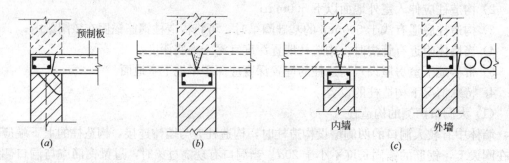

图 4-8-17 圈梁与预制板的位置
(a)板侧圈梁；(b)板底圈梁；(c)高低圈梁

2. 圈梁设置的要求

(1) 多层砖砌体房屋

1) 装配式钢筋混凝土楼、屋盖或木楼、屋盖的砖房，横墙承重时应按表 4-8-15 的要求设置圈梁；纵墙承重时每层均应设置圈梁，且抗震横墙上的圈梁间距应比表内要求适当加密。

砖房现浇钢筋混凝土圈梁设置要求　　　　　表 4-8-15

墙　类	烈　度		
	6、7	8	9
外墙和内纵墙	屋盖处及每层楼盖处	屋盖处及每层楼盖处	屋盖处及每层楼盖处
内　横　墙	同上；屋盖处间距不应大于7m；楼盖处间距不应大于15m；构造柱对应部位	同上；屋盖处沿所有横墙，且间距不应大于7m；楼盖处间距不应大于7m；构造柱对应部位	同上；各层所有横墙

注：对于蒸压灰砂砖、蒸压粉煤灰砖砌体房屋，当6度8层、7度7层和8度6层时，应在所有楼(屋)盖处的纵横墙上设置混凝土圈梁。

2) 现浇或装配整体式钢筋混凝土楼、屋盖与墙体有可靠连接的房屋，应允许不另设圈梁，但楼板沿墙体周边应加强配筋并应与相应的构造柱钢筋可靠连接。

3) 对于软土地基、液化地基、新近填土地基和严重不均匀地基上的多层砖房，应增设基础圈梁。

(2) 多层混凝土砌块砌体房屋

混凝土砌块砌体房屋的现浇钢筋混凝土圈梁，应按表 4-8-16 的要求设置。

混凝土砌块房屋现浇钢筋混凝土圈梁设置要求　　　　表 4-8-16

墙 类	烈 度	
	6、7	8
外墙和内纵墙	屋盖处及每层楼盖处	屋盖处及每层楼盖处
内 横 墙	同上；屋盖处沿所有横墙；楼盖处间距不应大于7m；构造柱对应部位	同上；各层所有横墙

3. 圈梁的构造要求

（1）圈梁的截面和配筋

1）多层砖砌体房屋圈梁的截面高度不应小于 120mm，配筋应符合表 4-8-17 的要求。

砖房圈梁配筋要求　　　　表 4-8-17

配 筋	烈 度		
	6、7	8	9
最小纵筋	4φ10	4φ12	4φ14
最大箍筋间距(mm)	250	200	150

2）蒸压灰砂砖、蒸压粉煤灰砖多层砌体房屋，当6度8层、7度7层和8度6层时，圈梁的截面尺寸不应小于 240mm×180mm，圈梁主筋不应少于 4φ12，箍筋采用 φ6，间距不应大于 200mm。

3）混凝土砌块房屋的圈梁宽度不应小于 190mm，配筋不应少于 4φ12，箍筋采用 φ6，间距不应大于 200mm。

4）地基为软弱黏性土、液化土、新近填土或严重不均匀土时，增设的基础圈梁截面高度不应小于 180mm，配筋不应少于 4φ12。

（2）对于大开间房屋，当在要求设置圈梁的范围内无横墙时，应利用梁或板缝中的配筋替代圈梁。

（3）圈梁应闭合，遇有洞口时应上下搭接。

4.8.13　在多层砌体房屋中，对墙体间的拉结有什么要求？

【解析】　多层砌体房屋墙体间的拉结，应符合下列要求：

加强纵横墙体之间的拉结，是保证多层砌体房屋整体刚度的重要措施之一。如果内外墙或纵横墙之间缺乏可靠连接，地震时易使墙体拉开，外墙甩出塌落。在水平地震作用下，当一侧墙体首先倒塌时，则与之相连的另一侧墙体由于失去侧向支承，更易倒塌。因此对于墙体除了满足承载力要求外，墙体间的连接构造应予以足够的重视。

1. 纵横墙交接处应同时咬槎砌筑，否则应留坡槎，不应留直槎或马牙槎。

2. 房屋沿纵、横方向都受到地震作用，房屋转角处墙面常出现斜向裂缝，如地震烈度较高或持续时间较长时，墙角的墙体会因往复错动而被推挤引起倒塌，设置圈梁及加强楼盖与墙体拉结等措施并不能有效地抑制上述斜裂缝的产生。在内外交接处，仅仅依靠块体咬槎砌筑也不可靠，地震时常出现内外墙体被拉开，严重时外墙被甩出塌落。因此，抗震规范规定：7度时长度大于 7.2m 的大房间，及 8 度和 9 度时，外墙转角及内外墙交接处,应沿墙高每隔500mm配置2ϕ6拉结钢筋,并每边伸入墙内不宜小于1m。

3. 房屋中后砌的非承重隔墙与承重墙的连接常常被忽视。非承重隔墙厚度一般较薄,若与承重墙之间没有可靠的连接,地震破坏相当普遍且很严重。因此,后砌的非承重砌体隔墙应沿墙高每隔500mm配置2ϕ6钢筋与承重墙或柱拉结,并每边伸入墙内不应小于500mm;8度和9度时长度大于5.0m的后砌非承重砌体隔墙的墙顶尚应与楼板或梁拉结。

4.8.14　在多层砌体房屋中,对楼、屋盖有什么要求?

【解析】　多层砌体房屋的楼、屋盖,应符合下列要求:

1. 为了防止楼板在墙体内搁置长度不足,导致地震时楼板与墙体拉开,甚至楼板塌落,现浇钢筋混凝土楼板或屋面板伸进纵、横墙内的长度,均不应小于120mm。

2. 装配式钢筋混凝土楼板或屋面板,当圈梁未设在板的同一标高时,板端伸进外墙的长度不应小于120mm,伸进内墙的长度不应小于100mm,在梁上不应小于80mm,这是根据震害调查并考虑到实际墙体的厚度确定的。当上述要求不能满足时,应采取在板缝中铺设钢筋并锚入外墙内等措施,增强楼板与外墙的拉结。

3. 当板的跨度大于4.8m并与外墙平行时,靠外墙的预制板侧边应与墙或圈梁拉结。房屋端部大房间的楼盖,8度时房屋的屋盖和9度时房屋的楼、屋盖,当圈梁设在板底时,钢筋混凝土预制板应相互拉结,并应与梁、墙或圈梁拉结。

4. 楼、屋盖的钢筋混凝土梁或屋架应与墙、柱(包括构造柱)或圈梁可靠连接,梁与砖柱的连接不应削弱柱截面,各层独立砖柱顶部应在两个方向均有可靠连接。

5. 坡屋顶房屋的屋架应与顶层圈梁可靠连接,檩条或屋面板应与墙及屋架可靠连接,房屋出入口处的檐口瓦应与屋面构件锚固;8度和9度时,顶层内纵墙顶宜增砌支承山墙的踏步式墙垛。

4.8.15　多层砌体房屋中,楼梯间的构造有什么要求?

【解析】　多层砌体房屋的楼梯间,应符合下列要求:

1. 8度和9度时,顶层楼梯间横墙和外墙应沿墙高每隔500mm设2ϕ6通长钢筋;9度时其他各层楼梯间墙体应在休息平台或楼层半高处设置60mm厚的钢筋混凝土带或配筋砖带,其砂浆强度等级不应低于M7.5,纵向钢筋不应少于2ϕ10。

2. 8度和9度时,楼梯间及门厅内墙阳角处的大梁支承长度不应小于500mm,并应与圈梁连接。

3. 装配式楼梯段应与平台板的梁可靠连接;不应采用墙中悬挑式踏步或踏步竖肋插入墙体的楼梯,不应采用无筋砖砌栏板。

4. 突出屋顶的楼、电梯间,构造柱应伸到顶部,并与顶部圈梁连接,内外墙交接处应沿墙高每隔500mm设2ϕ6拉结钢筋,且每边伸入墙内不应小于1m。

4.8.16　多层砌体房屋中的水平配筋有什么要求?

【解析】　多层砌体房屋中的水平钢筋,应符合下列要求:

1. 水平配筋墙体砂浆的强度等级不宜低于M5。

2. 水平钢筋可采用HPB235级热轧钢筋、冷拔低碳钢丝等。水平钢筋配筋率宜为0.07%～0.17%,钢筋直径不宜大于6mm;水平钢筋的根数,当墙厚为240mm时不宜超过3根,当墙厚为370mm时不宜超过4根;水平钢筋沿高度分布应按计算确定,其间距不宜超过五皮砖。

3. 当水平钢筋不少于2根时，宜采用分布钢筋平焊连接，分布钢筋直径不宜大于4mm，间距不宜大于300mm。当水平钢筋和分布钢筋组成的钢筋网符合《砌体结构设计规范》中网状配筋砌体的要求时，可同时考虑对砌体抗压强度和抗剪强度的提高作用。

4. 钢筋两端应制成直钩，墙段两端设置构造柱时，横向钢筋应伸入构造柱内，伸入长度不少于180mm；无构造柱墙段的横向钢筋应伸入与其相交的墙体内，伸入长度不少于300mm。

4.8.17 多层砌体房屋基础的构造有什么要求？

【解析】 多层砌体房屋的基础，应符合下列要求：

1. 房屋的同一独立单元中，宜采用同一类型的基础，底面宜埋置在同一标高上，否则应增设基础圈梁并按1：2的台阶逐步放坡。

2. 坡积土、冲填土、高压缩性黄土、饱和松软的黏性土、砂土、粉土及杂填土等作为天然地基时，除采取措施消除地基不均匀沉陷因素外，尚应在外墙及所有承重墙下设置基础圈梁，以增强抵抗不均匀沉陷的能力和加强房屋的整体性。

4.8.18 对于横墙较少的多层砌体房屋，应采取哪些加强措施？

【解析】 横墙较少的多层普通砖、多孔砖住宅楼的总高度和层数接近或达到表4-8-1规定的限值，应采取下列加强措施：

1. 房屋的最大开间尺寸不宜大于6.6m。

2. 同一结构单元内横墙错位数量不宜超过横墙总数的1/3，且连续错位不宜多于两道；错位的墙体交接处均应增设构造柱，且楼、屋面板应采用现浇钢筋混凝土板。

3. 横墙和内纵墙上洞口的宽度不宜大于1.5m；外纵墙上洞口的宽度不宜大于2.1m或开间尺寸的一半；且内外墙上洞口位置不应影响内外纵墙与横墙的整体连接。

4. 所有纵横墙均应在楼、屋盖标高处设置加强的现浇钢筋混凝土圈梁：圈梁的截面高度不宜小于150mm，上下纵筋各不应少于3φ10，箍筋不小于φ6，间距不大于300mm。

5. 所有纵横墙交接处及横墙的中部，均应增设满足下列要求的构造柱：在横墙内的柱距不宜大于层高，在纵墙内的柱距不宜大于4.2m，最小截面尺寸不宜小于240mm×240mm，配筋宜符合表4-8-18的要求。

增设构造柱的纵筋和箍筋设置要求 表4-8-18

位置	纵向钢筋			箍筋		
	最大配筋率(%)	最小配筋率(%)	最小直径(mm)	加密区范围(mm)	加密区间距(mm)	最小直径(mm)
角柱	1.8	0.8	14	全高	100	6
边柱			14	上端700		
中柱	1.4	0.6	12	下端500		

6. 同一结构单元的楼、屋面板应设置在同一标高处。

7. 房屋底层和顶层的窗台标高处，宜设置沿纵横墙通长的水平现浇钢筋混凝土带；其截面高度不小于60mm，宽度不小于240mm，纵向钢筋不少于3φ6。

4.8.19 多层砌块房屋芯柱的设置有什么要求？

【解析】 设置钢筋混凝土芯柱，是保证砌块房屋墙体的可靠连接、提高房屋整体性、改善砌体受力状态的有效措施，同时设置芯柱也是提高墙体抗剪承载力和变形能力的重要手段。

1. 芯柱设置的部位和数量

芯柱的设置应符合表 4-8-19 的要求（图 4-8-18）。

混凝土砌块房屋芯柱设置要求   表 4-8-19

房屋层数			设置部位	设置数量
6度	7度	8度		
四、五	三、四	二、三	外墙转角，楼梯间四角；大房间内外墙交接处；隔15m或单元横墙与外纵墙交接处	外墙转角，灌实3个孔；内外墙交接处，灌实4个孔
六	五	四	外墙转角，楼梯间四角；大房间内外墙交接处，山墙与内纵墙交接处，隔开间横墙(轴线)与外纵墙交接处	
七	六	五	外墙转角，楼梯间四角；各内墙(轴线)与外纵墙交接处；8、9度时，内纵墙与横墙(轴线)交接处和洞口两侧	外墙转角，灌实5个孔；内外墙交接处，灌实4个孔，内墙交接处，灌实4～5个孔；洞口两侧各灌实1个孔
	七	六	同上；横墙内芯柱间距不宜大于2m	外墙转角，灌实7个孔；内外墙交接处，灌实5个孔，内墙交接处，灌实4～5个孔；洞口两侧各灌实1个孔

注：1. 外墙转角、内外墙交接处、楼电梯间四角等部位，应允许采用钢筋混凝土构造柱替代部分芯柱；
2. 医院、教学楼等横墙较少的房屋，应根据房屋增加一层后的层数设置。

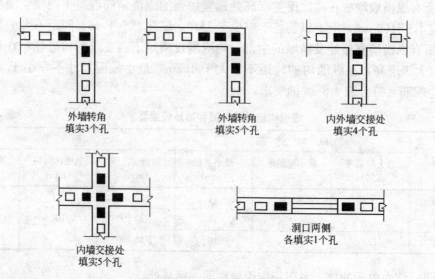

图 4-8-18 芯柱示意图

2. 多层砌块房屋的芯柱，应符合下列构造要求：

(1) 砌块房屋芯柱截面不宜小于 120mm×120mm。

(2) 芯柱混凝土强度等级，不应低于 C20。

(3) 芯柱的竖向插筋应贯通墙身且与圈梁连接；插筋不应小于 1φ12，7 度时超过五层、8 度时超过四层和 9 度时，插筋不应小于 1φ14。

(4) 芯柱应伸入室外地面下 500mm 或与埋深小于 500mm 的基础圈梁相连。

(5) 为提高墙体抗震受剪承载力而设置的芯柱，宜在墙体内均匀布置，最大净距不宜大于 2.0m。

3. 混凝土砌块房屋中，当采用钢筋混凝土构造柱代替芯柱时，构造柱应符合下列要求：

(1) 构造柱最小截面可采用 190mm×190mm，纵向钢筋宜采用 4φ12，箍筋间距不宜大于 250mm，且在柱上下端宜适当加密；7 度超过五层、8 度超过四层和 9 度时，构造柱纵向钢筋宜采用 4φ14，箍筋间距不应大于 200mm，处墙转角的构造柱可适当加大截面及配筋。

(2) 构造柱与砌块墙连接处应砌成马牙槎，与构造柱相邻的砌块孔洞，6 度时宜填实，7 度时应填实，8 度时应填实并插筋，沿墙高每隔 600mm 应设拉结钢筋网片，每边伸入墙内不宜小于 1m。

(3) 构造柱与圈梁连接处，构造柱的纵筋应穿过圈梁，保证构造柱纵筋上下贯通。

(4) 构造柱可不单独设置基础，但应伸入室外地面下 500mm 或与埋深小于 500mm 的基础圈梁相连。

4. 混凝土砌块房屋墙体交接处或芯柱与墙体连接处应设置拉结钢筋网片，网片可采用直径 4mm 的钢筋点焊而成，沿墙高每隔 600mm 设置，每边伸入墙内不宜小于 1m。

第二节　底部框架-抗震墙房屋

（Ⅰ）抗震设计的基本要求

4.8.20　底部框架-抗震墙房屋的总高度和层数有什么限制？

【解析】底部框架-抗震墙房屋的总高度和层数应符合表 4-8-20 的要求。

房屋的总高度和层数限值　　　　　　　　表 4-8-20

房屋类别	最小墙厚 (mm)	烈　度					
		6		7		8	
		高度	层数	高度	层数	高度	层数
底部框架-抗震墙	240	22	7	22	7	19	6

注：1. 房屋的总高度指室外地面到主要屋面板板顶或檐口的高度，半地下室从地下室室内地面算起；全地下室和嵌固条件好的半地下室应允许从室外地面算起；对带阁楼的坡屋面应算到山尖墙 1/2 高度处。

2. 室内外高差大于 0.6m 时，房屋的总高度应允许比表中数据适当增加，但不应多于 1m。

4.8.21　底部框架-抗震墙房屋最大高宽比和抗震横墙的最大间距有什么限制？

【解析】1. 底部框架-抗震墙房屋最大高宽比与多层砌体房屋相同。

2. 底部框架-抗震墙房屋上部各层横墙间距的要求与多层砌体房屋相同，由于上面几层的地震作用要通过底层或第二层的楼盖传至底部框架-抗震墙部分，楼盖产生的水平变形比一般框架-剪力墙房屋分层传递地震作用时楼盖的水平变形大。因此，在相同变形限制条件下，底部框架-抗震墙房屋底部抗震墙的间距要比框架-抗震墙房屋小。抗震横墙的最大间距见表4-8-21。

底部框架-抗震墙房屋抗震横墙最大间距(m)　　　　表4-8-21

房屋类别		烈　度		
		6	7	8
上部多层砌块	现浇或装配整体式钢筋混凝土楼、屋盖	18	18	15
	装配式钢筋混凝土楼、屋盖	15	15	11
	木楼、屋盖	11	11	7
底层或底部两层		21	18	15

4.8.22　底部框架-抗震墙房屋侧向刚度比如何控制？

【解析】　各层侧向刚度均匀的房屋，在水平地震作用下，弹塑性层间位移也比较均匀，房屋具有较强的整体抗震能力。如果底层的侧向刚度比上部几层小得多，地震时房屋的弹塑性层间位移就会集中在底层，随着第二层与底层侧向刚度比的增大，突出表现在底层弹塑性位移的增大，而且对层间剪力的分布、薄弱楼层的位置和弹塑性变形集中都有很大的影响。如果房屋底层的抗震墙设置过多，也会由于底层过强使房屋的薄弱层转移到上部砌体结构部分，对房屋同样带来不利影响。

为了避免底部框架-抗震墙房屋由于上部与底部侧向刚度的差异对抗震的不利影响，必须在底部框架间合理地设置一定数量的钢筋混凝土或砌体抗震墙，使底部的侧向刚度尽可能与上部各层的层间侧向刚度接近。

因此，对于底层框架-抗震墙房屋的纵横两个方向，第二层与底层侧向刚度的比值，6、7度时不应大于2.5，8度时不应大于2.0，且均不应小于1.0。对于底部两层框架-抗震墙房屋，底层与底部第二层的侧向刚度应接近，一般情况下底部第一层与第二层侧向刚度的比值不应小于0.7；第三层与第二层侧向刚度的比值，6、7度时不应大于2.0，8度时不应大于1.5，且均不应小于1.0。

4.8.23　底部框架-抗震墙房屋的结构布置有什么要求？

【解析】　底部框架-抗震墙房屋的结构布置，应符合下列要求：

1. 房屋底部抗震墙布置

房屋的底部应沿纵横两方向设置一定数量的抗震墙，抗震墙应均匀对称布置或基本均匀对称布置(图4-8-19)。底层抗震墙的布置除了考虑底层的均匀对称外，还需考虑上部几层的质量中心位置，使房屋底部纵向和横向的刚度中心尽可能与整个房屋的质量中心相重

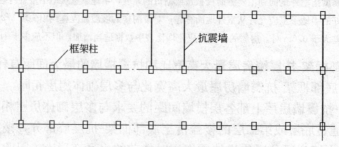

图4-8-19　底层抗震墙的布置方案

合。抗震墙之间宜保持一定的距离，最好布置在外围或靠近外墙处，纵横向抗震墙宜连为一体，组成L形、T形、Ⅱ形等。

2. 底部框架-抗震墙与上部砌体墙的关系（图4-8-20）

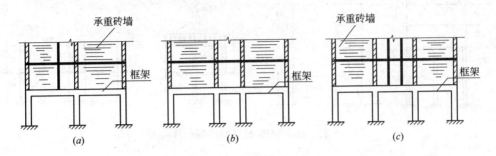

图4-8-20 柱网布置方案
(a)住宅；(b)办公楼；(c)旅馆

底部框架-抗震墙房屋，底部开间较大，上部开间较小，墙体的布置有一定的差别，因而底部框架的柱网也不相同。因为上部的地震作用通过各道承重砌体墙传递至底部，一般情况下，除底部有特殊的使用要求对柱子的布置有所限制外，各道纵横向承重砌体墙下应改钢筋混凝土框架或框架-抗震墙。

3. 上部砌体房屋纵横墙的布置

上部砌体房屋的纵横墙布置宜均匀对称，沿平面宜对齐，沿竖向应上下连续；同一轴线上的窗间墙宜均匀。内纵墙宜贯通，对纵墙应严格控制开洞率，6度和7度区开洞率不易大于55%，8度区不宜大于50%。

4. 适当提高过渡楼层的抗震能力

底部框架-抗震墙房屋的过渡楼层受力比较复杂，一旦过渡楼层的墙体开裂，其破坏状态要比底部更为严重。因此，设计时应提高过渡楼层的抗震能力。

5. 底部框架-抗震墙的选择

底部两层框架-抗震墙房屋和8、9度时的底层框架-抗震墙房屋，底部应采用带边框的钢筋混凝土抗震墙。6度和7度且总层数不超过五层时，可采用嵌砌于框架之间的砌体墙，其余情况下宜采用钢筋混凝土抗震墙。

4.8.24 底部框架-抗震墙房屋中，底部框架和抗震墙的抗震等级如何确定？

【解析】 底部框架和钢筋混凝土抗震墙的抗震等级与钢筋混凝土房屋的抗震等级要求相同，应从内力调整和抗震构造措施两方面体现不同抗震等级的要求。底部框架和抗震墙的抗震等级见表4-8-22。

底部框架和混凝土抗震墙的抗震等级　　　　表4-8-22

烈　　度	6	7	8
抗震等级	三	二	一

（Ⅱ）抗震承载力验算

4.8.25 底部框架-抗震墙房屋抗震设计时，计算简图如何确定？

【解析】 底部框架-抗震墙房屋抗震设计时的计算简图见图4-8-21。

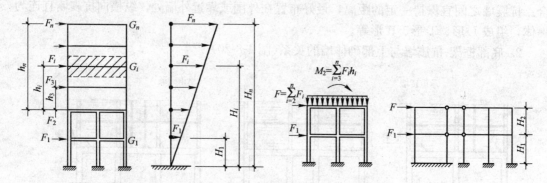

图 4-8-21 底部框架-抗震墙房屋计算简图

4.8.26 底部框架-抗震墙房屋抗震设计时，水平地震作用和剪力如何计算？

【解析】底部框架-抗震墙房屋抗震计算采用底部剪力法时，可按下列规定计算：

1. 水平地震作用的计算

结构总水平地震作用标准值 F_{Ek} 按下式计算：

$$F_{Ek}=\alpha_{max}G_{eq} \tag{4-8-27}$$

楼层地震作用标准值 F_i 按下式计算：

$$F_i = \frac{G_iH_i}{\sum_{j=1}^{n}G_jH_j}F_{Ek} \tag{4-8-28}$$

2. 地震剪力的计算

(1) 上部楼层地震剪力的计算

上部楼层地震剪力的计算与多层砌体房屋相同，可按下式计算：

$$V_i = \sum_{j=i}^{n}F_j \tag{4-8-29}$$

(2) 底部地震剪力的计算

由于底部框架-抗震墙房屋的底部相对薄弱，因此应考虑弹塑性变形集中的影响。对于底层框架-抗震墙房屋，底层的纵向和横向地震剪力设计值应乘以增大系数；对于底部二层框架-抗震墙房屋，底层和第二层的纵向和横向地震剪力设计值均应乘以增大系数。

1) 底层框架-抗震墙房屋

$$V_1' = \eta_1 V_1 = \eta_1 F_{Ek} \tag{4-8-30}$$

$$\eta_1 = \sqrt{\lambda_1} \tag{4-8-31}$$

$$\lambda_1 = \frac{K_2}{K_1} = \frac{\sum K_{bw2}}{\sum K_{f1}+\sum K_{cw1}+\sum K_{bw1}} \tag{4-8-32}$$

式中 η_1——房屋底层剪力增大系数，$1.2 \leqslant \eta_1 \leqslant 1.5$；

λ_1——房屋二层与底层侧向刚度之比；

K_1——底层的侧向刚度；

K_2——第二层的侧向刚度；

K_{f1}——底层一榀框架的侧向刚度；

K_{cw1}——底层一片钢筋混凝土抗震墙的侧向刚度；

K_{bw1}——底层一片砌体抗震墙的侧向刚度；

K_{bw2}——二层一片砌体抗震墙的侧向刚度。

2）底部两层框架抗震墙房屋

$$V'_1 = \eta_1 V_1 \tag{4-8-33}$$

$$V'_2 = \eta_2 V_2 \tag{4-8-34}$$

$$\eta_1 = \sqrt{\lambda_1} \tag{4-8-35}$$

$$\eta_2 = \sqrt{\lambda_2} \tag{4-8-36}$$

$$\lambda_1 = \frac{K_3}{K_1} = \frac{\Sigma K_{bw3}}{\Sigma K_{f1} + \Sigma K_{cw1} + \Sigma K_{bw1}} \tag{4-8-37}$$

$$\lambda_2 = \frac{K_3}{K_2} = \frac{\Sigma K_{bw3}}{\Sigma K_{f2} + \Sigma K_{cw2} + \Sigma K_{bw2}} \tag{4-8-38}$$

式中 η_2——房屋二层剪力增大系数，$1.2 \leqslant \eta_2 \leqslant 1.5$；

λ_1——房屋三层与底层侧向刚度之比；

λ_2——房屋三层与二层侧向刚度之比；

K_3——第三层的侧向刚度；

K_{f2}——二层一榀框架的侧向刚度；

K_{cw2}——二层一片钢筋混凝土抗震墙的侧向刚度；

K_{bw2}——二层一片砌体抗震墙的侧向刚度；

K_{bw3}——三层一片砌体抗震墙的侧向刚度。

(3) 楼层地震剪力的分配

1）上部楼层地震剪力的分配

上部砌体房屋楼层地震剪力的分配与多层砌体房屋相同。

2）底部地震剪力的分配

底部框架-抗震墙房屋底部地震剪力在各抗侧力构件之间的分配，应考虑在地震过程中剪力墙为结构体系的第一道防线，框架为第二道防线，按各自最大侧向刚度分配。

① 抗震墙的地震剪力

在地震期间，抗震墙开裂前的侧向刚度远远大于框架的侧向刚度，同方向抗震墙所分配的层间地震剪力占该层地震剪力的90%以上，为简化计算，底部框架房屋底部的地震剪力全部由该方向的抗震墙承担，并按各侧向刚度比例分配。

一片钢筋混凝土抗震墙承担的水平地震剪力按下式计算：

$$V_{cw} = \frac{K_{cw}}{\Sigma K_{cw} + \Sigma K_{bw}} V_i \quad (i=1, 2) \tag{4-8-39}$$

一片砖抗震墙承担的水平地震剪力按下式计算：

$$V_{bw} = \frac{K_{bw}}{\Sigma K_{cw} + \Sigma K_{bw}} V_i \quad (i=1, 2) \tag{4-8-40}$$

式中 V_i——房屋底部的横向或纵向地震剪力；

K_{bw}——一片砖抗震墙的侧向刚度；

K_{cw}——一片钢筋混凝土抗震墙的侧向刚度。

② 框架的地震剪力

在地震作用下，钢筋混凝土抗震墙的层间位移角为 1/1000 左右时，抗震墙将产生开裂，当层间位移角为 1/500 时，其刚度已降低到弹性刚度的 30% 左右。砌体抗震墙的层间位移角为 1/500 时，将出现对角裂缝，其刚度已降低到弹性刚度的 20% 左右。对于框架分配地震剪力而言，此时比弹性阶段更不利。因此计算底部框架承担的地震剪力时，各抗侧力构件应采用有效侧向刚度。有效侧向刚度的取值，框架不折减，混凝土抗震墙的折减系数取 0.3，砌体抗震墙的折减系数取 0.2。一榀框架承担的地震剪力设计值可按下式计算：

$$V_c = \frac{K_c}{0.3\Sigma K_{cw} + 0.2\Sigma K_{bw} + \Sigma K_c} V_i \quad (i=1, 2) \tag{4-8-41}$$

3. 底部地震倾覆力矩的计算

(1) 地震倾覆力矩的计算

底层框架-抗震墙房屋中，作用于房屋底层的地震倾覆力矩为：

$$M_1 = \sum_{i=2}^{n} F_i (H_i - H_1) \tag{4-8-42}$$

底部两层框架-抗震墙房屋中，作用于房屋底层的地震倾覆力矩为：

$$M_2 = \sum_{i=3}^{n} F_i (H_i - H_2) \tag{4-8-43}$$

(2) 地震倾覆力矩的分配

1) 按框架与抗震墙转动刚度比例分配：

一榀框架承担的地震倾覆力矩：

$$M_f = \frac{K_f'}{\Sigma K_f' + \Sigma K_{cw}' + \Sigma K_{mw}' + \Sigma K_{fw}'} M_1 \tag{4-8-44}$$

一片钢筋混凝土抗震墙承担的地震倾覆力矩：

$$M_{cw} = \frac{K_{cw}'}{\Sigma K_f' + \Sigma K_{cw}' + \Sigma K_{mw}' + \Sigma K_{fw}'} M_1 \tag{4-8-45}$$

一片砖抗震墙承担的地震倾覆力矩：

$$M_{mw} = \frac{K_{bw}'}{\Sigma K_f' + \Sigma K_{cw}' + \Sigma K_{mw}' + \Sigma K_{fw}'} M_1 \tag{4-8-46}$$

一榀框架-抗震墙承担的地震倾覆力矩：

$$M_{fw} = \frac{K_{fw}'}{\Sigma K_f' + \Sigma K_{cw}' + \Sigma K_{mw}' + \Sigma K_{fw}'} M_1 \tag{4-8-47}$$

式中 K_f'——底层一榀框架的转动刚度；

K_{cw}'——底层一片钢筋混凝土抗震墙的转动刚度；

K_{mw}'——底层一片砖抗震墙的转动刚度；

K_{fw}'——底层一榀框架-抗震墙的转动刚度。

2) 按框架与抗震墙侧向刚度的比例分配

作用于房屋底部地震倾覆力矩按转动刚度的比例进行分配计算比较复杂。为简化计算，《建筑抗震设计规范》(GB 50011—2001)规定，底部各轴线承受的地震倾覆力矩，可近似按底部抗震墙和框架的侧向刚度的比例分配：

$$M_\mathrm{f}=\frac{K_\mathrm{f}}{\Sigma K_\mathrm{f}+0.3\Sigma K_\mathrm{cw}+0.2K_\mathrm{mw}}M_1 \tag{4-8-48}$$

$$M_\mathrm{cw}=\frac{K_\mathrm{cw}}{\Sigma K_\mathrm{f}+\Sigma K_\mathrm{cw}+\Sigma K_\mathrm{mw}}M_1 \tag{4-8-49}$$

$$M_\mathrm{mw}=\frac{K_\mathrm{mw}}{\Sigma K_\mathrm{f}+\Sigma K_\mathrm{cw}+\Sigma K_\mathrm{mw}}M_1 \tag{4-8-50}$$

4.8.27 底部框架-抗震墙房屋中，底部构件的侧向刚度如何计算？

【解析】底部框架-抗震墙房屋中，底部构件的侧向刚度按下列规定计算：

1. 框架的侧向刚度

框架的侧向刚度可按下式计算：

$$K_\mathrm{f}=\frac{12E_\mathrm{c}\Sigma I_\mathrm{c}}{h^3} \tag{4-8-51}$$

式中 E_c——混凝土的弹性模量；
   I_c——柱的截面惯性矩；
   h——柱的计算高度。

2. 混凝土抗震墙的侧向刚度

底部混凝土抗震墙侧向刚度的计算，可略去基础侧移的影响，仅考虑抗震墙剪切变形和弯曲变形的影响。

(1) 无洞抗震墙的侧向刚度可按下式计算：

$$K_\mathrm{cw}=\frac{1}{\dfrac{1.2h}{G_\mathrm{c}A_\mathrm{cw}}+\dfrac{h^3}{3E_\mathrm{c}I_\mathrm{cw}}}=\frac{1}{\dfrac{3h}{E_\mathrm{c}A_\mathrm{cw}}+\dfrac{h^3}{3E_\mathrm{c}I_\mathrm{cw}}} \tag{4-8-52}$$

式中 G_c——混凝土的剪变模量，$G_\mathrm{c}=0.4E$；
   A_cw——抗震墙水平截面面积，对工字形截面取轴线间腹板水平截面面积；
   h——抗震墙的计算高度；
   I_cw——抗震墙和柱的水平截面惯性矩。

(2) 开洞抗震墙侧向刚度的计算，当$\sqrt{\dfrac{bd}{lh}}\leqslant 0.4$且洞口位于墙面中央部位时（图4-8-22），可近似取无洞抗震墙的侧向刚度乘以开洞折减系数，开洞折减系数可按下式计算：

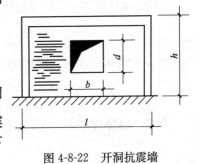

图4-8-22 开洞抗震墙

$$\beta_\mathrm{h}=\left(1-1.2\sqrt{\dfrac{bd}{lh}}\right) \tag{4-8-53}$$

式中 β_h——开洞折减系数；
   b——洞口的高度；
   d——洞口的宽度；
   h——抗震墙的高度；
   l——抗震墙的宽度。

3. 砌体抗震墙的侧向刚度

计算框架内嵌砌砌体抗震墙时，可不考虑抗震墙的弯曲变形，仅考虑剪切变形的影响。

(1) 无洞抗震墙的侧向刚度，可按下式计算：

$$K_{mw}=\frac{E_m A_{mw}}{3h} \tag{4-8-54}$$

式中　A_{mw}——抗震墙的水平截面面积；
　　　E_m——砌体的弹性模量；
　　　h——抗震墙的高度。

(2) 开洞抗震墙的侧向刚度可按下列规定计算：

1) 当 $\sqrt{\frac{bd}{lh}} \leqslant 0.4$ 时，可近似取无洞抗震墙的侧向刚度乘以洞口影响系数，洞口影响系数可按表 4-8-23 采用。

洞 口 影 响 系 数　　　　　　　表 4-8-23

开 洞 率	0.10	0.20	0.30	0.40
影响系数	0.98	0.94	0.88	0.76

注：1. 开洞率为洞口水平面积与墙体水平截面面积之比；
　　2. 窗洞高度大于层高的 50% 时，按门洞对待；
　　3. 门洞高度不应超过层高的 80%。

2) 当 $\sqrt{\frac{bd}{lh}} > 0.4$ 时，可将墙面按洞口划分为若干个无洞单元，分别计算每个单元的柔度，再按串并联体系计算整片墙的柔度和刚度。

当不考虑墙体单元弯曲变形而仅计算剪切变形时($h/b<1$)，墙体单元的柔度按下式计算：

$$\delta_i = \frac{3h_i}{E_m A_i} \tag{4-8-55}$$

当同时考虑墙体单元的弯曲变形和剪切变形时($1 \leqslant h/b \leqslant 4$)，墙体单元的柔度按下式计算：

$$\delta_i = \frac{3h_i}{E_m A_i} + \frac{h_i^3}{3 E_m I_i} \tag{4-8-56}$$

当 n 个墙体并联时，墙体的侧向刚度按下式计算：

$$K = \sum_{i=1}^{n} \frac{1}{\delta_i} \tag{4-8-57}$$

当 n 个墙体串联时，墙体的侧向刚度按下式计算：

$$K = \frac{1}{\sum_{i=1}^{n} \delta_i} \tag{4-8-58}$$

(3) 当抗震墙受构造框架约束时，侧向刚度可近似按下式计算：

$$K_{mw} = \varphi \frac{E_m A_{mc}}{3h} \tag{4-8-59}$$

$$A_{mc} = A_{mn} + \Sigma \eta_c \frac{E_c}{E_m} A_c \tag{4-8-60}$$

$$\varphi = \frac{1}{1+\frac{A_{mc} h^2}{36 I_{mc}}} \tag{4-8-61}$$

式中 A_{mc}——抗震墙换算截面面积；

I_{mc}——抗震墙换算截面惯性矩；

A_{mn}——抗震墙扣除洞口和混凝土柱面积后的砌体水平截面净面积；

A_c——构造柱截面面积；

η_c——构造柱参与工作系数，对于端柱和角柱取0.30，墙中柱取1.2，墙边柱取1.5；

φ——弯曲变形影响系数，当$h/L<1$时，取$\varphi=1$；

L——抗震墙的长度；

h——抗震墙的高度。

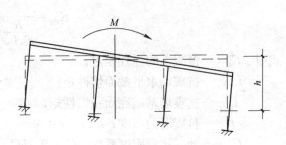

4.8.28 底部框架-抗震墙房屋中，底部构件的转动刚度如何计算？

【解析】底部框架-抗震墙房屋中，底部构件的转动刚度按下列规定计算：

1. 框架的转动刚度

一榀框架的转动刚度按下式计算（图4-8-23）：

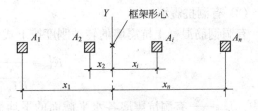

图 4-8-23 框架的整体弯曲变形

$$K'_f = \cfrac{1}{\cfrac{h}{E_c \sum\limits_{i=1}^{n} A_i x_i^2} + \cfrac{1}{C_z \sum\limits_{i=1}^{n} \left(A_{fi} x_i^2 + \cfrac{1}{12} A_{fi} D_i^2\right)}} \quad (4\text{-}8\text{-}62)$$

式中 A_i——第i根柱的横截面面积；

x_i——第i根柱到框架形心Y轴的距离；

E_c——混凝土的弹性模量；

A_{fi}——柱基础的底面积；

D_i——验算方向的柱基础边长；

C_z——地基抗压刚度系数，按表4-8-24采用。

天然地基的抗压刚度系数 C_z 值（kN/m^2） 表 4-8-24

地基承载力的标准值 f_k（kN/m^2）	土 的 名 称		
	黏性土	粉 土	砂 土
300	66000	59000	52000
250	55000	49000	44000
200	45000	40000	36000
150	35000	31000	28000
100	25000	22000	18000
80	18000	16000	

注：当基础底面积 A_f 小于 $20m^2$ 时，表中 C_z 值应乘以 $\sqrt[3]{\dfrac{20}{A_f}}$。

2. 钢筋混凝土抗震墙的转动刚度

(1) 无洞抗震墙

无洞钢筋混凝土抗震墙的转动刚度按下式计算：

$$K'_{cw}=\frac{1}{\dfrac{h}{E_cI_{cw}}+\dfrac{1}{C_\varphi I_\varphi}} \tag{4-8-63}$$

式中 E_c——混凝土的弹性模量；
I_{cw}——抗震墙水平截面惯性矩；
I_φ——抗震墙基础底面积惯性矩；
h——抗震墙的高度；
C_φ——地基抗弯刚度系数，$C_\varphi=2.15C_z$。

(2) 有洞抗震墙

有洞钢筋混凝土抗震墙的转动刚度按下式计算：

$$K'_{cw}=\frac{1}{\dfrac{h}{EI_{cwh}}+\dfrac{1}{C_\varphi I_\varphi}} \tag{4-8-64}$$

式中 I_{cwh}——有洞抗震墙各水平截面的平均惯性矩，按下式计算（图 4-8-24）：

$$I_{cwh}=0.85\frac{I_1(h_1+h_2)+I_2h_2}{h} \tag{4-8-65}$$

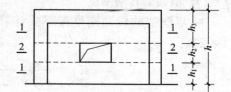

3. 砌体抗震墙的转动刚度

(1) 无洞抗震墙

无洞砌体抗震墙的转动刚度按下式计算：

$$K'_{mw}=\frac{1}{\dfrac{12h}{E_mlt}+\dfrac{1}{C_\varphi I'_\varphi}} \tag{4-8-66}$$

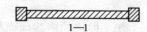

图 4-8-24 有洞抗震墙

式中 E_m——砌体的弹性模量；
h——抗震墙的高度；
l——抗震墙的长度；
t——抗震墙的厚度；
I'_φ——抗震墙及其两端框架柱联合基础的底面积惯性矩。

(2) 有洞抗震墙

有洞砌体抗震墙的转动刚度按下式计算：

$$K'_{mw}=\frac{1}{\dfrac{h}{E_mI_{mwh}}+\dfrac{1}{C_\varphi I'_\varphi}} \tag{4-8-67}$$

式中 I_{mwh}——有洞抗震墙的横截面平均惯性矩；当墙面有一个或两个窗洞时，按下式计算：

$$I_{mwh}=0.85\frac{I_1(h_1+h_3)+I_2h_2}{h} \tag{4-8-68}$$

当墙面有一个门或一门一窗时，按下式计算：

$$I_{mwh} = 0.85 \frac{I_1 h_1 + I_2 h_2}{h} \quad (4\text{-}8\text{-}69)$$

4. 框架-抗震墙并联体的转动刚度

(1) 框架与钢筋混凝土抗震墙并联体

框架与钢筋混凝土抗震墙并联体的转动刚度按下式计算:

$$K'_{fw} = \frac{1}{\dfrac{h}{E_c(\Sigma A_i x_i^2 + I_{cw} + A_{cw} x_{cw}^2)} + \dfrac{h}{C_\varphi(\Sigma A_{fi} x_{fi}^2 + I_\varphi + A_\varphi x_{fw}^2)}} \quad (4\text{-}8\text{-}70)$$

式中 A_i、x_i——分别为第 i 根柱(不与墙相连)的截面面积及其中心至墙柱并联体中和轴的距离;

A_{cw}、I_{cw}、x_{cw}——分别为墙(包括相连柱)的截面面积、惯性矩及其中心至墙柱并联体中和轴的距离;

A_{fi}、x_{fi}——分别为第 i 柱(不与墙相连)基础底面面积及其中心至墙柱并联体基础底面中和轴的距离;

A_φ、I_φ、x_{fw}——墙与相连柱联合基础底面面积、惯性矩及其中心至墙柱并联体基础底面中和轴的距离。

(2) 框架与砌体抗震墙并联体

框架与砌体抗震墙并联体的转动刚度按下式计算:

$$K'_{fw} = \frac{1}{\dfrac{h}{E_c \Sigma A_i x_i^2 + E_m(I_{mw} + A_{mw} x_{mw}^2)} + \dfrac{1}{C_\varphi(\Sigma A_{fi} x_{fi}^2 + I_\varphi + A_\varphi x_{fw}^2)}} \quad (4\text{-}8\text{-}71)$$

式中 A_{mw}、I_{mw}、x_{mw}——分别为砖墙(不包括相连柱)截面面积、惯性矩及其中心至墙柱并联体中和轴的距离。

4.8.29 底部框架-抗震墙房屋,框架中嵌砌砖抗震墙的抗震承载力如何验算?

【解析】 底部框架-抗震墙房屋,框架嵌砌砖抗震墙的抗震承载力,按下列方法验算:

1. 框架柱的轴向力和剪力

底层框架-抗震墙房屋中嵌砌于框架之间的普通砖抗震墙,对底层框架柱产生附加轴向力和附加剪力(图 4-8-25),其值可按下列公式计算:

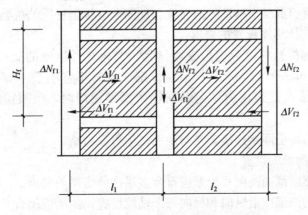

图 4-8-25 填充墙框架柱的附加轴向力和附加剪力

$$N_f = V_w H_f / l \tag{4-8-72}$$

$$V_f = V_w \tag{4-8-73}$$

式中 V_w——墙体承担的剪力设计值，柱两侧有墙时可取二者的较大值；
　　N_f——框架柱的附加轴压力设计值；
　　V_f——框架柱的附加剪力设计值；
　　H_f、l——分别为框架的层高和跨度。

2. 砖抗震墙及两端框架柱抗震受剪承载力

底层框架-抗震墙房屋中嵌砌于框架之间的普通砖抗震墙及两端框架柱，其受剪承载力应按下式验算：

$$V \leqslant \frac{1}{\gamma_{REc}} \Sigma (M_{yc}^u + M_{yc}^l)/H_0 + \frac{1}{\gamma_{REw}} \Sigma f_{vE} A_{w0} \tag{4-8-74}$$

式中 V——嵌砌普通砖抗震墙及两端框架柱剪力设计值；
　　A_{w0}——砖墙水平截面的计算面积，无洞口时取实际截面的 1.25 倍，有洞口时取截面净面积，但不计入宽度小于洞口高度 1/4 的墙肢截面面积；
　　M_{yc}^u、M_{yc}^l——分别为底层框架柱上下端的正截面受弯承载力设计值，可按现行国家标准《混凝土结构设计规范》(GB 50010—2002)非抗震设计的有关公式计算；
　　H_0——底层框架柱的计算高度，两侧均有砖墙时取柱净高的 2/3，其余情况取柱净高；
　　γ_{REc}——底层框架柱承载力抗震调整系数，可采用 0.8；
　　γ_{REw}——嵌砌普通砖抗震墙承载力抗震调整系数，可采用 0.9。

4.8.30 底部框架-抗震墙房屋抗震承载力应按什么流程进行验算？

【解析】 底部框架-抗震墙房屋抗震承载力计算流程见图 4-8-26。

（Ⅲ）抗 震 构 造 措 施

4.8.31 底部框架-抗震墙房屋中，上部砌体部分的抗震构造措施有什么要求？

【解析】 底部框架-抗震墙房屋中，上部砌体部分的抗震构造措施，应符合下列要求：

1. 钢筋混凝土构造柱的设置

（1）一般楼层钢筋混凝土构造柱的布置与配筋，应根据房屋的层数和房屋所在地的设防烈度，符合多层砌体房屋设置的要求。

（2）过渡楼层的构造柱设置应为横墙（轴线）与内、外纵墙的交接处和楼梯间四角，其截面不宜小于 240mm×240mm；构造柱纵筋 7 度时不宜小于 4ϕ16，8 度时不宜小于 6ϕ16；纵向钢筋应锚入框架柱内，当纵筋锚入框架梁内时，框架梁应采取相应的加强措施。

（3）构造柱应与每层圈梁连接，或与现浇楼板可靠拉结。

2. 钢筋混凝土圈梁的设置

（1）上部楼层圈梁截面高度和配筋应符合多层砌体房屋的要求。

（2）过渡楼层的圈梁应沿纵向和横向每个轴线设置，圈梁应闭合，遇有洞口应上下搭接，圈梁宜与板底在同一标高处或靠近板底。

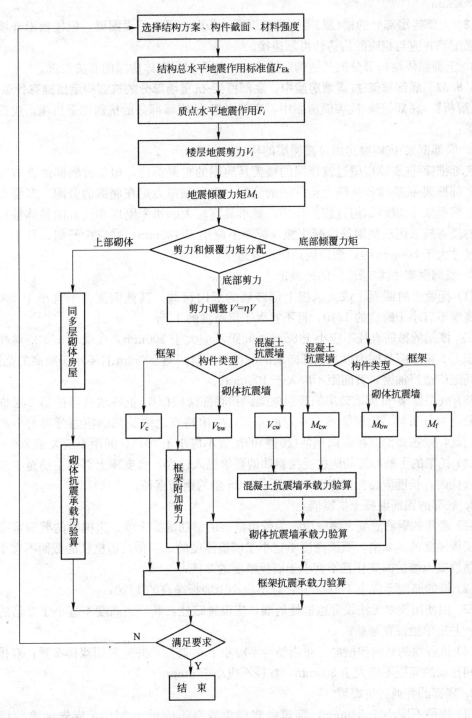

图 4-8-26 底部框架-抗震墙房屋抗震承载力计算流程

过渡楼层圈梁的截面高度宜采用 240mm，配筋不宜小于 6ϕ10，箍筋可采用 ϕ6，最大箍筋间距不宜大于 200mm，宜在圈梁端 500mm 范围内加密箍筋。顶层圈梁的截面高度宜采用 240mm，且不应小于 180mm，配筋宜采用 4ϕ10，箍筋可采用 ϕ6，最大箍筋间距不宜大于 200mm。

（3）上部砖房部分的楼（屋）盖为现浇混凝土板时，可不另设圈梁，但楼板沿外墙周边应加强配筋并应与相应的构造柱可靠连接。

3. 上部砌体结构部分的其他构造措施，应符合多层砌体房屋的有关要求。

4.8.32 底部框架-抗震墙房屋中，底部框架-抗震墙部分的抗震构造措施有什么要求？

【解析】 底部框架-抗震墙房屋中，底部框架-抗震墙部分的抗震构造措施，应符合下列要求：

1. 底部框架-抗震墙房屋过渡楼层的楼盖

底部框架-抗震墙房屋过渡楼层的楼盖是房屋的重要部位，担负着底部地震剪力的传递、底部框架-抗震墙各抗侧力构件间的分配、房屋倾覆力矩在底部的分配、多层砌体结构到底部框架-抗震墙结构过渡等作用，要求具有较大的水平刚度和较好的整体性，过渡楼层的楼盖应采用现浇钢筋混凝土板，板厚不应小于 120mm；并应少开洞、开小洞，当洞口尺寸大于 800mm 时，洞口周边应设置边梁。

2. 底部框架-抗震墙房屋的托墙梁

（1）托墙梁的截面，该梁承担上部砖墙的竖向荷载，其截面宽度不宜小于 300mm，截面高度不宜小于跨度的 1/10，且不宜大于梁跨度的 1/6；

（2）该梁的箍筋直径不应小于 8mm，间距不应大于 200mm，在梁端 1.5 倍梁高且不应小于 1/5 梁净跨范围内以及上部砖墙的洞口和洞口两侧 500mm 且不小于梁高的范围内，箍筋间距应适当加密，其间距不应大于 100mm；

（3）底层框架-抗震墙砖房的底层框架梁和底部两层框架-抗震墙砖房的第 2 层框架梁截面的应力分布与一般框架梁有一定的差异，突出特点之一是截面应力分布的中和轴上移，因此，梁截面沿高度纵向钢筋（腰筋）的配置不应小于 $2\phi14$，间距不应大于 200mm；

（4）托梁的主筋和腰筋应按受拉钢筋的要求锚入柱内，且支座上部的主筋至少应有两根伸入柱内，长度应在托梁底面以下不小于 35 倍的钢筋直径。

3. 底部的钢筋混凝土抗震墙

（1）底部的钢筋混凝土墙应设置为带边框架的钢筋混凝土墙，边框梁的截面宽度不宜小于墙板厚度的 1.5 倍，截面高度不宜小于墙板厚度的 2.5 倍，边框柱的截面不宜小于不设钢筋混凝土墙的框架柱且不宜小于墙板厚度的 2 倍；

（2）墙的厚度不应小于 160mm，且不应小于墙板净高的 1/20；

（3）因使用要求无法设置边框柱的墙，应设置暗柱，其截面高度不宜小于 2 倍的墙板厚度，并应单独设置箍筋；

（4）抗震墙的竖向和横向分布钢筋均不应小于 0.25%，并应采用双排布置；双排分布钢筋间拉筋的间距不应大于 600mm，直径不应小于 6mm。

4. 底部的普通砖抗震墙

（1）墙厚不应小于 240mm，砌筑砂浆强度等级不应低于 M10，应先砌墙后浇框架梁柱；

（2）沿框架柱每隔 500mm 配置 $2\phi6$ 拉结钢筋，并沿全长布置，在墙体的半高处尚应设置与框架柱相连的钢筋混凝土水平系梁，梁高可为 60mm；

（3）墙长大于 5m 时，应在墙中增设钢筋混凝土构造柱。

第三节 配筋砌块砌体剪力墙房屋

（Ⅰ）抗震设计的基本要求

4.8.33 配筋砌块砌体剪力墙房屋的最大高度有何规定？

【解析】 配筋砌块砌体结构与无筋砌体相比，具有较高的强度和较好的延性。与混凝土剪力墙结构相比，由于砌体的弹性模量低，结构刚度小，地震作用相对较小；砌块砌体剪力墙中有缝隙存在，其变形能力相对较大。根据国内外对配筋砌块砌体剪力墙结构的试验研究和建造实践，从经济安全、配套材料、施工质量等方面综合考虑，配筋砌块砌体剪力墙房屋适用的最大高度应符合表4-8-25的规定。

配筋砌块砌体剪力墙房屋适用的最大高度(m) 表 4-8-25

最小墙厚(mm)	6度	7度	8度
190	54	45	30

应当指出的是，我国对配筋砌块砌体剪力墙房屋适用的最大高度的规定是非常严格的，主要是考虑到该类房屋在我国的工程实践还不多，目前还处在推广应用阶段，在进一步科学研究和工程实践的基础上，配筋砌块砌体剪力墙房屋适用的最大高度会有所提高。在目前当房屋的最大高度超过表4-8-25的限值时，要进行专门的研究，在有可靠的研究成果经过充分论证的基础上，采取必要的结构加强措施，通过一定的审批手续，房屋的高度可以适当增加。

4.8.34 配筋砌块砌体剪力墙房屋的最大高宽比有什么限制？

【解析】 配筋砌块砌体剪力墙房屋高宽比的限制，是为了保证房屋的整体稳定性，防止房屋发生整体弯曲破坏。高宽比的限值是根据该类房屋的整体抗震性能与抗弯性能，与多层砌体房屋和高层混凝土房屋相比较后给出的。房屋最大高宽比应符合表4-8-26的规定，此时房屋的稳定已满足要求，可不进行房屋的整体弯曲验算。

配筋砌块砌体剪力墙房屋适用的最大高宽比 表 4-8-26

烈　度	6度	7度	8度
最大高宽比	5	4	3

4.8.35 配筋砌块砌体剪力墙房屋抗震横墙的最大间距有什么限制？

【解析】 配筋砌块砌体房屋抗震横墙最大间距的要求是保证楼屋盖具有足够的传递水平地震作用给横墙的水平刚度。由于目前配筋砌块砌体剪力墙房屋主要为多高层住宅，间距一般不会很大，该类房屋抗震横墙最大间距的限制，既保证了楼屋盖传递水平地震作用所需要的刚度要求，也能够满足抗震横墙布置的设计要求和房间灵活划分的使用要求，抗震横墙的最大间距应符合表4-8-27的要求。对于纵墙承重的房屋，其抗震横墙的间距仍然要满足规定的要求，以保证横向抗震验算时的水平地震作用能够有效地传递到横墙上。

配筋砌块砌体剪力墙的最大间距　　　　　表 4-8-27

烈　度	6度	7度	8度
最大间距(m)	15	15	11

4.8.36　如何划分配筋砌块砌体剪力墙房屋的抗震等级？

【解析】　配筋砌块砌体剪力墙房屋抗震等级的划分，参照了钢筋混凝土抗震墙房屋的要求。根据建筑重要性分类、设防烈度、房屋高度等因素来划分不同抗震等级，以此在抗震验算和构造措施上区别对待。根据配筋混凝土砌块砌体剪力墙房屋的抗震性能，在确定其抗震等级时，对房屋高度的规定比钢筋混凝土抗震墙结构更加严格。配筋砌块砌体剪力墙丙类建筑的抗震等级应符合表 4-8-28 的规定，其他类别建筑采用配筋砌块砌体剪力墙结构时，应通过专门的试验研究来确定抗震等级，保证房屋的使用安全。

配筋砌块砌体剪力墙丙类建筑的抗震等级　　　　　表 4-8-28

烈　度	6度		7度		8度	
高度(m)	≤24	>24	≤24	>24	≤24	>24
抗震等级	四	三	三	二	二	一

4.8.37　配筋砌块砌体剪力墙房屋的平面和立面布置有什么要求？

【解析】　配筋砌块砌体剪力墙房屋的平面和立面布置，应符合下列要求：

1. 房屋的平面形状宜规则、简单、对称，凹凸不宜过大。当平面有局部突出时，突出部分的长度不宜大于其宽度，且不宜大于该方向总长度的 30%，避免房屋产生扭转效应。

2. 房屋的竖向布置宜规则、均匀，避免有过大的外挑和内收。当局部有内收时，内收的长度不宜大于该方向总长度的 25%。当剪力墙沿竖向刚度发生变化时，变化层的刚度不应小于上下楼层刚度的 70%，且连续三层的总刚度降低不应超过 50%，避免产生弹塑性变形集中和应力集中的薄弱部位。

3. 纵、横方向的剪力墙宜拉通过齐，对于较长的剪力墙，为了避免过大的地震剪力使其产生剪切破坏，可采用楼板或弱连梁将其分为若干独立的墙段，每个独立墙段的总宽度与长度之比不宜小于 2。剪力墙的门窗洞口宜上下对齐，成列布置。

4. 配筋砌块砌体剪力墙房屋的平、立面布置的规则性应比钢筋混凝土剪力墙房屋更加严格，当房屋的平、立面布置不规则、房屋有错层、各部分的刚度或质量截然不同时，可设置防震缝。当房屋高度不超过 20m 时，防震缝的最小宽度为 70mm；超过 20m 时，6、7、8 度相应每增加 6m、5m、4m，防震缝的宽度增加不小于 20mm。

（Ⅱ）抗震承载力验算

4.8.38　配筋砌块砌体剪力墙房屋地震作用如何进行分析？

【解析】　配筋砌块砌体剪力墙房屋的地震作用计算，可采用下列方法：

1. 对于平、立面规则的房屋，可采用底部剪力法或振型分解反应谱法；

2. 对于平面形状或竖向布置不规则的房屋，应采用空间结构计算模型，考虑水平地震作用的扭转影响。

4.8.39　配筋砌块砌体剪力墙房屋抗震计算时，哪些内力需进行调整？

【解析】　配筋砌块砌体剪力墙房屋抗震计算时，底部和连梁的剪力设计值应按如下规定进行调整：

1. 底部剪力设计值的调整

配筋砌块砌体房屋的底部，其弯矩和剪力较大，是房屋抗震的薄弱环节。为了保证配筋砌块剪力墙在弯曲破坏之前出现剪切破坏，确保剪力墙为强剪弱弯型，形成延性的破坏机制，应根据计算分析结果，对底部剪力墙的剪力设计值进行调整，以使房屋的最不利截面得到加强。

需要加强的房屋底部高度为房屋总高度的 1/6，且不小于二层楼的高度。底部加强部位的截面组合剪力设计值，应按下列规定进行调整：

一级抗震等级　　$V_w=1.6V$
二级抗震等级　　$V_w=1.4V$
三级抗震等级　　$V_w=1.2V$
四级抗震等级　　$V_w=1.0V$

式中　V——考虑地震作用组合的剪力墙计算截面的剪力设计值。

2. 连梁剪力设计值的调整

配筋砌块砌体剪力墙连梁的破坏应先于剪力墙，而且连梁本身的斜截面抗剪能力应高于正截面抗剪能力，实现强剪弱弯。连梁的剪力设计值，抗震等级为一、二、三级时，应按下列规定进行调整，四级时可不调整：

$$V_b = \eta_v \frac{M_b^l + M_b^r}{l_n} + V_{Gb} \tag{4-8-75}$$

式中　V_b——连梁的剪力设计值；

η_v——剪力增大系数，一级时取 1.3；二级时取 1.2；三级时取 1.1；

M_b^l、M_b^r——分别为梁左、右端考虑地震作用组合的弯矩设计值；

V_{Gb}——在重力荷载代表值作用下，按简支梁计算的截面剪力设计值；

l_n——连梁净跨。

4.8.40 对配筋砌块砌体剪力墙房屋的剪力墙和连梁的截面有何要求？

【解析】 配筋砌块砌体剪力墙和连梁的截面应符合规定的要求，以保证房屋在地震作用下具有较好的变形能力，不至于产生脆性破坏和剪切破坏。

1. 剪力墙的截面应符合下列要求：

（1）当剪跨比大于 2 时

$$V_w \leqslant \frac{1}{\gamma_{RE}} 0.2 f_g bh \tag{4-8-76}$$

（2）当剪跨比小于或等于 2 时

$$V_w \leqslant \frac{1}{\gamma_{RE}} 0.15 f_g bh \tag{4-8-77}$$

式中　f_g——灌孔砌体的抗压强度设计值；

γ_{RE}——承载力抗震调整系数。

2. 连梁的截面应符合下列要求：

（1）当跨高比大于 2.5 时

$$V_b \leqslant \frac{1}{\gamma_{RE}} 0.2 f_g bh_0 \tag{4-8-78}$$

(2) 当跨高比小于或等于 2.5 时

$$V_b \leqslant \frac{1}{\gamma_{RE}} 0.15 f_g b h_0 \tag{4-8-79}$$

4.8.41 配筋砌块砌体剪力墙房屋剪力墙的抗震承载力如何验算？

【解析】 配筋砌块砌体剪力墙的承载力验算，应符合下列规定：

1. 基本假定

(1) 在荷载作用下，截面应变符合平截面假定；

(2) 不考虑钢筋与混凝土砌体的相对滑移；

(3) 不考虑混凝土砌体的抗拉强度；

(4) 混凝土砌体的极限压应变，对偏心受压和受弯构件取 $\varepsilon_{cm}=0.003$；

(5) 当构件处于大偏压受力状态时，不同位置的钢筋应变均由平截面假定计算，构件内竖向钢筋应力数值及性质由该处钢筋应变确定；

(6) 当构件处于小偏压或轴心受压状态时，由于构件内分布钢筋对构件的承载能力贡献较小，可不考虑钢筋的作用；

(7) 按极限状态设计时，受压区混凝土的应力图形可简化为等效的矩形应力图，其高度 x 可取等于按平截面假定所确定的中和轴受压区高度 x_c 乘以 0.8，矩形应力图的应力取为配筋砌体弯曲抗压强度设计值 $f_{gm}=1.05 f_{gc}$。

2. 正截面受弯承载力

配筋砌块砌体剪力墙的正截面受弯承载力可按校对法进行设计，先假定纵向钢筋的直径和间距，然后按平截面假定来计算截面的内力，确定钢筋尺寸和受压区高度，使内力与荷载达到平衡。

3. 斜截面受剪承载力

(1) 偏心受压配筋混凝土砌块砌体剪力墙，其斜截面受剪承载力应按下列公式计算：

$$V_w \leqslant \frac{1}{\gamma_{RE}} \left[\frac{1}{\lambda-0.5} \left(0.48 f_{vg} b h_0 + 0.10 N \frac{A_w}{A} \right) + 0.72 f_{yh} \frac{A_{sh}}{s} h_0 \right] \tag{4-8-80}$$

$$\lambda = \frac{M}{V h_0} \tag{4-8-81}$$

式中 f_{vg}——灌孔砌体的抗剪强度设计值；

M——考虑地震作用组合的剪力墙计算截面的弯矩设计值；

V——考虑地震作用组合的剪力墙计算截面的剪力设计值；

N——考虑地震作用组合的剪力墙计算截面的轴向力设计值，当 $N>0.2 f_g b h$ 时，取 $N=0.2 f_g b h$；

A——剪力墙的截面面积；

A_w——T 形或 I 字形截面剪力墙腹板的截面面积，对于矩形截面取 $A_w=A$；

λ——计算截面的剪跨比，当 $\lambda \leqslant 1.5$ 时，取 $\lambda=1.5$；当 $\lambda \geqslant 2.2$ 时，取 $\lambda=2.2$；

A_{sh}——配置在同一截面内的水平分布钢筋的全部截面面积；

f_{yh}——水平钢筋的抗拉强度设计值；

f_g——灌孔砌体的抗压强度设计值；

s——水平分布钢筋的竖向间距；

γ_{RE}——承载力抗震调整系数。

(2) 偏心受拉配筋砌块砌体剪力墙，其斜截面受剪承载力应按下式计算：

$$V_w \leq \frac{1}{\gamma_{RE}}\left[\frac{1}{\lambda-0.5}\left(0.48f_{vg}bh_0-0.17N\frac{A_w}{A}\right)+0.72f_{yh}\frac{A_{sh}}{s}h_0\right] \quad (4\text{-}8\text{-}82)$$

注：当 $0.48f_{vg}bh_0-0.17N\frac{A_w}{A}<0$ 时，取 $0.48f_{vg}bh_0-0.17N\frac{A_w}{A}=0$。

4.8.42 配筋砌块砌体剪力墙房屋连梁的抗震承载力如何验算？

【解析】 配筋砌块砌体剪力墙房屋连梁的抗震承载力验算，应符合下列规定：

1. 连梁正截面受弯承载力

连梁是保证房屋整体性的重要构件，为了保证连梁与剪力墙节点处在弯曲破坏前不会出现剪切破坏，对于跨高比大于 2.5 的连梁应采用受力性能较好的钢筋混凝土连梁。考虑地震作用组合的连梁正截面受弯承载力可按现行国家标准《混凝土结构设计规范》(GB 50010—2002)受弯构件的有关规定进行计算。

当采用配筋砌块砌体连梁时，由于全部砌块均要求灌孔，其受力性能与钢筋混凝土连梁类似，考虑地震作用组合的连梁正截面受弯承载力仍可采用钢筋混凝土受弯构件的有关规定计算，但应采用配筋砌块砌体相应的计算参数和指标。

由于地震作用的往复性，连梁设计时往往使截面上下纵筋对称配筋。连梁正截面受弯承载力计算时，应考虑承载力抗震调整系数。

2. 连梁斜截面受剪承载力

(1) 当采用钢筋混凝土连梁时，斜截面受剪承载力可按现行国家标准《混凝土结构设计规范》(GB 50010—2002)中剪力墙连梁斜截面抗震承载力有关规定计算。

(2) 当采用配筋砌块砌体连梁时，斜截面受剪承载力应按下列公式计算：

当跨高比大于 2.5 时

$$V_b \leq \frac{1}{\gamma_{RE}}\left(0.64f_{vg}bh_0+0.8f_{yv}\frac{A_{sv}}{s}h_0\right) \quad (4\text{-}8\text{-}83)$$

当跨高比小于或等于 2.5 时

$$V_b \leq \frac{1}{\gamma_{RE}}\left(0.56f_{vg}bh_0+0.7f_{yv}\frac{A_{sv}}{s}h_0\right) \quad (4\text{-}8\text{-}84)$$

式中 A_{sv}——配置在同一截面内的箍筋各肢的全部截面面积；
f_{yv}——箍筋的抗拉强度设计值。

4.8.43 配筋砌块砌体剪力墙房屋抗震承载力，应按什么流程进行验算？

【解析】 配筋砌块砌体剪力墙房屋抗震承载力的计算流程见图 4-8-27。

(Ⅲ) 抗 震 构 造 措 施

4.8.44 配筋砌块砌体剪力墙房屋中，对剪力墙的抗震构造有什么要求？

【解析】 配筋砌块砌体剪力墙房屋中，剪力墙的构造应符合下列要求：

1. 剪力墙的厚度

配筋砌块砌体剪力墙的厚度，一级抗震等级剪力墙不应小于层高的 1/20，二、三、四级剪力墙不应小于层高的 1/25，且不应小于 190mm。

2. 剪力墙水平和竖向分布钢筋

剪力墙中配置水平和竖向钢筋，提高了剪力墙的变形能力和承载能力。其中水平钢筋

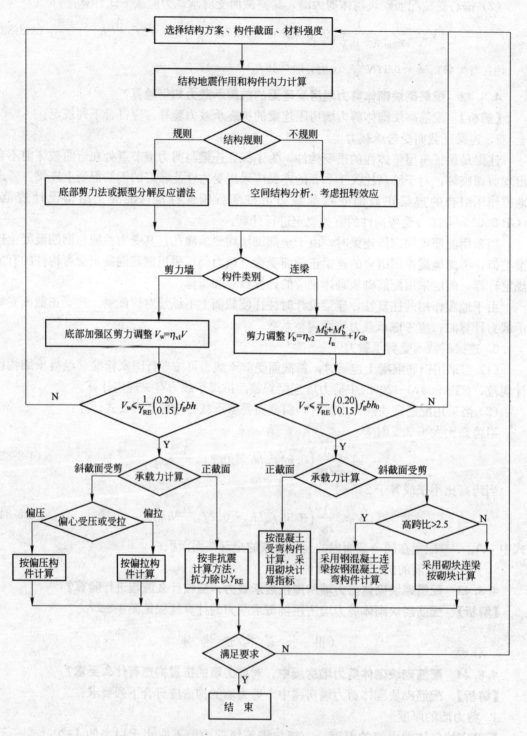

图 4-8-27 配筋砌块砌体剪力墙房屋抗震承载力计算流程

在通过的斜截面上直接受拉和受剪,在剪力墙开裂前水平钢筋受力很小,墙体开裂后水平钢筋直接参与受力,甚至可达到屈服。竖向钢筋主要通过销栓作用参与抗剪,墙体破坏时仅部分竖向钢筋可达到屈服。

剪力墙的水平和竖向钢筋除应满足计算要求外，还应满足下列要求：

(1) 水平钢筋宜采用双排布置，竖向钢筋可采用单排布置；

(2) 水平和竖向钢筋的最小配筋率、最小直径和最大间距应符合表4-8-29和表4-8-30的要求。表中的加强部位指：剪力墙的顶层、剪力墙底部其高度不小于房屋高度的1/6且不小于两层的高度、楼电梯间的墙体。

剪力墙水平分布钢筋的配筋构造　　　　　　表 4-8-29

抗震等级	最小配筋率(%)		最大间距(mm)	最小直径(mm)
	一般部位	加强部位		
一级	0.13	0.13	400	$\phi 8$
二级	0.11	0.13	600	$\phi 8$
三级	0.10	0.13	600	$\phi 6$
四级	0.07	0.10	600	$\phi 6$

剪力墙竖向分布钢筋的配筋构造　　　　　　表 4-8-30

抗震等级	最小配筋率(%)		最大间距(mm)	最小直径(mm)
	一般部位	加强部位		
一级	0.13	0.13	400	$\phi 12$
二级	0.11	0.13	600	$\phi 12$
三级	0.10	0.10	600	$\phi 12$
四级	0.07	0.10	600	$\phi 12$

应当指出的是，配筋砌块砌体剪力墙的最小配筋率比现浇钢筋混凝土剪力墙小得多，这是因为现浇钢筋混凝土结构在塑性状态下浇注，在水化过程中产生显著的收缩，因此要求有相当大的最小配筋率。而配筋砌块砌体剪力墙中，作为主要部分的块体砌筑时收缩已稳定，仅在砌筑时加入了塑性的砂浆和灌孔混凝土，配筋砌块砌体剪力墙的收缩要比钢筋混凝土剪力墙小，因此最小配筋率可相应降低。

3. 边缘构件

配筋砌块砌体剪力墙结构中的边缘构件，对于提高剪力墙的承载力和变形能力都是非常明显的。当配筋砌块砌体剪力墙的压应力大于 $0.5f_g$ 时，在墙端应设置长度不小于3倍墙厚的边缘构件或采用钢筋混凝土柱，其构造配筋应符合表4-8-31的要求。

剪力墙边缘构件构造配筋　　　　　　表 4-8-31

抗震等级	底部加强区	其他部位	箍筋或拉筋直径和间距
一级	$3\phi 20(4\phi 16)$	$3\phi 18(4\phi 16)$	$\phi 8@200$
二级	$3\phi 18(4\phi 16)$	$3\phi 16(4\phi 14)$	$\phi 8@200$
三级	$3\phi 14(4\phi 12)$	$3\phi 14(4\phi 12)$	$\phi 8@200$
四级	$3\phi 12(4\phi 12)$	$3\phi 12(4\phi 12)$	$\phi 6@200$

注：表中括号中数字为混凝土柱时的配筋。

4. 剪力墙的轴压比

剪力墙的轴压比较大时，墙体的破坏表现出脆性特征，延性较差，因此应当控制剪力墙的轴压比。剪力墙的轴压比控制应符合下列要求：

(1) 一级剪力墙小墙肢的轴压比不宜大于 0.5，二、三级剪力墙的轴压比不宜大于 0.6；

(2) 单肢剪力墙和由弱连梁连接的剪力墙，在重力荷载作用下，墙体的平均轴压比 $N/f_g A_w$ 不宜大于 0.5。

5. 钢筋的布置

剪力墙的水平分布钢筋宜沿墙长连续布置，其锚固和搭接要求除应符合 4.7.17 的规定外，尚应符合下列规定：

(1) 水平分布钢筋可绕端部主筋弯 180°弯钩，弯钩端部直段长度不宜小于 $12d$；该钢筋亦可垂直弯入端部灌孔混凝土中锚固，其弯折段长度，对一、二级抗震等级不应小于 250mm；对三、四级抗震等级，不应小于 200mm；

(2) 当采用焊接网片作为剪力墙水平钢筋时，应在钢筋网片的弯折端部加焊两根直径与抗剪钢筋相同的横向钢筋，弯入灌孔混凝土的长度不应小于 150mm。

6. 剪力墙与基础的连接

配筋砌块砌体剪力墙房屋的基础与剪力墙结合处的受力钢筋，当房屋高度超过 50m 或一级抗震等级时宜采用机械连接或焊接，其他情况可采用搭接。当采用搭接时，一、二级抗震等级时搭接长度不宜小于 $50d$，三、四级抗震等级时不宜小于 $40d$（d 为受力钢筋直径）。

4.8.45 配筋砌块砌体剪力墙房屋中，对连梁的抗震构造有什么要求？

【解析】 配筋砌块砌体剪力墙的连梁，是保证各段剪力墙共同工作的重要构件。当采用钢筋混凝土连梁时，除应符合 4.7.19 关于钢筋混凝土连梁的有关规定外，还应符合现行国家标准《混凝土结构设计规范》（GB 50010—2002）中关于地震区连梁的构造要求。当采用配筋砌块砌体连梁时，除应符合静力设计有关规定外，还应符合下列要求：

1. 连梁上下水平钢筋锚入墙体内的长度，一、二级抗震等级不应小于 $1.1l_a$，三、四级抗震等级不应小于 l_a，且不应小于 600mm；

2. 连梁的箍筋应沿梁长布置，并应符合表 4-8-32 的要求；

连梁箍筋的构造要求　　　　　　　表 4-8-32

抗震等级	箍筋加密区			箍筋非加密区	
	长度	箍筋间距(mm)	直径	间距(mm)	直径
一级	$2h$	100	$\phi10$	200	$\phi10$
二级	$1.5h$	200	$\phi8$	200	$\phi8$
三级	$1.5h$	200	$\phi8$	200	$\phi8$
四级	$1.5h$	200	$\phi8$	200	$\phi8$

注：h 为连梁截面高度；加密区长度不小于 600mm。

3. 在顶层连梁伸入墙体的钢筋长度范围内，应设置间距不大于 200mm 的构造箍筋，箍筋直径应与连梁的箍筋直径相同；

4. 跨高比小于 2.5 的连梁，在自梁底以上 200mm 和梁顶以下 200mm 范围内，每隔 200mm 增设水平分布钢筋，当一级抗震等级时，不应小于 2φ12，二～四级抗震等级时可采用 2φ10，水平分布钢筋伸入墙内的长度不小于 30d 和 300mm。

5. 连梁不宜开洞。当需要开洞时，应在跨中梁高 1/3 处预埋外径不大于 200mm 的钢套管，洞口上下的有效高度不应小于 1/3 梁高，且不应小于 200mm，洞口处应配补强钢筋并在洞周边浇注灌孔混凝土，被洞口削弱的截面应进行受剪承载力验算。

4.8.46 配筋砌块砌体剪力墙房屋中，对配筋砌块砌体柱的抗震构造有什么要求？

【解析】 配筋砌块砌体柱的构造，除应符合静力设计的规定外，尚应符合下列要求：

1. 纵向钢筋直径不应小于 12mm，全部纵向钢筋的配筋率不应小于 0.4%；

2. 箍筋直径不应小于 6mm，且不应小于纵向钢筋直径的 1/4；箍筋的间距，应符合下列要求：

1) 地震作用产生轴向力的柱，箍筋间距不宜大于 200mm；

2) 地震作用不产生轴向力的柱，在柱顶和柱底的 1/6 柱高、柱截面长边尺寸和 450mm 三者较大值范围内，箍筋间距不宜大于 200mm；其他部位不宜大于 16 倍纵向钢筋直径、48 倍箍筋直径和柱截面短边尺寸三者较小值；

3. 箍筋或拉结钢筋端部的弯钩不应小于 135°。

4.8.47 配筋砌块砌体剪力墙房屋中，对楼、屋盖及圈梁的构造有什么要求？

【解析】 配筋砌块砌体剪力墙房屋的楼、屋盖及圈梁的构造，应符合下列要求：

1. 配筋混凝土小型空心砌块房屋的楼、屋盖宜采用现浇钢筋混凝土板；抗震等级四级时，也可采用装配整体式钢筋混凝土楼盖。

2. 各楼层均应设置现浇钢筋混凝土圈梁，其混凝土强度等级应为砌块强度等级的 2 倍；现浇楼板的圈梁截面高度不宜小于 200mm，装配整体式楼板的板底圈梁截面高度不宜小于 120mm；其纵向钢筋直径不应小于砌体的水平分布钢筋直径，箍筋直径不应小于 6mm，间距不应大于 200mm。

第五篇 地基与基础

第一章 总则、术语和符号

5.1.1 地基基础设计的总原则。

【解析】 任何建筑物其上部结构所承受的各种作用力,都是通过基础传至地基上的;此时建筑物的地基需满足以下两个条件:

1. 地基变形值,不致造成上部结构的破坏。
2. 在荷载最不利组合的情况下,地基不至于丧失稳定。

因此,地基基础设计时应特别注意地基变形的控制,在满足地基变形的要求下,地基承载力的确定应以不使地基中出现过大的塑性变形,保证地基的稳定为原则。

地基土的变形具有变形量大和长期的时间效应(即完成变形的时间较长)的特点,与钢、混凝土、砖石等材料相比,属于大变形材料。从已发生的地基事故的分析来看,绝大部分的事故都是由于地基变形过大或不均匀变形所造成的。所以,《建筑地基基础设计规范》(GB 50007—2002),将控制地基变形作为地基基础设计的总原则。

5.1.2 地基承载力特征值 f_{ak} 的含义。

【解析】 地基承载力是指地基在荷载最不利组合作用下,地基变形满足允许值,同时保证地基稳定的地基承载能力。它与普通材料(如钢、混凝土、砖石等)的强度设计值的含义是不同的。

地基承载力值,以前的规范是采用标准值表示,根据国外有关文献,我国规范中"标准值"的含义可以是特征值、公称值、名义值、标定值四种,在国际标准《结构可靠性总原则》ISO 239 的中译本中直译为"特征值"(characteristic value),该值的确定应是统计得出,也可以是传统经验值或某种物理量限定值。作为"地基承载力值"是由统计或传统经验确定的反应地基变形与稳定要求的承载能力,它与其他材料的强度标准值有所区别,故采用"地基承载力特征值"以避免过去一律采用"标准值"可能带来的混淆。

5.1.3 "复合地基"一词的含义。

【解析】 "复合地基"作为软弱地基的地基处理,我国从 20 世纪 60 年代开始使用,其基本概念和作用机理,通过不断地实践和研究,在认识上有所变化和提高。初期,复合地基主要是指在软弱天然地基中设置碎石桩、砂桩、石灰桩、搅拌桩等无粘结特性的散粒体材料对软弱地基产生增强、挤密、置换的作用,从而改变地基土的密实程度,提高地基的承载能力；但仍未改变岩土地基的基本受力特性，故称之为人工地基，即为经过人工加固处理后的岩土地基。

随后，在软弱天然地基中的加固体，采用一些具有粘结特性、强度较高的混凝土桩、CFG桩、水泥碎石桩等形成的复合地基，形成桩土共同作用的受力特性，从而大大提高了该类复合地基的承载能力。

另外，随着土工合成材料的广泛应用，出现了水平方向的增强材料，即沿水平方向分层铺设纤维质的材料，从而提高土体的抗剪强度，形成一种新型的复合地基。

《建筑地基基础设计规范》（GB 5007—2002）(以下简称地基规范)规定对于建筑工程使用的"复合地基"一词的概念为：部分土体被增强或被置换，而形成的由地基土和增强体共同承担荷载的人工地基。

对于不同的地基土，如欠固结土、膨胀土，湿陷性黄土、可液化土等特殊土，采用"复合地基"时，应综合考虑土体的特殊性质，选用适当的增强体和施工工艺，保证地基土和增强体共同承担荷载的要求。

5.1.4 《建筑地基基础设计规范》（GB 5007—2002）为何不提供地基承载力特征值f_{ak}？地基承载力特征值f_{ak}如何确定？

【解析】 1. 地基规范第5.2.3条规定，地基承载力特征值可由载荷试验或其他原位测试、公式计算并结合工程实践经验等方法综合确定。其中载荷试验是主要方法；原位测试是指旁压试验、动力触探、十字板剪切试验等；公式计算是采用地基规范第5.2.5条，根据土的抗剪强度指标确定地基承载力特征值的计算公式(5-2-5)；以上各种方法取得的结果，尚应结合当地的工程实践经验综合考虑，才能最后确定地基承载力特征值。

2. 地基规范中取消地基承载力表的主要原因：

(1) 以前的国家规范的地基承载力表，是在全国统计意义上的数值，不能充分反映地区土的特性差异；

(2) 由于土的成因年代的不同，承受自重压力的时间不同，因此同类型的土，会有不同的工程特性，并影响土的压缩性能和承载能力，这些在承载力表中无法体现；

(3) 过去的地基承载力表的承载力值，在国内大部分地区使用，虽然基本符合该地区土的工程特性，但也无法排除某些地区可能会不安全或过于保守。

鉴于以上原因，现行地基规范撤销了地基承载力表，强调各地区应根据载荷试验或原位测试、公式计算并结合工程实践经验等方法综合确定地基承载力特征值f_{ak}。

5.1.5 应用"岩土工程勘察报告"进行地基基础设计时，应注意的若干问题。

【解析】 1. "岩土工程勘察报告"是建筑物地基基础设计的依据，绝对不允许在无"岩土工程勘察报告"的情况下进行地基基础设计。

2. 岩土工程勘察报告应包含以下内容：

(1) 场地内土层的分布情况：岩土名称、厚度、埋深；

(2) 各土层的物理、力学特性：天然重度γ、含水量w、塑限w_p、液限w_L、塑性指数I_p、液性指数I_L、孔隙比e、孔隙率n、饱和度s_γ、压缩系数α、压缩模量E_s、内摩擦角φ、黏聚力C，以及各层土的地基承载力特征值f_{ak}；

(3) 原位测试的实测结果，如：标准贯入、重型动力触探、轻型动力触探等；

(4) 地下水位情况包含：地下水类型、钻探时的实测水位、历年最高水位、防水设计水位、抗浮水位、地下水的腐蚀性，及水的渗透性指标；

(5) 提供抗震设计的：建筑场地的地震基本烈度、建筑场地类别、液化土层情况；

(6) 场地内的标准冻胀深度；

(7) 岩土工程勘察报告尚应根据场地土的情况提出地基基础设计的方案、基坑开挖时的排水方案、基坑支护方案，以及其他设计及施工应注意的问题。

当勘察报告的内容，不能满足设计需要时，应提请勘察部门补充提供有关资料，不要无根据地自行做主。

5.1.6 建筑物地下室设计时如何考虑地下水的影响？

【解析】 地下室位于地下水位以下时，应作防水及抗水设计。该设计与地下水的类型及地下水的水位有关。

地下水的类型有：上层滞水、潜水、层间水（或承压水），如图 5-1-1 所示。

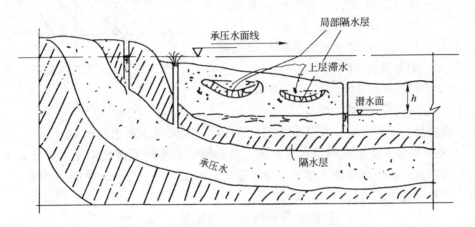

图 5-1-1 各种地下水垂直分布示意图

1. 上层滞水：由地表水或地下管道漏水下渗时，受局部隔水层（即不透水的黏性土层）阻隔而形成的处于接近地面的地表层处的地下水称为上层滞水。其特点是：

(1) 分布范围小，往往局限于有管道漏水或有其他暂时水源的部位，场地范围内无统一的自由水面，即地下水位标高不一致；

(2) 地下水的水量及水位的高低随季节性变化，雨季时地下水水量大，地下水位升高，旱季时水量小，水位低；

(3) 无静水压力，不产生浮力；

(4) 建造在上层滞水地带的地下室，只需考虑防水，可不考虑水压力、浮力对外墙及底板的影响；

(5) 施工降水，可采用明排水。

2. 潜水：地下水的范围较大，场地内已形成统一的自由水面（即有统一的水位标高），一般发生在下卧隔水层为较大范围的凹地。其特点是：

(1) 地下水位随水源的变化而变化，故地下水位也随季节变化而变化；

(2) 有静水压力及浮力，在设计水下地下室时应考虑静水压力和水浮力的影响，并有防水措施；

（3）施工排水要有可靠措施。

3. **层间水（承压水）**：地下水存在于两隔水层之间，该地下水一般都与河流或湖泊相连。其特点是：

（1）地下水水位依上隔水层的标高而定，一般不受季节性影响；

（2）有水压力和水浮力，其静水压力与水浮力的水头应由与地下水连通的水源标高形成的水头确定；

（3）设计水下地下室时应考虑静水压力和水浮力的影响，并有可靠的防水措施；

（4）施工时，当地基持力层为隔水层的黏性土且其下有承压水时（图 5-1-2），应验算承压水有无冲破上隔水土层的可能性，可按下式验算：

$$H_w < \frac{\gamma \cdot h_p}{\gamma_w} \qquad (5\text{-}1\text{-}1)$$

式中 H_w——从被验算的隔水的底面算起的承压水头高度(m)；

h_p——从基坑底面至被验算的土层底面的厚度(m)；

γ——被验算隔水层土的重度(kN/m³)；

γ_w——水的重度(kN/m³)。

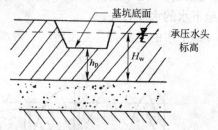

图 5-1-2

当不能满足上式要求时，在基础施工过程中，必须降低承压水的水头。

4. 当地下室位于潜水或承压水内，施工时必须降水至地下室底面以下，且必须在地下室及上部结构完成至能抵消水浮力不至于造成已施工部分上浮时，才能停止降水。

抗浮计算可按下式进行：

$$\frac{已建部分结构自重标准值}{水浮力标准值} \geqslant 1.0 \qquad (5\text{-}1\text{-}2)$$

5.1.7 土的固结、主固结、次固结、正常固结土、超固结土、欠固结土等的含义。

【解析】 1. 在研究和计算土的变形时，经常会见到土的"固结"这一名词。其含义是：土的固结亦称压密，是指饱和黏性土在荷载作用下土中孔隙水排出，超静孔隙水压力逐渐消散，有效应力随之增加，直至变形达到稳定的过程，即为土的固结。在固结过程中产生的沉降称为固结沉降。

土体的固结，根据固结过程中产生的变形机理的不同，可分为主固结和次固结两个阶段：

（1）主固结：亦称主压密。是指饱和土体在某一荷载作用下，孔隙水排出，超静孔隙水压力随之消散，有效应力不断增长，土体变形逐渐发展，最后有效应力增至最大，超静孔隙水压力消散为零，这个时间过程就是土的主固结。也叫渗透固结。固结时间的长短主要取决于土的固结系数和土层排水距离的大小。

（2）次固结：在恒定外荷载作用下，土中超静孔隙水压力消散为零，亦即土体的主固结完成之后仍在发展的变形部分称为次固结，也叫次压缩。

次固结的机理已不能用固结理论和有效应力原理来解释。一般认为次固结是土中结合水以黏滞流动的形态缓慢移动，水膜厚度相应地发生变化，使整个土骨架产生蠕动，因而表现出在外荷载没有增大(即常应力)的情况下,孔隙水压力消散完毕之后变形仍在继续发展的情况。对有机质含量越高的土,其次固结变形量所占总沉降量的比例就会越大。

2. 正常固结土(亦称自重固结土):在历史上经受的前期固结压力等于现有上覆土层的自重。这类土的上覆土层是逐渐沉积到现在地面的,在土的自重作用下已经达到固结稳定状态,其前期固结压力 p_c 等于现有上覆土层的自重压力 $p_c=\gamma h$(γ 为均质土的天然重度,h 为现在地面下的计算深度)。这类因自重作用下达固结稳定状态的土称为正常固结土(简称固结土)。

3. 超固结土(亦称超压密土):在历史上所经受的前期固结压力大于现有上覆荷重的土层。这类土的上覆土层在历史上本是相当厚的沉积层,在土的自重作用下已经达到了固结稳定状态,但后来由于流水或冰川等的剥蚀作用而形成现在的地表,因此其前期固结压力 p_c 超过了现有上覆土层的自重压力 $p_1=\gamma h$(式中 γ 为均质土的天然重度,h 为现在地面下的计算深度),即 $p_c > p_1$,这类土称为超固结土。

4. 欠固结土:是指前期固结压力小于现有上覆荷重的土层。亦称未压密土。这类土的上覆土层虽然与正常固结土一样也是逐渐沉积到地面的;但该土层还没有达到固结稳定状态。如新近沉积的黏性土、人工填土等,由于沉积时间不长,在自重作用下尚未固结,因此其前期固结压力 p_c 还小于现有上覆土层的自重压力 $p_1=\gamma h$,故这类土称为欠固结土。

第二章 地基承载力计算

5.2.1 箱基和筏基在进行地基承载力验算时基底压力是否可以考虑地下水浮力的影响？

【解析】 建造于地下水以下的箱基和筏基，在进行地基承载力验算时，计算基底压力时理论上是可以将根据上部结构及箱（筏）基的标准荷载最不利组合计算出的基底压力减去水的浮力后的基底压力作为验算地基承载力的基底压力，即满足下式：

$$\frac{N_k}{A} - \gamma_w \cdot h_w \leqslant f_a \tag{5-2-1}$$

式中 N_k——包括上部结构及箱（筏基）的所有荷载的基本组合标准值(kN)；
A——基底面积(m^2)；
γ_w——地下水的重度(kN/m^3)；
h_w——基底至地下水位的高度(m)；
f_a——经深宽调整的基底土的地基承载力特征值(kN/m^2)。

但由于在实际工程中，地下水位并不是永远不变的，而是变化较大，因此，在地基承载力计算时考虑地下水浮力的影响要慎重对待，并注意以下几点：

1. 地下水位的标高，应取长年的稳定水位，不能采用最高水位；
2. 基底土层地基承载力特征值，计算时的深宽修正，地下水中的土的重度应采用有效重度 γ'（即浮重度），其值可取 $\gamma' = \gamma_{sat} - 10$，$\gamma_{sat}$ 为饱和重度；
3. 当该场地内地下水位变化无常，无法取得稳定水位时，不应考虑水浮力的作用；
4. 地下水属于上层滞水时，不能考虑水浮力的作用；
5. 目前的地基规范及《高层建筑箱形与筏形基础技术规范》(JGJ 6—99)均未要求考虑地下水浮力对地基承载力验算的影响。

5.2.2 地基承载力特征值 f_a 计算中应注意的若干问题。

【解析】 地基规范规定，当基础宽度大于 3m 或埋置深度大于 0.5m 时，从载荷试验或其他原位测试、经验值等方法确定的地基承载力特征值 f_{ak} 尚应进行深、宽修正为基底土层的地基承载力特征值 f_a（图 5-2-1），其计算公式为：

$$f_a = f_{ak} + \eta_b \gamma (b-3) + \eta_d \cdot \gamma_m (d-0.5) \tag{5-2-2}$$

式中 f_a——修正后的地基承载力特征值；
f_{ak}——地基承载力特征值，由载荷试验或其他原位测试、公式计算并结合工程实践经验等方法综合确定；
η_b、η_d——基础宽度和埋深的地基承载力修正系数，按基底下土的类别由地基规范表 5.2.4 查取；
γ——基础底面以下土的重度，地下水位以下时取浮重度；
b——基础宽度(m)，当基础宽度小于 3m 时按 3m

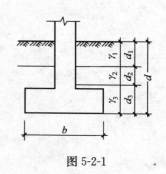

图 5-2-1

取值，大于 6m 时按 6m 取值；

γ_m——基础底面以上土的加权平均重度；位于地下水位内的土取浮重度参与加权平均；

d——基础埋置深度(m)，一般自室外地面标高算起。在填方整平地区，可自填土地面标高算起，但填土是在上部结构施工后完成时，应从天然地面标高算起。对于地下室，如采用箱形基础或筏基时，基础埋置深度自室外地面标高算起；当采用独立基础或条形基础时，应从室内地面标高算起。

在采用上述公式计算地基承载力特征值 f_a 时，应注意以下问题：

1. 地基规范的地基承载力特征值 f_a 的修正公式，是针对全国范围提出的，但是并没有提供统一的地基承载力特征值 f_{ak}，该值应由当地载荷试验或其他原位测试并结合工程实践经验等方法综合确定。因此，当地如果有地区性的《地基基础设计规范》并提供地基承载力特征值 f_{ak} 和 f_a 的修正计算公式时，则在该地区进行地基基础设计时，应按当地的地区地基规范的地基承载力特征值 f_{ak} 和修正公式计算 f_a，包括 η_b、η_d 及 d 的取值，亦应采用该地区的地基规范所提供的数值。比如在北京建造房屋时应采用《北京地区建筑地基基础勘察设计规范》(DBJ 01—501—92)。

2. 宽度和埋深的地基承载力修正系数 η_b，η_d，应按基底下土的类别查取。注意：(1)验算基底地基承载力时，应按与基底接触的土的类别查取；(2)当验算弱下卧层土的地基承载力时，应按弱下卧层土的类别查取。

3. 公式中的 γ 应为与基底接触的土层的天然重度。应注意：(1)该土层位于地下水位以下时，应采用浮重 γ'（或称有效重度），其值应为饱和重度 $\gamma_{sat}-10$；(2)当验算弱下卧层土的地基承载力时，γ 应为弱下卧层土的重度(位于地下水位内时为浮重度)。

4. 公式中的 γ_m，应为基底以上至地面各层土的加权平均重度，当为多层土时，可按下式计算：

$$\gamma_m = \frac{\gamma_1 \cdot d_1 + \gamma_2 \cdot d_2 + \cdots + \gamma_n \cdot d_n}{d_1 + d_2 + \cdots + d_n} \tag{5-2-3}$$

式中　　γ_m——各土层的加权平均重度；

γ_1、γ_2、$\cdots$、γ_n——各土层的重度，位于地下水中的土取浮重度；

d_1、d_2、$\cdots$、d_n——各土层的层厚(m)。

5. d 的取值应注意：

(1) 应由室外地坪算起在填方整平地区，自填土地面标高算起，并不对填土的时间有所要求，但应注意室外填土地面在主体施工完成后才回填时，则应由室外原地面算起。

(2) 对于主楼与裙房一体的结构，主楼采用箱基或筏基，主楼地基承载力深度修正时基础埋置深度 d 的取值，除按室外地坪至基底的深度 d_1 确定外(图 5-2-2)，还应将主楼范围以外主楼基础底面以上的裙房楼的荷载，按基础两侧的超载考虑，当超载宽度大于主楼基础宽度(基础的短边)的两倍时，可将超载折算成土的厚度作为基础埋深，可按

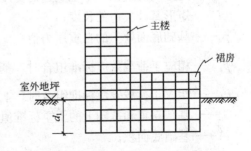

图 5-2-2　主楼与裙房基础埋深示意图

下式计算：

$$d' = \frac{超载值(kN/m^2)}{\gamma_m} \tag{5-2-4}$$

式中　　d'——主楼两侧超载折算成土的厚度(m)；
超载值(kN/m^2)——自主楼基底以上的超载值，包含裙房楼全部结构及基础的自重；
　　　　　　γ_m——主楼基底以上土的加权平均重度(地下水位内的土采用浮重度)(kN/m^3)；
　　　　　　d_1——室外地面至基底的深度(m)。

当 $d_1 \leqslant d'$ 时，深度修正时，d 值取 d_1(m)；
$d_1 > d'$ 时，深度修正时，d 值取 d'。

6. 基础宽度 b：当为条基时，即为基础宽度(m)；

当为矩形基础时，应取其短边(m)。

5.2.3 软弱下卧层地基承载力验算及应注意的问题。

【解析】　地基规范第5.2.7条规定：当地基受力层范围内有软弱下卧层时应验算软弱下卧层的地基承载力。

这里所指的软弱下卧层，是指在基底持力层以下，地基受力层范围内存在地基承载力远小于基底持力层地基承载力的土层，此土层称为软弱下卧层。该土层在基底压力作用下，能否满足地基承载力还应用下式验算：

$$p_z + p_{cz} \leqslant f_{az} \tag{5-2-5}$$

式中　p_z——相应于荷载效应标准组合时，软弱下卧层顶面处的附加压力值(该值为扣除土的自重压力后，作用于弱下卧层顶的压力)；

p_{cz}——软弱下卧层顶面处的自重压力值；

f_{az}——软弱下卧层顶面处经深度修正后地基承载力特征值。

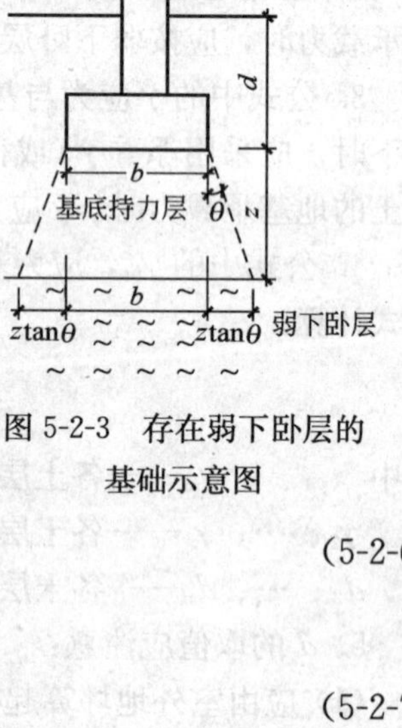

p_z 值可按下列公式简化计算(图5-2-3)：

条形基础时

$$p_z = \frac{b(p_k - p_c)}{b + 2 \cdot z \cdot \tan\theta} \tag{5-2-6}$$

图 5-2-3　存在弱下卧层的基础示意图

矩形基础时

$$p_z = \frac{lb(p_u - p_c)}{(b + 2z\tan\theta)(l + 2z\tan\theta)} \tag{5-2-7}$$

式中　b——矩形基础或条形基础底边的宽度；

l——矩形基础底边的长度；

p_c——基础底面处土的自重压力值；

p_k——相应于荷载效应标准组合时，基础底面处的平均压力值，即：$p_k = \frac{F_k + G_k}{A}$；

F_k——相应于荷载效应标准组合时，上部结构传至基础顶面的竖向力值；

G_k——基础自重和基础上的土重标准值；

A——基础底面积；

θ——地基压力扩散线与垂直线的夹角，可按表5-2-1采用。

地基压力扩散角 θ		表 5-2-1
E_{s1}/E_{s2}	z/b	
	0.25	0.5
3	6°	23°
5	10°	25°
10	20°	30°

注：1. E_{s1} 为上层土压缩模量；E_{s2} 为下层土压缩模量；
  2. $z/b<0.25$ 时取 $\theta=0°$，必要时，宜由试验确定；$z/b>0.5$ 时 θ 值不变；
  3. $E_{s1}/E_{s2}<3$ 时，不应使用上表中的压力扩散角，可按均匀土层采用地基规范附录 K，表 K.0.1-1 附加应力系数 α 计算基础中心点下下卧层顶的附加应力值，即：

$$p_z=\alpha \cdot (p_k-p_c)$$

式中 α——按地基规范附录 K 表 K.0.1-1 查取的附加应力系数。
  p_{cz} 值可按下式计算。

$$p_{cz}=\gamma_m \cdot (d+z)$$

式中 γ_m——为下卧层顶以上至地面土的加权平均重度 (kN/m^3)；

$$\gamma_m=\frac{\gamma_1 \cdot d_1+\gamma_2 \cdot d_2+\cdots+\gamma_n \cdot d_n}{d_1+d_2+\cdots+d_n}$$

γ_1、γ_2、…、γ_n——各层土的重度，地下水中的土应取浮重度；
d_1、d_2、…、d_n——各层土的厚度(m)。

【举例】 验算地基持力层和软弱下卧层承载力。

条件：某独立柱基的基底尺寸为 2600mm×5200mm，柱底荷载标准值：$F_1=2000kN$，$F_2=200kN$，$M=1000kN \cdot m$，$V=200kN$。柱基自重和覆土标准值 $G=486.7kN$，基础埋置深度和工程地质剖面如图 5-2-4 所示。

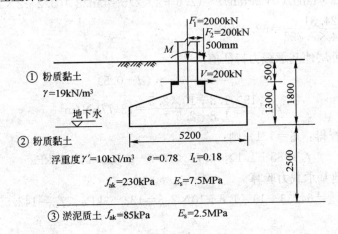

图 5-2-4

解： 1. 验算基底承载力
(1) 作用于基底的总重：

$$F=F_1+F_2+G$$
$$=2000+200+486.7$$
$$=2686.7kN$$

作用于基底的总弯矩：
$$M'=M+F_2\times 0.5+V\times 1.3$$
$$=1000+200\times 0.5+200\times 1.3=1360\text{kN}\cdot\text{m}$$

(2) 基底持力层、地基承载力特征值：
$$f_\text{a}=f_\text{ak}+\eta_\text{b}\cdot\gamma(b-3.0)+\eta_\text{d}\cdot\gamma_0(d-0.5)$$

由地基规范查得：$\eta_\text{d}=1.6$，代入：
$$f_\text{a}=230+1.6\times 19\times(1.8-0.5)=230+39.52=269.52\text{kPa}$$

(3) 基底压力验算：
$$p_\text{k}=\frac{2686.7}{2.6\times 5.2}=198.72\text{kPa}<f_\text{a}=269.52\text{kPa}$$

$$p_\text{kmax}=\frac{2686.7}{2.6\times 5.2}+\frac{M'}{W}=198.72+\frac{1360}{\frac{1}{6}\times 2.6\times 5.2^2}=198.72+116.0$$

$$=314.76\text{kPa}<1.2f_\text{a}=1.2\times 269.52=323.42\text{kPa}$$

故基底承载力满足。

2. 验算下卧层地基承载力

(1) 确定地基压力扩散角 θ

因 $E_\text{s1}/E_\text{s2}=\dfrac{7.5}{2.5}=3$，$z/b=\dfrac{2.5}{2.6}=0.97$

查表 5-2-1 得：$\theta=23°$

(2) 软弱下卧层顶面处的附加压力标准值 p_z

$$p_\text{z}=\frac{l\cdot b(p_\text{k}-p_\text{c})}{(b+2z\cdot\tan\theta)(l+2z\tan\theta)}=\frac{5.2\times 2.6(198.72-19\times 1.8)}{(2.6+2\times 2.5\cdot\tan 23°)(5.2+2\times 2.5\tan 23°)}$$

$$=\frac{2224.31}{4.7224\times 7.322}=62.33\text{kPa}$$

(3) 软弱下卧层地基承载力特征值
$$f_\text{az}=85+\eta_\text{d}\cdot\gamma_0(d-0.5)$$

式中：
$$\gamma_0=\frac{19\times 1.8+10\times 2.5}{1.8+2.5}=13.77\text{kN/m}^2$$

由地基规范查得：$\eta_\text{d}=1.1$，则：
$$f_\text{az}=85+1.1\times 13.77\times(4.3-0.5)=142.56\text{kPa}$$

(4) 下卧层地基承载力验算

$$p_\text{z}+p_\text{cz}=64.33+19\times 1.8+10\times 2.5=123.53\text{kPa}<f_\text{az}=142.56\text{kPa}$$

故满足要求。

第三章 地基变形计算

5.3.1 在什么情况下建筑物应按地基变形设计？

【解析】 地基在竖向力作用下将产生竖向压缩变形，表现为建筑物的沉降，地基变形计算主要是基础的沉降计算，它是地基基础设计中的一个重要组成部分。当建筑物在荷载作用下产生过大的沉降或倾斜时，都可能造成建筑结构的损坏和建筑物的正常使用。因此建筑物的地基变形计算值不应大于地基变形的允许值，即 $s \leqslant [s]$。

根据当前的有关规范的规定，在下列情况下，建筑物的地基计算除均应满足承载力计算的规定外，尚应按地基变形设计。

1. 按地基规范表 3.0.1 确定的地基基础设计等级为甲级、乙级的建筑物，应作地基变形设计计算。

2. 地基基础设计等级为丙级时，属于地基规范表 3.0.2 范围内的建筑物可不作地基变形计算，但如有下列情况之一时，仍应作地基变形计算：

(1) 地基承载力特征值小于 130kPa，且体型复杂的建筑物；

(2) 在基础上及其附近有地面堆载或相邻基础荷载差异较大，可能引起地基产生过大的不均匀沉降时；

(3) 软弱地基上的建筑存在偏心荷载时；

(4) 相邻建筑距离过近，可能发生倾斜时；

(5) 地基内有厚度较大或厚薄不均的填土，其自重固结未完成时。

3.《建筑地基处理技术规范》(JGJ 79—2002、J 220—2002)第 3.0.5 条规定：对于需按地基变形设计或应作地基变形验算，且需进行地基处理的建筑物或构筑物，对处理后的地基应进行变形验算。

注：1."按地基变形设计"，即为地基基础设计等级为甲级、乙级的建筑物需按地基变形设计；

2."应作地基变形验算(即计算)"是指地基基础设计等级为丙级的建筑物，存在地基规范所列也应作地基变形计算的情况时。

5.3.2 建筑物的地基变形特征及变形计算的要求。

【解析】 1. 地基变形特征是地基变形计算时，必须首先确定的内容，地基变形特征可分为：沉降量、沉降差、倾斜和局部倾斜。其中最基本的是沉降量计算，其他的变形特征都可由它推算。

(1) 沉降量是指建筑物内任意一点的地基变形值；

(2) 沉降差是指建筑物内相邻某两点的沉降量之差值；

(3) 倾斜是指基础整体倾斜方向两端点的沉降差与其距离之比值；

(4) 局部倾斜是指砌体承重结构沿纵向 6~10m 内基础两点的沉降差与其距离之比值。

在地基基础设计时，应考虑基础及上部结构各部分与地基能否协同工作。因为即使对于荷载均匀分布时，在地基中引起的附加应力仍是不均匀分布的，造成的沉降是中间大、两边小，应调整基础和上部结构的整体刚度使沉降比较均匀。

2. 不同建筑结构应采用不同的地基变形特征作为确定地基变形计算点的依据。

(1) 对于整体刚度很好的高层建筑、筒体、烟囱、水塔等高耸结构,只要地基土质均匀,沉降也会基本均匀。这类情况可在基础底面有代表性的位置,选择若干计算点,计算其平均沉降量。

(2) 对于排架结构、框架结构、有砌体填充墙的边排柱等,可选择有代表性的相邻柱基中心点计算沉降差。对于地基不均匀沉降时,将会使结构产生附加内力的结构,亦可由某相邻两点的沉降差控制(图 5-3-1a)。

(3) 对于刚度很好的多层和高层建筑、高耸结构物,当荷载不均匀或土层不均匀,或有相邻建筑物的影响时,将使建筑物产生整体倾斜。因此,应选择基础底面的两端(长向)及两侧边(短向)有代表性的点计算出沉降量及倾斜(图 5-3-1b)。建筑物的整体倾斜对建筑物的安全使用影响很大,一旦产生纠偏很困难,因此,倾斜是变形特征中的一个重要指标。

(4) 对于砌体承重结构的基础,当由于地基不均匀,局部荷载过大,或体型复杂等因素将造成不均匀沉降,需要依靠上部结构的刚度来调整其差异沉降时,为了避免因差异沉降产生过大的局部倾斜,使房屋因此损坏,这时,应沿纵墙中线选择两点(两点间距离在 6~10m 内)计算其沉降差与两点距离之比值(即局部倾斜值)(图 5-3-1c)。

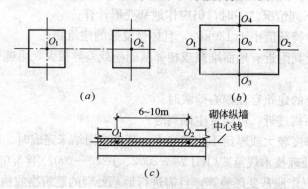

图 5-3-1 建筑物沉降计算点选择示意图

(a)相邻柱基沉降计算点 O_1、O_2,控制沉降差;(b)高层及多层建筑沉降计算点由 O_1 与 O_2 点或 O_3 与 O_4 点分别计算整体倾斜,控制倾斜值;(c)砌体纵墙沉降计算点 O_1、O_2,控制局部倾斜

5.3.3 采用《建筑地基基础设计规范》(GB 50007—2002)第 5.3.5 条公式(5-3-5)计算地基最终变形量时,应注意的若干问题。

【解析】 规范提供的地基变形计算公式,是按地基内的应力分布采用各向同性均质线性变形体理论求得的。而实际的地基土层是各向异性非线性的材料,土也不是均质的,在不同地点,不同埋深的土,性质会有很大的差别。将地基土作上述性质的假定,是为了解决工程问题的简化处理。

地基变形计算主要是指地基的最终沉降量的计算。地基最终沉降量是由瞬时沉降、固结沉降和次固结沉降三部分所组成。

瞬时沉降——是在基底压力的作用下,地基土在瞬时不排水和体积不变的情况下,立即产生剪切变形而造成的沉降。

固结沉降——是由于附加压力使土粒骨架中孔隙水逐渐排出,土体压密所产生的沉降。

次固结沉降——是地基土在长期持续的荷载作用下,土粒骨架发生蠕变所造成的沉降。

对于黏性土这三部分沉降都存在;而对于砂性土,由于其渗水性强,固结完成快,瞬时沉降与固结沉降分不开,故在施工期间已完成大部分沉降。

在工程实用中,经常考虑的是正常固结土的固结沉降量计算,其他部分只在特殊需要时才要考虑;对于深开挖的基坑,需划分出先期固结压力值,计算由于基底回弹再压缩的沉降量。

建筑物的最终沉降量计算,目前最常用的方法是分层总和法,也就是地基规范提供的方法。这是由于该法考虑的因素较全面,且可利用勘察报告中提供的室内压缩试验的成果,取得土的压缩模量 E_s,作为计算变形的压缩性指标;分层总和法,是将地层按其性质分层,求出各分层中的附加压力值,然后用相应的压缩模量值计算出各土层的变形量,总计求得最终沉降量;该法可以考虑相邻荷载的影响,按应力叠加原理,用角点法计算出影响后的附加压力值;因此该法可以计算任意点的沉降量。对于该计算方法因为采用地基土为各向同性均质线性变形体理论计算土的应力,未考虑基础及上部结构的刚度对地基变形的影响,以及其他无法量化而忽略的一些因素等,所以计算所得的沉降量与实测沉降量是有差异的,为此应采用由长期沉降观测资料统计分析与计算沉降量对比得到经验系数 ψ_s 加以调整。国标《建筑地基基础设计规范》(GB 50007—2002)给出了下列建筑物地基最终沉降量的计算公式:

$$s = \psi_s \cdot s' = \psi_s \sum_{i=1}^{n} \frac{p_0}{E_{si}} (z_i \cdot \bar{\alpha}_i - z_{i-1} \cdot \bar{\alpha}_{i-1}) \tag{5-3-1}$$

式中 s——地基最终变形量(mm);
  s'——按分层总和法计算出的地基变形量;
  ψ_s——沉降计算经验系数,根据地区沉降观测资料及经验确定,无地区经验时可采用表 5-3-1 的数值。

沉降计算经验系数 ψ_s 表 5-3-1

基底附加压力 \ $\bar{E}_s$(MPa)	2.5	4.0	7.0	15.0	20.0
$p_0 \geq f_{ak}$	1.4	1.3	1.0	0.4	0.2
$p_0 \leq 0.75 f_{ak}$	1.1	1.0	0.7	0.4	0.2

注:$\bar{E}_s$ 为变形计算深度范围内压缩模量的当量值,应按下式计算:

$$\bar{E}_s = \frac{\sum A_i}{\sum \frac{A_i}{E_{si}}}$$

式中 A_i——第 i 层土附加应力系数沿土层厚度的积分值,即
$$A_i = z_i \cdot \bar{\alpha}_i - z_{i-1} \bar{\alpha}_{i-1}$$
  n——地基变形计算深度范围内所划分的土层数(图 5-3-2);
  p_0——对应于荷载效应准永久组合时的基础底面处的附加压力(kPa);
  E_{si}——基础底面下第 i 层土的压缩模量(MPa),应取土的自重压力至土的自重压力与附加压力之和的压力段计算;
  z_i、z_{i-1}——基础底面至第 i 层、第 $i-1$ 层土底面的距离(m);
  $\bar{\alpha}_i$、$\bar{\alpha}_{i-1}$——基础底面计算点至第 i 层土、第 $i-1$ 层土底面范围内平均附加应力系数,可按地基规范附录 K 查取。

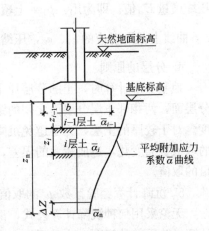

图 5-3-2 基础沉降计算的分层示意

采用上述公式计算地基变形时,应注意以下问题:

1. 地基变形计算时,传至基础底面上的荷载效应应按正常使用极限状态下荷载效应的准永久组合,不应计入风荷载和地震作用。

2. 附加应力计算

(1) 地基变形是由于土中的附加应力造成的;土中的附加应力是由基底附加压力 p_0 的影响产生的,基底附加压力值 $p_0 = p_k - \gamma_m \cdot h$。

式中:p_k 为基底压力值(包括基础自重及基础上的土重);γ_m 为基底至天然地面土的加权平均重度(kN/m^3);h 为基底至天然地面的距离(m)。对于天然地面上的填土,应按附加压力考虑,并计算其对地基变形的影响。

(2) 公式中的平均附加应力系数 $\bar{\alpha}_i$、$\bar{\alpha}_{i-1}$ 是由按 Bousinesg 土中应力公式计算所得的附加应力系数 α_i 在土层中的分布沿土层的深度积分,求得从基础底面起算至任一深度时附加应力系数的平均值,即为该深度处的平均附加应力系数 $\bar{\alpha}_i$,用此系数乘以由基础底面起算的深度 z_i,即为该深度范围内的附加应力系数面积之和。因此,在沉降计算时,若要计算某一埋深 i 土层的厚度为 $z_i - z_{i-1}$ 内附加应力系数之积分即为:$A_i = z_i \cdot \bar{\alpha}_i - z_{i-1} \cdot \bar{\alpha}_{i-1}$。

(3) 对于大面积的填土,应将填土重量看成附加压力作用于天然地面,其值为 $\gamma \cdot d$ (γ 为填土的重度,d 为填土厚度),此附加压力可按无限均匀分布,则由此附加压力对地面以下任意深度产生的附加压力是个常数,其值即为 $\gamma \cdot d$。

(4) 当建筑物附近有堆载或相邻建筑物时,应计算它们的影响,可采用角点法和叠加原理计算出互相影响产生的附加应力。

(5) 基础底面形状不规则时,可划分成若干规则的形状,用叠加原理计算附加应力。

3. 压缩模量的取值

压缩模量是由室内压缩试验取得的。从压缩曲线($e-p$ 曲线)可以看出压缩模量值与施加的压力区间有关,因此不能采用固定的压缩模量,必须采用实际的应力范围相对应的压缩模量进行沉降计算。其实际应力范围应为该土层的有效上覆土的自重压力值作为压力区间的起点,再加相应于该土层的附加压力值作为终点,在该土层的 $e-p$ 曲线上计算相应的压缩模量 E_{si} 值。即为用:$p_1 = $ 上覆土的自重压力,$p_2 = p_1 + $ 该土层相应的附加压力,在 $e-p$ 曲线上截取对应的 e_1、e_2,压缩系数 $\alpha_{1-2} = \dfrac{e_1 - e_2}{p_2 - p_1}$,$E_{si} = \dfrac{1 + e_1}{\alpha_{1-2}}$。

4. 分层的原则

地基变形计算时,土的分层原则为:两个压缩性不同的天然土层界面即为沉降计算的分层面,两相邻土层分层面之间的距离即为某土层的厚度,一般即为计算时的土层分层厚度。对于较厚的土层,为了避免沉降计算时压缩模量实际压力范围的变化较大,压缩模量的取值也会变化,造成较大的误差,可适当将厚土层划分成若干层,以考虑不同的压缩模量的取值。

5. 沉降计算经验系数 ψ_s 的取值

无论采用何种沉降计算公式,都不可能完全与建筑物的实际沉降一致,因此都有沉降计算经验系数的问题。这是因为:在地基变形计算时,是在不考虑上部结构刚度影响下进行的,而且还有其他一些不能量化的因素无法直接计入;另外,地基变形允许值是根据实际建筑物在不同类型地基上长期沉降观测资料整理归纳而制定的,它是上部结构—基础—地基三者共同作用下的结果。为了使计算结果与实际情况一致,就必须引进一个调整系数。地基规范中采用的沉降计算经验系数 ψ_s,是根据大量建筑物采用分层总和法的沉降计算值与相应的沉降观测值的比值,通过综合分析和统计确定的。这个系数综合反映了沉降计算公式中未能考虑的下列因素的影响:

(1) 地基土层的非均质性对土中附加应力分布可能产生的影响;
(2) 荷载性质上的不同和上部结构对荷载重分布的影响;
(3) 侧向变形对不同液性指数的土层的沉降的影响;
(4) 基础刚度及上部结构刚度对沉降的调整作用;
(5) 选用的土层压缩模量与实际情况的出入;
(6) 次固结对后期沉降的影响;
(7) 施加的附加压力与地基承载力的比值。

这些因素的影响,很大程度上与土的种类和状态有关,因此,各地区应根据当地的土质条件、建筑物的情况、长期沉降观测资料等,分析确定本地区的沉降计算经验系数。

当无地区经验时,可采用表 5-3-1,由土层的当量压缩模量 $\overline{E}_s$,查取沉降计算经验系数 ψ_s。

当量压缩模量 $\overline{E}_s$ 的定义是根据总沉降相等的原则按土层的分层变形量进行的 E_{si} 加权平均值:

设:
$$\frac{\Sigma A_i}{\overline{E}_s} = \frac{A_1}{E_{s1}} + \frac{A_2}{E_{s2}} + \frac{A_3}{E_{s3}} + \cdots = \Sigma \frac{A_i}{E_{si}}$$

则
$$\overline{E}_s = \frac{\Sigma A_i}{\Sigma \dfrac{A_i}{E_{si}}}$$

式中 A_1、$A_2 \cdots$——分别为土层 1、土层 2$\cdots$各土层厚度范围内的附加系数的积分值,其值的通式为:
$$A_i = \overline{\alpha}_i \cdot z_i - \overline{\alpha}_{i-1} \cdot z_{i-1}$$

应用上式进行计算,能充分体现各土层的 E_s 值在沉降计算中所起的作用,$\overline{E}_s$ 可完全等效于各分层 E_{si} 的综合影响。

当 $\overline{E}_s$ 值小于等于 7.0MPa 时,沉降对建筑物的影响会逐渐增大。当基底附加应力越接近地基承载力值时,则变形较大,故应采用较大的 ψ_s 值;当基底附加压力较小时,变形也较小,则可用较小的 ψ_s 值。

6. 沉降计算深度 z_n 的确定

在沉降计算时,原则上基底以下的土层都可能产生变形,但是由于土中的附加应力是随着深度的增加逐渐减小的,其对地基变形的影响也减少,所以变形计算时,只需考虑一定的压缩层范围,也就是要确定沉降计算的深度 z_n。

(1) 地基规范规定,地基变形计算深度 z_n(图 5-3-2)应符合下式要求:

$$\Delta s'_n \leqslant 0.025 \sum_{i=1}^{n} \Delta s'_i \tag{5-3-2}$$

式中 $\Delta s_i'$——在计算深度范围内,第 i 层土的计算变形值;

$\Delta s_n'$——在由计算深度向上取厚度为 Δz 的土层计算变形值,Δz 如图 5-3-2 所示,其值可按表 5-3-2 确定。

Δz 取 值　　　　　　　　表 5-3-2

b(m)	$b \leqslant 2$	$2 < b \leqslant 4$	$4 < b \leqslant 8$	$b > 8$
Δz(m)	0.3	0.6	0.8	1.0

注:b 为基础宽度。

(2) 当无相邻荷载影响,基础宽度在 1~30m 范围内时,基础中点的地基变形计算深度也可按下列简化公式计算:

$$z_n = b(2.5 - 0.4\ln b) \tag{5-3-3}$$

式中 b——基础宽度(m)。

(3) 在计算深度范围内存在基岩,z_n 可取至基岩表面;当存在较厚的坚硬黏性土层,其孔隙比小于 0.5,压缩模量大于 50MPa,或存在较厚的密实砂卵石层,其压缩模量大于 80MPa 时,z_n 可取至该层土表面。

(4) 如确定的计算深度下部仍有较软的土层时,应继续计算,直至满足式(5-3-2)的要求。

7. 相邻荷载的影响

在计算地基变形时,应考虑相邻荷载的影响,即为相邻基础的互相影响;其影响的附加应力值,可按应力叠加原理,采用角点法计算。

下面列出五种情况,在图 5-3-3 中 O 点以下任意深度 z 处应力的计算,计算时,通过 O 点把荷载面积分成若干个矩形面积,这样 O 点就必然是划分出的各个矩形的公共角点,然后计算每个矩形角点下同一深度 z 处的附加应力,并求其代数和。

(1) O 点在荷载面边缘(图 5-3-3a)

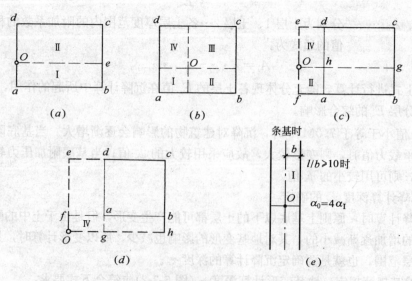

图 5-3-3 以角点法计算均面矩形荷载下的地基平均附加应力
(a)O 在荷载面边缘;(b)O 在荷载面内;(c)O 在荷载面边缘外侧;
(d)O 在荷载面角点外侧;(e)O 在条形基础轴线上

$$p_{0z}=(\alpha_{\mathrm{I}}+\alpha_{\mathrm{II}})p_0$$

式中 α_{I} 和 α_{II} 分别表示相应面积Ⅰ及Ⅱ角点下的竖向附加应力系数，p_0 为基底附加压力。查《地基规范》附录 K 表 K.0.1-1 时，必须注意所取的边长 l 应为任一矩形荷载面的长度，而 b 则为宽度，以下各种情况同此。例如：α_{I} 是由 $l/b=\dfrac{\overline{ab}}{\overline{aO}}$，$z/b=\dfrac{z}{\overline{be}}$ 查取；α_{II} 是由 $l/b=\dfrac{\overline{dc}}{\overline{Od}}$，$z/b=\dfrac{z}{\overline{Od}}$ 查取。

(2) O 点在荷载面内时(图 5-3-3b)

$$p_{0z}=(\alpha_{\mathrm{I}}+\alpha_{\mathrm{II}}+\alpha_{\mathrm{III}}+\alpha_{\mathrm{IV}})p_0$$

如果 O 点位于荷载面的中心，则 $\alpha_{\mathrm{I}}=\alpha_{\mathrm{II}}=\alpha_{\mathrm{III}}=\alpha_{\mathrm{IV}}$，$p_{0z}=4\alpha_{\mathrm{I}}p_0$。

(3) O 点在荷载面边缘外侧时(图 5-3-3c)

此时荷载面 $abcd$ 可看成是由Ⅰ($Ofbg$)与Ⅱ($Ofah$)之差和Ⅲ($Oecg$)与Ⅳ($Oedh$)之差合成的，所以

$$p_{0z}=(\alpha_{\mathrm{I}}-\alpha_{\mathrm{II}}+\alpha_{\mathrm{III}}-\alpha_{\mathrm{IV}})p_0$$

(4) O 点在荷载面角点外侧(图 5-3-3d)

这时把荷载面看成由Ⅰ($Ohce$)、Ⅳ($Ogaf$)两个面积中扣除Ⅱ($Ohbf$)和Ⅲ($Ogde$)而成的，所以

$$p_{0z}=(\alpha_{\mathrm{I}}-\alpha_{\mathrm{II}}-\alpha_{\mathrm{III}}+\alpha_{\mathrm{IV}})p_0$$

当采用式(5-3-1)计算地基沉降时，所采用的土层平均附加应力系数 $\bar{\alpha}$ 亦可采用上述方法确定，$\bar{\alpha}$ 用附录 K 表 K.0.1-2 查取。

8. 计算实例

【实例 1】 以角点法计算图 5-3-4 示矩形基础甲的基底中心点垂线下不同深度处的地基附加应力 p_{0z} 的分布，并考虑相邻基础 z 的影响(两相邻柱距为 6m，荷载同基础甲)。

解：(1) 计算基础甲的基底平均附加压力

基础及其上回填土的总重 $G=\gamma_G \cdot A \cdot d=20\times4\times5\times1.5=600\mathrm{kN}$

其底平均压力 $p=\dfrac{F+G}{A}=\dfrac{1940+600}{4\times5}=127\mathrm{kN/m^2}$

基底处的土中自重压力 $p_c=\gamma_p \cdot d=18\times1.5=27\mathrm{kN/m^2}$

基底平均附加压力 $p_0=p-p_c=127-27=100\mathrm{kN/m^2}$

(2) 计算基础甲中心点 O 下由本基础荷载引起的附加应力 p_{0z}，基底中心点 O 可看成是四个相等小矩形荷载Ⅰ($Oabc$)的公共交点，其长宽比 $l/b=\dfrac{2.5}{2}=1.25$，取深度 $z=0\mathrm{m}$、2m、3m、4m、5m、6m、7m、8m、9m、10m 各计算点，相应 $z/b=0$、0.5、1、1.5、2、2.5、3、3.5、4.5，利用《地基规范》附录 K 表格即可查得地基附加应力系数 α_{I}，算出 p_{0z}，列于表 5-3-3。

甲基础中心点 O 下由本基础荷载引起的附加应力计算表　　　　表 5-3-3

点	l/b	z(m)	z/b	α_{I}	$p_{0z}=4\cdot\alpha_{\mathrm{I}}\cdot p_0(\mathrm{kN/m^2})$
0	1.25	0	0	0.2500	$4\times0.25\times100=100$
1	1.25	1	0.5	0.2352	$4\times0.2352\times100=94$

续表

点	l/b	z(m)	z/b	α_I	$p_{0z}=4 \cdot \alpha_I \cdot p_0 (kN/m^2)$
2	1.25	2	1	0.1866	4×0.1866×100=75
3	1.25	3	1.5	0.1354	4×0.1354×100=54
4	1.25	4	2.0	0.0969	4×0.0969×100=39
5	1.25	5	2.5	0.0712	4×0.0712×100=28
6	1.25	6	3.0	0.0535	4×0.0535×100=21
7	1.25	7	3.5	0.0415	4×0.2352×100=17
8	1.25	8	4	0.0329	4×0.0329×100=13
9	1.25	10	5	0.0220	4×0.0220×100=9

（3）计算基础甲中心点 O 下由两相邻基础乙的荷载引起的 p_{0z}，此时中心点 O 可看成是四个与 I($Oafg$) 相同的矩形和另外四个与 II($Oade$) 相同的矩形的公共角点，其长宽比 l/b 分别为 $8/2.5=3.2$ 和 $4/2.5=1.6$。同样得用《地基规范》附录 K 的表可分别查得各自的 α_I、α_{II}，并计算出 p_{0z}，计算结果及分布图见图 5-3-4 及表 5-3-4。

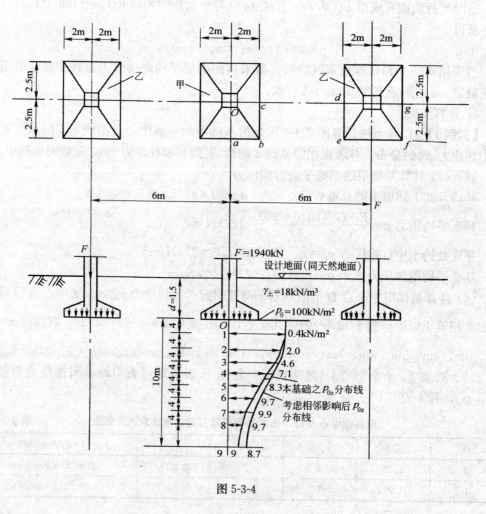

图 5-3-4

相邻二基础乙荷载对甲基础中心点 O 的影响   表 5-3-4

点	l/b		z(m)	z/b	α		$p_{0z}=4(\alpha_Ⅰ-\alpha_Ⅱ)\cdot p_0(kN/m^2)$
	Ⅰ($Oafg$)	Ⅱ($Oade$)			$\alpha_Ⅰ$	$\alpha_Ⅱ$	
0			0	0	0.2500	0.2500	$4×(0.1500-0.2500)×100=0$
1			1	0.4	0.2443	0.2434	$4×(0.2443-0.2434)×100=0.4$
2			2	0.8	0.2193	0.2147	$4×(0.2193-0.2147)×100=2.0$
3			3	1.2	0.1873	0.1758	4.6
4	$\frac{8}{2.5}=3.2$	$\frac{4}{2.5}=1.6$	4	1.6	0.1574	0.1396	7.1
5			5	2.0	0.1324	0.1103	8.8
6			6	2.4	0.1122	0.0879	9.7
7			7	2.8	0.0957	0.0709	9.9
8			8	3.2	0.0823	0.0580	9.7
9			10	4.0	0.0620	0.0403	8.7

【实例 2】 试按规范推荐的方法计算实例 1 中柱基甲的最终沉降量,并应考虑相邻两柱基乙的影响,计算资料详见图 5-3-5。亚黏土层之 $\alpha_{1-2}=0.0043\mathrm{cm^2/N}$,$e_1=0.771$,黏土层之 $\alpha_{1-2}=0.0051\mathrm{cm^2/N}$,$e_1=0.896$。

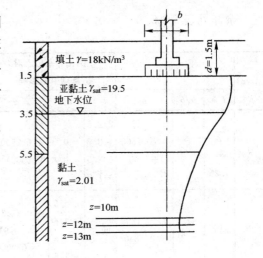

图 5-3-5

解:(1)计算 p_0(基底附加压力)见实例 1。
$$p_0=100\mathrm{kN/m^2}=10\mathrm{N/cm^2}$$

(2)计算 $E_{s(1-2)}$:

亚黏土层:$E_{s(1-2)}=\dfrac{1+e_1}{\alpha_{1-2}}=\dfrac{1+0.771}{0.0043}$
$\qquad\qquad=412\mathrm{N/cm^2}$

黏土层:$E_{s(1-2)}=\dfrac{1+0.896}{0.0051}=372\mathrm{N/cm^2}$

(3)计算 $\bar\alpha_i$

当 $z=0$ 时,$\bar\alpha$ 虽不为零,但 $\bar\alpha\cdot z=0$。

计算 $z=4$(即基底以下 4m)范围内亚黏性土层的 $\bar\alpha$。

1)柱基甲(荷载面积为 $Oabc×4$)

$l/b=2.5/2=1.25$,$z/b=4/2=2$。查地基规范附录 K 表,从 $l/b=1.2$,$z/b=2$,得 $\bar\alpha=0.1822$;$l/b=1.4$,$z/b=2$,得 $\bar\alpha=0.1875$。

当 $l/b=1.25$,$z/b=2$ 时,内插得 $\bar\alpha=0.1822+\dfrac{0.1875-0.1822}{0.2}×0.05=0.1853$

柱基甲下 $z=4\mathrm{m}$ 范围内
$$\bar\alpha=4×0.1835=0.7340$$

2)两相邻柱基乙对甲的影响[荷载面积为 $(Oafg-Oaed)×2×2$]

对荷载面积 $Oafg$,$l/b=8/2.5=3.2$,$z/b=4/2.5=1.6$,查表得 $\bar\alpha=0.2143$。

对荷载面积 $Oaed$,$l/b=4/2.5=1.6$,$z/b=4/2.5=1.6$,查表得 $\bar\alpha=0.2079$。

由于两相邻柱基乙的影响,在 $z=4\mathrm{m}$ 范围内:
$$\bar\alpha=2×2×(0.2143-0.2079)=0.0256$$

3) 考虑两相邻基础影响后，基础甲在 $z=4m$ 范围内
$$\bar{\alpha}=0.7340+0.0256=0.7596$$
4) 分别计算基底以下 $z=10m$、$11m$、$12m$ 深度范围内的 $\bar{\alpha}$ 值，列于表 5-3-5 中。

（4）计算 $\Delta s_i'$

亚黏土层（$z=0\sim 4m$）：
$$\Delta s_i'=\frac{p_0}{E_{s(1-2)i}}(z_i\cdot\bar{\alpha}_i-z_{i-1}\cdot\bar{\alpha}_{i-1})=\frac{10}{412}(400\times 0.7596-0\times 1)$$
$$=\frac{10}{412}\times(303.84-0)=7.37cm$$

黏土层（$z=4\sim 10m$）
$$\Delta s_i'=\frac{10}{372}\times(1000\times 0.4728-400\times 0.7596)=\frac{1}{372}\times(472.80-303.84)=4.55cm$$

余详见表 5-3-5。

表 5-3-5

z(cm)	基础甲			两相邻基础乙对基础甲的影响			考虑影响后基础甲	$z\cdot\bar{\alpha}$	$z_i\cdot\bar{\alpha}_i-z_{i-1}\cdot\bar{\alpha}_{i-1}$	$E_{s(1-2)i}$ (N/cm²)	$\Delta s_i'$ (cm)	$\sum_{i=1}^{n}\Delta s_i'$
	l/b	z/b	$\bar{\alpha}$	l/b	z/b	$\bar{\alpha}$	$\bar{\alpha}$					
0	$\frac{2.5}{2}$ $=1.25$	0	4×0.2500 $=1.00$	$8/2.5$ $=3.2$ $4/2.5$ $=1.6$	0 0	$4(0.2500-0.2500)=0$	1.000	0				
400	同上	$4/2$ $=2$	4×0.1835 $=0.7340$	同上	$4/2.5$ $=1.6$ $4/2.5$ $=1.6$	$4(0.2143-0.2079)$ $=0.0256$	0.7596	303.84	303.84	412	7.37	7.37
1000	同上	$10/2$ $=5$	4×0.1017 $=0.4068$	同上	$10/2.9$ $=4$ $10/2.5$ $=4$	$4(0.1459-0.1294)$ $=0.0660$	0.4728	472.80	168.96	372	4.55	11.92
1200	同上	$12/2$ $=6$	4×0.0879 $=0.3516$	同上	$12/2.9$ $=4.8$ $12/2.5$ $=4.8$	$4(0.1307-0.1136)$ $=0.0684$	0.4200	504.00	31.20	372	0.84	12.76
1300	同上	$13/2$ $=6.5$	4×0.0822 $=0.3288$	同上	$13/2.5$ $=5.2$ $13/2.5$ $=5.2$	$4(0.1241-0.1070)$ $=0.0684$	0.3972	516.36	12.36	372	0.33	13.09

（5）确定 z_n（即压缩层深度）

由表 5-3-5，$z=13m$ 深度范围内的计算变形值 $\Sigma\Delta s_i'=13.09cm$，相应于 $z=12\sim 13m$ 土层的计算变形值 $\Delta s_i'=0.33$。根据式(5-3-2)，$0.33/13.09=0.0252\approx 0.025$（满足规范规

定），故 $z_n=13\text{m}$。

(6) 确定 ψ_s

计算在 z_n 范围内的侧限压缩模量当量值：

$$\overline{E}_s = \frac{\Sigma A_i}{\Sigma \dfrac{A_i}{E_{si}}} = \frac{\Sigma(\overline{\alpha_i}z_i - \overline{\alpha_{i-1}} \cdot z_{i-1})}{\Sigma \dfrac{(\overline{\alpha_i}z_i - \overline{\alpha_{i-1}} \cdot z_{i-1})}{E_{si}}}$$

$$= \frac{303.84+168.96+31.20+12.36}{\dfrac{303.36}{412}+\dfrac{168.96+31.2+12.36}{372}} = \frac{516.36}{0.7375+0.571}$$

$$= \frac{516.36}{1.309} = 394.46\text{N/cm}^2 = 3.94\text{MPa}$$

查表 5-3-1 得：$\psi_s=1.3(p_0=f>f_k)$。

(7) 计算地基最终沉降量 s

$$s = \psi_s \cdot s' = \psi_s \cdot \sum_{i=1}^{n} \Delta s_i' = 1.3 \times 13.09 = 17.0\text{cm}$$

5.3.4 高层建筑基础埋深较深时，如何考虑地基回弹对地基变形的影响？

【解析】 高层建筑由于基础埋置较深，在基坑开挖至基底时，基底以下土层由于卸除土体的自重将产生地基土的回弹，其回弹量的大小与土的类别有关，一般为：砂土、卵石层土的回弹量较小，可略去不计；黏性土的回弹量较大，其地基回弹再压缩变形在总沉降中将占重要地位，某些高层建筑设置 3~4 层（甚至更多层）地下室时，总荷载有可能仅等于（或小于）该深度土的自重压力，这时高层建筑地基沉降变形将由地基回弹变形所决定，因此在沉降计算时，必须考虑地基回弹对地基沉降变形的影响。基础的总沉降量，应由地基土的回弹再压缩量与附加压力引起的沉降量两部分组成。

对于附加压力引起的沉降量，可按式(5-3-1)进行计算。

对于地基回弹再压缩量的计算，因为在一般情况下，地基土的回弹量与回弹再压缩量比较接近，故可用地基回弹量代替回弹再压缩量，从而简化计算。地基回弹变形量可按下式计算：

$$s_c = \psi_c \cdot \sum_{i=1}^{n} \frac{p_c}{E_{ci}}(z_i \cdot \overline{\alpha_i} - z_{i-1} \cdot \overline{\alpha_{i-1}}) \tag{5-3-4}$$

式中 s_c——地基的回弹变形量；

ψ_c——考虑回弹影响的沉降计算经验系数，ψ_c 取 1.0；

p_c——基坑底面以上土的自重压力(kPa)，地下水位以下应扣除浮力，即地下水位以下的土重度应采用浮重度；

E_{ci}——土的回弹模量，按《土工试验方法标准》(GB/T 50123—1999)中"固结试验"一章进行试验，按回弹曲线上相应的压力段计算得出。

于是建筑物的最终总沉降量 Σs 应为：

$$\Sigma s = s_c + s$$

式中 Σs——考虑土的回弹再压缩变形及附加压力变形建筑物的最终总沉降量；

s_c——地基回弹的变形量，由式(5-3-4)算得；

s——由基底附加压力计算的沉降量，由式(5-3-1)算得。

【地基回弹变形的计算实例】

某工程采用箱形基础(图 5-3-6),基础平面尺寸 $64.8 \times 12.8 m^2$,基础埋深 5.7m,基础底面以下各土层分别在自重压力下作回弹试验,测得回弹模量如表 5-3-6 所示。

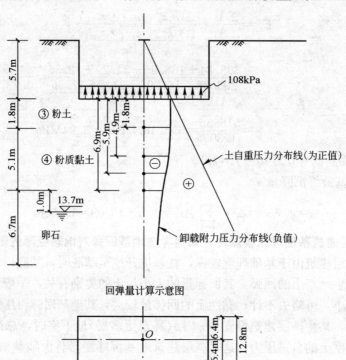

图 5-3-6 基底平面示意图

土的回弹模量 表 5-3-6

土 层	土层厚度 (m)	回弹模量(MPa)			
		$E_{0-0.25}$	$E_{0.25-0.5}$	$E_{0.5-1.0}$	$E_{1.0-2.0}$
③粉土	1.8	28.7	30.2	49.1	570
④粉质黏土	5.1	12.8	14.1	22.3	280
⑤卵石	6.7	100(无试验资料,估算值)			

基底卸载土压力 $108kN/m^2$,计算基础中点最大回弹量。

解:

1. O 点下各计算土层回弹模量的确定见表 5-3-7。

O 点下各计算土层回弹模量的确定 表 5-3-7

z_i(m)	l/b	z_i/b	查表得 α_i'	$\alpha_i=4\alpha_i'$	$p_{zi}=108\alpha_i$	$p_{cz}=\gamma \cdot (5.7+z_i)$	$p_{zi}+p_{ci}$	回弹模量 E_{ci}(MPa)	备注
0	5.063	0	0.25	1	−108	109	0	—	—
1.8	5.063	0.281	0.249	0.996	−107.57	142.5	34.9	28.7	粉土

续表

z_i(m)	l/b	z_i/b	查表得 α_i'	$\alpha_i=4\alpha_i'$	$p_{zi}=108\alpha_i$	$p_{ci}=\gamma\cdot(5.7+z_i)$	$p_{zi}+p_{ci}$	回弹模量 E_{ci}(MPa)	备 注
4.9	5.063	0.766	0.2224	0.8896	−96.08	201.4	105.32	22.3	粉质黏土
5.9	5.063	0.922	0.210	0.840	−90.72	220.4	129.69	280	粉质黏土
6.9	5.063	1.078	0.198	0.792	−85.536	239.4	153.86	280	粉质黏土

注：1. 由地基规范附录 K 附表 K.0.1 确定 α_i 时，应将底面分成四块，以 $l=32.4$，$b=6.4$ 计算 l/b，z_i/b，由附表 K.0.1 查取 O 点处的 α_i'，将此值乘 4，得 α_i；查取时可用插入法。

2. z_i——基底至计算点的深度(m)；

3. p_{zi}——各计算点因挖土卸载产生的附加压力，其值为负值；

p_{ci}——自地面起至各计算点的土的自重压力，本题计算时土的重度取 $\gamma=19\text{kN/m}^3$。

2. 计算 O 点处的回弹量见表 5-3-8。

O 点处的回弹量计算　　　　　表 5-3-8

z_i(m)	l/b	z_i/b	$\overline{\alpha}_i'$	$\overline{\alpha}_i=4\overline{\alpha}_i'$	$z_i\overline{\alpha}_i$	$z_i\cdot\overline{\alpha}_i-z_{i-1}\cdot\overline{\alpha}_{i-1}$	E_{ci}(MPa)	$\dfrac{p_c(z_i\cdot\overline{\alpha}_i-z_{i-1}\cdot\overline{\alpha}_{i-1})}{E_{ci}}$
0	5.063	0	0.25	1	0	0	—	
1.8	5.063	0.281	0.249	0.996	1.7928	1.7928	28.7	6.75mm
4.9	5.063	0.766	0.2417	0.9668	4.7373	2.9445	22.3	14.26
5.9	5.063	0.922	0.2375	0.950	5.605	0.8677	280	0.331
6.9	5.063	1.078	0.2323	0.9312	6.4253	0.8203	280	0.316
合 计								21.657mm

最终回弹量 $s_c=21.66\text{mm}$。

在进行地基土回弹量计算时应注意：

1. 所采用的模量应为土的回弹模量 E_c，不能用土的压缩模量代替，若勘察报告未提供回弹模量时，应提请勘察单位补充回弹模量 E_c；

2. E_{ci} 的取值应按计算点的压力值，从土层回弹试验曲线中确定；

3. 地基土的回弹变形其计算深度是有限的。因此，其计算深度可根据回弹模量值的情况，算至回弹模量较大的深度即可；

4. 在计算土的自重压力时，地下水位以下的土层应采用浮重度(即有效重度)；

5. 基底以下土层为卵石、砂土时，一般可不考虑土的回弹变形影响，但基底以下土层为黏性土(含：粉质黏土，黏质粉土，黏土)时，应考虑土的回弹变形。

第四章 桩基设计

5.4.1 什么情况下桩基应进行沉降验算？什么情况下可不作沉降计算？

【解析】《建筑地基基础设计规范》(GB 50007—2002)第 8.5.10 条规定：

1. 对以下建筑物的桩基应进行沉降验算：
(1) 地基基础设计等级为甲级的建筑物桩基；
(2) 体型复杂、荷载不均匀或桩端以下存在软弱土层的设计等级为乙级的建筑物桩基；
(3) 摩擦型桩基。

以上规定只要符合其中一种情况时，即需进行沉降验算。

2. 除上述情况外符合下述情况的桩基可不进行沉降计算：
(1) 嵌岩桩、设计等级为丙级的建筑物桩基；
(2) 对沉降无特殊要求的条形基础下不超过两排桩的桩基；
(3) 吊车工作级别 A5 及 A5 以下的单层工业厂房桩基(桩端下为密实土层)；
注：A5 指对应于吊车工作制等级为中级时。
(4) 当有可靠地区经验时，对地质条件不复杂、荷载均匀、对沉降无特殊要求的端承型桩基也可不进行沉降验算。

3. 桩基础的沉降不得超过建筑物的沉降允许值，即应符合地基规范表 5.3.4 的规定。

5.4.2 低桩承台基础与高桩承台基础如何界定？

【解析】 桩基础按承台埋深分为低桩承台和高桩承台基础。其划分的方法来源于桥梁桩基础。

所谓低桩承台基础，我国《铁路桥涵设计规范》1959 年版就提出了划分高、低桩承台基础的标准，即承台底面埋入地面或局部冲刷线以下的深度 h 等于或大于下式时，才可按低桩承台基础设计；否则需按高桩承台基础设计。

$$h=\tan\left(45°-\frac{\varphi}{2}\right)\sqrt{\frac{H}{B\gamma}} \tag{5-4-1}$$

式中　h——承台埋置深度；
　　　B——承台宽度；
　　　H——作用于承台的水平力；
　　　γ、φ——承台侧面土的重度及内摩擦角。

即作用于承台的水平力可全部由承台侧被动土压力平衡的条件下才可按低桩承台设计。

对于一般建筑物在正常情况下水平力不大，承台埋置深度由建筑物的稳定性控制，并不要求基础有很大的埋深(规定不小于 0.5m)。但在地震区要考虑震害的影响，特别是高层建筑，承台埋深过小将加重震害，在坡地还可能造成桩基的失稳，故地基规范规定在抗震设防区高层建筑桩箱、桩筏基础的埋深不小于建筑物高度的 $\frac{1}{20}$~$\frac{1}{18}$。同时由于建筑物使用功能的要求，水平力与竖向总荷载的比例不大，绝大多数建筑物的桩基都可能采用低桩承台。仅在岸边、坡地等特殊场地当施工低桩承台有困难时才采用高桩承台。

5.4.3 桩基沉降计算的方法。

【解析】 桩基础的沉降是一个很复杂的问题。由于很难对桩周围土体的应力应变关系作细致的、实际的观察，目前还不能从客观现象观察中得出反映桩周土真实的应力应变关系的数学计算模式。

《建筑地基基础设计规范》(GB 50007—2002)附录 R 提供了三种桩基础最终沉降量的计算方法，这三种方法都是将桩和土体看成为弹性体，用弹性理论方法求解的竖向应力（即土中竖向附加应力）作为计算沉降量的主要手段，其结果必然与实际沉降量有较大的误差，解决的方法是通过经验系数来修正。

1. 桩基沉降计算采用单向压缩分层总和法，其通式为：

$$s = \psi_p \sum_{j=1}^{m} \frac{1}{E_{sj}} \sum_{i=1}^{m} \sigma_{j,i} \Delta H_{j,i} \tag{5-4-2}$$

式中 s——桩基最终计算沉降量(m)；

ψ_p——桩基沉降计算经验系数，原则上应按类似工程条件下的实测沉降资料确定，各地区应根据当地的工程实测资料统计对比确定；

m——桩端平面下压缩层范围内土层总数；

E_{sj}——桩端平面下第 j 层土在自重应力至自重应力加附加应力作用段的压缩模量(MPa)；

n_j——桩端平面下第 j 层土的计算分层数；

$\Delta H_{j,i}$——桩端平面下第 j 层土的第 i 个分层厚度(m)；

$\sigma_{j,i}$——桩端平面下第 j 层土第 i 个分层的竖向附加应力(kPa)。在桩基础沉降计算中，竖向附加应力 $\sigma_{j,i}$ 的计算通常借用弹性理论中布辛奈斯克(Boussinesq)课题或明德林(Mindlin)课题的解析解公式进行计算。

2. 采用布辛奈斯克(Boussinesq)课题应力公式的桩基础沉降计算方法

Boussinesq 应力公式，是在弹性半无限体的表面作用一集中单位力，求解弹性体内应力应变的解析解。因此，在应用该解析解的竖向应力公式作为桩基沉降计算时，需作以下假定：

(1) 作用土体的荷载都集中在桩尖平面上；

(2) 以桩尖平面作为半无限弹性体的表面，桩尖以上的土体影响以及这部分土体与桩的相互作用都忽略不计。

以上假定就是等代实体基础假定，也就是将桩尖至承台之间部分看成实体。这种假定是很牵强的，因为：桩基础中桩与桩之间是土体并非实体；另外桩尖以下的土体并非半无限弹性体，用弹性理论的公式来进行计算桩基沉降，在理论上是有很大误差的。所以当前采用的方法是一种经验方法，也是一种简化方法。这时，就可以像计算地基变形一样采用分层总和法来计算桩基的沉降了。

布辛奈斯克(Boussinesq)于 1885 年求出在弹性半无限体表面的单位集中力 P 作用下，弹性体内任意点处的应力应变的解析表达式，其中竖向应力的计算公式为：

$$\sigma_z = \frac{3P}{2\pi} \times \frac{z^3}{R^5} \tag{5-4-3}$$

式中　σ_z——土中距表面深度为 z 的某点的竖向应力(图5-4-1);

　　　P——作用于地表坐标原点 o 的竖向集中力;

　　　z——计算点 M 至地表面的垂直深度;

　　　R——计算点 M 至坐标原点的距离。

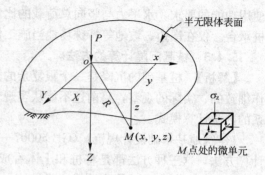

图 5-4-1　一个竖向集中力作用下 M 点的应力

在实际工程中不会仅作用一个集中力,为了应用方便,按表面作用力的不同分布规律,用上式进行积分,求得矩形均布荷载时角点下任意点处的竖向应力或圆形均布荷载时圆心下任意点处的竖向应力在地基规范附录 K 中列出土中附加应力系数 α 及平均附加应力系数 $\bar{\alpha}$,供计算变形时使用。

当采用单向应力分层总和法式(5-4-2)计算桩基沉降时,可根据桩尖平面上荷载分布的不同情况用附录 K 计算出桩端平面下第 j 层土第 i 个分层的竖向附加应力 $\sigma_{j,i}$。

(3) 当采用实体深基础计算桩基最终沉降量时,可采用地基规范第 5.3.5 条至第 5.3.8 条有关的公式进行计算。桩端平面处的附加压力可近似取承台底的附加压力。

实体深基础计算桩基沉降经验系数 ψ_p,应根据地区桩基沉降观测资料及经验统计确定。在不具备条件时,ψ_p 值可按表 5-4-1 选用。

实体深基础计算桩基沉降经验系数 ψ_p　　　　表 5-4-1

$\bar{E}_s$(MPa)	$\bar{E}_s<15$	$15\leqslant\bar{E}_s<30$	$30\leqslant\bar{E}_s<40$
ψ_p	0.5	0.4	0.3

注:$\bar{E}_s$ 为变形计算深度范围内压缩模量的当量值,应按下式计算:

$$\bar{E}_s = \frac{\sum A_i}{\sum \dfrac{A_i}{E_{si}}}$$

式中　A_i——第 i 层土附加应力系数沿土层厚度的积分值。

第五章 基 础 设 计

5.5.1 基础混凝土的最低混凝土强度等级应如何确定?

【解析】 根据《混凝土结构设计规范》(GB 50010—2002)第 3.4 节耐久性规定,建筑物的基础的环境类别应属于二类,则根据该规范第 3.4.2 条,设计使用年限为 50 年时,表 3.4.2 规定最低混凝土强度等级:二 a 类环境时为 C25 二 b 类环境时为 C30。当有可靠工程经验时,处于一类和二类环境的混凝土最低强度等级可降低一个等级。

上述规定是根据混凝土的耐久性提出的新规定,在设计时要特别引起注意。对于无筋扩展基础的混凝土基础亦应满足上述耐久性的要求。

5.5.2 无筋扩展基础中的混凝土基础,在什么情况下也需进行哪些必要的验算?

【解析】 无筋扩展混凝土基础一般都仅需要按下式计算基础高度 H_0(图 5-5-1):

$$H_0 \geqslant \frac{b-b_0}{2\tan\alpha} \quad (5-5-1)$$

地基规范表 8.1.2 的注中规定:

1. 当基础由不同材料叠合组成时,应对接触部分作抗压验算;
2. 基础底面处的平均压力值超过 300kPa 的混凝土基础,尚应进行抗剪验算。

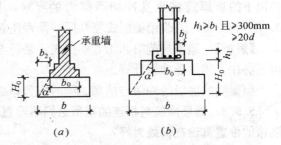

图 5-5-1 无筋扩展基础构造示意图
d—柱中纵向钢筋直径。

5.5.3 墙下条形基础的底面积计算时,在条形基础相交处不应重复计入基础面积。

【解析】 这是地基规范第 8.2.7 条第 1 款中提出的要求。在计算条形基础的面积时,一般都是根据墙下每延米的荷载(kN/m)按地基承载力计算求得基础宽度(m)。这时并未考虑在条形基础相交处面积重叠的影响(图 5-5-2),将会造成基础实际面积偏小,不满足地基承载力的不利情况。故应补充按总重量与基础实际面积计算基底平均压力是否满足基底地基承载力,并据此调整基础宽度。

5.5.4 柱下单独柱基是否需要验算抗剪强度?

【解析】 柱下单独柱基,只需验算柱与基础交接处以及基础变阶处的受冲切承载力,不必进行抗剪验算(参见地基规范第 8.2.7 条第 2 款)。

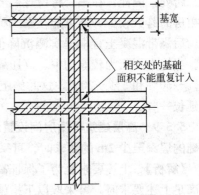

图 5-5-2 墙下条基相交处的情况示意图

5.5.5 墙下扩展条基和柱下条基的底板,是否应作抗剪验算?

【解析】 地基规范对墙下条基和柱下条基的底板,只要求其配筋应按抗弯计算确定,并未要求需进行抗剪强度验算。故一般情况下,可不必进行抗剪验算。但对于基底平均压力超过 300kPa 的底板应作抗剪验算(参见地基规范表 8.1.2 注 4)。

5.5.6 墙下条基、单独柱基、柱下条基的底板的最小配筋率应如何确定?

【解析】《混凝土结构设计规范》(GB 50010—2002)第9.5.2条中规定:"对卧置于地基上的混凝土板,板中受拉钢筋的最小配筋率可适当降低,但不应小于0.15%。"对这条规定在执行中有以下疑问:

1. 上述几种基础的底板,是否属于卧置于地基上的混凝土板,是否要按第9.5.2条的规定执行?

2. 基础底板一般都是变截面的,其最小配筋率0.15%应按那个截面确定?

合理的解答应该是:上述几种的基础底是属于"卧置于地基上的混凝土板",《混凝土结构设计规范》(GB 50007—2002)第9.5.2条是适用的;最小配筋量应按底板根部的截面确定,当板的挑出长度较大时,可分段逐步减少配筋(即截断部分钢筋),但受拉钢筋的间距不宜大于300mm。

5.5.7 《建筑地基基础设计规范》(GB 50007—2002)第8.4.8条规定:"平板式筏基内筒下的板厚应满足受冲切承载力的要求,其受冲切承载力按下式计算:$F_l/u_m h_0 \leqslant 0.7\beta_{hp} \cdot f_t/\eta$。"若改用梁板式筏基后,是否还需作此冲切验算?

【解析】 地基规范第8.4.8条的规定是针对平板式筏基规定的,当采用梁板式筏基时,可不必作上述的受冲切计算。

但梁间的底板的冲切与抗剪、梁的抗剪等必须验算。

5.5.8 高层建筑与相连的裙房之间不设置沉降缝时,宜在裙房一侧设置后浇带,后浇带的位置宜设在何处为好?

【解析】 地基规范第8.4.15条第2款中规定:"当高层建筑与相连的裙房之间不设置沉降缝时,宜在裙房一侧设置后浇带,后浇带的位置宜设在距主楼边柱的第二跨内。"

后浇带的设置是解决施工阶段的差异沉降问题,应位于主楼与裙房不均匀沉降量最大的部位;根据沉降观测的实际情况,不均匀沉降最大的位置,一般都在裙房距主楼边柱的第二跨处,因此,在第二跨设置后浇带对解决主楼与裙房不均匀沉降的影响效果最好。如果裙房的跨数较少,不可能在第二跨设后浇带时,设在第一跨也是可以的。

后浇带混凝土宜根据实测沉降值,并计算后期沉降差能满足设计要求后方可进行浇注。当持力层土为较厚的中、高压缩性黏性土时,其施工阶段的沉降量仅为最终沉降量的20%~50%和5%~20%,这时施工后的后期沉降差仍较大,后浇带的混凝土浇注时间就要延长一些。

5.5.9 高层建筑与裙房间设置沉降缝时,高层建筑的基础埋深不能满足应大于裙房基础的埋深至少2m的要求时,可采取什么加强措施?

【解析】 上述要求是为了保证高建筑基础具有可靠的侧向约束和地基的稳定性。当无法满足上述要求时,可采取以下措施:

1. 裙房基础的埋深应不大于高层基础的埋深。

2. 裙房基础亦应采用箱基或筏基。高层基础地基承载力验算时,应考虑裙房基底压力小于基底土的自重压力的不利影响,以保证地基的稳定性。

3. 裙房与高层相邻处的地下室外墙厚度宜与高层的地下室外墙厚度同厚。沉降缝于室外地坪以下,应用粗砂填实,以保证高层基础的侧向约束。

4. 裙房地下室的层数宜与高层部分地下室的层数一致,各层楼板标高宜相同。

第六章 基础施工现场检验及基槽处理

5.6.1 基坑与基槽检验的主要内容。

【解析】 地基规范第 10.1.1 条规定:"基槽(坑)开挖后,应进行基槽检验。基槽检验可用触探或其他方法,当发现与勘察报告和设计文件不一致或遇到异常情况时,应结合地质条件提出处理意见。"

上述规定是保证建筑物地基基础质量的重要环节,必须认真对待。

天然地基的基坑与基槽(以下简称基坑)开挖后一般应检验下列内容:

1. 核对基坑的位置、平面尺寸、坑底标高是否符合设计文件;
2. 核对基坑的土质和地下水的情况是否与勘察报告一致;
3. 通过轻型触探了解土质的均匀性及发现基底以下是否存在空穴、古墓、古井、防空掩体及地下埋设物,并确定它们的位置、范围、深度及性状;
4. 根据检验结果提出对勘察报告资料、数据的修正意见,对设计和施工提出处理建议。

5.6.2 基坑与基槽的检验方法。

【解析】 基坑的检验一般称为验槽。其主要目的是对基底的土质检验,应采用以下方法进行:

1. 基坑开挖后,对新鲜的未扰动的岩土直接观察,并与勘察报告核对,注意是否有因施工不当而使土质被扰动;因排水不及时使土质软化;因保护不当而使土体出现冰冻等现象;
2. 在直接观察时,可用袖珍贯入仪作为辅助手段;
3. 遇到下列情况之一时,应在坑底普遍进行轻型动力触探:
(1) 持力层土明显不均匀;
(2) 浅部有软弱下卧层;
(3) 有浅埋的坑穴、古墓、古井等,直接观察难以发现时;
(4) 勘察报告或设计文件规定应进行轻型动力触探时;
4. 基坑底以下不深处有承压水层时,轻型动力触探有可能造成冒水涌砂时,不宜进行轻型动力触探,基底持力层为砾石或卵石时,一般不需进行轻型动力触探。

5.6.3 基坑开挖后,应采用以下防止地基土扰动或软化的保护措施。

【解析】 基坑开挖后,应立即采取措施,保护基底的土质不受扰动和破坏。

1. 严防基坑积水;
2. 用机械开挖时,应在设计基底标高以上保留 300~500mm 厚的保护土层,用人工开挖清理;不应出现机械超挖现象,出现超挖时,不得用土铺平;
3. 地基土为干砂时,在基础施工前应适当洒水夯实;
4. 很湿及饱和的黏性土不宜拍打,不宜将砖、石等材料直接抛入基坑,如基土因践踏、积水而产生软化时,应将已软化和扰动的部分清除。

5.6.4 基坑内有坑穴、土井、砖井或局部的松软土时的处理方法。

【解析】 基坑内若有这些情况时，均应妥善处理，一般的处理方法为：

1. 对于局部的松软土，应将其全部清除后，用与持力层土质相近的材料回填夯实，砂土地基时用砂石回填；坚硬的黏性地基时用3∶7灰土回填；可塑黏性土地基时用2∶8或1∶9灰土回填。回填部分的土都应夯实，并应保证质量，一般均用控制最小干重度来要求；

2. 基坑底有小于500mm厚的薄层软土或受扰动的黏性土，如因地下水位高不易清除时，可铺夯大卵石，将软土挤密；

3. 基坑内松软土层所占面积较大（长度超过5m）时，如不会造成不均匀沉降时，可将软土全部清除后，将基础局部加深，做1∶2的台阶，与两端基础连接；

4. 独立基础下的基坑，如松软土所占的面积大于基坑面积的1/3，宜将柱基整个加深，但与相邻柱基础底面的标高差不宜大于两柱基础净距的1/2；

5. 局部换土有困难时，可用短桩基础处理，并适当加强基础和上部结构的刚度。

5.6.5 基槽内有旧房基、压实路面等局部硬土时，如何处理？

【解析】 基槽内有旧房基、压实路面等局部硬土时，将会造成地基不均匀沉降，因此宜全部挖除。如果其厚度很大，全部挖除有困难时，一般情况下可将硬土挖除0.6m后做软垫层，软垫层可采用中、粗砂铺垫，同时适当加强基础和上部结构的刚度，对于砖墙基础可采取加设基础圈梁和楼层圈梁的方法来提高刚度。

5.6.6 基坑内的原有上、下水、煤气、电缆等管道，如何处理？

【解析】 基坑内的原有所有管道，一般均应废弃停止使用。这些管道都是开挖后铺设的，因此在管道的四周肯定是回填土，若基底高于管道时，必须将填土及管道全部清除和拆除。

若管道在基底以上时，也宜拆除，若无法拆除时，必须妥善处理，防止因漏水而浸湿地基，同时，应保证不会因为地基沉降破坏管道，并满足管道的检修。

5.6.7 基槽轻型动力触探（俗称钎探）的一些要求。

【解析】 钎探是用来判断地基持力层土质的均匀性和地基承载力的简易方法，在使用应注意以下问题：

1. 基槽的钎探必须采用轻型动力触探所要求的工具，其形状如图5-6-1所示。锤重10kg（穿心锤），自由落距50cm，每贯入30cm的锤击数N_{10}。

2. 钎孔布置和钎探深度：应根据地基土质的复杂情况和基槽宽度、形状而定，一般可参考表5-6-1。

3. 钎探时应先绘制基槽平面图，在图上根据要求确定钎探点的平面位置，并依次编号制成钎探平面图。按标定的钎探点顺序进行钎探，并记录每点的锤击数/每贯入30cm。最后整理成钎探记录表。

全部钎探完成后，逐层分析钎探记录，逐点进行比较，将锤击数显著过多或过少的钎孔在平面图上做上记号，并在该部位观察土质情况进一步重点检查，找出异常情况，确定处理的范围和方法。

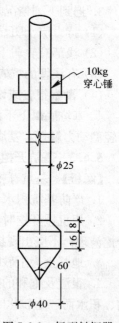

图 5-6-1 轻型触探器

钎孔布置和钎探深度　　　　　　　表 5-6-1

槽宽(m)	排列方式及图示	间距(m)	钎探深度(m)
小于0.8	中心一排 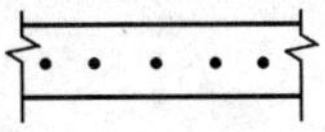	1～2	1.2
0.8～2.0	两排错开 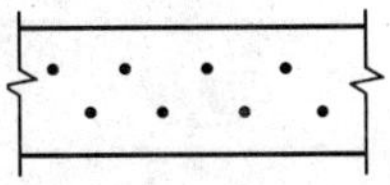	1～2	1.5
大于2.0	梅花形 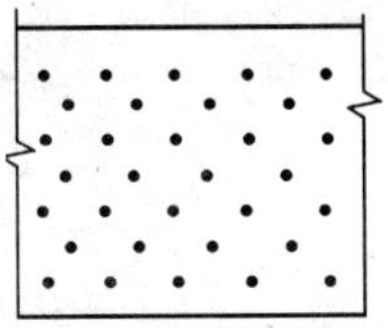	1～2	2.0
柱　基	梅花形 	1～2	≥1.6

注：对于软弱的新近沉积黏性土和人工杂填土地基、钎孔间距应不大于1.5m

第六篇 木 结 构

第一章 木结构材料

第一节 木 材

6.1.1 木材使用时，要根据木材的材质等级确定木材的用途，木材材质等级的确定。

【解析】 木材是一种天然生长的材料，具有很多优良的性能，如轻质高强，有较高的弹性、韧性、耐冲击和振动，易于加工，长期保持干燥或置于水中，均有较高的耐久性。木材也有缺点，如内部构造不均匀，各向异性，易腐朽和虫蛀，天然疵病较多等。因此，承重结构用方木、板材、原木均按照木材中存在的缺陷来确定其材质等级，见表 6-1-1、表 6-1-2 和表 6-1-3。

承重结构方木材质标准　　　　　　　　表 6-1-1

项次	缺陷名称	材质等级		
		Ⅰ$_a$	Ⅱ$_a$	Ⅲ$_a$
1	腐朽	不允许	不允许	不允许
2	木节 在构件任一面任何 150mm 长度上所有木节尺寸的总和，不得大于所在面宽的	1/3（连接部位为 1/4）	2/5	1/2
3	斜纹 任何 1m 材长上平均倾斜高度，不得大于	50mm	80mm	120mm
4	髓心	应避开受剪面	不 限	不 限
5	裂缝 (1) 在连接部位的受剪面上 (2) 在连接部位的受剪面附近，其裂缝深度（有对面裂缝时用两者之和）不得大于材宽的	不允许 1/4	不允许 1/3	不允许 不 限
6	虫蛀	允许有表面虫沟，不得有虫眼		

注：1. 对于死节（包括松软节和腐朽节），除按一般木节测量外，必要时尚应按缺孔验算；若死节有腐朽迹象，则应经局部防腐处理后使用。
　　2. 木节尺寸按垂直于构件长度方向测量。木节表现为条状时，在条状的一面不量（附图 A.1），直径小于 10mm 的活节不量。

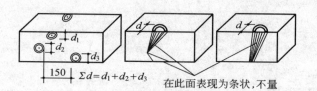

附图 A.1 木节量法

承重结构板材材质标准　　　　表 6-1-2

项次	缺陷名称	材质等级		
		I_a	II_a	III_a
1	腐朽	不允许	不允许	不允许
2	木节 在构件任一面任何150mm长度上所有木节尺寸的总和，不得大于所在面宽的	1/4（连接部位为1/5）	1/3	2/5
3	斜纹 任何1m材长上平均倾斜高度，不得大于	50mm	80mm	120mm
4	髓心	不允许	不允许	不允许
5	裂缝 在连接部位的受剪面及其附近	不允许	不允许	不允许
6	虫蛀			允许有表面虫沟，不得有虫眼

注：对于死节（包括松软节和腐朽节），除按一般木节测量外，必要时尚应按缺孔验算。若死节有腐朽迹象，则应经局部防腐处理后使用。

承重结构原木材质标准　　　　表 6-1-3

项次	缺陷名称	材质等级		
		I_a	II_a	III_a
1	腐朽	不允许	不允许	不允许
2	木节 (1) 在构件任一面任何150mm长度上沿周长所有木节尺寸的总和，不得大于所测部位原木周长的 (2) 每个木节的最大尺寸，不得大于所测部位原木周长的	1/4 1/10（连接部位为1/12）	1/3 1/6	不限 1/6
3	扭纹 小头1m材长上倾斜高度不得大于	80mm	120mm	150mm
4	髓心	应避开受剪面	不限	不限
5	虫蛀			容许有表面虫沟，不得有虫眼

注：1. 对于死节（包括松软节和腐朽节），除按一般木节测量外，必要时尚应按缺孔验算；若死节有腐朽迹象，则应经局部防腐处理后使用。
2. 木节尺寸按垂直于构件长度方向测量，直径小于10mm的活节不量；
3. 对于原木的裂缝，可通过调整其方位（使裂缝尽量垂直于构件的受剪面）予以使用。

6.1.2　为什么木材的材质等级要根据构件的受力性质来选择呢?

【解析】　由于木材的力学性质是各向异性，木材的顺纹强度高，横纹强度低。而且木材的缺陷不仅确定材质等级，也影响各类木构件的强度。因此，根据历年来的试验研究成果，制定了按承重构件的受力性质将材质等级分为三级，见表6-1-4。

普通木结构构件的材质等级　　　　　　　表 6-1-4

项次	主要用途	材质等级
1	受拉或拉弯构件	I_a
2	受弯或压弯构件	II_a
3	受压构件及次要受弯构件(如吊顶小龙骨等)	III_a

6.1.3 《木结构设计规范》(GB 5005—2003)，承重木结构用材中，增加了规格材，规格材的使用。

【解析】 规格材是指截面尺寸的宽度和高度按规定尺寸加工的木材，以适应轻型木结构在我国的应用。规格材的使用，应根据构件的用途按表 6-1-5 要求选用相应的材质等级。规格材的材质标准可查阅《木结构设计规范》表 A.3。

轻型木结构用规格材的材质等级　　　　　　　表 6-1-5

项次	主要用途	材质等级
1	用于对强度、刚度和外观有较高要求的构件	I_c
2	用于对强度、刚度和外观有较高要求的构件	II_c
3	用于对强度、刚度有较高要求而对外观只有一般要求的构件	III_c
4	用于对强度、刚度有较高要求而对外观无要求的普通构件	IV_c
5	用于墙骨柱	V_c
6	除上述用途外的构件	VI_c
7		VII_c

6.1.4 规范规定，制作承重木结构构件时，木材含水率应符合下列要求：

1. 现场制作的原木或方木结构不应大于 25%；
2. 板材和规格材不应大于 20%；
3. 受拉构件的连接板不应大于 18%；
4. 作为连接件不应大于 15%；
5. 层板胶合木结构不应大于 15%，且同一构件各层木板间的含水率差别不应大于 5%。

【解析】 木材的含水率是指木材中所含水分的质量占烘干后木材质量的百分率。木材的含水率对木材强度有很大的影响，木材强度一般随含水率的增加而降低；而木材含水率的变化会引起木材的不均匀收缩，导致木材产生变形和开裂。因此：

1. 木结构若采用较干的木材制作，在相当程度上减小了因木材干缩造成的松弛变形和裂缝的危险。
2. 原木和方木的含水率沿截面内外分布很不均匀。原西南建筑科学研究所对 30 余根 120mm×160mm 方木进行测定，木材表层 20mm 处含水率 16.2%～19.6% 时，截面平均含水率为 24.7%～27.3%。木材截面加大，估计平均含水率会偏低。
3. 根据各地历年来使用湿材总结的经验，以及科研成果，作了湿材只能用于原木和方木构件的规定(其接头的连接板不允许用湿材)。因为这两类构件受木材干裂的危害不如板材严重。

湿材对结构的危害主要是：在结构的关键部位，可能引起危险性的裂缝，促使木材腐朽，易遭虫蛀，使节点松动，结构变形增大等。

6.1.5 中国木材缺口量每年达 6000 万 m^3，国家每年动用外汇进口木材，并作了下列规定：

1. 选择天然缺陷和干燥缺陷少、耐腐性较好的树种木材；

2. 每根木材上应有经过认可的认证标识，认证等级应附有说明，并应符合我国商检规定，进口的热带木材，还应附有无活虫虫孔的证书；

3. 进口木材应有中文标识，并按国别、等级、规格分批堆放，不得混淆，贮存期间应防止木材霉变、腐朽和虫蛀；

4. 对首次采用的树种，应严格遵守先试验后使用的原则，严禁未经试验就盲目使用。

【解析】 前一时期，进口木材在订货、商检、保存和使用等方面，缺乏专门的技术标准，存在不少问题。例如：(1)有的进口木材，订货时任意选择木材的树种与等级，导致应用时增加了处理的工作量与损耗；有的进口木材，不附质量证书或商检报告；有的进口木材，木材的名称与产地不详等。

6.1.6 由于我国常用树种的木材资源已不能满足需要，一些不常用的树种木材，特别是阔叶材中的速生林树种，今后将占一定比例。当采用新树种木材作承重结构时，应如何应用？

【解析】 新利用树种木材的主要特性见表 6-1-6。

承重结构中使用新利用树种木材设计要求　　　　　　　　表 6-1-6

项 目	内　　容
木材的主要特性	槐木：干燥困难，耐腐性强，易受虫蛀
	乌墨(密脉蒲桃)：干燥较慢，耐腐性强
	木麻黄木材：硬而重，干燥易，易受虫蛀，不耐腐
	隆缘桉、柠檬桉和云南蓝桉：干燥困难，易翘裂，云南蓝桉能耐腐，隆缘桉和柠檬桉不耐腐
	檫木：干燥较易，干燥后不易变色，耐腐性较强
	榆木：干燥困难，易翘裂，收缩颇大，耐腐性中等，易受虫蛀
	臭椿：干燥易，不耐腐，易呈蓝变色，木材轻软
	桤木：干燥颇易，不耐腐
	杨木：干燥易，不耐腐，易受虫蛀
	拟赤杨：木材轻、质软、收缩小、强度低、易干燥，不耐腐

注：木材的干燥难易系指板材而言，耐腐性系指心材部分在室外条件下而言，边材一般均不耐腐。在正常的温湿度条件下，用作室内不接触地面的构件，耐腐性并非是最重要的考虑条件。

新利用树种木材的应用范围：

1. 宜在木柱、搁栅、檩条和跨度较小的钢木桁架中先使用，取得成熟经验后，逐步扩大其应用范围。

2. 不耐腐朽和易受虫蛀的树种木材，若无可靠的防腐、防虫处理措施，不得用于露天结构。

第二节 其他材料

6.1.7 承重木结构中使用钢材、焊条等材料时，应遵守哪些规定？

【解析】 承重木结构中，用《碳素结构钢》(GB 700)规定的 Q235 钢材。主要原因是这种钢材有长期生产和使用经验，材质稳定，性能可靠，经济指标较好，供应也有保证。

考虑到钢木桁架的圆钢下弦，直径 $d \geqslant 20mm$ 的钢拉杆(包括连接件)为结构中的重要构件，若材质有问题，易造成重大工程安全事故。因此，钢材应具有抗拉强度、伸长率、屈服点和硫、磷含量的合格保证。$d \geqslant 20mm$ 的钢拉杆，应具有冷弯试验的合格保证。

钢构件焊接用的焊条，应符合国家标准《碳钢焊条》(GB 5117)及《低合金钢焊条》(GB 5118)的规定，焊条的型号与主体金属强度相适应。其原因是工地乱用焊条的现象时有发生，容易导致工程安全事故的发生。因此，有必要加以明确。

6.1.8 对于承重结构用胶，应保证其胶合强度不低于木材顺纹抗剪和横纹抗拉强度。胶连接的耐水性和耐久性，应与结构的用途和使用年限相适应，并应符合环境保护的要求。

【解析】 无论是在荷载作用下，或是由木材胀缩引起的内力，胶缝主要是受剪应力和垂直于胶缝方向的正应力作用。通常，胶缝对压应力的作用是能够承受的，因而，关键在于保证胶缝的抗剪和抗拉强度。当胶缝的强度不低于木材顺纹抗剪和横纹抗拉强度时，就意味着胶连接的破坏基本上沿着木材部分发生，保证了胶连接的可靠性。

由于胶的种类很多，其耐水性、耐候性、耐老化以及价格各不相同。因此，应根据木结构的用途和使用年限，来选择胶的耐水性和耐久性。但是，无论使用哪一种胶，对周围环境都不能造成污染。

第二章 木结构基本设计规定

第一节 设计的基本原则

6.2.1 木结构设计采用以概率理论为基础的极限状态设计法,以可靠度指标 β 度量结构构件的可靠度,采用分项系数的设计表达式。

【解析】 根据《建筑结构可靠度设计统一标准》(GB 50068—2001),木结构采用以概率理论为基础的极限状态设计法。普通房屋和一般构筑物的设计基准期为50年,安全等级为二级。按原规范设计的各类构件:受弯木构件的可靠指标 $\beta=3.8$;顺纹受压 $\beta=3.8$;顺纹受拉 $\beta=4.3$;顺纹受剪 $\beta=3.9$。均符合《统一标准》的规定:一般工业与民用建筑的木结构,安全等级二级,对于延性破坏的构件,$\beta=3.2$;对于脆性破坏的构件,$\beta=3.7$。

6.2.2 对于承载能力极限状态设计表达式 $\gamma_0 S \leqslant R$ 中,结构重要性系数 γ_0 分为以下几种情况,见表6-2-1。

表 6-2-1

项 次	安全等级	设计使用年限 (年)	结构重要性系数 γ_0
1	一级	超过100	1.2
2		一级或≥100	1.1
3		二级或50	1.0
4		25	0.95
5		三级或5	0.90

【解析】 根据《统一标准》,木结构的设计使用年限见表6-2-2;按建筑结构破坏后果严重性,安全等级划分见表6-2-3。结构重要系数 γ_0 的数值是综合两个因素来确定的。

设计使用年限 表 6-2-2

类 别	设计使用年限	示 例
1	5年	临时性结构
2	25年	易于替换的结构构件
3	50年	普通房屋和一般构筑物
4	100年及以上	纪念性建筑物和特别重要建筑结构

建筑结构的安全等级 表 6-2-3

安全等级	破坏后果	建筑物类型
一级	很严重	重要的建筑物
二级	严重	一般的建筑物
三级	不严重	次要的建筑物

注:对有特殊要求的建筑物,其安全等级应根据具体情况另行确定。

第二节 木材强度设计指标和允许值

6.2.3 普通木结构用木材,其树种的强度等级按表 6-2-4 和表 6-2-5 采用。

针叶树种木材适用的强度等级　　　　　表 6-2-4

强度等级	组别	适 用 树 种
TC17	A	柏木　长叶松　湿地松　粗皮落叶松
	B	东北落叶松　欧洲赤松　欧洲落叶松
TC15	A	铁杉　油杉　太平洋海岸黄柏　花旗松—落叶松　西部铁杉　南方松
	B	鱼鳞云杉　西南云杉　南亚松
TC13	A	油松　新疆落叶松　云南松　马尾松　扭叶松　北美落叶松　海岸松
	B	红皮云杉　丽江云杉　樟子松　红松　西加云杉　俄罗斯红松　欧洲云杉　北美山地云杉　北美短叶松
TC11	A	西北云杉　新疆云杉　北美黄松　云杉—冷杉　铁—冷杉　东部铁杉　杉木
	B	冷杉　速生杉木　速生马尾松　新西兰辐射松

阔叶树种木材适用的强度等级　　　　　表 6-2-5

强度等级	适 用 树 种
TB20	青冈　栎木　门格里斯木　卡普木　沉水稍克隆　绿心木　紫心木　李叶豆　塔特布木
TB17	栎木　达荷玛木　萨佩莱木　苦油树　毛罗藤黄
TB15	锥栗(栲木)　桦木　黄梅兰蒂　梅萨瓦木　水曲柳　红劳罗木
TB13	深红梅兰蒂　浅红梅兰蒂　白梅兰蒂　巴西红厚壳木
TB11	大叶椴　小叶椴

【解析】 木材强度等级按表 6-2-4 和表 6-2-5 采用的树种:

1. 树种包括:国内过去常用的木材树种,同时增加了进口木材的树种。

2. 木材的强度等级 TC17、TC15…中的数字为木材的抗弯强度设计值 $f_m=17N/mm^2$、$f_m=15N/mm^2$…。

3. 阔叶树种木材增加了 TB13 和 TB11 适用树种,这两种强度等级的树种均为进口木材树种。

6.2.4 木材强度设计值,抗弯 f_m>顺纹抗压及承压 f_c>顺纹抗拉 f_t>顺纹抗剪 f_v。

【解析】 1. 构件受弯时受力方向属于顺纹受力,以中和轴为界,截面分为受拉和受压两部分,木材的缺陷对受弯强度的影响,除缺孔和木节的大小外,还取决于它的位置。《木结构设计规范》中对受弯和压弯构件的材质等级的规定采用Ⅱ$_a$级,即对木材缺陷的限制采用拉、压构件的中间值。在施工时,对受弯构件总是不使受拉边缘有较大的缺孔和木节。所以,对受弯强度设计值 f_m 的取值较高。

2. 木材在压力作用下的内力分布较均匀,且木节亦能承受一些压力,所以木节对受压强度的影响较小。考虑到各种缺陷对木材受压的影响较小,所以《木结构设计规范》中对木材顺纹抗压强度设计值 f_c 取值较高，而且规定受压构件所用的木材采用Ⅲ$_a$级材质等级，对缺口的限制采用最宽松的限制。

3. 木材顺纹受拉破坏具有明显的脆性破坏，木材中的木节、斜纹等疵病对强度影响较大。木材中的木节类似于孔洞，不仅减少了有效面积，而且孔洞附近的应力集中降低了木材的抗拉强度。板材由于锯割，木节有可能处于构件的边缘，还经常形成贯穿节，使木材偏心受力又断纹，对抗拉强度削弱较多。因此，采用较低的顺纹抗拉强度设计值 f_t，并规定受拉和拉弯构件木材用Ⅰ$_a$级材质等级，对木材的缺陷采用最严格的限制。

4. 顺纹剪切为剪切力与纤维方向平行。木材顺纹受剪，绝大部分纤维不破坏，只破坏剪切面中的纤维的联结，这种联结破坏是由于纤维间产生纵向位移和受横纹拉力作用。所以木材的顺纹抗剪强度设计值 f_v 很小。

6.2.5 表6-2-6规定了各种强度等级木材的强度设计值和弹性模量，强度设计值和弹性模量的确定方法和使用。

木材的强度设计值和弹性模量（N/mm²） 表6-2-6

强度等级	组别	抗弯 f_m	顺纹抗压及承压 f_c	顺纹抗拉 f_t	顺纹抗剪 f_v	横纹承压 $f_{c,90}$			弹性模量 E
						全表面	局部表面和齿面	拉力螺栓垫板下	
TC17	A	17	16	10	1.7	2.3	3.5	4.6	10000
	B		15	9.5	1.6				
TC15	A	15	13	9.0	1.6	2.1	3.1	4.2	10000
	B		12	9.0	1.5				
TC13	A	13	12	8.5	1.5	1.9	2.9	3.8	10000
	B		10	8.0	1.4				9000
TC11	A	11	10	7.5	1.4	1.8	2.7	3.6	9000
	B		10	7.0	1.2				
TB20	—	20	18	12	2.8	4.2	6.3	8.4	12000
TB17	—	17	16	11	2.4	3.8	5.7	7.6	11000
TB15	—	15	14	10	2.0	3.1	4.7	6.2	10000
TB13	—	13	12	9.0	1.4	2.4	3.6	4.8	8000
TB11	—	11	10	8.0	1.3	2.1	3.2	4.1	7000

注：计算木构件端部（如接头处）的拉力螺栓垫板时，木材横纹承压强度设计值应按"局部表面和齿面"一栏的数值采用。

【解析】 1. 木材强度设计值的确定方法

每一树种强度设计值的原始数据是用含水率12%的清材小试件，按《木材物理力学试验方法》（GB 1927～1943—91）试验确定的。

清材小试件强度的标准值 f_k 取概率分布的0.05分位值。

$$f_k = \mu_f - 1.645\sigma_f \tag{6-2-1}$$

式中 μ_f——木材标准小试件强度平均值；
　　　σ_f——木材标准小试件强度标准差。

木材强度设计值 f 的确定。

$$f=(K_P\times K_A\times K_Q\times f_K)/\gamma_R \quad (6\text{-}2\text{-}2)$$

$$K_Q=K_{Q1}\ K_{Q2}\ K_{Q3}\ K_{Q4} \quad (6\text{-}2\text{-}3)$$

式中 γ_R——抗力分项系数，顺纹受拉 $\gamma_R=1.95$，顺纹受弯 $\gamma_R=1.60$，顺纹受压 $\gamma_R=1.45$，顺纹受剪 $\gamma_R=1.50$；
　　　K_P——方程精确性影响系数；
　　　K_A——尺寸误差影响系数；
　　　K_Q——构件材料强度折减系数；
　　　K_{Q1}——天然缺陷影响系数；
　　　K_{Q2}——干燥缺陷影响系数；
　　　K_{Q3}——长期受荷强度折减系数；
　　　K_{Q4}——尺寸影响系数。

2. 木材强度设计值和弹性模量设计时的使用

在正常情况下，木材强度设计值和弹性模量按表6-2-6采用。在下列情况下，表6-2-6中的设计指标应按下列规定进行调整。

(1) 在不同的使用条件下，木材的强度设计值和弹性模量乘以表6-2-7的调整系数。

不同使用条件下木材强度设计值和弹性模量的调整系数 表 6-2-7

使 用 条 件	调 整 系 数	
	强度设计值	弹性模量
露天环境	0.9	0.85
长期生产性高温环境，木材表面温度达40~50℃	0.8	0.8
按恒荷载验算时	0.8	0.8
用于木构筑物时	0.9	1.0
施工和维修时的短暂情况	1.2	1.0

注：1. 当仅有恒荷载或恒荷载产生的内力超过全部荷载所产生的内力的80%时，应单独以恒荷载进行验算；
　　2. 当若干条件同时出现时，表列各系数应连乘。

(2) 对不同的设计使用年限，木材的强度设计值和弹性模量乘以表6-2-8的调整系数。

不同设计使用年限时木材强度设计值和弹性模量的调整系数 表 6-2-8

设计使用年限	调 整 系 数	
	强度设计值	弹性模量
5年	1.1	1.1
25年	1.05	1.05
50年	1.0	1.0
100年及以上	0.9	0.9

(3) 采用不同情况的木材，应按下列规定进行调整：

1) 当采用原木、验算部位未经切削时，其顺纹抗压、抗弯强度设计值和弹性模量可提高15%；

2) 当构件矩形截面的短边尺寸不小于150mm时，其强度设计值可提高10%；

3) 当采用湿材时，各种木材的横纹承压强度设计值以及落叶松木材的抗弯强度设计值宜降低10%。

6.2.6 承重结构中使用新利用树种的设计指标和应用范围。

【解析】 在承重结构中，使用新树种的木材，材质等级为Ⅰa、Ⅱa和Ⅲa级，木材含水率符合规范3.1.13条要求时，木材的强度设计值和弹性模量可按表6-2-9采用。

新利用树种木材的强度设计值和弹性模量（N/mm²）　　　表6-2-9

强度等级	树种名称	抗弯 f_m	顺纹抗压及承压 f_c	顺纹抗剪 f_v	横纹承压 $f_{c,90}$			弹性模量 E
					全表面	局部表面和齿面	拉力螺栓垫板下	
TB15	槐木 乌墨 木麻黄	15	13	1.8 / 1.6	2.8	4.2	5.6	9000
TB13	柠檬桉 隆缘桉 蓝桉 檫木	13	12	1.5 / 1.2	2.4	3.6	4.8	8000
TB11	榆木 臭椿 桤木	11	10	1.3	2.1	3.2	4.1	7000

注：杨木和拟赤杨顺纹强度设计值和弹性模量可按TB11级数值乘以0.9采用，横纹强度设计值可按TB11级数值乘以0.6采用。若当地有使用经验，也可在此基础上作适当调整。

新树种木材的应用范围：

1. 宜先在木柱、搁栅、檩条和较小跨度的钢木桁架中使用，取得成熟经验后，逐步扩大其应用范围；

2. 不耐腐朽和易受虫蛀的树种木材，若无可靠的防腐、防虫处理措施，不得用作露天结构。

6.2.7 关于进口规格材的设计指标。

【解析】 进口规格材应由木结构设计管理机构按规定的专门程序确定规格材的强度设计值和弹性模量。

1. 应由木结构设计规范管理机构对规格材所在国的负责分级的机构进行调查认可，经认可的机构所作的分级才能进入木结构设计规范使用；

2. 应对该进口木材的分级规格、设计值确定方法及相关标准的关系进行审查，确定该进口木材设计值与木结构设计规范规定的木材设计值之间的换算关系，并加以换算。

已经换算的部分目测分级进口规格材的强度设计值和弹性模量见表6-2-10，但应乘以表6-2-11的尺寸调整系数。

目测分级进口规格材强度设计值和弹性模量

表 6-2-10

名 称	等 级	截面最大尺寸(mm)	抗弯 f_m	顺纹抗压 f_c	顺纹抗拉 f_t	顺纹抗剪 f_v	横纹承压 $f_{c,90}$	弹性模量 E
花旗松—落叶松类（南部）	I_c	285	16	18	11	1.9	7.3	13000
	II_c		11	16	7.2	1.9	7.3	12000
	III_c		9.7	15	6.2	1.9	7.3	11000
	IV_c、V_c		5.6	8.3	3.5	1.9	7.3	10000
	VI_c	90	11	18	7.0	1.9	7.3	10000
	VII_c		6.2	15	4.0	1.9	7.3	10000
花旗松—落叶松类（北部）	I_c	285	15	20	8.8	1.9	7.3	13000
	II_c		9.1	15	5.4	1.9	7.3	11000
	III_c		9.1	15	5.4	1.9	7.3	11000
	IV_c、V_c		5.1	8.8	3.2	1.9	7.3	10000
	VI_c	90	10	19	6.2	1.9	7.3	10000
	VII_c		5.6	16	3.5	1.9	7.3	10000
铁—冷杉（南部）	I_c	285	15	16	9.9	1.6	4.7	11000
	II_c		11	15	6.7	1.6	4.7	10000
	III_c		9.1	14	5.6	1.6	4.7	9000
	IV_c、V_c		5.4	7.8	3.2	1.6	4.7	8000
	VI_c	90	11	17	6.4	1.6	4.7	9000
	VII_c		5.9	14	3.5	1.6	4.7	8000
铁—冷杉（北部）	I_c	285	14	18	8.3	1.6	4.7	12000
	II_c		11	16	6.2	1.6	4.7	11000
	III_c		11	16	6.2	1.6	4.7	11000
	IV_c、V_c		6.2	9.1	3.5	1.6	4.7	10000
	VI_c	90	12	19	7.0	1.6	4.7	10000
	VII_c		7.0	16	3.8	1.6	4.7	10000
南方松	I_c	285	20	19	11	1.9	6.6	12000
	II_c		13	17	7.2	1.9	6.6	12000
	III_c		11	16	5.9	1.9	6.6	11000
	IV_c、V_c		6.2	8.8	3.5	1.9	6.6	10000
	VI_c	90	12	19	6.7	1.9	6.6	10000
	VII_c		6.7	16	3.8	1.9	6.6	9000
云杉—松—冷杉类	I_c	285	13	15	7.5	1.4	4.9	10300
	II_c		9.4	12	4.8	1.4	4.9	9700
	III_c		9.4	12	4.8	1.4	4.9	9700
	IV_c、V_c		5.4	7.0	2.7	1.4	4.9	8300
	VI_c	90	11	15	5.4	1.4	4.9	9000
	VII_c		5.9	12	2.9	1.4	4.9	8300
其他北美树种	I_c	285	9.7	11	4.3	1.2	3.9	7600
	II_c		6.4	9.1	2.9	1.2	3.9	6900
	III_c		6.4	9.1	2.9	1.2	3.9	6900
	IV_c、V_c		3.8	5.4	1.6	1.2	3.9	6200
	VI_c	90	7.5	11	3.2	1.2	3.9	6900
	VII_c		4.3	9.4	1.9	1.2	3.9	6200

注：当规格材搁栅数量大于3根，且与楼面板、屋面板或其他构件有可靠连接时，设计搁栅的抗弯承载力时，可将表中的抗弯强度设计值 f_m 乘以1.15的共同作用系数。

尺寸调整系数　　　　　　　　　　表 6-2-11

等　级	截面高度 (mm)	抗　弯 截面宽度(mm)		顺纹抗压	顺纹抗拉	其　他
		40 和 65	90			
Ⅰc、Ⅱc、Ⅲc、Ⅳc、Vc	≤90	1.5	1.5	1.15	1.5	1.0
	115	1.4	1.4	1.1	1.4	1.0
	140	1.3	1.3	1.1	1.3	1.0
	185	1.2	1.2	1.05	1.2	1.0
	235	1.1	1.2	1.0	1.1	1.0
	285	1.0	1.1	1.0	1.0	1.0
Ⅵc、Ⅶc	≤90	1.0	1.0	1.0	1.0	1.0

北美规格材代码和《木结构设计规范》规格材代码对应关系见表 6-2-12。

北美规格材与《木结构设计规范》规格材对应关系　　表 6-2-12

《木结构设计规范》规格材等级	北美规格材等级
Ⅰc	Select structural
Ⅱc	No.1
Ⅲc	No.2
Ⅳc	No.3
Vc	Stud
Ⅵc	Construction
Ⅶc	Standard

第三章 木结构构件计算

第一节 轴心受拉和轴心受压构件

6.3.1 轴心受拉构件用公式 $\dfrac{N}{A_n} \leqslant f_t$ 进行承载力验算时,计算净截面面积 A_n,应扣除分布在 150mm 长度上的缺孔投影面积。

【解析】 计算受拉构件的净截面面积 A_n 时,考虑有缺孔木材受拉时有"迂回"破坏的特征见图 6-3-1,所以规定应将分布在 150mm 长度上的缺孔投影在同一截面上扣除。其所以规定为 150mm,是考虑到与规范附录表 A.1.1 中有关木节的规定相一致。

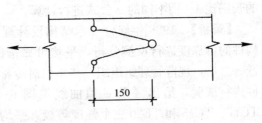

图 6-3-1 受拉构件的"迂回"破坏示意图

因此,如图 6-3-2 所示,受拉构件净截面面积 $A_n = b(h - d_1 - d_2 - d_3)$。

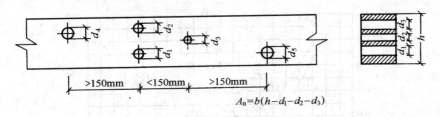

图 6-3-2 受拉构件净截面面积

6.3.2 轴心受压构件按 $\dfrac{N}{\varphi A_0} \leqslant f_c$ 进行稳定验算时,受压构件截面的计算面积 A_0,在下列情况下取值为:

1. **缺口不在边缘时,取 $A_0 = 0.9A$,A 为构件全截面面积;**
2. **螺栓孔可不作为缺口考虑,即 $A_0 = A$。**

【解析】 1. 有缺口构件的临界力为 N_{cr}^h,可按下式计算:

$$N_{cr}^h = \frac{\pi^2 EI}{l^2}\left[1 - \frac{2}{l}\int_0^l \frac{I_h}{I}\sin^2\frac{\pi z}{l}dz\right] \tag{6-3-1}$$

式中 I——无缺口截面惯性矩;
I_h——缺口截面惯性矩;
l——构件长度。

当缺口宽度等于截面宽度的一半,长度等于构件长度的 1/10 时,见图 6-3-3,根据上式化简,可求得临界力为:

对 $x-x$ 轴　　$N^h_{crx}=0.975N_{crx}$　　　　　　　　(6-3-2)

对 $y-y$ 轴　　$N^h_{cry}=0.90N_{cry}$　　　　　　　　(6-3-3)

式中　N_{crx}、N_{cry}——对 x 轴或对 y 轴失稳时无缺口构件临界力。

为了计算简便，同时也不影响结构安全，对于缺口不在边缘时，一律采用 $A_0=0.9A$。

2. 根据结构力学分析，局部缺口对构件的临界荷载的影响甚小，所以螺栓孔不作为缺口考虑，取 $A_0=A$。

6.3.3 轴心受压构件按 $\dfrac{N}{\varphi_0 A_0}\leqslant f_c$ 公式进行稳定性验算时，轴心受压构件稳定系数 φ 值，应根据不同树种的强度等级和构件的长细比 λ，用不同的 φ 公式进行计算。

【解析】1988 年修订《木结构设计规范》前，对轴心受压构件的可靠度进行反演分析，平均可靠指标 $m_\beta=2.75$，数值偏低。之后，规范管理组组织一些单位对冷杉木材和阔叶树木材构件进行试验，给出二条 φ 值曲线见图 6-3-4。A 曲线适用于 TC17、TC15 和 TB20 三个强度等级，平均可靠指标 $m_\beta=3.16$；B 曲线适用于 TC13、TC11、TB17、TB15、TB13 和 TB11 强度等级，$m_\beta=3.43$。

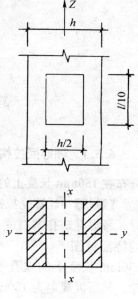

图 6-3-3

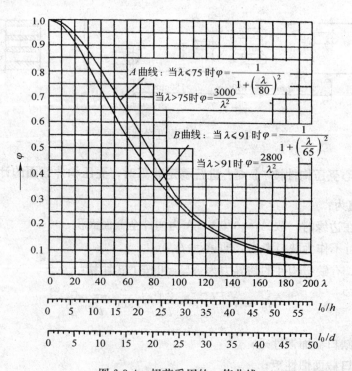

图 6-3-4　规范采用的 φ 值曲线

88 年、2003 年规范给出的 φ 值，不仅解决了 73 年规范按稳定设计可靠指标偏低问题，而且改善了可靠指标一致性程度。

第二节 受 弯 构 件

6.3.4 单向受弯木构件,应如何进行抗弯承载力验算?

【解析】 单向受弯构件承载力,用公式 $\frac{M}{W_n} \leqslant f_m$ 进行验算时:

1. 木材的抗弯强度设计值 f_m 取决于木材的树种和强度等级;
2. 验算截面取:(1)用最大弯矩设计值(M_{max})处的截面进行计算;(2)取构件截面有较大削弱,净截面抵抗矩 W_n 较小处的截面,及相应的弯矩设计值进行计算。

6.3.5 单向受弯木构件,其侧向稳定性应如何考虑?

【解析】 《木结构设计规范》中,规定了木构件的截面高宽比的限值和锚固要求,从构造上已满足了受弯构件侧向稳定的要求。

当需要验算受弯木构件的侧向稳定时,可按下式进行验算:

$$\frac{M}{\varphi_l W} \leqslant f_m \tag{6-3-4}$$

式中 f_m——木材抗弯强度设计值(N/mm²);
M——构件在荷载设计值作用下的弯矩(N·mm);
W——受弯构件的全截面抵抗矩(mm³);
φ_l——受弯构件的侧向稳定系数,按规范第 L.0.2 条和第 L.0.3 条分别确定。

6.3.6 受弯木构件,用 $\frac{VS}{Ib} \leqslant f_v$ 公式进行抗剪承载力验算时,应注意哪些情况?

【解析】 1. 当木构件的跨度与截面高度比很小时,或在支座附近有大的集中荷载时,应按上式对受弯木构件进行抗剪承载力验算。

2. 对于作用在梁顶面的均布荷载,计算受弯构件的剪力设计值 V 时,由于构件的刚性,可直接将部分荷载传至支座,因此,可不考虑距支座等于梁截面高度范围内所有荷载的作用。

3. 矩形截面受弯木构件,支座处受拉面有切口时,不能用上述公式进行抗剪承载力验算,应按下式验算:

$$\frac{3V}{2bh_n}\left(\frac{h}{h_n}\right) \leqslant f_v \tag{6-3-5}$$

式中 f_v——木材顺纹抗剪强度设计值(N/mm²);
b——构件的截面宽度(mm);
h——构件的截面高度(mm);
h_n——受弯构件在切口处净截面高度(mm);
V——按结构力学方法确定的剪力设计值(N)。

6.3.7 双向受弯木构件,应如何进行验算?

【解析】 双向受弯木构件,如木檩条放在屋架的上弦见图 6-3-5。在重力荷载作用下,对构件截面 x 轴和 y 轴产生弯矩设计值 M_x 和 M_y,需进行两方面验算:

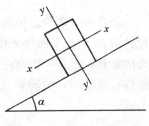

图 6-3-5 双向受弯构件截面

1. 用 $\dfrac{M_x}{W_x f_m}+\dfrac{M_y}{W_y f_m}\leqslant 1$ 进行抗弯承载力验算，此公式是将 x 轴、y 轴两方向产生的应力进行叠加，小于或等于木材的抗弯强度设计值 f_m。

2. 用 $W=\sqrt{W_x^2+W_y^2}\leqslant [W]$ 进行挠度验算时，W 是双向受弯构件的总挠度，而不是沿截面高度方向的挠度 W_y。W_x、W_y 是按荷载效应的标准组合计算沿构件截面 x 轴、y 轴的挠度。

6.3.8 设计拉弯木构件时，应考虑什么问题？

【解析】 拉弯木构件，用 $\dfrac{N}{A_n f_t}+\dfrac{M}{W_n f_m}\leqslant 1$ 进行承载力验算，由于拉力和弯矩的共同作用对木材的工作十分不利。因此设计拉弯木构件，例如三角形桁架的木下弦，应采取净截面对中的方法，防止受拉构件在有缺口最薄弱的截面上产生弯矩。

6.3.9 压弯构件及偏心受压构件用 $\dfrac{N}{\varphi\varphi_m A_0}\leqslant f_c$ 进行稳定性验算时，采用双 φ 系数。

【解析】 压弯构件及偏心受压构件进行稳定性验算时，采用二个 φ 值的原因是：

1. 第一个 φ 值是轴心受压构件稳定系数，它是根据不同树种的强度等级，构件的长细比 λ，代入相应的计算公式得到 φ 值。这个 φ 值未考虑轴向力与弯矩共同作用所产生的附加挠度影响，不能全面反映压弯构件的工作特性。

2. 第二个 φ_m 值是考虑轴向力和横向弯矩共同作用的折减系数。

$$\varphi_m=(1-K)^2(1-kK) \tag{6-3-6}$$

$$K=\dfrac{Ne_0+M_0}{Wf_m\left(1+\sqrt{\dfrac{N}{Af_c}}\right)} \tag{6-3-7}$$

$$k=\dfrac{Ne_0}{Ne_0+M_0} \tag{6-3-8}$$

式中 N——轴向压力设计值(N)；

M_0——横向荷载作用下跨中最大初始弯矩设计值(N·mm)；

e_0——构件的初始偏心距(mm)。

从上述公式中可以看出：φ_m 计算过程中不仅考虑了轴向力 N 和弯矩 M 共同作用所产生附加挠度的影响，而且还考虑木材抗弯强度设计值 f_m 和抗压强度设计值 f_c 调整后的作用。

6.3.10 压弯构件或偏心受压构件，弯矩作用平面外的侧向稳定性验算。

【解析】 压弯构件或偏心受压构件，在弯矩作用平面外的稳定性验算有两部分组成。

$$\dfrac{N}{\varphi_y A_0 f_c}+\left(\dfrac{M}{\varphi_l W f_m}\right)^2\leqslant 1 \tag{6-3-9}$$

公式中一部分由轴向压力设计值 N 作用引起弯矩作用平面外失稳；另一部分由弯矩设计值 M 引起平面外失稳。GBJ 5—88 关于压弯构件或偏心受压构件，在弯矩作用平面外的验算，是不考虑弯矩的影响的，仅在弯矩作用平面外按轴心压杆稳定验算。在 2002 年修订规范时，经验算发现在弯矩较大的情况下偏于不安全，故提出了式(6-3-9)验算公式。

第四章 木结构的连接

第一节 齿 连 接

6.4.1 如何正确理解规范对单齿、双齿连接中的构造规定？

【解析】 1. 图 6-4-1 和图 6-4-2 是单齿和双齿在木桁架支座处的节点。图中上弦杆轴线、下弦杆轴线和支座反力作用线汇交于一点。这样，上弦杆的轴向压力、下弦杆的轴向拉力，在支座处只产生竖向支座反力。使节点处的杆件为抗压杆件，避免产生附加弯矩。

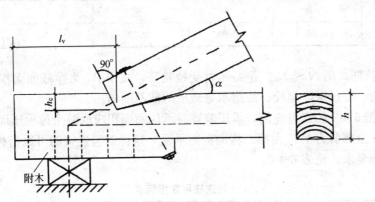

图 6-4-1 单齿连接

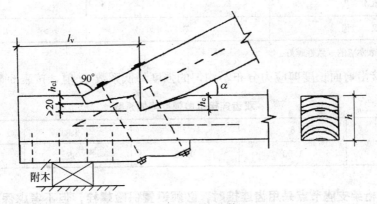

图 6-4-2 双齿连接

2. 规范中图示的齿连接为正齿，即齿承压面应与压杆的轴线垂直，使上弦杆传来的压力明确地作用在承压面上，以保证其垂直分力对齿连接受剪面的横向压紧作用，以改善木材的受剪工作条件。

3. 关于齿连接的齿深和齿长的规定，考虑防止因这方面的构造不当，会导致齿连接承载能力的急剧下降。

4. 当采用湿材制作时，齿连接的受剪工作可能受到木材端裂的危害。为此，若干屋架的下弦未采用"破心下料"的方木制作，或直接使用原木时，其受剪面长度应比计算值加大 50mm，以保证实际的受剪面有足够的长度。

6.4.2 木桁架支座节点用齿连接，应如何考虑节点处的受力验算？

【解析】 1. 从图 6-4-1 单齿连接可以看出，上弦杆的轴向压力通过上、下弦杆之间的承压面来传递，因此，用式 $\frac{N}{A_c} \leq f_{c\alpha}$ 进行木材承压验算。

2. 在齿深 h_c 平面上受剪力设计值 V 的作用，其值等于下弦的拉力，用 $\tau = \frac{V}{l_v b_v} \leq \psi_v f_v$ 进行木材剪切验算，式中 ψ_v 为沿剪面长度应力分布不均匀的强度降低系数，当 $l_v/h_c = 4.0$ 时，$\psi_v = 1.0$，随着 l_v/h_c 值的增大，ψ_v 值相应降低，见表 6-4-1。

单齿连接抗剪强度降低系数　　　　　　　　　　表 6-4-1

l_v/h_c	4.5	5	6	7	8
ψ_v	0.95	0.89	0.77	0.70	0.64

3. 对下弦杆，用 $N_t \leq f_t A_n$ 进行木材受拉验算，式中 A_n 为净截面面积，应考虑在验算截面处刻齿、安设保险螺栓、加附木等造成的截面削弱。

4. 对于图 6-4-2 的双齿连接，承压验算时承压面面积应取两个齿承压面面积之和；但受剪验算时，全部剪力 V 应由第二齿的剪面承受，这样双齿连接的可靠指标 β，可以满足目标可靠指标要求，见表 6-4-2。

齿连接可靠指标 β　　　　　　　　　　表 6-4-2

连 接 形 式	m_β	S_β
单　齿	3.86	0.39
双　齿	3.86	0.39

注：S_β 越小表示 β 的一致性越好。

双齿连接沿剪面长度剪应力分布不均匀的强度降低系数 ψ_v 值，按表 6-4-3 采用。

双齿连接抗剪强度降低系数　　　　　　　　　　表 6-4-3

l_v/h_c	6	7	8	10
ψ_v	1.00	0.93	0.85	0.71

6.4.3 桁架支座节点采用齿连接时，必须设置保险螺栓，但不考虑保险螺栓与齿共同工作。

【解析】 1. 在齿连接中，木材抗剪属于脆性工作，其破坏一般无预兆，应采取保险措施。根据长期工程实践经验，在被连接的构件间用螺栓拉结，可以起到保险作用。因为它可使齿连接在其受剪面万一遭到破坏时，不致引起整个结构的坍塌，为抢修提供了必要的时间。

2. 关于螺栓与齿能否共同工作问题，原建筑工程部建筑科学研究院和原四川省建筑科学研究所试验结果均证明,在齿未破坏前,保险螺栓几乎是不受力的。故明确规定在设计中不应考虑二者的共同工作。

6.4.4 在齿连接中,保险螺栓应如何计算?

【解析】 1. 尽管保险螺栓受力情况较为复杂,包括螺栓受拉、受弯以及上弦端头在剪面上的摩擦作用等。规范规定:构造符合要求的保险螺栓,其承受拉力的设计值按 $N_b = N\tan(60°-\alpha)$ 的简便公式进行计算。在这种情况下,其计算结果与试验值较为接近,可以满足实用要求。

2. 考虑到木材剪切是突然发生的,对螺栓有一定冲击作用,故规定宜选用延性较好的钢材(Q235 钢)制作。

3. 螺栓的公称直径 d 的选用,可按下式计算有效直径 d_e 或有效面积 A_e,再查表得公称直径 d。

$$N_b = 1.25 \frac{\pi d_e^2}{4} f_t^b = 1.25 A_e f_t^b \tag{6-4-1}$$

式中 f_t^b——螺栓抗拉强度设计值;

1.25——考虑螺栓受力短暂性的调整系数;

d_e、A_e——分别为螺栓螺纹处的有效直径和有效面积。

第二节 螺栓连接和钉连接

6.4.5 规范规定:螺栓连接和钉连接采用双剪连接和单剪连接时,连接木构件的最小厚度 a 和 c 值应符合表 6-4-4 的规定。

螺栓连接和钉连接中木构件的最小厚度　　　　表 6-4-4

连接形式	螺栓连接		钉连接
	$d<18\text{mm}$	$d\geqslant18\text{mm}$	
双剪连接 (图 6-4-3)	$c\geqslant5d$ $a\geqslant2.5d$	$c\geqslant5d$ $a\geqslant4d$	$c\geqslant8d$ $a\geqslant4d$
单剪连接 (图 6-4-4)	$c\geqslant7d$ $a\geqslant2.5d$	$c\geqslant7d$ $a\geqslant4d$	$c\geqslant10d$ $a\geqslant4d$

注:表中 c——中部构件的厚度或单剪连接中较厚构件的厚度;

　　　a——边部构件的厚度或单剪连接中较薄构件的厚度;

　　　d——螺栓或钉的直径。

【解析】 1. 试验表明,对称双剪连接(图 6-4-3)时,当螺栓或钉的直径 d 较粗,边部构件 a 较厚,而中部构件 c 较薄时,试件由中部构件被挤压而破坏;

2. 同样,对于螺栓或钉的直径 d 较粗,中部构件 c 较厚,而边部构件 a 较薄时,试件由边部构件的挤压而破坏;

3. 螺栓连接和钉连接的承载能力受木材剪切、劈裂、承压以及螺栓和钉的弯曲条件的控制,其中以充分利用螺栓和钉的抗弯能力最能保证连接的安全。因此,规范规定了螺栓连接和钉连接中木构件的最小厚度,以便从构造上保证连接受力的合理性与可靠性。

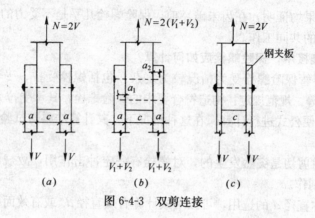

图 6-4-3 双剪连接

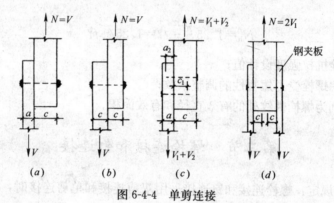

图 6-4-4 单剪连接

6.4.6 在连接木构件满足表 6-4-5 的条件下,螺栓连接或钉连接顺纹受力时,每一剪切面的设计承载力用 $N_v = K_v d^2 \sqrt{f_c}$ 公式进行计算,K_v 值见表 6-4-5。

【解析】 按照一般考虑木材弹性工作的假定,用螺栓连接和钉连接对称、双剪的四种情况,见图 6-4-5~图 6-4-8,列出销连接顺纹受力时的计算公式见表 6-4-5。

当中部和边部构件中最小厚度满足表 6-4-4 的要求,则连接的承载能力由销的弯曲条件控制。现行规范为了简化计算,采用了 $V \leqslant K_v d^2 \sqrt{f_c}$ 简化计算公式,因 K_v 随 a/d 及 f_c 而变化,近似地将影响较小的因素 f_c 取为一定值,并算出 K_v 值(表 6-4-5)供设计使用。

销连接顺纹受力时的普遍计算公式　　表 6-4-5

项次	计算条件		螺栓		钉	
			对称连接(见图 6-4-3)	单剪连接(见图 6-4-4)	对称连接(见图 6-4-3b)	单剪连接(见图 6-4-4c)
1	按木材承压条件	中部构件 V_c	$0.45cdf_c$	$0.3cdf_c$	$0.4cdf_c$	$0.3cdf_c$
2		边部构件 V_a	$0.7adf_c$	$0.7adf_c$	$0.7adf_c$	$0.7adf_c$
3	按销弯曲条件	出现一个塑性铰 V_{bs}	$k_v d^2 \sqrt{f_c}$			
			$k_v = 5.144 + 0.00525(a/d)^2 f_c$		$k_v = 8.669 + 0.003115(a/d)^2 f_c$	
4		出现两个塑性铰 V_{max}	$7.5d^2 \sqrt{f_c}$		$11.1d^2 \sqrt{f_c}$	

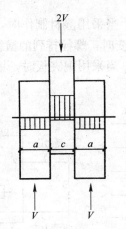 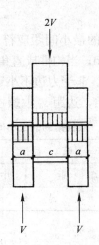

图 6-4-5　中部构件挤压破坏　　　　图 6-4-6　边部构件挤压破坏

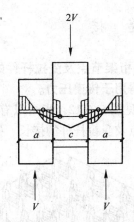 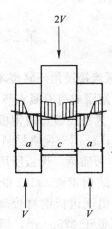

图 6-4-7　销弯曲破坏呈波浪形　　　图 6-4-8　销弯曲破坏呈折线形

6.4.7　螺栓连接时，应如何设计保证构件受拉接头能够正常受力和减少变形？

【解析】　1. 螺栓的排列，可按规范要求，按两纵行齐列（图 6-4-9）或两纵行错列（图 6-4-10）布置，这些规定是保证木材不致劈裂的重要条件。为避免木材干裂时对螺栓连接强度的影响，下弦受拉接头螺栓连接不应采用单行排列。

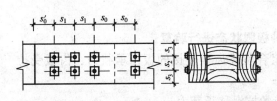 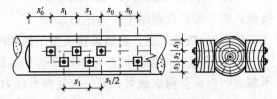

图 6-4-9　两纵行齐列　　　　　　图 6-4-10　两纵行错列

2. 当采用两纵向排列时，螺栓的直径不要超过截面高度的 1/9.5。螺栓的数量不宜过少，特别是受拉下弦接头，每端螺栓的数量不宜少于 6～8 个。这样适当螺栓数量、相应减小螺栓直径，显著改善了连接接头的韧性和承载能力，减少了木材因剪裂和裂开造成的危害。

3. 螺栓排列的最小间距应符合表6-4-6的规定；当采用湿材制作时，木构件顺纹端距 s_0 应加长70mm；当构件成直角相交且力的方向不变时，螺栓排列的横纹最小边距：受力边不小于 $4.5d$、非受力边不小于 $2.5d$（图6-4-11）；当采用钢夹板时，钢板上的端距 s_0 取螺栓直径的2倍，边距 s_3 取螺栓直径的1.5倍。

螺栓排列的最小间距　　　　表6-4-6

构造特点	顺纹			横纹	
	端	距	中距	边距	中距
	s_0	s_0'	s_1	s_3	s_2
两纵行齐列	7d		7d	3d	3.5d
两纵行错列	7d		10d		2.5d

注：d——螺栓直径。

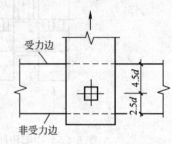

图6-4-11　横纹受力时螺栓排列

第三节　齿　板　连　接

6.4.8 齿板连接适用于轻型木结构建筑中规格材桁架节点及受拉杆件的接长。不应用于腐蚀环境、潮湿或有冷凝水环境的木桁架，也不得用于传递压力。

【解析】　1. 齿板由镀锌薄钢板经单向打齿而成，见图6-4-12，齿可以有不同的外形。在国外，齿板被广泛用于规格材制成的轻型木桁架节点及受拉杆件的接长、接厚。

2. 为保证齿板质量，齿板所用的钢材为Q235碳素结构钢或Q345低合金高强度结构钢。由于齿板钢材较薄，虽然镀锌层重量不低于 $275g/m^2$，但在腐蚀、潮湿环境下仍然显得不足，且我国在齿板连接方面经验不足，如果钢板生锈会降低其承载力和耐久性。因此规范有不应用于腐蚀、潮湿、有冷凝水环境的规定。

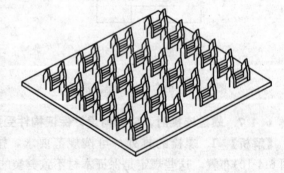

图6-4-12　典型齿板

3. 齿板为薄钢板制成，受压承载力极低，故不能将齿板用于传递压力。

6.4.9 规范规定，齿板连接应按下列两种极限状态进行验算：

1. 按承载能力极限状态荷载效应的基本组合验算齿板连接的板齿承载力、齿板受拉承载力、齿板受剪承载力和剪—拉复合承载力；

2. 按正常使用极限状态标准组合验算板齿的抗滑移承载力。

【解析】　1. 齿板存在三种基本破坏形态：(1)板齿屈服并从木料中拔出；(2)齿板净截面受拉破坏；(3)齿板剪切破坏。因此设计齿板连接时，应对板齿承载力、齿板受拉承载力与受剪承载力进行验算。此外，在木桁架节点中，齿板常处于剪—拉复合受力状态，所以应对剪—拉复合承载力进行验算。

2. 当板齿滑移过大时，将导致木桁架产生影响其正常使用的变形。所以应对板齿抗滑承载力进行验算。

6.4.10 设计齿板连接时，在构造和连接制作上应有哪些技术要求？

【解析】 1. 齿板连接构造应符合下列要求：

（1）齿板应成对对称设置于构造连接的两侧，连接构件的厚度应不小于齿嵌入构件深度的两倍（图6-4-13）；

（2）在与桁架弦杆平行及垂直方向，齿板与弦杆的最小连接尺寸，在腹杆轴线方向齿板与腹杆的最小连接尺寸，均应符合表6-4-7的规定。避免连接尺寸过小导致木桁架搬运、安装过程中损坏；

（3）齿板的端距 a 应平行于木纹量测，取 $a=12$mm 或 1/2 齿长的较大者，边距 e 应垂直于木纹量测，取 $e=6$mm 或 1/4 齿长的较大者（图6-4-14）。

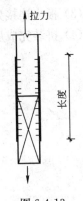

图 6-4-13

齿板与桁架弦杆、腹杆最小连接尺寸(mm)　　表 **6-4-7**

规格材截面尺寸 (mm×mm)	桁架跨度 L(m)		
	$L \leqslant 12$	$12 < L \leqslant 18$	$18 < L \leqslant 24$
40×65	40	45	—
40×90	40	45	50
40×115	40	45	50
40×140	40	50	60
40×185	50	60	65
40×235	65	70	75
40×285	75	75	85

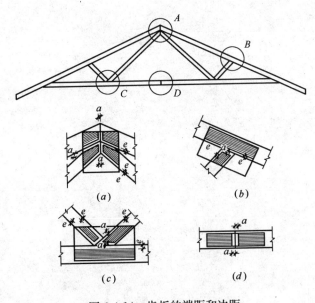

图 6-4-14　齿板的端距和边距

2. 齿板连接的构件应在工厂进行制作，并应符合下列要求：
(1) 板齿应与构件表面垂直；
(2) 板齿嵌入构件的深度应不小于板齿承载力试验时板齿嵌入试件的深度；
(3) 板齿连接处构件无缺棱、木节、木节孔等缺陷；
(4) 拼装完成后齿板无变形。

第五章 普 通 木 结 构

第一节 一 般 规 定

6.5.1 《木结构设计规范》要求，木结构设计应符合下列要求：

1. 木材宜用于结构的受压或受弯构件，对于在干燥过程中容易翘裂的树种木材（如落叶松、云南松等），当用作桁架时，宜采用钢下弦；若采用木下弦，对于原木，其跨度不宜大于15m，对于方木不应大于12m，且应采取有效防止裂缝危害的措施；

2. 木屋盖宜采用外排水，若必须采用内排水时，不应采用木制天沟；

3. 必须采取通风和防潮措施，以防木材腐朽和虫蛀；

4. 合理地减少构件截面的规格，以符合工业化生产的要求；

5. 应保证木结构特别是钢木桁架在运输和安装过程中的强度、刚度和稳定性，必要时应在施工图中提出注意事项；

6. 地震区设计木结构，在构造上应加强构件之间、结构与支承物之间的连接，特别是刚度差别较大的两部分或两个构件（如屋架与柱、檩条与屋架、木柱与基础等）之间的连接必须安全可靠。

【解析】 普通木结构是指承重构件采用方木或原木制作的单层或多层木结构。

1. 木材宜用于结构的受压或受弯构件，是基于木材的天然缺陷对构件的受拉性能影响很大，必须选用优质并经过干燥的木材，而优质木材的供应很难办到。因此，规范推荐采用钢木桁架或撑托式结构。在这类结构中，木材仅作为受压或压弯构件，它们对木材材质和含水率的要求均较受拉构件低。这样，既可充分利用材料，又保证工程质量。

2. 对于缺陷较多、干燥中容易翘裂的树种木材（如落叶松、云南松等）。由于这类木材的翘曲变形，过去在跨度较大的房屋中使用，问题比较多。但关键在于使用湿材，而又未采取防止裂缝的措施。因此，规范对桥架原木下弦，跨度限值宜为15m，方木下弦跨度限值应为12m，并强调应采取有效的防止裂缝危害的措施。

3. 多跨木屋盖房屋的内排水，常由于天沟构造处理不当或检修不及时产生堵水渗透，使木屋架支座节点易于受潮腐朽，影响屋盖承重木结构的安全。因此，规范推荐木屋盖宜采用外排水。

规范中规定，若必须采用内排水时，不应采用木制天沟。其原因是，木制天沟经常由于天沟刚度不够，变形过大，或因油毡防水层局部损坏，致使天沟腐朽、漏水，直接危害屋架支座节点。

4. 木结构必须从设计上、构造上采取通风、防潮措施，使木结构各部分通风干燥，防止腐朽虫蛀，保证结构安全使用。

5. 木结构具有较好的延性，对抗震是有利的。但是在木结构设计时，必须加强构件之间和木结构与支承物之间的连接，才能符合抗震要求。

6.5.2 在可能造成风灾的台风地区和山区风口地段，木结构设计，应采取哪些有效措施加强建筑物的抗风能力？

【解析】 木结构造成风灾危害除因设计计算考虑不周外，一般均由构造处理不当所引起。砖木结构因台风造成的破坏过程一般是：迎风面的门窗框先破坏或屋盖的山墙出檐部分先被掀开缺口，接着大风贯入室内，瓦、屋面板、檩条等相继被刮掉，最后造成山墙和屋盖呈悬臂孤立状态而倒塌。

因此，木结构设计的构造措施，应注意以下几点：

1. 为防止瞬间风吸力超过屋盖各个部件的自重，避免屋瓦等被揭掉，宜采用增加屋面自重和加强瓦材与屋盖木基层整体性的办法(如压砖、坐灰、瓦材固定等)。

2. 防止门窗扇和门窗框被刮掉，除应注意经常维修外，规范强调门窗应予锚固。

3. 应注意局部构造处理，以减小风力的作用。如檐口处出檐要短或做成封闭出檐，见图6-5-1，减小风力体型系数；山墙宜做成硬山墙，在满足采光和通风要求下，尽量减少天窗的高度和跨度等。

4. 应加强房屋的整体性和锚固措施，如木屋架与墙体、木檩与屋架、望板与木檩、木檩与山墙等锚固，来低御风力的作用。

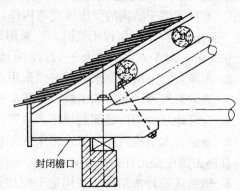

图 6-5-1 封闭檐口图

6.5.3 在木结构的同一节点或接头中，有两种或多种不同的连接方式时，计算时应只考虑一种连接方式传递内力。

【解析】 在我国木结构工程中，曾发生过数起因采用齿连接与螺栓连接共同受力而导致齿连接超载破坏的事故。根据工程经验和试验结论，规范规定，有两种或多种不同连接方式时，应只考虑一种连接方式传递内力。

6.5.4 在木桁架中，圆钢拉杆的直径和拉力螺栓的直径，需经计算确定外，方形钢垫板的面积和厚度，也需按下式计算：

1. 垫板面积(mm^2)

$$A=\frac{N}{f_{c\alpha}} \qquad (6-5-1)$$

2. 垫板厚度(mm)

$$t=\sqrt{\frac{N}{2f}} \qquad (6-5-2)$$

式中 N——轴心拉力设计值(N)；

$f_{c\alpha}$——木材斜纹承压强度设计值(N/mm^2)，根据轴心拉力 N 与垫板下木构件木纹方向的夹角，按规范第4.2.6条的规定确定；

f——钢材抗弯强度设计值(N/mm^2)。

【解析】 调查发现，一些工程中，拉力螺栓钢垫板有陷入木材的情况，其主要原因之一是钢垫板未经计算，尺寸偏小。因此，规范提出式(6-5-1)和式(6-5-2)计算垫板面积 A

和厚度 t。

1. 假定 $N/4$ 产生的弯矩，由 $A—A$ 截面承受（图 6-5-2），并忽略螺栓孔的影响，得垫板面积 $A=\dfrac{N}{f_{c\alpha}}$。当计算支座节点或脊节点的钢垫板时，考虑到这些部位的木纹不连续，垫板下木材横纹承压强度设计值应按规范表 4.2.1-3 中局部表面及齿面一栏的数值。

2. 由 $\dfrac{b}{3}\times\dfrac{N}{4}=\dfrac{1}{6}bt^2 f$，可得垫板厚度 $t=\sqrt{\dfrac{N}{2f}}$。

当计算钢垫板不是方形时，则不能套用上述公式计算 A 和 t，应根据情况另行计算。

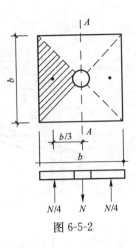

图 6-5-2

第二节 屋面木基层和木梁

6.5.5 如何进行屋面木基层的设计？

【解析】 屋面木基层由挂瓦条、屋面板、瓦桷、椽条和檩条等组成。

1. 根据所用屋面防水材料、各地区气象条件以及房屋的使用要求，选择屋面的构造形式（图 6-5-3、图 6-5-4）。
2. 屋面构件的截面和间距宜按表 6-5-1 所列的常用尺寸来选择。
3. 屋面木基层中主要受弯构件，其承载力可按下列两种组合进行验算，而挠度应按第 1 种荷载组合验算。

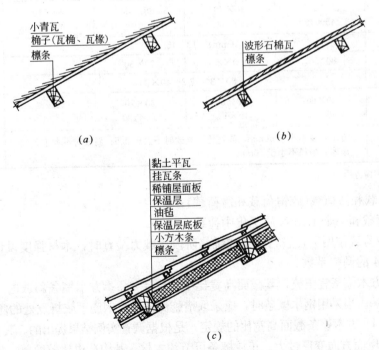

图 6-5-3 常用屋面构造（Ⅰ）

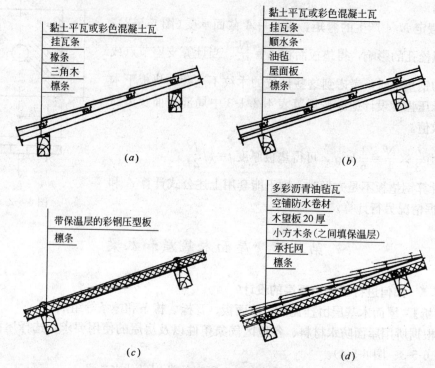

图 6-5-4 常用屋面构造（Ⅱ）

屋面构件常用尺寸 表 6-5-1

构 件	截面(mm×mm)				间距(mm)
挂瓦条	25×25① 45×45	30×30 50×50	35×35	40×40	230～330
屋面板	厚(mm) 12 15 18 20				
瓦桷	80×25	100×25	70×30		220～230 (130～200)
	80×30(或2—40×30)				
椽条	30×60 50×80	40×60 40×100	30×70 50×120	40×80	400～1000
檩条	方木：宽不小于60mm，高宽比：立放时不大于2.5；斜放时不大于2 原木：梢径不小于70mm				500～2500

注：①只宜作构造用。

（1）恒荷载和活荷载（或恒荷载和雪荷载）；
（2）恒荷载和一个1.0kN施工集中荷载。

在第2种荷载作用下，进行施工或维修阶段承载力验算时，木材强度设计值应乘以规范表4.2.1～4的调整系数。

6.5.6 方木檩条宜正放，其截面高宽比不宜大于2.5；方木檩条斜放时，其截面高宽比不宜大于2.0。当采用钢木檩条时，应采取措施保证受拉钢筋下弦折点处的侧向稳定。

【解析】 1. 方木檩条截面高宽比的规定，是根据调查实例结果提出的。其目的是从构造上防止檩条沿屋面方向变形过大。正放檩条可节约木材，其构造也比较简单，故推荐采用。

2. 钢木檩条受拉钢筋下折处的节点容易摆动，应采取措施保证其侧向稳定。有些工程有一根钢筋(或木条)将同开间的钢木檩条下折处连牢,以增加侧向稳定,使用效果很好。

6.5.7 抗震设防烈度为8度和9度地区屋面木基层抗震设计,应符合下列规定:

1. 采用斜放檩条并设置密铺屋面板,檐口瓦应与挂瓦条扎牢;
2. 檩条必须与屋架连牢,双脊檩应相互拉结,上弦节点处的檩条应与屋架上弦用螺栓连接;
3. 支承在山墙上的檩条,其搁置长度不应小于120mm,节点处檩条应与山墙卧梁用螺栓锚固。

【解析】 对8度和9度地震区的屋面木基层设计,提出了抗震加强措施,以利于抗震。图6-5-5~图6-5-9为檩条在屋脊、檩条与屋架上弦、檩条与山墙处的节点构造。

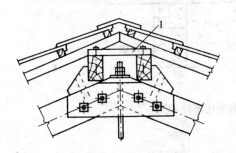

图6-5-5 双脊檩拉结

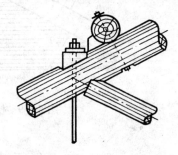

图6-5-6 原木檩条与屋架上弦用螺栓锚固

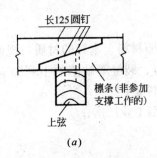

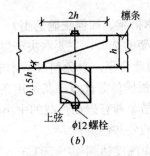

图6-5-7 方木檩条与屋架上弦用钉或螺栓锚固

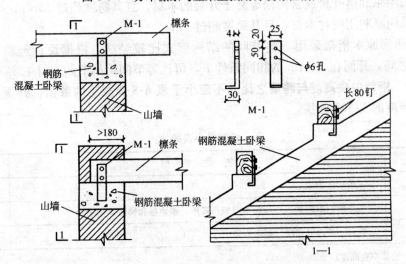

图6-5-8 檩条与山墙卧梁用钉锚固

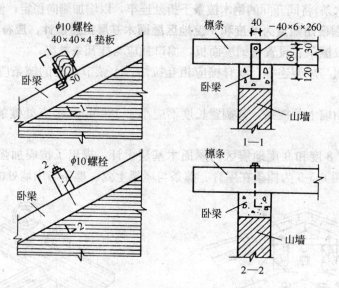

图 6-5-9 檩条与山墙卧梁用螺栓锚固

第三节 木 桁 架

6.5.8 关于木桁架,如何正确选型?

【解析】 木桁架的选型,主要取决于屋面材料、木材的材质与规格。

1. 钢木桁架构造合理,避免斜纹、木节、裂缝等缺陷的不利影响,解决了下弦选材困难和易于保证工程质量等优点。其适用条件是:

(1) 设有悬挂吊车和有振动荷载的中小型工业厂房;
(2) 跨度较大的公共建筑;
(3) 木构件表面温度达到 40~50℃;
(4) 采用东北落叶松或云南松等易于开裂的木材,且其跨度超过 15m;
(5) 采用新利用树种木材,且其跨度超过 9m。

2. 三角形原木桁架采用不等节间的结构形式比较经济。根据设计经验,当跨度在 15~18m 之间,开间在 3~4m 的相同条件下,可比等节间桁架节约木材 10%~18%。

6.5.9 桁架中央高度与跨度之比,不应小于表 6-5-2 规定的数值,并要求桁架制作时,按其跨度的 1/200 起拱。

桁架最小高跨比 表 6-5-2

序 号	桁 架 类 型	h/l
1	三角形木桁架	1/5
2	三角形钢木桁架;平行弦木桁架;弧形、多边形和梯形木桁架	1/6
3	弧形、多边形和梯形钢木桁架	1/7

注:h——桁架中央高度;
　　l——桁架跨度。

【解析】 1. 规范中规定木桁架的最小高跨比,主要考虑桁架的变形问题。桁架的高跨比过小,将使桁架的变形过大。过去在工程中曾发生过这方面引起的质量事故。因此,根据国内外长期使用经验,对各类型木桁架的最小高跨比作出具体的规定。

2. 不论是木桁架还是钢木桁架,在制作时均应起拱。起拱的数值是根据长期使用经验决定的。其原因是保证桁架不产生影响人安全感的挠度。

6.5.10 设计木桁架时,其构造上应符合以下要求:

1. 受拉下弦接头应保证轴心传递拉力。

(1) 下弦接头不宜多于两个;

(2) 采用螺栓夹板连接时,接头每端的螺栓数由计算确定,但不宜少于 6 个,且不应排成单行;

(3) 当采用木夹板时,应选择优质的气干木材制作,其宽度不应小于下弦宽度的 1/2,若桁架跨度较大,木夹板的厚度不宜小于 100mm,当采用钢夹板时,其厚度不宜小于 6mm。

2. 桁架的上弦受压接头应设在节点附近,并不宜设在支座节间和脊节间内;受压接头应锯平,可用木夹板连接,但接缝每侧至少应有两个螺栓系紧;木夹板的厚度宜取上弦宽度的 1/2,长度宜取上弦宽度的 5 倍。

3. 支座节点采用齿连接时,应使下弦的受剪面避开髓心(图 6-5-10)。

【解析】 木桁架的下弦受拉接头、上弦受压接头和支座节点均是桁架结构中的关键部位。为了保证其工作的可靠性,设计时应注意三个要点:(1)传力明确;(2)能防止木材裂缝的危害;(3)接头应有足够的侧向刚度。

1. 在受拉接头中,最忌的是受剪面与木材的主裂缝重合(裂缝尚未出现时,最忌与木材的髓心所在面重合)。为了防止出现这种情况,最好的方法是采用"破心下料"锯成方木,见图 6-5-11;或是在配料时,通过方位的调整,使螺栓的受剪面避开裂缝或髓心。然而,这两项措施并非在所有情况下都能做到。因此,规范进一步采取如下一些保险措施,使接头不致于发生脆性破坏。

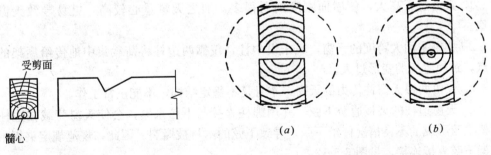

图 6-5-10 受剪面避开髓心示意图　　图 6-5-11 "破心下料"的方木

(1) 规定接头每端的螺栓数目不宜少于 6 个,以使连接中的螺栓直径不致过粗,这就从构造上保证了接头受力具有较好的韧性;

(2) 规定螺栓不能排成单行,从而保证了半数以上螺栓的剪面不会与主裂缝重合,其余的螺栓虽仍有可能遇到裂缝,但此时的主裂缝已不在截面高度的中央,很难有贯通的可能，提高了接头的可靠性。

（3）规定在跨度较大的桁架中，采用较厚的木夹板，目的在于保证螺栓处于良好的受力状态，使接头具有较大的侧向刚度。

2. 大跨度木桁架主要问题是下弦接头多，导致桁架的挠度大。为了减小桁架的变形，规范规定"下弦接头不宜多于两个"。

3. 在上弦接头中，最忌的是接头位置不当和侧向刚度差。因此，规范要求：（1）上弦受压接头应设在节点附近；（2）上弦受压接头应锯平对接，防止采用斜搭接，因为斜搭接侧向刚度差，容易使上弦鼓出平面外。

4. 在桁架的支座节点中采用齿连接，只要受剪面避开髓心（或木材的主裂缝），一般就不会出安全事故。

6.5.11 钢木桁架的下弦，可采用圆钢或型钢。规范对钢下弦采取了以下的技术措施：

1. 当跨度较大或有振动影响时，宜采用型钢。圆钢下弦应设有调节松紧的装置；

2. 当下弦节点间距大于 $250d$（d 为圆钢直径）时，应对圆钢下弦拉杆设置吊杆；

3. 杆端有螺纹的圆钢拉杆，当直径大于 22mm 时，宜将杆端加粗（如焊接一般较粗的短圆钢），其螺纹应由车床加工；

4. 圆钢应经调直，需接长时宜采用对接焊或双帮条焊，不得采用搭接焊。

【解析】 钢木桁架具有良好的工作性能，可以解决大跨度木结构，以及木结构工程中使用湿材涉及安全的技术问题。但由于设计、施工水平不同，在应用中也发生了一些工程质量事故。这些事故几乎都是由于构造上不当所造成的，而不是钢木桁架本身的性能问题。因此，规范构造上对钢下弦采取了以上的技术措施。

第四节 天　窗

6.5.12 设计天窗时，如果构造处理不当，容易发生哪些质量事故？

【解析】 天窗是屋盖结构中的一个薄弱部位。根据调查，主要有以下几个问题：

1. 天窗过于高大，使屋面刚度削弱很多，加之天窗重心较高，更易导致天窗侧向失稳。

2. 如果采用大跨度的天窗，又未设中柱，仅靠两边柱将荷载集中地传给屋架的两个节点，致使屋架的变形过大。

3. 仅由两根天窗柱传力的天窗，本身是不稳定结构，不能正常工作。

4. 天窗边柱的夹板通至下弦，并用螺柱直接与下弦系紧，会使天窗荷载在边柱上与桁架上弦形成的不良情况传给下弦，导致下弦的木材被撕裂。因此，规范规定夹板不宜与桁架下弦直接连接，见图 6-5-12。

5. 为防止天窗边柱受潮腐朽，边柱处屋架的檩条宜放在边柱内侧（图 6-5-13）。其窗樘和窗扇宜放在边柱外侧，并加设有效的挡雨设施。开敞式天窗应加设有效的挡雨板，并做好泛水处理。避免由于天窗防雨设施不良，引起边柱和屋架的木材受潮腐朽，危及承重结构的安全。

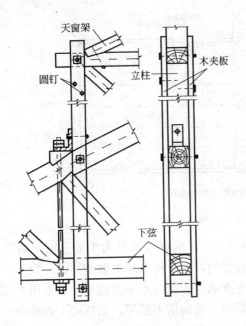
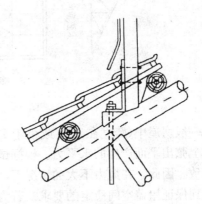

图 6-5-12 立柱的木夹板示意图　　图 6-5-13 边柱柱脚构造示意图

第五节 支 撑

6.5.13 非开敞式房屋，符合下列情况，规范规定可不设支撑。
1. 有密铺屋面板和山墙，且跨度不大于 9m 时；
2. 房屋为四坡顶，且半屋架与主屋架有可靠连接时；
3. 屋盖两端与其他刚度较大的建筑物相连时。

但当房屋纵向很长时，则应沿纵向每隔 20～30m 设置一道支撑。

【解析】 支撑是保证屋盖结构在施工和使用期间的空间稳定，防止桥架侧倾，保证受压弦杆的侧向稳定，承担和传递纵向水平力。

实践和试验证明，不同构造方式的屋面有不同的刚度。普通单层密铺屋面板有相当大的刚度，即使是楞摊瓦屋面也有一定的刚度，并且能将屋面的纵向水平力传递相当远的距离。

规范明确规定屋盖中可不设支撑的范围，其目的是考虑屋面刚度和两端房屋刚度对屋盖空间稳定的作用，也为了防止擅自扩大不设置支撑的范围。

6.5.14 规范要求，根据屋盖的结构形式、跨度、屋面构造和荷载情况来选择横向水平支撑。

当采用上弦横向水平支撑，房屋端部为山墙时，应在端部第二开间内设置上弦横向支撑（图 6-5-14）；房屋端部为轻型挡风板时，应在端开间内设置上弦横向支撑。当房屋纵向很长时，对于冷摊瓦屋面或跨度大的房屋，上弦横向支撑应沿纵向每 20～30m 设置一道。

上弦横向支撑的斜杆如采用圆钢，应有调整松紧的装置。

【解析】 上弦横向水平支撑在参与支撑的檩条与屋架有可靠锚固的条件下，能起着空间桁架的作用。

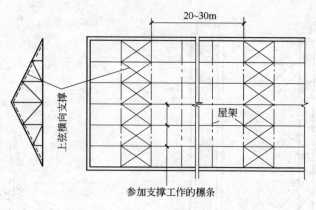

图 6-5-14 上弦横向支撑

在一般房屋中（跨度在12m或小于12m），屋盖的纵向水平力主要是房屋两端的风力和屋架上弦出平面产生的水平力。根据试验实例，后一种水平力数值不大，而且力的方向又不一致。因此，在风力不大的情况下，支撑承担的纵向水平力也不大，采用上弦横向支撑能达到保证屋盖空间稳定的要求。若为圆钢下弦的钢木屋架，则选用上弦横向支撑，较容易解决构造问题。

关于上弦横向支撑的设置方法，规范侧重于两端，因为风力的作用主要在两端。当房屋跨度较大（跨度在12～15m），或为冷摊瓦屋面时，为保证房屋中间部分的屋盖刚度，应在中间每隔20～30m设置一道。

6.5.15 关于垂直支撑

1. 根据屋盖的结构的形式和跨度、屋面构造及荷载等情况选用垂直支撑，也可选用横向水平支撑。

当采用垂直支撑时，垂直支撑的设置可根据屋架跨度的大小沿跨度方向设置一道或两道，沿房屋纵向应间隔设置，并在垂直支撑的下端设置通长的屋架下弦纵向水平系杆，见图6-5-15。

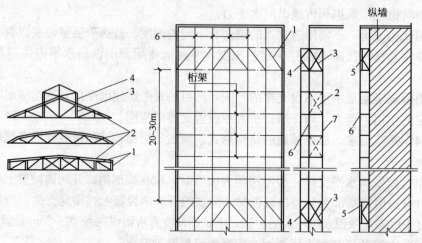

图 6-5-15 木屋盖空间支撑的布置示例

1—上弦横向支撑；2—垂直支撑；3—桁架中间垂直支撑；4—天窗边柱垂直支撑；
5—梯形桁架端部垂直支撑；6—参加支撑工作的檩条；7—纵向通长水平系杆

2. 当房屋跨度较大或有锻锤、吊车等振动影响时，应设置垂直支撑加上弦横向水平支撑。

对上弦设置横向支撑的屋盖加设垂直支撑时，可仅在有上弦横向支撑的开间中设置垂直支撑，在其他开间设置通长的下弦纵向水平系杆。

3. 在下列部位，均应设置垂直支撑：
(1) 梯形屋架的支座竖杆处；
(2) 下弦低于支座的下沉式层架的折点处；
(3) 设有悬挂吊车的吊轨处；
(4) 杆系拱、框架结构的受压部位处；
(5) 胶合木大梁的支座处。

【解析】 垂直支撑能有效地防止屋架的侧倾，有助于保持屋盖的整体性，也有助于保证屋盖刚度可靠地发挥作用。

1. 在一般房屋中(跨度在 12m 或小于 12m)，屋盖的纵向水平力主要由房屋两端的风力产生，在风力不大的情况下，需要支撑承担的纵向水平力亦不大，采用垂直支撑能保证屋盖空间稳定的要求。

工程实例与试验结果表明，只有当垂直支撑能起到竖向桁架体系的作用时，才能收到应有的传力效果。因此，规范规定，凡是垂直支撑均应加设通长的纵向水平系杆，使之与锚固的檩条、交叉的腹杆(或人字形腹杆)共同组成一个不变的桁架体系。仅有交叉腹杆的"剪刀撑"不算垂直支撑。

2. 当房屋跨度较大(跨度 12m、屋面荷载很大，或跨度大于或等于 15m 时)，或有较大的风力和吊车振动影响时，应选用垂直支撑和上弦横向水平支撑共同工作。

3. 规范规定某些部位均应设置垂直支撑。其目的是为了保证这些部位的稳定或是为了传递纵向水平力。这些垂直支撑沿房屋纵向的布置间距可根据具体情况决定，但应有通长的系杆互相联系。

6.5.16 地震区的木结构房屋的屋架与柱连接处应设置斜撑，当斜撑采用木夹板时，与木柱及屋架上、下弦应采用螺栓连接；木柱柱顶应设暗榫插入屋架下弦并用 U 形扁钢连接(图 6-5-16)。

【解析】 由于木柱房屋在柱顶与屋架的连接处比较薄弱，因此，规范要求在地震区的木柱房屋中，应在屋架与木柱连接处加设斜撑并做好连接。

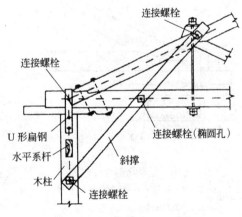

图 6-5-16 木构架端部斜撑连接

第六节 锚 固

6.5.17 在木屋盖结构中，为加强木结构的整体性，保证支撑系统正常工作，应对下列构件之间采取锚固措施。

1. 檩条与桁架或墙；

2. 桁架与墙或柱；
3. 柱与基础。

【解析】 1. 檩条的锚固。檩条的锚固主要是使屋面与桁架连成整体，保证桁架上弦的侧向稳定及抵抗风吸力的作用。当采用上弦横向支撑时，檩条的锚固尤为重要。因为在无上弦横向支撑的区间内，防止桁架的侧倾和保证上弦的侧向稳定，均需依靠参加支撑工作的通长檩条。

檩条与屋架上弦的锚固，一般采用钉连（图 6-5-7a）能满足要求。当有振动影响或在较大跨度房屋中采用上弦横向水平支撑时，支撑节点处的檩条与屋架上弦用螺栓锚固（图 6-5-7b），或用卡板锚固（图 6-5-17）等，加强屋面的整体性。檩条与山墙外梁的锚固见图 6-5-8 和图 6-5-9。

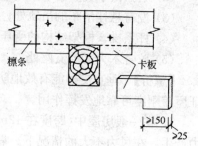

图 6-5-17 卡板锚固示意图

2. 桁架与墙或柱的锚固。主要是防止风吸力的影响，以及固定桁架与墙或柱的作用。一般情况，桁架支座均用螺栓与墙、柱锚固，见图 6-5-18。但在调查中发现，有若干地区，仅在桁架跨度较大的情况下才加锚固。因此，规范规定为跨度 9m 及 9m 以上的桁架必须锚固；跨度 9m 以下的桁架是否需要锚固，由各地自行处理。

3. 木柱与基础的锚固。地震区的木柱承重房屋中，木柱柱脚应采用螺栓及预埋扁钢锚固在基础上，见图 6-5-19。

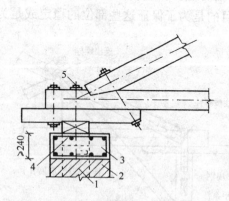

图 6-5-18 屋架端部与柱锚固
1—砖墙；2—砖柱；3—柱顶垫块与圈梁；
4—圈梁；5—≥φ20 螺栓

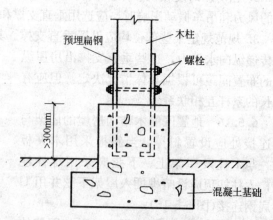

图 6-5-19 木柱与基础锚固和柱脚防潮

第六章 胶合木结构

第一节 一般规定

6.6.1 胶合木结构是用 30~45mm 厚的锯材，经胶合而成的层板木构件制作而成。

【解析】 胶合木构件是由二层或二层以上的木板叠层，用胶胶合在一起形成的构件，见图 6-6-1 截面示意图。制作胶合木的木板是经过干燥、分等级的。当采用一般针叶材和软质阔叶材时，其刨光后的厚度不宜大于 45mm，当采用硬木松或硬质阔叶材时，不宜大于 35mm，木板的宽度不应大于 180mm。

图 6-6-1 胶合木构件截面示意图

生产胶合木构件木板太厚，在胶合时不易压平，造成加工不均匀，可能导致胶缝受力情况各处不均匀，对胶合构件产生不利影响；木板太厚也不利于胶合构件加工定型，且木板越厚，木板含水率达到 15% 也越困难。木板太薄会增加胶合木构件制造工作量和增加胶材用量。

6.6.2 规范要求层板胶合木构件，应用经应力分级标定的木板制作。各层木板的木纹应与构件长度方向一致。

【解析】 不同受力的胶合木构件，应采用不同材质等级的木板制作，见表 6-6-1，来满足不同受力构件对材质等级的要求。

胶合木构件的木材材质等级表　　　　　　　表 6-6-1

材质等级	木材等级配置图	主要用途
I_b		受拉或拉弯构件
III_b		受压构件(不包括桁架上弦和拱)
II_b III_b		桁架上弦或拱以及高度不大于 500mm 的胶合梁 (1) 构件上下缘各 0.1h 区域，且不少于两层板 (2) 其余部分
I_b II_b II_b III_b		高度大于 500mm 的胶合梁 (1) 梁的受拉边缘 0.1h 区域，且不少于两层板 (2) 距梁的受拉边缘 0.1h 至 0.2h (3) 梁的受压边缘 0.1h 区域，且不少于两层板 (4) 其余部分
I_b II_b III_b		侧立腹板工字梁 (1) 受拉翼缘板 (2) 受压翼缘板 (3) 腹板

注：表中各木材等级，其选材标准应符合表 6-1-3 的材质标准的规定。

为了使各层木板在整体工作时协调，要求各层木板的木纹与构件长度方向一致。

6.6.3　如何充分利用胶合木的特点，做成外形美观、受力合理、经济适用的大、中、小跨度结构和构件？

【解析】　胶合木的特点：

1. 合理和优化使用木材，能以短小材料制作成几十米、上百米跨度，造型美观、形式多样的各种构件；

2. 剔除木材中木节、裂缝等缺陷，提高了木材的强度；

3. 胶合木构件具有构造简单、制作方便、强度较高、耐火极限高、保温、隔音性能好；

4. 构件自重轻，有利于运输、装卸和现场安装。

因而，国际上用胶合木结构大量用于大体量、大跨度、防火要求高的各种大型公共建筑、体育建筑、会堂、游泳场馆、工厂车间及桥梁等民用与工业建筑物、构筑物（图 6-6-2～图 6-6-5）。

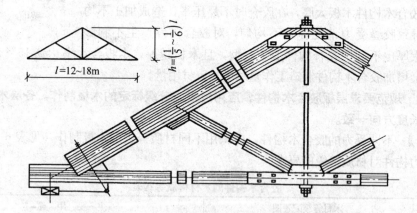

图 6-6-2　三角形层板胶合屋架

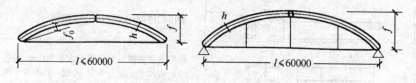

图 6-6-3　弧形缓平拱的结构形式

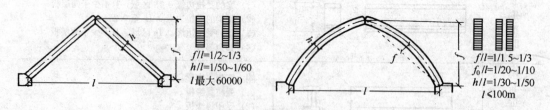

图 6-6-4　尖拱的结构形式

图 6-6-5 各类胶合木结构的建筑
(a)木材加工厂；(b)公路桥梁；(c)滑冰场；(d)体育馆

6.6.4 胶合木构件设计，应根据使用环境注明对结构胶的要求。

【解析】 对于胶合木构件中的结构胶，应有严格的质量要求：

1. 应保证胶缝的强度不低于木材顺纹抗剪和横纹抗拉强度。

2. 应保证胶缝工作的耐久性。胶缝的耐久性取决于抗老化能力和抗生物侵蚀能力。胶的抗老化能力应与结构的用途和使用年限相适应。为了防止使用变质的胶，对每批胶均应经过胶能力的检验，合格后方可使用。

3. 所有胶种必须符合有关环境保护的规定。

第二节 构 件 设 计

6.6.5 设计受弯、拉弯或压弯胶合木构件时，胶合木的抗弯强度设计值按规范表 4.2.1-3 规定取值，乘以表 6-6-2 的修正系数，工字形和 T 形截面胶合木构件，其抗弯强度设计值除乘以表 6-6-2 的修正系数外，还应乘以截面形状修正系数 0.9。

胶合木构件抗弯强度设计值修正系数　　　　表 6-6-2

宽度 (mm)	截面高度 h(mm)						
	<150	150～500	600	700	800	1000	≥1200
$b<150$	1.0	1.0	0.95	0.90	0.85	0.80	0.75
$b\geqslant 150$	1.0	1.15	1.05	1.0	0.90	0.85	0.80

【解析】 胶合木构件，靠近截面中和轴附近的木板，以材质较低的材料代替，远离中和轴的材料采用一般材质等级的材料。胶合木构件计算时，可视为整体构件，不考虑胶缝

的松弛性。因此，进行胶合木构件计算时，构件木材的强度设计值和弹性模量的取值，与截面相同的实木构件相同，并考虑相应的调整系数，胶合木构件的抗弯强度设计值，还应乘以表 6-6-2 的修正系数。对工字形和 T 形截面胶合木构件，由于规范的构造要求，腹板厚度不应小于 80mm，且不应小于翼缘板宽度的一半，胶合木构件抗弯强度设计值，除考虑调整系数和表 6-6-2 的修正系数外，还应乘以截面形状修正系数 0.9，否则，将会由于腹板过薄而造成胶合木构件受力不安全。

第三节　设计构造要求

6.6.6　制作胶合木构件所用的木板，当采用一般针叶材和软质阔叶材时，刨光后的厚度不宜大于 45mm；当采用硬木松或硬质阔叶材时，不宜大于 35mm。弧形构件曲率半径应大于 300t（t 为木板厚度），木板厚度不大于 30mm，对弯曲特别严重的构件，木板厚度不应大于 25mm。

【解析】　制作胶合木构件所用木板的厚度根据材质不同而有所不同，这是为了确保加压时各层木板压平，胶缝密合，保证胶合质量。

弧形胶合木构件制作时需要弯曲成型，板的厚度对弯曲难易有直接影响。因此规定不论硬质木材或软质木材，木板的厚度均不应超过 30mm，且不大于构件曲率半径的 1/300。

6.6.7　规范要求，制作胶合木构件的木板接长应采用指接，见图 6-6-6。同一层木板指接接头间距不应小于 1.5m，相邻上下两层木板层的指接接头距离不应小于 10t（t 为板厚）。胶合木构件所用木板的横向拼宽可采用平接，上下相邻两层木板平接线水平距离不应小于 40mm，见图 6-6-7。

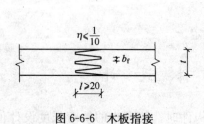

图 6-6-6　木板指接　　　　　图 6-6-7　木板拼接

【解析】　规范对胶合木构件中接头布置的规定，其原则是既保证构件工作的可靠性，又尽可能充分利用短材。

由于指接具有很好的传力性能。过去由于受技术、制作条件的限制，GBJ 5—88 作出当不具备指接条件时，可采用斜搭接。随着我国技术水平的提高和制作手段的进步，取消了这项规定。

当各层木板全部采用指接接头时，国际标准只规定上、下两侧最外层木板上的接头间距不得小于 1.5m，中间层木板接头只要求适当错开，并不规定相邻木板接头间距离的限制。考虑到我国使用指接接头用于工程的经验较少，规定间距不得小于 10t（t 为板厚），以保证安全。

第七章 轻型木结构

第一节 一般规定

6.7.1 轻型木结构是一种什么结构体系？它适用于什么样的建筑？轻型木结构对材料有什么要求？并确保其设计使用年限？

【解析】 轻型木结构是由竖向承重构件木构架墙和水平承重构件木楼盖和木屋盖系统组成的结构体系。木构件按不大于600mm的中距密置而成。结构的承载力、刚度和整体性是通过主要结构构件（骨架构件）和次要结构构件（墙面板、楼面板和屋面板）共同作用得到的。轻型木结构亦称"平台式骨架结构"，这是因为施工时，每层楼面为一个平台，上一层结构的施工作业可在该平台上完成，其基本构造见图6-7-1。

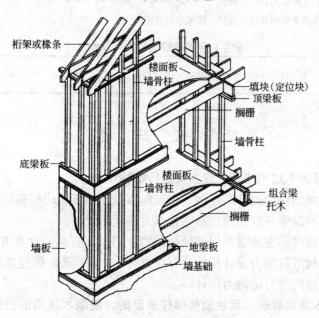

图6-7-1 轻型木结构基本构造示意图

轻型木结构适用于三层及三层以下的民用建筑。

在轻型木结构中，使用木基结构板、工字形木搁栅和结构复合材时，应遵守规范3.1.10条规定；材质等级根据构件的用途按规范表3.1.11要求选用。轻型木结构用规格材标准用目测法进行分级，分级时选材应符合规范附录A的规定。规范附录N给出的规格材截面尺寸，是为了使轻型木结构的设计和施工标准化。

为了确保轻型木结构达到预期的设计使用年限，应采取可靠措施，防止木构件腐朽或被虫蛀。

6.7.2 轻型木结构平面布置应注意什么？如何保证结构的整体性？

【解析】 轻型木结构相对质量较轻，因此在地震和风荷载作用下具有很好的延性。尽管如此，轻型木结构的平面布置宜规则，质量刚度变化宜均匀。对于形状不规则、刚度和质量分布不均匀的建筑和有大开口的建筑，仍要注意结构设计的有关要求。

6.7.3 轻型木结构采用的材料、结构规格材的截面尺寸应符合哪些要求？

【解析】 轻型木结构用规格材的材质等级见表6-1-1，材质标准见表6-1-2。

结构规格材的截面尺寸见表6-7-1、表6-7-2。

结构规格材截面尺寸表　　　　　　　　　　　表6-7-1

截面尺寸 宽(mm)×高(mm)	40×40	40×65	40×90	40×115	40×140	40×185	40×235	40×285
截面尺寸 宽(mm)×高(mm)	—	65×65	65×90	65×115	65×140	65×185	65×235	65×285
截面尺寸 宽(mm)×高(mm)	—	—	90×90	90×115	90×140	90×185	90×235	90×285

注：1. 表中截面尺寸均为含水率不大于20%、由工厂加工的干燥木材尺寸；
　　2. 进口规格材截面尺寸与表列规格材尺寸相差不超2mm时，可与其相应规格材等同使用，但在计算时，应按进口规格材实际截面进行计算；
　　3. 不得将不同规格系列的规格材在同一建筑中混合使用。

速生树种结构规格材截面尺寸表　　　　　　　表6-7-2

截面尺寸 宽(mm)×高(mm)	45×75	45×90	45×140	45×190	45×240	45×290

注：同表6-7-1注1及注3。

第二节 设计要求

6.7.4 对于轻型木结构建筑，应如何进行结构设计？

【解析】 轻型木结构的构件和连接，在竖向荷载作用下，应根据树种、荷载、连接形式及相关尺寸，按本篇第三章和第四章的计算方法进行设计。

轻型木结构的构件，在地震作用或风荷载的作用下，有两种计算方法：（1）满足规范规定时，轻型木结构的抗侧力设计按构造要求进行；（2）不满足规范规定时，轻型木结构的楼、屋盖和剪力墙应进行抗侧力设计。

6.7.5 轻型木结构建筑，满足规范哪些规定时，轻型木结构的抗侧力设计可按构造要求进行。

【解析】 轻型木结构建筑，当满足下列规定时，轻型木结构的抗侧力设计可按构造要求进行。

1. 建筑物每层面积不超过600m²，层高不大于3.6m；
2. 抗震设防烈度为6度和7度(0.10g)时，建筑物的高宽比不大于1.2；抗震设防烈度为7度(0.15g)和8度(0.2g)时，建筑物的高宽比不大于1.0；建筑物高度指室外地面到建筑物坡屋顶二分之一高度处；
3. 楼面活荷载标准值不大于2.5kN/m²；屋面活荷载标准值不大于0.5kN/m²；雪荷载按国家标准《建筑结构荷载规范》(GB 50009)有关规定取值；
4. 不同抗震设防烈度和风荷载时，剪力墙的最小长度符合表6-7-3的规定；

表 6-7-3 按构造要求设计时剪力墙的最小长度

抗震设防烈度	基本风压(kN/m²)	地面粗糙度				剪力墙最大间距(m)	最大允许层数	每道剪力墙的最小长度					
								单层 二层或三层的顶层		二层的底层 三层的二层		三层的底层	
		A	B	C	D			面板用木基结构板材	面板用石膏板	面板用木基结构板材	面板用石膏板	面板用木基结构板材	面板用石膏板
6度	—	—	0.3	0.4	0.5	7.6	3	0.25L	0.50L	0.40L	0.75L	0.55L	—
7度	0.10g	—	0.35	0.5	0.6	7.6	3	0.30L	0.60L*	0.45L	0.90L*	0.70L	—
	0.15g	0.35	0.45	0.6	0.7	5.3	3	0.30L	0.60L*	0.45L	0.90L*	0.70L	—
8度	0.20g	0.40	0.55	0.75	0.8	5.3	2	0.45L	0.90L	0.70L	—	—	—

注：1. 表中建筑物长度 L 指平行于该剪力墙方向的建筑物长度；
2. 当墙体用石膏板作面板时，墙体两侧均应采用；当用木基结构板材作面板时，至少墙体一侧采用；
3. 位于基础顶面和底层之间的架空层剪力墙的最小长度应与底层要求相同；
4. *号表示当楼面有混凝土面层时，面板不允许采用石膏板；
5. 采用木基结构板材的剪力墙之间最大间距，抗震设防烈度为 6 度和 7 度(0.10g)时，不得大于 10.5m；抗震设防烈度为 7 度(0.15g)和 8 度(0.20g)时，不得大于 7.6m；
6. 所有外墙均应采用木基结构板材作面板，当建筑物为三层、平面长宽比大于 2.5：1 时，所有横墙的面板应采用两面木基结构板；当建筑物为二层、平面长宽比大于 2.5：1 时，至少横向外墙的面板应采用两面木基结构板。

5. 剪力墙的设置符合下列规定（图 6-7-2）：

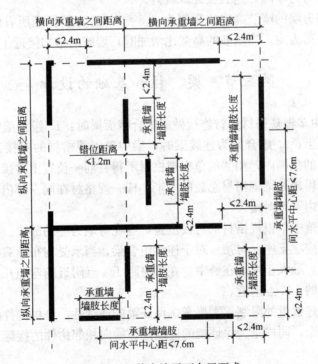

图 6-7-2 剪力墙平面布置要求

(1) 单个墙段的高宽比不大于 2：1；
(2) 同一轴线上墙段的水平中心距不大于 7.6m；

(3) 相邻墙之间横向间距与纵向间距的比值不大于 2.5∶1；

(4) 墙端与离墙端最近的垂直方向的墙段边的垂直距离不大于 2.4m；

(5) 一道墙中各墙段轴线错开距离不大于 1.2m；

6. 构件的净跨距不大于 12.0m；

7. 除专门设置的梁和柱外，轻型木结构承重构件的水平中心距不大于 600mm；

8. 建筑物屋面坡度不小于 1∶12，也不大于 1∶1，纵墙上檐口悬挑长度不大于 1.2m；山墙上檐口悬挑长度不大于 0.4m。

6.7.6 轻型木结构的楼、屋盖和剪力墙，如何进行抗侧力设计？

【解析】 轻型木结构建筑，水平地震作用可采用底部剪力法，结构基本自振周期可按经验公式 $T=0.05H^{0.75}$ 估算，H 为基础顶面到建筑物最高点的高度(m)。

地震作用或风荷载引起的剪力，由楼、屋盖和剪力墙承受。进行抗震验算时，取承截力抗震调整系数 $\gamma_{RE}=0.80$，阻尼比取 0.05。

楼、屋盖抗侧力设计可按《木结构设计规范》附录 P 进行设计。

由地震作用或风荷载产生的水平力，均由木基结构板材和规格材组成的剪力墙承担。采用钉连接的剪力墙可按规范附录 Q 进行设计。

6.7.7 轻型木结构楼、屋盖抗侧力设计，楼、屋盖每个单元的长宽比不得大于 4∶1；轻型木结构剪力墙抗侧力设计，剪力墙的墙肢不得大于 3.5∶1。

【解析】 规范规定，轻型木结构楼、屋盖长宽比限制小于或等于 4∶1，是为了保证水平力作用下所有剪力墙同时达到设计承载力。

轻型木结构剪力墙的墙肢高宽比限制为 3.5∶1，是为了保证所有的墙肢当达到极限承载力时以剪切变形为主。当墙肢的高宽比增加时，墙肢的结构接近于悬臂梁。

第三节 梁、柱和基础的设计

6.7.8 当梁由多根规格材用钉连接做成组合截面梁时：1. 组合梁中单根规格材的对接应位于梁的支座上；2. 组合梁为连续梁时，梁中单根规格材的对接位置应在位于距支座 1/4 梁净跨附近的范围内；相邻的单根规格材不得在同一位置上对接，在同一截面上对接的规格材数量不得超过梁规格材总数的一半；任一规格材在同一跨内不得有二个或二个以上的接头；边跨内不得对接。

【解析】 组合梁中单根规格材的对接位置，应在弯矩为零的部位。因此，对于简支组合梁，单根规格材应在支座上对接；对于连续组合梁，当承受均布荷载时，等跨连续梁最大负弯矩在支座处，最大正弯矩在跨中，在每跨距 1/4 点附近的弯矩几乎为零，所以接缝位置最好设在每跨的 1/4 点附近。

同一截面上接缝数量的限制，主要考虑保证梁的连续性。单根构件的接缝数量，在任何一跨不能超过一个，同样是为保证梁的连续性。横向相邻构件的接缝，也不能出现在同一点上。

6.7.9 规范要求，底层楼板搁栅直接置于混凝土基础上时，构件端部应作防腐、防虫处理；当搁栅搁置在混凝土或砌体基础的预留槽内时，除构件端部应作防腐防虫处理外，尚应在构件端部两侧留出不小于 20mm 的空隙，且空隙中不得填充保温或防潮材料。

【解析】 当木构件放在砌体或混凝土构件上,而砌体或混凝土构件与地面直接接触时,木构件作防腐处理或采用防腐方法阻止有害生物侵蚀,以防木构件腐烂。图 6-7-3 为基础与楼盖连接详图。

未经防腐处理的木材放在混凝土板或基础上时(如地下室木隔墙或木柱),必须采用防潮层(例如聚乙烯薄膜等)将木构件与混凝土分开。当底层木梁或搁栅放在混凝土基础墙的预留槽内时(图 6-7-4),尤其当梁底比室外地坪低的时候,应在木构件和支座之间加防潮层,同时在构件端部预留槽内留出空隙,防止木构件与混凝土接触,并保持空气的流动,空隙之间不得用保温材料填充。

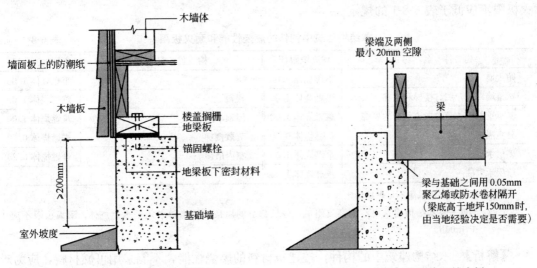

图 6-7-3 基础与楼盖连接详图　　图 6-7-4 支承在基础墙上的木梁

第八章 木结构防火和防护

第一节 木结构防火

6.8.1 木结构建筑的防火设计,按《木结构设计规范》要求,构件的燃烧性能和耐火极限不应低于表6-8-1的规定。

木结构建筑中构件的燃烧性能和耐火极限　　　表6-8-1

构件名称	耐火极限(h)	构件名称	耐火极限(h)
防火墙	不燃烧体3.00	梁	难燃烧体1.00
承重墙、分户墙、楼梯和电梯井墙体	难燃烧体1.00	楼盖	难燃烧体1.00
非承重外墙、疏散走道两侧的隔墙	难燃烧体1.00	屋顶承重构件	难燃烧体1.00
分室隔墙	难燃烧体0.50	疏散楼梯	难燃烧体0.50
多层承重柱	难燃烧体1.00	室内吊顶	难燃烧体0.25
单层承重柱	难燃烧体1.00		

注：1. 屋顶表层应采用不可燃材料；
　　2. 当同一座木结构建筑由不同高度组成,较低部分的屋顶承重构件必须是难燃烧体,耐火极限不应小于1.00h。

【解析】 木结构建筑中的构件,按建筑材料的燃烧性能,不能采用可燃材料,应为难燃材料或不燃材料。表6-8-1规定木结构建筑构件的燃烧性能和耐火极限是参考国外建筑规范,结合我国《建筑设计防火规范》以及有关防火试验标准要求制定的。表中采用的数据,多为加拿大国家研究院建筑科学研究所提供的实验数据。

木结构建筑火灾发生之后明显特点之一是容易产生飞火。为此,专门提出屋顶表层需采用不燃材料。

当一座木结构建筑有不同高度,考虑到较低的部分发生火灾时,火焰会向较高部分的外墙蔓延,所以要求较低部分的屋盖耐火极限不得低于1h。

6.8.2 木结构建筑的层数,从防火设计要求,不应超过三层。对不同层数的木结构建筑,最大允许长度和防火分区面积不应超过表6-8-2。

木结构建筑的层数、长度和面积　　　表6-8-2

层数	最大允许长度(m)	每层最大允许面积(m²)
单层	100	1200
两层	80	900
三层	60	600

注：安装有自动喷水灭火系统的木结构建筑,每层楼最大允许长度、面积应允许在表6-8-2的基础上扩大一倍,局部设置时,应按局部面积计算。

【解析】 对极易引起火灾危险的建筑和受生产性高温影响,木材表面温度高于50℃的建筑均不应采用木结构。木结构建筑的防火等级介于《建筑设计防火规范》中所规定的三级和四级之间。《建筑设计防火规范》中规定，四级耐火等级的建筑只允许建两层，其针对的主要对象是我国以前的传统木结构。而《木结构设计规范》（GB 50005—2003）中，在有关防火条文严格约束下，构件耐火性能优于四级的木结构建筑，故层数为三层。

防火分区面积的大小应考虑建筑物的使用性质、重要性、火灾危险性、建筑物高度、消防扑救能力以及火灾蔓延的速度等因素。防火分区采用一定耐火性能的分隔构件进行划分，能在一定时间内，防止火灾向同一建筑物的其他部分蔓延的局部区域。表6-8-2中规定的要求，是在吸收国外有关规范数据的基础上，并对我国《建筑设计防火规范》中有关条文进行分析比较后作出的。

6.8.3 木结构建筑之间、木结构建筑与其他结构建筑之间的防火间距有三种情况：

1. 外墙均无任何门窗洞口时，其防火间距不应小于4.0m；2. 外墙的门窗洞口面积之和不超过该外墙面积的10%时，其防火间距不应小于表6-8-3的规定；3. 外墙的门窗洞口面积之和超过该外墙面积的10%以上时，其防火间距不应小于表6-8-4的规定。

外墙开口率小于10%时的防火间距（m） 表6-8-3

建筑种类	一、二、三级建筑	木结构建筑	四级建筑
木结构建筑	5.00	6.00	7.00

木结构建筑的防火间距（m） 表6-8-4

建筑种类	一、二级建筑	三级建筑	木结构建筑	四级建筑
木结构建筑	8.00	9.00	10.00	11.00

注：防火间距应按相邻建筑外墙的最近距离计算，当外墙有突出的可燃构件时，应从突出部分的外缘算起。

【解析】 防火间距是为了防止火灾大面积蔓延而在建筑物之间留出的防火安全距离。防火间距综合考虑满足消防车扑救火灾的需要，防止火势因热辐射和热对流造成蔓延和节约用地等因素。

火灾试验证明，发生火灾的建筑对相邻建筑的影响，与该建筑物外墙的耐火极限和外墙上门窗开孔率有直接关系。

《木结构设计规范》中有关防火间距的条文，参考了2000年美国《国际建筑规范》（IBC）以及1995年《加拿大国家建筑规范》中有关要求，结合我国具体情况制定的。

对于相邻建筑外墙无洞口，并且外墙能满足1h的耐火极限，防火间距可减少至4.0m。相邻建筑每一面外墙开孔率不超过10%时，其防火间距可减少至6.0m，要求外墙围护材料是难燃材料，耐火极限不小于1h。

第二节 木结构防护

6.8.4 木结构的下列部位的防腐构造措施，为什么采用防潮和通风措施？

1. 在桁架和大梁的支座下应设置防潮层；
2. 在木柱下应设置柱墩，严禁将木柱直接埋入土中；
3. 桁架、大梁的支座节点或其他承重木构件不得封闭在墙、保温层或通风不良的环境中（图6-8-1和图6-8-2）；

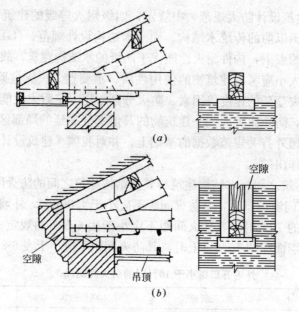

图 6-8-1 外排水屋盖支座节点通风构造示意图

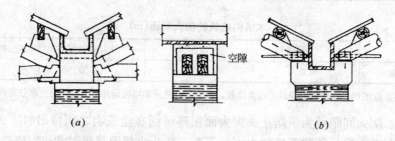

图 6-8-2 内排水屋盖支座节点通风构造示意图

4. 处于房屋隐蔽部分的木结构，应设通风孔洞；

5. 露天结构在构造上应避免任何部分有积水的可能，并应在构件之间留有空隙（连接部位除外）；

6. 当室内外温差很大时，房屋的围护结构（包括保温吊顶），应采取有效的保温和隔气措施。

【解析】 木材的腐朽，系受木腐菌侵害所致。木腐菌生长主要依赖潮湿的环境。通常木材含水率超过 20% 木腐菌就生长，最适宜生长的木材含水率为 40%～70%，一般来说，木材含水率在 20% 以下木腐菌生长就困难。

从各地的调查表明，凡是在结构构造上封闭的部位以及经常受潮的场所，木构件受木腐菌侵害，严重者甚至会发生木结构坍塌。若木结构所处的环境通风干燥良好，木构件的使用年限，即使已逾百年，仍可保持完好无损状态。因此，木结构构造上的防腐措施，主要是通风与防潮，这是既经济又有效的构造措施。

6.8.5 木结构处于下列情况时，除构造上采取通风防潮措施外，应进行药剂处理。

1. 露天结构；

2. 内排水桁架的支座节点处；

3. 檩条、搁栅、柱等木构件直接与砌体、混凝土接触部位；.
4. 白蚁容易繁殖的潮湿环境中使用的木构件；
5. 承重结构中使用马尾松、云南松、湿地松、桦木以及新利用树种中易腐朽或易遭虫害的木材。

【解析】 要防止木腐菌和昆虫对木结构的破坏，最有效的办法是破坏两种生物生存的条件(湿度、空气、温度和养料)。对于木结构，首先应保护木材不受水或潮湿作用。木结构潮湿来源主要有：(1)雨水；(2)冷凝水；(3)材料本身的含水率；(4)基础潮湿作用。

木结构的防腐措施，构造上均需采取通风防潮措施。当无法保证木材不受到潮湿作用时，如露天结构、内排水桁架支座节点、木构件与混凝土接触部位，应考虑采用天然耐腐木材或防腐处理木材。

对于白蚁容易繁殖或易遭虫害的木构件，则须采用药剂处理。

参 考 文 献

1. 中华人民共和国国家标准. 建筑结构荷载规范(GB 50009—2001). 北京：中国建筑工业出版社，2002
2. 中华人民共和国国家标准. 建筑结构荷载规范(GBJ 9—87). 北京：中国建筑工业出版社，1990
3. 中华人民共和国国家标准. 砌体结构设计规范(GB 50003—2001). 北京：中国建筑工业出版社，2002
4. 中华人民共和国国家标准. 钢结构设计规范(GB 50017—2003). 北京：中国建筑工业出版社，2003
5. 中华人民共和国国家标准. 建筑地基基础设计规范(GB 50007—2002). 北京：中国建筑工业出版社，2002
6. 中华人民共和国行业标准. 建筑基坑工程规范(YB 9258—97). 北京：冶金工业出版社，1998
7. 中华人民共和国国家标准. 建筑边坡工程技术规范(GB 50330—2002). 北京：中国建筑工业出版社，2002
8. 中华人民共和国国家标准. 给排水工程构筑物结构设计规范(GB 50069—2002). 北京：中国建筑工业出版社，2002
9. 中国工程建设标准化协会标准. 门式刚架轻型房屋钢结构技术规程(CECS 102：2002). 北京：中国建筑工业出版社，2003
10. 陈基发，沙志国 编著. 建筑结构荷载设计手册. 第二版. 北京：中国建筑工业出版社，2004
11. 中国建筑科学研究院《建筑结构荷载规范》管理组编. 建筑结构荷载(内部资料). 北京：中国建筑科学研究院
12. 张相庭 编著. 结构风工程 理论·规范·实践. 北京：中国建筑工业出版社，2006
13. 陈基发. 围护结构的风荷载. 建筑科学，2000，16(6)：26～31
14. 中华人民共和国国家标准. 建筑结构荷载规范(GB 50009—2001)局部修订条文及条文说明. 工程建设标准化，2006，(5)
15. 建设部工程质量安全临督与行政发展司，中国建筑标准设计研究院. 全国民用建筑工程设计技术措施结构分册(2003). 北京：中国计划出版社，2004
16. 《钢结构设计手册》编辑委员会. 钢结构设计手册(上册)(第三版). 北京：中国建筑工业出版社，2004
17. 胡毓良. 诱发地震及其对策. 1987年国家地震局学术讨论会资料
18. 梅世蓉. 对我国地震形势的分析. 1987年国家地震局学术讨论会资料
19. 地震问答编写组. 地震问答. 北京：地质出版社，1976
20. 钱伟长，叶开沅. 弹性力学. 北京：科学出版社，1956
21. 地震工程概论编写组. 地震工程概论. 北京：科学出版社，1977
22. 振动计算与隔振设计组. 振动计算与隔振设计. 北京：中国建筑工业出版社，1976
23. 郭继武. 建筑抗震设计. 北京：高等教育出版社，1998
24. 胡聿贤. 中国地震工程的成就. 1987年国家地震局学术讨论会资料
25. 周锡元等. 估计不同服役期结构的抗震设防水准的简单方法. 建筑结构，2002，(1)
26. 王亚勇，戴国莹. 建筑抗震设计规范疑问解答. 北京：中国建筑工业出版社，2006
27. 王亚勇. 结构抗震设计中时程法用地震波的选择. 工程抗震，1988，(4)
28. 林少宫. 基础概率与数理统计. 北京：人民教育出版社，1978

29. 周雍年. 关于设防地震动水准的考虑. 建筑结构学报，2000，（1）
30. 赵斌等. 关于《建筑抗震设计规范》GB 50011—2001中设计反应谱的几点讨论. 工程抗震，2003，（1）
31. 王亚勇. 关于设计反应谱、时程法和能量方法的探讨. 建筑结构学报，2000，（1）
32. 混凝土结构设计规范算例编委会. 混凝土结构设计规范算例. 北京：中国建筑工业出版社，2003
33. 魏琏，王广军. 地震作用. 北京：地震出版社，1991
34. 陈富生，邱国桦，范重. 高层建筑钢结构设计. 北京：中国建筑工业出版社，2004
35. 中国工程建设标准化协会标准. 建筑工程抗震性态设计通则（试用）. 北京：中国计划出版社，2004
36. 工程场地地震安全性评价(GB 17741—2005). 中国国家标准化管理委员会，2005
37. 建设部建质［2006］220号. 超限高层建筑工程抗震设防专项审查技术要点，2006
38. 孙芳垂，徐建，陈富生主编. 一、二级注册结构工程师专业考试复习教程. 北京：中国建筑工业出版社，2006
39. 施楚贤，徐建，刘桂秋. 砌体结构设计与计算. 北京：中国建筑工业出版社，2003
40. 许淑芳，熊仲明. 砌体结构. 北京：科学出版社，2004
41. 施楚贤，施宇红. 砌体结构疑难释义. 北京：中国建筑工业出版社，2004
42. 张维斌. 多层及高层钢筋混凝土结构设计释疑及工程实例. 北京：中国建筑工业出版社，2005
43. 王亚勇等. 建筑抗震设计规范疑问解答. 北京：中国建筑工业出版社，2006
44. 张维斌. 对确定结构底部嵌固部位的一点看法. 建筑结构，2006(3)
45. 张维斌. 关于钢筋混凝土框架结构设计的几个问题. 工程建设标准化，2006(3)
46. 张维斌. 浅谈框支转换和一般转换的几点区别. 建筑结构，2006(5)
47. 张维斌. 板柱-剪力墙结构和框架-核心筒结构的判别及设计要求差别. 建筑结构，2006(7)
48. 张维斌. 框架-核心筒结构平面布置的一点看法. 建筑结构技术通讯，2006(11)
49. 徐有邻等. 混凝土结构设计规范理解与应用. 北京：中国建筑工业出版社，2002
50. 徐培福等. 高层建筑混凝土技术规程理解与应用. 北京：中国建筑工业出版社，2003
51. 北京市建筑设计研究院. 北京市建筑设计技术细则. 北京：北京市建筑设计标准化办公室，2004
52. 徐培福等. 复杂高层建筑结构设计. 北京：中国建筑工业出版社，2005
53. 张维斌，李国胜. 混凝土结构设计指导与实例精选. 北京：中国建筑工业出版社，2007
54. 本书编委会. 木结构设计手册(第三版). 北京：中国建筑工业出版社，2005
55. 本书编委会. 简明木结构设计施工资料集成. 北京：中国电力出版社，2005